JN026531

ポケット

農林水産統計

―令和2年版―

2020

大臣官房統計部

令和 2 年 11 月

農林水産省

総目次

統計表目次

〔概況編〕

〔食料編〕

Ⅰ　食料消費と食料自給率

〔農業編〕

〔農山村編〕

Ⅰ　農業集落

Ⅱ　農村の振興と活性化

〔林業編〕

〔付表〕

利用者のために

1　本統計書は、国内外の農林水産業の現状を概観できるよう農林水産統計調査結果の各種データのみならず農林水産省の各種データのほか、他府省の統計をも広範囲に収録した総合統計書です。出先で利用できるよう携帯性を優先したＢ６サイズで製本し、速報値等も掲載しています。

　　なお、サイズに合わせて抜粋して掲載しているデータもありますが、原則７月末までに公表された統計データを掲載しました。掲載している統計データは、本書発刊後、確定又は訂正される場合がありますので、利用に当たっては、各統計表の出典資料において確認の上、御利用ください。

2　統計表表示上の約束について
（1）　統計数値の四捨五入
　　　原則として、統計表の表示単位未満の数値は、四捨五入しました。
　　　なお、農林水産省統計部による耕地面積、農産物の生産量及び畜産の戸数に関する統計数値については、次表の四捨五入基準によって表示しました（ただし、表章上、単位を千ha等で丸めた場合は除く。）。したがって、計と内訳が一致しない場合があります。

原数	7桁以上	6桁	5桁	4桁	3桁以下
四捨五入する桁（下から）	3桁	2桁	2桁	1桁	四捨五入しない
（例）四捨五入する数値（原数）	1,234,567	123,456	12,345	1,234	123
四捨五入した数値（統計数値）	1,235,000	123,500	12,300	1,230	123

　　　また、統計数値の四捨五入の関係から、構成比の内訳の計が100％にならない場合があります。

（2）　表中の記号
　　　「0」、「0.0」、「0.00」：　単位に満たないもの
　　　　　　（例：0.4t→0t、0.04千戸→0.0千戸、0.004人→0.00人）
　　　「－」：　事実のないもの
　　　「…」：　事実不詳又は調査を欠くもの
　　　「‥」：　未発表のもの
　　　「x」：　個人又は法人その他の団体に関する秘密を保護するため、統計数値を公表しないもの（(3)も参照）
　　　「△」：　負数又は減少したもの
　　　「nc」：　計算不能

（3）　秘匿措置について
　　　統計調査結果について、調査対象者数が２以下の場合には調査結果の秘密保護の観点から、当該結果を「x」表示とする秘匿措置を施しています。
　　　なお、全体（計）からの差引きにより、秘匿措置を講じた当該結果が推定できる場合には、本来秘匿措置を施す必要のない箇所についても「x」表示としています。

(4) 統計数値の出典

　　各統計表の脚注に作成機関名、資料名の順で表示しました。

　　なお、出典が団体等の場合、法人の種類名は原則省略しています。

(5) 年又は年次区分の表示

　　年又は年次区分を表章する場合、暦年にあっては年（令和2年、2020年）、
会計年度にあっては年度（令和2年度）とし、これら以外の年度にあっては、
具体の年度区分の名称を付しました。

年度の種類

年又は年度区分	期間	備考
暦年	1月～12月	
会計年度	4月～3月	始まる月の属する年をとる。
肥料年度	7月～6月	〃
農薬年度	10月～9月	終わる月の属する年をとる。
砂糖年度	10月～9月	始まる月の属する年をとる。
でん粉年度	10月～9月	〃

(6) その他

　ア　累年数値で前年版までに掲載した数値と異なる数値を掲載した場合があ
　　りますが、これは修正された数値です。

　イ　貿易統計の金額

　　　財務省関税局「貿易統計」の金額については、輸出がFOB価格、輸入は
　　原則としてCIF価格です。

　　　FOB（free on board）価格：
　　　　　　　　本船渡し価格（本船に約定品を積み込むまでの費用を売り
　　　　　　　手が負担する取引条件）

　　　CIF（cost, insurance and freight）価格：
　　　　　　　　保険料・運賃込み価格（本船に約定品を積み込むまでの費
　　　　　　　用、仕向け港までの運賃及び保険料を売り手が負担する取引
　　　　　　　条件）

　ウ　諸外国の国名については、出典元の表記に準じています。

　　　なお、掲載スペースの都合で簡略な表記としている場合があります。

3　地域区分
(1)　全国農業地域

全国農業地域名	所属都道府県
北海道	北海道
東北	青森、岩手、宮城、秋田、山形、福島
北陸	新潟、富山、石川、福井
関東・東山	茨城、栃木、群馬、埼玉、千葉、東京、神奈川、山梨、長野
東海	岐阜、静岡、愛知、三重
近畿	滋賀、京都、大阪、兵庫、奈良、和歌山
中国	鳥取、島根、岡山、広島、山口
四国	徳島、香川、愛媛、高知
九州	福岡、佐賀、長崎、熊本、大分、宮崎、鹿児島
沖縄	沖縄

(2)　地方農政局等管轄区域

地方農政局等名	管轄区域
北海道	北海道
東北	(1)の東北と同じ
関東	茨城、栃木、群馬、埼玉、千葉、東京、神奈川、山梨、長野、静岡
北陸	(1)の北陸と同じ
東海	岐阜、愛知、三重
近畿	(1)の近畿と同じ
中国四国	鳥取、島根、岡山、広島、山口、徳島、香川、愛媛、高知
九州	(1)の九州と同じ
沖縄	沖縄

4 農林業経営体の分類

用語	定義
農林業経営体	農林産物の生産を行うか又は委託を受けて農林業作業を行い、生産又は作業に係る面積・頭数が、次の規定のいずれかに該当する事業を行う者をいう。 (1) 経営耕地面積が30a以上の規模の農業 (2) 農作物の作付面積又は植栽面積、家畜の飼養頭羽数又は出荷羽数、その他の事業の規模が次の農林業経営体の基準以上の農業 　①露地野菜作付面積　　　　　15a 　②施設野菜栽培面積　　　　　350㎡ 　③果樹栽培面積　　　　　　　10a 　④露地花き栽培面積　　　　　10a 　⑤施設花き栽培面積　　　　　250㎡ 　⑥搾乳牛飼養頭数　　　　　　1頭 　⑦肥育牛飼養頭数　　　　　　1頭 　⑧豚飼養頭数　　　　　　　　15頭 　⑨採卵鶏飼養羽数　　　　　　150羽 　⑩ブロイラー年間出荷羽数　　1,000羽 　⑪その他　　調査期日前1年間における農業生産物の総販売額50万円に相当する事業の規模 (3) 権原に基づいて育林又は伐採（立木竹のみを譲り受けてする伐採を除く。）を行うことができる山林（以下「保有山林」という。）の面積が3ha以上の規模の林業（調査実施年を計画期間に含む「森林経営計画」若しくは「森林施業計画」を策定している者又は調査期日前5年間に継続して林業を行い、育林若しくは伐採を実施した者に限る。） (4) 農作業の受託の事業 (5) 委託を受けて行う育林若しくは素材生産又は立木を購入して行う素材生産の事業（ただし、素材生産については、調査期日前1年間に200㎡以上の素材を生産した者に限る。）
農業経営体	「農林業経営体」のうち、(1)、(2)又は(4)のいずれかに該当する事業を行う者をいう。
林業経営体	「農林業経営体」のうち、(3)又は(5)のいずれかに該当する事業を行う者をいう。
家族経営体	1世帯（雇用者の有無は問わない。）で事業を行う者をいう。 なお、農家が法人化した形態である一戸一法人を含む。
組織経営体	世帯で事業を行わない者（家族経営体でない経営体）をいう。
農家以外の農業事業体（販売目的）	農業経営体のうち、調査期日現在で10a以上の経営耕地を有するか、あるいは経営耕地面積が10a未満であっても、調査期日前1年間における農産物販売金額が15万円以上であり、かつ、農産物の販売により農業収入を得ることを直接の目的とする組織経営体をいう。

資料：農林水産省統計部「2015年農林業センサス」（以下5まで同じ。）

5 農家等の分類

用語	定義
農家	調査期日現在で、経営耕地面積が10 a 以上の農業を営む世帯又は経営耕地面積が10 a 未満であっても、調査期日前1年間における農産物販売金額が15万円以上あった世帯をいう。 　なお、「農業を営む」とは、営利又は自家消費のために耕種、養畜、養蚕、又は自家生産の農産物を原料とする加工を行うことをいう。
販売農家	経営耕地面積が30 a 以上又は調査期日前1年間における農産物販売金額が50万円以上の農家をいう。
（主副業別） 主業農家	農業所得が主（農家所得の50%以上が農業所得）で、調査期日前1年間に自営農業に60日以上従事している65歳未満の世帯員がいる農家をいう。
準主業農家	農外所得が主（農家所得の50%未満が農業所得）で、調査期日前1年間に自営農業に60日以上従事している65歳未満の世帯員がいる農家をいう。
副業的農家	調査期日前1年間に自営農業に60日以上従事している65歳未満の世帯員がいない農家（主業農家及び準主業農家以外の農家）をいう。
（専兼業別） 専業農家	世帯員の中に兼業従事者（調査期日前1年間に他に雇用されて仕事に従事した者又は自営農業以外の自営業に従事した者）が1人もいない農家をいう。
兼業農家	世帯員の中に兼業従事者が1人以上いる農家をいう。
第1種 兼業農家	農業所得を主とする兼業農家をいう。
第2種 兼業農家	農業所得を従とする兼業農家をいう。
自給的農家	経営耕地面積が30 a 未満かつ調査期日前1年間における農作物販売金額が50万円未満の農家をいう。
土地持ち非農家	農家以外で耕地及び耕作放棄地を合計で5 a 以上所有している世帯をいう。

6　大海区区分図
　　漁業の実態を地域別に明らかにするとともに、地域間の比較を容易にするため、海況、気象等の自然条件、水産資源の状況等を勘案して定めた区分（水域区分ではなく地域区分）をいいます。

① 北海道斜里郡斜里町と目梨郡羅臼町の境界
② 北海道松前郡松前町と福島町の境界
⑩ 青森県下北郡佐井村とむつ市の境界
④ 千葉県と茨城県の境界
⑤ 和歌山県と三重県の境界
⑥ 和歌山県日高郡美浜町と日高町の境界
⑦ 徳島県海部郡美波町と阿南市の境界
⑧ 愛媛県八幡浜市八幡浜漁業地区と川之石漁業地区の境界
⑨ 大分県大分市佐賀関漁業地区と神崎漁業地区の境界
⑩ 鹿児島県と宮崎県の境界
⑪ 福岡県北九州市旧門司漁業地区と田野浦漁業地区の境界
⑫ 山口県下関市下関漁業地区と壇ノ浦漁業地区の境界
⑬ 山口県と島根県の境界
⑭ 石川県と富山県の境界

注：　市町村については、平成31年1月1日現在である。

北海道太平洋北区：	①・②間に属する市区町村（太平洋側）
太平洋北区　　　：	③・④間に属する市区町村
太平洋中区　　　：	④・⑤間に属する市区町村
太平洋南区　　　：	⑤・⑥間、⑦・⑧間及び⑨・⑩間に属する市区町村（太平洋側）
北海道日本海北区：	①・②間に属する市区町村（日本海側）
日本海北区　　　：	③・⑭間に属する市区町村
日本海西区　　　：	⑬・⑭間に属する市区町村
東シナ海区　　　：	⑩・⑪間及び⑫・⑬間に属する市区町村（東シナ海側）並びに沖縄県
瀬戸内海区　　　：	⑥・⑫間、⑦・⑧間及び⑨・⑪間に属する市区町村（瀬戸内海側）

7 漁業経営体の分類

用語	定義
漁業経営体	過去1年間に利潤又は生活の資を得るために、生産物を販売することを目的として、海面において水産動植物の採捕又は養殖の事業を行った世帯又は事業所をいう。 ただし、過去1年間における漁業の海上作業従事日数が30日未満の個人経営体は除く。
個人経営体	個人で漁業を営んだものをいう。
団体経営体	個人経営体以外の漁業経営体をいう。
会社	会社法（平成17年法律第86号）第2条第1項に基づき設立された株式会社、合名会社、合資会社及び合同会社をいう。 なお、特例有限会社は株式会社に含む。
漁業協同組合	水産業協同組合法（以下「水協法」という。）に基づき設立された漁協及び漁連をいう。 なお、内水面組合（水協法第18条第2項に規定する内水面組合をいう。）は除く。
漁業生産組合	水協法第2条に規定する漁業生産組合をいう。
共同経営	二人以上の漁業経営体（個人又は法人）が、漁船、漁網等の主要生産手段を共有し、漁業経営を共同で行うものであり、その経営に資本又は現物を出資しているものをいう。 これに該当する漁業経営体の調査は、代表者に対してのみ実施した。
その他	都道府県の栽培漁業センターや水産増殖センター等、上記以外のものをいう。

資料：農林水産省統計部「2018年漁業センサス」

8 転載（引用）について

本書の内容を他に転載（引用）する場合は、「ポケット農林水産統計　令和2年版」（農林水産省統計部）による旨を記載して下さい。

なお、掲載している統計データは、本書発刊後、確定又は訂正される場合がありますので、利用に当たっては、各統計表の出典資料において御確認の上、御利用ください。

9 本統計書についてのお問合せ先

農林水産省大臣官房統計部統計企画管理官　統計広報推進班
電話　（代表）03-3502-8111（内線3589）
　　　（直通）03-6744-2037
ＦＡＸ　　　03-3501-9644

※ 本書に関するご意見・ご要望は、上記問い合わせ先のほか、当省ホームページでも受け付けております。
【　https://www.contactus.maff.go.jp/j/form/tokei/kikaku/160815.html　】

概　　況　　編

I　国内
1　土地と人口
(1)　総面積、耕地面積、林野面積及び排他的経済水域面積

区分	単位	平成17年	22	27	30	令和元
1) 総面積	千ha	37,791	37,795	37,797	37,797	37,798
耕地面積	〃	4,692	4,593	4,496	4,420	4,397
2) 耕地率	%	12.6	12.3	12.1	11.9	11.8
林野面積	千ha	24,861	24,845	24,802	…	…
3) 林野率	%	66.7	66.6	66.5	…	…
4) 排他的経済水域面積 　（領海を含む。）	万km²	447	447	447	447	447

資料：総面積は国土交通省国土地理院「全国都道府県市区町村別面積調」（各年10月1日現在）
　　　耕地面積及び耕地率は農林水産省統計部「耕地及び作付面積統計」（各年7月15日現在）
　　　林野面積及び林野率は農林水産省統計部「農林業センサス」（各年2月1日現在）
　　　排他的経済水域面積（領海を含む。）は国土交通省海上保安庁「日本の領海等概念図」
注：1)は、北方四島及び竹島を含み、河川・湖沼も含む。
　　2)は、総土地面積（北方四島及び竹島を除く。）に占める耕地面積の割合である。
　　3)は、総土地面積（北方四島及び竹島を除く。）に占める林野面積の割合である。
　　4)は、領海（領海の基線の陸地側水域を含む。）＋排他的経済水域（接続水域を含む。）

(2)　総世帯数、総農家数、林家数及び海面漁業経営体数（個人経営体）

区分	単位	平成17年	22	27	30	令和元
総世帯数	千戸	49,566.3	51,950.5	53,448.7	…	…
総農家数	〃	2,848.2	2,527.9	2,155.1	…	…
販売農家数	〃	1,963.4	1,631.2	1,329.6	1,164.1	1,130.1
自給的農家数	〃	884.7	896.7	825.5	…	…
土地持ち非農家数	〃	1,201.5	1,374.2	1,413.7	…	…
林家数	〃	919.8	906.8	829.0	…	…
海面漁業経営体数（個人経営体）	千経営体	118.9	98.3	80.6	74.5	…

資料：総世帯数は総務省統計局「国勢調査」（各年10月1日現在）
　　　総農家数、土地持ち非農家数及び林家数は農林水産省統計部「農林業センサス」（各年2月1日現在）
　　　ただし、販売農家数の平成30年、令和元年は、農林水産省統計部「農業構造動態調査」（各年2月1日現在
　　　（令和元年は平成31年）
　　　海面漁業経営体数（個人経営体）の、平成17年から27年は、農林水産省統計部「漁業就業動向調査」
　　　（各年11月1日現在）、30年は農林水産省統計部「2018年漁業センサス」

(3)　総人口と販売農家の世帯員数

単位：千人

区分	平成17年	22	27	30	令和元
総人口	127,768	128,057	127,095	126,443	126,167
販売農家の世帯員数	8,370	6,503	4,880	4,186	3,984
うち65歳以上の販売農家の世帯員数	2,646	2,231	1,883	1,821	1,801

資料：総人口は総務省統計局「国勢調査」（各年10月1日現在）
　　　ただし、平成30年、令和元年は、総務省統計局「人口推計」（各年10月1日現在）
　　　販売農家の世帯員数は、農林水産省統計部「農林業センサス」（各年2月1日現在）
　　　ただし、平成30年、令和元年は、農林水産省統計部「農業構造動態調査」（各年2月1日現在）

1 土地と人口（続き）
(4) 都道府県別総世帯数・総人口・総面積

都道府県	平成27年			令和元年			平成27年	令和元年
	総人口			総人口			総世帯数	総面積
	計	男	女	計	男	女		
	千人	千人	千人	千人	千人	千人	千戸	km²
全国	127,095	61,842	65,253	126,167	61,411	64,756	53,449	377,975
北海道	5,382	2,537	2,845	5,250	2,472	2,778	2,445	83,424
青森	1,308	615	694	1,246	585	661	511	9,646
岩手	1,280	616	664	1,227	592	635	493	15,275
宮城	2,334	1,140	1,194	2,306	1,127	1,170	945	1) 7,282
秋田	1,023	480	543	966	454	512	389	11,638
山形	1,124	540	584	1,078	520	558	393	1) 9,323
福島	1,914	946	968	1,846	914	931	738	13,784
茨城	2,917	1,454	1,463	2,860	1,427	1,433	1,124	6,097
栃木	1,974	982	993	1,934	964	970	763	6,408
群馬	1,973	973	1,000	1,942	962	981	774	6,362
埼玉	7,267	3,628	3,638	7,350	3,668	3,682	2,972	1) 3,798
千葉	6,223	3,096	3,127	6,259	3,105	3,155	2,609	1) 5,158
東京	13,515	6,667	6,849	13,921	6,846	7,075	6,701	1) 2,194
神奈川	9,126	4,559	4,567	9,198	4,585	4,613	3,979	2,416
新潟	2,304	1,115	1,189	2,223	1,078	1,145	848	1) 12,584
富山	1,066	515	551	1,044	506	537	391	1) 4,248
石川	1,154	559	595	1,138	553	585	453	4,186
福井	787	381	405	768	374	394	280	4,191
山梨	835	408	427	811	397	414	331	1) 4,465
長野	2,099	1,022	1,077	2,049	1,000	1,049	807	1) 13,562
岐阜	2,032	984	1,048	1,987	964	1,022	753	1) 10,621
静岡	3,700	1,821	1,879	3,644	1,797	1,847	1,430	1) 7,777
愛知	7,483	3,741	3,742	7,552	3,780	3,773	3,064	1) 5,173
三重	1,816	884	932	1,781	870	911	720	1) 5,774
滋賀	1,413	697	716	1,414	699	715	538	1) 4,017
京都	2,610	1,249	1,361	2,583	1,234	1,349	1,153	4,612
大阪	8,839	4,256	4,583	8,809	4,227	4,582	3,924	1,905
兵庫	5,535	2,642	2,893	5,466	2,605	2,861	2,315	8,401
奈良	1,364	644	720	1,330	626	704	530	3,691
和歌山	964	453	510	925	435	490	392	4,725
鳥取	573	274	300	556	266	290	217	3,507
島根	694	333	361	674	326	349	265	6,708
岡山	1,922	922	999	1,890	909	980	773	1) 7,114
広島	2,844	1,376	1,468	2,804	1,362	1,442	1,211	8,480
山口	1,405	665	740	1,358	645	713	599	6,113
徳島	756	360	396	728	347	381	306	4,147
香川	976	472	504	956	464	492	399	1) 1,877
愛媛	1,385	654	731	1,339	634	705	592	5,676
高知	728	343	386	698	329	369	319	7,104
福岡	5,102	2,410	2,691	5,104	2,416	2,688	2,201	1) 4,987
佐賀	833	393	440	815	386	429	302	2,441
長崎	1,377	646	731	1,327	624	702	561	4,131
熊本	1,786	841	945	1,748	825	922	705	1) 7,409
大分	1,166	552	614	1,135	539	597	487	1) 6,341
宮崎	1,104	519	585	1,073	505	568	463	1) 7,735
鹿児島	1,648	773	875	1,602	753	849	725	1) 9,187
沖縄	1,434	705	729	1,453	715	738	560	2,281

資料：平成27年の総人口及び総世帯数は総務省統計局「国勢調査」（10月1日現在）
　　　令和元年の総人口は総務省統計局「人口推計」（10月1日現在）
　　　総面積は、国土交通省国土地理院「全国都道府県市区町村別面積調」（令和元年10月1日現在）
　　　直近の令和元年のみ掲載。
注：総面積には河川・湖沼を含む。
　　1)は、都県にまたがる境界未定地域があり、参考値である。

(5) 人口動態（出生・死亡）

年次	出生数	死亡数	自然増減数	1)人口動態率（1,000分比）		
				出生率	死亡率	自然増減率
	千人	千人	千人			
平成27年	1,006	1,290	△ 285	8.0	10.3	△ 2.3
28	977	1,308	△ 331	7.8	10.5	△ 2.6
29	946	1,340	△ 394	7.6	10.8	△ 3.2
30	918	1,362	△ 444	7.4	11.0	△ 3.6
令和元（概数）	864	1,376	△ 512	7.0	11.1	△ 4.1

資料：厚生労働省「人口動態統計」
注：本表は、日本における日本人の事象（出生・死亡）を集計したものである。
　　1)は、年間出生数、死亡数及び自然増減数をそれぞれ10月1日現在の日本人人口で
　　　除した1,000分比である。

(6) 日本の将来推計人口

年次	人口				割合		
	計	0～14歳	15～64歳	65歳以上	0～14歳	15～64歳	65歳以上
	千人	千人	千人	千人	%	%	%
平成27年 (2015)	127,095	15,945	77,282	33,868	12.5	60.8	26.6
32 (2020)	125,325	15,075	74,058	36,192	12.0	59.1	28.9
37 (2025)	122,544	14,073	71,701	36,771	11.5	58.5	30.0
42 (2030)	119,125	13,212	68,754	37,160	11.1	57.7	31.2
47 (2035)	115,216	12,457	64,942	37,817	10.8	56.4	32.8
52 (2040)	110,919	11,936	59,777	39,206	10.8	53.9	35.3
57 (2045)	106,421	11,384	55,845	39,192	10.7	52.5	36.8
62 (2050)	101,923	10,767	52,750	38,406	10.6	51.8	37.7
67 (2055)	97,441	10,123	50,276	37,042	10.4	51.6	38.0
72 (2060)	92,840	9,508	47,928	35,403	10.2	51.6	38.1
77 (2065)	88,077	8,975	45,291	33,810	10.2	51.4	38.4

資料：国立社会保障・人口問題研究所「日本の将来推計人口（平成29年推計）」（出生中位（死亡中位）推計）
注：　各年10月1日現在の総人口（日本における外国人を含む。）。平成27（2015）年は、総務省統計局「平成
　　27年国勢調査　年齢・国籍不詳をあん分した人口（参考表）」による。

2　雇用
(1)　労働力人口（15歳以上）

年次	15歳以上人口（A）	労働力人口						完全失業者	非労働力人口	労働力人口比率（B)/(A)
		計（B）			就業者					
		計	男	女	計	男	女			
	万人	万人	万人	万人	万人	万人	万人	万人	万人	%
平成27年	11,110	6,625	3,773	2,852	6,401	3,639	2,764	222	4,479	59.6
28	11,111	6,673	3,781	2,892	6,465	3,655	2,810	208	4,432	60.0
29	11,108	6,720	3,784	2,937	6,530	3,672	2,859	190	4,382	60.5
30	11,101	6,830	3,817	3,014	6,664	3,717	2,946	166	4,263	61.5
令和元	11,092	6,886	3,828	3,058	6,724	3,733	2,992	162	4,197	62.1

資料：総務省統計局「労働力調査年報」（以下(3)まで同じ。）
注：1　毎月末日に終わる1週間（12月は20日から26日までの1週間）の活動状態を調査した
　　　ものであり、月別数値（1月～12月）の単純平均値である。（以下(3)まで同じ。）
　　2　労働力人口は、15歳以上人口のうち、就業者と完全失業者との合計である。

2 雇用（続き）
(2) 産業別就業者数（15歳以上）

単位：万人

産業分類	平成27年	28	29	30	令和元
全産業	6,401	6,465	6,530	6,664	6,724
農業、林業	209	203	201	210	207
農業	202	197	195	203	200
林業	7	6	6	7	8
非農林業	6,193	6,262	6,330	6,454	6,517
漁業	20	20	20	18	15
鉱業，採石業，砂利採取業	3	3	3	3	2
建設業	502	495	498	503	499
製造業	1,039	1,045	1,052	1,060	1,063
電気・ガス・熱供給・水道業	29	30	29	28	20
情報通信業	209	208	213	220	229
運輸業、郵便業	336	339	340	341	347
卸売業、小売業	1,058	1,063	1,075	1,072	1,059
金融業、保険業	154	163	168	163	166
不動産業、物品賃貸業	121	124	125	130	129
学術研究、専門・技術サービス業	215	221	230	239	240
宿泊業、飲食サービス業	384	391	391	416	420
生活関連サービス業、娯楽業	230	234	234	236	242
教育、学習支援業	304	308	315	321	334
医療、福祉	788	811	814	831	843
複合サービス事業	59	62	57	57	54
サービス業（他に分類されないもの）	409	415	429	445	455
公務（他に分類されるものを除く）	231	231	229	232	241

(3) 農林業・非農林業、従業上の地位別就業者数（15歳以上）

単位：万人

| 年次 | 就業者 | 農業、林業 | | | | | | | | 非農林業 | | | | |
| | | 計 | 農業 | | | | 林業 | | | | 漁業 | | | |
			小計	自営業主	家族従業者	雇用者		雇用者			小計	自営業主	家族従業者	雇用者
平成27年	6,401	209	202	94	59	48	7	6	6,193	20	8	4	8
28	6,465	203	197	92	56	49	6	5	6,262	20	8	4	8
29	6,530	201	195	89	54	52	6	5	6,330	20	8	4	8
30	6,664	210	203	94	57	52	7	6	6,454	18	7	4	7
令和元	6,724	207	200	90	55	55	8	7	6,517	15	6	3	6

(4) 産業別従業者数規模別民営事業所数（平成26年7月1日現在）

単位：事業所

産業分類	計	1～4人	5～9	10～29
1) 全産業	5,541,634	3,225,428	1,090,283	881,001
2) 農林漁業	32,822	11,671	9,621	9,264
2) 農業，林業	29,342	10,590	8,655	8,051
2) 漁業	3,480	1,081	966	1,213
非農林漁業	5,508,812	3,213,757	1,080,662	871,737
鉱業，採石業，砂利採取業	1,980	830	513	514
建設業	515,079	291,229	127,382	79,466
製造業	487,061	235,442	98,837	96,116
電気・ガス・熱供給・水道業	4,506	1,151	787	1,182
情報通信業	66,236	30,763	12,813	12,700
運輸業，郵便業	134,118	40,936	23,650	40,449
卸売業，小売業	1,407,235	809,916	298,416	232,645
金融業，保険業	87,015	32,226	16,528	27,017
不動産業，物品賃貸業	384,240	317,540	41,263	18,623
学術研究，専門・技術サービス業	228,411	155,238	42,313	22,614
宿泊業，飲食サービス業	725,090	427,261	148,179	120,095
生活関連サービス業，娯楽業	486,006	378,202	55,811	37,108
教育，学習支援業	169,956	109,583	25,503	24,728
医療，福祉	418,640	144,445	118,768	107,438
複合サービス事業	34,848	14,179	12,343	6,251
サービス業（他に分類されないもの）	358,391	224,816	57,556	44,791

産業分類	30～49	50～99	100～299	300人以上	出向・派遣従業者のみ
1) 全産業	161,096	101,321	49,065	12,247	21,193
2) 農林漁業	1,348	587	142	7	182
2) 農業，林業	1,210	533	122	7	174
2) 漁業	138	54	20	－	8
非農林漁業	159,748	100,734	48,923	12,240	21,011
鉱業，採石業，砂利採取業	67	20	9	3	24
建設業	10,074	4,789	1,429	238	472
製造業	23,817	17,903	10,772	3,371	803
電気・ガス・熱供給・水道業	352	464	407	77	86
情報通信業	3,648	2,997	2,079	756	480
運輸業，郵便業	13,233	9,569	4,633	718	930
卸売業，小売業	32,132	19,320	7,864	1,277	5,665
金融業，保険業	6,132	2,937	1,036	326	813
不動産業，物品賃貸業	2,371	1,170	594	162	2,517
学術研究，専門・技術サービス業	3,539	2,331	1,320	406	650
宿泊業，飲食サービス業	18,873	7,199	1,720	316	1,447
生活関連サービス業，娯楽業	7,284	4,231	1,165	147	2,058
教育，学習支援業	4,641	2,962	1,426	533	580
医療，福祉	22,003	15,602	7,551	1,975	858
複合サービス事業	503	532	751	218	71
サービス業（他に分類されないもの）	11,079	8,708	6,167	1,717	3,557

資料：総務省・経済産業省「平成26年経済センサス－基礎調査」
注：原則として，単一の経営者が事業を営んでいる1区画の場所を1事業所としている。
　　1)は，公務を除く。
　　2)は，個人経営の事業所を除く。

2 雇用（続き）
(5) 産業別月間給与額及び農畜産物の家族労働報酬
　　ア 産業別常用労働者一人平均月間現金給与額

単位：円

産業別	平成27年	28	29	30	令和元
調査産業計	313,801	315,590	316,966	323,553	322,612
建設業	380,141	386,049	389,037	405,221	416,316
製造業	376,331	378,447	383,658	392,305	391,044
電気・ガス	550,254	557,079	555,821	557,255	563,261
情報通信業	487,730	487,441	486,425	498,273	492,792
運輸業、郵便業	340,644	340,132	344,573	350,637	361,528
卸売業、小売業	267,524	272,488	274,008	286,188	282,477
金融業、保険業	471,964	466,011	477,827	482,054	481,413
飲食サービス業等	126,673	126,652	124,059	126,227	125,083

資料：厚生労働省「毎月勤労統計調査年報」
注：1　調査産業は日本標準産業分類に基づく産業大分類のうち「A－農業、林業」、「B－漁業」、
　　　「S－公務」及び「T－分類不能の産業」を除く産業について調査したものであり、常用労働者
　　　5人以上の事業所におけるものである。
　　2　現金給与額は、所得税、社会保険料、組合費、購売代金等を差し引く前の金額である。

イ　主要農畜産物の1日当たり家族労働報酬

単位：円

区分	平成26年産 （平成26年度）	27	28	29	30
農作物					
米	－	－	4,933	5,875	6,210
小麦	－	－	－	－	－
原料用かんしょ	4,717	3,866	4,040	2,708	1,865
原料用ばれいしょ	－	－	－	2,150	－
てんさい	－	－	－	－	－
さとうきび	3,092	4,475	10,052	5,249	4,038
大豆	－	－	－	－	－
畜産物					
牛乳	17,141	23,679	24,983	25,604	25,219
子牛	8,155	16,480	22,951	19,764	17,538
去勢若齢肥育牛	16,525	35,811	40,829	20,436	8,143
乳用雄育成牛	5,839	99,757	64,811	41,777	38,564
乳用雄肥育牛	－	21,639	8,653	－	－
交雑種育成牛	30,283	95,261	69,944	13,692	66,738
交雑種肥育牛	－	38,169	34,451	－	221
肥育豚	31,741	28,060	32,098	38,841	23,156

資料：農作物は、農林水産省統計部「農業経営統計調査　農産物生産費統計」。
　　　畜産物は、農林水産省統計部「農業経営統計調査　畜産物生産費統計」。
注：1　農作物は年産、畜産物は年度の数値である。
　　2　1日当たり家族労働報酬は、家族労働報酬÷家族労働時間×8時間（1日換算）。
　　　ただし、家族労働報酬＝粗収益－（生産費総額－家族労働費）。
　　　なお、算出の結果、当該項目がマイナスになった場合は「－」表章としているので、
　　　利用に当たっては留意されたい。

3　食料自給率の推移

単位：％

年度	穀物（飼料用も含む。）自給率	主食用穀物自給率	1) 供給熱量ベースの総合食料自給率	2) 生産額ベースの総合食料自給率	3) 飼料自給率	4) 供給熱量ベースの食料国産率	5) 生産額ベースの食料国産率
昭和40年度	62	80	73	86	55	76	90
50	40	69	54	83	34	61	87
60	31	69	53	82	27	61	85
平成 7	30	65	43	74	26	52	76
12	28	60	40	71	26	48	74
13	28	60	40	70	25	48	73
14	28	61	40	70	25	49	73
15	27	60	40	71	23	48	74
16	28	60	40	70	25	48	74
17	28	61	40	70	25	48	73
18	27	60	39	69	25	48	73
19	28	60	40	67	25	48	72
20	28	61	41	66	26	50	71
21	26	58	40	70	25	49	74
22	27	59	39	70	25	47	74
23	28	59	39	67	26	47	71
24	27	59	39	68	26	47	72
25	28	59	39	66	26	47	71
26	29	60	39	64	27	48	69
27	29	61	39	66	28	48	70
28	28	59	38	68	27	46	71
29	28	59	38	66	26	47	70
30	28	59	37	66	25	46	69
令和元（概算）	28	61	38	66	25	47	69

資料：農林水産省大臣官房政策課食料安全保障室「食料需給表」
注：　1)の算出は次式による。ただし、自給率では、畜産物に飼料自給率を、加工品に原料自給率を乗じる。
　　　一方、4)の国産率では、加工品には原料自給率を乗じるが、畜産物には飼料自給率を乗じない。
　　　　　自給率＝国産供給熱量／供給熱量×100（供給熱量ベース）
　　　2)の算出は次式による。ただし、自給率では、畜産物は輸入飼料額を、加工品は原料輸入額を控除する。
　　　一方、5)の国産率では、加工品は原料輸入額を控除するが、畜産物は輸入飼料額を控除しない。
　　　　　自給率＝食料の国内生産額／食料の国内消費仕向額×100（生産額ベース）
　　　3)は、ＴＤＮ（可消化養分総量）に換算した数量を用いて算出している。
　　　4)平成28年度以前の食料国産率の推移は、令和2年8月に、遡及して算定を行った。

4 物価・家計
(1) 国内企業物価指数

平成27年＝100

類別	平成27年	28	29	30	令和元
総平均	100.0	96.5	98.7	101.3	101.5
工業製品	100.0	97.0	98.9	101.1	101.2
飲食料品	100.0	100.1	99.9	100.5	101.5
繊維製品	100.0	99.6	99.6	101.0	102.8
木材・木製品	100.0	100.7	102.8	105.4	105.0
パルプ・紙・同製品	100.0	99.5	99.6	102.0	107.7
化学製品	100.0	92.9	94.8	97.5	94.5
石油・石炭製品	100.0	83.6	98.9	115.6	110.1
プラスチック製品	100.0	97.0	96.0	97.1	98.6
窯業・土石製品	100.0	99.6	99.7	101.6	104.9
鉄鋼	100.0	94.1	102.9	108.3	110.7
非鉄金属	100.0	87.1	98.1	101.7	96.4
金属製品	100.0	99.8	101.4	104.2	106.8
はん用機器	100.0	100.3	100.0	100.4	102.1
生産用機器	100.0	100.4	100.1	100.8	102.4
業務用機器	100.0	101.6	102.0	101.8	102.2
電子部品・デバイス	100.0	96.8	97.9	97.9	97.8
電気機器	100.0	97.5	95.5	95.4	94.9
情報通信機器	100.0	99.4	97.9	96.8	95.3
輸送用機器	100.0	99.2	98.7	98.5	98.6
その他工業製品	100.0	100.0.	100.2	100.5	101.9
農林水産物	100.0	102.5	107.6	109.8	108.9
鉱産物	100.0	94.2	94.3	98.1	101.9
電力・都市ガス・水道	100.0	87.2	90.7	96.4	100.5
スクラップ類	100.0	91.4	120.2	137.0	114.5

資料：日本銀行調査統計局「企業物価指数」（以下(2)まで同じ。）
注： 国内で生産した国内需要家向けの財を対象とし、生産者段階における出荷時点の価格
を調査したものである。

(2) 輸出・輸入物価指数

平成27年＝100

類別	平成27年	28	29	30	令和元
輸出総平均	100.0	90.7	95.5	96.8	93.1
繊維品	100.0	89.8	92.3	93.3	92.2
化学製品	100.0	87.6	99.6	105.4	92.6
金属・同製品	100.0	88.2	104.0	110.0	104.7
はん用・生産用・業務用機器	100.0	95.3	97.0	97.0	95.9
電気・電子機器	100.0	89.5	92.4	90.5	86.9
輸送用機器	100.0	92.7	94.5	93.3	91.0
その他産品・製品	100.0	84.3	88.8	97.1	94.6
輸入総平均	100.0	83.6	92.7	99.7	94.4
飲食料品・食料用農水産物	100.0	88.2	92.8	93.2	90.7
繊維品	100.0	95.3	95.2	95.1	93.9
金属・同製品	100.0	80.0	98.3	102.8	100.0
木材・木製品・林産物	100.0	88.5	94.8	102.5	98.0
石油・石炭・天然ガス	100.0	68.6	91.8	115.1	104.4
化学製品	100.0	89.7	96.0	101.5	93.6
はん用・生産用・業務用機器	100.0	90.0	93.0	96.4	96.1
電気・電子機器	100.0	87.8	87.8	86.1	80.8
輸送用機器	100.0	94.0	96.2	96.3	95.8
その他産品・製品	100.0	90.5	92.6	93.5	92.1

注： 輸出物価指数は輸出品の通関段階における船積み時点の価格を、輸入物価指数は輸入品の
通関段階における荷降ろし時点の価格を調査したものである。なお、指数は円ベースである。

(3) 農業物価指数
ア 農産物価格指数

平成27年＝100

類別	平成27年	28	29	30	令和元
総合	100.0	107.4	108.5	111.8	109.3
米	100.0	112.4	122.5	130.4	131.1
麦	100.0	97.2	114.4	142.6	138.5
雑穀	100.0	98.5	100.4	112.9	85.4
豆	100.0	95.6	97.3	100.0	109.8
いも	100.0	108.8	94.2	85.4	89.0
野菜	100.0	107.8	100.7	107.6	94.8
果菜	100.0	103.9	97.6	102.9	97.5
葉茎菜	100.0	107.7	103.0	110.3	93.0
根菜	100.0	124.1	103.7	117.0	90.1
まめ科野菜	100.0	109.0	102.4	105.2	97.7
果実	100.0	110.2	110.6	114.4	116.4
工芸農作物	100.0	98.5	110.2	102.8	99.5
花き	100.0	103.7	101.5	103.8	109.1
畜産物	100.0	104.2	106.2	103.7	104.2
鶏卵	100.0	92.8	94.0	85.4	80.2
生乳	100.0	101.5	103.0	103.7	105.6
肉畜	100.0	99.2	101.9	96.3	96.9
子畜	100.0	123.1	125.2	122.6	121.9
成畜	100.0	123.3	123.9	122.4	116.5
稲わら	100.0	106.7	108.7	109.7	111.9

資料：農林水産省統計部「農業物価統計」（以下イまで同じ。）
注：1　農業物価指数は、農業経営体が販売する農産物の生産者価格及び農業経営体が購入する農業
　　　生産資材価格を毎月把握し、農業における投入・産出の物価変動を測定するものであり、農産
　　　物価格指数及び農業生産資材価格指数からなっている（以下イまで同じ。）。
　　2　指数の基準時は、平成27年（2015年）の1年間であり、指数の算定に用いるウエイトは、平
　　　成27年農業経営統計調査の「経営形態別経営統計（個別経営）」結果による全国1農業経営体
　　　当たり平均を用いて、農産物については農業粗収益から作成し、農業生産資材については農業
　　　経営費から作成した（以下イまで同じ。）。
　　3　指数採用品目は、農産物122品目、農業生産資材141品目である（以下イまで同じ。）。
　　4　指数の算式は、ラスパイレス式（基準時加重相対法算式）である（以下イまで同じ。）。

イ 農業生産資材価格指数

平成27年＝100

類別	平成27年	28	29	30	令和元
総合	100.0	98.5	98.8	100.7	101.9
種苗及び苗木	100.0	100.6	101.1	101.5	102.8
畜産用動物	100.0	118.0	121.2	118.3	118.6
肥料	100.0	98.2	92.7	94.3	98.0
無機質	100.0	98.2	92.6	94.2	98.0
有機質	100.0	99.0	96.1	97.5	98.5
飼料	100.0	93.1	92.4	96.1	97.3
農業薬剤	100.0	100.0	99.4	99.4	100.5
諸材料	100.0	100.0	99.6	100.8	104.3
光熱動力	100.0	86.5	95.7	107.0	106.8
農機具	100.0	100.2	100.2	100.3	100.8
小農具	100.0	100.3	100.5	100.6	101.6
大農具	100.0	100.2	100.1	100.2	100.6
自動車・同関係料金	100.0	100.0	100.1	100.5	101.7
建築資材	100.0	100.7	101.3	102.4	104.4
農用被服	100.0	102.2	102.5	102.8	104.3
賃借料及び料金	100.0	100.7	100.3	100.8	101.6

4 物価・家計（続き）
(4) 消費者物価指数（全国）

平成27年＝100

種別	平成27年	28	29	30	令和元
総合	100.0	99.9	100.4	101.3	101.8
生鮮食品を除く総合	100.0	99.7	100.2	101.0	101.7
持家の帰属家賃を除く総合	100.0	99.9	100.5	101.7	102.3
生鮮食品及びエネルギーを除く総合	100.0	100.6	100.7	101.0	101.6
食料(酒類を除く)及びエネルギーを除く総合	100.0	100.3	100.3	100.4	100.8
食料	100.0	101.7	102.4	103.9	104.3
1)生鮮食品	100.0	104.6	104.3	108.3	104.0
生鮮食品を除く食料	100.0	101.2	102.1	103.1	104.2
穀類	100.0	101.7	103.2	104.9	105.9
米類	100.0	103.8	108.8	113.9	114.2
パン	100.0	101.2	101.6	102.3	103.2
麺類	100.0	100.3	99.7	99.3	101.4
他の穀類	100.0	100.6	100.4	100.9	101.5
魚介類	100.0	101.8	107.1	110.6	112.1
うち生鮮魚介	100.0	101.9	108.5	111.4	111.9
肉類	100.0	101.6	103.0	103.4	104.3
うち生鮮肉	100.0	102.3	104.6	105.8	107.2
乳卵類	100.0	100.3	99.7	101.9	104.1
牛乳・乳製品	100.0	100.7	100.0	102.1	105.1
卵	100.0	98.8	98.8	101.2	100.3
野菜・海藻	100.0	103.7	101.7	106.4	101.1
うち生鮮野菜	100.0	105.0	100.8	105.8	97.5
果物	100.0	106.8	105.8	109.0	110.6
うち生鮮果物	100.0	107.0	105.9	109.2	110.6
油脂・調味料	100.0	100.7	101.0	101.0	100.8
菓子類	100.0	102.5	103.1	103.1	105.1
調理食品	100.0	101.4	101.7	102.3	103.2
飲料	100.0	100.3	100.6	100.5	100.7
うち茶類	100.0	99.0	98.1	97.5	97.0
酒類	100.0	99.6	102.7	103.1	102.6
外食	100.0	100.8	101.1	102.0	103.5
住居	100.0	99.9	99.7	99.6	99.8
光熱・水道	100.0	92.7	95.2	99.0	101.3
家具・家事用品	100.0	99.6	99.1	98.0	100.2
被服及び履物	100.0	101.8	102.0	102.2	102.6
保健医療	100.0	100.9	101.8	103.3	104.0
交通・通信	100.0	98.0	98.3	99.6	99.0
教育	100.0	101.6	102.2	102.7	101.1
教養娯楽	100.0	101.0	101.3	102.1	103.8
諸雑費	100.0	100.7	100.9	101.4	101.4
2)エネルギー	100.0	89.8	94.6	101.1	102.5
教育関係費	100.0	101.7	102.4	102.8	101.8
教養娯楽関係費	100.0	100.8	101.0	101.8	103.3
情報通信関係費	100.0	99.2	97.4	95.4	93.7

資料：総務省統計局「消費者物価指数年報」
注：1)は、生鮮魚介、生鮮野菜及び生鮮果物である。
　　2)は、電気代、都市ガス代、プロパンガス、灯油及びガソリンである。

5　国民経済と農林水産業の産出額
(1)　国民経済計算
　　ア　国内総生産勘定（名目）

単位：10億円

項目	平成28年	29	30
国内総生産（生産側）	535,537.2	545,897.4	547,125.5
雇用者報酬	270,261.0	274,733.7	283,579.7
営業余剰・混合所得	103,444.8	106,419.5	97,935.7
固定資本減耗	119,806.8	121,267.2	123,457.1
生産・輸入品に課される税	45,190.8	45,509.6	45,916.7
（控除）補助金	3,256.8	2,995.3	2,999.4
統計上の不突合	90.5	962.6	△ 764.3
国内総生産（支出側）	535,537.2	545,897.4	547,125.5
民間最終消費支出	298,240.4	302,642.0	304,427.8
政府最終消費支出	106,574.9	107,106.9	108,335.3
総固定資本形成	124,952.8	129,891.8	131,971.2
在庫変動	462.0	1,178.4	1,114.6
財貨・サービスの輸出	87,112.6	96,906.9	101,354.5
（控除）財貨・サービスの輸入	81,805.5	91,828.6	100,078.0
（参考）			
海外からの所得	29,021.0	31,412.3	33,320.8
（控除）海外に対する所得	10,999.7	11,953.3	13,370.4
国民総所得	553,558.6	565,356.4	567,075.9

資料：内閣府経済社会総合研究所「国民経済計算年報」（以下エまで同じ。）
注：　この数値は、平成23年に国際連合によって勧告された国際基準（2008SNA）
　　に基づき推計された結果である（以下エまで同じ。）。

5 国民経済と農林水産業の産出額（続き）
(1) 国民経済計算（続き）
イ 国内総生産（支出側、名目・実質：連鎖方式）

単位：10億円

項目	平成28年		29		30	
	名目	実質	名目	実質	名目	実質
国内総生産（支出側）	535,537.2	519,630.5	545,897.4	530,897.6	547,125.5	532,613.5
民間最終消費支出	298,240.4	294,945.6	302,642.0	298,821.4	304,427.8	298,782.5
家計最終消費支出	290,413.9	287,115.4	294,672.9	290,868.2	296,616.2	291,035.8
国内家計最終消費支出	291,769.4	288,857.0	296,463.7	293,122.8	299,027.4	293,902.7
居住者家計の海外での直接購入	1,696.2	1,251.6	1,734.5	1,206.1	1,834.4	1,059.0
（控除）非居住者家計の国内での直接購入	3,051.8	2,914.2	3,525.3	3,345.2	4,265.7	4,001.0
対家計民間非営利団体最終消費支出	7,826.5	7,840.5	7,969.1	7,963.8	7,811.7	7,754.8
政府最終消費支出	106,574.9	106,018.5	107,106.9	106,188.5	108,335.3	107,102.7
総資本形成	125,414.8	122,700.6	131,070.2	126,940.6	133,085.8	127,577.8
総固定資本形成	124,952.8	122,100.2	129,891.8	125,705.2	131,971.2	126,439.2
民間	98,100.5	96,286.2	102,445.0	99,778.4	103,950.6	100,437.3
住宅	16,753.4	15,932.3	17,310.9	16,196.3	16,440.9	15,117.5
企業設備	81,347.1	80,360.0	85,134.1	83,600.6	87,509.7	85,397.1
公的	26,852.3	25,828.1	27,446.9	25,954.3	28,020.6	26,031.8
住宅	805.8	769.0	658.8	617.3	631.3	580.5
企業設備	6,494.3	6,395.1	6,677.2	6,498.0	6,819.8	6,547.1
一般政府	19,552.3	18,670.0	20,110.8	18,847.2	20,569.5	18,913.6
在庫変動	462.0	552.6	1,178.4	1,239.2	1,114.6	1,131.7
民間企業	477.0	550.1	1,155.9	1,196.4	1,055.5	1,067.5
原材料	△ 20.0	△ 4.0	169.9	194.7	△ 112.1	△ 107.3
仕掛品	324.5	382.9	591.9	618.3	713.4	731.7
製品	△ 54.6	△ 72.6	345.1	355.3	126.8	117.3
流通品	227.1	231.6	49.0	43.0	327.4	312.5
公的	△ 15.0	△ 5.8	22.5	25.8	59.1	59.1
公的企業	△ 0.7	△ 5.9	△ 0.4	0.3	12.4	13.5
一般政府	△ 14.3	0.8	22.9	25.9	46.7	44.6
財貨・サービスの純輸出	5,307.1	△ 4,306.7	5,078.3	△ 1,534.8	1,276.6	△ 1,537.6
財貨・サービスの輸出	87,112.6	84,491.5	96,906.9	90,263.7	101,354.5	93,356.1
財貨の輸出	69,092.7	67,421.5	77,253.5	72,158.8	81,238.7	75,173.0
サービスの輸出	18,019.9	16,991.1	19,653.4	18,025.0	20,115.9	18,110.2
（控除）財貨・サービスの輸入	81,805.5	88,798.2	91,828.6	91,798.5	100,078.0	94,893.6
財貨の輸入	63,575.1	71,418.7	72,342.2	73,944.8	80,040.5	77,195.6
サービスの輸入	18,230.3	17,468.4	19,486.4	17,962.1	20,037.4	17,884.5

注： 1 実質値は、平成23暦年連鎖価格である。
　　 2 「財貨・サービスの純輸出」の実質値は、連鎖方式での計算ができないため「財貨・サービスの輸出」−「財貨・サービスの輸入」により求めている。

ウ 国民所得の分配（名目）

単位：10億円

項目	平成28年	29	30
国民所得（要素費用表示）	391,727.2	400,612.2	401,465.8
雇用者報酬	270,370.4	274,843.1	283,694.6
賃金・俸給	229,924.9	233,287.0	241,147.8
雇主の社会負担	40,445.5	41,556.1	42,546.7
雇主の現実社会負担	38,452.5	39,949.1	40,898.7
雇主の帰属社会負担	1,992.9	1,607.1	1,648.0
財産所得（非企業部門）	23,246.1	25,068.5	26,761.2
一般政府	△ 2,425.5	△ 1,264.4	△ 388.4
利子	△ 2,661.4	△ 1,486.7	△ 598.7
法人企業の分配所得（受取）	552.0	534.0	516.7
その他の投資所得（受取）	0.3	0.3	0.4
賃貸料	△ 316.5	△ 312.1	△ 306.8
家計	25,429.7	26,045.9	26,811.5
利子	5,195.6	5,013.6	5,385.1
配当（受取）	7,151.3	8,206.1	8,605.2
その他の投資所得（受取）	10,478.6	10,306.1	10,269.5
賃貸料（受取）	2,604.2	2,520.2	2,551.6
対家計民間非営利団体	241.9	286.9	338.1
利子	104.5	107.4	132.9
配当（受取）	124.3	164.1	189.3
その他の投資所得（受取）	1.2	1.2	1.2
賃貸料	11.8	14.2	14.8
企業所得（企業部門の第1次所得バランス）	98,110.7	100,700.7	91,010.0
民間法人企業	58,977.8	62,015.5	52,285.7
非金融法人企業	51,317.2	54,095.0	43,291.4
金融機関	7,660.6	7,920.5	8,994.3
公的企業	2,803.2	2,622.8	2,587.1
非金融法人企業	562.0	405.5	415.1
金融機関	2,241.2	2,217.3	2,172.0
個人企業	36,329.7	36,062.4	36,137.2
農林水産業	2,872.6	2,883.7	2,774.5
その他の産業（非農林水産・非金融）	8,625.8	8,485.4	8,840.7
持ち家	24,831.4	24,693.3	24,521.9

注：「企業所得（第1次所得バランス）」は、営業余剰・混合所得（純）に財産所得の受取を
加え、財産所得の支払を控除したものである。

5 国民経済と農林水産業の産出額（続き）
(1) 国民経済計算（続き）
　エ 経済活動別国内総生産（名目・実質：連鎖方式）

単位：10億円

項目	平成28年		29		30	
	名目	実質	名目	実質	名目	実質
国内総生産	535,537.2	519,630.5	545,897.4	530,897.6	547,125.5	532,613.5
計	533,449.7	516,340.6	542,378.9	528,163.0	545,073.5	531,435.7
農林水産業	6,498.0	4,575.5	6,616.5	4,616.9	6,780.9	4,685.4
農業	5,479.9	3,827.9	5,579.1	3,915.8	5,697.9	3,959.8
林業	210.8	189.3	214.5	184.1	226.2	189.4
水産業	807.3	555.5	822.9	513.3	856.7	531.7
鉱業	286.5	208.5	300.4	232.2	282.0	225.2
製造業	111,010.7	105,514.0	113,479.8	110,279.4	113,511.4	112,294.9
うち食料品	13,739.9	13,192.0	13,675.2	13,441.5	13,432.4	13,304.9
電気・ガス・水道・廃棄物処理業	13,953.7	8,836.5	14,280.7	9,658.5	14,205.5	9,761.2
建設業	29,921.5	28,543.1	31,136.5	29,523.5	31,061.5	29,224.8
卸売・小売業	74,050.6	73,439.3	75,903.3	75,122.8	74,779.7	73,607.0
運輸・郵便業	27,009.9	24,477.5	27,727.5	25,240.1	28,298.8	25,280.0
宿泊・飲食サービス業	13,674.2	12,655.1	14,176.5	13,219.0	13,870.2	12,844.7
情報通信業	26,880.5	26,969.6	26,560.3	27,027.4	26,990.1	27,779.8
金融・保険業	22,334.8	26,488.2	22,529.9	27,179.7	22,784.8	27,368.3
不動産業	61,169.3	62,860.9	61,784.6	63,883.4	61,997.6	64,658.0
専門・科学技術、業務支援サービス業	39,886.6	37,943.4	40,153.6	37,632.9	41,224.7	38,103.8
公務	26,696.4	26,266.9	26,844.9	26,230.7	27,217.8	26,309.0
教育	19,396.9	19,175.4	19,544.3	19,256.4	19,640.8	19,280.2
保健衛生・社会事業	37,762.3	36,914.4	38,053.1	37,081.7	39,381.6	38,298.2
その他のサービス	22,917.7	21,876.3	23,287.3	21,980.9	23,046.2	21,744.7
輸入品に課される税・関税	7,676.1	5,992.0	8,570.9	6,058.0	9,262.7	6,129.9
(控除)総資本形成に係る消費税	5,679.1	3,516.7	6,015.2	3,686.1	6,446.3	3,833.2
国内総生産(不突合を含まず)	535,446.6	518,937.5	544,934.7	530,591.9	547,889.8	533,729.5
統計上の不突合	90.5	693.1	962.6	305.6	△ 764.3	△ 1,116.0

注：1　実質値は、平成23暦年連鎖価格である。
　　2　「統計上の不突合」の実質値は、連鎖方式での計算ができないため、
　　　　「国内総生産」－「国内総生産（不突合を含まず。）」により求めている。

(2)　農業・食料関連産業の経済計算
　　ア　農業・食料関連産業の国内総生産

単位：10億円

項目	平成28年	29	30（概算）
農業・食料関連産業	54,069.4	55,317.6	54,983.0
農林漁業	6,290.2	6,298.1	5,985.0
農業	5,352.7	5,316.6	5,050.3
林業（特用林産物）	104.8	102.5	105.3
漁業	832.7	879.0	829.4
関連製造業	13,900.1	13,880.5	13,795.4
食品製造業	13,463.2	13,467.8	13,374.5
資材供給産業	436.9	412.7	420.9
関連投資	1,232.4	1,382.5	1,366.1
関連流通業	20,462.4	20,469.8	20,861.9
外食産業	12,184.4	13,286.7	12,974.6
1)　(参考) 全経済活動	535,537.2	545,897.4	547,125.5

資料：農林水産省統計部「農業・食料関連産業の経済計算」（以下ウまで同じ。）
　　　1)は、内閣府「国民経済計算」による国内総生産（GDP）の値である。

イ　農業・食料関連産業の国内生産額

単位：10億円

項目	平成28年	29	30（概算）
農業・食料関連産業	116,552.0	117,050.0	117,340.6
農林漁業	12,690.3	12,820.3	12,548.4
農業	10,886.0	11,004.3	10,783.5
林業（特用林産物）	228.4	224.7	231.4
漁業	1,575.9	1,591.3	1,533.4
関連製造業	39,676.6	39,916.9	40,126.9
食品製造業	37,604.4	37,935.8	38,098.2
資材供給産業	2,072.2	1,981.1	2,028.7
関連投資	2,687.3	2,980.1	2,912.5
関連流通業	32,974.2	32,374.7	32,549.6
外食産業	28,523.6	28,958.0	29,203.3
1)　(参考) 全経済活動	996,931.5	1,028,369.5	1,045,492.4

注：1)は、内閣府「国民経済計算」による経済活動別の産出額の合計である。

5 国民経済と農林水産業の産出額（続き）
(2) 農業・食料関連産業の経済計算（続き）
ウ 農業の経済計算
(ｱ) 農業生産

単位：10億円

項目	平成28年	29	30（概算）
農業生産額	10,886.0	11,004.3	10,783.5
中間投入	5,533.3	5,687.7	5,733.2
農業総生産	5,352.7	5,316.6	5,050.3
固定資本減耗	1,183.3	1,240.0	1,170.1
間接税	671.0	669.8	637.6
経常補助金（控除）	811.1	863.4	776.3
農業純生産	4,309.5	4,269.7	4,010.8

(ｲ) 農業総資本形成（名目）

単位：10億円

項目	平成28年	29	30（概算）
農業総資本形成	2,602.9	3,054.0	2,985.0
農業総固定資本形成	2,617.5	3,065.6	3,026.8
土地改良	1,291.1	1,550.4	1,530.0
農業用建物	141.7	182.0	242.8
農機具	1,024.2	1,148.9	1,062.1
動植物の成長	160.5	184.3	191.9
在庫純増	△ 14.6	△ 11.5	△ 41.8

(3) 農林水産業の産出額・所得
ア 農業総産出額及び生産農業所得

	部門	単位	平成26年	27	28	29	30
実数	農業総産出額	億円	83,639	87,979	92,025	92,742	90,558
	耕種計	〃	53,632	56,245	59,801	59,605	57,815
	米	〃	14,343	14,994	16,549	17,357	17,416
	麦類	〃	384	432	312	420	398
	雑穀	〃	60	87	80	93	90
	豆類	〃	749	684	554	687	623
	いも類	〃	2,075	2,261	2,372	2,102	1,955
	野菜	〃	22,421	23,916	25,567	24,508	23,212
	果菜類	〃	9,437	10,118	10,512	10,014	10,289
	葉茎菜類	〃	9,576	10,277	11,031	10,832	9,622
	根菜類	〃	3,407	3,522	4,024	3,662	3,301
	果実	〃	7,628	7,838	8,333	8,450	8,406
	花き	〃	3,437	3,529	3,529	3,438	3,327
	工芸農作物	〃	1,889	1,862	1,871	1,930	1,786
	その他作物	〃	646	643	635	620	603
	畜産計	〃	29,448	31,179	31,626	32,522	32,129
	肉用牛	〃	5,940	6,886	7,391	7,312	7,619
	乳用牛	〃	8,051	8,397	8,703	8,955	9,110
	うち生乳	〃	6,967	7,314	7,391	7,402	7,474
	豚	〃	6,331	6,214	6,122	6,494	6,062
	鶏	〃	8,530	9,049	8,754	9,031	8,606
	うち鶏卵	〃	5,109	5,465	5,148	5,278	4,812
	ブロイラー	〃	3,254	3,415	3,441	3,578	3,608
	その他畜産物	〃	595	634	657	730	731
	加工農産物	〃	559	555	598	615	615
	生産農業所得	〃	28,319	32,892	37,558	37,616	34,873
(参考)農業総産出額に占める 生産農業所得の割合		%	33.9	37.4	40.8	40.6	38.5
構成比	農業総産出額	%	100.0	100.0	100.0	100.0	100.0
	耕種計	〃	64.1	63.9	65.0	64.3	63.8
	米	〃	17.1	17.0	18.0	18.7	19.2
	麦類	〃	0.5	0.5	0.3	0.5	0.4
	雑穀	〃	0.1	0.1	0.1	0.1	0.1
	豆類	〃	0.9	0.8	0.6	0.7	0.7
	いも類	〃	2.5	2.6	2.6	2.3	2.2
	野菜	〃	26.8	27.2	27.8	26.4	25.6
	果菜類	〃	11.3	11.5	11.4	10.8	11.4
	葉茎菜類	〃	11.4	11.7	12.0	11.7	10.6
	根菜類	〃	4.1	4.0	4.4	3.9	3.6
	果実	〃	9.1	8.9	9.1	9.1	9.3
	花き	〃	4.1	4.0	3.8	3.7	3.7
	工芸農作物	〃	2.3	2.1	2.0	2.1	2.0
	その他作物	〃	0.8	0.7	0.7	0.7	0.7
	畜産計	〃	35.2	35.4	34.4	35.1	35.5
	肉用牛	〃	7.1	7.8	8.0	7.9	8.4
	乳用牛	〃	9.6	9.5	9.5	9.7	10.1
	うち生乳	〃	8.3	8.3	8.0	8.0	8.3
	豚	〃	7.6	7.1	6.7	7.0	6.7
	鶏	〃	10.2	10.3	9.5	9.7	9.5
	うち鶏卵	〃	6.1	6.2	5.6	5.7	5.3
	ブロイラー	〃	3.9	3.9	3.7	3.9	4.0
	その他畜産物	〃	0.7	0.7	0.7	0.8	0.8
	加工農産物	〃	0.7	0.6	0.6	0.7	0.7

資料：農林水産省統計部「生産農業所得統計」（以下イまで同じ。）
注：1 農業総産出額は、当該年（暦年）に生産された農産物の生産量（自家消費分を含む。）
から農業に再投入される種子、飼料などの中間生産物を控除した品目別生産数量に、品目
別農家庭先販売価格を乗じて推計したものである。
2 生産農業所得は、1の農業総産出額に農業経営統計調査から得られる係数（※）を乗じ、
経常補助金の実額を加算したものである。
※ $\frac{農業粗収益（経常補助金を除く。）－物的経費（減価償却費及び間接税を含む。）}{農業粗収益（経常補助金を除く。）}$

5 国民経済と農林水産業の産出額（続き）
(3) 農林水産業の産出額・所得（続き）
イ 都道府県別農業産出額及び生産農業所得（平成30年）

都道府県		計	農業産出額 耕種									
			小計	米	麦類	雑穀	豆類	いも類	野菜	果実	花き	工芸農作物
		億円	億円	億円	億円	億円	億円	億円	億円	億円	億円	億円
北海道	(1)	12,593	5,246	1,122	232	29	304	648	2,271	54	131	414
青森	(2)	3,222	2,317	553	x	1	6	15	836	828	20	40
岩手	(3)	2,727	1,119	582	1	4	8	4	303	126	42	41
宮城	(4)	1,939	1,179	818	2	0	20	3	277	26	27	1
秋田	(5)	1,843	1,484	1,036	0'	3	13	5	308	72	31	12
山形	(6)	2,480	2,113	835	x	6	9	2	472	709	69	3
福島	(7)	2,113	1,648	798	0	7	3	9	488	255	64	14
茨城	(8)	4,508	3,148	868	5	7	16	274	1,708	112	137	11
栃木	(9)	2,871	1,767	714	43	10	7	12	815	80	68	6
群馬	(10)	2,454	1,405	166	12	1	3	8	983	83	54	82
埼玉	(11)	1,758	1,496	370	11	1	1	23	833	61	160	20
千葉	(12)	4,259	2,969	728	x	1	100	198	1,546	157	193	7
東京	(13)	240	221	1	x	0	0	8	134	33	37	0
神奈川	(14)	697	548	36	0	0	2	13	360	82	45	1
新潟	(15)	2,462	1,983	1,445	0	1	11	15	350	77	73	10
富山	(16)	651	558	451	2	2	8	3	58	21	11	0
石川	(17)	545	453	288	1	0	3	13	108	31	6	2
福井	(18)	470	423	305	2	4	3	6	87	10	5	0
山梨	(19)	953	867	63	0	0	1	4	112	629	36	1
長野	(20)	2,616	2,296	473	3	10	6	12	905	714	138	2
岐阜	(21)	1,104	675	219	2	0	3	5	318	51	64	7
静岡	(22)	2,120	1,535	194	1	0	1	29	643	298	157	188
愛知	(23)	3,115	2,244	296	6	0	5	9	1,125	202	543	17
三重	(24)	1,113	649	287	4	0	3	5	137	69	48	54
滋賀	(25)	641	526	369	4	0	7	4	114	8	10	6
京都	(26)	704	520	174	x	0	5	6	256	18	10	42
大阪	(27)	332	312	73	x	0	0	2	150	67	17	0
兵庫	(28)	1,544	940	479	1	0	18	6	355	32	41	1
奈良	(29)	407	338	111	0	0	1	3	104	71	34	8
和歌山	(30)	1,158	1,084	75	x	0	0	2	161	748	64	7
鳥取	(31)	743	466	145	0	0	1	7	211	70	26	2
島根	(32)	612	369	204	1	1	2	3	99	37	16	3
岡山	(33)	1,401	833	320	6	0	11	5	214	245	23	1
広島	(34)	1,187	712	263	x	0	1	9	234	165	31	1
山口	(35)	654	477	228	2	0	1	7	158	43	27	2
徳島	(36)	981	716	134	x	0	0	65	371	93	37	5
香川	(37)	817	480	126	2	0	0	8	234	64	29	5
愛媛	(38)	1,233	988	168	2	0	1	5	201	530	28	4
高知	(39)	1,170	1,088	117	0	0	0	21	745	114	73	10
福岡	(40)	2,124	1,703	429	30	0	20	9	729	229	172	27
佐賀	(41)	1,277	921	281	24	0	21	4	325	203	33	20
長崎	(42)	1,499	933	135	2	0	1	79	439	149	75	36
熊本	(43)	3,406	2,223	391	7	1	6	45	1,227	327	96	90
大分	(44)	1,259	794	248	3	0	3	17	328	116	49	21
宮崎	(45)	3,429	1,189	178	0	0	1	78	670	129	68	48
鹿児島	(46)	4,863	1,584	211	x	1	2	255	556	106	122	306
沖縄	(47)	988	539	6	x	0	1	13	158	60	88	205

その他作物	畜産									加工農産物	生産農業所得	(参考)農業産出額に占める生産農業所得の割合	
	小計	肉用牛	乳用牛	生乳	豚	鶏	鶏卵	ブロイラー	その他畜産物養蚕を含む。				
億円	億円	億円	億円	億円	億円	億円	億円	億円	億円	億円	億円	%	
40	7,347	1,016	5,026	3,826	439	357	188	167	509	−	5,060	40.2	(1)
x	905	164	86	72	216	424	193	216	15	0	1,307	40.6	(2)
8	1,608	284	270	231	282	761	152	574	9	0	937	34.4	(3)
6	758	276	138	122	122	220	149	60	1	2	739	38.1	(4)
4	359	62	32	27	175	84	69	x	6	0	735	39.9	(5)
x	361	122	87	72	117	33	15	x	4	6	1,080	43.5	(6)
11	455	134	93	76	66	158	121	21	3	11	828	39.2	(7)
11	1,277	164	209	183	405	497	449	27	2	83	1,685	37.4	(8)
12	1,095	208	416	350	257	211	191	x	2	10	1,033	36.0	(9)
13	1,047	161	269	218	409	199	123	64	11	1	913	37.2	(10)
15	261	40	74	63	58	84	83	x	6	1	687	39.1	(11)
x	1,287	98	274	234	458	446	341	57	12	3	1,486	34.9	(12)
x	20	2	13	10	2	2	2	−	1	0	100	41.7	(13)
9	146	11	45	39	48	41	41	−	1	2	268	38.5	(14)
1	478	34	60	52	141	242	171	24	1	2	951	38.6	(15)
1	89	11	15	13	23	39	38	−	0	5	245	37.6	(16)
2	90	12	27	23	17	34	34	−	0	1	220	40.4	(17)
1	46	9	8	7	2	27	25	2	0	1	173	36.8	(18)
21	77	14	22	18	10	30	16	15	1	8	426	44.7	(19)
32	287	66	125	104	45	42	16	26	9	33	1,065	40.7	(20)
4	427	117	46	40	81	181	132	25	3	2	445	40.3	(21)
24	464	79	113	97	62	177	127	41	33	121	773	36.5	(22)
40	866	113	223	189	253	245	204	29	33	5	1,085	34.8	(23)
41	434	90	73	62	67	204	178	19	0	30	444	39.9	(24)
2	112	66	26	21	2	18	17	x	0	3	270	42.1	(25)
x	144	19	39	32	13	72	58	9	2	40	249	35.4	(26)
x	20	2	13	11	3	2	2	−	0	0	129	38.9	(27)
6	604	184	115	92	14	289	176	80	2	0	502	32.5	(28)
6	62	12	33	28	2	13	12	x	0	8	147	36.1	(29)
x	51	9	7	6	1	29	13	13	5	22	546	47.2	(30)
2	277	51	78	65	47	101	19	82	0	0	265	35.7	(31)
3	242	83	84	74	27	44	33	11	3	2	256	41.8	(32)
8	567	89	128	111	18	332	244	73	1	0	456	32.5	(33)
x	474	68	61	54	85	256	231	20	5	1	395	33.3	(34)
10	176	42	21	19	14	96	47	36	3	0	250	38.2	(35)
x	265	71	40	33	32	119	23	75	2	0	339	34.6	(36)
11	337	47	49	41	24	215	143	50	1	−	276	33.8	(37)
49	245	26	42	36	100	73	49	24	3	0	498	40.4	(38)
8	80	15	27	24	18	20	10	9	1	2	394	33.7	(39)
59	408	73	100	82	49	180	122	28	5	14	957	45.1	(40)
11	351	172	19	15	48	110	14	95	2	5	618	48.4	(41)
16	562	259	62	51	120	119	50	68	2	4	570	38.0	(42)
36	1,147	430	317	265	194	187	79	78	20	35	1,395	41.0	(43)
9	454	157	88	76	85	121	47	59	3	11	503	40.0	(44)
17	2,208	768	96	79	515	827	100	696	2	32	1,079	31.5	(45)
x	3,172	1,266	112	93	806	984	263	693	4	107	1,424	29.3	(46)
x	449	223	36	35	132	55	41	14	3	0	359	36.3	(47)

5 国民経済と農林水産業の産出額（続き）

(3) 農林水産業の産出額・所得（続き）

ウ 市町村別農業産出額（推計）（平成30年）

順位	都道府県	市町村	農業産出額	主要部門				順位	(参考)平成29年 農業産出額
				1位		2位			
				部門	産出額	部門	産出額		
			億円		億円		億円		億円
1	愛知県	田原市	848.7	野菜	316.1	花き	295.5	1	883.3
2	宮崎県	都城市	754.1	豚	205.4	肉用牛	195.9	2	771.5
3	茨城県	鉾田市	708.4	野菜	383.2	豚	148.0	3	754.1
4	北海道	別海町	660.2	乳用牛	636.0	肉用牛	15.7	4	646.7
5	新潟県	新潟市	586.5	米	324.3	野菜	161.4	6	579.8
6	千葉県	旭市	522.9	野菜	178.3	豚	173.4	5	581.9
7	静岡県	浜松市	486.7	果実	160.1	野菜	134.8	7	512.1
8	熊本県	熊本市	473.6	野菜	249.4	果実	74.1	8	457.9
9	鹿児島県	鹿屋市	442.2	肉用牛	155.3	豚	111.4	10	455.9
10	愛知県	豊橋市	434.2	野菜	244.4	豚	38.1	9	457.8
11	青森県	弘前市	429.8	果実	357.6	米	37.6	13	409.7
12	鹿児島県	南九州市	413.4	鶏卵	94.1	工芸農作物	78.4	11	440.7
13	鹿児島県	志布志市	411.5	豚	160.0	肉用牛	108.7	12	421.4
14	熊本県	菊池市	386.5	肉用牛	110.6	乳用牛	79.0	16	386.4
15	群馬県	前橋市	375.7	豚	92.4	野菜	85.3	15	399.1
16	千葉県	香取市	368.5	米	82.5	野菜	74.2	14	403.0
17	栃木県	那須塩原市	366.3	乳用牛	178.0	米	55.9	21	367.0
18	宮崎県	宮崎市	363.7	野菜	180.8	肉用牛	50.5	19	374.7
19	鹿児島県	曽於市	362.5	肉用牛	128.7	豚	100.7	17	375.5
20	熊本県	八代市	359.5	野菜	254.6	米	47.5	18	375.3
21	鹿児島県	大崎町	349.3	ブロイラー	231.7	野菜	45.1	22	354.4
22	茨城県	小美玉市	341.6	鶏卵	153.6	野菜	84.1	20	372.3
23	宮城県	登米市	333.4	米	134.9	肉用牛	89.4	24	326.4
24	北海道	北見市	329.3	野菜	197.6	乳用牛	48.8	30	299.3
25	山形県	鶴岡市	325.6	米	140.8	野菜	121.7	27	312.8
26	北海道	幕別町	314.4	乳用牛	121.9	野菜	96.8	26	322.6
27	岩手県	一関市	313.3	米	66.5	ブロイラー	64.0	28	312.0
28	栃木県	大田原市	304.2	米	83.8	野菜	70.7	34	288.3
29	埼玉県	深谷市	299.6	野菜	175.8	花き	27.1	23	347.8
30	福岡県	久留米市	297.8	野菜	129.3	米	44.7	25	325.1

資料：農林水産省統計部「市町村別農業産出額（推計）」（以下エまで同じ。）
注：農業産出額の上位30市町村を掲載した。

エ　部門別市町村別農業産出額（推計）（平成30年）

順位	米			豆類			いも類		
	都道府県	市町村	農業産出額	都道府県	市町村	農業産出額	都道府県	市町村	農業産出額
			億円			億円			億円
1	新潟県	新潟市	324.3	北海道	音更町	25.5	茨城県	鉾田市	113.7
2	秋田県	大仙市	153.0	千葉県	八街市	24.8	千葉県	成田市	78.2
3	新潟県	長岡市	153.0	北海道	帯広市	19.4	千葉県	香取市	69.2
4	山形県	鶴岡市	140.8	北海道	芽室町	16.6	茨城県	行方市	64.9
5	新潟県	上越市	139.1	北海道	更別村	12.4	北海道	帯広市	45.7

順位	野菜			果実			花き		
	都道府県	市町村	農業産出額	都道府県	市町村	農業産出額	都道府県	市町村	農業産出額
			億円			億円			億円
1	茨城県	鉾田市	383.2	青森県	弘前市	357.6	愛知県	田原市	295.5
2	愛知県	田原市	316.1	山梨県	笛吹市	203.6	静岡県	浜松市	61.2
3	熊本県	八代市	254.6	静岡県	浜松市	160.1	茨城県	神栖市	37.7
4	熊本県	熊本市	249.4	山形県	東根市	145.4	千葉県	南房総市	37.7
5	愛知県	豊橋市	244.4	山梨県	甲州市	138.6	鹿児島県	和泊町	37.6

順位	工芸農作物			肉用牛			乳用牛		
	都道府県	市町村	農業産出額	都道府県	市町村	農業産出額	都道府県	市町村	農業産出額
			億円			億円			億円
1	沖縄県	宮古島市	97.4	宮崎県	都城市	195.9	北海道	別海町	636.0
2	鹿児島県	南九州市	78.4	鹿児島県	鹿屋市	155.3	北海道	中標津町	239.4
3	静岡県	牧之原市	31.6	鹿児島県	曽於市	128.7	北海道	標茶町	221.3
4	静岡県	島田市	29.2	熊本県	菊池市	110.6	栃木県	那須塩原市	178.0
5	北海道	帯広市	26.1	鹿児島県	志布志市	108.7	北海道	清水町	149.5

順位	豚			鶏卵			ブロイラー		
	都道府県	市町村	農業産出額	都道府県	市町村	農業産出額	都道府県	市町村	農業産出額
			億円			億円			億円
1	宮崎県	都城市	205.4	茨城県	小美玉市	153.6	鹿児島県	大崎町	231.7
2	千葉県	旭市	173.4	鹿児島県	南九州市	94.1	岩手県	二戸市	215.7
3	鹿児島県	志布志市	160.0	広島県	庄原市	86.1	宮崎県	都城市	154.7
4	茨城県	鉾田市	148.0	静岡県	富士宮市	81.9	宮崎県	日向市	110.3
5	群馬県	桐生市	139.3	鹿児島県	出水市	81.6	鹿児島県	垂水市	94.3

注：農業産出額の各部門別上位5市町村を掲載した。

5 国民経済と農林水産業の産出額（続き）
(3) 農林水産業の産出額・所得（続き）
オ 林業産出額及び生産林業所得（全国）

単位：億円

区分	平成26年	27	28	29	30
林業産出額	4,640.0	4,544.6	4,702.5	4,863.3	5,020.2
木材生産	2,458.6	2,340.8	2,370.0	2,560.9	2,648.3
製用材素材等	2,354.5	2,182.7	2,150.2	2,250.0	2,289.2
輸用丸太	62.5	75.9	67.9	96.4	111.6
燃料用チップ素材	41.6	82.2	151.9	214.5	247.6
薪炭生産	56.6	53.1	54.9	54.4	55.4
栽培きのこ類生産	2,084.0	2,105.2	2,213.9	2,200.8	2,256.6
1)林野副産物採取	40.8	45.4	63.7	47.3	59.8
2)(参考)生産林業所得	2,526.2	2,510.2	2,601.0	2,695.4	2,665.8
うち木材生産	1,512.6	1,440.8	1,461.1	1,578.3	1,509.6

資料：農林水産省統計部「林業産出額」（以下カまで同じ。）
注：1　林業産出額は、当該年（暦年）に生産された品目別生産量に、品目別の販売価格（木材生産
　　　は山元土場価格、それ以外の品目は庭先販売価格）を乗じて推計したものである。
　　2　生産林業所得は、1の林業産出額に林業経営統計調査、産業連関構造調査（栽培きのこ生産
　　　業投入調査）等から得られる所得率を乗じて推計したものである。
　　1)は、平成28年以降の数値に野生鳥獣の産出額を含む。
　　2)は、平成27年から栽培きのこ類生産部門の所得率を産業連関構造調査（栽培きのこ生産業投
　　　入調査）から得られる全国の所得率に変更した。

カ 都道府県別林業産出額（平成30年）

単位：億円

都道府県	林業産出額	木材生産	薪炭生産	栽培きのこ類生産	林野副産物採取	都道府県	林業産出額	木材生産	薪炭生産	栽培きのこ類生産	林野副産物採取
合計	4,628.5	2,278.7	35.4	2,256.6	57.7	三重	50.7	35.6	0.4	14.6	0.1
北海道	468.2	351.5	2.0	105.9	8.8	滋賀	10.8	5.9	0.0	4.5	0.4
青森	83.3	78.5	0.2	3.4	1.2	京都	24.4	11.3	0.2	11.9	1.0
岩手	196.8	149.2	4.9	39.2	3.5	大阪	3.8	0.6	x	3.1	x
宮城	84.6	48.2	0.2	35.7	0.4	兵庫	37.9	25.9	0.1	9.0	3.0
秋田	159.9	118.1	0.1	41.2	0.6	奈良	29.4	21.3	1.1	6.4	0.6
山形	82.7	30.2	0.4	50.3	1.9	和歌山	40.4	19.8	8.0	11.6	0.9
福島	103.9	71.3	0.2	32.0	0.4	鳥取	37.3	25.7	0.0	10.6	1.0
茨城	71.6	43.2	0.1	28.3	0.1	島根	66.5	48.0	1.2	16.4	0.9
栃木	107.1	67.4	0.3	39.3	0.1	岡山	58.8	46.5	0.0	11.4	0.9
群馬	68.8	21.5	0.2	47.0	0.1	広島	77.1	32.1	0.0	44.4	0.7
埼玉	16.0	6.4	0.0	9.5	0.1	山口	29.9	24.4	0.6	4.4	0.5
千葉	22.3	6.9	0.0	15.1	0.3	徳島	110.0	31.9	0.2	77.2	0.7
東京	4.4	2.3	0.0	2.1	0.0	香川	47.2	0.5	0.2	45.9	0.5
神奈川	4.3	1.7	0.0	2.5	0.0	愛媛	72.2	56.6	0.6	14.1	0.9
新潟	476.8	10.8	0.1	464.5	1.4	高知	82.2	58.4	7.7	12.1	4.0
富山	35.9	5.5	0.0	30.3	0.1	福岡	144.7	25.8	0.4	117.8	0.7
石川	27.9	13.6	0.1	13.3	0.9	佐賀	16.7	14.5	x	1.6	x
福井	15.2	9.1	0.1	5.9	0.1	長崎	70.2	11.5	0.1	58.1	0.5
山梨	12.2	9.4	0.0	2.5	0.2	熊本	159.4	136.9	1.2	20.9	0.5
長野	593.5	51.5	0.3	526.3	15.3	大分	195.6	130.6	0.5	64.0	0.5
岐阜	95.0	58.4	0.5	35.3	0.9	宮崎	291.3	231.5	1.7	57.1	1.0
静岡	121.2	38.1	0.2	82.7	0.3	鹿児島	84.2	69.5	0.8	13.3	0.6
愛知	30.6	21.2	0.2	8.8	0.4	沖縄	5.1	0.0	0.0	5.1	0.0

注：　都道府県別林業産出額には、オで推計している木材生産におけるパルプ工場へ入荷されるパルプ
　　　用素材、輸用丸太及び燃料用チップ素材の産出額、薪炭生産におけるまきの産出額、林野副産物採
　　　取における木ろう及び生うるしの産出額を含まない。また、全国値には含まない木材生産における
　　　県外移出されたしいたけ原木の産出額を含む。
　　　このため、都道府県別林業産出額の合計は、オにおける林業産出額（全国）とは一致しない。

キ 漁業産出額及び生産漁業所得

単位：億円

区分	平成26年	27	28	29	30
漁業産出額計	14,809	15,621	15,599	15,741	15,335
海面漁業	9,663	9,957	9,620	9,614	9,379
海面養殖業	4,259	4,673	4,887	4,979	4,861
内水面漁業	177	184	198	198	185
内水面養殖業	710	809	894	949	911
生産漁業所得	7,507	7,998	8,009	8,145	7,944
(参考)					
種苗生産額（海面）	184	193	210	271	199
種苗生産額（内水面）	41	44	47	49	46

資料：農林水産省統計部「漁業・養殖業生産統計年報（併載：漁業産出額）」（以下クまで同じ。）
注： 1 　漁業産出額は、当該年（暦年）に漁獲（収獲）された水産物の魚種別の数量に、魚種別産地
　　　市場価格等を乗じて推計したものである。
　　 2 　生産漁業所得は、1の漁業産出額に漁業経営調査又は産業連関構造調査（内水面養殖業投入
　　　調査）から得られる所得率を乗じて漁業産出額全体の所得を推計したものである。
　　 3 　平成29年漁業産出額の公表から、中間生産物である「種苗」を漁業産出額から除外し、種苗
　　　生産額として参考表章することとした。それに伴い漁業産出額及び生産漁業所得については、
　　　過去に遡及して推計した。

ク 都道府県別海面漁業・養殖業産出額（平成30年）

単位：億円

都道府県	海面			都道府県	海面		
	計	漁業	養殖業		計	漁業	養殖業
合計	14,238	9,377	4,861	大阪	46	45	2
北海道	2,750	2,382	368	兵庫	523	278	244
青森	549	412	137	和歌山	127	79	48
岩手	379	287	92	鳥取	227	215	12
宮城	789	563	226	島根	221	217	3
秋田	30	29	1	岡山	68	21	47
山形	22	22	－	広島	238	61	177
福島	97	97	0	山口	150	131	20
茨城	235	x	x	徳島	111	65	46
千葉	263	237	26	香川	221	81	139
東京	173	x	x	愛媛	887	203	684
神奈川	168	164	3	高知	520	268	251
新潟	126	121	5	福岡	291	131	161
富山	137	136	0	佐賀	309	51	258
石川	177	174	3	長崎	996	636	360
福井	96	92	4	熊本	379	63	317
静岡	551	529	23	大分	377	127	249
愛知	209	173	36	宮崎	336	242	94
三重	446	259	187	鹿児島	763	228	535
京都	39	26	13	沖縄	216	127	88

注： 都道府県別海面漁業産出額には、キで推計している捕鯨業を含まない。このため、都道府県別
　　海面漁業産出額の合計は、キにおける漁業産出額計とは一致しない。

6 農林漁業金融

(1) 系統の農林漁業関連向け貸出金残高 (平成31年3月末現在)

単位：億円

金融機関	総貸出額	計	農業関連	林業関連	漁業関連
組合金融機関	472,162	25,428	20,893	93	4,442
農林中金	171,037	5,532	4,686	93	753
信農連	77,610	4,175	4,175	−	−
信漁連	4,437	2,800	−	−	2,800
農協	217,725	12,030	12,030	−	−
漁協	1,353	888	−	−	888

資料：農林中央金庫「農林漁業金融統計」（以下 (2) まで同じ。）
注：1　億円未満切り捨てである。
　　2　「総貸出額」は、貸出金合計である。
　　3　「農業関連」は、農業者、農業法人及び農業関連団体等に対する農業生産・農業経営に必要な資金、農産物の生産・加工・流通に関係する事業に必要な資金等である。
　　4　「林業関連」の農林中金は、森林組合＋林業者＋施設法人。
　　5　「漁業関連」には、水産業者に対する水産業関係資金以外の貸出金残高（生活資金等）を含まない。また、公庫転貸資金のうち、転貸漁協における漁業者向け貸出金を含む。
　　6　本表の中では略称を用いており、正式名称は次のとおりである（略称：正式名称）。
　　　農林中金：農林中央金庫、信連：都道府県信用農業協同組合連合会
　　　信漁連：都道府県信用漁業協同組合連合会
　　　農協：農業協同組合、漁協：漁業協同組合

(2) 他業態の農林漁業に対する貸出金残高 (平成31年3月末現在)

単位：億円

金融機関	総貸出額	計	農業・林業	漁業
民間金融機関	5,802,154	12,389	9,715	2,674
国内銀行銀行勘定	5,038,049	10,073	7,964	2,109
信用金庫	719,836	1,972	1,407	565
その他	44,269	344	344	0
政府系金融機関	501,222	30,509	28,771	1,738
日本政策金融公庫（農林水産事業）	31,229	26,884	25,836	1,048
沖縄振興開発金融公庫	8,587	189	166	23
その他	461,406	3,436	2,769	667

注：1　民間金融機関のその他は、国内銀行信託勘定及び国内銀行海外店勘定である。
　　2　政府系金融機関のその他は、商工組合中央金庫、日本政策投資銀行、日本政策金融公庫（国民生活事業、中小企業事業）及び国際協力銀行である。

(3) 制度金融
　ア　日本政策金融公庫農林水産事業資金
　(ア)　年度別資金種目別貸付件数・金額(事業計画分類、全国)(各年度末現在)

区分	平成29年度		30		令和元	
	件数	金額	件数	金額	件数	金額
	件	100万円	件	100万円	件	100万円
合計	14,178	551,500	15,297	558,344	14,831	483,955
経営構造改善計	10,785	380,148	10,982	394,788	10,445	346,968
農業経営基盤強化	8,206	328,603	8,257	331,089	7,809	295,650
青年等就農	2,193	12,621	2,338	12,966	2,290	13,259
経営体育成強化	154	6,595	144	3,839	152	5,415
林業構造改善事業推進	−	−	−	−	1	50
林業経営育成	4	50	7	168	2	77
漁業経営改善支援	56	11,037	79	19,647	52	15,964
中山間地域活性化	150	19,933	142	26,110	131	16,104
振興山村・過疎地域経営改善	4	678	−	−	1	137
農業改良	18	632	15	970	7	313
基盤整備計	2,466	33,441	2,914	37,782	2,973	38,085
農業基盤整備	1,398	8,606	1,663	9,163	1,675	9,924
補助	1,235	6,618	1,494	6,994	1,523	7,287
非補助	163	1,989	169	2,169	152	2,637
畜産基盤整備	20	9,515	21	8,042	23	8,855
担い手育成農地集積	831	8,518	1,017	11,394	1,070	11,748
林業基盤整備	190	6,359	180	7,505	177	7,004
造林	122	2,474	120	2,873	116	2,367
林道	1	3	−	−	−	−
利用間伐推進	67	3,882	60	4,631	61	4,637
伐採調整	−	−	−	−	−	−
森林整備活性化	26	276	28	312	26	374
漁業基盤整備	1	167	5	1,367	2	180
一般施設計	448	132,292	452	116,607	408	78,032
農林漁業施設	218	62,196	230	48,798	238	30,917
農業施設	85	57,168	62	40,059	57	19,597
林業施設	77	3,499	115	5,631	126	9,414
水産施設	56	1,528	53	3,108	55	1,905
農山漁村経営改善	−	−	−	−	−	−
畜産経営環境調和推進	1	400	1	50	2	195
特定農産加工	100	37,539	85	21,851	66	15,260
食品産業品質管理高度化促進	20	4,977	16	4,225	12	3,127
漁船	1	57	−	−	−	−
水産加工	50	6,940	56	6,776	43	5,741
食品流通改善	55	19,894	55	30,394	40	17,323
食品安定供給施設整備	−	−	1	160	1	70
新規用途事業等	−	−	−	−	−	−
塩業	1	100	1	200	−	−
乳業施設	−	−	−	−	−	−
農業競争力強化支援	2	190	7	4,154	6	5,400
経営維持安定計	432	4,591	927	8,404	992	19,156
漁業経営安定	−	−	−	−	1	430
農林漁業セーフティネット	432	4,591	927	8,404	991	18,726
農業	350	3,233	906	7,272	829	14,004
林業	4	341	7	121	2	33
漁業	78	1,018	14	1,012	160	4,689
災害	47	1,028	22	763	13	1,713

資料：日本政策金融公庫農林水産事業「業務統計年報」(以下(イ)まで同じ。)
注：沖縄県を含まない。

6 農林漁業金融（続き）
(3) 制度金融（続き）
　ア　日本政策金融公庫農林水産事業資金（続き）
　　(イ)　年度別資金種目別貸付金残高件数・金額（農林漁業分類、全国）
　　　（各年度末現在）

区分	平成29年度		30		令和元	
	件数	金額	件数	金額	件数	金額
	件	100万円	件	100万円	件	100万円
合計	162,943	2,945,765	161,800	3,122,921	160,221	3,196,102
農業計	128,302	1,794,498	127,737	1,941,265	126,553	2,013,111
農業経営基盤強化	61,341	1,154,575	63,266	1,296,868	64,424	1,385,549
青年等就農	5,935	31,277	9,198	41,890	10,368	51,724
経営体育成強化	2,719	38,511	2,662	36,897	2,633	37,050
農業改良	2,768	20,624	2,003	16,144	1,479	12,109
農地等取得	2,298	3,293	1,496	2,153	1,028	1,437
未墾地取得	–	–	–	–	–	–
土地利用型農業経営体質強化	30	23	9	8	6	3
振興山村・過疎地域経営改善	18	68	6	7	3	3
農業構造改善事業推進	–	–	–	–	–	–
農業構造改善支援	3	12	3	9	3	5
総合施設	36	74	10	32	5	22
畑作営農改善	–	–	–	–	–	–
農業基盤整備	28,747	118,078	26,944	113,374	25,128	110,257
畜産基盤整備	34	14,458	46	17,044	57	19,070
担い手育成農地集積	12,383	67,205	12,136	68,736	11,699	69,965
農林漁業施設	907	285,559	888	300,467	825	282,249
畜産経営環境調和推進	33	2,600	28	2,140	23	2,018
農林漁業セーフティネット（農業）	8,135	63,670	7,977	55,652	7,557	55,716
農業経営維持安定	1,495	8,620	1,330	6,731	1,159	4,900
自作農維持	1,451	306	776	127	204	37
ＣＤＳ譲受債権	3	4	5	28	9	58
林業計	29,078	658,296	28,639	642,302	28,140	626,788
林業構造改善事業推進	3	58	2	37	2	72
林業経営育成	153	2,604	140	2,547	132	2,470
振興山村・過疎地域経営改善	11	731	11	696	12	777
林業基盤整備	18,961	328,800	18,651	328,244	18,338	326,726
森林整備活性化	2,343	28,390	2,358	27,667	2,356	26,785
農林漁業施設	588	69,152	647	69,569	729	73,368
林業経営安定	6,983	228,129	6,796	213,071	6,538	196,161
農林漁業セーフティネット（林業）	36	433	34	472	33	429
漁業計	2,995	97,323	2,658	104,768	2,657	112,299
漁業経営改善支援	357	59,222	404	68,162	419	74,359
漁業経営再建整備	–	–	–	–	–	–
振興山村・過疎地経営改善	10	698	7	400	7	302
沿岸漁業構造改善事業推進	–	–	–	–	–	–
漁業基盤整備	54	903	27	2,025	23	1,857
農林漁業施設	358	11,710	381	12,916	417	13,639
漁船	82	9,232	73	7,669	67	6,042
漁業経営安定	1	21	–	–	1	409
沿岸漁業経営安定	147	264	63	153	41	95
農林漁業セーフティネット（漁業）	1,986	15,272	1,703	13,442	1,682	15,596
加工流通計	2,568	395,647	2,766	434,585	2,871	443,904
中山間地域活性化	902	76,820	994	92,621	1,065	97,302
特定農産加工	657	136,350	696	137,935	700	134,312
食品産業品質管理高度化促進	93	16,575	105	18,290	108	19,576
水産加工	396	41,766	439	42,335	458	43,778
食品流通改善	452	114,951	467	131,047	472	132,383
食品安定供給施設整備	38	3,442	33	2,921	31	2,275
新規用途事業等	3	18	3	13	3	10
塩業	15	3,900	15	3,744	14	3,383
乳業施設	10	1,636	5	1,372	5	1,293

イ 農業近代化資金及び漁業近代化資金の融資残高及び利子補給承認額
（各年度末現在）

単位：100万円

年度	農業近代化資金		漁業近代化資金	
	融資残高 （12月末）	利子補給承認額	融資残高 （12月末）	利子補給承認額
平成26年度	165,915	34,858	105,196	29,453
27	158,046	41,392	104,615	34,985
28	151,221	47,942	112,072	34,988
29	165,728	59,255	120,909	40,947
30	181,798	61,283	131,514	40,213

資料：農林水産省経営局、水産庁資料

ウ 農業信用基金協会、漁業信用基金協会及び農林漁業信用基金（林業）
が行う債務保証残高（各年度末現在）

単位：100万円

年度	農業信用基金協会	漁業信用基金協会	（独）農林漁業信用基金 （林業）
平成26年度	6,607,656	227,313	43,602
27	6,528,816	220,821	40,142
28	6,511,190	212,657	36,787
29	6,586,228	205,027	35,115
30	6,812,185	205,613	35,938

資料：農林水産省経営局、水産庁、農林漁業信用基金資料
注： この制度は、農林漁業者が農業近代化資金等、必要な資金を借り入れることにより融資
機関に対して負担する債務を農業信用基金協会、漁業信用基金協会及び（独）農林漁業信用
基金（林業）が保証するものである。

エ 林業・木材産業改善資金、沿岸漁業改善資金貸付残高
（各年度末現在）

単位：100万円

年度	林業・木材産業改善資金	沿岸漁業改善資金
平成26年度	5,324	6,673
27	4,664	6,025
28	4,017	4,937
29	4,019	4,151
30	4,125	3,375

資料：農林水産省林野庁、水産庁資料
注： この制度は、農林漁業者等が経営改善等を目的として新たな技術の
導入等に取り組む際に必要な資金を、都道府県が無利子で貸付を行う
ものである。

6 農林漁業金融（続き）
（3） 制度金融（続き）
オ 災害資金融資状況（令和元年12月末現在）

単位：100万円

災害種類		被害見込金額	融資枠	貸付実行額
昭和62年	8月28日〜9月1日 暴風雨	62,956	2,700	2,229
63	6月下旬〜10月上旬 低温等	365,400	28,000	20,810
平成2	9月11日〜20日　豪雨及び暴風雨	59,989	2,700	1,415
3	9月12日〜28日　暴風雨及び豪雨	471,165	25,000	17,558
	7月中旬〜8月中旬 低温	166,100	6,000	3,798
5	北海道南西沖地震	9,756	2,000	9
	5月下旬〜9月上旬 大災	1,736,294	200,000	37,140
6	5月上旬〜10月中旬 干ばつ	151,722	3,000	369
10	9月15日〜10月2日 前線による豪雨及び暴風雨	107,675	3,000	789
11	9月13日〜25日　豪雨及び暴風雨	98,611	7,000	745
15	7月中旬〜9月上旬 低温及び日照不足	393,800	21,000	3,003
16	8月17日〜9月8日 天災	171,825	8,000	1,076
23	東北地方太平洋沖地震	333,800	117,500	−

資料：農林水産省経営局資料
注：　「天災融資法」による融資であり、地震・台風・干ばつ・低温などの気象災害が政令で
　　　災害指定された場合を対象としている。

（4） 組合の主要勘定（各年度末現在）
ア 農協信用事業の主要勘定、余裕金系統利用率及び貯貸率

年度	貸方								借方		
	貯金			借入金				3) 払込済出資金	現金	預け金	
	計	1) 当座性	2) 定期性	計	信用事業	経済事業	共済事業				系統
	億円	億円	億円	億円	億円	億円	億円	億円	億円	億円	億円
平成26年度	936,872	301,524	635,348	4,924	3,209	746	969	16,047	3,935	677,580	675,265
27	959,187	311,292	647,895	4,713	2,995	764	953	15,704	4,239	704,465	702,061
28	984,244	326,829	657,415	5,335	3,652	759	924	15,567	4,143	736,284	734,097
29	1,013,060	345,262	667,797	6,331	4,625	825	881	15,647	4,011	766,447	764,084
30	1,032,245	366,077	666,168	6,487	5,610	857	20	15,724	4,188	786,095	783,492

年度	借方（続き）					経済未収金	固定資産	外部出資	5) 余裕金系統利用率	6) 貯貸率
	有価証券・金銭の信託	4)貸出金								
		計	短期	長期	公庫貸付金					
	億円	億円	億円	億円	億円	億円	億円	億円	％	％
平成26年度	42,392	225,866	10,267	213,706	1,893	5,475	32,121	36,619	92.1	22.5
27	41,630	222,529	9,020	211,749	1,760	5,241	32,130	36,695	92.4	21.6
28	40,802	216,836	8,249	206,909	1,678	5,052	32,017	38,230	93.2	20.8
29	39,208	217,493	7,705	208,167	1,621	5,083	32,083	38,437	93.6	20.3
30	39,370	217,725	6,925	209,245	1,556	5,022	31,728	40,857	93.9	20.1

資料：農林中央金庫「農林漁業金融統計」（以下イまで同じ。）
注：1)は、当座・普通・購買・貯蓄・通知・出資予約・別段貯金である。
　　2)は、定期貯金・譲渡性貯金・定期積金である。
　　3)は、回転出資金を含む。
　　4)の短期は1年以下、長期は1年を超えるものである。
　　5)は、次式による。　$\dfrac{系統預け金}{預け金＋有価証券・金銭の信託＋金融機関貸付金＋買入金銭債権}×100$
　　6)は、次式による。　$\dfrac{貸出金（公庫資金・金融機関貸付金を除く。）}{貯金}×100$

イ　漁協信用事業の主要勘定、余裕金系統利用率及び貯貸率

年度	貸方								借方		
	貯金			借入金				払込済出資金	現金	預け金	系統
	計	1)当座性	2)定期性	計	公庫	信用事業	経済事業				
	億円	億円	億円	億円	億円	億円	億円	億円	億円	億円	億円
平成26年度	8,083	3,686	4,397	946	14	727	218	1,120	68	7,992	7,742
27	7,853	3,611	4,242	857	12	638	219	1,077	55	7,889	7,807
28	7,936	3,644	4,293	827	9	621	206	1,075	53	8,013	7,931
29	7,779	3,529	4,249	789	8	581	208	1,060	55	7,862	7,778
30	7,784	3,531	4,252	740	8	544	196	986	58	7,846	7,764

年度	借方（続き）								4)余裕金系統利用率	5)貯貸率
	有価証券	3)貸出金				事業未収金	固定資産	外部出資		
		計	公庫	短期	長期					
	億円	億円	億円	億円	億円	億円	億円	億円	％	％
平成26年度	4	1,718	95	500	1,218	270	712	349	96.8	20.1
27	4	1,544	87	435	1,109	225	693	330	98.9	18.5
28	4	1,481	77	397	1,084	202	698	330	98.9	17.7
29	4	1,418	67	387	1,031	209	679	327	98.9	17.4
30	–	1,353	58	378	975	184	695	359	99.0	16.6

注：水産加工業協同組合を含む。
1)は、当座・普通・貯蓄・別段・出資予約貯金である。
2)は、定期貯金・定期積金である。
3)の短期は1年以下、長期は1年を超えるものである。
4)は、次式による。 $\dfrac{系統預け金}{預け金＋有価証券} \times 100$
5)は、次式による。 $\dfrac{貸出金（除く公庫）}{貯金} \times 100$

7　財政
(1)　国家財政
　　ア　一般会計歳出予算　　　　　　　　　　　　　　イ　農林水産関係予算

単位：億円　　　　　　　　　　　　　　　　　　　　　　単位：億円

年度	総額	地方交付税交付金等	一般歳出	防衛関係費	社会保障関係費	中小企業対策費	計	公共事業費	農林農村整備事業費	非公共事業費
平成28年度	967,218	152,811	578,286	50,541	319,738	1,825	23,091	6,761	2,962	16,330
29	974,547	155,671	583,591	51,251	324,735	1,810	23,071	6,833	3,084	16,238
30	977,128	155,150	588,958	51,911	329,732	1,771	23,021	6,860	3,211	16,161
31	1,014,571	159,850	599,359	52,066	340,627	1,740	23,108	6,966	3,260	16,142
令和2	1,026,580	158,093	617,184	52,625	358,121	1,723	23,109	6,989	3,264	16,120

資料：財務省資料、農林水産省資料（以下カまで同じ。）。
注：1　各年度とも当初予算額である（以下ウまで同じ。）。
　　2　計数整理の結果、異動を生じることがある（以下イまで同じ。）。
　　3　一般会計歳出予算総額の平成31年度及び令和2年度は、「臨時、特別の措置」の金額を含む。

7 財政（続き）
(1) 国家財政（続き）
　ウ　農林水産省所管一般会計歳出予算（主要経費別）

単位：100万円

区分	平成28年度	29	30	31	令和2
農林水産省所管	2,139,200	2,135,921	2,130,354	2,236,132	2,217,023
社会保障関係費					
年金医療介護保険給付費	-	-	-	-	-
社会福祉費	-	-	-	-	-
生活扶助等社会福祉費	120,607	120,864	119,981	119,789	120,276
文教及び科学振興費					
科学技術振興費	98,365	98,374	94,897	94,531	95,679
公共事業関係費					
治山治水対策事業費	56,670	56,648	56,672	80,857	77,139
農林水産基盤整備事業費	430,265	436,252	438,286	520,797	507,574
災害復旧等事業費	19,246	19,236	19,247	19,557	19,582
経済協力費	535	561	611	631	634
食料安定供給関係費	1,028,215	1,017,439	992,427	982,326	984,015
その他の事項経費	385,297	386,547	408,233	417,643	412,124

　エ　農林水産省所管特別会計

単位：億円

会計	歳入				
	決算額			当初予算額	
	平成28年度	29	30	31	令和2
食料安定供給	9,400	9,794	9,700	12,985	12,732
国有林野事業債務管理	8,197	8,419	8,138	3,576	3,646

会計	歳出				
	決算額			当初予算額	
	平成28年度	29	30	31	令和2
食料安定供給	3,291	3,423	3,489	12,938	12,676
国有林野事業債務管理	3,291	3,423	3,489	3,576	3,646

オ 農林水産関係公共事業予算

単位：億円

区分	平成28年度	29	30	31	令和2
公共事業関係費	6,761	6,833	6,860	6,966	6,989
一般公共事業費計	6,569	6,641	6,667	6,770	6,793
農業農村整備	2,962	3,084	3,211	3,260	3,264
林野公共	1,800	1,800	1,800	1,827	1,830
治山	597	597	597	606	607
森林整備	1,203	1,203	1,203	1,221	1,223
水産基盤整備	700	700	700	710	711
海岸	40	40	40	45	45
農山漁村地域整備交付金	1,067	1,017	917	927	943
災害復旧等事業費	193	193	193	196	196

注： 1 各年度とも当初予算額である。
　　 2 計数整理の結果、異動を生じることがある。

カ 農林水産関係機関別財政投融資計画

単位：億円

機関	平成28年度	29	30	31	令和2
計	2,629	2,564	4,908	5,379	5,268
株式会社　日本政策金融公庫	2,490	2,350	4,830	5,300	5,200
国立研究開発法人　森林研究・整備機構	62	59	58	57	56
食料安定供給特別会計 （国営土地改良事業勘定）	27	25	20	22	12
株式会社　農林漁業成長産業化支援機構	50	130	－	－	－

注： 1 各年度とも当初計画額である。
　　 2 株式会社日本政策金融公庫の金額は、農林水産業者向け業務の財政投融資計画額である。

7　財政（続き）
(2)　地方財政
　　ア　歳入決算額

単位：億円

区分	平成29年度			30		
	都道府県	市町村	純計額	都道府県	市町村	純計額
歳入合計	508,895	598,268	1,013,233	503,728	598,909	1,013,453
地方税	205,428	193,616	399,044	206,201	201,313	407,514
地方譲与税	19,909	4,143	24,052	22,322	4,186	26,509
地方特例交付金	473	855	1,328	549	995	1,544
地方交付税	86,593	81,087	167,680	85,677	79,805	165,482
市町村たばこ税都道府県交付金	10	–	–	3	–	–
利子割交付金	–	346	–	–	340	–
配当割交付金	–	1,043	–	–	861	–
株式等譲渡所得割交付金	–	1,082	–	–	726	–
地方消費税交付金	–	23,438	–	–	23,849	–
ゴルフ場利用税交付金	–	315	–	–	302	–
特別地方消費税交付金	–	0	–	–	–	–
自動車取得税交付金	–	1,355	–	–	1,407	–
軽油引取税交付金	–	1,288	–	–	1,312	–
分担金、負担金	2,506	6,653	5,867	2,622	6,803	6,050
使用料、手数料	8,663	13,738	22,401	8,521	13,731	22,252
国庫支出金	60,438	94,212	154,650	56,789	91,552	148,341
交通安全対策特別交付金	320	234	553	295	216	511
都道府県支出金	–	39,901	–	–	39,133	–
財産収入	2,121	3,984	6,105	2,093	4,041	6,135
寄附金	199	4,071	4,269	244	5,583	5,825
繰入金	13,884	21,440	35,324	13,721	22,640	36,360
繰越金	14,032	16,948	30,980	14,284	16,670	30,953
諸収入	39,154	21,614	54,531	36,256	20,803	50,892
地方債	55,166	51,520	106,449	54,150	51,191	105,084
特別区財政調整交付金	–	9,763	–	–	10,682	–

資料：総務省自治財政局「地方財政白書」（以下イまで同じ。）

イ 歳出決算額

単位：億円

区分	平成29年度			30		
	都道府県	市町村	純計額	都道府県	市町村	純計額
歳出合計	494,485	579,429	979,984	489,573	579,817	980,206
議会費	775	3,450	4,218	774	3,427	4,194
総務費	28,401	68,468	91,219	27,755	70,499	92,860
民生費	80,726	211,697	259,834	77,927	210,756	256,659
衛生費	16,773	47,474	62,626	15,774	48,232	62,367
労働費	1,649	1,050	2,628	1,523	1,014	2,488
農林水産業費	23,420	14,302	32,992	23,507	13,621	32,517
農業費	5,180	5,894	9,324	5,274	5,582	9,061
畜産業費	1,440	857	1,901	1,151	652	1,529
農地費	8,405	4,596	11,262	8,751	4,633	11,620
林業費	5,693	1,468	6,671	5,770	1,432	6,731
水産業費	2,702	1,488	3,833	2,561	1,323	3,576
商工費	32,177	17,295	49,010	30,838	17,175	47,603
土木費	54,763	66,338	119,195	55,543	65,214	118,806
消防費	2,299	18,571	20,062	2,318	18,530	20,012
警察費	32,634	－	32,604	33,012	－	32,982
教育費	99,793	70,188	168,886	99,976	69,952	168,782
災害復旧費	5,728	3,031	8,448	6,568	4,298	10,394
公債費	70,810	56,290	126,753	68,054	55,944	123,674
諸支出金	283	1,271	1,505	5,756	1,152	6,866
前年度繰上充用金	－	3	3	－	3	3
利子割交付金	346	－	－	340	－	－
配当割交付金	1,043	－	－	861	－	－
株式等譲渡所得割交付金	1,082	－	－	726	－	－
地方消費税交付金	23,438	－	－	23,849	－	－
ゴルフ場利用税交付金	315	－	－	302	－	－
特別地方消費税交付金	0	－	－	－	－	－
自動車取得税交付金	1,355	－	－	1,407	－	－
軽油引取税交付金	1,288	－	－	1,312	－	－
特別区財政調整交付金	9,763	－	－	10,682	－	－

8 日本の貿易
(1) 貿易相手国上位10か国の推移（暦年ベース）
　　ア　輸出入

区分	2015（平成27年）		2016（28）		2017（29）		2018（30）		2019（令和元）	
	国名		国名		国名		国名		国名	
	金額	割合	金額	割合	金額	割合	金額	割合	金額	割合
	億円	％	億円	％	億円	％	億円	％	億円	％
輸出入総額（順位）	1,540,195	100.0	1,360,777	100.0	1,536,657	100.0	1,641,821	100.0	1,555,312	100.0
1	中国		中国		中国		中国		中国	
	326,522	21.2	293,804	21.6	333,490	21.7	350,914	21.4	331,357	21.3
2	米国		米国		米国		米国		米国	
	232,844	15.1	214,650	15.8	232,037	15.1	244,851	14.9	238,947	15.4
3	韓国		韓国		韓国		韓国		韓国	
	85,704	5.6	77,425	5.7	91,280	5.9	93,430	5.7	82,709	5.3
4	台湾		台湾		台湾		台湾		台湾	
	72,899	4.7	67,630	5.0	74,056	4.8	76,767	4.7	76,162	4.9
5	タイ		タイ		オーストラリア		オーストラリア		オーストラリア	
	58,581	3.8	51,641	3.8	61,606	4.0	69,390	4.2	65,374	4.2
6	オーストラリア		オーストラリア		タイ		タイ		タイ	
	57,649	3.7	48,531	3.6	58,507	3.8	63,332	3.9	60,557	3.9
7	香港		ドイツ		ドイツ		ドイツ		ドイツ	
	44,634	2.9	43,116	3.2	47,518	3.1	51,749	3.2	49,277	3.2
8	ドイツ		香港		香港		サウジアラビア		ベトナム	
	44,190	2.9	38,638	2.8	41,787	2.7	41,871	2.6	42,479	2.7
9	マレーシア		インドネシア		ベトナム		ベトナム		香港	
	40,541	2.6	32,189	2.4	37,672	2.5	41,494	2.5	38,905	2.5
10	アラブ首長国連邦		マレーシア		インドネシア		インドネシア		アラブ首長国連邦	
	38,984	2.5	31,963	2.3	37,329	2.4	41,220	2.5	36,382	2.3

資料：財務省関税局「最近の輸出入動向」（以下(2)まで同じ。）
注：割合は総額に対する構成比である。（以下ウまで同じ。）

イ 輸出

区分	2015（平成27年度）		2016（28）		2017（29）		2018（30）		2019（令和元）	
	国名		国名		国名		国名		国名	
	金額	割合	金額	割合	金額	割合	金額	割合	金額	割合
	億円	%	億円	%	億円	%	億円	%	億円	%
輸出総額（順位）	756,139	100.0	700,358	100.0	782,865	100.0	814,788	100.0	769,317	100.0
1	米国		米国		米国		中国		米国	
	152,246	20.1	141,429	20.2	151,135	19.3	158,977	19.5	152,545	19.8
2	中国		中国		中国		米国		中国	
	132,234	17.5	123,614	17.7	148,897	19.0	154,702	19.0	146,819	19.1
3	韓国		韓国		韓国		韓国		韓国	
	53,266	7.0	50,204	7.2	59,752	7.6	57,926	7.1	50,438	6.6
4	台湾		台湾		台湾		台湾		台湾	
	44,725	5.9	42,677	6.1	45,578	5.8	46,792	5.7	46,885	6.1
5	香港		香港		香港		香港		香港	
	42,360	5.6	36,515	5.2	39,741	5.1	38,323	4.7	36,654	4.8
6	タイ		タイ		タイ		タイ		タイ	
	33,863	4.5	29,744	4.2	33,004	4.2	35,625	4.4	32,906	4.3
7	シンガポール		シンガポール		シンガポール		シンガポール		ドイツ	
	24,026	3.2	21,546	3.1	25,406	3.2	25,841	3.2	22,051	2.9
8	ドイツ		ドイツ		ドイツ		ドイツ		シンガポール	
	19,648	2.6	19,171	2.7	21,246	2.7	23,056	2.8	21,988	2.9
9	オーストラリア		オーストラリア		オーストラリア		オーストラリア		ベトナム	
	15,549	2.1	15,321	2.2	17,956	2.3	18,862	2.3	17,971	2.3
10	ベトナム		英国		ベトナム		ベトナム		オーストラリア	
	15,164	2.0	14,834	2.1	16,881	2.2	18,142	2.2	15,798	2.1

ウ 輸入

区分	2015(平成27年)		2016(28)		2017(29)		2018(30)		2019(令和元)	
	国名		国名		国名		国名		国名	
	金額	割合	金額	割合	金額	割合	金額	割合	金額	割合
	億円	%	億円	%	億円	%	億円	%	億円	%
輸入総額(順位)	784,055	100.0	660,420	100.0	753,792	100.0	827,033	100.0	785,995	100.0
1	中国		中国		中国		中国		中国	
	194,288	24.8	170,190	25.8	184,593	24.5	191,937	23.2	184,537	23.5
2	米国		米国		米国		米国		米国	
	80,598	10.3	73,221	11.1	80,903	10.7	90,149	10.9	86,402	11.0
3	オーストラリア		オーストラリア		オーストラリア		オーストラリア		オーストラリア	
	42,100	5.4	33,211	5.0	43,650	5.8	50,528	6.1	49,576	6.3
4	韓国		韓国		韓国		サウジアラビア		韓国	
	32,439	4.1	27,221	4.1	31,527	4.2	37,329	4.5	32,271	4.1
5	サウジアラビア		台湾		サウジアラビア		韓国		サウジアラビア	
	30,353	3.9	24,953	3.8	31,150	4.1	35,505	4.3	30,158	3.8
6	アラブ首長国連邦		ドイツ		台湾		アラブ首長国連邦		台湾	
	28,462	3.6	23,945	3.6	28,478	3.8	30,463	3.7	29,276	3.7
7	台湾		タイ		ドイツ		台湾		アラブ首長国連邦	
	28,174	3.6	21,897	3.3	26,272	3.5	29,975	3.6	28,555	3.6
8	マレーシア		サウジアラビア		タイ		ドイツ		タイ	
	26,016	3.3	21,249	3.2	25,502	3.4	28,693	3.5	27,651	3.5
9	タイ		インドネシア		アラブ首長国連邦		タイ		ドイツ	
	24,718	3.2	19,889	3.0	23,288	3.1	27,707	3.4	27,226	3.5
10	ドイツ		アラブ首長国連邦		インドネシア		インドネシア		ベトナム	
	24,542	3.1	18,802	2.8	22,307	3.0	23,789	2.9	24,509	3.1

(2)　品目別輸出入額の推移（暦年ベース）
　　ア　輸出額

単位：兆円

区分	平成28年 (2016年)	29 (2017)	30 (2018)	令和元 (2019)	2)備考（令和元年）
輸出総額	70.0	78.3	81.5	76.9	
1) 食料品	0.6	0.6	0.7	0.8	
原料品	0.9	1.1	1.2	1.0	
鉱物性燃料	0.9	1.1	1.3	1.4	
化学製品	7.1	8.2	8.9	8.7	
原料別製品	7.8	8.7	9.1	8.4	鉄鋼 3.1兆円 　（中国、タイ、韓国） 非鉄金属 1.4兆円 　（中国、台湾、タイ）
一般機械	13.6	15.7	16.5	15.1	原動機 2.7兆円 　（米国、中国、タイ） 半導体等製造装置 2.5兆円 　（中国、台湾、米国） ポンプ・遠心分離機 1.2兆円 　（中国、米国、タイ）
電気機器	12.3	13.7	14.1	13.2	半導体等電子部品 4.0兆円 　（中国、香港、台湾） 電気回路等の機器 1.9兆円 　（中国、米国、香港） 電気計測機器 1.6兆円 　（中国、米国、韓国）
輸送用機器	17.3	18.2	18.9	18.1	自動車 12.0兆円 　（米国、中国、オーストラリア） 自動車の部品 3.6兆円 　（米国、中国、タイ） 船舶 1.5兆円 　（パナマ、シンガポール、リベリア） 航空機類 0.5兆円 　（米国、カナダ、ドイツ）
その他	9.3	10.9	10.7	10.2	科学光学機器 2.1兆円 　（中国、米国、韓国） 写真用・映画用材料 0.5兆円 　（中国、台湾、米国）

注：1)は、飲料及びたばこを含む。
　　2)の括弧内の国名は各品目別輸出額上位3か国を表す。

8 日本の貿易（続き）
(2) 品目別輸出入額の推移（暦年ベース）（続き）
イ 輸入額

単位：兆円

区分	平成28年 (2016年)	29 (2017)	30 (2018)	令和元 (2019)	2)備考（令和元年）
輸入総額	66.0	75.4	82.7	78.6	
1) 食料品	6.4	7.0	7.2	7.2	魚介類 1.6兆円 （中国、チリ、米国）
原料品	4.0	4.7	5.0	4.9	非鉄金属鉱 1.4兆円 （チリ、オーストラリア、ペルー）
鉱物性燃料	12.1	15.8	19.3	17.0	原粗油 8.0兆円 （サウジアラビア、アラブ首長国連邦、 カタール） 液化天然ガス 4.3兆円 （オーストラリア、カタール、マレーシア） 石炭 2.5兆円 （オーストラリア、インドネシア、ロシア） 石油製品 1.5兆円 （韓国、アラブ首長国連邦、カタール）
化学製品	7.1	7.6	8.6	8.2	医薬品 3.1兆円 （ドイツ、米国、アイルランド） 有機化合物 1.7兆円 （中国、米国、韓国）
原料別製品	6.1	6.8	7.5	7.1	非鉄金属 1.8兆円 （南アフリカ、ロシア、中国）
一般機械	6.4	7.2	7.9	7.6	電算機器(含周辺機器) 2.2兆円 （中国、米国、タイ） 原動機 1.2兆円 （米国、英国、中国）
電気機器	10.8	12.0	12.3	12.0	通信機 2.8兆円 （中国、タイ、ベトナム） 半導体等電子部品 2.6兆円 （台湾、中国、米国）
輸送用機器	3.1	3.2	3.5	3.6	自動車 1.4兆円 （ドイツ、英国、米国）
その他	10.2	10.9	11.4	11.2	衣類・同付属品 3.2兆円 （中国、ベトナム、バングラデシュ） 科学光学機器 1.8兆円 （米国、中国、アイルランド）

注：1)は、飲料及びたばこを含む。
　　2)の括弧内の国名は各品目別輸入額上位3か国を表す。

(3) 州別輸出入額

単位：10億円

年次	総額	アジア州	ヨーロッパ州	北アメリカ州	南アメリカ州	アフリカ州	大洋州
輸出							
平成27年	75,614	43,588	9,356	18,411	1,124	1,036	2,099
28	70,036	39,806	9,351	17,203	828	839	2,010
29	78,286	45,359	10,440	18,392	951	843	2,301
30	81,479	47,312	10,966	18,827	1,072	900	2,402
令和元	**76,932**	**43,801**	**10,650**	**18,434**	**1,009**	**984**	**2,053**
輸入							
平成27年	78,406	48,031	11,839	10,097	2,156	1,395	4,887
28	66,042	39,767	10,578	9,303	1,754	798	3,843
29	75,379	45,414	11,584	10,376	2,105	931	4,969
30	82,703	49,775	12,734	11,399	2,145	991	5,659
令和元	**78,600**	**46,384**	**12,607**	**10,935**	**2,168**	**918**	**5,587**

資料：日本関税協会「外国貿易概況」

(4) 農林水産物輸出入概況

区分	平成27年 (2015年)	28 (2016)	29 (2017)	30 (2018)	令和元 (2019) 実数	令和元 (2019) 対前年 増減率
	100万円	100万円	100万円	100万円	100万円	%
1) 輸出　(FOB)						
総額　　　(A)	75,613,929	70,035,770	78,286,457	81,478,753	76,931,665	△5.6
農林水産物計 (B)	745,100	750,214	807,060	906,757	912,095	0.6
農産物	443,123	459,349	496,645	566,061	587,753	3.8
林産物	26,324	26,817	35,489	37,602	37,038	△1.5
水産物	275,652	264,048	274,925	303,095	287,305	△5.2
総額に対する割合 　(B)／(A) (%)	1.0	1.1	1.0	1.1	1.2	－
2) 輸入　(CIF)						
総額　　　(C)	78,405,536	66,041,974	75,379,231	82,703,304	78,599,510	△5.0
農林水産物計 (D)	9,520,905	8,547,960	9,373,216	9,668,791	9,519,761	△1.5
農産物	6,562,932	5,827,307	6,425,870	6,621,999	6,594,559	△0.4
林産物	1,241,317	1,122,787	1,172,217	1,255,818	1,184,811	△5.7
水産物	1,716,656	1,597,866	1,775,129	1,790,974	1,740,391	△2.8
総額に対する割合 　(D)／(C) (%)	12.1	12.9	12.4	11.7	12.1	－
貿易収支 (A－C)	△ 2,791,607	3,993,796	2,907,226	△ 1,224,552	△1,667,845	－
うち農林水産物 　　(B－D)	△ 8,775,805	△ 7,797,746	△ 8,566,156	△ 8,762,033	△8,607,665	△1.8

資料：農林水産省国際部「農林水産物輸出入概況」（以下(6)まで同じ。）
注：財務省が発表している「貿易統計」を基に、我が国の農林水産物輸出入概況を取りまとめたものである。
　　1)は、FOB価格（free on board、運賃・保険料を含まない価格）である。
　　2)は、CIF価格（cost, insurance and freight、運賃・保険料込みの価格）である。

8 日本の貿易（続き）
(5) 農林水産物の主要国・地域別輸出入実績
ア 輸出額

順位 平成30年	順位 令和元	国・地域名		平成27年(2015年) 輸出額	平成27年(2015年) 構成比	28(2016) 輸出額	28(2016) 構成比
				100万円	%	100万円	%
1	1	香港	(1)	179,363	24.1	185,300	24.7
2	2	中華人民共和国	(2)	83,895	11.3	89,872	12.0
3	3	アメリカ合衆国	(3)	107,091	14.4	104,461	13.9
4	4	台湾	(4)	95,222	12.8	93,080	12.4
5	5	大韓民国	(5)	50,062	6.7	51,126	6.8
6	6	ベトナム	(6)	34,508	4.6	32,291	4.3
7	7	タイ	(7)	35,834	4.8	32,900	4.4
8	8	シンガポール	(8)	22,314	3.0	22,797	3.1
10	9	オーストラリア	(9)	12,083	1.6	12,364	1.6
9	10	フィリピン	(10)	9,517	1.3	11,540	1.5
11	11	オランダ	(11)	10,523	1.4	11,417	1.5
12	12	カナダ	(12)	8,136	1.1	8,325	1.1
14	13	カンボジア	(13)	2,242	0.3	3,501	0.5
13	14	マレーシア	(14)	8,343	1.1	7,335	1.0
15	15	フランス	(15)	6,147	0.8	6,491	0.9
16	16	ドイツ	(16)	6,630	0.9	6,673	0.9
18	17	インドネシア	(17)	6,412	0.9	6,134	0.8
17	18	英国	(18)	6,589	0.9	6,129	0.8
19	19	ナイジェリア	(19)	201	0.0	948	0.1
22	20	マカオ	(20)	2,649	0.4	2,630	0.4
	参考	EU(28か国)	(21)	40,005	5.4	42,277	5.6
		金額上位20か国計	(22)	687,760	92.3	695,903	92.8
		農林水産物計	(23)	745,100	100.0	750,214	100.0

イ 輸入額

順位 平成30年	順位 令和元	国・地域名		平成27年(2015年) 輸入額	平成27年(2015年) 構成比	28(2016) 輸入額	28(2016) 構成比
				100万円	%	100万円	%
1	1	アメリカ合衆国	(1)	1,869,550	19.6	1,577,732	18.5
2	2	中華人民共和国	(2)	1,313,024	13.8	1,164,234	13.6
3	3	カナダ	(3)	575,649	6.0	508,884	6.0
4	4	タイ	(4)	588,741	6.2	518,387	6.1
5	5	オーストラリア	(5)	545,906	5.7	486,076	5.7
11	6	ブラジル	(6)	356,126	3.7	320,109	3.7
6	7	インドネシア	(7)	342,343	3.6	304,241	3.6
7	8	イタリア	(8)	124,298	1.3	158,044	1.8
9	9	ベトナム	(9)	259,800	2.7	230,357	2.7
8	10	大韓民国	(10)	232,537	2.4	227,668	2.7
10	11	チリ	(11)	254,095	2.7	227,828	2.7
12	12	フィリピン	(12)	229,209	2.4	227,235	2.7
13	13	フランス	(13)	209,068	2.2	191,710	2.2
14	14	ニュージーランド	(14)	205,786	2.2	193,072	2.3
16	15	マレーシア	(15)	240,233	2.5	196,815	2.3
15	16	ロシア	(16)	168,458	1.8	169,870	2.0
17	17	メキシコ	(17)	117,041	1.2	115,923	1.4
18	18	スペイン	(18)	102,636	1.1	105,521	1.2
19	19	ノルウェー	(19)	101,559	1.1	105,137	1.2
20	20	台湾	(20)	101,378	1.1	95,842	1.1
	参考	EU(28か国)	(21)	1,097,541	11.5	1,103,479	12.9
		金額上位20か国計	(22)	7,937,438	83.4	7,124,683	83.3
		農林水産物計	(23)	9,520,905	100.0	8,547,960	100.0

29(2017)		30(2018)		令和元 （2019）			
輸出額	構成比	輸出額	構成比	輸出額	構成比	対前年増減率	
100万円	%	100万円	%	100万円	%	%	
187,690	23.3	211,501	23.3	203,684	22.3	△3.7	(1)
100,715	12.5	133,756	14.8	153,679	16.8	14.9	(2)
111,547	13.8	117,644	13.0	123,785	13.6	5.2	(3)
83,784	10.4	90,342	10.0	90,384	9.9	0.0	(4)
59,669	7.4	63,479	7.0	50,144	5.5	△21.0	(5)
39,516	4.9	45,790	5.0	45,385	5.0	△0.9	(6)
39,057	4.8	43,518	4.8	39,504	4.3	△9.2	(7)
26,131	3.2	28,370	3.1	30,566	3.4	7.7	(8)
14,805	1.8	16,129	1.8	17,383	1.9	7.8	(9)
14,375	1.8	16,546	1.8	15,381	1.7	△7.0	(10)
13,425	1.7	13,777	1.5	14,352	1.6	4.2	(11)
9,764	1.2	10,009	1.1	10,988	1.2	9.8	(12)
5,789	0.7	7,469	0.8	10,873	1.2	45.6	(13)
7,669	1.0	8,648	1.0	10,600	1.2	22.6	(14)
7,212	0.9	7,452	0.8	7,880	0.9	5.7	(15)
6,710	0.8	7,220	0.8	7,219	0.8	0.0	(16)
6,485	0.8	6,716	0.7	6,914	0.8	2.9	(17)
7,156	0.9	7,202	0.8	6,787	0.7	△5.8	(18)
5,482	0.7	5,709	0.6	5,943	0.7	4.1	(19)
3,775	0.5	3,665	0.4	4,005	0.4	9.3	(20)
45,249	5.6	47,918	5.3	49,438	5.4	3.2	(21)
750,757	93.0	844,943	93.2	855,459	93.8	1.2	(22)
807,060	100.0	906,757	100.0	912,095	100.0	0.6	(23)

29(2017)		30(2018)		令和元 （2019）			
輸入額	構成比	輸入額	構成比	輸入額	構成比	対前年増減率	
100万円	%	100万円	%	100万円	%	%	
1,711,605	18.3	1,807,695	18.7	1,647,011	17.3	△8.9	(1)
1,210,978	12.9	1,247,749	12.9	1,190,996	12.5	△4.5	(2)
562,739	6.0	587,478	6.1	569,486	6.0	△3.1	(3)
569,389	6.1	571,550	5.9	566,117	5.9	△1.0	(4)
538,619	5.7	570,337	5.9	546,299	5.7	△4.2	(5)
298,394	3.2	262,507	2.7	362,068	3.8	37.9	(6)
363,181	3.9	371,431	3.8	357,090	3.8	△3.9	(7)
288,511	3.1	328,141	3.4	303,270	3.2	△7.6	(8)
262,757	2.8	276,353	2.9	296,534	3.1	7.3	(9)
273,499	2.9	277,858	2.9	289,127	3.0	4.1	(10)
270,929	2.9	269,868	2.8	276,679	2.9	2.5	(11)
227,475	2.4	240,013	2.5	241,038	2.5	0.4	(12)
209,212	2.2	217,434	2.2	226,414	2.4	4.1	(13)
209,019	2.2	213,082	2.2	224,534	2.4	5.4	(14)
205,569	2.2	198,398	2.1	191,552	2.0	△3.5	(15)
187,114	2.0	201,263	2.1	184,216	1.9	△8.5	(16)
123,447	1.3	132,795	1.4	143,615	1.5	8.1	(17)
123,618	1.3	127,598	1.3	135,872	1.4	6.5	(18)
105,982	1.1	106,768	1.1	110,448	1.2	3.4	(19)
103,580	1.1	103,896	1.1	101,974	1.1	△1.8	(20)
1,317,083	14.1	1,376,317	14.2	1,393,506	14.6	1.2	(21)
7,845,615	83.7	8,112,217	83.9	7,964,338	83.7	△1.8	(22)
9,373,216	100.0	9,668,791	100.0	9,519,761	100.0	△1.5	(23)

8 日本の貿易（続き）
(6) 主要農林水産物の輸出入実績令和元年金額上位20品目）
ア 輸出数量・金額

農林水産物順位	区分	単位	数量	金額	農林水産物順位	区分	単位	数量	金額
				100万円					100万円
1	アルコール飲料				6	牛肉			
	平成27年 (2015)	kl	109,906	39,029		平成27年 (2015)	t	1,611	11,005
	28 (2016)	〃	124,710	42,996		28 (2016)	〃	1,909	13,552
	29 (2017)	〃	168,938	54,503		29 (2017)	〃	2,707	19,156
	30 (2018)	〃	175,495	61,827		30 (2018)	〃	3,560	24,731
	令和元 (2019)	**〃**	**152,983**	**66,083**		**令和元 (2019)**	**〃**	**4,340**	**29,676**
	アメリカ合衆国	〃	16,033	15,662		カンボジア	〃	1,159	8,673
	中華人民共和国	〃	13,065	10,117		香港	〃	878	5,074
	香港	〃	7,007	6,253		台湾	〃	633	3,681
2	ホタテ貝（生鮮・冷蔵・冷凍・塩蔵・乾燥）				7	ぶり（生鮮・冷蔵・冷凍）			
	平成27年 (2015)	t	79,779	59,079		平成27年 (2015)	t	7,944	13,840
	28 (2016)	〃	62,301	54,834		28 (2016)	〃	8,036	13,473
	29 (2017)	〃	47,817	46,254		29 (2017)	〃	9,047	15,380
	30 (2018)	〃	84,443	47,675		30 (2018)	〃	9,000	15,765
	令和元 (2019)	**〃**	**84,004**	**44,672**		**令和元 (2019)**	**〃**	**29,509**	**22,920**
	中華人民共和国	〃	69,693	26,822		アメリカ合衆国	〃	9,012	15,929
	台湾	〃	2,078	5,351		ベトナム	〃	9,841	1,717
	香港	〃	2,996	3,234		中華人民共和国	〃	4,797	1,299
3	ソース混合調味料				8	なまこ（調製）			
	平成27年 (2015)	t	48,894	26,423		平成27年 (2015)	t	…	…
	28 (2016)	〃	51,931	27,372		28 (2016)	〃	…	…
	29 (2017)	〃	55,156	29,590		29 (2017)	〃	749	20,740
	30 (2018)	〃	60,097	32,539		30 (2018)	〃	627	21,070
	令和元 (2019)	**〃**	**63,191**	**33,657**		**令和元 (2019)**	**〃**	**613**	**20,775**
	アメリカ合衆国	〃	11,425	6,964		香港	〃	455	18,651
	台湾	〃	12,300	5,910		中華人民共和国	〃	134	1,686
	大韓民国	〃	6,543	3,378		シンガポール	〃	12	259
4	真珠（天然・養殖）				9	さば（生鮮・冷蔵・冷凍）			
	平成27年 (2015)	t	26,863	31,905		平成27年 (2015)	t	186,025	17,896
	28 (2016)	〃	28,152	30,381		28 (2016)	〃	210,675	17,986
	29 (2017)	〃	32,386	32,331		29 (2017)	〃	232,084	21,885
	30 (2018)	〃	31,030	34,601		30 (2018)	〃	249,517	26,690
	令和元 (2019)	**〃**	**34,321**	**32,897**		**令和元 (2019)**	**〃**	**169,458**	**20,612**
	香港	〃	30,051	28,498		ナイジェリア	〃	45,903	5,859
	アメリカ合衆国	〃	1,228	1,749		ベトナム	〃	40,116	5,085
	中華人民共和国	〃	328	782		タイ	〃	32,069	3,543
5	清涼飲料水				10	菓子（米菓を除く）			
	平成27年 (2015)	kl	81,432	19,738		平成27年 (2015)	t	13,484	17,702
	28 (2016)	〃	86,860	19,431		28 (2016)	〃	13,883	18,162
	29 (2017)	〃	104,979	24,505		29 (2017)	〃	13,694	18,222
	30 (2018)	〃	109,560	28,167		30 (2018)	〃	14,998	20,364
	令和元 (2019)	**〃**	**126,747**	**30,391**		**令和元 (2019)**	**〃**	**14,423**	**20,156**
	中華人民共和国	〃	18,986	7,031		香港	〃	3,946	5,867
	香港	〃	19,046	5,594		中華人民共和国	〃	2,643	4,211
	アメリカ合衆国	〃	23,154	4,641		アメリカ合衆国	〃	1,773	2,526

注：品目ごとの国（地域）は、令和元年の品目ごとの輸出金額の上位３位までを掲載した。

農林水産物順位	区分	単位	数量	金額	農林水産物順位	区分	単位	数量	金額
				100万円					100万円
11	たばこ				16	播種用の種等			
	平成27年(2015)	t	17,528	23,588		平成27年(2015)	t	1,289	15,139
	28 (2016)	〃	14,550	21,873		28 (2016)	〃	1,352	14,623
	29 (2017)	〃	8,491	13,820		29 (2017)	〃	1,222	15,166
	30 (2018)	〃	7,170	18,513		30 (2018)	〃	1,002	12,751
	令和元 (2019)	〃	5,574	16,375		令和元 (2019)	〃	990	13,108
	香港	〃	2,415	9,767		中華人民共和国	〃	335	3,405
	中華人民共和国	〃	162	2,778		香港	〃	33	1,514
	台湾	〃	118	919		アメリカ合衆国	〃	64	1,139
12	かつお・まぐろ類（生鮮・冷蔵・冷凍）				17	粉乳			
	平成27年(2015)	t	40,718	13,776		平成27年(2015)	t	3,448	5,552
	28 (2016)	〃	24,236	9,794		28 (2016)	〃	5,026	7,728
	29 (2017)	〃	37,434	14,262		29 (2017)	〃	5,357	8,398
	30 (2018)	〃	56,076	17,943		30 (2018)	〃	5,953	8,827
	令和元 (2019)	〃	41,654	15,261		令和元 (2019)	〃	7,449	11,263
	タイ	〃	29,596	6,164		ベトナム	〃	4,550	7,402
	ベトナム	〃	4,835	1,778		台湾	〃	1,524	1,507
	中華人民共和国	〃	567	1,502		香港	〃	802	1,450
13	丸太				18	練り製品			
	平成27年(2015)	千m³	692	9,416		平成27年(2015)	t	10,188	8,168
	28 (2016)	〃	650	8,466		28 (2016)	〃	11,146	9,272
	29 (2017)	〃	971	13,683		29 (2017)	〃	11,451	9,520
	30 (2018)	〃	1,137	14,800		30 (2018)	〃	12,957	10,667
	令和元 (2019)	〃	1,130	14,714		令和元 (2019)	〃	12,776	11,168
	中華人民共和国	〃	944	11,873		アメリカ合衆国	〃	3,933	3,774
	大韓民国	〃	102	1,632		香港	〃	3,629	2,908
	台湾	〃	74	985		中華人民共和国	〃	2,182	1,947
14	緑茶				19	スープ ブロス			
	平成27年(2015)	t	4,127	10,106		平成27年(2015)	t	11,042	7,031
	28 (2016)	〃	4,108	11,551		28 (2016)	〃	13,050	8,334
	29 (2017)	〃	4,642	14,357		29 (2017)	〃	15,580	9,498
	30 (2018)	〃	5,102	15,333		30 (2018)	〃	18,667	11,510
	令和元 (2019)	〃	5,108	14,642		令和元 (2019)	〃	17,624	10,982
	アメリカ合衆国	〃	1,485	6,485		アメリカ合衆国	〃	2,733	2,061
	台湾	〃	1,389	1,527		台湾	〃	2,862	1,599
	ドイツ	〃	346	1,225		香港	〃	2,578	1,563
15	りんご				20	植木等			
	平成27年(2015)	t	34,678	13,393		平成27年(2015)		…	7,609
	28 (2016)	〃	32,458	13,299		28 (2016)		…	8,033
	29 (2017)	〃	28,724	10,948		29 (2017)		…	12,632
	30 (2018)	〃	34,236	13,970		30 (2018)		…	11,962
	令和元 (2019)	〃	35,888	14,492		令和元 (2019)		…	9,288
	台湾	〃	24,706	9,898		中華人民共和国		…	6,737
	香港	〃	9,124	3,660		ベトナム		…	1,306
	タイ	〃	1,094	446		台湾		…	336

8 日本の貿易（続き）
(6) 主要農林水産物の輸出入実績（令和元年金額上位20品目）（続き）
イ 輸入数量・金額

農林水産物順位	区分	単位	数量	金額	農林水産物順位	区分	単位	数量	金額
				100万円					100万円
1	たばこ				6	アルコール飲料			
	平成27年（2015）	t	133,317	423,735		平成27年（2015）	kl	711,680	290,771
	28 （2016）	〃	129,691	439,597		28 （2016）	〃	669,273	266,637
	29 （2017）	〃	125,888	529,660		29 （2017）	〃	674,899	286,763
	30 （2018）	〃	119,339	589,391		30 （2018）	〃	596,358	292,552
	令和元 （2019）	〃	117,652	598,699		令和元 （2019）	〃	582,447	305,597
	イタリア	〃	18,099	180,402		フランス	〃	75,401	122,624
	大韓民国	〃	22,260	110,263		英国	〃	41,416	37,102
	スイス	〃	8,123	57,397		アメリカ合衆国	〃	46,497	34,472
2	豚肉				7	鶏肉調製品			
	平成27年（2015）	t	790,660	425,110		平成27年（2015）	t	406,456	228,467
	28 （2016）	〃	861,182	452,830		28 （2016）	〃	422,149	209,748
	29 （2017）	〃	932,069	491,047		29 （2017）	〃	486,935	252,135
	30 （2018）	〃	924,993	486,795		30 （2018）	〃	513,789	267,049
	令和元 （2019）	〃	958,997	505,078		令和元 （2019）	〃	512,642	263,773
	アメリカ合衆国	〃	248,807	130,718		タイ	〃	315,438	170,105
	カナダ	〃	231,699	121,867		中華人民共和国	〃	191,476	90,980
	スペイン	〃	122,604	64,823		ベトナム	〃	2,026	1,164
3	牛肉				8	木材チップ			
	平成27年（2015）	t	495,420	337,863		平成27年（2015）	千t	11,904	268,748
	28 （2016）	〃	504,384	288,764		28 （2016）	〃	11,900	232,469
	29 （2017）	〃	573,978	350,476		29 （2017）	〃	12,170	236,339
	30 （2018）	〃	608,551	384,716		30 （2018）	〃	12,449	251,996
	令和元 （2019）	〃	616,435	385,119		令和元 （2019）	〃	12,171	260,013
	オーストラリア	〃	294,280	183,480		ベトナム	〃	3,655	67,273
	アメリカ合衆国	〃	241,148	155,804		オーストラリア	〃	2,430	57,310
	カナダ	〃	42,930	21,114		チリ	〃	1,570	37,532
4	とうもろこし				9	製材			
	平成27年（2015）	千t	14,708	391,644		平成27年（2015）	千m³	5,997	252,790
	28 （2016）	〃	15,342	333,154		28 （2016）	〃	6,315	231,476
	29 （2017）	〃	15,306	345,799		29 （2017）	〃	6,323	250,953
	30 （2018）	〃	15,802	372,183		30 （2018）	〃	5,968	258,419
	令和元 （2019）	〃	15,983	384,109		令和元 （2019）	〃	5,700	229,387
	アメリカ合衆国	〃	10,954	266,093		カナダ	〃	1,483	61,026
	ブラジル	〃	4,682	108,170		ロシア	〃	916	36,417
	アルゼンチン	〃	238	5,343		フィンランド	〃	897	28,264
5	生鮮・乾燥果実				10	さけ・ます（生鮮・冷蔵・冷凍）			
	平成27年（2015）	t	1,678,557	331,892		平成27年（2015）	t	248,969	191,840
	28 （2016）	〃	1,721,221	317,464		28 （2016）	〃	230,149	179,534
	29 （2017）	〃	1,749,744	324,809		29 （2017）	〃	226,593	223,529
	30 （2018）	〃	1,790,047	347,827		30 （2018）	〃	235,131	225,671
	令和元 （2019）	〃	1,830,003	347,049		令和元 （2019）	〃	240,941	221,816
	フィリピン	〃	986,658	98,416		チリ	〃	158,317	136,590
	アメリカ合衆国	〃	227,274	90,747		ノルウェー	〃	37,387	47,088
	ニュージーランド	〃	108,457	45,145		ロシア	〃	29,737	22,147

注：品目ごとの国（地域）は、平成29年の品目ごとの輸入金額の上位3位までを掲載した。

農林水産物順位	区分	単位	数量	金額	農林水産物順位	区分	単位	数量	金額
				100万円					100万円
11	冷凍野菜				16	ナチュラルチーズ			
	平成27年 (2015)	t	912,168	187,959		平成27年 (2015)	t	241,647	122,158
	28 (2016)	〃	944,811	169,863		28 (2016)	〃	248,399	101,121
	29 (2017)	〃	1,010,554	187,689		29 (2017)	〃	263,437	124,770
	30 (2018)	〃	1,053,718	195,680		30 (2018)	〃	276,177	136,179
	令和元 (2019)	〃	1,091,248	201,473		令和元 (2019)	〃	293,570	138,536
	中華人民共和国	〃	483,590	93,414		オーストラリア	〃	82,831	37,389
	アメリカ合衆国	〃	334,960	50,026		ニュージーランド	〃	67,846	30,568
	タイ	〃	49,536	13,209		アメリカ合衆国	〃	36,425	17,805
12	かつお・まぐろ類（生鮮・冷蔵・冷凍）				17	鶏肉			
	平成27年 (2015)	t	245,863	200,264		平成27年 (2015)	t	529,458	158,380
	28 (2016)	〃	238,246	189,115		28 (2016)	〃	551,181	121,304
	29 (2017)	〃	247,448	205,313		29 (2017)	〃	569,466	150,911
	30 (2018)	〃	221,216	200,102		30 (2018)	〃	560,321	131,260
	令和元 (2019)	〃	219,530	190,906		令和元 (2019)	〃	562,888	135,675
	台湾	〃	55,517	36,053		ブラジル	〃	422,723	94,583
	中華人民共和国	〃	30,116	24,226		タイ	〃	120,441	37,043
	マルタ	〃	8,467	20,661		アメリカ合衆国	〃	16,194	3,089
13	えび（活・生鮮・冷蔵・冷凍）				18	コーヒー豆（生豆）			
	平成27年 (2015)	t	157,378	207,068		平成27年 (2015)	t	435,261	179,987
	28 (2016)	〃	167,380	198,730		28 (2016)	〃	435,140	143,353
	29 (2017)	〃	174,939	220,481		29 (2017)	〃	406,330	149,169
	30 (2018)	〃	158,488	194,108		30 (2018)	〃	401,144	127,636
	令和元 (2019)	〃	159,079	182,774		令和元 (2019)	〃	436,546	125,290
	ベトナム	〃	30,962	37,367		ブラジル	〃	155,477	43,171
	インド	〃	38,162	35,323		コロンビア	〃	62,535	20,964
	インドネシア	〃	23,678	28,771		ベトナム	〃	87,110	15,520
14	大豆				19	天然ゴム			
	平成27年 (2015)	千t	3,243	206,221		平成27年 (2015)	t	685,229	131,695
	28 (2016)	〃	3,131	166,042		28 (2016)	〃	662,796	100,782
	29 (2017)	〃	3,218	173,527		29 (2017)	〃	702,757	150,139
	30 (2018)	〃	3,236	170,090		30 (2018)	〃	713,535	122,524
	令和元 (2019)	〃	3,392	167,316		令和元 (2019)	〃	734,078	122,641
	アメリカ合衆国	〃	2,485	118,182		インドネシア	〃	503,436	80,752
	ブラジル	〃	551	23,435		タイ	〃	207,524	37,982
	カナダ	〃	330	22,971		ベトナム	〃	11,032	1,933
15	小麦				20	合板			
	平成27年 (2015)	千t	5,531	199,965		平成27年 (2015)	千㎥	293,117	158,315
	28 (2016)	〃	5,447	148,009		28 (2016)	〃	268,629	122,633
	29 (2017)	〃	5,706	171,467		29 (2017)	〃	280,846	128,488
	30 (2018)	〃	5,652	181,103		30 (2018)	〃	297,231	152,049
	令和元 (2019)	〃	5,331	160,592		令和元 (2019)	〃	235,816	120,103
	アメリカ合衆国	〃	2,521	73,731		マレーシア	〃	84,517	54,189
	カナダ	〃	1,832	55,912		インドネシア	〃	120,108	52,658
	オーストラリア	〃	889	28,457		中華人民共和国	〃	13,515	7,382

Ⅱ 海外

1 農業関係指標の国際比較

項目	単位	米国	カナダ	EU-28	フランス	ドイツ	英国
基本指標							
人口	万人	32,710	3,707	51,168	6,499	8,312	6,714
国土面積	100万ha	983	998	442	55	36	24
名目GDP（暦年）	億米ドル	205,802	17,126	197,742	27,789	39,495	28,553
実質GDP成長率（暦年）	％	2.9	2.0	2.3	1.7	1.5	1.3
消費者物価上昇率	〃	2.4	2.3	1.9	2.1	2.0	2.5
失業率	〃	3.9	5.8	8.2	9.0	3.4	4.1
農業指標							
農林水産業総生産	億米ドル	1,665	314	3,084	451	304	180
名目GDP対比	％	0.8	1.8	1.6	1.6	0.8	0.6
農林水産業就業者数	万人	215	28	914	68	51	35
全産業就業者数対比	％	1.3	1.5	3.9	2.4	1.2	1.0
農用地面積	100万ha	406	58	182	29	17	17
耕地面積	〃	160	38	117	19	12	6
		(2017年)	(2016年)	(2016年)	(2016年)	(2016年)	(2016年)
農業経営体数	万戸	204.2	19.3	1,046.8	45.7	27.6	18.5
平均経営面積	ha／戸	178.5	332.0	16.6	60.9	60.5	90.1
国民一人当たり農用地面積	ha／人	1.25	1.71	0.35	0.44	0.20	0.25
農用地の国土面積対比	％	41.3	6.3	41.1	52.2	46.3	72.3
農産物自給率		(2013年)	(2013年)	－	(2013年)	(2013年)	(2013年)
穀物	％	127	202	－	189	113	86
うち食用	〃	170	425	－	176	132	79
小麦	〃	170	448	－	190	152	82
いも類	〃	96	147	－	116	117	75
豆類	〃	171	346	－	78	6	39
肉類	〃	116	129	－	98	114	69
牛乳・乳製品	〃	104	95	－	123	123	81
砂糖	〃	79	9	－	182	106	59
野菜	〃	90	55	－	73	40	38
果実	〃	74	17	－	57	25	5
貿易							
総輸出額	億米ドル	16,553	4,504	62,718	5,685	15,624	4,908
農産物輸出額	〃	1,414	448	5,443	640	792	268
総輸出額対比	％	8.5	9.9	8.7	11.3	5.1	5.5
総輸入額	億米ドル	26,114	4,599	62,406	6,594	12,927	6,717
農産物輸入額	〃	1,304	336	5,196	551	917	559
総輸入額対比	％	5.0	7.3	8.3	8.4	7.1	8.3
貿易収支	億米ドル	△ 9,461	△ 95	312	△ 909	2,697	△1,809
農産物貿易収支	〃	110	112	247	89	△ 125	△ 291
農業予算額		(2018年)	(2018-19年)	(2018年)	(2018年)	(2018年)	(2018年)
		億米ドル	億加ドル	億ユーロ	億ユーロ	億ユーロ	億ポンド
各国通貨ベース		322	22	582	152	68	39
円ベース	億円	35,555	1,875	75,753	19,784	8,851	5,727
国家予算対比	％	0.8	0.6	－	4.6	2.0	0.5
農業生産額対比	〃	7.8	3.0	13.4	19.6	12.9	13.2
為替レート		米ドル	加ドル	ユーロ	ユーロ	ユーロ	ポンド
2019年	円	109.01	82.16	122.04	122.04	122.04	140.33
2018年	〃	110.42	85.23	130.16	130.16	130.16	146.85
2017年	〃	112.17	86.49	126.91	126.91	126.91	144.96

資料： FAO「FAOSTAT」（2020年5月13日現在）、UN「National Accounts Main Aggregates Database」（2020年5月13日現在）「Comtrade Database」（2020年5月13日現在）、IMF「World Economic Out look Database April 2020」、 ILO「ILOSTAT」（2020年5月13日現在）、農林水産省大臣官房統計部「農業構造動態調査」、農林水産省大臣官房政策課食料安全保障室「食料需給表」、内閣府「海外経済データ」、「国際部資料」。中国は、香港、マカオ及び台湾を除く。

注： 耕地面積(Cropland area)は、耕作可能地面積(Arable area)と永年作物地面積(Land under permanent crops area)の合計。

豪州	ニュージーランド	中国	韓国	日本	備考（項目ごとの資料について）
2,490	474	145,938	5,117	**12,720**	FAOSTAT、2018年。
774	27	960	10	**38**	FAOSTAT、2017年。内水面を含む。
14,539	2,079	136,082	17,205	**49,713**	National Accounts Main Aggregates Database、2018年。
2.7	3.2	6.8	2.7	**0.3**	World Economic Outlook Database、2018年。各国通貨ベース。
1.9	1.6	2.1	1.5	**1.0**	World Economic Outlook Database、2018年。
5.3	4.3	3.8	3.8	**2.4**	World Economic Outlook Database、2018年。
373	110	10,208	314	**564**	National Accounts Main Aggregates Database、2018年。
2.6	5.3	7.5	1.8	**1.1**	GDP(名目)における農林水産業部分である。
32	15	19,444	132	**229**	ILOSTAT、2019年。
2.6	5.7	25.4	4.9	**3.4**	ILOSTAT、2019年。
372	11	529	2	**4**	FAOSTAT、2017年。
31	1	136	2	**4**	
(2017-18年)	(2018年)	(2017年)	(2019年)	**(2019年)**	国際部資料、日本は農業構造動態調査。
8.5	5.0	18,890.0	100.7	**118.9**	
4,421.9	273.8	0.7	1.6	**3.0**	
14.94	2.25	0.36	0.03	**0.03**	
48.1	39.4	55.1	17.0	**11.6**	
(2013年)	–	–	–	**(2018年)**	食料需給表。日本は、2018年度概算値。
279	–	–	–	**28**	
326	–	–	–	**60**	
342	–	–	–	**12**	
82	–	–	–	**73**	
276	–	–	–	**7**	
166	–	–	–	**51**	
146	–	–	–	**59**	
228	–	–	–	**34**	
82	–	–	–	**77**	
90	–	–	–	**38**	
2,528	398	24,942	6,048	**7,382**	Comtrade Database、2018年。FAOSTAT、2017年。
381	226	676	62	**42**	EUは域内貿易を含む。
15.1	56.8	2.7	1.0	**0.6**	
2,355	437	21,350	5,352	**7,482**	
136	46	1,563	254	**558**	
5.8	10.5	7.3	4.7	**7.5**	
173	△ 39	3,592	696	**△ 100**	
245	180	△ 887	△ 192	**△ 516**	国際部資料。EUは28カ国。米国・カナダ・フランス・ドイツ・英国・豪州・ニュージーランド・中国は実績ベース。EU・韓国は当初予算ベース。日本は当初予算ベース（一般会計）。米国の農業予算は、栄養支援プログラム（フードスタンプ）を含まない。EUは共通農業政策予算であり、加盟各国予算の積み上げではない。フランス、ドイツ、英国の農業予算は共通農業政策支出額であり、EUからの当該国分支出額を含む。豪州、ニュージーランド、中国、韓国は、林業・水産業を含む。
(2018-19年)	(2018-19年)	(2018年)	(2018年)	**(2018年)**	
億豪ドル	億NZドル	億人民元	兆ウォン	**億円**	
26	8	21,086	20	**17,336**	
2,147	628	351,925	19,700	**17,336**	
0.5	0.9	9.5	4.6	**1.8**	
3.0	3.1	18.6	32.2	**16.1**	
豪ドル	NZドル	人民元	ウォン	**–**	外国為替相場。
75.82	73.90	15.78	0.09	**–**	
82.57	78.50	16.69	0.10	**–**	
86.00	81.76	16.60	0.10	**–**	

2 土地と人口
(1) 農用地面積（2017年）

単位：千ha

国名	1) 陸地面積	2) 耕地	3) 永年作物地
世界	13,002,855	1,390,699	167,877
インド	297,319	156,463	13,000
アメリカ合衆国	914,742	157,837	2,600
ロシア	1,637,687	121,649	1,600
中国	938,821	118,900	16,000
ブラジル	835,814	55,384	7,982
カナダ	896,559	38,178	174
オーストラリア	769,202	30,752	322
インドネシア	187,752	26,300	25,000
ナイジェリア	91,077	34,000	6,500
アルゼンチン	273,669	39,200	1,000
日本	36,456	4,161	283

資料：総務省統計局「世界の統計 2020」（以下 (2) まで同じ。）
注： 1 土地利用の定義は国によって異なる場合がある。
　　 2 日本を除き、耕地と永年作物地の合計が多い10か国を抜粋している。
　　 1)は、内水面（主要な河川及び湖沼）及び沿岸水域を除いた総土地面積である。
　　 2)は、一時的に作物の収穫が行われている土地、採草地、放牧地及び休閑地の合計。
　　 3)は、ココア、コーヒーなどの収穫後の植替えが必要ない永年性作物を長期間にわ
　　　 たり栽培・収穫している土地である。

(2) 世界人口の推移

単位：100万人

年次	1) 世界		2) 日本	3) 北アメリカ	南アメリカ	ヨーロッパ	アフリカ	オセアニア
		アジア						
1950年	2,536	1,405	84	173	169	549	228	13
2000	6,143	3,741	127	312	522	726	811	31
2015	7,380	4,433	127	357	624	743	1,182	40
2030	8,548	4,974	119	391	706	741	1,688	48
2050	9,735	5,290	102	425	762	710	2,489	57

注： 1)は、各年7月1日現在の推計人口及び将来推計人口（中位推計値）である。
　　 2)は、各年10月1日現在の常住人口である。1950〜2015年は国勢調査人口であり、2030年及
　　　 び2050年は国立社会保障・人口問題研究所による将来推計人口（中位推計値）である。
　　　 外国の軍人・外交官及びその家族を除く。
　　 3)は、アメリカ合衆国，カナダ，グリーンランド，サンピエール島・ミクロン島及び
　　　 バミューダ島のみの合計。

3 雇用
就業者の産業別構成比 (2018年)

単位：%

国名	農林、漁業	鉱業	製造業	電気、ガス、水道	建設	1)卸売・小売	宿泊、飲食	運輸、倉庫、通信	金融、保険	2)不動産業、事業活動	3)その他
1) アメリカ	1.4	0.4	10.7	1.3	7.5	13.0	6.6	9.8	5.0	12.3	32.1
カナダ	1.9	1.5	9.3	0.8	7.6	16.5	6.6	6.9	4.4	13.9	30.6
フランス	2.5	0.1	11.7	1.6	6.7	12.7	3.9	8.3	3.3	11.3	38.0
ドイツ	1.3	0.2	19.1	1.4	6.7	13.9	3.8	8.2	3.0	11.2	31.3
イギリス	1.1	0.4	8.9	1.4	7.3	12.9	5.4	9.0	4.1	13.4	36.2
オーストラリア	2.6	1.9	7.9	1.2	9.3	14.3	7.1	8.7	3.5	11.4	31.9
ニュージーランド	5.9	0.2	9.8	0.9	9.4	14.5	6.0	8.1	2.9	13.2	29.3
韓国	5.0	0.1	16.8	0.7	7.6	13.9	8.4	8.4	3.1	10.9	25.1
日本	**3.4**	**0.0**	**16.3**	**0.9**	**7.5**	**16.5**	**6.2**	**8.9**	**2.8**	**10.1**	**27.2**

資料：労働政策研究・研修機構「データブック国際労働比較2019」
注： 1 産業分類は、国際標準産業分類 (ISIC-rev.4) による。
　　 2 15歳以上を対象とした。
　　 1)は、自動車、オートバイ修理業を含む。
　　 2)は、専門、科学及び技術サービス、管理・支援サービス業を含む。
　　 3)は、雇い主としての世帯活動、並びに世帯による自家利用のための分別不能な材及び
　　　 サービス生産活動、治外法権期間及び団体の活動が対象。

4 食料需給

(1) 主要国の主要農産物の自給率

単位：％

国名	年次	穀類 2)	いも類	豆類	野菜類	果実類	肉類	卵類	牛乳・乳製品 3)	魚介類 4)	砂糖類	油脂類
アメリカ	2017	119	103	193	87	73	113	103	112	65	75	91
カナダ	2017	178	159	312	61	22	139	95	101	88	11	287
ドイツ	2017	112	121	16	46	27	112	72	118	27	154	98
スペイン	2017	53	66	13	191	137	140	114	84	59	41	65
フランス	2017	170	136	84	72	62	100	99	118	29	222	90
イタリア	2017	63	57	10	146	108	74	97	81	17	18	35
オランダ	2017	9	202	0	328	38	228	192	203	65	159	61
スウェーデン	2017	132	87	109	37	5	71	96	91	69	95	22
イギリス	2017	94	90	46	46	10	72	91	90	55	58	50
スイス	2017	44	96	38	52	40	84	62	103	3	74	39
オーストラリア	2017	345	85	512	92	99	148	100	130	33	359	102
日本 1)	2017	28	74	9	79	40	52	96	60	52	32	13
	2018	28	73	7	78	38	51	96	59	55	34	13
	2019	28	73	7	79	38	52	96	59	52	34	13

資料：農林水産省大臣官房政策課食料安全保障室「食料需給表」（以下(4)まで同じ。）
注：1 日本以外の各国の自給率は、ＦＡＯ「Food Balance Sheets」等を基に農林水産省大臣官房
　　政策課食料安全保障室で試算した。また、試算に必要な飼料のデータがある国に対して試算
　　している（以下(4)まで同じ。）。
　　2 日本の年次は年度である。（以下(4)まで同じ。）
　1)日本の2019年度の数値は、概算値である（以下(4)まで同じ。）。
　2)のうち、米については玄米に換算している。
　3)は、生乳換算によるものであり、バターを含む。
　4)は、飼肥料も含む魚介類全体についての自給率である。

(2) 主要国の一人1年当たり供給食料

単位：kg

国名	年次	穀類 1)	いも類	豆類	野菜類	果実類	肉類	卵類	牛乳・乳製品 2)	魚介類	砂糖類 3)	油脂類
アメリカ	2017	111.2	56.2	8.5	113.4	94.3	124.1	15.6	282.4	22.4	33.0	20.7
カナダ	2017	121.3	64.6	17.0	101.6	97.5	82.6	14.2	267.2	22.5	32.4	26.3
ドイツ	2017	114.8	67.4	2.6	95.4	72.8	87.8	11.2	372.2	12.8	36.3	15.9
スペイン	2017	115.9	58.1	6.5	146.5	101.0	100.3	13.7	200.6	42.5	31.9	30.3
フランス	2017	133.6	50.9	3.2	96.7	97.5	83.0	11.5	381.9	34.4	38.8	18.5
イタリア	2017	162.7	35.9	5.8	130.9	124.3	81.0	11.8	270.1	29.8	31.2	27.1
オランダ	2017	94.8	80.6	2.7	61.6	96.7	75.8	14.1	388.6	21.8	42.6	18.4
スウェーデン	2017	116.3	52.7	3.1	85.7	69.0	77.1	13.5	454.9	32.8	31.9	8.3
イギリス	2017	119.8	92.5	6.3	82.9	92.2	79.9	11.2	261.6	19.7	35.2	14.6
スイス	2017	111.8	40.1	2.6	92.0	91.0	67.5	10.0	371.9	16.6	43.1	23.6
オーストラリア	2017	102.9	50.6	4.2	93.2	85.2	121.6	8.0	267.7	25.9	36.4	24.9
日本	2017	104.9	23.4	9.1	103.6	46.4	49.6	20.4	93.4	45.9	18.3	20.0
	2018	103.3	21.7	9.1	104.0	48.5	50.4	20.5	95.2	44.7	18.1	19.9
	2019	102.4	22.3	9.1	103.7	46.5	50.7	20.6	95.4	44.9	17.9	20.3

注：供給粗食料ベースの数値である。
　1)のうち、米については玄米に換算している。
　2)は、生乳換算によるものであり、バターを含む。
　3)は、日本は精糖換算数量、日本以外は粗糖換算数量である。

(3)　主要国の一人1日当たり供給栄養量

国名	年次	熱量			たんぱく質			脂質			PFC供給熱量比率		
		実数	比率		実数	動物性		実数	油脂類		たんぱく質(P)	脂質(F)	炭水化物(C)
			動物性	植物性		実数	比率		実数	比率			
		kcal	%	%	g	g	%	g	g	%	%	%	%
アメリカ	2017	3,591.0	29	71	111.7	73.7	66	166.9	85.0	51	12.4	41.8	45.7
カナダ	2017	3,362.0	26	74	99.3	50.9	51	152.9	78.1	51	11.8	40.9	47.3
ドイツ	2017	3,302.0	33	67	100.8	62.3	62	147.8	66.8	45	12.2	40.3	47.5
スペイン	2017	3,096.0	28	72	103.8	65.1	63	149.0	81.1	54	13.4	43.3	43.3
フランス	2017	3,389.0	35	65	107.9	66.8	62	157.1	58.5	37	12.7	41.7	45.6
イタリア	2017	3,403.0	26	74	104.2	55.9	54	151.3	82.4	54	12.2	40.0	47.7
オランダ	2017	3,083.0	35	65	102.5	68.1	66	129.1	49.6	38	13.3	37.7	49.0
スウェーデン	2017	3,051.0	35	65	104.3	67.6	65	134.7	49.8	37	13.7	39.7	46.6
イギリス	2017	3,252.4	30	70	101.0	57.6	57	140.5	57.5	41	12.4	38.9	48.7
スイス	2017	3,231.0	33	67	92.8	57.1	61	149.0	59.7	40	11.5	41.5	47.0
オーストラリア	2017	3,144.0	32	68	102.8	67.7	66	152.9	68.1	45	13.1	43.8	43.2
日本	2017	2,439.0	22	78	78.9	43.8	56	80.7	38.7	48	12.9	29.8	57.3
	2018	2,428.5	22	78	78.7	43.8	56	81.3	38.7	48	13.0	30.1	56.9
	2019	2,426.1	22	78	78.5	43.9	56	81.8	39.5	48	12.9	30.3	56.7

注：酒類等を含まない。

(4)　主要国の供給熱量総合食料自給率の推移

単位：%

国名	1961年昭和36年	1971 46	1981 56	1991 平成3	2001 13	2010 22	2011 23	2012 24	2013 25	2014 26	2015 27	2016 28	2017 29	2018 30	2019 令和元
アメリカ	119	118	162	124	122	135	127	126	130	133	129	138	131	－	－
カナダ	102	134	171	178	142	225	258	244	264	232	255	257	255	－	－
ドイツ	67	73	80	92	99	93	92	96	95	100	93	91	95	－	－
スペイン	93	100	86	94	94	92	96	73	93	80	83	89	83	－	－
フランス	99	114	137	145	121	130	129	134	127	124	132	119	130	－	－
イタリア	90	82	83	81	69	62	61	61	60	59	62	63	59	－	－
オランダ	67	70	83	73	67	68	66	68	69	72	64	64	70	－	－
スウェーデン	90	88	95	83	85	72	71	70	69	80	77	76	78	－	－
イギリス	42	50	66	77	61	69	72	67	63	74	71	65	68	－	－
スイス	－	－	－	－	54	52	56	55	50	55	51	48	52	－	－
オーストラリア	204	211	256	209	265	182	205	229	223	213	214	202	233	－	－
日本	78	58	52	46	40	39	39	39	39	39	39	38	38	37	38

注：1　供給熱量総合食料自給率は、総供給熱量に占める国産供給熱量の割合である。
　　　　なお、畜産物については、飼料自給率を考慮している。
　　2　酒類等を含まない。
　　3　この表における「－」は未集計である。
　　4　スイスについてはスイス農業庁「農業年次報告書」による。

5　物価

(1)　生産者物価指数（2018年）

2010年＝100

国名	国内供給品	国内生産品	農林水産物	工業製品	輸入品
アメリカ合衆国	...	109.4	4) 106.6	108.9	...
カナダ	...	...	5) 124.3	7) 118.0	...
フランス	3) 104.6	...	5)6) 120.2	107.6	3) 100.3
ドイツ	...	...	5) 114.6	107.8	...
イギリス	...	...	129.5	113.9	114.3
オーストラリア	113.9	114.5	134.9	7)8) 116.0	111.3
ニュージーランド	...	...	127.4	7)8)9) 108.5	...
2) 韓国	104.5	103.3	116.7	7) 103.3	...
1) 2) 日本	**100.9**	**101.3**	**109.8**	**101.1**	**99.7**

資料：総務省統計局「世界の統計2020」（以下(3)まで同じ。）
注：　生産者物価指数（ＰＰＩ：Producer Price Index）：生産地から出荷される時点又は生産過程に入る
　　　時点における、財・サービス価格の変化を示す指数。通常「取引価格」であり、控除できない間接税を
　　　含み、補助金を除く。産業の範囲は国により異なるが、農林水産業、鉱工業、製造業、電気・ガス・水
　　　供給業などである。
　　　ここでは次の分類による。
　　　　　国内供給品
　　　　　　国内市場向け国内生産品
　　　　　　　農林水産物
　　　　　　　工業製品
　　　　　輸入品
　　　1)は、企業物価指数。日本銀行「企業物価指数（2015年基準）」による。
　　　2)は、2015年＝100。
　　　3)は、農林水産業を除く。
　　　4)は、食料・飼料を除く。
　　　5)は、農業のみである。
　　　6)は、海外県（仏領ギアナ、グアドループ島、マルチニーク島、マヨット島及びレユニオン）を含む。
　　　7)は、製造業のみである。
　　　8)は、輸出品を含む。
　　　9)は、サービス業を含む。

(2)　消費者物価指数

2010年＝100

国名	2015年	2016	2017	2018
1) アメリカ合衆国	108.7	110.1	112.4	115.2
カナダ	108.7	110.2	112.0	114.5
2) フランス	105.6	105.8	106.9	108.8
ドイツ	107.2	107.7	109.4	111.2
イギリス	111.0	112.1	114.9	117.6
1) オーストラリア	112.0	113.5	115.7	117.9
ニュージーランド	107.9	108.6	110.7	112.4
1) 韓国	109.8	110.9	113.1	114.7
3) 4) 日本	**100.0**	**99.9**	**100.4**	**101.3**

注：　消費者が購入する財・サービスを一定量に固定し、これに要する費用の変化を指数値で示したもの。
　　　国によって、対象とする地域、調査世帯等が限定される場合がある。
　　　1)は、一部地域を除く。
　　　2)は、海外県（仏領ギアナ、グアドループ島、マルチニーク島及びレユニオン）を含む。
　　　3)は、総務省統計局「2015年基準消費者物価指数」による。
　　　4)は、2015年＝100とする。

(3) 国際商品価格指数・主要商品価格

品目（産地・取引市場など）	7)価格／単位	2010年	2013	2014	2015	2016
国際商品価格指数（2010年=100）						
一次産品（総合）（ウエイト：1,000）	—	100.0	120.3	112.9	73.0	65.7
1)エネルギーを除く一次産品	—	100.0	104.7	100.6	83.0	81.5
2)食料　　（ウエイト：167）	—	100.0	118.0	113.1	93.7	95.7
3)飲料　　（ウエイト：18）	—	100.0	83.7	101.0	97.9	93.0
4)農産原材料（ウエイト：77）	—	100.0	108.8	110.0	96.0	90.5
5)金属　　（ウエイト：107）	—	100.0	90.4	81.2	62.6	59.2
6)エネルギー（ウエイト：631）	—	100.0	130.4	120.7	66.6	55.6
主要商品価格						
米（タイ産：バンコク）	ドル／t	520.6	518.8	…	…	…
小麦（アメリカ産：カンザスシティ）	ドル／t	194.5	265.8	242.5	185.6	143.2
とうもろこし（アメリカ産：メキシコ湾岸アメリカ港）	ドル／t	186.0	259.0	192.9	169.8	159.2
大豆（アメリカ産：ロッテルダム先物取引）	ドル／t	384.9	517.2	457.8	347.4	362.7
バナナ（中央アメリカ・エクアドル産：アメリカ輸入価格）	ドル／t	881.4	926.4	931.9	958.7	1,002.4
牛肉（オーストラリア・ニュージーランド産：アメリカ輸入価格：冷凍骨なし）	セント／ポンド	152.5	183.6	224.1	200.5	178.2
羊肉（ニュージーランド産：ロンドン卸売価格：冷凍）	セント／ポンド	145.7	106.7	130.6	107.9	106.9
落花生油（ロッテルダム）	ドル／t	1,403.9	1,773.0	1,313.0	1,336.9	1,502.3
大豆油（オランダ港：先物取引）	ドル／t	924.8	1,011.1	812.7	672.2	721.2
パーム油（マレーシア産：北西ヨーロッパ先物取引）	ドル／t	859.9	764.2	739.4	565.1	639.8
砂糖（自由市場：ニューヨーク先物取引）	セント／ポンド	20.9	17.7	17.1	13.2	18.5
たばこ（アメリカ輸入価格：非加工品）	ドル／t	4,333.2	4,588.8	4,990.8	4,908.3	4,806.2
コーヒー（アザーマイルド：ニューヨーク）	セント／ポンド	194.4	141.1	202.8	160.5	164.5
茶（ケニア産：ロンドン競売価格）	セント／kg	316.7	266.0	237.9	340.4	287.4
ココア豆（ニューヨーク・ロンドン国際取引価格）	ドル／t	3,130.6	2,439.1	3,062.8	3,135.2	2,892.0
綿花（リバプールインデックスA）	セント／ポンド	103.5	90.4	83.1	70.4	74.2
原皮（アメリカ産：シカゴ卸売価格）	セント／ポンド	72.0	94.7	110.2	87.7	74.1
ゴム（マレーシア産：シンガポール港）	セント／ポンド	165.7	126.8	88.8	70.7	74.5
羊毛（オーストラリア・ニュージーランド産、イギリス：粗い羊毛）	セント／kg	820.1	1,117.0	1,034.6	927.8	1,016.4
鉄鉱石（中国産：天津港）	ドル／t	146.7	135.4	97.4	56.1	58.6
金（ロンドン：純度99.5%）	ドル／トロイオンス	1,224.7	1,411.5	1,265.6	1,160.7	1,249.0
銀（ニューヨーク：純度99.9%）	セント／トロイオンス	2,015.3	2,385.0	1,907.1	1,572.1	1,714.7
銅（ロンドン金属取引所）	ドル／t	7,538.4	7,331.5	6,863.4	5,510.5	4,867.9
ニッケル（ロンドン金属取引所）	ドル／t	21,810.0	15,030.0	16,893.4	11,862.6	9,595.2
鉛（ロンドン金属取引所）	ドル／t	2,148.2	2,139.7	2,095.5	1,787.8	1,866.7
亜鉛（ロンドン金属取引所）	ドル／t	2,160.4	1,910.2	2,161.0	1,931.7	2,090.0
すず（ロンドン金属取引所）	ドル／t	20,367.2	22,281.6	21,898.9	16,066.6	17,933.8
アルミニウム（ロンドン金属取引所）	ドル／t	2,173.0	1,846.7	1,867.4	1,664.7	1,604.2
原油（各スポットの平均値）	ドル／バーレル	79.0	104.1	96.2	50.8	42.8

注：国際商品価格指数：国際的に取引される主要商品の市場価格に基づき、IMFが算出したものである。
　　1)は、燃料及び貴金属を除く45品目によるものである。
　　2)は、穀類、肉類、魚介類、果実類、植物油、豆類、砂糖などである。
　　3)は、ココア豆、コーヒー及び茶である。
　　4)は、綿花、原皮、ゴム、木材及び羊毛である。
　　5)は、アルミニウム、銅、鉄鉱石、鉛、ニッケル、すず、ウラン及び亜鉛である。
　　6)は、石炭、天然ガス及び石油である。
　　7)は、取引市場で通常使用される数量単位当たりの価格である。

6 国民経済と農林水産業
(1) 各国の国内総生産

国名	2014年		2015	
	名目GDP	一人当たり	名目GDP	一人当たり
	10億米ドル	米ドル	10億米ドル	米ドル
アメリカ	17,527	55,010	18,225	56,787
カナダ	1,806	51,021	1,557	43,626
フランス	2,857	44,616	2,439	37,938
ドイツ	3,890	48,036	3,362	41,160
英国	3,036	47,004	2,897	44,495
オーストラリア	1,457	61,653	1,235	51,497
ニュージーランド	200	43,858	175	37,743
中国	10,535	7,702	11,226	8,167
韓国	1,484	29,250	1,466	28,732
日本	4,850	38,156	4,389	34,569

資料：内閣府経済財政分析統括官「海外経済データ」（令和2年7月）
　　　（IMF "World Economic Outlook Datebase, April 2020"）

(2) 農業生産指数

(2004〜2006年＝100)

国名	1)総合			2)食料			1人当たり食料		
	2014年	2015	2016	2014年	2015	2016	2014年	2015	2016
世界	125.1	126.5	128.1	125.6	127.1	128.7	112.6	112.7	112.8
アメリカ合衆国	115.4	115.0	120.4	117.0	116.6	122.3	108.7	107.6	112.1
カナダ	111.5	113.8	116.9	111.7	114.0	117.7	101.3	102.4	104.7
フランス	105.0	104.5	96.1	105.1	104.6	96.1	100.2	99.3	90.9
ドイツ	113.0	109.0	107.9	113.0	109.0	107.9	113.2	109.0	107.6
イギリス	109.5	109.5	103.9	109.5	109.6	103.8	101.6	101.1	95.2
オーストラリア	109.7	110.3	106.4	109.1	109.7	105.6	94.2	93.4	88.6
ニュージーランド	116.0	118.2	117.3	117.8	120.1	119.2	106.7	107.6	105.7
中国	131.0	134.9	137.9	131.9	135.9	139.0	125.4	128.6	130.9
韓国	106.0	104.1	102.7	106.1	104.3	102.8	102.6	100.4	98.6
日本	96.6	95.5	91.9	96.9	95.8	92.2	97.0	96.1	92.6

資料：総務省統計局「世界の統計　2020」
注：　ラスパイレス式による。農畜産物一次産品のうち、家畜飼料、種子及ぶ化用卵などを除く。
　　　ＦＡＯにおける指数の作成においては、1商品1価格とし、為替レートの影響を受けないよう、
　　　国際商品価格を用いて推計している。
　　　1)は、全ての農作物及び畜産物である。
　　　2)は、食用かつ栄養分を含有する品目であり、コーヒー、茶などを除く。

2016		2017		2018	
名目GDP	一人当たり	名目GDP	一人当たり	名目GDP	一人当たり
10億米ドル	米ドル	10億米ドル	米ドル	10億米ドル	米ドル
18,715	57,901	19,519	60,000	20,580	62,869
1,530	42,440	1,650	45,217	1,712	46,290
2,472	38,349	2,592	40,109	2,780	42,953
3,468	42,116	3,665	44,334	3,951	47,662
2,669	40,658	2,640	39,977	2,829	42,580
1,268	51,979	1,387	55,974	1,420	56,420
185	38,983	200	41,382	203	41,205
11,222	8,116	12,062	8,677	13,368	9,580
1,500	29,296	1,624	31,577	1,720	33,320
4,927	38,805	4,860	38,343	4,972	39,304

(3)　平均経営面積及び農地面積の各国比較

区分	単位	日本 (概算値)	米国	EU(28)	ドイツ	フランス	英国	豪州
平均経営面積	ha	2.99	178.5	16.6	60.5	60.9	90.1	4,421.9
日本＝1	倍	1	60	6	20	20	30	1,479
農地面積	万ha	440	40,586	18,151	1,666	2,873	1,735	37,184
国土面積に占める割合	％	11.8	41.3	41.1	46.3	52.2	72.3	48.1

資料：　農林水産省統計部「平成31年農業構造動態調査」、「令和元年耕地及び作付面積統計」、
　　　　FAOSTAT、国際部資料
注：1　日本の平均経営面積及び農地面積には、採草・放牧地等を含まない。
　　2　日本の平均経営面積は一経営体当たりの経営耕地面積である（農業経営体）。
　　3　日本の「国土面積に占める割合」は、北方領土等を除いた国土面積に対する割合である。

6　国民経済と農林水産業（続き）
(4)　農業生産量（2017年）

順位	1) 穀類 国名	生産量	2) 米 国名	生産量	3) 小麦 国名	生産量
		千 t		千 t		千 t
	世界	2,980,175	世界	769,658	世界	771,719
1	中国	617,930	中国	212,676	中国	134,334
2	アメリカ合衆国	440,117	インド	168,500	インド	98,510
3	インド	313,610	インドネシア	81,382	ロシア	85,863
4	ロシア	131,144	バングラデシュ	48,980	アメリカ合衆国	47,371
5	ブラジル	117,784	ベトナム	42,764	フランス	36,925
6	インドネシア	109,334	タイ	33,383	オーストラリア	31,819
7	アルゼンチン	76,397	ミャンマー	25,625	カナダ	29,984
8	フランス	64,496	フィリピン	19,276	パキスタン	26,674
9	ウクライナ	60,686	ブラジル	12,470	ウクライナ	26,209
10	カナダ	56,311	パキスタン	11,175	ドイツ	24,482
11	バングラデシュ	53,332	カンボジア	10,350	トルコ	21,500
12	オーストラリア	50,049	ナイジェリア	9,864	アルゼンチン	18,395
13	ベトナム	47,877	**日本**	9,780	イギリス	14,837
14	ドイツ	45,557	アメリカ合衆国	8,084	カザフスタン	14,803
(15)	**（日本）**	10,906	エジプト	6,380	**（日本）**	907

順位	大麦 国名	生産量	ライ麦 国名	生産量	えん麦 国名	生産量
		千 t		千 t		千 t
	世界	147,404	世界	13,734	世界	25,949
1	ロシア	20,599	ドイツ	2,737	ロシア	5,451
2	オーストラリア	13,506	ポーランド	2,674	カナダ	3,733
3	ドイツ	10,853	ロシア	2,547	オーストラリア	2,266
4	フランス	10,545	中国	* 1,332	ポーランド	1,465
5	ウクライナ	8,285	デンマーク	723	中国	* 1,281
6	カナダ	7,891	ベラルーシ	670	フィンランド	1,014
7	イギリス	7,169	ウクライナ	508	イギリス	875
8	トルコ	7,100	トルコ	320	スペイン	843
9	スペイン	5,786	カナダ	300	アルゼンチン	785
10	デンマーク	3,992	アメリカ合衆国	246	アメリカ合衆国	717
11	ポーランド	3,793	スウェーデン	142	チリ	713
12	アルゼンチン	3,741	スペイン	139	スウェーデン	676
13	カザフスタン	3,305	ラトビア	129	ブラジル	637
14	イラン	3,100	オーストリア	129	ドイツ	577
(15)	**（日本）**	185	フィンランド	114	**（日本）**	0

資料：総務省統計局「世界の統計　2020」（以下 9 (4)まで同じ。）
注： 1　生産量の多い15か国を掲載した。ただし、日本が16位以下で出典資料に記載されている場合
　　　　には、15位の国に代えて括弧付きで掲載した。
　　 2　暫定値又は推計値には「＊」を付した。
　　 1)は、米、小麦、大麦、ライ麦、えん麦、とうもろこしなどである。
　　 2)は、脱穀、選別後の米粒である。
　　 3)には、スペルト麦を含む。

順位	とうもろこし		4)いも類		ばれいしょ	
	国名	生産量	国名	生産量	国名	生産量
		千t		千t		千t
	世界	1,134,747	世界	887,348	世界	388,191
1	アメリカ合衆国	370,960	中国	177,706	中国	* 99,147
2	中国	259,071	ナイジェリア	115,978	インド	48,605
3	ブラジル	97,722	インド	54,236	ロシア	29,590
4	アルゼンチン	49,476	コンゴ民主共和国	33,297	ウクライナ	22,208
5	インド	28,720	タイ	31,497	アメリカ合衆国	20,017
6	インドネシア	27,952	ロシア	29,590	ドイツ	11,720
7	メキシコ	27,762	ガーナ	27,770	バングラデシュ	10,216
8	ウクライナ	24,669	ブラジル	23,560	ポーランド	9,172
9	南アフリカ	16,820	インドネシア	22,649	オランダ	7,392
10	ルーマニア	14,326	ウクライナ	22,208	フランス	7,342
11	フランス	14,122	アメリカ合衆国	21,636	ベラルーシ	6,415
12	カナダ	14,095	アンゴラ	14,413	イギリス	6,218
13	ロシア	13,236	コートジボワール	12,689	イラン	5,102
14	ナイジェリア	10,420	ベトナム	11,924	トルコ	4,800
(15)	(日本)	0	(日本)	3,310	(日本)	2,151

順位	かんしょ		大豆		5)落花生	
	国名	生産量	国名	生産量	国名	生産量
		千t		千t		千t
	世界	112,835	世界	352,644	世界	47,097
1	中国	* 71,797	アメリカ合衆国	119,518	中国	17,092
2	マラウイ	5,472	ブラジル	114,599	インド	9,179
3	タンザニア	4,244	アルゼンチン	54,972	アメリカ合衆国	3,281
4	ナイジェリア	4,014	中国	13,149	ナイジェリア	2,420
5	インドネシア	2,023	インド	10,981	スーダン	1,641
6	エチオピア	2,008	パラグアイ	10,478	ミャンマー	1,583
7	アンゴラ	1,858	カナダ	7,717	アルゼンチン	1,031
8	ウガンダ	1,657	ウクライナ	3,899	タンザニア	979
9	アメリカ合衆国	1,617	ロシア	3,621	セネガル	915
10	インド	1,460	ボリビア	3,019	チャド	870
11	ベトナム	1,353	南アフリカ	1,316	ブラジル	547
12	マダガスカル	1,141	ウルグアイ	1,316	ギニア	* 540
13	ルワンダ	1,079	イタリア	1,020	カメルーン	480
14	マリ	1,021	ナイジェリア	730	インドネシア	480
(15)	日本	807	(日本)	253	(日本)	15

注：4)は、ばれいしょ、かんしょ、キャッサバ、ヤム芋、タロ芋などである。
　　5)は、殻付きである。

6　国民経済と農林水産業（続き）
(4)　農業生産量（2017年）（続き）

順位	6)キャベツ 国名	生産量	トマト 国名	生産量	きゅうり 国名	生産量
		千t		千t		千t
	世界	71,451	**世界**	182,301	**世界**	83,754
1	中国	33,429	中国	59,515	中国	64,825
2	インド	8,807	インド	20,708	イラン	1,981
3	ロシア	3,530	トルコ	12,750	ロシア	1,940
4	韓国	2,391	アメリカ合衆国	10,911	トルコ	1,828
5	ウクライナ	1,673	エジプト	7,297	アメリカ合衆国	1,012
6	インドネシア	1,443	イラン	6,177	メキシコ	956
7	**日本**	**1,385**	イタリア	6,016	ウクライナ	896
8	アメリカ合衆国	1,193	スペイン	5,163	ウズベキスタン	814
9	ポーランド	1,084	メキシコ	4,243	スペイン	635
10	ルーマニア	1,067	ブラジル	4,230	**日本**	**560**
11	ベトナム	976	ナイジェリア	*4,100	ポーランド	544
12	ウズベキスタン	904	ロシア	3,231	エジプト	489
13	ドイツ	790	ウズベキスタン	2,455	インドネシア	425
14	トルコ	779	ウクライナ	2,267	カザフスタン	410
(15)	ケニア	691	**（日本）**	**737**	オランダ	400

順位	たまねぎ 国名	生産量	オレンジ 国名	生産量	りんご 国名	生産量
		千t		千t		千t
	世界	97,863	**世界**	73,313	**世界**	83,139
1	中国	24,284	ブラジル	17,460	中国	41,390
2	インド	22,427	中国	8,564	アメリカ合衆国	5,174
3	アメリカ合衆国	3,732	インド	7,647	トルコ	3,032
4	イラン	2,379	メキシコ	4,630	ポーランド	2,441
5	エジプト	2,379	アメリカ合衆国	4,616	インド	2,265
6	ロシア	2,136	スペイン	3,357	イラン	2,097
7	トルコ	2,132	エジプト	3,014	イタリア	1,921
8	バングラデシュ	1,867	インドネシア	2,295	チリ	1,766
9	パキスタン	1,833	トルコ	1,950	フランス	1,711
10	オランダ	1,780	パキスタン	1,585	ロシア	*1,639
11	スーダン	1,776	イラン	1,561	ブラジル	1,301
12	ブラジル	1,622	イタリア	1,501	ウクライナ	1,076
13	メキシコ	1,620	南アフリカ	1,453	ウズベキスタン	1,029
14	インドネシア	1,470	モロッコ	1,037	アルゼンチン	995
(15)	**（日本）**	**1,214**	**（日本）**	**12**	**（日本）**	**735**

注：6)には、白菜、赤キャベツ、芽キャベツ、ちりめんキャベツなどを含む。

順位	7) ぶどう		8) バナナ		9) コーヒー豆	
	国名	生産量	国名	生産量	国名	生産量
		千 t		千 t		千 t
	世界	74,277	**世界**	113,919	**世界**	9,212
1	中国	13,083	インド	30,477	ブラジル	2,681
2	イタリア	7,170	中国	11,170	ベトナム	1,542
3	アメリカ合衆国	6,679	インドネシア	7,163	コロンビア	754
4	フランス	5,916	ブラジル	6,675	インドネシア	669
5	スペイン	5,387	エクアドル	6,282	ホンジュラス	475
6	トルコ	4,200	フィリピン	6,041	エチオピア	471
7	インド	2,922	アンゴラ	4,302	ペルー	346
8	南アフリカ	2,033	グアテマラ	3,887	インド	312
9	チリ	2,000	コロンビア	3,787	グアテマラ	245
10	アルゼンチン	1,965	タンザニア	3,485	ウガンダ	209
11	ブラジル	1,912	コスタリカ	2,553	メキシコ	154
12	イラン	1,866	メキシコ	2,230	ラオス	151
13	オーストラリア	1,824	ベトナム	2,045	ニカラグア	128
14	エジプト	1,703	ルワンダ	1,729	中国	115
(15)	**(日本)**	**176**	**(日本)**	**0**	コートジボワール	104

順位	10) ココア豆		11) 茶		葉たばこ	
	国名	生産量	国名	生産量	国名	生産量
		千 t		千 t		千 t
	世界	5,201	**世界**	6,101	**世界**	6,502
1	コートジボワール	2,034	中国	2,460	中国	2,391
2	ガーナ	884	インド	1,325	ブラジル	881
3	インドネシア	660	ケニア	440	インド	800
4	ナイジェリア	328	スリランカ	350	アメリカ合衆国	322
5	カメルーン	295	ベトナム	260	ジンバブエ	182
6	ブラジル	236	トルコ	234	インドネシア	152
7	エクアドル	206	インドネシア	139	ザンビア	132
8	ペルー	122	ミャンマー	105	パキスタン	118
9	ドミニカ共和国	87	イラン	101	アルゼンチン	117
10	コロンビア	57	バングラデシュ	82	タンザニア	104
11	パプアニューギニア	45	日本	81	モザンビーク	91
12	ウガンダ	31	アルゼンチン	81	バングラデシュ	91
13	メキシコ	27	ウガンダ	64	北朝鮮	83
14	ベネズエラ	23	タイ	58	マラウイ	83
(15)	トーゴ	23	ブルンジ	54	**(日本)**	19

注：7)には、ワイン用を含む。
　　8)は、料理用を除く。
　　9)は、生の豆である。
　　10)は、生の豆及び焙煎済みの豆である。
　　11)は、緑茶、紅茶などである。

6　国民経済と農林水産業（続き）
(4)　農業生産量（2017年）（続き）

順位	12) 牛		12) 豚		12) 羊	
	国名	飼養頭数	国名	飼養頭数	国名	飼養頭数
		千頭		千頭		千頭
	世界	1,491,687	**世界**	967,385	**世界**	1,202,431
1	ブラジル	214,900	中国	435,037	中国	161,351
2	インド	185,104	アメリカ合衆国	73,415	オーストラリア	72,125
3	アメリカ合衆国	93,705	ブラジル	41,099	インド	63,009
4	中国	* 83,210	スペイン	29,971	ナイジェリア	* 42,500
5	エチオピア	60,927	ドイツ	27,578	スーダン	40,574
6	アルゼンチン	53,354	ベトナム	27,407	イラン	40,030
7	パキスタン	44,400	ロシア	22,028	イギリス	34,832
8	メキシコ	31,772	ミャンマー	17,999	エチオピア	31,837
9	スーダン	30,734	メキシコ	17,210	トルコ	30,984
10	チャド	27,603	カナダ	14,250	チャド	30,789
11	タンザニア	26,400	フィリピン	12,428	モンゴル	30,110
12	オーストラリア	26,176	オランダ	12,409	パキスタン	30,100
13	バングラデシュ	23,935	デンマーク	12,308	アルジェリア	28,394
14	コロンビア	22,461	フランス	12,301	ニュージーランド	27,527
(15)	**（日本）**	3,822	**（日本）**	9,346	**（日本）**	15

順位	12) 鶏		牛乳		13) 鶏卵	
	国名	飼養羽数	国名	生産量	国名	生産量
		100万羽		千 t		千 t
	世界	22,847	**世界**	675,621	**世界**	80,089
1	中国	4,877	アメリカ合衆国	97,735	中国	30,963
2	インドネシア	2,176	インド	83,634	アメリカ合衆国	6,259
3	アメリカ合衆国	1,971	ブラジル	33,491	インド	4,848
4	ブラジル	1,426	ドイツ	32,666	メキシコ	2,771
5	イラン	1,030	ロシア	30,915	**日本**	**2,601**
6	インド	783	中国	30,386	ブラジル	2,547
7	メキシコ	556	フランス	* 24,400	ロシア	2,484
8	ロシア	498	ニュージーランド	21,372	インドネシア	1,527
9	パキスタン	495	トルコ	18,762	トルコ	1,205
10	トルコ	343	パキスタン	16,115	フランス	* 955
11	**日本**	**314**	イギリス	15,256	ウクライナ	887
12	ミャンマー	313	オランダ	14,297	マレーシア	858
13	マレーシア	308	ポーランド	13,694	ドイツ	826
14	ベトナム	295	メキシコ	11,768	スペイン	* 826
(15)	バングラデシュ	275	**（日本）**	7,281	アルゼンチン	813

注：12）は、家畜・家きんである。
　　13）には、ふ化用を含む。

順位	はちみつ 国名	生産量	生繭 国名	生産量	実綿 国名	生産量
		t		t		千t
	世界	1,860,712	世界	592,966	世界	74,353
1	中国	543,000	中国	398,212	インド	18,530
2	トルコ	114,471	インド	155,315	中国	17,148
3	アルゼンチン	76,379	イラン	12,802	アメリカ合衆国	* 12,000
4	イラン	69,699	ウズベキスタン	12,480	パキスタン	5,700
5	アメリカ合衆国	66,968	タイ	4,552	ブラジル	3,843
6	ウクライナ	66,231	ブラジル	3,035	ウズベキスタン	2,900
7	ロシア	65,678	ベトナム	2,509	トルコ	2,450
8	インド	64,981	ルーマニア	1,151	オーストラリア	2,151
9	メキシコ	51,066	北朝鮮	969	メキシコ	1,009
10	エチオピア	* 50,000	アフガニスタン	651	ブルキナファソ	844
11	ブラジル	41,594	アゼルバイジャン	245	ギリシャ	792
12	カナダ	39,180	カンボジア	187	アルゼンチン	616
13	タンザニア	30,393	エジプト	129	マリ	592
14	スペイン	29,393	日本	125	トルクメニスタン	483
(15)	(日本)	2,706	キルギス	125	シリア	441

順位	14) 亜麻 国名	生産量	15) ジュート 国名	生産量	16) 天然ゴム 国名	生産量
		t		t		千t
	世界	780,554	世界	3,530,816	世界	14,253
1	フランス	578,645	インド	1,966,339	タイ	* 4,600
2	ベルギー	69,341	バングラデシュ	1,496,216	インドネシア	3,630
3	ベラルーシ	42,327	中国	* 30,000	ベトナム	1,095
4	ロシア	38,795	ウズベキスタン	16,091	インド	965
5	イギリス	12,452	ネパール	11,624	中国	817
6	中国	12,000	南スーダン	* 3,500	マレーシア	740
7	オランダ	10,224	ジンバブエ	2,605	コートジボワール	580
8	エジプト	8,123	ベトナム	2,129	フィリピン	407
9	チリ	3,139	ベトナム	781	グアテマラ	318
10	アルゼンチン	2,609	ブータン	343	ミャンマー	237
11	ウクライナ	1,320	カンボジア	279	ブラジル	191
12	イタリア	835	ペルー	262	スリランカ	167
13	ラトビア	227	タイ	* 260	ナイジェリア	159
14	ルーマニア	171	エルサルバドル	211	リベリア	71
(15)	台湾	140	(日本)	0	メキシコ	69

注：14)は、茎から取り出した繊維であり、麻くずを含む。
　　15)には、ジュート類似繊維を含む。
　　16)には、安定化又は濃縮したラテックス及び加硫ゴムラテックスを含む。

6 国民経済と農林水産業（続き）
(5) 工業生産量

順位	食品								
	1)牛肉			1)豚肉			4)鳥肉		
	国名	年次	生産量	国名	年次	生産量	国名	年次	生産量
			千t			千t			千t
1	ブラジル	2015	8,471	ドイツ	2016	8,387	ブラジル	2015	10,843
2	イタリア	2016	1,597	スペイン	2016	4,882	ロシア	2016	4,444
3	2) スーダン	2014	1,476	ブラジル	2015	2,760	ポーランド	2016	2,627
4	ドイツ	2016	1,242	オランダ	2016	2,157	ドイツ	2016	1,928
5	フランス	2016	1,113	イタリア	2016	2,098	トルコ	2016	1,916
6	スペイン	2016	777	ロシア	2016	2,042	オランダ	2016	1,890
7	イギリス	2016	758	ポーランド	2016	1,645	スペイン	2016	1,830
8	アイルランド	2016	659	3) 日本	2016	1,279	イギリス	2014	1,667
9	3) ニュージーランド	2016	648	デンマーク	2016	1,241	ペルー	2016	1,514
(10)	3) (日本)	2016	464	ベルギー	2016	505	メキシコ	2016	1,333

順位	食品（続き）								
	5)冷凍魚類			8)塩干魚類			9)大豆油		
	国名	年次	生産量	国名	年次	生産量	国名	年次	生産量
			千t			千t			千t
1	6) ロシア	2016	4,029	日本	2016	484	10) 中国	2014	＊11,700
2	ベトナム	2016	1,763	ポーランド	2016	113	10) アメリカ合衆国	2014	9,706
3	7) 日本	2016	1,402	イギリス	2016	79	アルゼンチン	2016	8,670
4	ペルー	2016	275	アイスランド	2016	63	ブラジル	2015	6,575
5	アイスランド	2016	257	ポルトガル	2016	42	10) インド	2014	＊1,247
6	チリ	2016	211	スペイン	2016	34	10) パラグアイ	2014	＊713
7	イギリス	2016	155	リトアニア	2016	34	ロシア	2016	640
8	トルコ	2016	100	デンマーク	2016	31	スペイン	2015	524
9	ポルトガル	2016	95	ドイツ	2016	28	10) ボリビア	2014	475
(10)	スーダン	2014	91	エクアドル	2016	27	10) 日本	2016	442

注： 1 生産量の多い10か国を掲載した。ただし、日本が11位以下で出典資料に記載
　　　されている場合には、10位の国に代えて（ ）付きで掲載した。
　　 2 暫定値又は推計値には「＊」を付した。
　　1)は、生鮮、冷蔵又は冷凍の肉である。
　　2)は、牛肉以外を含む。
　　3)は、枝肉としての重量である。
　　4)は、生鮮、冷蔵又は冷凍の家きんの肉であり、食用くず肉を含む。
　　5)は、冷凍の魚類及び魚類製品である。
　　6)は、魚の缶詰を含む。
　　7)は、魚のすり身を含む。
　　8)は、乾燥・塩漬・燻製の魚及び魚粉である。
　　9)は、未精製のものである。
　　10)は、精製されたものを含む。

	食品（続き）								
順位	11）マーガリン			12）バター			13）チーズ		
	国名	年次	生産量	国名	年次	生産量	国名	年次	生産量
			千t			千t			千t
1	ブラジル	2015	809	ドイツ	2016	528	フランス	2016	2,021
2	ロシア	2016	495	フランス	2016	426	イタリア	2016	1,424
3	ドイツ	2016	349	ロシア	2016	253	ロシア	2016	1,390
4	エジプト	2015	288	イギリス	2016	221	ブラジル	2015	1,063
5	オランダ	2016	227	ポーランド	2016	193	ポーランド	2016	851
6	**日本**	**2016**	**225**	イタリア	2016	133	オランダ	2016	613
7	ベルギー	2016	181	ベラルーシ	2016	118	トルコ	2016	611
8	メキシコ	2016	143	ブラジル	2015	108	イギリス	2016	552
9	ウクライナ	2016	135	ウクライナ	2016	103	スペイン	2016	495
(10)	イタリア	2016	127	**（日本）**	**2016**	**66**	**（日本）**	**2016**	**144**

	食品（続き）								
順位	14）小麦粉			15）粗糖			18）蒸留酒		
	国名	年次	生産量	国名	年次	生産量	国名	年次	生産量
			千t			千t			100kL
1	アメリカ合衆国	2016	19,933	16）ブラジル	2016	38,987	**日本**	**2016**	**33,868**
2	トルコ	2016	9,383	16）インド	2016	24,794	ブラジル	2015	18,747
3	ロシア	2016	9,124	16）タイ	2016	9,258	イギリス	2014	8,403
4	ブラジル	2016	8,285	16）アメリカ合衆国	2016	7,752 19)	ロシア	2016	8,125
5	パキスタン	2015	6,003	17）ロシア	2016	6,045	ボスニア・ヘルツェゴビナ	2016	7,876
6	インドネシア	2016	5,841	16）パキスタン	2016	5,612	ドイツ	2016	3,738
7	ドイツ	2016	5,461	メキシコ	2016	5,597	ウクライナ	2016	2,493
8	イタリア	2016	5,382	16）オーストラリア	2016	4,619	メキシコ	2016	2,275
9	**日本**	**2016**	**4,860**	16）グアテマラ	2016	2,904	スペイン	2016	1,522
(10)	フランス	2016	4,220	16）インドネシア	2016	2,225	アルゼンチン	2016	1,510

注：11)は、液体マーガリンを除く。
12)は、ミルクから得たバターその他の油脂及びデイリースプレッドである。
13)は、凝乳（カード）を含む。
14)は、小麦又はメスリン（小麦とライ麦を混合したもの。）から製造されたものである。
15)は、てん菜糖及び甘しょ糖であり、香味料又は着色料を添加したものを除く。
16)は、精製糖を含む。
17)は、グラニュー糖である。
18)は、ウィスキー、ラム酒、ジン、ウォッカ、リキュール、コーディアルなどである。
19)は、ウォッカ及びリキュールである。

6　国民経済と農林水産業（続き）
(5)　工業生産量（続き）

順位	食品（続き）								
	20) ワイン			22) ビール			23) ミネラルウォーター		
	国名	年次	生産量	国名	年次	生産量	国名	年次	生産量
			100kL			100kL			100kL
1	スペイン	2016	41,878	中国	2016	450,644	ドイツ	2014	128,128
2	ポルトガル	2016	11,287	ブラジル	2015	140,274	トルコ	2016	119,805
3	アルゼンチン	2016	9,416	メキシコ	2016	104,422	スペイン	2016	74,899
4	21) ロシア	2016	8,867	ドイツ	2016	88,100	ロシア	2016	59,867
5	チリ	2016	7,222	ロシア	2016	78,274	ブラジル	2015	53,569
6	ドイツ	2016	7,130	イギリス	2016	51,470	ポーランド	2016	43,200
7	21) **日本**	**2016**	**3,798**	ポーランド	2016	40,498	**日本**	**2016**	**31,762**
8	ブラジル	2015	3,276	ベトナム	2016	38,451	韓国	2016	27,606
9	ウクライナ	2016	2,881	スペイン	2016	37,005	ルーマニア	2016	19,292
(10)	ハンガリー	2016	1,866	**日本**	**2016**	**26,659**	ウクライナ	2016	17,715

順位	食品（続き）			繊維					
	24) ソフトドリンク			25) 毛糸			26) 綿糸		
	国名	年次	生産量	国名	年次	生産量	国名	年次	生産量
			100kL			t			千t
1	メキシコ	2016	197,600	トルコ	2016	68,049	パキスタン	2015	3,360
2	**日本**	**2016**	**170,734**	イタリア	2016	42,328	トルコ	2016	1,248
3	ブラジル	2015	162,452	イギリス	2014	15,566	ブラジル	2015	486
4	ドイツ	2016	121,886	**日本**	**2016**	**11,050**	ウズベキスタン	2016	367
5	イギリス	2015	83,405	リトアニア	2016	10,666	韓国	2015	254
6	ロシア	2016	61,025	ポーランド	2016	5,591	スペイン	2016	69
7	フランス	2016	55,332	チェコ	2016	5,518	ロシア	2016	58
8	スペイン	2016	51,126	ロシア	2016	5,118	メキシコ	2016	58
9	ポーランド	2016	42,937	ポルトガル	2016	3,545	**日本**	**2016**	**55**
(10)	トルコ	2016	40,350	スペイン	2015	3,538	イタリア	2016	37

注：20）は、グレープマスト、スパークリングワイン、ベルモット酒及び香味付けしたワインを含む。
　　21）は、その他の果実酒を含む。
　　22）は、麦芽から製造されたものである。
　　23）は、無加糖・無香料のミネラルウォーター及び炭酸水である。
　　24）は、水及びフルーツジュースを除く。
　　25）は、紡毛糸、梳毛糸及び獣毛糸である。
　　26）は、縫糸以外である。

順位	木材・パルプ・紙								
	27) 製材			29) 合板			30) 木材パルプ		
	国名	年次	生産量	国名	年次	生産量	国名	年次	生産量
			千㎥			千㎥			千t
1	アメリカ合衆国	2016	55,627	中国	2016	* 117,317	アメリカ合衆国	2016	* 42,242
2	カナダ	2016	* 48,161	アメリカ合衆国	2016	9,398	ブラジル	2016	18,210
3	中国	2016	34,375	ロシア	2016	3,812	カナダ	2016	8,914
4	28) ロシア	2016	23,736	インドネシア	2016	* 3,800	日本	2016	8,030
5	スウェーデン	2016	21,449	日本	2016	3,063	中国	2016	* 7,479
6	ドイツ	2016	* 21,109	ブラジル	2016	* 2,700	インドネシア	2016	* 6,400
7	フィンランド	2016	11,370	インド	2016	* 2,521	ロシア	2016	5,555
8	オーストリア	2016	9,256	マレーシア	2016	2,484	フィンランド	2016	5,119
9	ブラジル	2016	* 8,600	トルコ	2016	2,395	チリ	2016	4,238
(10)	日本	2016	8,419	カナダ	2016	2,205	スウェーデン	2016	3,816

順位	化学・石油・セメント						機械器具		
	窒素質肥料			33) カリ質肥料			34) コンバイン		
	国名	年次	生産量	国名	年次	生産量	国名	年次	生産量
			千t			t			台
1	中国	2016	41,055	31) ロシア	2016	7,770,000	日本	2016	20,867
2	31) ロシア	2016	9,475	中国	2016	6,650,200	ロシア	2016	6,057
3	ポーランド	2016	4,752	ベラルーシ	2016	6,180,050	メキシコ	2016	4,437
4	ブラジル	2014	3,376	韓国	2016	717,634	ブラジル	2015	1,894
5	32) パキスタン	2015	2,626	ポーランド	2015	57,956	ポーランド	2016	1,135
6	エジプト	2015	2,384	ウクライナ	2016	4,767	アルゼンチン	2016	649
7	オランダ	2016	2,290	カザフスタン	2016	1,455	アルジェリア	2015	603
8	トルコ	2016	1,771	チリ	2016	474	カザフスタン	2016	544
9	ウクライナ	2016	1,670	ポルトガル	2016	1	クロアチア	2016	381
(10)	ドイツ	2016	1,339				フィンランド	2016	367

注：27)は、針葉樹の木材を加工したものであり、厚さ6ミリメートルを超えるものである。
　　28)は、非針葉樹の木材を加工したものを含む。
　　29)は、合板、ベニヤパネルと同様の集成材である。
　　30)は、化学パルプ（ソーダパルプ及び硫酸塩パルプ）である。
　　31)は、有効成分100%である。
　　32)は、窒素100%である。
　　33)は、カーナライト、カリ岩塩及び天然カリウム塩を除く。
　　34)は、収穫脱穀機である。

6 国民経済と農林水産業（続き）
(6) 肥料使用量

単位：千t

国名	1) 窒素質肥料			2) りん酸質肥料			3) カリ質肥料		
	2015年	2016	2017	2015年	2016	2017	2015年	2016	2017
世界	106,385	107,825	109,137	42,290	44,295	45,451	35,924	35,090	37,636
中国	30,868	30,462	29,619	11,500	12,650	12,324	11,790	10,200	10,640
インド	* 17,372	16,736	* 16,959	6,979	6,706	* 6,854	2,402	2,509	* 2,780
アメリカ合衆国	11,829	11,798	11,649	3,944	4,062	4,060	4,438	4,684	4,750
ブラジル	3,502	4,353	5,173	4,323	4,544	5,154	4,985	5,627	6,256
インドネシア	2,819	2,964	2,952	787	838	785	1,837	1,642	2,088
パキスタン	3,161	3,242	3,447	993	1,209	1,258	25	29	54
カナダ	2,581	2,461	2,471	1,004	971	1,023	410	393	427
オーストラリア	1,172	1,054	1,090	1,038	1,000	930	171	133	96
ベトナム	1,696	1,549	1,549	756	824	873	576	599	764
フランス	2,240	2,192	2,234	440	410	451	469	393	463
日本	359	380	380	345	340	340	310	310	310

注： 1 日本を除き、2017年の窒素質肥料、りん酸質肥料及びカリ質肥料の合計が多い10か国
を抜粋している。
　　 2 植物栄養素（N、P、K）の成分量である。
　　 3 暫定値又は推計値には、「＊」を付した。
　　 1)は、硫酸アンモニア、硝酸アンモニア、尿素などである。
　　 2)は、過りん酸石灰、熔成りん肥などである。
　　 3)は、硫酸カリ，塩化カリなどである。

7 林業
(1) 森林の面積

国名	2)陸地面積	3)森林面積（2015年）		
		総面積	陸地に占める割合	人工林
	千ha	千ha	%	千ha
ロシア	1,637,687	814,931	49.8	19,841
ブラジル	835,814	493,538	59.0	7,736
カナダ	909,351	347,069	38.2	15,784
アメリカ合衆国	916,192	310,095	33.8	26,364
1) 中国	942,530	208,321	22.1	78,982
コンゴ民主共和国	226,705	152,578	67.3	60
オーストラリア	768,230	124,751	16.2	2,017
インドネシア	171,857	91,010	53.0	4,946
ペルー	128,000	73,973	57.8	1,157
インド	297,319	70,682	23.8	12,031
日本	36,450	24,958	68.5	10,270

注：日本を除き、2015年の森林面積が多い10か国を抜粋している。
　　1)は、香港、マカオ及び台湾を含む。
　　2)は、内水面（主要な河川及び湖沼）を除いた総土地面積である。
　　3)は、高さ5メートル以上の樹木（現在、幼木であっても将来高さ5メートル以上に達すると予想
　されるものを含む。）で覆われた0.5ヘクタール以上の土地で、林地に対する樹冠面積が10パーセント
　以上のものであり、人工林を含む。国立公園、自然保護地域、各種保護地域、防風林、ゴム園などを
　含み、果樹林などのように、農林業としての利用目的が明確なものを除く。

(2) 木材生産量（2018年）

単位：千m³

国名	1)総量	薪炭材	2)用材	製材・ベニヤ材
世界	3,970,872	1,943,364	2,027,507	1,169,050
アメリカ合衆国	438,738	70,549	368,189	186,104
インド	352,856	303,339	49,517	47,804
中国	343,156	162,919	180,237	96,352
ブラジル	281,523	123,442	158,081	56,429
ロシア	236,000	16,431	219,569	147,174
カナダ	152,248	1,534	150,714	132,882
インドネシア	116,320	42,279	74,041	33,114
エチオピア	114,810	111,875	2,935	11
コンゴ民主共和国	90,236	85,625	4,611	329
ナイジェリア	76,232	66,210	10,022	7,600
スウェーデン	73,028	7,000	66,028	36,553
ドイツ	71,802	21,874	49,928	38,702
フィンランド	68,289	7,759	60,530	26,384
チリ	63,717	16,122	47,595	21,507
ベトナム	57,335	20,000	37,335	16,300
ガーナ	50,327	47,639	2,688	1,938
フランス	49,382	23,662	25,720	17,141
ウガンダ	49,061	43,731	5,330	3,553
ポーランド	46,586	5,261	41,326	17,788
メキシコ	46,560	38,605	7,955	6,411
日本	29,424	6,248	23,176	17,055

注：1　加工前の生産量である。
　　2　日本を除き、木材生産量が多い20か国を抜粋している。
　　1)は、森林及び森林外から伐採・回収されたすべての樹木であり、倒木を含む。
　　2)は、製材・ベニヤ材、パルプ材などの産業用素材である。

8　水産業
(1)　水産物生産量－漁獲・養殖（2017年）

単位：千t

国名	水産物			魚類・甲殻類・軟体類			藻類		
	合計	漁獲・採集	2)養殖	合計	漁獲	2)養殖	合計	採集	2)養殖
世界	205,564	93,619	111,944	172,642	92,508	80,134	32,922	1,111	31,811
世界（海汗）	144,053	81,691	62,362	111,209	80,584	30,625	32,844	1,107	31,737
中国	48,631	13,390	35,241	30,970	13,191	17,779	17,661	200	17,462
インドネシア	*18,633	6,268	*12,365	8,840	6,221	*2,619	*9,793	47	*9,746
アメリカ合衆国	5,214	5,024	190	5,210	5,020	190	4	4	...
ロシア	4,627	4,603	24	4,616	4,594	22	11	9	2
インド	*4,611	*3,857	754	*4,587	*3,835	752	*25	*23	*2
ベトナム	4,408	3,119	1,290	4,398	3,119	1,279	10	...	10
日本	4,233	3,249	984	3,757	3,179	578	476	70	407
ペルー	4,196	4,157	39	4,168	4,129	39	28	28	0
ノルウェー	3,841	2,533	1,309	3,676	2,368	1,308	165	165	0
フィリピン	3,648	1,725	1,923	2,232	1,725	507	1,416	0	1,415
1) 世界（内水面）	61,511	11,928	49,583	61,433	11,924	49,509	78	4	74
中国	31,303	2,186	29,117	31,227	2,183	29,045	76	4	72
インド	*7,021	*1,593	*5,428	*7,021	*1,593	*5,428	...	...	...
インドネシア	*3,999	468	*3,531	*3,999	468	*3,531	...	...	...
バングラデシュ	3,285	1,164	2,121	3,285	1,164	2,121	...	...	...
ベトナム	2,700	159	2,542	2,700	159	2,542	...	...	...
ミャンマー	1,877	*887	990	1,877	*887	990	...	...	...
エジプト	*1,713	*261	*1,452	*1,713	*261	*1,452	...	...	...
ブラジル	*739	*225	*514	*739	*225	*514	...	...	...
カンボジア	*723	*528	*194	*723	*528	*194	...	...	...
ナイジェリア	716	420	296	716	420	296	...	...	...
日本	62	25	37	62	25	37	...	...	...

注：1　海洋及び内水面の水産物合計が多い10か国と内水面の日本を抜粋している。
　　2　ＦＡＯ水棲（すいせい）動植物国際標準統計分類（ISSCAAP）による。漁獲・採集及び養殖による水産物の生体重量である。食用以外の商業用・産業用・レクリエーション用を含むが、鯨、アザラシ、ワニ、さんご、真珠、海綿などを除く。
　　3　暫定値又は推計値には「＊」を付した。
　　1)は、湖沼、河川、池など陸地内の水面での漁業である。
　　2)は、所有権を明確にして人工的に魚介類や藻類の発生・生育を図る給餌養殖、広い海域へ種苗（稚魚）をまいて成長させ、成魚にして捕獲する栽培漁業などである。

(2)　水産物生産量－種類別（2017年）

単位：t

国名	計	養殖	漁獲・採集			
			魚類・甲殻類・軟体類			
			小計	さけ・ます類	ひらめ・かれい類	たら類
世界	205,563,799	111,944,451	92,508,321	999,273	962,545	9,432,754
中国	79,934,226	64,357,539	15,373,196	…	－	…
インドネシア	* 22,631,758	* 15,896,100	6,688,739	…	12,572	…
インド	* 11,632,313	* 6,182,000	* 5,427,678	…	* 45,332	* 325
ベトナム	7,108,815	3,831,241	3,277,574	…	…	…
アメリカ合衆国	5,480,010	439,670	5,036,112	461,059	260,786	2,203,641
ロシア	5,065,132	186,544	4,869,316	404,588	126,905	2,632,644
日本	4,295,702	1,021,560	3,204,342	* 86,281	54,655	172,966
ペルー	4,285,648	100,455	4,157,414	2,332	288	79,613
バングラデシュ	4,134,436	2,333,352	1,801,084	…	…	…
フィリピン	4,125,197	2,237,787	1,887,058	…	632	…

国名	漁獲・採集（続き）						藻類
	魚類・甲殻類・軟体類（続き）						
	にしん・いわし類	かつお・まぐろ類	1)かに類	えび類	いか・たこ類	その他	
世界	16,621,899	7,877,301	1,797,992	3,906,132	3,772,565	47,137,860	1,111,026
中国	833,817	519,611	723,695	1,133,182	1,102,738	11,060,153	203,490
インドネシア	452,302	1,375,413	334,397	398,218	190,764	3,925,073	46,919
インド	* 802,713	* 140,393	* 53,476	* 470,824	* 251,679	* 3,662,936	* 22,635
ベトナム	…	490,081	47,023	214,903	362,089	2,163,478	…
アメリカ合衆国	729,915	225,874	118,180	194,268	93,541	748,848	4,228
ロシア	703,799	1,659	50,994	22,310	83,448	842,969	9,272
日本	787,100	* 405,227	26,114	16,100	136,400	1,519,499	69,800
ペルー	3,300,551	133,595	1,937	20,754	303,600	314,744	27,779
バングラデシュ	…	3,974	…	…	…	1,797,110	…
フィリピン	382,353	378,756	33,358	34,387	55,062	1,002,510	352

注：1　水産物生産量が多い10か国を抜粋している。
　　2　暫定値又は推計値には「*」を付した。
　　1)は、タラバガニ（ヤドカリ類に属する。）を除く。

8　水産業（続き）
(3)　水産物生産量－海域別漁獲量（2017年）

単位：千 t

海域・国（地域）	漁獲量	海域・国（地域）	漁獲量	海域・国（地域）	漁獲量
世界	**80,584**	地中海、黒海		太平洋北西部	
		トルコ	322	中国	12,590
北極海		イタリア	185	ロシア	3,105
ロシア	0	チュニジア	110	**日本**	**2,918**
				韓国	949
大西洋北西部		大西洋南西部		台湾	341
アメリカ合衆国	890	アルゼンチン	813	北朝鮮	* 204
カナダ	625	ブラジル	* 479	香港	* 128
グリーンランド	170	中国	129		
（日本）	3	スペイン	124	太平洋北東部	
		（日本）	0	アメリカ合衆国	3,187
大西洋北東部				カナダ	181
ノルウェー	2,208	大西洋南東部			
アイスランド	1,163	南アフリカ	517	太平洋中西部	
ロシア	1,106	ナミビア	499	インドネシア	4,281
デンマーク	902	アンゴラ	481	ベトナム	3,119
イギリス	718	（日本）	* 11	フィリピン	1,724
フェロー諸島	701			タイ	913
フランス	361	大西洋南氷洋		マレーシア	742
オランダ	348	ノルウェー	157	パプアニューギニア	311
スペイン	327	（日本）	0	韓国	237
アイルランド	247			台湾	193
スウェーデン	222	インド洋西部		**日本**	*** 185**
ドイツ	203	インド	* 2,403	キリバス	161
フィンランド	162	イラン	693	カンボジア	* 121
ポーランド	158	パキスタン	383	アメリカ合衆国	110
グリーンランド	141	オマーン	348		
ポルトガル	135	モザンビーク	232	太平洋中東部	
（日本）	2	スペイン	160	メキシコ	1,171
		モルディブ	143	アメリカ合衆国	171
大西洋中西部		セーシェル	136	（日本）	* 9
アメリカ合衆国	663	イエメン	* 131		
メキシコ	289	マダガスカル	125	太平洋南西部	
ベネズエラ	* 230	（日本）	10	ニュージーランド	426
（日本）	2			（日本）	* 12
		インド洋東部			
大西洋中東部		インドネシア	1,940	太平洋南東部	
モロッコ	1,337	インド	* 1,432	ペルー	4,129
モーリタニア	780	ミャンマー	* 1,263	チリ	1,919
ナイジェリア	496	マレーシア	724	エクアドル	555
セネガル	464	バングラデシュ	637	中国	333
ガーナ	292	スリランカ	423	オランダ	136
ロシア	207	タイ	376	（日本）	* 8
カメルーン	205	オーストラリア	118		
シエラレオネ	* 200			太平洋南氷洋	
スペイン	129	インド洋南氷洋		韓国	1
ベリーズ	115	フランス	7		
ギニア	* 100	（日本）	0		
（日本）	* 11				

注：1　水産物生産量－漁獲・養殖のうち、魚類、甲殻類及び軟体類の海洋における漁獲量
　　　10万トン以上の国（漁獲量10万トン以上の国がない海域については漁獲量第１位の国）
　　　について、海域ごとに掲載した。日本については漁獲量が10万トン未満であっても
　　　括弧付きで掲載した。
　　2　暫定値又は推計値には「＊」を付した。

9 貿易
(1) 国際収支 (2018年)

単位：100万米ドル

国（地域）	経常収支	1)貿易・サービス 収支	2)第一次所得 収支	3)第二次所得 収支
アメリカ合衆国	△ 490,991	△ 627,687	253,981	△ 117,285
カナダ	△ 45,323	△ 36,362	△ 6,694	△ 2,267
ユーロ圏	394,932	459,191	114,782	△ 179,043
フランス	△ 19,014	△ 30,736	68,216	△ 56,494
ドイツ	289,898	238,204	107,818	△ 56,126
イギリス	△ 123,106	△ 50,188	△ 38,376	△ 34,541
オーストラリア	△ 29,660	17,287	△ 46,114	△ 833
中国	49,092	102,922	△ 51,420	△ 2,410
韓国	76,409	82,130	2,778	△ 8,499
日本	**174,719**	**3,981**	**189,108**	**△ 18,370**

国（地域）	4)資本移転等 収支	5)金融収支	外貨準備	誤差脱漏
アメリカ合衆国	3,235	△ 445,455	5,004	42,301
カナダ	△ 60	△ 36,632	△ 1,694	8,751
ユーロ圏	△ 37,583	330,117	29,736	△ 27,230
フランス	2,441	△ 34,336	12,442	△ 17,763
ドイツ	2,320	270,799	455	△ 21,419
イギリス	△ 4,243	△ 101,359	24,335	25,990
オーストラリア	△ 361	△ 36,618	△ 11,083	△ 6,596
中国	△ 569	△ 111,690	18,877	△ 160,213
韓国	189	70,489	17,492	△ 6,109
日本	**△ 1,942**	**181,852**	**23,923**	**9,075**

注： 一定期間における当該国のあらゆる対外経済取引を体系的に記録したもの（国際通貨基金
（ＩＭＦ）の国際収支マニュアル第6版による。）。
　　1)は、生産活動の成果である諸品目の取引を計上。貿易収支は、財貨の取引（輸出入）を
計上する項目で一般商品、仲介貿易商品及び非貨幣用金に区分。輸出、輸入ともにＦＯＢ価
格。サービス収支は、輸送、旅行及びその他サービスに区分される。
　　2)は、生産過程に関連した所得及び財産所得を計上。雇用者報酬、投資収益及びその他第
一次所得に区分される。
　　3)は、経常移転による所得の再配分を計上。「移転」とは、「交換」と対比させる取引の
概念であり、当事者の一方が経済的価値のあるものを無償で相手方に提供する取引である。
　　4)は、資本移転及び非金融非生産資産の取得処分に係る取引である。
　　5)は、直接投資、証券投資、金融派生商品及びその他投資から構成される。資産・負債が
増加した場合は「プラス」、減少した場合は「マイナス」となる。

9 貿易（続き）
(2) 商品分類別輸出入額（2018年）

単位：100万米ドル

商品分類	1) アメリカ合衆国 （一般貿易方式）		カナダ （一般貿易方式）		3) フランス （特別貿易方式）	
	輸出	輸入	輸出	2) 輸入	輸出	輸入
総額	1,665,303	2,611,432	450,278	459,866	568,536	659,375
食料品及び動物（食用）	108,087	119,256	38,870	30,239	48,037	52,185
飲料及びたばこ	8,198	27,487	1,151	4,533	19,182	6,459
非食品原材料	78,229	38,562	40,486	12,375	12,568	13,889
鉱物性燃料	192,518	241,513	99,274	36,705	18,719	73,867
動植物性油脂	2,789	6,900	3,287	857	1,365	2,101
化学製品	222,648	263,482	37,683	49,655	104,504	87,500
工業製品	145,020	289,660	54,318	54,994	60,601	82,123
機械類、輸送用機器	538,284	1,092,683	118,267	199,470	225,049	237,852
雑製品	171,165	420,444	23,882	55,418	70,403	101,822
その他	198,365	111,444	33,060	15,622	8,108	1,578

商品分類	中国 （一般貿易方式）		韓国 （一般貿易方式）		日本 （一般貿易方式）	
	輸出	輸入	輸出	輸入	輸出	輸入
総額	2,494,230	2,134,983	604,807	535,183	738,201	748,218
食料品及び動物（食用）	66,278	64,924	5,697	27,204	5,699	57,339
飲料及びたばこ	3,711	7,664	1,828	1,558	995	8,360
非食品原材料	17,243	272,077	7,075	31,193	10,432	46,090
鉱物性燃料	46,628	347,771	47,989	146,953	13,367	174,571
動植物性油脂	1,065	7,780	61	1,174	219	1,499
化学製品	167,747	223,655	80,688	55,153	79,093	77,010
工業製品	408,735	152,845	73,907	51,957	83,785	64,927
機械類、輸送用機器	1,209,060	839,826	345,362	166,174	432,672	206,578
雑製品	567,652	142,777	41,598	52,727	59,000	99,682
その他	6,110	75,665	601	1,088	52,940	12,161

注： 1　商品分類は、標準国際貿易分類（SITC：Standard International Trade Classification）
　　　　第4版の大分類による。
　　 2　貿易方式は、保税倉庫の品物の記録方法により、一般的に「一般貿易方式」又は「特別貿易方
　　　　式」が用いられる。各方式の定義は次のとおりである。輸送途中で通過した国、商品の積替えは
　　　　計上されない。
　　　　　　一般貿易方式：輸出…(1)　国産品（全部又は一部が国内で生産・加工された商品）の輸出。
　　　　　　　　　　　　　　　　(2)　市場に流通していた外国商品の再輸出。
　　　　　　　　　　　　　　　　(3)　保税倉庫に保管されていた外国商品の再輸出の合計。
　　　　　　　　　　　　輸入…(1)　国内での消費・加工を目的とする商品の輸入。
　　　　　　　　　　　　　　　　(2)　外国商品の保税倉庫への搬入の合計。
　　　　　　特別貿易方式：輸出…(1)　国産品（全部又は一部が国内で生産・加工された商品）の輸出。
　　　　　　　　　　　　　　　　(2)　市場に流通していた外国商品の再輸出の合計。
　　　　　　　　　　　　輸入…(1)　国内での消費・加工を目的とする商品の輸入。
　　　　　　　　　　　　　　　　(2)　国内での消費を目的とする外国商品の保税倉庫からの搬出
　　　　　　　　　　　　　　　　　　の合計。
　　 3　輸出額は、FOB価格（free on board：本船渡し価格）である。
　　 4　輸入額は、CIF価格（cost, insurance and freight：保険料・運賃込み価格）である。
　　1)は、プエルトリコ及び米領バージン諸島を含む。
　　2)は、FOB価格である。
　　3)は、モナコを含む。

単位:100万米ドル

ドイツ（特別貿易方式）		イギリス（一般貿易方式）		オーストラリア（一般貿易方式）		ニュージーランド（一般貿易方式）	
輸出	輸入	輸出	輸入	輸出	2) 輸入	輸出	輸入
1,562,547	1,292,833	487,069	669,640	252,776	235,519	39,839	43,736
68,914	81,401	19,754	52,902	26,029	11,909	22,325	4,087
10,658	9,913	10,288	8,544	2,494	2,749	1,459	607
23,391	42,764	9,164	14,350	68,943	3,194	5,345	921
32,226	114,403	43,743	66,871	58,315	31,278	742	5,289
2,581	3,482	718	1,800	365	592	131	267
244,232	181,547	70,434	76,066	7,810	22,141	1,683	4,612
188,325	164,123	41,711	73,469	12,127	24,346	2,493	4,701
751,313	463,386	176,538	236,626	11,431	92,959	2,450	17,015
176,103	165,424	61,046	98,564	5,410	34,204	1,427	5,786
64,804	66,390	53,673	40,449	59,850	12,147	1,785	451

(3) 貿易依存度

単位：%

国（地域）	輸出依存度					輸入依存度				
	2013年	2014	2015	2016	2017	2013年	2014	2015	2016	2017
アメリカ合衆国	9.4	9.3	8.3	7.8	7.9	13.9	13.8	12.7	12.0	12.4
カナダ	25.3	26.6	26.3	25.6	25.6	25.7	26.4	27.5	26.9	26.8
ユーロ圏	19.1	19.1	19.4	19.0	19.7	17.6	17.3	17.2	16.5	17.6
フランス	20.7	20.4	20.8	20.4	20.7	24.3	23.8	23.6	23.2	24.1
ドイツ	38.4	38.3	39.3	38.4	39.2	31.4	30.9	31.2	30.4	31.5
イギリス	17.4	15.8	15.2	15.2	16.6	23.5	21.9	21.4	22.0	23.3
オーストラリア	16.7	16.5	15.2	15.2	16.7	16.0	16.3	16.9	15.5	16.5
中国	22.9	22.2	20.4	19.1	18.9	20.2	18.6	15.0	14.2	15.3
韓国	40.8	38.6	35.9	33.0	35.3	37.6	35.4	29.8	27.1	29.4
日本	13.9	14.2	14.2	13.1	14.4	16.1	16.7	14.8	12.3	13.8

注：国内総生産（GDP）に対する輸出額(FOB価格)及び輸入額(CIF価格)の割合である。

(4) 主要商品別輸出入額

単位：100万米ドル

区分	米 国名	2017年	2018	4) 小麦、メスリン 国名	2017年	2018	5) とうもろこし 国名	2017年	2018
輸出									
1	インド	7,076	7,346	ロシア	5,796	8,432	1) アメリカ合衆国	9,560	12,921
2	タイ	5,187	5,619	カナダ	5,090	5,712	アルゼンチン	3,884	4,234
3	パキスタン	1,744	2,002	1) アメリカ合衆国	6,093	5,458	ブラジル	4,631	4,110
4	1) アメリカ合衆国	1,718	1,691	2) フランス	2,994	4,123	ウクライナ	2,989	3,506
5	ミャンマー	1,031	922	オーストラリア	4,650	3,036	2) フランス	1,454	1,667
6	中国	596	887	ウクライナ	2,760	3,004	ルーマニア	826	1,027
7	イタリア	602	614	アルゼンチン	2,362	2,419	ロシア	846	853
8	ブラジル	245	468	ルーマニア	1,129	1,223	ハンガリー	908	771
9	ウルグアイ	459	394	ドイツ	1,615	1,161	南アフリカ	473	452
10	（日本）	40	47	カザフスタン	660	972	（日本）	0	0
輸入									
1	中国	1,828	1,600	エジプト	2,624	2,636	日本	3,084	3,371
2	サウジアラビア	1,063	1,315	インドネシア	2,648	2,571	メキシコ	2,852	3,289
3	インドネシア	144	1,037	イタリア	1,719	1,822	韓国	1,789	2,133
4	1) アメリカ合衆国	728	967	フィリピン	1,304	1,683	スペイン	1,481	1,966
5	ベナン	1,069	874	日本	1,529	1,639	エジプト	1,723	1,849
6	フィリピン	358	737	3) ブラジル	1,149	1,502	オランダ	1,108	1,319
7	アラブ首長国連邦	761	700	ナイジェリア	1,348	1,359	イタリア	1,102	1,201
8	2) フランス	474	522	スペイン	1,203	1,332	コロンビア	918	1,050
9	3) 南アフリカ	513	519	トルコ	1,043	1,289	ドイツ	703	983
10	日本	359	491	オランダ	1,024	1,171	マレーシア	742	823

区分	6) 野菜、いも、豆類 国名	2017年	2018	7) 果実、ナッツ 国名	2017年	2018	茶、マテ茶 国名	2017年	2018
輸出									
1	オランダ	7,389	7,695	1) アメリカ合衆国	14,641	14,451	中国	1,729	1,915
2	スペイン	6,779	7,149	スペイン	9,206	9,823	ケニア	1,428	1,392
3	メキシコ	6,633	7,045	オランダ	6,035	6,797	インド	819	819
4	中国	7,608	6,930	メキシコ	6,389	6,105	ドイツ	326	340
5	1) アメリカ合衆国	4,737	4,495	チリ	5,341	5,962	オランダ	287	301
6	カナダ	4,492	4,084	中国	5,059	5,009	1) アメリカ合衆国	303	301
7	ウズベキスタン	3,473	3,210	トルコ	3,864	3,875	アラブ首長国連邦	189	300
8	ベルギー	2,547	2,547	イタリア	4,051	3,872	ポーランド	213	215
9	2) フランス	2,251	2,203	南アフリカ	3,377	3,663	アルゼンチン	181	186
10	（日本）	62	63	（日本）	183	225	日本	141	159
輸入									
1	1) アメリカ合衆国	10,128	10,810	1) アメリカ合衆国	17,370	18,089	1) アメリカ合衆国	669	663
2	ドイツ	6,347	6,472	ドイツ	9,947	10,515	パキスタン	550	572
3	2) フランス	3,439	3,412	中国	6,238	8,416	ロシア	549	528
4	3) カナダ	3,090	3,081	オランダ	6,347	6,991	アラブ首長国連邦	322	342
5	オランダ	2,686	2,652	2) フランス	5,401	5,627	エジプト	274	319
6	日本	2,244	2,351	ロシア	4,610	4,984	アフガニスタン	…	293
7	ベルギー	2,160	2,208	3) カナダ	4,441	4,536	ドイツ	267	284
8	中国	2,115	2,175	香港	4,168	4,390	サウジアラビア	272	265
9	ロシア	1,784	1,839	インド	3,426	3,770	2) フランス	245	264
10	イタリア	1,740	1,742	（日本）	2,894	3,145	日本	213	215

注：1　商品名は標準国際貿易分類（ＳＩＴＣ）による。
　　2　主要商品の輸出入額上位10か国を掲載した。ただし、日本が11位以下の場合は、10位の国
　　　に代えて括弧付きで掲載した。
　　3　「数字が得られないもの」及び「数字が秘匿されているもの」は、全て「…」と表示した。
1)は、プエルトリコ及び米領バージン諸島を含む。
2)は、モナコを含む。
3)は、ＦＯＢ価格である。
4)は、未製粉のもの。メスリンは、小麦とライ麦を混合したものである。
5)は、未製粉のものであり、種子を含む。スイートコーンは除く。
6)は、生鮮、冷蔵、冷凍又は簡単な保存状態にしたものであり、いも、豆類は乾燥品を含む。
7)は、生鮮又は乾燥品であり、採油用ナッツを除く。

単位：100万米ドル

区分	コーヒー、代用品			アルコール飲料			採油用種子		
	国名	2017年	2018	国名	2017年	2018	国名	2017年	2018
輸出									
1	ブラジル	5,273	4,962	フランス	15,804	16,931	ブラジル	25,919	33,432
2	ドイツ	3,634	3,501	イギリス	8,762	9,528	1) アメリカ合衆国	22,493	18,290
3	コロンビア	2,807	2,569	イタリア	8,130	9,015	カナダ	7,073	6,776
4	8) スイス	2,423	2,535	メキシコ	5,243	6,221	パラグアイ	2,162	2,248
5	イタリア	1,694	1,768	スペイン	4,218	4,629	ウクライナ	1,988	1,885
6	インドネシア	1,663	1,389	1) アメリカ合衆国	4,358	4,488	アルゼンチン	3,057	1,595
7	2) フランス	1,269	1,375	ドイツ	4,146	4,310	ルーマニア	1,394	1,369
8	オランダ	1,070	1,145	オランダ	3,181	3,382	2) フランス	1,146	1,251
9	1) アメリカ合衆国	1,069	1,077	シンガポール	2,600	2,829	オランダ	1,381	1,156
10	（日本）	51	59	（日本）	486	560	（日本）	13	21
輸入									
1	1) アメリカ合衆国	6,711	6,116	1) アメリカ合衆国	19,790	21,110	中国	42,850	41,567
2	ドイツ	3,998	3,780	イギリス	6,018	6,413	ドイツ	4,488	4,563
3	2) フランス	2,980	3,063	ドイツ	5,300	5,587	日本	3,003	2,994
4	イタリア	1,875	1,838	中国	4,736	5,241	3) メキシコ	2,719	2,946
5	オランダ	1,418	1,465	2) フランス	3,174	3,615	オランダ	2,886	2,742
6	日本	1,632	1,457	3) カナダ	3,300	3,452	アルゼンチン	707	2,512
7	3) メキシコ	1,428	1,360	日本	2,557	2,647	スペイン	1,734	1,710
8	ベルギー	1,238	1,157	オランダ	2,495	2,617	トルコ	1,601	1,702
9	スペイン	1,157	1,116	シンガポール	2,266	2,546	エジプト	1,018	1,594
10	ロシア	1,064	974	香港	2,265	2,404	ロシア	1,501	1,540

区分	綿花			牛肉			9) 肉類（牛肉以外）		
	国名	2017年	2018	国名	2017年	2018	国名	2017年	2018
輸出									
1	1) アメリカ合衆国	5,904	6,626	1) アメリカ合衆国	6,200	7,282	1) アメリカ合衆国	9,839	9,655
2	インド	1,834	2,334	オーストラリア	5,717	6,468	ブラジル	8,523	7,568
3	ブラジル	1,374	1,601	ブラジル	5,070	5,458	ドイツ	6,800	6,359
4	オーストラリア	1,620	979	インド	3,991	3,383	オランダ	5,676	5,756
5	ベナン	347	452	オランダ	2,757	2,906	スペイン	5,100	5,145
6	ギリシャ	401	404	アイルランド	2,190	2,339	ポーランド	3,413	4,079
7	トルコ	204	255	ニュージーランド	2,035	2,143	オーストラリア	3,281	3,599
8	ウズベキスタン	492	238	アルゼンチン	1,296	1,932	デンマーク	3,208	3,055
9	アルゼンチン	50	165	カナダ	1,632	1,912	カナダ	3,196	3,014
10	（日本）	5	5	（日本）	171	224	（日本）	27	28
輸入									
1	中国	2,360	3,197	1) アメリカ合衆国	5,022	5,282	日本	6,850	6,784
2	インドネシア	1,327	1,446	中国	3,065	4,800	中国	6,380	6,205
3	トルコ	1,699	1,408	日本	3,119	3,474	ドイツ	4,277	4,450
4	パキスタン	766	1,053	韓国	2,263	2,692	香港	4,556	4,130
5	インド	964	631	イタリア	2,170	2,286	2) フランス	2,955	3,138
6	タイ	502	538	ドイツ	2,261	2,258	1) アメリカ合衆国	2,989	2,949
7	韓国	412	399	香港	1,987	2,256	3) メキシコ	2,965	2,875
8	3) メキシコ	422	394	オランダ	1,887	1,976	イタリア	2,691	2,670
9	マレーシア	209	342	2) フランス	1,346	1,471	韓国	2,097	2,395
10	（日本）	162	161	ロシア	1,246	1,264	オランダ	2,100	2,127

注：8)は、リヒテンシュタインを含む。
　　9)は、生鮮、冷蔵又は冷凍したものであり、牛肉その他のくず肉を含む。

9　貿易（続き）
(4)　主要商品別輸出入額（続き）

単位：100万米ドル

区分	10)　羊毛			製材、まくら木			パルプ、くず紙		
	国名	2017年	2018	国名	2017年	2018	国名	2017年	2018
輸出									
1	オーストラリア	2,813	2,936	カナダ	8,516	8,383	1) アメリカ合衆国	8,764	9,413
2	中国	736	934	ロシア	4,159	4,610	ブラジル	6,355	8,360
3	南アフリカ	443	467	1) アメリカ合衆国	4,228	4,107	カナダ	6,382	7,527
4	ニュージーランド	375	389	スウェーデン	3,158	3,343	チリ	2,694	3,615
5	モンゴル	290	359	ドイツ	2,393	2,789	フィンランド	2,224	3,107
6	チェコ	235	277	フィンランド	3,005	2,911	スウェーデン	2,266	2,867
7	イタリア	216	254	オーストリア	1,502	1,770	インドネシア	2,426	2,649
8	ウルグアイ	207	240	ブラジル	1,148	1,267	ロシア	1,224	1,641
9	アルゼンチン	214	222	タイ	1,511	1,237	ドイツ	1,417	1,431
10	（日本）	1	1	（日本）	51	58	（日本）	1,044	1,047
輸入									
1	中国	3,025	3,533	中国	10,105	10,177	中国	21,214	24,011
2	イタリア	930	1,123	1) アメリカ合衆国	8,794	8,962	ドイツ	4,383	4,938
3	チェコ	292	369	日本	2,499	2,604	1) アメリカ合衆国	3,302	3,911
4	インド	315	346	イギリス	2,341	2,527	イタリア	2,193	2,754
5	ドイツ	305	257	ドイツ	1,661	1,848	インド	1,950	2,571
6	韓国	197	230	イタリア	1,358	1,571	韓国	1,771	2,134
7	イギリス	155	183	オランダ	1,212	1,392	インドネシア	1,593	1,770
8	ルーマニア	137	164	2) フランス	1,155	1,293	オランダ	1,404	1,746
9	ポーランド	114	161	エジプト	888	1,044	2) フランス	1,456	1,731
10	日本	128	160	ベルギー	881	973	日本	1,376	1,558

区分	11)　魚類			13)　甲殻類、軟体動物			14)　真珠、貴石、半貴石		
	国名	2017年	2018	国名	2017年	2018	国名	2017年	2018
輸出									
1	12) ノルウェー	10,061	10,621	インド	5,433	5,143	インド	25,328	26,308
2	中国	7,747	8,133	ベトナム	4,472	4,116	1) アメリカ合衆国	21,084	22,433
3	チリ	4,850	5,439	エクアドル	3,043	3,244	香港	23,067	18,885
4	スウェーデン	3,677	4,339	インドネシア	1,835	1,935	ベルギー	15,273	15,026
5	1) アメリカ合衆国	3,791	3,658	アルゼンチン	1,479	1,527	イスラエル	14,802	14,378
6	ロシア	2,412	2,957	スペイン	1,280	1,418	アラブ首長国連邦	14,905	14,137
7	オランダ	2,271	2,412	タイ	1,353	1,099	ボツワナ	5,233	5,903
8	スペイン	1,928	2,069	カナダ	710	716	ロシア	4,734	5,032
9	デンマーク	1,902	1,946	メキシコ	681	687	タイ	2,884	3,010
10	（日本）	877	1,014	（日本）	516	546	（日本）	422	436
輸入									
1	1) アメリカ合衆国	9,009	9,814	1) アメリカ合衆国	6,249	5,943	インド	32,641	28,161
2	日本	7,371	7,787	スペイン	3,273	3,546	1) アメリカ合衆国	25,595	26,953
3	中国	4,433	5,855	日本	3,493	3,213	香港	22,248	23,031
4	スウェーデン	4,082	4,689	中国	1,795	2,953	ベルギー	13,709	13,880
5	2) フランス	3,379	3,535	イタリア	1,906	2,022	アラブ首長国連邦	14,807	12,292
6	スペイン	3,019	3,160	韓国	1,272	1,589	中国	8,500	9,542
7	ドイツ	2,806	2,834	香港	1,334	1,374	イスラエル	6,777	6,540
8	タイ	2,556	2,729	2) フランス	1,393	1,342	8) スイス	3,526	3,512
9	韓国	2,367	2,644	ポルトガル	605	703	イギリス	2,650	3,047
10	イタリア	2,359	2,524	タイ	552	654	（日本）	1,343	1,428

注：10)は、羊以外の獣毛及びウールトップを含む。
　　11)は、生鮮、冷蔵又は冷凍したものである。
　　12)は、スヴァールバル諸島及びヤンマイエン島を含む。
　　13)は、生鮮、冷蔵又は冷凍であり、塩漬けなどを含む。
　　14)は、未加工品、合成品及び再生品を含む。製品は除く。

食　料　編

I 食料消費と食料自給率

1 食料需給

(1) 令和元年度食料需給表（概算値）

品目	2)国内生産量	3)外国貿易 輸入量	輸出量	4)在庫の増減量	国内消費仕向量	加工用	5)純食料	一人1年当たり供給量 kg	一人1日当たり供給量 g
	千t	千t	千t	千t	千t	千t	千t	kg	g
穀類	9,456	24,769	121	515	32,977	4,894	10,969	86.9	237.5
米	8,154	870	121	10	8,281	288	6,691	53.0	144.9
小麦	1,037	5,312	0	26	6,323	269	4,076	32.3	88.3
大麦	202	1,689	0	30	1,861	885	25	0.2	0.5
裸麦	20	39	0	16	43	5	21	0.2	0.5
1)雑穀	43	16,859	0	433	16,469	3,447	156	1.2	3.4
いも類	3,147	1,179	20	0	4,306	1,161	2,537	20.1	54.9
でんぷん	2,511	151	0	19	2,643	563	2,073	16.4	44.9
豆類	303	3,645	0	△ 95	4,043	2,719	1,112	8.8	24.1
野菜	11,660	3,035	20	0	14,675	0	11,357	90.0	245.9
果実	2,701	4,466	76	△ 8	7,099	23	4,309	34.2	93.3
肉類	3,400	3,251	17	81	6,553	0	4,227	33.5	91.5
鶏卵	2,640	113	10	0	2,743	0	2,208	17.5	47.8
牛乳及び乳製品	7,362	5,219	31	150	12,400	0	12,040	95.4	260.7
魚介類	3,750	4,210	715	8	7,237	0	2,999	23.8	64.9
海藻類	82	46	2	0	126	21	105	0.8	2.3
砂糖類							2,254	17.9	48.8
粗糖	145	1,208	0	69	1,284	1,284	0	0.0	0.0
精糖	1,852	450	2	33	2,267	21	2,219	17.6	48.1
含みつ糖	27	9	0	4	32	0	32	0.3	0.7
糖みつ	82	150	0	10	222	70	3	0.0	0.1
油脂類	2,038	1,156	40	△ 5	3,159	466	1,822	14.4	39.5
植物油脂	1,710	1,110	17	△ 17	2,820	338	1,750	13.9	37.9
動物油脂	328	46	23	12	339	128	72	0.6	1.6
みそ	483	1	18	1	465	0	462	3.7	10.0
しょうゆ	740	2	43	△ 1	700	0	696	5.5	15.1

資料：農林水産省大臣官房政策課食料安全保障室「食料需給表」（以下(4)まで同じ。）

注：1　この食料需給表は、ＦＡＯの作成手引に準拠して作成したものである。

　　2　計測期間は、原則、平成31年4月から令和2年3月までの1年間である。

　　3　一人当たりの供給量算出に用いた総人口は、総務省統計局による推計人口（令和元年10月1日現在）である。

　　4　「事実のないもの」及び「単位に満たないもの」は、全て「0」と表示した。

　　1)は、とうもろこし、こうりゃん、その他の雑穀の計である。

　　2)は、輸入した原材料により国内で生産された製品を含む。

　　3)のうち、いわゆる加工食品は、生鮮換算して計上している。なお、全く国内に流通しないものや、全く食料になり得ないものなどは計上していない。

　　4)は、当年度末繰越量と当年度始の持越量との差である。

　　5)は、粗食料に歩留率を乗じたもので、人間の消費に直接に利用可能な食料の実際の数量を表している。

1 食料需給（続き）
(2) 国民一人1日当たりの熱量・たんぱく質・脂質供給量

品目	平成29年度			30			令和元（概算値）		
	熱量	たんぱく質	脂質	熱量	たんぱく質	脂質	熱量	たんぱく質	脂質
	kcal	g	g	kcal	g	g	kcal	g	g
計	2,439.0	78.9	80.7	2,428.5	78.7	81.3	2,426.1	78.5	81.8
穀類	879.4	19.0	3.1	865.5	18.6	3.0	858.2	18.5	3.0
米	531.1	9.0	1.3	525.2	8.9	1.3	518.7	8.8	1.3
小麦	332.7	9.5	1.6	324.2	9.3	1.6	323.9	9.3	1.6
大麦	2.1	0.0	0.0	1.7	0.0	0.0	1.8	0.0	0.0
裸麦	1.0	0.0	0.0	1.5	0.0	0.0	1.5	0.0	0.0
1)雑穀	12.4	0.4	0.1	12.9	0.4	0.1	12.1	0.3	0.1
いも類	50.0	0.9	0.1	46.7	0.8	0.1	47.5	0.8	0.1
でんぷん	153.2	0.0	0.3	153.9	0.0	0.3	157.8	0.0	0.3
豆類	101.3	7.3	4.7	102.3	7.4	4.8	102.2	7.4	4.8
野菜	73.4	3.0	0.5	72.5	3.0	0.5	73.0	3.0	0.5
果実	61.5	0.8	1.2	63.8	0.9	1.3	62.7	0.8	1.3
肉類	189.8	16.6	12.6	192.9	16.9	12.8	193.2	17.0	12.8
鶏卵	71.9	5.9	4.9	72.0	5.9	4.9	72.2	5.9	4.9
牛乳及び乳製品	163.7	8.2	9.0	167.0	8.3	9.1	166.9	8.3	9.1
魚介類	97.4	13.2	4.4	95.9	12.7	4.4	94.1	12.7	4.2
海藻類	3.8	0.7	0.1	3.7	0.6	0.1	3.4	0.6	0.1
砂糖類	191.9	0.0	0.0	190.5	0.0	0.0	187.2	0.0	0.0
精糖	189.4	0.0	0.0	188.0	0.0	0.0	184.5	0.0	0.0
含みつ糖	2.4	0.0	0.0	2.3	0.0	0.0	2.5	0.0	0.0
糖みつ	0.1	0.0	0.0	0.2	0.0	0.0	0.2	0.0	0.0
油脂類	357.0	0.0	38.7	356.9	0.0	38.7	363.7	0.0	39.5
植物油脂	341.1	0.0	37.0	341.4	0.0	37.1	349.0	0.0	37.9
動物油脂	15.9	0.0	1.7	15.5	0.0	1.6	14.7	0.0	1.6
みそ	19.3	1.3	0.6	19.2	1.3	0.6	19.2	1.3	0.6
しょうゆ	11.1	1.2	0.0	10.9	1.2	0.0	10.7	1.2	0.0

注：一人当たり算出に用いた各年度の総人口（各年10月1日現在）は、次のとおりである。
　　29年度：1億2,671万人、30年度：1億2,644万人、令和元年度：1億2,617万人
　　1)は、とうもろこし、こうりゃん、その他の雑穀の計である。

(3) 国民一人1年当たり供給純食料

単位：kg

品目	平成27年度	28	29	30	令和元年度（概算値）
穀類	88.8	88.9	88.8	87.4	86.9
うち米	54.6	54.4	54.1	53.5	53.0
小麦	32.8	32.9	33.1	32.2	32.3
いも類	19.5	19.5	21.1	19.6	20.1
でんぷん	16.0	16.3	15.9	16.0	16.4
豆類	8.5	8.5	8.7	8.8	8.8
野菜	90.4	88.6	90.0	90.3	90.0
果実	34.9	34.4	34.2	35.5	34.2
肉類	30.7	31.6	32.7	33.3	33.5
鶏卵	16.9	16.9	17.4	17.4	17.5
牛乳及び乳製品	91.1	91.3	93.4	95.2	95.4
魚介類	25.7	24.8	24.4	23.7	23.8
海藻類	0.9	0.9	0.9	0.9	0.8
砂糖類	18.5	18.6	18.3	18.1	17.9
油脂類	14.2	14.2	14.1	14.1	14.4
みそ	3.6	3.6	3.7	3.7	3.7
しょうゆ	5.9	5.8	5.7	5.6	5.5

注：純食料は、粗食料に歩留率を乗じたもので、人間の消費に直接利用可能な食料の実際の数量である。

(4) 食料の自給率 (主要品目別)

単位：%

品目	平成27年度	28	29	30	令和元年度 (概算値)
1)米	98	97	96	97	97
小麦	15	12	14	12	16
豆類	9	8	9	7	7
うち大豆	7	7	7	6	6
野菜	80	80	79	78	79
果実	41	41	40	38	38
2)肉類 (鯨肉を除く。)	54	53	52	51	52
	(9)	(8)	(8)	(7)	(7)
2)うち牛肉	40	38	36	36	35
	(12)	(11)	(10)	(10)	(9)
2)鶏卵	96	97	96	96	96
	(13)	(13)	(12)	(12)	(12)
2)牛乳及び乳製品	62	62	60	59	59
	(27)	(27)	(26)	(25)	(25)
3)魚介類	55	53	52	55	52
砂糖類	33	28	32	34	34
4)穀物(飼料用も含む。)自給率	29	28	28	28	28
5)主食用穀物自給率	61	59	59	59	61
6)供給熱量ベースの 総合食料自給率	39	38	38	37	38
	(37)	(35)	(36)	(35)	‥
7)生産額ベースの総合食料自給率	66	68	66	66	66
8)供給熱量ベースの食料国産率	48	46	47	46	47
9)生産額ベースの食料国産率	70	71	70	69	69

注： 1)については、国内生産と国産米在庫の取崩しで国内需要に対応している実態を踏まえ、平成10年
度から国内生産量に国産米在庫取崩し量を加えた数量を用いて、次式により品目別自給率、穀物自給
率及び主食用穀物自給率を算出した。
　　　自給率＝国産供給量 (国内生産量＋国産米在庫取崩し量) ／国内消費仕向量×100 (重量ベース)
　　2)の ( ) 書きは、飼料自給率を考慮した値である。
　　3)は、飼肥料も含む魚介類全体についての自給率である。
　　4)の自給率＝穀物の国内生産量／穀物の国内消費仕向量×100 (重量ベース)
　　5)の自給率＝主食用穀物の国内生産量／主食用穀物の国内消費仕向量×100 (重量ベース)
　　6)の自給率＝国産供給熱量／供給熱量×100 (供給熱量ベース)
　　　ただし、自給率では、畜産物に飼料自給率を、加工品に原料自給率を乗じる。　一方、8)の
国産率では加工品には原料自給率を乗じるが、畜産物には飼料自給率を乗じない。
　　　下段の( )書きは、参考として、酒類を含む供給熱量総合食料自給率を示したものである。
ただし、算出に当たっては、国産供給熱量について把握可能な国産原料を基に試算した。
　　7)の自給率＝食料の国内生産額／食料の国内消費仕向額×100 (生産額ベース)
　　　ただし、自給率では、畜産物に輸入飼料額を、加工品は原料輸入額を控除する。一方、9)の
国産率では、加工品は原料輸入額を控除するが、畜産物は輸入飼料額を控除しない。

1　食料需給（続き）
〔参考〕カロリーベースと生産額ベースの総合食料自給率（図）

カロリーベースと生産額ベース

総供給熱量　2,426kcal／人・日
〔国産供給熱量　918kcal／人・日〕

供給熱量割合［％］

その他 23%　292kcal［68kcal］
果実32%　63kcal［20kcal］
大豆 22%　78kcal［17kcal］
野菜 76%　73kcal［55kcal］
魚介類 54%　94kcal［50kcal］
砂糖類 35%　187kcal［65kcal］
小麦 17%　324kcal［54kcal］
油脂類 3%　364kcal［11kcal］
畜産物 15%　47%　432kcal［66kcal］
米 98%　519kcal［511kcal］

凡　例

輸入部分

輸入飼料部分
（自給としてカウントせず）

自給部分

品目別供給熱量自給率［％］

【令和元年度】
（カロリーベース総合食料自給率　38％）

※ラウンドの関係で合計と内訳が一致しない場合がある。
資料：農林水産省大臣官房政策課食料安全保障室資料

の総合食料自給率（令和元年度）

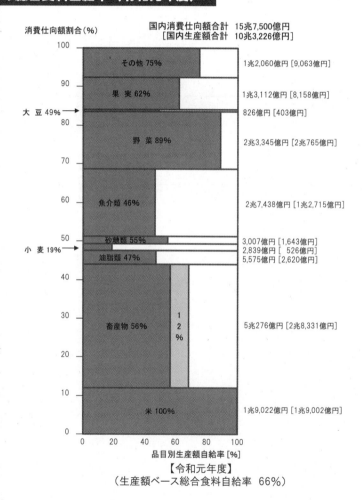

消費仕向額割合（%）

国内消費仕向額合計　15兆7,500億円
［国内生産額合計　10兆3,226億円］

品目	国内消費仕向額 ［国内生産額］
その他 75%	1兆2,060億円 [9,063億円]
果実 62%	1兆3,112億円 [8,158億円]
大豆 49%	826億円 [403億円]
野菜 89%	2兆3,345億円 [2兆765億円]
魚介類 46%	2兆7,438億円 [1兆2,715億円]
砂糖類 55%	3,007億円 [1,643億円]
小麦 19%	2,839億円 [526億円]
油脂類 47%	5,575億円 [2,620億円]
畜産物 56%　12%	5兆276億円 [2兆8,331億円]
米 100%	1兆9,022億円 [1兆9,002億円]

品目別生産額自給率 [%]

【令和元年度】
（生産額ベース総合食料自給率　66%）

1 食料需給（続き）
(5) 食料自給力指標の推移（国民一人1日当たり）

単位：kcal

区分		昭和40年度	50	60	平成7	17	22	27	28	29	30	令和元（概算値）
米・小麦中心の作付け	再生利用可能な荒廃農地においても作付けする場合	－	－	－	－	－	1,788	1,744	1,730	1,729	1,727	**1,754**
	現在の農地で作付けする場合	2,056	1,976	2,020	1,847	1,773	1,735	1,698	1,693	1,693	1,691	**1,718**
いも類中心の作付	再生利用可能な荒廃農地においても作付けする場合	－	－	－	－	－	2,770	2,598	2,562	2,567	2,546	**2,537**
	現在の農地で作付けする場合	3,141	2,836	2,877	2,790	2,730	2,671	2,538	2,514	2,520	2,500	**2,494**

資料：農林水産省大臣官房政策課食料安全保障室資料（以下（6）まで同じ。）
注：1　食料自給力は、「我が国農林水産業が有する食料の潜在生産能力」を表す。
　　2　食料自給力指標とは、国内の農地等をフル活用した場合、国内生産のみでどれだけの食料を生産することが可能か（食料の潜在生産能力）を試算した指標である。
　　　　なお、食料自給力指標については、次の2パターンを示すこととしている。
　　　　　米・小麦中心の作付け ： 栄養バランスを考慮しつつ、米・小麦を中心に熱量効率を最大化して作付けする場合
　　　　　いも類中心の作付け ： 栄養バランスを考慮しつつ、いも類を中心に熱量効率を最大化して作付けする場合
　　3　「再生利用可能な荒廃農地においても作付けする場合」については、再生利用可能な荒廃農地面積のデータが存在する平成21年度以降について試算している。

(6) 都道府県別食料自給率

単位：％

区分	カロリーベース 平成29年度	30(概算値)	生産額ベース 平成29年度	30(概算値)	区分	カロリーベース 平成29年度	30(概算値)	生産額ベース 平成29年度	30(概算値)
全国	38	37	66	66	三重	40	40	65	63
北海道	206	196	204	214	滋賀	49	48	37	37
青森	117	120	236	238	京都	12	12	20	19
岩手	101	106	194	200	大阪	1	1	5	5
宮城	70	74	91	93	兵庫	16	16	38	37
秋田	188	190	141	150	奈良	14	14	23	22
山形	137	135	173	181	和歌山	28	28	116	113
福島	75	78	88	92	鳥取	63	62	131	130
茨城	72	70	136	120	島根	67	66	101	105
栃木	68	73	106	111	岡山	37	36	63	60
群馬	33	33	100	93	広島	23	23	39	38
埼玉	10	10	20	17	山口	32	32	45	44
千葉	26	26	68	62	徳島	42	41	122	114
東京	1	1	3	3	香川	34	33	93	91
神奈川	2	2	13	12	愛媛	36	36	112	114
新潟	103	107	104	108	高知	47	47	169	173
富山	76	78	60	63	福岡	20	20	39	37
石川	47	48	50	51	佐賀	93	95	152	151
福井	66	66	57	58	長崎	47	45	147	139
山梨	19	19	83	87	熊本	58	59	156	157
長野	54	53	125	130	大分	47	47	113	115
岐阜	25	24	44	42	宮崎	65	64	281	281
静岡	16	16	57	55	鹿児島	82	79	268	266
愛知	12	12	34	32	沖縄	33	27	57	63

2 国民栄養
(1) 栄養素等摂取量の推移 （総数、一人1日当たり）

栄養素	単位	平成26年	27	28	29	30
エネルギー	kcal	1,863	1,889	1,865	1,897	1,900
たんぱく質	g	67.7	69.1	68.5	69.4	70.4
うち動物性	〃	36.3	37.3	37.4	37.8	38.9
脂質	〃	55.0	57.0	57.2	59.0	60.4
うち動物性	〃	27.7	28.7	29.1	30.0	31.8
炭水化物	〃	257	258	253	255	251
カルシウム	mg	497	517	502	514	505
鉄	〃	7.4	7.6	7.4	7.5	7.5
ビタミンA	2) μ gRE	514	534	524	519	518
〃 　B₁	mg	0.83	0.86	0.86	0.90	0.90
〃 　B₂	〃	1.12	1.17	1.15	1.20	1.16
〃 　C	〃	94	98	89	94	95
1) 穀類エネルギー比率	％	42.2	41.2	40.9	40.4	40.0
1) 動物性たんぱく質比率	〃	51.8	52.3	52.8	52.7	53.5

資料：厚生労働省健康局「平成30年　国民健康・栄養調査報告」（以下(3)まで同じ。）
注：平成28年は抽出率等を考慮した全国補正値である。
　　1)は、個々人の計算値を平均したものである。
　　2)REとは、レチノール当量である。

2 国民栄養（続き）
(2) 食品群別摂取量（1歳以上、年齢階級別、一人1日当たり平均値）（平成30年）

単位：g

食品群	摂取量										
	計	1～6歳	7～14	15～19	20～29	30～39	40～49	50～59	60～69	70～79	80歳以上
穀類	415.1	257.1	427.0	535.0	457.2	458.7	443.4	418.6	403.8	394.8	381.7
いも類	51.0	39.8	58.4	55.0	51.8	48.0	41.3	50.5	54.8	53.3	56.6
砂糖・甘味料類	6.4	3.8	5.8	6.3	5.4	5.9	6.2	6.2	7.4	7.2	7.5
豆類	62.9	35.6	51.8	48.8	51.9	57.0	57.9	66.0	74.7	77.1	65.3
種実類	2.4	0.6	1.4	1.2	1.3	1.7	2.5	2.9	3.3	3.0	3.1
野菜類	269.2	144.2	234.1	256.7	250.5	250.4	251.7	276.5	304.9	320.6	274.8
果実類	96.7	90.5	72.8	62.1	49.9	54.9	54.8	73.3	126.0	158.8	150.1
きのこ類	16.0	7.3	12.3	13.8	14.3	14.9	14.3	16.6	20.4	19.9	14.8
藻類	8.5	4.9	6.7	7.4	6.8	7.2	8.2	9.2	10.1	11.8	9.0
魚介類	65.1	29.9	43.8	49.3	46.2	55.7	53.0	67.6	85.4	84.7	77.8
肉類	104.5	60.4	109.0	165.1	146.2	126.1	122.3	116.7	95.1	80.2	62.1
卵類	41.1	22.2	34.3	53.5	39.9	38.3	40.9	44.2	46.8	41.7	40.7
乳類	128.8	189.2	303.1	124.2	89.9	89.4	85.3	104.4	123.7	132.7	118.7
油脂類	11.0	6.1	9.7	13.4	11.8	12.5	12.3	12.4	11.5	10.3	8.5
菓子類	26.1	25.0	34.4	29.0	25.4	26.4	23.9	22.3	27.5	24.8	26.8
嗜好飲料類	628.6	240.1	324.6	471.5	576.8	666.0	660.8	792.0	750.2	679.1	584.0
調味料・香辛料類	60.7	30.5	53.7	60.6	62.8	63.3	60.7	63.4	67.2	65.0	57.2

(3) 朝食欠食率の推移　（20歳以上、性・年齢階級別）

単位：％

区分		平成26年	27	28	29	30
男性	計	14.3	14.3	15.4	15.0	13.9
	20～29歳	37.0	24.0	37.4	30.6	29.9
	30～39	29.3	25.6	26.5	23.3	28.3
	40～49	21.9	23.8	25.6	25.8	24.5
	50～59	13.4	16.4	18.0	19.4	18.0
	60～69	8.5	8.0	6.7	7.6	8.2
	70歳以上	3.2	4.2	3.3	3.4	3.7
女性	計	10.5	10.1	10.7	10.2	8.6
	20～29歳	23.5	25.3	23.1	23.6	18.9
	30～39	18.3	14.4	19.5	15.1	12.7
	40～49	13.5	13.7	14.9	15.3	12.6
	50～59	10.7	11.8	11.8	11.4	13.0
	60～69	7.4	6.7	6.3	8.1	5.3
	70歳以上	4.4	3.8	4.1	3.7	3.7

注：平成28年は抽出率等を考慮した全国補正値である。

3 産業連関表からみた最終消費としての飲食費

〔参考〕 飲食費のフロー（平成27年）

資料： 農林水産省統計部「平成27年（2015年）農林漁業及び関連産業を中心とした産業連関表
（飲食費のフローを含む。）」
注：1 総務省等10府省庁「平成27年産業連関表」を基に農林水産省で推計。
注：2 旅館・ホテル、病院、学校給食等での食事は「外食」に計上するのではなく、使用され
た食材費を最終消費額として、それぞれ「生鮮品等」及び「加工品」に計上している。
注：3 加工食品のうち、精穀（精米・精麦等）、食肉（各種肉類）及び冷凍魚介類は加工度が
低いため、最終消費においては「生鮮品等」として取り扱っている。
注：4 ［____］内は、各々の流通段階で発生する流通経費（商業マージン及び運賃）である。
注：5 �▢は食用農林水産物の輸入、███は加工食品の輸入を表している。

3 産業連関表からみた最終消費としての飲食費（続き）
(1) 飲食費の帰属額及び帰属割合の推移

区分	平成7年		12		17		23		27	
	金額	構成比	金額	構成比	金額	構成比	金額	構成比	金額	構成比
	10億円	%	10億円	%	10億円	%	10億円	%	10億円	%
合計	82,455	100.0	80,611	100.0	78,374	100.0	76,204	100.0	83,846	100.0
農林漁業	12,798	15.5	11,405	14.1	10,582	13.5	10,477	13.7	11,274	13.4
国内生産	11,655	14.1	10,245	12.7	9,374	12.0	9,174	12.0	9,677	11.5
輸入食用農林水産物	1,143	1.4	1,160	1.4	1,208	1.5	1,303	1.7	1,598	1.9
食品製造業	24,995	30.3	25,509	31.6	24,346	31.1	23,966	31.5	26,986	32.2
国内生産	20,398	24.7	20,681	25.7	18,876	24.1	18,051	23.7	19,792	23.6
輸入加工食品	4,597	5.6	4,829	6.0	5,471	7.0	5,916	7.8	7,194	8.6
食品関連流通業	27,587	33.5	27,397	34.0	27,868	35.6	26,615	34.9	29,482	35.2
外食産業	17,075	20.7	16,299	20.2	15,577	19.9	15,146	19.9	16,104	19.2

資料：　農林水産省統計部「平成27年（2015年）農林漁業及び関連産業を中心とした産業連関表
　　　　（飲食費のフローを含む。）」（以下(2)まで同じ。）
注：　平成23年以前については、最新の「平成27年産業連関表」の概念等に合わせて再推計した
　　　数値である（以下(2)まで同じ。）。

(2) 食用農林水産物・輸入加工食品の仕向額

区分	仕向額			
	平成23年			
	計	国産食用農林水産物	輸入食用農林水産物	輸入加工食品
	10億円	10億円	10億円	10億円
合計	16,393	9,174	1,303	5,916
（構成比%）	(100.0)	(56.0)	(7.9)	(36.1)
最終消費向け	6,488	2,920	264	3,304
食品製造業向け	7,789	5,407	926	1,456
外食産業向け	2,116	847	113	1,156

区分	仕向額（続き）			
	27			
	計	国産食用農林水産物	輸入食用農林水産物	輸入加工食品
	10億円	10億円	10億円	10億円
合計	18,468	9,677	1,598	7,194
（構成比%）	(100.0)	(52.4)	(8.7)	(39.0)
最終消費向け	7,423	3,160	373	3,889
食品製造業向け	8,455	5,605	1,106	1,744
外食産業向け	2,590	912	118	1,560

区分	増減率			
	計	国産食用農林水産物	輸入食用農林水産物	輸入加工食品
	%	%	%	%
合計	12.7	5.5	22.6	21.6
（構成比%）	…	…	…	…
最終消費向け	14.4	8.2	41.3	17.7
食品製造業向け	8.6	3.7	19.4	19.8
外食産業向け	22.4	7.7	4.4	34.9

4 家計消費支出
(1) 1世帯当たり年平均1か月間の支出（二人以上の世帯）

単位：円

区分	平成27年	28	29	30	31
消費支出	287,373	282,188	283,027	287,315	293,379
食料	71,844	72,934	72,866	73,977	75,258
穀類	6,138	6,181	6,143	6,266	6,345
米	1,822	1,870	1,885	1,948	1,857
パン	2,499	2,484	2,456	2,511	2,643
麺類	1,374	1,373	1,348	1,374	1,411
他の穀類	442	454	454	432	435
魚介類	6,341	6,275	6,079	5,870	5,884
生鮮魚介	3,725	3,690	3,495	3,357	3,349
塩干魚介	1,121	1,108	1,101	1,052	1,044
魚肉練製品	699	676	676	647	663
他の魚介加工品	796	801	806	813	828
肉類	7,216	7,235	7,355	7,408	7,272
生鮮肉	5,813	5,856	5,974	6,038	5,876
加工肉	1,404	1,380	1,381	1,369	1,396
乳卵類	3,620	3,793	3,794	3,785	3,811
牛乳	1,284	1,291	1,273	1,244	1,263
乳製品	1,582	1,728	1,743	1,762	1,791
卵	753	774	778	779	758
野菜・海藻	8,749	8,895	8,763	8,894	8,491
生鮮野菜	5,924	6,016	5,885	5,985	5,621
乾物・海藻	684	710	701	719	720
大豆加工品	1,102	1,111	1,101	1,108	1,093
他の野菜・海藻加工品	1,039	1,059	1,076	1,083	1,057
果物	2,755	2,842	2,802	2,826	2,869
生鮮果物	2,537	2,619	2,560	2,569	2,603
果物加工品	218	223	243	257	266
油脂・調味料	3,427	3,466	3,493	3,529	3,554
油脂	384	362	359	361	375
調味料	3,044	3,104	3,134	3,168	3,179
菓子類	5,376	5,453	5,472	5,664	6,027
調理食品	9,018	9,494	9,635	9,917	10,397
主食的調理食品	3,749	3,957	3,982	4,094	4,354
他の調理食品	5,269	5,537	5,653	5,822	6,043
飲料	4,076	4,238	4,289	4,435	4,698
茶類	949	996	996	1,041	1,095
コーヒー・ココア	879	891	899	894	945
他の飲料	2,248	2,351	2,394	2,500	2,658
酒類	3,141	3,120	3,138	3,138	3,184
外食	11,986	11,942	11,902	12,247	12,726
一般外食	11,114	11,104	11,072	11,407	11,875
学校給食	872	838	830	840	850
住居	17,931	16,679	16,555	16,915	17,094
光熱・水道	23,197	21,177	21,535	22,019	21,951
家具・家事用品	10,458	10,329	10,560	10,839	11,486
被服及び履物	11,363	10,878	10,806	10,791	10,779
保健医療	12,663	12,888	12,873	13,227	13,933
交通・通信	40,238	39,054	39,691	42,107	43,632
教育	10,995	11,310	11,062	11,785	11,492
教養娯楽	28,314	28,159	27,958	27,581	29,343
その他の消費支出	60,371	58,780	59,120	58,074	58,412

資料：総務省統計局「家計調査結果」（以下(2)まで同じ。）

4 家計消費支出（続き）
(2) 1世帯当たり年間の品目別購入数量（二人以上の世帯）

区分	単位	平成27年	28	29	30	31
食料						
穀類						
米	kg	69.51	68.74	67.27	65.75	62.20
パン	g	45,676	45,099	44,840	44,526	46,011
麺類	〃	34,753	34,192	33,934	33,867	33,169
他の穀類	〃	8,956	9,269	9,066	8,450	8,281
魚介類						
生鮮魚介	〃	27,986	27,227	24,771	23,465	22,966
塩干魚介	〃	8,076	7,799	7,595	6,946	6,719
他の魚介加工品						
かつお節・削り節	〃	303	241	236	227	220
肉類						
生鮮肉	〃	45,459	47,202	47,792	49,047	48,694
加工肉						
ソーセージ	〃	5,131	5,222	5,315	5,301	5,322
乳卵類						
牛乳	L	77.62	78.51	78.03	76.24	75.80
乳製品						
チーズ	g	2,901	3,084	3,309	3,488	3,548
卵	〃	29,875	31,120	31,264	31,933	31,746
野菜・海藻						
生鮮野菜	〃	173,503	169,620	170,627	165,301	164,507
乾物・海藻						
わかめ	〃	904	918	876	865	861
大豆加工品						
豆腐	丁	79.71	81.20	80.16	83.66	80.83
他の野菜・海藻加工品						
だいこん漬	g	1,385	1,395	1,447	1,300	1,282
果物						
生鮮果物	〃	77,965	76,236	75,060	71,231	71,998
油脂・調味料						
油脂	〃	10,191	9,527	9,544	9,206	9,422
調味料						
しょう油	mL	5,773	5,618	5,249	4,981	4,708
飲料						
茶類						
緑茶	g	843	849	850	798	791
紅茶	〃	200	189	188	173	186
コーヒー・ココア						
コーヒー	〃	2,411	2,457	2,427	2,478	2,515
酒類						
発泡酒・ビール風アルコール飲料	L	29.34	30.22	27.98	26.43	27.15

注：数量の公表があるもののうち、(1)の品目に準じて抜粋して掲載した。

Ⅱ　6次産業化等

1　六次産業化・地産地消法に基づく認定事業計画の概要

(1)　地域別の認定件数（令和2年8月31日時点）

単位：件

地方農政局等	総合化事業計画の認定件数	農畜産物関係	林産物関係	水産物関係	研究開発・成果利用事業計画の認定件数
合計	2,565	2,269	104	192	28
北海道	163	154	3	6	1
東北	376	340	12	24	4
関東	440	400	18	22	11
北陸	125	119	2	4	1
東海	235	201	14	20	0
近畿	391	355	13	23	3
中国四国	317	262	13	42	2
九州	459	385	28	46	6
沖縄	59	53	1	5	0

資料：農林水産省食料産業局資料（以下(3)まで同じ。）
注：令和2年8月31日時点での累計である（以下(3)まで同じ。）。

(2)　総合化事業計画の事業内容割合（令和2年8月31日時点）

単位：%

内容	割合
加工	18.4
直売	3.0
輸出	0.4
レストラン	0.4
加工・直売	68.7
加工・直売・レストラン	7.0
加工・直売・輸出	2.1

(3)　総合化事業計画の対象農林水産物割合（令和2年8月31日時点）

単位：%

内容	割合
野菜	31.4
果樹	18.6
畜産物	12.5
米	11.7
水産物	5.6
豆類	4.4
その他	3.9
林産物	3.8
麦類	2.4
茶	2.0
そば	1.8
花き	1.6
野生鳥獣	0.3

注：複数の農林水産物を対象としている総合化事業計画については、その対象となる農林水産物全てを重複して対象とした。

2　農業及び漁業生産関連事業の取組状況
(1)　年間販売金額及び年間販売金額規模別事業体数割合

区分	総額	1事業体当たり年間販売金額	事業体数	計
	100万円	万円	事業体	%
平成29年度 農業生産関連事業計	2,104,435	3,392	62,040	100.0
30	2,104,038	3,395	61,970	100.0
農産加工	940,374	3,374	27,870	100.0
農産物直売所	1,078,913	4,520	23,870	100.0
観光農園	40,334	612	6,590	100.0
農家民宿	5,991	291	2,060	100.0
農家レストラン	38,426	2,435	1,580	100.0
平成29年度 漁業生産関連事業計	227,114	6,491	3,500	100.0
30	234,383	6,373	3,680	100.0
水産加工	176,943	11,672	1,520	100.0
水産物直売所	39,902	4,813	830	100.0
漁家民宿	6,915	799	870	100.0
漁家レストラン	10,624	2,270	470	100.0

資料：農林水産省統計部「6次産業化総合調査」（以下3（2）まで同じ。）
注：事業体数は、1の位を四捨五入している。

(2)　従事者数及び雇用者の男女別割合

区分	計	役員・家族	雇用者	
			小計	常雇い
	100人	100人	100人	100人
平成29年度 農業生産関連事業計	4,517	1,683	2,834	1,525
30	4,415	1,746	2,668	1,442
農産加工	1,793	695	1,098	559
農産物直売所	1,965	786	1,179	739
観光農園	437	180	257	68
農家民宿	77	51	26	5
農家レストラン	143	34	109	72
平成29年度 漁業生産関連事業計	288	95	193	120
30	295	99	196	126
水産加工	157	40	117	81
水産物直売所	66	27	39	25
漁家民宿	36	21	16	3
漁家レストラン	36	11	25	16

(3)　産地別年間仕入金額（農産物直売所は販売金額）（平成30年度）

単位：100万円

区分	計	自家生産物	購入農産物		
			自都道府県産	他都道府県産	輸入品
農産加工	366,135	97,361	196,510	53,744	18,519
農産物直売所	944,694	127,436	720,634	93,944	2,679

注：1　産地別年間仕入金額は、農産物の仕入金額の合計である。
　　　なお、農産物直売所は、生鮮食品、農産加工品及び花き・花木の販売金額の合計である。
　　2　「自家生産物」は、農業経営体のみの結果である。

年間販売金額規模別事業体数割合					
100万円未満	100〜500	500〜1,000	1,000〜5,000	5,000万〜1億	1億円以上
%	%	%	%	%	%
31.8	30.5	13.5	14.2	3.9	6.1
33.5	29.9	12.8	13.9	3.1	6.9
43.3	31.0	9.7	10.7	1.5	3.8
19.2	28.7	15.9	17.8	5.4	13.0
37.0	34.5	15.8	11.4	0.8	0.5
66.7	19.0	6.5	7.1	0.6	0.0
19.9	21.4	16.5	28.5	8.4	5.4
15.7	30.8	14.4	22.1	7.7	9.2
19.7	28.9	12.5	23.8	6.3	8.7
20.9	27.7	9.7	20.6	7.8	13.2
12.7	27.6	12.7	28.3	6.5	12.1
19.0	38.1	16.9	22.9	2.9	0.1
29.6	18.4	13.5	27.4	7.3	3.9

	雇用者の男女別割合			
臨時雇い	常雇い		臨時雇い	
	男性	女性	男性	女性
100人	%	%	%	%
1,309	31.6	68.4	29.3	70.7
1,226	28.9	71.1	32.7	67.3
539	38.7	61.3	35.8	64.2
440	21.3	78.7	27.5	72.5
189	35.0	65.0	38.2	61.8
21	54.8	45.2	27.3	72.7
37	24.2	75.8	23.2	76.8
73	40.5	59.5	27.9	72.1
71	39.5	60.5	28.5	71.5
36	42.6	57.4	28.4	71.6
13	36.6	63.4	42.5	57.5
13	20.5	79.5	11.5	88.5
9	31.5	68.5	32.0	68.0

2 農業及び漁業生産関連事業の取組状況（続き）

(4) 都道府県別農業生産関連事業の年間販売金額及び事業体数（平成30年度）

区分	農業生産関連事業計		農産加工						総額
					農業経営体		農業協同組合等		
	総額	事業体数	総額	事業体数	総額	農業経営体数	総額	事業体数	
	100万円	事業体	100万円	事業体	100万円	経営体	100万円	事業体	100万円
全国	2,104,038	61,970	940,374	27,870	352,590	26,050	587,784 *	1,830	1,078,913
北海道	154,762	3,470	119,129	1,350	25,770	1,250	93,359	100	30,225
青森	28,462	1,080	12,862	540	6,666	500	6,196	40	14,878
岩手	29,751	1,330	8,155	680	4,843	660	3,312	30	20,197
宮城	27,169	1,150	9,701	540	4,611	510	5,090	30	16,229
秋田	17,422	1,230	5,658	630	4,500	590	1,158	40	10,894
山形	33,180	1,790	9,217	740	4,456	690	4,761	50	22,141
福島	46,140	2,110	18,285	1,110	5,923	1,040	12,362	70	26,368
茨城	50,544	1,960	12,310	1,000	8,696	920	3,614	70	36,201
栃木	54,447	1,470	21,929	590	8,224	550	13,705	40	30,070
群馬	65,807	1,990	30,164	570	7,715	540	22,448	30	31,995
埼玉	59,223	1,730	10,580	520	8,526	500	2,054	20	46,246
千葉	71,223	2,590	21,887	670	5,432	650	16,455	30	45,918
東京	62,039	1,030	43,259	200	42,966	190	293	10	16,367
神奈川	36,551	1,620	6,888	400	3,251	380	3,637	20	28,294
新潟	32,687	1,530	9,974	650	4,812	610	5,162	40	20,931
富山	11,250	610	2,183	330	1,418	310	766	30	8,140
石川	22,653	580	9,588	350	4,528	300	5,059	50	12,020
福井	17,338	530	6,133	310	4,529	270	1,604	40	10,529
山梨	58,200	2,020	36,544	430	6,200	420	30,344	10	17,589
長野	73,186	4,580	26,916	2,630	12,112	2,560	14,804	70	40,140
岐阜	46,399	1,050	18,687	460	8,878	430	9,809	30	25,964
静岡	111,192	2,560	65,537	1,260	22,695	1,190	42,842	70	42,929
愛知	59,395	1,200	8,734	470	2,817	440	5,917	20	47,184
三重	48,921	970	21,782	480	12,718	450	9,064	30	22,673
滋賀	16,308	700	3,470	360	2,316	320	1,153	40	11,869
京都	17,689	910	5,393	360	4,139	320	1,254	40	11,509
大阪	23,204	510	1,671	120	1,496	100	175	20	20,293
兵庫	39,358	1,370	6,280	470	4,456	420	1,823	50	30,608
奈良	16,746	550	4,001	230	2,738	210	1,263	20	11,884
和歌山	33,811	1,820	17,780	1,440	11,395	1,400	6,384	40	15,484
鳥取	38,888	610	23,602	330	2,655	310	20,947	20	14,788
島根	16,340	890	6,384	500	3,900	470	2,484	30	9,147
岡山	24,462	1,020	4,766	600	2,286	540	2,480	60	18,441
広島	23,779	1,110	8,945	520	2,931	490	6,015	20	13,822
山口	51,881	1,030	31,916	370	2,536	310	29,380	70	18,626
徳島	17,127	530	4,631	280	2,767	270	1,863	20	12,055
香川	31,033	340	19,818	170	9,644	160	10,174	20	10,910
愛媛	81,108	830	49,557	410	4,734	390	44,823	20	30,797
高知	37,563	670	13,093	310	2,441	270	10,652	40	23,931
福岡	82,578	2,040	33,042	1,010	6,410	930	26,631	80	47,425
佐賀	34,991	530	16,350	240	5,096	220	11,253	20	17,166
長崎	29,636	760	9,472	390	2,875	370	6,596	20	19,477
熊本	77,115	1,700	37,836	910	12,285	830	25,551	80	37,132
大分	29,582	1,010	10,092	470	4,188	440	5,904	30	18,455
宮崎	68,763	1,080	47,135	610	18,869	570	28,267	40	19,568
鹿児島	73,541	1,370	43,603	650	16,309	600	27,294	50	27,941
沖縄	20,593	430	5,438	200	3,836	170	1,602	30	13,463

注：事業体数及び農業経営体数は、1の位を四捨五入している。

事業体数	農産物直売所				観光農園		農家民宿		農家レストラン	
	農業経営体		農業協同組合等							
	総額	農業経営体数	総額	事業体数	総額	農業経営体数	総額	農業経営体数	総額	事業体数
事業体	100万円	経営体	100万円	事業体	100万円	経営体	100万円	経営体	100万円	事業体
23,870	181,159	13,610	897,754	10,260	40,334	6,590	5,991	2,060	38,426	1,580
1,320	11,406	900	18,819	420	2,545	370	400	300	2,464	130
310	2,500	150	12,379	160	309	100	38	110	374	30
470	3,345	200	16,852	270	592	70	214	60	594	50
500	2,276	240	13,952	250	142	40	28	10	1,070	50
450	2,627	230	8,267	220	222	50	43	60	604	30
710	5,225	530	16,916	180	1,023	260	57	30	742	50
670	4,947	420	21,421	240	368	130	375	140	745	60
670	5,847	380	30,353	280	1,559	260	16	10	459	30
600	3,027	340	27,042	250	1,524	220	45	30	880	30
1,010	5,126	790	26,869	220	2,113	340	261	40	1,274	40
890	7,509	650	38,737	240	1,673	280	25	0	698	40
1,490	12,300	1,180	33,618	310	2,341	370	169	20	908	50
660	3,106	530	13,261	130	564	140	91	10	1,758	20
920	5,146	680	23,148	240	850	280	27	0	492	20
660	5,795	280	15,135	370	686	110	383	80	712	40
200	1,468	60	6,672	140	101	30	45	10	780	30
160	2,282	40	9,738	110	316	30	77	30	652	20
130	827	30	9,702	100	149	30	213	30	314	20
910	6,595	790	10,994	120	3,337	630	143	20	587	30
1,040	5,955	600	34,186	440	2,824	590	1,285	250	2,021	80
500	3,252	240	22,713	260	1,105	50	217	30	425	20
1,030	10,340	620	32,589	410	1,903	220	65	20	758	40
590	7,215	300	39,969	290	2,529	90	44	10	905	30
380	7,461	200	15,212	180	1,591	70	259	10	2,617	20
220	1,943	110	9,927	110	257	70	129	30	582	20
390	2,444	190	9,065	200	292	90	90	50	406	20
290	1,515	140	18,779	150	722	80	x	x	x	x
630	2,091	220	28,517	410	1,148	190	430	40	892	50
240	2,469	100	9,415	130	389	50	x	x	x	x
240	1,356	100	14,128	140	301	80	61	50	185	10
190	1,017	90	13,771	110	276	70	6	10	217	10
290	1,192	100	7,955	190	285	50	25	20	499	20
310	4,749	130	13,692	180	700	70	21	20	534	20
460	1,150	190	12,673	270	707	90	51	20	253	20
510	2,720	260	15,906	250	885	120	6	10	448	20
170	1,134	60	10,921	110	80	40	25	20	336	20
130	1,324	40	9,586	90	101	20	x	x	x	x
300	1,299	90	29,497	210	406	80	x	x	x	x
310	2,799	90	21,132	220	354	10	45	20	140	20
680	5,827	390	41,599	290	857	290	11	10	1,244	50
200	1,088	60	16,078	150	232	50	27	10	1,216	30
230	1,490	70	17,987	160	119	30	106	90	463	20
590	7,562	290	29,570	290	456	100	34	50	1,657	60
350	2,069	80	16,387	270	226	60	138	110	670	30
310	3,073	150	16,495	160	250	70	40	50	1,771	40
500	3,286	200	24,654	300	412	110	40	70	1,545	50
120	1,986	60	11,477	60	512	30	152	60	1,027	30

2　農業及び漁業生産関連事業の取組状況（続き）

(5)　都道府県別漁業生産関連事業の年間販売金額及び事業体数（平成30年度）

区分	漁業生産関連事業計		水産加工		水産物直売所		漁家民宿		漁家レストラン	
	総額	事業体数	総額	事業体数	総額	事業体数	総額	漁業経営体数	総額	事業体数
	100万円	事業体	100万円	事業体	100万円	事業体	100万円	経営体	100万円	事業体
全国	234,383	3,680	176,943	1,520	39,902	830	6,915	870	10,624	470
北海道	64,117	380	51,716	230	8,140	100	431	40	829	20
青森	15,341	100	13,772	40	1,243	30	96	20	229	10
岩手	2,207	70	1,892	40	86	10	169	20	60	10
宮城	4,101	110	2,998	30	750	40	317	30	36	10
秋田	1,063	30	218	10	795	10	30	0	19	0
山形	398	20	131	10	x	x	78	10	x	x
福島	549	10	472	0	x	x	x	x	−	−
茨城	4,464	10	4,143	10	116	10	x	x	x	x
千葉	4,637	70	2,613	20	1,368	30	55	10	601	10
東京	539	50	143	10	x	x	236	30	x	x
神奈川	3,834	150	1,820	70	1,198	40	30	10	786	30
新潟	1,416	90	598	20	533	20	168	50	117	10
富山	761	20	182	10	x	x	−	−	x	x
石川	2,283	90	728	20	965	20	193	20	397	20
福井	2,333	210	321	40	78	10	1,929	150	5	10
静岡	4,005	200	1,319	50	1,642	40	385	70	660	40
愛知	828	50	323	10	−	−	337	30	168	10
三重	15,990	140	14,209	50	1,114	20	494	50	173	30
京都	1,478	70	910	10	183	10	317	40	68	10
大阪	165	20	41	10	33	10	−	−	91	10
兵庫	5,100	110	3,008	40	1,545	40	268	20	278	10
和歌山	8,685	50	2,510	20	5,472	10	96	10	607	10
鳥取	2,109	30	1,294	20	724	10	x	x	x	x
島根	945	50	645	30	x	x	37	10	x	x
岡山	2,610	40	1,682	10	842	20	22	10	63	10
広島	7,683	120	6,359	30	1,072	60	29	10	222	20
山口	1,790	100	1,406	50	276	30	67	10	41	10
徳島	1,977	60	1,673	40	280	10	11	0	13	10
香川	5,356	50	5,057	20	204	10	22	10	72	10
愛媛	5,768	110	4,950	60	457	20	195	20	167	20
高知	1,089	40	677	10	100	0	11	10	300	10
福岡	2,473	130	644	40	1,357	50	26	10	446	40
佐賀	4,697	40	4,126	20	405	10	74	10	92	10
長崎	9,744	310	7,567	200	1,815	40	257	60	106	10
熊本	3,611	80	2,853	50	115	10	102	10	541	0
大分	6,344	70	5,440	40	742	20	49	10	112	10
宮崎	11,005	90	9,016	20	611	10	51	10	1,326	10
鹿児島	17,522	190	13,630	90	2,925	40	180	30	788	30
沖縄	5,366	160	2,856	50	1,532	40	110	30	868	40

注：事業体数及び漁業経営体数は、1の位を四捨五入している。

3　直接販売における販売先別年間販売金額（平成30年度）

(1)　農業経営体からの農産物の直接販売における販売先別年間販売金額

単位：100万円

区分	直接販売による農産物の販売先					
	計	卸売市場	小売業	食品製造業	外食産業	消費者に直接販売
年間販売金額	3,033,911	1,112,659	757,087	590,670	73,876	499,619

注：　年間販売金額は、農業経営体が卸売市場、小売業、食品製造業、外食産業及び消費者に直接販売した金額の合計である。

(2)　漁業経営体からの水産物の直接販売における販売先別年間販売金額

単位：100万円

区分	直接販売による水産物の販売先					
	計	消費地卸売市場	小売業	食品製造業	外食産業	消費者に直接販売
年間販売金額	337,580	129,076	71,132	80,762	9,296	47,314

注：1　年間販売金額は、漁業経営体が消費地卸売市場、小売業、食品製造業、外食産業及び消費者に直接販売した金額の合計である。
　　2　消費地卸売市場とは、荷さばき所を含めた産地卸売市場以外の中央卸売市場等の卸売市場へ直接出荷したものをいう。

4　農業生産関連事業を行っている農業経営体数等（各年2月1日現在）
(1)　農業経営体

単位：経営体

全国・農業地域	農業生産関連事業を行っている実経営体数	事業種類別							
		農産物の加工	消費者に直接販売	貸農園・体験農園等	観光農園	農家民宿	農家レストラン	海外への輸出	その他
平成22年	351,494	34,172	329,122	5,840	8,768	2,006	1,318	445	3,215
27	251,073	25,068	236,655	3,723	6,597	1,750	1,304	576	1,836
北海道	5,286	882	4,597	296	291	219	140	48	153
都府県	245,787	24,186	232,058	3,427	6,306	1,531	1,164	528	1,683
東北	30,491	3,862	28,357	424	703	356	218	72	310
北陸	15,467	1,682	14,471	175	188	122	67	64	84
関東・東山	64,985	6,742	61,395	1,227	3,112	333	295	141	488
東海	27,008	2,210	25,850	328	447	39	93	70	204
近畿	31,238	3,151	29,005	566	555	124	130	40	138
中国	23,828	1,942	22,900	186	417	75	98	22	133
四国	15,722	1,037	15,207	89	146	64	57	28	76
九州	35,888	3,426	33,859	398	706	356	189	86	235
沖縄	1,160	134	1,014	34	32	62	17	5	15

資料：農林水産省統計部「農林業センサス」（以下(2)まで同じ。）

(2) 販売農家

単位：戸

全国・農業地域	農業生産関連事業を行っている実農家数	事業種類別							
		農産物の加工	消費者に直接販売	貸農園・体験農園等	観光農園	農家民宿	農家レストラン	海外への輸出	その他
平成22年	341,581	31,854	320,572	5,177	8,111	1,918	989	335	2,870
27	239,056	21,374	226,585	3,024	5,818	1,629	865	350	1,374
北海道	4,719	654	4,197	253	254	200	88	32	105
都府県	234,337	20,720	222,388	2,771	5,564	1,429	777	318	1,269
東北	29,063	3,347	27,193	360	622	331	168	49	240
北陸	14,250	1,307	13,434	114	139	111	42	34	59
関東・東山	62,401	6,056	59,181	1,055	2,886	305	197	84	376
東海	25,700	1,864	24,702	255	371	36	54	45	161
近畿	29,970	2,810	27,895	440	466	116	77	22	110
中国	22,534	1,550	21,778	120	315	70	60	10	93
四国	15,179	873	14,744	72	120	62	40	19	61
九州	34,262	2,847	32,589	323	632	341	133	54	163
沖縄	978	66	872	32	13	57	6	1	6

Ⅲ 食品産業の構造

1 食品製造業の構造と生産状況

(1) 事業所数（従業者4人以上の事業所）

単位：事業所

区分	平成26年	27	28	29	30
製造業計	202,410	217,601	191,339	188,249	185,116
うち食料品製造業	27,115	28,239	25,466	24,892	24,440
畜産食料品製造業	2,493	2,661	2,452	2,477	2,446
水産食料品製造業	5,748	5,920	5,324	5,154	5,060
野菜缶詰・果実缶詰・農産保存食料品製造業	1,668	1,801	1,588	1,545	1,501
調味料製造業	1,499	1,557	1,442	1,430	1,421
糖類製造業	129	139	125	128	128
精穀・製粉業	666	742	649	641	645
パン・菓子製造業	5,247	5,355	5,018	4,932	4,823
動植物油脂製造業	196	206	190	186	191
その他の食料品製造業	9,469	9,858	8,678	8,399	8,222
飲料・たばこ・飼料製造業	4,128	4,759	3,996	3,975	3,967
うち清涼飲料製造業	562	635	527	540	546
酒類製造業	1,484	1,542	1,466	1,464	1,459
茶・コーヒー製造業（清涼飲料を除く。）	1,141	1,475	1,103	1,088	1,055

資料： 経済産業省「工業統計調査」。ただし、平成27年は「経済センサス－活動調査」による。
以下(3)まで同じ。

(2) 従業者数（従業者4人以上の事業所）

単位：人

区分	平成26年	27	28	29	30
製造業計	7,403,269	7,497,792	7,571,369	7,697,321	7,778,124
うち食料品製造業	1,112,433	1,109,819	1,130,444	1,138,973	1,145,915
畜産食料品製造業	148,628	157,302	158,331	162,992	163,941
水産食料品製造業	146,353	146,567	142,620	139,355	139,372
野菜缶詰・果実缶詰・農産保存食料品製造業	46,868	46,004	46,371	45,571	44,784
調味料製造業	49,738	49,366	53,293	52,236	52,383
糖類製造業	6,810	6,148	6,455	6,656	6,723
精穀・製粉業	14,851	14,470	14,934	14,772	15,267
パン・菓子製造業	257,957	247,269	254,702	258,413	257,049
動植物油脂製造業	10,289	9,961	10,376	10,012	10,254
その他の食料品製造業	430,939	432,732	443,362	448,966	456,142
飲料・たばこ・飼料製造業	99,451	103,075	101,827	102,129	103,561
うち清涼飲料製造業	28,479	29,283	29,308	28,873	30,533
酒類製造業	34,816	34,563	35,196	35,490	35,248
茶・コーヒー製造業（清涼飲料を除く。）	17,604	19,608	18,524	18,875	18,668

(3)　製造品出荷額等（従業者 4 人以上の事業所）

単位：100万円

区分	平成26年	27	28	29	30
製造業計	305,139,989	313,128,563	302,035,590	319,166,725	331,809,377
うち食料品製造業	25,936,077	28,102,190	28,426,447	29,055,931	29,781,548
畜産食料品製造業	5,773,873	6,677,706	6,535,162	6,749,891	6,875,274
水産食料品製造業	3,098,234	3,502,112	3,399,052	3,383,333	3,362,009
野菜缶詰・果実缶詰・ 　農産保存食料品製造業	760,579	789,450	766,849	818,220	858,195
調味料製造業	1,788,414	1,860,209	1,980,981	2,041,406	2,039,633
糖類製造業	530,035	534,341	529,719	549,169	547,044
精穀・製粉業	1,265,616	1,304,133	1,311,420	1,358,701	1,442,742
パン・菓子製造業	4,868,550	5,142,128	5,149,542	5,248,559	5,443,131
動植物油脂製造業	956,913	989,221	958,875	969,020	1,020,948
その他の食料品製造業	6,893,864	7,302,890	7,794,848	7,937,631	8,192,572
飲料・たばこ・飼料製造業	9,596,768	10,240,415	9,773,607	9,515,514	9,781,259
うち清涼飲料製造業	2,311,600	2,326,029	2,148,023	2,228,200	2,465,110
酒類製造業	3,296,111	3,487,204	3,511,912	3,397,399	3,334,467
茶・コーヒー製造業 　（清涼飲料を除く。）	543,081	597,305	581,248	613,863	592,985

2　海外における現地法人企業数及び売上高（農林漁業、食料品製造業）
(1)　現地法人企業数（国・地域別）（平成30年度実績）

単位：社

区分	全地域	北米			中南米				アジア	
			アメリカ	カナダ		ブラジル	メキシコ	アルゼンチン		中国
計	26,233	3,277	3,053	224	1,457	316	414	35	17,672	7,754
製造業	11,344	1,157	1,090	67	402	137	214	11	8,746	4,004
1) うち食料品	546	85	79	6	17	9	2	1	374	171
非製造業	14,889	2,120	1,963	157	1,055	179	200	24	8,926	3,750
うち農林漁業	97	9	7	2	21	10	1	1	39	12

区分	アジア（続き）									
	中国（続き）		ASEAN4					NIEs3		
	中国本土	香港	フィリピン	マレーシア	タイ	インドネシア			台湾	韓国
計	6,534	1,220	4,973	585	803	2,445	1,140	2,944	961	819
製造業	3,799	205	2,770	299	418	1,374	679	931	393	342
1) うち食料品	161	10	114	5	16	60	33	45	14	13
非製造業	2,735	1,015	2,203	286	385	1,071	461	2,013	568	477
うち農林漁業	12	—	14	1	2	4	7	4	2	1

資料：経済産業省「第49回 海外事業活動基本調査」（以下（2）まで同じ。）
注：1)は、食料品製造業、飲料製造業、たばこ製造業及び飼料・有機質肥料製造業である。

2　海外における現地法人企業数及び売上高（農林漁業、食料品製造業）（続き）
(1)　現地法人企業数（国・地域別）（平成30年度実績）（続き）

単位：社

| 区分 | アジア（続き） | | | 中東 | 欧州 | EU | | | | | |
	NIEs3(続き) シンガポール	インド	ベトナム				イギリス	フランス	ドイツ	イタリア
計	1,164	602	1,098	154	2,937	2,659	605	287	590	156
製造業	196	293	635	26	878	807	172	101	149	48
1) うち食品	18	7	34	–	47	44	18	8	6	1
非製造業	968	309	463	128	2,059	1,852	433	186	441	108
うち農林漁業	1	2	5	2	10	7	1	1	–	–

| 区分 | 欧州（続き） | | | | | オセアニア | | | アフリカ | BRICs | ASEAN 10 |
| | EU（続き） | | | スイス | ロシア | | オーストラリア | ニュージーランド | | | |
	オランダ	ベルギー	スペイン								
計	382	101	108	60	122	565	428	72	171	7,574	7,441
製造業	65	32	47	8	27	92	66	21	43	4,256	3,666
1) うち食品	5	2	–	2	–	22	15	7	1	177	168
非製造業	317	69	61	50	95	473	362	51	128	3,318	3,775
うち農林漁業	1	–	2	1	–	12	8	3	4	24	20

(2)　現地法人の売上高（平成30年度実績）

単位：100万円

区分	計	日本向け輸出額	親企業向け	その他の企業向け
計	290,913,621	26,198,208	20,940,966	5,257,242
製造業	138,584,467	13,462,567	11,615,279	1,847,288
1) うち食料品	5,509,724	354,209	268,553	85,656
非製造業	152,329,154	12,735,641	9,325,687	3,409,954
うち農林漁業	392,431	82,262	60,651	21,611

区分	現地販売額	日系企業向け	地場企業向け	その他の企業向け
計	165,474,690	48,669,672	101,735,518	15,069,500
製造業	77,066,378	33,329,747	37,508,378	6,228,253
1) うち食料品	4,781,310	381,466	4,236,467	163,377
非製造業	88,408,312	15,339,925	64,227,140	8,841,247
うち農林漁業	124,510	51,398	52,668	20,444

区分	第三国向け輸出額	北米	アジア	欧州	その他の地域
計	99,240,723	32,663,039	35,531,671	19,275,737	11,770,276
製造業	48,055,522	14,089,935	20,086,035	8,943,883	4,935,669
1) うち食料品	374,205	33,890	135,689	143,490	61,136
非製造業	51,185,201	18,573,104	15,445,636	10,331,854	6,834,607
うち農林漁業	185,659	4,795	49,003	37,708	94,153

注：1)は、食料品製造業、飲料製造業、たばこ製造業及び飼料・有機質肥料製造業である。

3 食品卸売業の構造と販売状況
(1) 事業所数

単位：事業所

区分	平成16年	19	24	26	28
卸売業計	375,269	334,799	371,663	382,354	364,814
うち各種商品卸売業	1,245	1,200	1,619	1,490	1,410
管理、補助的経済活動を行う事業所	…	…	10	26	58
従業者が常時100人以上の各種商品卸売業	28	26	30	23	29
その他の各種商品卸売業	1,217	1,174	1,579	1,441	1,323
飲食料品卸売業	84,539	76,058	73,006	76,653	70,613
管理、補助的経済活動を行う事業所	…	…	1,016	1,171	1,480
農畜産物・水産物卸売業	39,485	37,844	35,066	36,480	33,461
うち米麦卸売業	…	2,837	2,263	2,488	2,375
雑穀・豆類卸売業	…	972	811	818	817
米麦卸売業、雑穀・豆類卸売業（格付不能）	…	…	714	749	…
野菜卸売業	…	8,277	7,119	7,286	7,542
果実卸売業	…	2,224	1,637	1,671	1,692
野菜卸売業、果実卸売業（格付不能）	…	…	2,071	2,202	…
食肉卸売業	8,125	7,438	6,445	7,077	6,368
生鮮魚介卸売業	13,033	10,682	10,660	11,090	10,390
その他の農畜産物・水産物卸売業	2,634	5,414	3,346	3,099	2,732
食料・飲料卸売業	45,054	38,214	36,924	39,002	35,672
うち砂糖・味そ・しょう油卸売業	…	1,421	1,156	963	1,070
酒類卸売業	…	3,031	2,561	2,502	2,720
乾物卸売業	…	3,553	2,247	2,253	2,424
菓子・パン類卸売業	…	6,004	4,364	4,579	4,364
飲料卸売業	…	2,934	1,941	1,913	2,100
茶類卸売業	…	2,322	1,635	1,607	1,822
牛乳・乳製品卸売業	…	…	2,621	2,678	2,392
その他の食料・飲料卸売業	…	18,949	11,607	12,249	13,880
食料・飲料卸売業（格付不能）	…	…	8,792	10,258	…

資料： 経済産業省「商業統計」（平成24年及び28年の数値は、平成24年及び28年経済センサス
　　　 活動調査の数値である。（以下4（3）まで同じ。）。）
注：1 平成24年及び26年の数値は、管理、補助的経済活動を行う事業所、産業細分類が格付
　　　 不能の事業所、卸売の商品販売額及び仲立手数料のいずれの金額も無い事業所を含む。
　　2 平成24年及び26年の数値には、「外国の会社」を含む（以下4（3）まで同じ。）。

3　食品卸売業の構造と販売状況（続き）
(2)　従業者数

単位：千人

区分	平成16年	19	24	26	28
卸売業計	3,804	3,526	3,822	3,932	3,942
うち各種商品卸売業	38	33	41	37	39
管理、補助的経済活動を行う事業所	…	…	0	1	0
従業者が常時100人以上の各種商品卸売業	24	20	24	20	25
その他の各種商品卸売業	14	12	16	16	14
飲食料品卸売業	887	820	759	797	772
管理、補助的経済活動を行う事業所	…	…	13	11	12
農畜産物・水産物卸売業	406	393	348	364	346
うち米麦卸売業	…	26	16	19	18
雑穀・豆類卸売業	…	7	7	6	7
米麦卸売業、雑穀・豆類卸売業 　　（格付不能）	…	…	8	5	…
野菜卸売業	…	105	89	92	101
果実卸売業	…	22	17	18	18
野菜卸売業、果実卸売業 　　（格付不能）	…	…	22	24	…
食肉卸売業	75	74	60	67	66
生鮮魚介卸売業	129	106	98	102	95
その他の農畜産物・水産物卸売業	24	53	31	32	27
食料・飲料卸売業	482	427	397	422	414
うち砂糖・味そ・しょう油卸売業	…	11	9	7	8
酒類卸売業	…	42	34	31	39
乾物卸売業	…	26	17	15	18
菓子・パン類卸売業	…	58	42	47	48
飲料卸売業	…	43	32	24	36
茶類卸売業	…	19	12	10	14
牛乳・乳製品卸売業	…	…	28	23	28
その他の食料・飲料卸売業	…	228	140	152	176
食料・飲料卸売業 　　（格付不能）	…	…	84	112	…

注：　従業者数とは、「個人業主」、「無給家族従業者」、「有給役員」及び「常用雇用者」の計
　　であり、臨時雇用者は含まない。

(3) 年間商品販売額

単位：10億円

区分	平成16年	19	24	26	28
卸売業計	405,497	413,532	365,481	356,652	436,523
うち各種商品卸売業	49,031	49,042	30,740	25,890	30,127
従業者が常時100人以上の各種商業卸売業	46,210	46,827	27,760	23,869	27,580
その他の各種商品卸売業	2,821	2,216	2,980	2,021	2,546
飲食料品卸売業	86,390	75,649	71,452	71,553	88,997
うち農畜産物・水産物卸売業	42,578	34,951	29,196	30,695	36,837
うち米麦卸売業	…	3,476	1,948	2,741	3,335
雑穀・豆類卸売業	…	650	1,131	957	1,033
野菜卸売業	…	7,985	7,480	8,459	9,650
果実卸売業	…	1,817	1,286	1,587	1,765
食肉卸売業	6,222	6,389	4,827	5,590	8,368
生鮮魚介卸売業	11,789	9,709	7,200	8,163	9,138
その他の農畜産物・水産物卸売業	1,888	4,925	2,520	3,195	3,289
食料・飲料卸売業	43,812	40,698	42,256	40,859	52,059
うち砂糖・味そ・しょう油卸売業	…	1,200	1,253	1,090	1,311
酒類卸売業	…	7,909	7,981	7,331	8,976
乾物卸売業	…	1,259	1,001	711	963
菓子・パン類卸売業	…	3,696	3,294	3,850	4,286
飲料卸売業	…	4,214	3,772	3,384	4,366
茶類卸売業	…	764	659	458	820
牛乳・乳製品卸売業	…	…	3,324	2,404	3,725
その他の食料・飲料卸売業	…	21,657	19,948	21,629	26,088

注：平成19年以前の数値は、各調査年の前年4月1日から調査年3月31日までの1年間の数値である。

4 食品小売業の構造と販売状況
(1) 事業所数

単位：事業所

区分	平成16年	19	24	26	28
小売業計	1,238,049	1,137,859	1,033,358	1,024,881	990,246
うち各種商品小売業	5,556	4,742	3,014	4,199	3,275
管理、補助的経済活動を行う事業所	…	…	105	117	149
百貨店、総合スーパー	1,983	1,856	1,427	1,706	1,590
その他の各種商品小売業（従業者が常時50人未満のもの）	3,573	2,880	1,482	2,376	1,536
飲食料品小売業	444,596	389,832	317,983	308,248	299,120
管理、補助的経済活動を行う事業所	…	…	1,477	1,507	1,884
各種食料品小売業	38,531	34,486	29,504	26,970	27,442
野菜・果実小売業	27,709	23,950	20,986	19,443	18,397
食肉小売業	14,824	13,682	12,534	11,604	11,058
鮮魚小売業	23,021	19,713	15,833	14,050	13,705
酒小売業	60,191	47,696	37,277	33,478	32,233
菓子・パン小売業	77,653	66,205	62,077	62,113	61,922
その他の飲食料品小売業	202,667	184,100	138,295	139,083	132,479
1)コンビニエンスストア	42,372	42,644	30,343	34,414	49,463
米穀類小売業	20,956	16,769	12,027	10,030	9,792

注：1)は、飲食料品を中心とするものに限る。

(2) 従業者数

単位：千人

区分	平成16年	19	24	26	28
小売業計	7,762	7,579	7,404	7,686	7,654
うち各種商品小売業	541	523	364	405	357
管理、補助的経済活動を行う事業所	…	…	19	22	14
百貨店、総合スーパー	517	496	334	357	331
その他の各種商品小売業（従業者が常時50人未満のもの）	24	27	11	26	12
飲食料品小売業	3,151	3,083	2,849	2,958	3,012
管理、補助的経済活動を行う事業所	…	…	40	56	43
各種食料品小売業	856	872	942	906	1,025
野菜・果実小売業	104	88	88	89	85
食肉小売業	59	56	60	58	59
鮮魚小売業	79	69	64	59	56
酒小売業	177	137	111	100	95
菓子・パン小売業	367	342	342	369	370
その他の飲食料品小売業	1,509	1,519	1,202	1,321	1,280
1)コンビニエンスストア	601	622	437	529	749
米穀類小売業	53	42	30	25	25

注：1)は、飲食料品を中心とするものに限る。

(3) 年間商品販売額

単位：10億円

区分	平成16年	19	24	26	28
小売業計	133,279	134,705	114,852	122,177	145,104
うち各種商品小売業	16,913	15,653	10,997	11,517	12,879
うち百貨店、総合スーパー	16,409	15,156	10,823	10,936	12,635
その他の各種商品小売業 （従業者が常時50人未満のもの）	505	497	174	580	245
飲食料品小売業	41,334	40,813	32,627	32,207	41,568
うち各種食料品小売業	17,085	17,107	15,338	14,834	20,552
野菜・果実小売業	1,215	998	824	861	971
食肉小売業	690	656	633	584	729
鮮魚小売業	949	858	654	585	728
酒小売業	3,329	2,490	1,535	1,354	1,564
菓子・パン小売業	2,269	2,072	1,655	1,850	2,392
その他の飲食料品小売業	15,799	16,633	11,989	12,139	14,632
1)コンビニエンスストア	6,876	6,856	5,452	6,404	8,722
米穀類小売業	666	446	310	261	242

注：平成19年以前の数値は、各調査年の前年4月1日から調査年3月31日までの1年間の数値である。
　　1)は、飲食料品を中心とするものに限る。

5 外食産業の構造と市場規模
(1) 事業所数及び従業者数

区分	平成26年	
	事業所数	従業者数
	事業所	人
飲食店	**619,711**	**4,231,432**
うち管理、補助的経済活動を行う事業所	2,126	31,113
食堂・レストラン	52,461	437,687
専門料理店	177,056	1,529,185
うち日本料理店	49,792	466,193
中華料理店	55,095	389,836
焼肉店	18,833	182,860
その他の専門料理店	53,336	490,296
そば・うどん店	31,114	217,056
すし店	24,069	250,822
酒場、ビヤホール	129,662	691,478
バー、キャバレー、ナイトクラブ	103,439	374,687
喫茶店	69,983	339,004
その他の飲食店	29,801	360,400
ハンバーガー店	5,972	193,295
お好み焼・焼きそば・たこ焼店	16,551	66,330
他に分類されないその他の飲食店	7,278	100,775
持ち帰り・配達飲食サービス業	55,929	592,042
うち管理、補助的経済活動を行う事業所	289	4,290
持ち帰り飲食サービス業	12,846	91,606
配達飲食サービス業	42,794	496,146

資料：総務省統計局「平成26年経済センサス-基礎調査」

5 外食産業の構造と市場規模 (続き)
(2) 市場規模

単位：億円

区分	平成27年	28	29	30	令和元
外食産業計	254,078	254,553	256,804	257,221	260,439
給食主体部門	202,598	204,320	206,907	207,547	210,521
営業給食	168,893	170,664	173,116	173,941	176,987
飲食店	136,247	139,464	142,215	142,986	145,441
食堂・レストラン	97,923	99,295	101,155	101,246	102,906
そば・うどん店	12,373	12,499	12,856	13,018	13,133
すし店	14,386	15,187	15,231	15,432	15,457
その他の飲食店	11,565	12,453	12,973	13,290	13,945
機内食等	2,667	2,672	2,698	2,714	2,749
宿泊施設	29,979	28,528	28,203	28,241	28,797
集団給食	33,705	33,656	33,791	33,606	33,534
学校	4,982	4,899	4,882	4,883	4,840
事業所	17,463	17,495	17,527	17,319	17,260
社員食堂等給食	12,132	12,126	12,113	11,925	11,879
弁当給食	5,331	5,369	5,414	5,394	5,381
病院	8,014	7,917	7,954	7,908	7,881
保育所給食	3,246	3,345	3,428	3,496	3,553
料飲主体部門	51,480	50,233	49,897	49,674	49,918
喫茶店・居酒屋等	21,937	21,518	21,663	21,721	21,894
喫茶店	11,285	11,256	11,454	11,643	11,780
居酒屋・ビヤホール等	10,652	10,262	10,209	10,078	10,114
料亭・バー等	29,543	28,715	28,234	27,953	28,024
料亭	3,531	3,432	3,375	3,341	3,349
バー・キャバレー・ナイトクラブ	26,012	25,283	24,859	24,612	24,675
料理品小売業	71,384	75,444	76,166	76,888	78,126
弁当給食を除く	66,053	70,075	70,752	71,494	72,745
弁当給食	5,331	5,369	5,414	5,394	5,381
外食産業（料理品小売業を含む。）	320,131	324,628	327,556	328,715	333,184

資料：日本フードサービス協会「令和元年外食産業市場規模推計について」
注：1 数値は、同協会の推計である。
　　2 市場規模推計値には消費税を含む。
　　3 料理品小売業の中には、スーパー、百貨店等のテナントとして入店している場合の
　　　売上高は含むが、総合スーパー、百貨店が直接販売している売上高は含まない。
　　4 平成28年及び29年の市場規模については、法人交際費等の確定値を反映している。

Ⅳ　食品の流通と利用

1　食品製造業の加工原材料の内訳の推移

区分	単位	平成23年	27
計　　　　　（金額）	10億円	7,788	8,455
〃　　　　　（比率）	％	100.0	100.0
国産食用農林水産物（金額）	10億円	5,407	5,605
〃　　　　　（比率）	％	69.4	66.3
輸入食用農林水産物（金額）	10億円	926	1,106
〃　　　　　（比率）	％	11.9	13.1
輸入加工食品　（金額）	10億円	1,456	1,744
〃　　　　　（比率）	％	18.7	20.6

資料：　農林水産省統計部「平成27年（2015年）農林漁業及び関連産業を中心とした産業連関表
　　　　（飲食費のフローを含む。）」
注：1　総務省等10府省庁「産業連関表」を基に農林水産省が推計した。
　　2　平成23年については、最新の「平成27年産業連関表」の概念等に合わせて再推計した数
　　　値である。

2　業態別商品別の年間商品販売額（平成26年）

単位：100万円

業態分類	計	1)百貨店、総合スーパー	飲食料品小売			
			小計	野菜	果実	食肉
合計	36,962,551	4,655,825	32,306,727	2,529,360	1,041,794	2,372,816
1) 百貨店	1,354,859	1,354,859	…	…	…	…
1) 総合スーパー	3,300,965	3,300,965	…	…	…	…
専門スーパー	14,386,082	…	14,386,082	1,626,143	655,680	1,543,945
うち食料品スーパー	14,196,304	…	14,196,304	1,624,264	655,456	1,543,890
コンビニエンスストア	4,419,822	…	4,419,822	30,448	10,986	16,985
うち終日営業店	3,962,474	…	3,962,474	18,636	6,078	4,955
広義ドラッグストア	994,853	…	994,853	2,620	189	2,544
うちドラッグストア	691,014	…	691,014	1,491	19	1,208
その他のスーパー	2,626,360	…	2,626,360	215,054	90,330	191,781
うち各種商品取扱店	77,299	…	77,299	399	204	445
専門店	3,421,666	…	3,421,666	195,730	104,250	279,946
うち食料品専門店	3,406,895	…	3,406,895	195,461	104,202	279,930
家電大型専門店	-	…	-	-	-	-
中心店	3,751,083	…	3,751,083	319,189	130,364	218,624
うち食料品中心店	3,376,187	…	3,376,187	310,560	126,535	213,898
その他の小売店	69,681	…	69,681	1,480	859	5,295
うち各種商品取扱店	55,272	…	55,272	352	255	4,003
無店舗販売	2,637,180	…	2,637,180	138,695	49,135	113,696
うち通信・カタログ販売、インターネット販売	1,565,793	…	1,565,793	125,752	45,728	104,938

資料：経済産業省大臣官房調査統計グループ「平成26年商業統計表　業態別統計編（小売業）」
注：平成25年1月1日から同年12月31日までの1年間の当該事業所における有体商品の販売額である。
　　1)は、百貨店、総合スーパー商品分類による集計のため、他の一般商品分類には計上されない。

2 業態別商品別の年間商品販売額（平成26年）（続き）

単位：100万円

業態分類	飲食料品小売（続き）					
	卵・鳥肉	鮮魚	酒	菓子（製造）	菓子（非製造）	パン（製造）
合計	**575,385**	**2,306,081**	**2,790,294**	**754,798**	**2,520,376**	**501,979**
1) 百貨店	…	…	…	…	…	…
1) 総合スーパー	…	…	…	…	…	…
専門スーパー	379,521	1,418,809	1,116,742	92,448	850,145	75,117
うち食料品スーパー	379,512	1,418,612	1,075,261	80,050	839,778	74,904
コンビニエンスストア	5,717	13,444	352,811	21,529	543,067	48,273
うち終日営業店	2,630	4,383	303,209	16,112	473,051	18,295
広義ドラッグストア	5,137	332	106,155	2,254	101,522	410
うちドラッグストア	1,502	144	58,314	2,240	66,131	397
その他のスーパー	41,817	207,000	295,690	39,256	230,397	244,485
うち各種商品取扱店	179	190	998	40	7,829	43
専門店	58,934	290,184	324,018	526,643	407,737	98,795
うち食料品専門店	58,908	290,110	323,166	526,565	406,664	98,729
家電大型専門店	−	−	−	−	−	−
中心店	48,714	247,445	531,535	67,087	298,521	34,340
うち食料品中心店	46,476	242,413	497,588	62,333	261,928	33,132
その他の小売店	198	1,643	1,560	5,580	16,237	560
うち各種商品取扱店	14	120	1,013	4,099	14,497	294
無店舗販売	35,348	127,224	61,784	−	72,750	−
うち通信・カタログ販売、インターネット販売	34,023	115,009	36,709	−	64,528	−

業態分類	飲食料品小売（続き）					
	パン（非製造）	牛乳	飲料（牛乳を除く・茶類飲料を含む）	茶類（葉・粉・豆などのもの）	料理品(他から仕入れたもの又は作り置きのもの)	米穀類
合計	**987,793**	**639,084**	**2,987,959**	**330,084**	**3,536,985**	**747,292**
1) 百貨店	…	…	…	…	…	…
1) 総合スーパー	…	…	…	…	…	…
専門スーパー	466,145	296,243	605,341	98,545	1,194,592	282,201
うち食料品スーパー	464,559	296,233	560,683	98,301	1,192,564	275,750
コンビニエンスストア	324,298	113,413	876,637	24,668	1,398,078	27,578
うち終日営業店	282,210	107,248	798,787	20,981	1,326,504	24,923
広義ドラッグストア	27,255	20,345	85,328	8,178	3,202	24,595
うちドラッグストア	14,217	12,244	65,903	3,876	2,337	16,121
その他のスーパー	52,269	18,572	134,710	32,707	255,776	45,458
うち各種商品取扱店	276	62	4,678	1,190	504	458
専門店	13,223	74,304	136,978	58,937	311,830	141,049
うち食料品専門店	13,085	74,199	134,353	58,642	311,321	139,414
家電大型専門店	−	−	−	−	−	−
中心店	81,460	77,019	248,505	61,742	331,656	158,244
うち食料品中心店	73,900	74,935	213,774	56,468	313,595	124,591
その他の小売店	668	163	3,283	1,730	4,879	1,130
うち各種商品取扱店	336	81	3,067	1,465	4,835	442
無店舗販売	22,476	39,026	897,178	43,576	36,971	67,036
うち通信・カタログ販売、インターネット販売	14,789	34,317	68,570	16,226	25,429	56,857

単位：100万円

業態分類	飲食料品小売（続き）					
	豆腐・かまぼこ等加工食品	乾物	めん類（チルドめんを含む・冷凍めんを除く）	乳製品	冷凍食品（冷凍めんを含む）	他の飲食料品
合計	**1,222,351**	**398,432**	**530,632**	**462,097**	**437,678**	**4,633,456**
1) 百貨店	…	…	…	…	…	…
1) 総合スーパー	…	…	…	…	…	…
専門スーパー	796,198	215,069	245,021	269,573	227,639	1,930,962
うち食料品スーパー	795,846	214,956	243,417	269,237	227,281	1,860,150
コンビニエンスストア	31,079	17,330	117,460	21,220	39,063	385,739
うち終日営業店	26,168	15,463	109,192	18,721	36,368	348,560
広義ドラッグストア	15,461	6,367	28,743	57,288	22,899	474,030
うちドラッグストア	4,439	2,258	13,736	42,099	7,797	374,539
その他のスーパー	78,676	30,098	30,599	27,021	27,051	337,613
うち各種商品取扱店	471	165	669	297	209	57,993
専門店	77,887	34,415	20,841	13,512	8,791	243,661
うち食料品専門店	77,856	34,355	20,098	13,484	8,754	237,598
家電大型専門店	-	-	-	-	-	-
中心店	138,539	75,592	59,823	38,530	31,581	552,573
うち食料品中心店	136,715	72,563	50,007	37,723	29,088	397,965
その他の小売店	606	1,186	784	160	238	21,444
うち各種商品取扱店	378	1,065	710	56	120	18,069
無店舗販売	83,906	18,376	27,360	34,793	80,417	687,433
うち通信・カタログ販売、インターネット販売	80,962	17,052	23,623	10,257	78,017	613,006

3 食品の多様な販売経路
(1) 卸売市場経由率の推移（重量ベース、推計）

単位：%

区分	平成25年度	26	27	28	29
青果	60.0	60.2	57.5	56.7	55.1
国産青果	85.8	84.4	81.2	79.5	78.5
水産物	54.1	51.9	52.1	52.0	49.2
食肉	9.8	9.5	9.2	8.6	8.3
花き	78.0	77.8	76.9	75.6	75.0

資料：農林水産省食料産業局「卸売市場をめぐる情勢について」（令和2年8月）
注： 　卸売市場経由率は、国内で流通した加工品を含む国産及び輸入の青果、水産物等のうち、卸売市場（水産物についてはいわゆる産地市場は除く。）を経由したものの数量割合（花きについては金額割合）の推計値である。

(2) 自動販売機の普及台数（令和元年）

単位：台

機種・中身商品例	普及台数
計	4,149,100
自動販売機	2,848,800
飲料自動販売機	2,375,400
清涼飲料	2,100,000
牛乳	111,600
コーヒー・ココア（カップ式）	141,400
酒・ビール	22,400
食品自動販売機（インスタント麺・冷凍食品・アイスクリーム・菓子他）	71,900
たばこ自動販売機	131,000
券類自動販売機（乗車券、食券・入場券他）	60,400
日用品雑貨自動販売機（カード、衛生用品、新聞、玩具他）	210,100
自動サービス機（両替機、精算機、コインロッカー・各種貸出機他）	1,300,300

資料：日本自動販売システム機械工業会資料
注：普及台数は令和元年12月末現在である。

(3)　消費者向け電子商取引市場規模

単位：億円

業種	2018年	2019
物販系分野	92,992	100,515
食品、飲料、酒類	16,919	18,233
生活家電、AV機器、PC・周辺機器等	16,467	18,239
書籍、映像・音楽ソフト	12,070	13,015
化粧品、医薬品	6,136	6,611
雑貨、家具、インテリア	16,083	17,428
衣類・服装雑貨等	17,728	19,100
自動車、自動二輪車、パーツ等	2,348	2,396
事務用品、文房具	2,203	2,264
その他	3,038	3,228
サービス系分野	66,471	71,672
旅行サービス	37,186	38,971
飲食サービス	6,375	7,290
チケット販売	4,887	5,583
金融サービス	6,025	5,911
理美容サービス	4,928	6,212
その他　（医療、保険、住居関連、教育等）	7,070	7,706

資料：　経済産業省商務情報政策局「令和元年度 内外一体の経済成長戦略構築にかかる
　　　　国際経済調査事業（電子商取引に関する市場調査）報告書」

V 食品の価格形成

1 青果物の流通経費等

(1) 集出荷団体の流通経費等（100kg当たり）（平成29年度）

区分			単位	集出荷団体の販売収入				計	小計	選別・荷造労働費（生産者）を除いた集出荷経費
				計	卸売価格	荷主交付金・出荷奨励金等	その他の入金			
青果物平均	（金額）	(1)	円	17,870	17,553	179	138	6,387	3,320	2,464
（調査対象16品目）	（構成比）	(2)	％	100.0	98.2	1.0	0.8	35.7	18.6	13.8
野菜平均	（金額）	(3)	円	16,076	15,739	182	155	5,994	3,034	2,070
（調査対象14品目）	（構成比）	(4)	％	100.0	97.9	1.1	1.0	37.3	18.9	12.9
だいこん	（金額）	(5)	円	10,917	10,710	163	45	4,790	2,405	1,703
〃	（構成比）	(6)	％	100.0	98.1	1.5	0.4	43.9	22.0	15.6
にんじん	（金額）	(7)	円	11,639	11,077	156	406	5,403	2,694	1,980
〃	（構成比）	(8)	％	100.0	95.2	1.3	3.5	46.4	23.1	17.0
はくさい	（金額）	(9)	円	8,550	8,407	87	55	3,945	1,925	1,201
〃	（構成比）	(10)	％	100.0	98.3	1.0	0.6	46.1	22.5	14.0
キャベツ	（金額）	(11)	円	11,232	10,845	156	230	4,346	2,146	1,387
〃	（構成比）	(12)	％	100.0	96.6	1.4	2.1	38.7	19.1	12.3
ほうれんそう	（金額）	(13)	円	65,032	64,517	508	8	27,930	19,361	5,093
〃	（構成比）	(14)	％	100.0	99.2	0.8	0.0	42.9	29.8	7.8
ね ぎ	（金額）	(15)	円	45,756	45,207	500	49	19,208	12,759	4,569
〃	（構成比）	(16)	％	100.0	98.8	1.1	0.1	42.0	27.9	10.0
な す	（金額）	(17)	円	37,906	37,452	430	24	10,424	5,113	3,966
〃	（構成比）	(18)	％	100.0	98.8	1.1	0.1	27.5	13.5	10.5
トマト	（金額）	(19)	円	34,353	33,681	456	215	11,471	5,514	4,982
〃	（構成比）	(20)	％	100.0	98.0	1.3	0.6	33.4	16.1	14.5
きゅうり	（金額）	(21)	円	33,186	32,437	501	248	9,344	5,175	3,216
〃	（構成比）	(22)	％	100.0	97.7	1.5	0.7	28.2	15.6	9.7
ピーマン	（金額）	(23)	円	47,726	46,554	680	492	10,797	4,748	3,959
〃	（構成比）	(24)	％	100.0	97.5	1.4	1.0	22.6	9.9	8.3
さといも	（金額）	(25)	円	32,491	31,993	469	29	8,765	4,361	3,356
〃	（構成比）	(26)	％	100.0	98.5	1.4	0.1	27.0	13.4	10.3
たまねぎ	（金額）	(27)	円	8,534	8,486	33	15	3,586	1,528	1,490
〃	（構成比）	(28)	％	100.0	99.4	0.4	0.2	42.0	17.9	17.5
レタス	（金額）	(29)	円	16,216	15,709	179	328	6,972	3,607	2,193
〃	（構成比）	(30)	％	100.0	96.9	1.1	2.0	43.0	22.2	13.5
ばれいしょ	（金額）	(31)	円	13,431	13,393	38	0	4,555	1,864	1,836
〃	（構成比）	(32)	％	100.0	99.7	0.3	0.0	33.9	13.9	13.7
果実平均	（金額）	(33)	円	31,332	31,165	160	6	9,337	5,468	5,422
（調査対象2品目）	（構成比）	(34)	％	100.0	99.5	0.5	0.0	29.8	17.5	17.3
みかん	（金額）	(35)	円	31,499	31,276	214	9	7,771	3,626	3,578
〃	（構成比）	(36)	％	100.0	99.3	0.7	0.0	24.7	11.5	11.4
りんご	（金額）	(37)	円	31,166	31,056	107	3	10,899	7,304	7,261
〃	（構成比）	(38)	％	100.0	99.6	0.3	0.0	35.0	23.4	23.3

資料：農林水産省統計部「食品流通段階別価格形成調査」（以下2(5)ウまで同じ。）
注：1 集出荷・販売経費計、集出荷経費計及び生産者受取収入には、生産者による選別・荷造労働費が重複して含まれる。
　　2 構成比は、1集出荷団体当たりの数値を用い算出しているため、表中の数値（100kg当たり）を用い算出した値と一致しない場合がある。
　　1)は、卸売代金送金料及び負担金である。

集出荷・販売経費										
集出荷経費				販売経費						
	選別・荷造労働費									
包装・荷造材料費	生産者	集出荷団体	その他集出荷経費	小計	出荷運送料	卸売手数料	上部団体手数料	1)その他	生産者受取収入	
1,140	856	478	845	3,067	1,528	1,262	207	70	12,339	(1)
6.4	4.8	2.7	4.7	17.2	8.6	7.1	1.2	0.4	69.1	(2)
1,070	964	383	617	2,960	1,496	1,213	188	62	11,047	(3)
6.7	6.0	2.4	3.8	18.4	9.3	7.5	1.2	0.4	68.7	(4)
1,041	702	279	383	2,385	1,377	869	123	15	6,830	(5)
9.5	6.4	2.6	3.5	21.8	12.6	8.0	1.1	0.1	62.6	(6)
641	714	623	716	2,709	1,681	875	109	43	6,950	(7)
5.5	6.1	5.4	6.2	23.3	14.4	7.5	0.9	0.4	59.7	(8)
862	724	–	339	2,021	1,178	676	99	68	5,329	(9)
10.1	8.5	–	4.0	23.6	13.8	7.9	1.2	0.8	62.3	(10)
1,076	759	1	310	2,200	1,216	832	106	46	7,645	(11)
9.6	6.8	0.0	2.8	19.6	10.8	7.4	0.9	0.4	68.1	(12)
3,567	14,268	108	1,417	8,570	2,421	4,895	1,216	38	51,370	(13)
5.5	21.9	0.2	2.2	13.2	3.7	7.5	1.9	0.1	79.0	(14)
2,065	8,190	678	1,827	6,449	2,161	3,429	646	214	34,738	(15)
4.5	17.9	1.5	4.0	14.1	4.7	7.5	1.4	0.5	75.9	(16)
1,718	1,147	1,209	1,039	5,310	1,790	3,181	296	44	28,630	(17)
4.5	3.0	3.2	2.7	14.0	4.7	8.4	0.8	0.1	75.5	(18)
2,552	532	1,142	1,287	5,957	2,502	2,977	428	49	23,413	(19)
7.4	1.5	3.3	3.7	17.3	7.3	8.7	1.2	0.1	68.2	(20)
1,125	1,959	1,072	1,019	4,169	1,291	2,358	414	106	25,801	(21)
3.4	5.9	3.2	3.1	12.6	3.9	7.1	1.2	0.3	77.7	(22)
1,975	789	1,015	968	6,050	1,793	3,639	448	169	37,718	(23)
4.1	1.7	2.1	2.0	12.7	3.8	7.6	0.9	0.4	79.0	(24)
1,023	1,005	1,059	1,275	4,404	1,300	2,540	535	30	24,731	(25)
3.1	3.1	3.3	3.9	13.6	4.0	7.8	1.6	0.1	76.1	(26)
581	38	403	506	2,058	1,404	509	124	21	4,986	(27)
6.8	0.4	4.7	5.9	24.1	16.5	6.0	1.5	0.2	58.4	(28)
1,261	1,414	82	850	3,365	1,628	1,324	177	236	10,657	(29)
7.8	8.7	0.5	5.2	20.8	10.0	8.2	1.1	1.5	65.7	(30)
625	28	620	591	2,691	1,628	898	149	16	8,904	(31)
4.7	0.2	4.6	4.4	20.0	12.1	6.7	1.1	0.1	66.3	(32)
1,672	46	1,194	2,556	3,870	1,765	1,627	353	124	22,040	(33)
5.3	0.1	3.8	8.2	12.4	5.6	5.2	1.1	0.4	70.3	(34)
1,230	48	806	1,542	4,145	1,548	2,129	372	95	23,776	(35)
3.9	0.2	2.6	4.9	13.2	4.9	6.8	1.2	0.3	75.5	(36)
2,113	43	1,580	3,568	3,595	1,981	1,127	334	153	20,310	(37)
6.8	0.1	5.1	11.4	11.5	6.4	3.6	1.1	0.5	65.2	(38)

1 青果物の流通経費等（続き）

(2) 生産者の出荷先別販売金額割合 （青果物全体）

単位：%

区分	販売金額割合
計	100.0
集出荷団体（農協等）	71.0
卸売市場	11.8
小売業	4.3
食品製造業	2.4
外食産業	0.7
消費者に直接販売	7.8
自営の直売	4.3
その他の直売所	3.3
インターネット	0.2
その他	2.0

(3) 集出荷団体の出荷先別販売金額割合 （青果物全体）

単位：%

区分	販売金額割合
計	100.0
卸売市場	73.8
小売業	5.3
食品製造業	4.0
外食産業	0.6
卸売業者（市場外流通）	6.7
その他	9.7

(4) 小売業者の仕入先別仕入金額割合 （調査対象16品目）

単位：%

区分	計	卸売市場の仲卸業者	卸売市場の卸売業者	集出荷団体	生産者	その他
青果物計 （調査対象16品目）	100.0	68.5	15.8	7.1	3.1	5.5

(5) 青果物の各流通段階の価格形成及び小売価格に占める各流通経費等の割合
　　（調査対象16品目）（100kg当たり）（試算値）
　ア　4つの流通段階を経由（集出荷団体、卸売業者、仲卸業者及び小売業者）

区分	生産者受取価格	集出荷団体		仲卸業者		小売業者	
		卸売価格		仕入金額に対する販売金額の割合	仲卸価格	仕入金額に対する販売金額の割合	小売価格
			卸売手数料				
	(2)-(9)-(10)				(2)×(4)		(5)×(6)
	(1) 円	(2) 円	(3) 円	(4) %	(5) 円	(6) %	(7) 円
青果物（調査対象16品目）	12,022	17,553	1,262	114.9	20,168	125.6	25,331

区分	流通経費				
	計	集出荷団体経費	卸売経費（卸売手数料）	仲卸経費	小売経費
	(9)+(10)+(11)+(12)		(3)	(5)-(2)	(7)-(5)
	(8) 円	(9) 円	(10) 円	(11) 円	(12) 円
青果物（調査対象16品目）	13,309	4,269	1,262	2,615	5,163

区分	小売価格に占める各流通経費等の割合						
	計	生産者受取価格	小計	流通経費			
				集出荷団体経費	卸売経費（卸売手数料）	仲卸経費	小売経費
		(1)/(7)	(8)/(7)	(9)/(7)	(10)/(7)	(11)/(7)	(12)/(7)
	(13) %	(14) %	(15) %	(16) %	(17) %	(18) %	(19) %
青果物（調査対象16品目）	100.0	47.5	52.5	16.9	5.0	10.3	20.4
			(100.0)	(32.1)	(9.5)	(19.6)	(38.8)

注：1　卸売経費（卸売手数料）、仲卸経費及び小売経費は利潤等を含む。
　　2　生産者受取価格は、生産者による選別・荷造労働費を含み、荷主交付金・出荷奨励
　　　金等及びその他の入金は含まない。
　　3　（　）内は、青果物（調査対象16品目）の流通経費計を100.0％とした各経費の割合
　　　である。

1 青果物の流通経費等 (続き)
(5) 青果物の各流通段階の価格形成及び小売価格に占める各流通経費等
  の割合 (調査対象16品目) (100kg当たり) (試算値) (続き)
  イ 生産者が小売業者に直接販売

区分	生産者	小売業者		流通経費	小売価格に占める 流通経費等の割合		
	小売業者への 販売価格 (生産者 受取価格)	仕入金額 に対する 販売金額 の割合	小売価格	小売経費	計	生産者 受取価格	小売経費
			(1)×(2)	(3)-(1)		(1)/(3)	(4)/(3)
	(1) 円	(2) %	(3) 円	(4) 円	(5) %	(6) %	(7) %
青果物 (調査対象16品目)	13,982	129.0	18,037	4,055	100.0	77.5	22.5

注: 1 小売経費は利潤等を含む。
  2 小売価格及び小売経費は、小売業者が生産者から仕入れたと回答のあった青果物の
    仕入金額に対する販売金額の割合を用いて試算している。
  3 生産者受取価格は、生産者が行う選別・荷造労働費や包装・荷造材料費、商品を小
    売業者へ搬送する運送費や労働費等の経費が一部含まれている場合がある。

ウ 生産者が消費者に直接販売

区分	生産者 受取価格	消費者に直接販売		販売価格に占める流通経費等の割合		
		販売価格	販売経費	計	生産者 受取価格	販売経費
	(2)-(3)				(1)/(2)	(3)/(2)
	(1) 円	(2) 円	(3) 円	(4) %	(5) %	(6) %
青果物 (調査対象16品目)	11,761	14,679	2,918	100.0	80.1	19.9

注: 生産者受取価格は、生産者が行う選別・荷造労働費や包装・荷造材料費、商品を直売所へ
  搬送する運送費や労働費等の経費が一部含まれている場合がある。

2 水産物の流通経費等

(1) 産地卸売業者の流通経費等（1業者当たり平均）（平成29年度）

ア 販売収入、産地卸売手数料及び生産者への支払金額

区分	1業者当たり	100kg当たり	販売収入に占める割合	産地卸売手数料等に占める割合
	千円	円	％	％
販売収入①				
1)産地卸売金額又は産地卸売価格	7,627,360	25,639	100.0	－
産地卸売手数料等計②	349,972	1,176	4.6	100.0
産地卸売手数料	253,996	854	3.3	72.6
2)その他の手数料	32,148	108	0.4	9.2
3)買付販売差額	63,828	215	0.8	18.2
4)生産者への支払金額((①-②)	7,277,388	24,463	95.4	－

注：割合は、1業者当たりの数値を用い算出している（以下イまで同じ。）。
　　1)は、買入れたものを販売した際の金額を含む。
　　2)は、産地卸売業者が水揚料、選別料等を産地卸売手数料以外に産地卸売金額から控除
している場合の手数料である。
　　3)は、買入れたものを販売した際の差額である。
　　4)は、水産物の販売収入から産地卸売手数料等を控除した金額である。

イ 産地卸売経費

区分	1業者当たり	100kg当たり	販売収入に占める割合	産地卸売経費に占める割合
	千円	円	％	％
計	297,223	999	3.9	100.0
包装・荷造材料費	11,337	38	0.1	3.8
運送費	5,027	17	0.1	1.7
集荷費	921	3	0.0	0.3
保管費	9,388	32	0.1	3.2
事業管理費	255,440	859	3.3	85.9
廃棄処分費	90	0	0.0	0.0
支払利息	3,944	13	0.1	1.3
その他の事業管理費	251,406	845	3.3	84.6
交付金	15,110	51	0.2	5.1

注：産地卸売経費は、水産物の取扱いに係る経費であり、それ以外の商品の経費は除いた。

(2) 産地出荷業者の流通経費等（1業者当たり平均）（平成29年度）

区分	1業者当たり	販売収入に占める割合	産地出荷経費に占める割合
	千円	%	%
販売収入計	1,556,295	100.0	－
1)販売金額	1,554,993	99.9	－
完納奨励金 （売買参加者交付金）	1,043	0.1	－
出荷奨励金	259	0.0	－
仕入金額	1,211,052	77.8	－
産地出荷経費計	309,851	19.9	100.0
卸売手数料	28,106	1.8	9.1
包装材料費	48,910	3.1	15.8
車両燃料費	3,343	0.2	1.1
支払運賃	69,803	4.5	22.5
商品保管費	11,127	0.7	3.6
商品廃棄処分費	18	0.0	0.0
支払利息	4,056	0.3	1.3
その他の産地出荷経費	144,488	9.3	46.6

注： 産地出荷経費は、水産物の仕入・販売に係る経費で、それ以外の商品の仕入・
販売経費は除いた。
1)は、消費地市場での卸売金額以外に産地の小売業者等に販売した金額を含む。

(3) 漁業者の出荷先別販売金額割合（水産物全体）

単位：%

区分	販売金額割合
計	100.0
卸売市場	77.5
産地卸売市場	67.7
消費地卸売市場	9.8
小売業	5.5
食品製造業	5.4
外食産業	0.6
消費者に直接販売	3.1
自営の直売	0.9
その他の直売所	2.2
インターネット	0.0
その他	7.9

(4) 小売業者の仕入先別仕入金額割合（調査対象10品目）

単位：%

区分	計	消費地卸売市場		産地卸売市場		生産者 (漁業者)	その他
		仲卸業者	卸売業者	産地出 荷業者	産地卸 売業者		
水産物計 （調査対象10品目）	100.0	44.3	24.4	8.1	9.4	4.4	9.4

2 水産物の流通経費等（続き）

(5) 水産物の各流通段階の価格形成及び小売価格に占める各流通経費等の割合（調査対象10品目）（100kg当たり）（試算値）

ア 5つの流通段階を経由（産地卸売業者、産地出荷業者、卸売業者、仲卸業者及び小売業者）

区分	生産者受取価格	産地卸売業者		産地出荷業者			仲卸業者		小売業者	
		産地卸売金額に対する生産者への支払金額の割合	産地卸売価格	仕入金額に対する卸売金額の割合	卸売価格	卸売手数料	仕入金額に対する販売金額の割合	仲卸価格	仕入金額に対する販売金額の割合	小売価格
			(3)×(2)		(3)×(4)			(5)×(7)		(8)×(9)
	(1)	(2)	(3)	(4)	(5)	(6)	(7)	(8)	(9)	(10)
	円	％	円	％	円	円	％	円	％	円
水産物（調査対象10品目）	25,955	95.4	27,207	177.9	48,401	1,929	116.4	56,339	145.8	82,142

区分	流通経費					
	計	産地卸売経費	産地出荷業者経費	卸売経費（卸売手数料）	仲卸経費	小売経費
	(12)+(13)+(14)+(15)+(16)	(3)-(1)	(5)-(3)-(6)	(6)	(8)-(5)	(10)-(8)
	(11)	(12)	(13)	(14)	(15)	(16)
	円	円	円	円	円	円
水産物（調査対象10品目）	56,187	1,252	19,265	1,929	7,938	25,803

区分	小売価格に占める流通経費等の割合								
	計	生産者受取価格	産地卸売価格	流通経費					
				小計	産地卸売経費	産地出荷業者経費	卸売経費（卸売手数料）	仲卸経費	小売経費
		(1)/(10)	(3)/(10)	(11)/(10)	(12)/(10)	(13)/(10)	(14)/(10)	(15)/(10)	(16)/(10)
	(17)	(18)	(19)	(20)	(21)	(22)	(23)	(24)	(25)
	％	％	％	％	％	％	％	％	％
水産物（調査対象10品目）	100.0	31.6	33.1	68.4	1.5	23.5	2.3	9.7	31.4
				(100.0)	(2.2)	(34.3)	(3.4)	(14.1)	(45.9)

注： 1 各流通段階の流通経費は利潤等を含む。
　　 2 （ ）内は、流通経費計を100.0％とした各流通経費の割合である。

イ 漁業者が小売業者に直接販売

区分	漁業者 小売業者への販売価格（生産者受取価格）	小売業者 仕入金額に対する販売金額の割合	小売業者 小売価格	流通経費 小売経費	小売価格に占める流通経費等の割合 計	小売価格に占める流通経費等の割合 生産者受取価格	小売価格に占める流通経費等の割合 小売経費
			$(1) \times (2)$	$(3) - (1)$		$(1) / (3)$	$(4) / (3)$
	(1) 円	(2) %	(3) 円	(4) 円	(5) %	(6) %	(7) %
水産物（調査対象10品目）	34,754	149.6	51,992	17,238	100.0	66.8	33.2

注： 1　小売経費は利潤等を含む。
　　 2　小売価格及び小売経費は、小売業者が漁業者から仕入れたと回答のあった水産物の
　　　　仕入金額に対する販売金額の割合を用いて試算している。
　　 3　生産者受取価格は、漁業者が行う選別・荷造労働費や包装・荷造材料費、商品を
　　　　小売業者へ搬送する運送費や労働費等の経費が一部含まれている場合がある。

ウ 漁業者が消費者に直接販売

区分	生産者受取価格	消費者に直接販売 販売価格	消費者に直接販売 販売経費	販売価格に占める流通経費等の割合 計	販売価格に占める流通経費等の割合 生産者受取価格	販売価格に占める流通経費等の割合 販売経費
	$(2) - (3)$				$(1) / (2)$	$(3) / (2)$
	(1) 円	(2) 円	(3) 円	(4) %	(5) %	(6) %
水産物（調査対象10品目）	33,226	36,545	3,319	100.0	90.9	9.1

注：　生産者受取価格は、漁業者が行う選別・荷造労働費や包装・荷造材料費、商品を
　　　直売所へ搬送する運送費や労働費等の経費が一部含まれている場合がある。

3 食料品年平均小売価格（東京都区部・大阪市）（令和元年）

単位：円

類・品目	数量単位	令和元年		銘柄
		東京都区部	大阪市	
穀類				
うるち米（コシヒカリ）	1袋	2,456	2,420	国内産、精米、単一原料米、5kg袋入り、コシヒカリ
うるち米（コシヒカリ以外）	〃	2,234	2,270	国内産、精米、単一原料米、5kg袋入り、コシヒカリを除く。
食パン	1kg	436	486	普通品
あんパン	100g	92	91	あずきあん入り、角型、普通品
カップ麺	1個	161	156	中華タイプ、77g入り
中華麺	1kg	404	402	蒸し中華麺、焼きそば、3食（麺450g）入り、ソース味
もち	1袋	734	644	包装生もち、1kg袋入り、普通品
魚介類				
まぐろ	100g	454	413	めばち又はきはだ、刺身用、さく、赤身
さけ	〃	326	323	トラウトサーモン、ぎんざけ、アトランティックサーモン（ノルウェーサーモン）、べにざけ又はキングサーモン、切り身、塩加工を除く。
ぶり	〃	289	312	切り身（刺身用を除く。）
えび	〃	326	322	輸入品、冷凍、「パック包装」又は「真空包装」、無頭（10〜14尾入り）
塩さけ	〃	227	211	ぎんざけ、切り身
たらこ	〃	444	472	並
魚介漬物	〃	232	208	みそ漬、さわら又はさけ、並
肉類				
牛肉	〃	897	719	国産品、ロース
豚肉	〃	236	247	バラ（黒豚を除く。）
豚肉	〃	202	193	もも（黒豚を除く。）
鶏肉	〃	130	133	ブロイラー、もも肉
ソーセージ	〃	184	189	ウインナーソーセージ、袋入り、JAS規格品・特級
乳卵類				
牛乳	1本	214	212	牛乳、店頭売り、1,000mL紙容器入り
ヨーグルト	1個	163	163	プレーンヨーグルト、400g入り
鶏卵	1パック	223	240	白色卵、サイズ混合、10個入りパック詰
野菜・海藻				
キャベツ	1kg	169	194	
ねぎ	〃	672	809	白ねぎ
レタス	〃	429	470	玉レタス
たまねぎ	〃	262	253	赤たまねぎを除く。
きゅうり	〃	593	629	
トマト	〃	706	634	ミニトマト（プチトマト）を除く。
干しのり	1袋	445	445	焼きのり、全形10枚袋入り、普通品
豆腐	1kg	243	245	木綿豆腐、並
納豆	1パック	95	104	糸引き納豆、丸大豆納豆、小粒又は極小粒、「50g×3個」又は「45g×3個」

資料：総務省統計局「小売物価統計調査年報（動向編）」
注： 2015年基準消費者物価指数の小分類ごとに、主として全国のウエイトが大きい品目を
農林水産省統計部において抜粋している。

単位：円

類・品目	数量単位	令和元年		銘柄
		東京都区部	大阪市	
果物				
りんご（ふじ）	1 kg	537	594	ふじ、1個200〜400 g
みかん	〃	686	718	温州みかん（ハウスみかんを除く。）、1個70〜130 g
いちご	〃	1,919	2,046	国産品
バナナ	〃	255	258	フィリピン産（高地栽培などを除く。）
油脂・調味料				
食用油	1本	291	324	キャノーラ（なたね）油、1,000 gポリ容器入り
乾燥スープ	1箱	323	361	粉末、ポタージュ、コーンクリーム、箱入り（8袋、140.8 g入り）
つゆ・たれ	1本	267	334	めんつゆ、希釈用、3倍濃縮、1Lポリ容器入り
菓子類				
ケーキ	1個	449	469	いちごショートケーキ、1個（70〜120 g）
せんべい	100 g	125	117	うるち米製せんべい、しょう油味、個装タイプ袋入り、普通品
チョコレート	1枚	212	207	板チョコレート、50 g
アイスクリーム	1個	256	249	バニラアイスクリーム、110mLカップ入り
調理食品				
弁当	〃	541	520	持ち帰り弁当、幕の内弁当、並
〃	〃	500	514	持ち帰り弁当、からあげ弁当、並
すし（弁当）	1パック	722	642	にぎりずし（飲食店を除く。）、8〜10個入り、並
サラダ	100 g	147	161	ポテトサラダ、並
からあげ	〃	193	208	鶏肉、骨なし、並
飲料				
緑茶	〃	557	427	煎茶（抹茶入りを含む。）、100〜300 g袋入り
茶飲料	1本	85	90	緑茶飲料、525mLペットボトル入り
炭酸飲料	1本	94	93	コーラ、500mLペットボトル入り
酒類				
焼酎	〃	1,622	1,628	単式蒸留しょうちゅう、主原料は麦又はさつまいも、1,800mL紙容器入り、アルコール分25度
ビール	1パック	1,172	1,197	淡色、350mL缶入り、6缶入り
ビール風アルコール飲料	〃	669	686	350mL缶入り、6缶入り
外食				
中華そば	1杯	570	628	ラーメン、しょう油味（豚骨しょう油味を含む。）
すし	1人前	1,330	1,202	にぎりずし、並
焼肉	〃	999	849	牛カルビ、並
ビール	1本	594	524	居酒屋におけるビール、淡色、中瓶500mL

Ⅵ 食の安全に関する取組

1 有機農産物の認証・格付

(1) 有機農産物等認証事業者の認証件数（令和2年3月31日現在）

区分	認証件数					(参考)農家
	計	生産行程管理者		小分け業者	輸入業者	
			有機農産物			
	事業体	事業体	事業体	事業体	事業体	戸
計	8,534	6,826	3,916	1,360	348	3,816
全国計	8,534	6,827	3,475	847	348	3,816
北海道	419	357	256	54	8	275
青森	20	19	15	1	0	31
岩手	20	18	16	2	0	29
宮城	76	61	53	12	3	96
秋田	52	46	40	6	0	79
山形	61	53	41	8	0	117
福島	69	63	55	6	0	103
茨城	107	94	79	13	0	100
栃木	68	58	46	8	2	68
群馬	81	67	43	12	2	77
埼玉	98	44	21	39	15	38
千葉	131	91	71	35	5	126
東京	359	77	11	112	170	68
神奈川	124	30	12	56	38	31
新潟	151	132	122	19	0	161
富山	20	18	14	2	0	19
石川	44	34	27	10	0	35
福井	25	20	16	5	0	31
山梨	56	51	40	5	0	41
長野	110	100	77	6	4	99
岐阜	53	41	20	8	4	26
静岡	285	227	79	54	4	177
愛知	125	81	21	39	5	35

資料：農林水産省食料産業局資料（以下(3)ウまで同じ。）
注：1　令和2年4月末現在において報告があったものについて令和2年3月31日分まで集計したものである。
　　2　数字は、登録認証機関から報告があった農家戸数を積み上げた数値であるため、実際の農家戸数よりも少ないことがある。
　　3　生産行程管理者には個人で認証事業者になる以外にも複数の農家がグループになって認証事業者となる場合がある。
　　4　農家戸数は報告のあった個人農家とグループ構成員を積み上げた数値である。

(2) 有機登録認証機関数の推移（各年度末現在）

単位：機関

区分	平成27年度	28	29	30	令和元
計	71	69	69	68	68
登録認証機関数	56	56	56	56	53
登録外国認証機関数	15	13	13	12	15

区分	認証件数					(参考)農家
	計	生産行程管理者		小分け業者	輸入業者	
			有機農産物			
	事業体	事業体	事業体	事業体	事業体	戸
三重	63	52	27	11	0	85
滋賀	51	40	29	9	2	32
京都	150	115	53	28	7	57
大阪	162	62	12	67	33	22
兵庫	227	167	112	39	21	141
奈良	74	57	34	15	2	57
和歌山	63	59	37	4	0	100
鳥取	46	42	23	4	0	35
島根	84	78	53	5	1	61
岡山	69	63	51	5	1	116
広島	73	62	35	9	2	43
山口	30	25	16	3	2	20
徳島	51	49	31	2	0	44
香川	41	29	14	10	2	27
愛媛	84	74	59	9	1	59
高知	55	54	41	1	0	78
福岡	201	128	28	59	14	62
佐賀	56	52	20	4	0	51
長崎	38	38	19	0	0	58
熊本	231	215	179	16	0	218
大分	83	78	50	5	0	94
宮崎	119	109	67	10	0	106
鹿児島	344	331	233	13	0	307
沖縄	103	96	77	7	0	81
外国	3,482	2,969	1,441	513	–	–

1 有機農産物の認証・格付（続き）
(3) 認証事業者に係る格付実績（平成30年度）
ア 有機農産物

単位：t

区分	国内で格付されたもの	1)外国で格付されたもの	区分	国内で格付されたもの	1)外国で格付されたもの
計	66,824	2,716,902	緑茶（生葉・荒茶）	4,970	2,515
野菜	42,213	320,661	その他茶葉	142	7,232
果実	2,805	100,930	コーヒー生豆	0	13,680
米	8,635	6,692	ナッツ類	2	22,767
麦	766	2,764	さとうきび	39	2,139,034
大豆	1,143	34,667	こんにゃく芋	336	0
その他豆類	102	8,912	パームフルーツ	0	20,121
雑穀類	56	7,874	その他の農産物	5,612	23,046

注：1 有機食品の検査認証制度に基づき、登録認証機関から認証を受けた事業者が格付または格付の表示を行った有機農産物及び有機農産物加工食品の平成30年度における実績として報告された数値を令和２年３月27日現在で集計。
　　2 格付または格付の表示を行った事業者は当該認証を行った登録認証機関に６月末日までにその実績を報告。事業者からの報告を受けた登録認証機関は９月末日までにそれらを取りまとめ、農林水産大臣に報告。
　　3 外国で格付されたものには、外国において、有機ＪＡＳ認証事業者が有機ＪＡＳ格付を行ったもの及び同等性のある国（ＥＵ加盟国、オーストラリア、アメリカ合衆国、アルゼンチン、ニュージーランド、スイス及びカナダ）において、有機ＪＡＳ制度と同等の制度に基づいて認証を受けた事業者が有機格付を行って我が国に輸入されたものを含む。
　　1)は、主に外国で有機加工食品の原材料として使用されているが、それ以外にも、外国で消費されたもの、日本以外に輸出されたもの及び有機加工食品以外の食品に加工されたものも含む。

イ 有機農産物加工食品

単位：t

区分	国内で格付されたもの	2)外国で格付されたもの	区分	国内で格付されたもの	2)外国で格付されたもの
計	95,073	464,413	みそ	2,450	262
冷凍野菜	70	10,545	しょうゆ	4,055	6
野菜びん・缶詰	20	4,655	ピーナッツ製品	269	364
野菜水煮	504	12,082	その他豆類の調整品	3,090	556
その他野菜加工品	2,172	3,055	乾めん類	129	45
果実飲料	2,267	16,856	緑茶（仕上げ茶）	3,111	56
その他果実加工品	827	7,147	コーヒー豆	2,567	1,333
野菜飲料	3,740	1,079	ナッツ類加工品	1,329	9,185
茶系飲料	14,509	14	こんにゃく	1,356	112
コーヒー飲料	1,519	60	砂糖	33	283,289
豆乳	31,606	1,635	糖みつ	11	3,360
豆腐	10,102	0	牛乳	909	0
納豆	1,463	0	その他の加工食品	6,967	108,720

注：1)は、食酢、食用植物油脂などを含む。
　　2)は、外国で消費されたものや日本以外に輸出されたものも含む。

ウ 国内の総生産量と格付数量

区分	総生産量	格付数量（国内）	（参考）有機の割合
	t	t	%
野菜（スプラウト類を含む）	11,306,000	45,839	0.41
果実	2,833,000	2,805	0.10
米	8,208,000	8,635	0.11
麦	940,000	766	0.08
大豆	211,000	1,143	0.54

注： 総生産量は、「平成30年度食料需給表（概算値）」による。

2 食品表示法の食品表示基準に係る指示及び命令件数

単位：件

年度	国							
	計	生鮮						加工
		小 計	畜産物	農産物	水産物	米		
平成27年度	5	3	−	1	1	1		4
28	12	4	1	1	2	−		11
29	11	4	−	−	4	−		7
30	12	2	−	−	−	2		10
令和元	3	−	−	−	−	−		3

年度	都道府県						
	計	生鮮					加工
		小 計	畜産物	農産物	水産物	米	
平成27年度	23	12	4	2	2	4	14
28	14	4	2	1	1	−	10
29	10	6	−	3	2	1	4
30	11	5	1	1	2	1	8
令和元	7	3	−	1	1	1	4

資料： 消費者庁、国税庁及び農林水産省「食品表示法の食品表示基準に係る指示及び命令件数」
注： 同一事業者に対して複数の食品に対する改善指示を同時に実施した事例があることから、全体の件数と品目毎の件数の合計とは一致しない場合がある。

3 食品製造業におけるHACCPに沿った衛生管理の導入状況 (令和元年度)
(1) HACCPに沿った衛生管理の導入状況 (食品販売金額規模別)

単位：%

区分	導入済み	導入途中	導入を検討	導入については未定である	HACCPに沿った衛生管理をよく知らない
全体	22.5	18.0	21.0	18.9	19.7
1億円未満	12.2	13.0	22.8	24.2	27.8
1億円～50億円未満	40.0	29.1	18.5	8.8	3.7
50億円以上	89.1	10.3	0.6	－	－

資料： 農林水産省食料産業局「令和元年度食品製造業におけるHACCPに沿った衛生管理
　　　の導入状況実態調査」 (令和2年6月) (以下(3)まで同じ。)
注： これは、2,585企業を調査対象に実施し、1,436企業から回答を得た令和元年10月1日現
　　在の結果である (以下(3)まで同じ。)。

(2) HACCPに沿った衛生管理の導入による効果 (複数回答)

単位：%

区分	割合
品質・安全性の向上	85.7
従業員の意識の向上	73.1
企業の信用度やイメージの向上	55.2
クレームの減少	45.4
製品イメージの向上	39.5
事故対策コストの削減	31.2
取引の増加	19.8
製品ロスの削減	17.0
他社との差別化	17.0
監査や査察の負担軽減	12.7
製品の輸出が可能 (有利)	12.6
製品価格の上昇	7.6
その他	0.5
特に効果はない	3.3

注： HACCPに沿った衛生管理の導入状況
　　について「導入済み」、「導入途中」又は
　　「導入を検討」と回答した企業の回答であ
　　る ((3)も同じ。)。

(3) HACCPに沿った衛生管理の導入に当たっての問題点 (複数回答)

単位：%

区分	割合
施設・設備の整備 (初期投資) に係る資金	43.0
HACCP導入手続きの手間 (金銭以外の手間)	37.0
従業員に研修を受けさせる時間的余裕がない	32.4
HACCP導入までに係る費用 (コンサルタントや認証手数料など金銭的問題)	31.1
HACCPの管理手順が複雑 (金銭以外の手間)	29.8
HACCP導入後に係るモニタリングや記録管理コスト (金銭的問題)	26.0
HACCPを指導できる人材がいない	22.2
従業員に研修・指導を受けさせたいが適切な機会がない	20.9
従業員に研修を受けさせる金銭的余裕がない	19.2
HACCP導入の効果 (取引先の信頼獲得など) が得られるか不透明	13.2
その他	3.7
特に問題点はない	17.7

農　　業　編

I 農用地及び農業用施設

1 耕地面積

(1) 田畑別耕地面積（各年7月15日現在）

単位：千ha

年次	計	田			畑
		小計	本地	けい畔	
平成27年	4,496	2,446	2,310	136	2,050
28	4,471	2,432	2,296	135	2,039
29	4,444	2,418	2,284	134	2,026
30	4,420	2,405	2,273	133	2,014
令和元	4,397	2,393	2,261	132	2,004

資料：農林水産省統計部「耕地及び作付面積統計」（以下2(2)まで同じ。）
注：1 この調査は、対地標本実測調査による。
  2 耕地とは、農作物の栽培を目的とする土地をいい、けい畔を含む。
  3 田とは、たん水設備（けい畔など）と、これに所要の用水を供給し得る設備（用水源・用水路など）を有する耕地をいう。
   本地とは、直接農作物の栽培に供される土地で、けい畔を除いた耕地をいい、けい畔とは、耕地の一部にあって、主として本地の維持に必要なものをいう。畑とは、田以外の耕地をいい、通常、畑と呼ばれている普通畑のほか、樹園地及び牧草地を含む。

(2) 全国農業地域別種類別耕地面積（各年7月15日現在）

年次・全国農業地域	田	畑				水田率
		計	普通畑	樹園地	牧草地	
	千ha	千ha	千ha	千ha	千ha	%
平成27年	2,446	2,050	1,152	291	607	54.4
28	2,432	2,039	1,149	287	603	54.4
29	2,418	2,026	1,142	283	601	54.4
30	2,405	2,014	1,138	278	599	54.4
令和元	2,393	2,004	1,134	273	597	54.4
北海道	222	922	417	3	502	19.4
東北	598	232	128	46	58	72.0
北陸	277	32	26	5	2	89.5
関東・東山	397	312	256	47	9	56.0
東海	151	101	59	40	3	59.9
近畿	171	49	17	32	0	77.6
中国	182	54	36	15	3	77.3
四国	87	47	17	30	0	65.1
九州	307	218	150	54	14	58.5
沖縄	1	37	29	2	6	2.2

注：1 樹園地とは、果樹、茶などの木本性作物を1a以上集団的（規則的、連続的）に栽培する畑をいう。なお、ホップ園、バナナ園、パインアップル園及びたけのこ栽培を行う竹林を含む。
  2 牧草地とは、牧草の栽培を専用とする畑をいう。
  3 水田率とは、耕地面積のうち、田面積が占める割合である。

1 耕地面積（続き）

(3) 都道府県別耕地面積及び耕地率（令和元年7月15日現在）

全国・都道府県	計	田	畑				耕地率
			小計	普通畑	樹園地	牧草地	
	千ha	千ha	千ha	千ha	千ha	千ha	%
全国	4,397	2,393	2,004	1,134	273	597	11.8
北海道	1,144	222	922	417	3	502	14.6
青森	151	80	71	35	22	13	15.6
岩手	160	94	56	25	4	27	9.8
宮城	126	104	22	15	1	6	17.3
秋田	147	129	18	12	2	4	12.6
山形	117	93	25	12	10	2	12.6
福島	140	99	41	29	7	5	10.1
茨城	165	96	68	62	6	0	27.0
栃木	123	96	26	22	2	3	19.1
群馬	68	26	42	38	3	1	10.6
埼玉	75	41	33	30	3	0	19.6
千葉	125	74	51	47	3	0	24.2
東京	7	0	6	5	2	0	3.1
神奈川	19	4	15	12	4	–	7.8
新潟	170	151	19	16	2	1	13.5
富山	58	56	3	2	1	0	13.7
石川	41	34	7	5	1	1	9.8
福井	40	36	4	3	1	0	9.6
山梨	24	8	16	5	10	1	5.3
長野	106	52	54	36	15	3	7.8
岐阜	56	43	13	9	3	1	5.2
静岡	64	22	42	15	26	1	8.2
愛知	74	42	32	26	5	0	14.3
三重	58	44	14	8	6	0	10.1
滋賀	52	48	4	3	1	0	12.8
京都	30	23	7	4	3	0	6.5
大阪	13	9	4	2	2	–	6.7
兵庫	73	67	6	4	2	0	8.7
奈良	20	14	6	2	4	0	5.5
和歌山	32	9	23	2	20	0	6.8
鳥取	34	23	11	9	2	1	9.8
島根	37	30	7	5	1	1	5.5
岡山	65	51	14	10	4	1	9.1
広島	54	41	14	7	6	1	6.4
山口	46	38	8	5	3	0	7.6
徳島	29	20	9	5	4	0	6.9
香川	30	25	5	2	3	0	15.9
愛媛	48	22	26	6	19	0	8.5
高知	27	20	7	3	4	0	3.8
福岡	80	65	16	7	8	0	16.1
佐賀	51	42	9	4	5	0	20.9
長崎	46	21	25	19	6	0	11.2
熊本	111	68	43	22	14	7	14.9
大分	55	39	16	9	4	3	8.7
宮崎	66	35	31	25	4	1	8.5
鹿児島	116	37	79	63	13	3	12.6
沖縄	38	1	37	29	2	6	16.4

2　耕地の拡張・かい廃面積
(1)　田

単位：ha

年次	拡張（増加要因）					かい廃（減少要因）			
	計	開墾	干拓・埋立て	復旧	田畑転換	計	自然災害	人為かい廃	田畑転換
平成27年	2,040	834	–	1,180	23	13,300	75	11,900	1,340
28	1,690	1,210	–	474	12	16,500	1,370	13,300	1,850
29	3,340	…	…	…	…	16,600	…	…	…
30	3,990	…	…	…	…	17,000	…	…	…
令和元	4,040	…	…	…	…	15,900	…	…	…

注：1　数値は、前年7月15日からその年の7月14日までの間に発生したものである（以下(2)まで同じ。）。
　　2　この表は、耕地面積の増減内容を巡回・見積り等の方法で調査した結果である。そのため対地標本実測調査による「1　耕地面積」とは調査方法が相違する。また、人為かい廃面積は、農地法による転用許可の有無にかかわらず、調査期間のかい廃の実態を調査した結果であり、荒廃農地も含む。したがって「10　農地調整 (3) 農地の転用面積」とは一致しない（以下(2)まで同じ。）。
　　3　平成29年から拡張・かい廃面積の要因別の調査を廃止した（以下(2)まで同じ。）。

(2)　畑

単位：ha

年次	拡張（増加要因）					かい廃（減少要因）			
	計	開墾	干拓・埋立て	復旧	田畑転換	計	自然災害	人為かい廃	田畑転換
平成27年	3,710	1,930	–	432	1,340	14,000	7	14,000	23
28	4,700	2,470	–	375	1,850	15,300	57	15,200	12
29	4,500	…	…	…	…	17,600	…	…	…
30	6,560	…	…	…	…	18,000	…	…	…
令和元	6,460	…	…	…	…	17,000	…	…	…

3　都道府県別の田畑整備状況（平成30年）（推計値）

局名及び 都道府県名	田面積 ①	30a程度以上区画 整備済面積 ②	割合 ③= ②/①	50a以上区画 整備済面積 ④	割合 ⑤= ④/①	畑面積 ⑥	末端農道 整備済面積 ⑦	割合 ⑧= ⑦/⑥	畑地かんがい 施設整備済面積 ⑨	割合 ⑩= ⑨/⑥	区画整備済 面積 ⑪	割合 ⑫= ⑪/⑥
	ha	ha	%	ha	%	ha	ha	%	ha	%	ha	%
全国	2,405,000	1,585,510	66.0	253,813	10.6	2,014,000	1,559,116	77.4	488,367	24.2	1,281,757	63.6
北海道開発局	222,200	214,873	96.7	57,006	25.7	922,300	890,555	96.6	226,250	24.5	878,051	95.2
北海道	222,200	214,873	96.7	57,006	25.7	922,300	890,555	96.6	226,250	24.5	878,051	95.2
東北農政局	600,400	405,025	67.5	85,654	14.3	233,700	139,505	59.7	20,208	8.6	96,395	41.2
青森県	79,800	53,240	66.7	4,074	5.1	71,200	44,085	61.9	4,318	6.1	37,440	52.6
岩手県	94,200	49,406	52.4	10,055	10.7	55,900	33,929	60.7	2,201	3.9	24,561	43.9
宮城県	104,900	71,576	68.2	30,634	29.2	22,000	7,531	34.2	910	4.1	4,389	19.9
秋田県	129,100	87,490	67.8	30,734	23.8	18,400	9,536	51.8	2,758	15.0	6,044	32.8
山形県	93,000	71,475	76.9	3,461	3.7	24,700	13,974	56.6	2,987	12.1	7,793	31.6
福島県	99,300	71,838	72.3	6,696	6.7	41,500	30,449	73.4	7,034	17.0	16,167	39.0
関東農政局	421,300	275,061	65.3	25,334	6.0	357,700	206,385	57.7	73,106	20.4	117,167	32.8
茨城県	96,900	77,028	79.5	4,179	4.3	69,200	24,978	36.1	3,401	4.9	10,431	15.1
栃木県	96,400	62,795	65.1	10,032	10.4	26,800	12,845	47.9	2,483	9.3	8,257	30.8
群馬県	26,100	15,532	59.5	368	1.4	42,300	27,302	64.5	11,570	27.4	26,364	62.3
埼玉県	41,400	21,685	52.4	2,871	6.9	33,400	20,746	62.1	8,292	24.8	13,202	39.5
千葉県	73,800	47,184	63.9	6,072	8.2	51,400	30,738	59.8	7,468	14.5	15,506	30.2
東京都	256	0	0.0	0	0.0	6,530	1,638	25.1	562	8.6	25	0.4
神奈川県	3,730	124	3.3	15	0.4	15,400	5,319	34.5	1,251	8.1	3,798	24.7
山梨県	7,860	3,700	47.1	121	1.5	15,800	13,874	87.8	6,597	41.8	3,425	21.7
長野県	52,800	36,238	68.6	594	1.1	54,000	31,076	57.5	15,881	29.4	18,863	34.9
静岡県	22,200	10,773	48.5	1,082	4.9	43,100	37,870	87.9	15,602	36.2	17,296	40.1
北陸農政局	277,500	196,398	70.8	34,750	12.5	32,500	20,287	62.4	11,380	35.0	14,454	44.5
新潟県	150,900	93,615	62.0	26,683	17.7	19,200	10,554	55.0	5,564	29.0	7,373	38.4
富山県	55,800	47,712	85.5	1,978	3.5	2,610	1,795	68.8	895	34.3	727	27.9
石川県	34,300	21,414	62.4	2,615	7.6	6,940	5,274	76.0	3,063	44.1	3,918	56.5
福井県	36,500	33,657	92.2	3,475	9.5	3,750	2,664	71.0	1,857	49.5	2,436	65.0
東海農政局	130,100	83,761	64.4	10,026	7.7	59,700	42,410	71.0	26,584	44.5	34,092	57.1
岐阜県	42,900	22,518	52.5	3,247	7.6	13,100	8,015	61.2	3,672	28.0	6,392	48.8
愛知県	42,500	30,171	71.0	4,852	11.4	32,400	26,744	82.5	19,567	60.4	22,820	70.4
三重県	44,700	31,072	69.5	1,928	4.3	14,200	7,652	53.9	3,344	23.6	4,881	34.4

資料：農林水産省統計部「耕地及び作付面積統計」、農林水産省農村振興局「農業基盤情報基礎調査」
注：1　田及び畑の面積は「耕地及び作付面積統計」による平成30年7月15日時点の値。
　　2　各整備済面積は「農業基盤情報基礎調査」による平成30年3月31日時点の推計値。
　　3　「区画整備済」とは、区画の形状が原則として方形に整形されている状態をいう。
　　4　「末端農道整備済」とは、畑に幅員3m以上の農道が接している状態をいう。
　　5　掲載している数値については、四捨五入を行っているため、合計と内訳の積み上げが一致しない
　　　場合がある。

局名及び 都道府県名	田面積 ①	30a程度以上区画 整備済面積				畑面積 ⑥	末端農道 整備済面積		畑地かんがい 施設整備済面積		区画 整備済面積	
		②	割合 ③= ②/①	50a以上区画 整備済面積 ④	割合 ⑤= ④/①		⑦	割合 ⑧= ⑦/⑥	⑨	割合 ⑩= ⑨/⑥	⑪	割合 ⑫= ⑪/⑥
	ha	ha	%	ha	%	ha	ha	%	ha	%	ha	%
近畿農政局	171,800	101,116	58.9	8,310	4.8	49,700	24,060	48.4	14,633	29.4	9,177	18.5
滋賀県	47,700	41,979	88.0	2,951	6.2	3,960	2,456	62.0	1,228	31.0	1,868	47.2
京都府	23,600	10,344	43.8	1,196	5.1	6,690	2,190	32.7	1,691	25.3	1,453	21.7
大阪府	9,020	1,378	15.3	242	2.7	3,810	1,178	30.9	670	17.6	380	10.0
兵庫県	67,400	44,476	66.0	3,727	5.5	6,320	3,036	48.0	2,158	34.1	1,918	30.4
奈良県	14,500	2,548	17.6	161	1.1	6,020	3,117	51.8	1,473	24.5	1,996	33.1
和歌山県	9,520	392	4.1	33	0.3	22,900	12,083	52.8	7,414	32.4	1,562	6.8
中国四国農政局	271,400	118,675	43.7	13,459	5.0	101,500	57,956	57.1	34,079	33.6	20,202	19.9
鳥取県	23,400	15,295	65.4	489	2.1	11,000	8,835	80.3	5,244	47.7	6,063	55.1
島根県	29,700	14,197	47.8	1,241	4.2	7,070	4,568	64.6	2,110	29.8	3,144	44.5
岡山県	50,600	25,143	49.7	5,688	11.2	14,000	6,366	45.5	4,450	31.8	3,013	21.5
広島県	41,000	22,867	55.8	1,733	4.2	13,900	7,699	55.4	2,671	19.2	2,294	16.5
山口県	38,900	18,836	48.4	2,364	6.1	8,290	3,130	37.8	1,504	18.1	1,199	14.5
徳島県	19,600	2,970	15.2	183	0.9	9,380	5,234	55.8	1,607	17.1	1,024	10.9
香川県	25,100	6,327	25.2	295	1.2	5,110	2,723	53.3	2,158	42.2	1,201	23.5
愛媛県	22,500	6,241	27.7	576	2.6	26,000	18,111	69.7	13,090	50.3	1,290	5.0
高知県	20,700	6,798	32.8	890	4.3	6,750	1,289	19.1	1,246	18.5	973	14.4
九州農政局	309,600	190,095	61.4	19,181	6.2	220,300	144,504	65.6	60,107	27.3	86,656	39.3
福岡県	65,100	43,036	66.1	3,542	5.4	16,200	9,853	60.8	2,456	15.2	2,990	18.5
佐賀県	42,300	35,918	84.9	5,170	12.2	9,280	8,014	86.4	5,140	55.4	3,395	36.6
長崎県	21,300	7,123	33.4	576	2.7	25,300	14,983	59.2	6,567	26.0	4,273	16.9
熊本県	68,600	45,616	66.5	3,460	5.0	42,900	23,725	55.3	9,084	21.2	7,242	16.9
大分県	39,500	22,481	56.9	3,097	7.8	15,900	10,947	68.8	5,301	33.3	7,986	50.2
宮崎県	35,700	14,651	41.0	384	1.1	30,600	18,338	59.9	7,443	24.3	14,415	47.1
鹿児島県	37,000	21,269	57.5	2,953	8.0	80,000	58,644	73.3	24,116	30.1	46,356	57.9
沖縄総合事務局	822	512	62.3	91	11.1	37,200	33,453	89.9	22,019	59.2	25,563	68.7
沖縄県	822	512	62.3	91	11.1	37,200	33,453	89.9	22,019	59.2	25,563	68.7

4 農業経営体の経営耕地面積規模別経営耕地面積（各年2月1日現在）

単位：ha

区分	計	3.0ha未満	3.0～10.0	10.0～20.0	20.0～30.0	30.0～50.0	50.0ha以上
平成22年	3,631,585	1,425,261	692,073	326,250	237,317	340,226	610,459
27	3,451,444	1,147,103	661,536	349,760	249,503	354,751	688,792
うち組織経営体	533,931	7,833	29,122	52,098	58,261	93,117	293,499

資料：農林水産省統計部「農林業センサス」（以下7⑵まで同じ。）

5 耕地種類別農家数及び経営耕地面積（販売農家）（各年2月1日現在）

年次・ 全国 農業地域	田			畑（樹園地を除く。）			樹園地		
	農家数	面積	1戸当た り面積	農家数	面積	1戸当た り面積	農家数	面積	1戸当た り面積
	千戸	千ha	ha	千戸	千ha	ha	千戸	千ha	ha
平成22年	1,417	1,795	1.3	1,063	1,193	1.1	322	204	0.6
27	1,127	1,628	1.4	818	1,111	1.4	258	176	0.7
北海道	19	194	10.3	31	704	22.5	1	2	1.8
都府県	1,108	1,434	1.3	787	407	0.5	257	174	0.7
東北	220	428	1.9	158	85	0.5	42	33	0.8
北陸	97	183	1.9	55	12	0.2	7	3	0.5
関東・東山	231	282	1.2	208	137	0.7	60	32	0.5
東海	99	89	0.9	83	27	0.3	34	25	0.7
近畿	114	105	0.9	52	8	0.2	26	20	0.8
中国	113	105	0.9	74	16	0.2	21	7	0.3
四国	66	52	0.8	34	9	0.3	27	17	0.6
九州	169	189	1.1	110	91	0.8	40	35	0.9
沖縄	0	1	1.5	13	21	1.6	2	1	0.7

注： この面積は、「耕地及び作付面積統計」の標本実測調査による耕地面積とは異なる
（以下7⑵まで同じ。）。

6 農家1戸当たりの平均経営耕地面積（各年2月1日現在）

区分	平成22年			27		
	経営耕地の ある農家数	経営耕地 総面積	1戸当た り経営耕地面積	経営耕地の ある農家数	経営耕地 総面積	1戸当た り経営耕地面積
	千戸	千ha	ha	千戸	千ha	ha
総農家	2,520	3,354	1.33	2,144	3,062	1.43
北海道	51	942	18.52	44	902	20.50
都府県	2,469	2,411	0.98	2,100	2,161	1.03
販売農家	1,627	3,191	1.96	1,325	2,915	2.20
北海道	44	941	21.48	38	901	23.81
都府県	1,583	2,250	1.42	1,287	2,014	1.57
東北	304	610	2.00	239	546	2.28
北陸	125	220	1.76	99	199	2.00
関東・東山	353	497	1.41	289	452	1.56
東海	151	164	1.09	120	142	1.18
近畿	151	150	0.99	126	133	1.06
中国	151	149	0.99	121	128	1.05
四国	97	91	0.94	79	79	0.99
九州	237	345	1.46	198	315	1.59
沖縄	15	24	1.62	14	23	1.61

7 借入耕地、貸付耕地のある農家数と面積（販売農家）（各年2月1日現在）

(1) 借入耕地

年次・ 全国 農業地域	計		田		畑 （樹園地を除く。）		樹園地	
	実農家数	面積	農家数	面積	農家数	面積	農家数	面積
	千戸	千ha	千戸	千ha	千戸	千ha	千戸	千ha
平成22年	562	760	425	473	175	264	50	22
27	483	783	359	498	155	263	45	22
北海道	18	180	7	40	13	139	0	0
都府県	465	604	352	458	142	124	45	22
東北	73	140	57	112	21	25	6	3
北陸	43	72	40	68	7	3	1	0
関東・東山	101	136	68	93	43	40	11	4
東海	39	47	26	36	13	6	7	5
近畿	46	39	40	36	7	2	5	2
中国	41	36	35	32	8	4	3	1
四国	27	19	21	15	5	2	4	2
九州	88	107	66	67	33	35	7	5
沖縄	7	7	0	0	7	7	0	0

(2) 貸付耕地

年次・ 全国 農業地域	計		田		畑 （樹園地を除く。）		樹園地	
	実農家数	面積	農家数	面積	農家数	面積	農家数	面積
	千戸	千ha	千戸	千ha	千戸	千ha	千戸	千ha
平成22年	357	197	244	123	138	67	20	6
27	308	176	212	108	118	62	17	6
北海道	5	26	2	6	3	21	0	0
都府県	303	150	210	103	115	41	17	6
東北	56	43	43	34	18	8	2	1
北陸	23	12	19	10	5	1	0	0
関東・東山	80	36	46	19	43	16	5	1
東海	33	11	23	8	12	3	3	1
近畿	24	8	20	6	5	1	2	1
中国	21	7	17	6	5	1	1	0
四国	13	4	10	3	2	1	1	0
九州	51	28	32	17	22	10	2	1
沖縄	2	1	0	0	2	1	0	0

8 荒廃農地面積（平成30年）

単位：ha

全国・都道府県	荒廃農地面積						再生利用された面積	
	計	農用地区域	再生利用が可能な荒廃農地	農用地区域	再生利用が困難と見込まれる荒廃農地	農用地区域	再生利用された面積	農用地区域
全国	279,970	132,919	91,524	55,349	188,446	77,570	9,986	6,474
北海道	2,377	1,426	872	625	1,505	801	218	187
青森	5,897	3,973	2,818	2,234	3,080	1,739	175	152
岩手	4,766	3,485	2,898	2,161	1,868	1,324	324	255
宮城	6,298	2,940	3,114	1,722	3,184	1,218	346	204
秋田	840	700	479	425	361	275	97	85
山形	2,532	1,851	1,328	1,105	1,204	746	89	75
福島	12,792	7,058	6,740	4,231	6,052	2,807	000	222
茨城	11,195	4,660	6,353	2,746	4,842	1,914	433	240
栃木	2,314	926	1,512	696	802	230	153	98
群馬	8,461	4,206	2,206	1,455	6,254	2,751	622	506
埼玉	3,411	1,914	2,425	1,530	986	384	258	189
千葉	13,003	4,718	6,086	3,036	6,917	1,682	303	191
東京	3,045	1,110	339	186	2,706	925	49	30
神奈川	1,273	547	590	278	683	269	110	48
新潟	2,865	1,500	305	234	2,561	1,266	47	35
富山	319	124	155	113	164	11	13	10
石川	5,074	2,548	639	503	4,435	2,045	34	26
福井	1,182	404	215	138	968	266	28	17
山梨	6,791	3,705	2,327	1,636	4,465	2,070	249	155
長野	15,509	8,144	3,877	2,503	11,632	5,640	410	291
岐阜	1,890	773	583	357	1,307	415	124	68
静岡	6,099	3,648	3,779	2,479	2,321	1,169	200	134
愛知	5,433	1,717	2,321	1,356	3,112	361	314	245
三重	5,835	1,551	2,459	1,069	3,376	482	120	78
滋賀	1,669	971	556	378	1,113	593	37	25
京都	3,102	931	393	217	2,709	714	73	49
大阪	249	63	124	44	125	19	24	7
兵庫	2,256	1,649	879	765	1,376	884	106	57
奈良	1,255	550	642	292	613	259	64	28
和歌山	3,027	2,158	1,036	644	1,991	1,514	113	65
鳥取	3,330	1,275	942	617	2,389	658	216	84
島根	6,956	3,092	1,255	732	5,702	2,361	122	74
岡山	11,305	5,194	2,421	1,449	8,884	3,745	488	257
広島	8,254	3,158	686	395	7,568	2,763	152	115
山口	10,088	4,653	2,011	1,025	8,077	3,628	78	40
徳島	2,857	1,678	1,162	815	1,695	863	82	54
香川	7,143	2,674	1,071	670	6,072	2,004	88	56
愛媛	14,224	6,162	1,918	1,086	12,306	5,076	299	174
高知	1,879	879	572	443	1,307	436	78	63
福岡	4,721	2,371	1,957	1,260	2,764	1,111	416	233
佐賀	6,772	4,344	2,042	1,543	4,730	2,800	140	124
長崎	18,080	7,975	3,568	2,019	14,512	5,956	377	260
熊本	9,003	3,733	3,402	1,705	5,602	2,028	337	143
大分	11,465	5,681	1,841	1,240	9,624	4,441	274	230
宮崎	2,743	1,896	1,272	968	1,471	928	101	75
鹿児島	16,724	5,685	5,348	2,634	11,375	3,051	895	363
沖縄	3,665	2,520	2,007	1,591	1,658	929	405	346

資料：農林水産省農村振興局「平成30年の荒廃農地面積について」
注：1 荒廃農地面積の調査期日は平成30年11月30日現在、再生利用された面積の調査期間は平成29年
　　　12月1日から平成30年11月30日である。
　　2 本表の数値は、東京電力福島第一原子力発電所事故の影響により避難指示のあった福島県下
　　　7町村のほか、東京都下1計の計8町村を除く、1,711市町村の調査結果を集計したもの。
　　3 四捨五入の関係から計とその内訳が一致しない場合がある。
　　4 「荒廃農地」とは、「現に耕作に供されておらず、耕作の放棄により荒廃し、通常の農作業では
　　　作物の栽培が客観的に不可能となっている農地」をいう。
　　5 「再生利用が可能な荒廃農地」とは、「抜根、整地、区画整理、客土等により再生することによ
　　　って、通常の農作業による耕作が可能となると見込まれる荒廃農地」をいう。
　　6 「再生利用が困難と見込まれる荒廃農地」とは、「森林の様相を呈しているなど農地に復元する
　　　ための物理的な条件整備が著しく困難なもの、又は周囲の状況から見て、その土地を農地として復
　　　元しても継続して利用することができないと見込まれるものに相当する荒廃農地」をいう。

9 耕作放棄地 （各年2月1日現在）

単位：ha

全国・都道府県	平成22年			27		
	計	総農家	土地持ち非農家	計	総農家	土地持ち非農家
全国	395,981	214,140	181,841	423,064	217,932	205,132
北海道	17,632	7,515	10,117	18,654	7,338	11,315
青森	15,212	7,436	7,776	17,320	7,977	9,342
岩手	13,933	8,536	5,397	17,428	10,006	7,422
宮城	9,720	6,099	3,621	11,692	6,558	5,135
秋田	7,411	4,409	3,002	9,530	5,386	4,145
山形	7,443	4,428	3,015	8,372	4,830	3,542
福島	22,394	15,696	6,698	25,226	15,798	9,428
茨城	21,120	12,543	8,577	23,918	13,560	10,358
栃木	8,830	4,710	4,119	10,296	5,544	4,752
群馬	13,901	7,193	6,708	14,042	6,998	7,043
埼玉	12,395	5,628	6,767	12,728	5,805	6,923
千葉	17,963	9,194	8,769	19,062	9,269	9,793
東京	991	482	509	956	415	541
神奈川	2,588	1,512	1,076	2,497	1,444	1,052
新潟	9,452	5,567	3,885	10,560	5,852	4,708
富山	2,154	972	1,182	2,527	1,110	1,417
石川	6,094	2,868	3,227	5,817	2,371	3,446
福井	1,738	850	887	1,974	935	1,039
山梨	5,785	3,118	2,667	5,781	3,014	2,767
長野	17,146	10,891	6,255	16,776	10,280	6,496
岐阜	5,490	2,865	2,626	6,188	3,157	3,031
静岡	12,494	6,031	6,463	12,843	5,973	6,870
愛知	8,378	4,401	3,977	8,513	4,350	4,163
三重	7,223	3,539	3,684	7,603	3,562	4,041
滋賀	2,073	1,004	1,069	2,276	1,019	1,257
京都	2,850	1,619	1,231	3,098	1,696	1,402
大阪	1,665	783	882	1,671	769	902
兵庫	5,748	3,098	2,650	6,908	3,438	3,471
奈良	3,595	1,953	1,642	3,633	1,946	1,687
和歌山	4,228	2,275	1,953	4,661	2,470	2,191
鳥取	3,616	2,260	1,356	3,832	2,303	1,529
島根	6,629	3,456	3,173	7,065	3,517	3,548
岡山	11,075	5,744	5,332	11,376	5,691	5,685
広島	11,325	5,828	5,497	11,888	5,809	6,079
山口	8,169	3,706	4,463	8,606	3,620	4,986
徳島	4,464	2,439	2,025	4,577	2,440	2,137
香川	5,155	2,835	2,321	6,094	3,223	2,871
愛媛	10,416	5,694	4,723	10,305	5,491	4,814
高知	3,920	2,114	1,805	3,921	1,917	2,004
福岡	7,189	3,838	3,351	6,992	3,598	3,394
佐賀	4,777	2,745	2,032	5,069	2,780	2,289
長崎	11,742	5,904	5,838	11,126	5,525	5,601
熊本	12,032	6,187	5,845	12,460	6,094	6,366
大分	8,373	4,457	3,917	8,477	4,169	4,308
宮崎	4,678	2,818	1,860	5,026	2,809	2,217
鹿児島	11,778	5,812	5,966	11,253	5,220	6,032
沖縄	2,994	1,088	1,906	2,445	855	1,590

資料：農林水産省統計部「農林業センサス」

注：1　耕作放棄地とは、以前耕作していた土地で、過去1年以上作付け（栽培）せず、この数年の間に再び作付け（栽培）する意思のない土地をいい、農家等の自己申告による主観的な数値である。

　　2　土地持ち非農家とは、農家以外で、耕地及び耕作放棄地を5a以上所有している世帯をいう。

10 農地調整
(1) 農地の権利移動

| 年次 | 農地法第3条による権利移動（許可・届出） | | | | | | | |
| | 件数 | 面積 | 所有権耕作地有償所有権移転 | | 所有権耕作地無償所有権移転 | | 賃借権の設定 | |
			件数	面積	件数	面積	件数	面積
	件	ha	件	ha	件	ha	件	ha
平成25年	67,386	50,618	35,700	9,255	16,721	9,709	6,296	5,812
26	65,705	49,531	35,131	8,302	15,774	9,580	6,504	7,210
27	66,855	53,560	36,117	9,887	16,126	9,508	6,880	7,307
28	61,509	49,057	34,238	9,358	13,889	8,145	6,491	7,805
29	61,324	51,018	35,281	9,709	14,094	8,325	5,866	8,141

| 年次 | 農地法第3条（続き） | | | | 農業経営基盤強化促進法による権利移動 | | | |
| | 使用貸借による権利の設定 | | | | 所有権耕作地有償所有権移転 | | 1)利用権の設定 | |
	件数	面積	件数	面積	件数	面積	件数	面積
	件	ha	件	ha	件	ha	件	ha
平成25年	8,248	25,346	368,504	203,786	13,121	22,950	352,618	178,561
26	7,897	23,905	364,645	204,501	12,514	19,717	349,572	182,763
27	7,767	26,168	442,703	245,942	12,717	22,224	426,574	221,624
28	6,427	23,140	388,086	211,803	12,755	19,669	373,061	190,205
29	5,699	24,163	396,388	213,678	13,922	22,960	379,913	188,707

資料：農林水産省経営局「農地の移動と転用」（以下(3)まで同じ。）
注：1　この農地移動は、「農地の権利移動・借賃等調査」の結果である。なお、農地とは、耕作の目的に供される土地をいう。
　　2　面積は、土地登記簿の地積である。
　　1)は、賃借権の設定、使用貸借による権利の設定及び農業経営の委託を受けることにより取得する権利の設定の合計である。

(2) 農業経営基盤強化促進法による利用権設定

| 年次 | 計 | | | | 賃借権設定 | | | |
| | 件数 | 面積 | | | 件数 | 面積 | | |
		計	田	畑		計	田	畑
	件	ha	ha	ha	件	ha	ha	ha
平成25年	352,618	178,561	122,467	56,094	273,480	152,625	105,718	46,907
26	349,572	182,763	124,497	58,266	272,784	155,634	107,377	48,257
27	426,574	221,624	158,131	63,493	322,444	185,638	132,869	52,769
28	373,061	190,205	134,291	55,915	279,988	157,301	112,185	45,116
29	379,913	188,707	136,533	52,175	283,534	156,808	114,485	42,323

| 年次 | 使用貸借による権利の設定 | | | | 経営受委託 | | | |
| | 件数 | 面積 | | | 件数 | 面積 | | |
		計	田	畑		計	田	畑
	件	ha	ha	ha	件	ha	ha	ha
平成25年	79,138	25,936	16,749	9,187	－	－	－	－
26	76,788	27,128	17,119	10,009	－	－	－	－
27	104,130	35,986	25,262	10,724	－	－	－	－
28	93,065	32,902	22,103	10,799	8	3	3	－
29	96,379	31,899	22,047	9,852	－	－	－	－

(3)　農地の転用面積
　　ア　田畑別農地転用面積

単位：ha

| 年次 | 農地の転用面積 | | | | | | | 農地法第5条による採草放牧地の転用面積 |
| | 計 | 1)農地法第4、5条による農地転用（許可、届出、協議） | | | 農地法第4、5条該当以外の農地転用 | | | |
		小計	田	畑	小計	田	畑	
平成25年	13,804	10,862	4,850	6,012	2,942	1,306	1,636	42
26	15,233	11,536	5,172	6,365	3,697	1,735	1,962	15
27	16,508	11,609	5,394	6,215	4,899	2,373	2,526	21
28	16,443	11,567	5,294	6,273	4,876	2,241	2,634	24
29	17,681	11,383	5,338	6,045	6,297	2,189	4,109	27

注：1)は、大臣許可分と市街化区域内の届出分を含む。また、協議分を含む。

イ　農地転用の用途別許可・届出・協議面積（田畑計）

単位：ha

年次	計	住宅用地	公的施設用地	工鉱業（工場）用地	商業サービス等用地	その他の業務用地	植林	その他
平成25年	10,862	4,316	300	224	982	4,275	299	467
26	11,536	3,792	325	333	934	5,317	267	568
27	11,608	4,000	296	272	948	5,555	259	280
28	11,567	4,019	324	299	887	5,485	363	190
29	11,383	3,917	274	385	848	5,701	249	10

注：1　農地法第4条及び第5条による農地転用面積である。なお、協議面積を含む。
　　2　転用の目的が2種以上にわたるときは、その主な用途で区分した。

ウ　転用主体別農地転用面積（田畑計）

単位：ha

年次	計	国（公社・公団等を含む。）	地方公共団体（公社・公団等を含む。）	農協	その他の法人団体（農地所有適格法人を除く。）	農家（農地所有適格法人を含む。）	農家以外の個人
平成25年	13,804	316	1,396	51	5,058	3,032	3,949
26	15,233	337	1,545	70	5,765	3,220	4,296
27	16,508	281	1,039	50	5,867	4,553	4,718
28	16,443	255	1,159	73	5,968	3,597	5,392
29	17,681	203	1,152	80	5,834	5,838	4,574

注：大臣許可分と農地法第4条及び第5条以外の転用も含む転用総面積である。
　　ただし、第5条による採草放牧地の転用は含まない。

11 農地価格

(1) 耕作目的田畑売買価格 (令和元年5月1日現在)

単位：千円

中田中畑別・ブロック	自作地を自作地として売る場合 (10 a 当たり平均価格)						
	都市計画法の線引きをしていない市町村		都市計画法の線引きをしている市町村				市街化区域
			市街化調整区域		非線引き都市計画区域		
	農用地区域内	農用地区域外	農用地区域内	農用地区域外	農用地区域内	農用地区域外	
中田 全国	1,165	1,396	3,087	4,478	1,117	1,154	28,048
北海道	242	215	441	730	232	413	3,810
東北	554	616	1,463	1,624	674	608	15,026
関東	1,501	1,753	1,758	2,395	1,030	1,136	35,823
東海	2,265	2,918	6,549	7,887	1,595	1,679	35,311
北信	1,339	1,637	2,347	3,299	905	810	17,150
近畿	1,949	2,463	3,385	6,767	1,097	1,133	39,352
中国	732	720	4,007	5,680	1,305	1,393	20,651
四国	1,702	1,642	4,349	5,188	1,721	1,770	32,437
九州	854	908	1,730	2,635	932	1,091	14,817
沖縄	885	625	–	–	–	–	–
中畑 全国	861	1,095	2,951	4,133	792	825	29,651
北海道	115	114	465	728	194	323	4,104
東北	334	412	1,240	1,366	493	449	15,798
関東	1,617	1,918	2,221	2,646	954	1,032	44,252
東海	2,055	2,588	6,376	8,214	1,210	1,397	36,730
北信	918	1,167	2,059	3,044	595	583	18,213
近畿	1,393	1,713	3,176	6,681	881	837	41,373
中国	434	443	2,724	3,711	931	968	17,873
四国	943	882	3,571	3,644	1,026	1,088	31,443
九州	590	708	1,511	2,130	567	662	11,593
沖縄	1,246	3,113	4,976	13,662	–	–	51,517

資料：全国農業会議所「田畑売買価格等に関する調査結果 令和元年」 (以下(2)まで同じ。)
注：1 売買価格の算定基準は、調査時点で売り手・買い手の双方が妥当とみて実際に取り引きされるであろう価格である (以下(2)まで同じ。)
　　2 耕作目的売買価格は、農地を農地として利用する目的の売買価格である。
　　3 中田及び中畑とは、調査地区において収量水準や生産条件等が標準的な田及び畑をいう(以下(2)まで同じ。)
　　4 ブロックについて、「関東」は、茨城、栃木、群馬、埼玉、千葉、東京、神奈川及び山梨であり、「北信」は、新潟、富山、石川、福井及び長野である。その他のブロックは、全国農業地域区分に準じる。

(2) 使用目的変更 (転用) 田畑売買価格 (令和元年5月1日現在)

単位：円

区分	全国 (3.3㎡当たり平均価格)			
	都市計画法の線引きをしていない市町村	都市計画法の線引きをしている市町村		
		市街化調整区域	非線引き都市計画区域	市街化区域
田 住宅用	41,682	62,909	34,604	174,222
商業・工業用地用	35,286	57,966	37,250	153,693
国県道・高速道・鉄道用	19,434	60,077	44,903	74,586
1) 公共施設用地用	19,753	43,864	40,688	207,567
畑 住宅用	40,598	61,278	31,468	179,765
商業・工業用地用	33,546	54,827	33,009	164,111
国県道・高速道・鉄道用	25,521	32,956	32,023	73,633
1) 公共施設用地用	21,254	42,132	39,702	425,700

注：使用目的変更売買価格は、農地を農地以外のものとする目的の売買価格である。
　　1)は、学校・公園・運動場・公立病院・公民館など公共施設用地用である。

12 耕地利用
(1) 耕地利用率

単位：%

全国 農業地域	平成28年			29			30		
	計	田	畑	計	田	畑	計	田	畑
全国	91.7	92.8	90.5	91.7	92.9	90.2	91.6	93.0	90.0
北海道	99.3	93.8	100.7	99.1	94.3	100.3	99.0	94.6	100.1
東北	83.7	86.9	75.5	83.7	87.0	75.1	83.6	87.1	74.7
北陸	89.9	91.3	78.0	89.8	91.3	77.6	89.6	91.0	77.2
関東・東山	90.5	95.6	84.1	90.7	95.6	84.5	90.6	95.5	84.4
東海	89.3	93.5	83.0	89.1	93.6	82.4	88.9	93.6	82.0
近畿	87.4	88.4	83.9	87.6	88.6	83.9	87.7	88.9	83.9
中国	78.1	79.0	75.0	77.5	78.4	74.5	77.2	78.0	74.2
四国	85.7	88.2	81.0	85.1	87.6	80.6	84.7	87.4	79.9
九州	102.2	113.1	87.0	102.1	113.4	86.3	102.2	113.9	85.8
沖縄	85.3	105.5	84.8	85.5	101.0	85.2	83.9	103.3	83.3

資料：農林水産省統計部「耕地及び作付面積統計」（以下(4)まで同じ。）
注：耕地利用率とは、耕地面積を「100」とした作付（栽培）延べ面積の割合である。

(2) 農作物作付（栽培）延べ面積

単位：千ha

農作物種類	平成26年	27	28	29	30
作付（栽培）延べ面積	4,146	4,127	4,102	4,074	4,048
1) 水稲	1,573	1,505	1,478	1,465	1,470
2) 麦類（4麦計）	273	274	276	274	272
3) そば	60	58	61	63	64
3) 大豆	132	142	150	150	147
なたね	1	2	2	2	2
4) その他作物	2,017	2,146	2,136	2,120	2,093

注： 農作物作付（栽培）延べ面積とは、農林水産省統計部で収穫量調査を行わない作物を含む全作物
の作付（栽培）面積の合計である。
なお、平成29年（産）から、表章範囲を変更したことから、平成26年から平成28年のその他作物
の値は、再集計した結果である。
1)は、子実用である。
2)は、4麦（子実用）合計面積である。
3)は、乾燥子実（未成熟との兼用を含む。）である。
4)は、陸稲、かんしょ、小豆、いんげん、らっかせい、野菜、果樹、茶、飼料作物、桑、花き、
花木、種苗等である。

(3) 夏期における田本地の利用面積（全国）

単位：千ha

農作物種類	平成26年	27	28	29	30
水稲作付田	1,639	1,623	1,611	1,600	1,592
水稲以外の作物のみの作付田	416	417	416	412	407
夏期全期不作付地	265	270	270	273	273

注： 夏期全期とは、おおむね水稲の栽培期間である。なお、青刈り水稲は、水稲に含む。

12 耕地利用（続き）

(4) 都道府県別農作物作付（栽培）延べ面積・耕地利用率（田畑計、平成30年）

全国・都道府県	作付（栽培）延べ面積	水稲	麦類（4麦計）	大豆	そば	なたね	その他作物	耕地利用率
	ha	ha	ha	ha	ha	ha	ha	%
全国	4,048,000	1,470,000	272,900	146,600	63,900	1,920	2,093,000	92
北海道	1,133,000	104,000	123,100	40,100	24,400	971	840,500	99
青森	122,700	44,200	x	5,010	1,640	270	70,700	81
岩手	122,500	50,000	3,020	4,590	1,780	30	61,900	82
宮城	113,900	67,400	2,280	10,700	671	34	32,800	90
秋田	125,600	87,700	317	8,470	3,610	47	25,500	85
山形	106,200	64,500	x	5,090	5,040	12	31,500	90
福島	106,500	64,900	354	1,570	3,720	116	35,800	76
茨城	150,400	68,400	7,920	3,470	3,370	11	67,200	91
栃木	118,700	58,500	12,900	2,370	2,700	8	42,200	96
群馬	62,300	15,600	7,760	303	558	9	38,100	91
埼玉	66,200	31,900	6,170	667	342	4	27,200	89
千葉	112,900	55,600	x	885	197	x	55,300	90
東京	6,410	133	x	10	7	x	6,230	94
神奈川	18,000	3,080	35	41	21	1	14,800	94
新潟	147,600	118,200	246	4,750	1,330	8	23,100	87
富山	53,200	37,300	3,330	4,710	519	17	7,320	91
石川	35,500	25,100	1,420	1,660	326	x	6,980	86
福井	41,400	25,000	4,800	1,850	3,350	x	6,350	103
山梨	20,600	4,900	123	220	188	x	15,100	87
長野	91,400	32,200	2,750	2,070	4,250	10	50,100	86
岐阜	48,400	22,500	3,420	2,870	368	－	19,200	86
静岡	57,300	15,800	768	260	69	4	40,400	88
愛知	67,800	27,600	5,500	4,440	39	42	30,200	91
三重	53,200	27,500	6,590	4,390	143	56	14,600	90
滋賀	53,100	31,700	7,680	6,690	497	32	6,500	103
京都	24,400	14,500	x	311	122	x	9,220	81
大阪	10,400	5,010	x	15	1	x	5,400	81
兵庫	61,000	37,000	2,330	2,500	258	16	18,900	83
奈良	16,000	8,580	111	148	22	2	7,190	78
和歌山	29,400	6,430	x	29	3	－	22,900	91
鳥取	27,200	12,800	163	701	319	4	13,300	79
島根	28,800	17,500	617	805	679	9	9,250	78
岡山	50,700	30,200	2,870	1,630	204	4	15,800	79
広島	41,700	23,400	x	499	343	－	17,200	76
山口	35,000	19,800	1,900	896	71	x	12,300	74
徳島	25,200	11,400	x	39	64	x	13,600	87
香川	24,800	12,500	2,670	61	33	－	9,520	82
愛媛	41,900	13,900	2,030	346	32	x	25,600	86
高知	22,500	11,500	13	85	7	－	11,000	82
福岡	92,200	35,300	21,400	8,280	77	35	27,000	113
佐賀	68,300	24,300	20,800	8,000	26	20	15,000	132
長崎	45,400	11,500	1,920	468	162	10	31,400	97
熊本	106,800	33,300	6,870	2,430	586	58	63,500	96
大分	50,200	20,700	4,850	1,630	228	36	22,800	91
宮崎	70,200	16,100	185	250	287	7	53,400	106
鹿児島	108,600	19,200	x	364	1,190	32	87,600	93
沖縄	31,900	716	x	0	53	－	31,100	84

注： 1 農作物作付（栽培）延べ面積とは、農林水産省統計部で収穫量調査を行わない作物を含む全作物の作付（栽培）面積の合計である。
　　 2 耕地利用率とは、耕地面積を「100」とした作付（栽培）延べ面積の割合である。

13　採草地・放牧地の利用（耕地以外）

(1)　農業経営体が利用した採草地・
　　放牧地（各年2月1日現在）

年次・ 全国 農業地域	採草地・放牧地	
	経営体数	面積
	経営体	ha
平成22年	8,732	26,422
27	**18,556**	**47,934**
北海道	1,065	12,604
都府県	17,491	35,330
東北	4,454	13,222
北陸	731	1,091
関東・東山	3,605	4,911
東海	1,470	2,086
近畿	1,216	1,512
中国	2,166	3,935
四国	557	943
九州	3,256	7,601
沖縄	36	30

(2)　販売農家が利用した採草地・
　　放牧地（各年2月1日現在）

年次・ 全国 農業地域	採草地・放牧地	
	農家数	面積
	戸	ha
平成22年	8,418	16,696
27	**18,081**	**35,113**
北海道	1,003	7,775
都府県	17,078	27,338
東北	4,356	9,803
北陸	717	1,032
関東・東山	3,515	3,396
東海	1,434	1,668
近畿	1,196	1,412
中国	2,104	3,788
四国	533	892
九州	3,189	5,319
沖縄	34	29

資料：　農林水産省統計部「農林業センサス」
　　　（以下(2)まで同じ。）
注：　過去1年間に耕地以外の山林、原野等を
　　採草地や放牧地として利用した土地である。
　　　（以下(2)まで同じ。）

14 都道府県別の基幹的農業水利施設数・水路延長（平成30年）（推計値）

局名及び都道府県名	点施設合計	貯水池	頭首工	水門等	管理設備	機場	線施設合計	水路	パイプライン	集水渠
	箇所	箇所	箇所	箇所	箇所	箇所	km	km	km	km
全国	7,582	1,289	1,951	1,104	285	2,953	51,154	51,093	17,397	61
北海道開発局	616	113	210	24	5	264	12,315	12,315	5,049	0
北海道	616	113	210	24	5	264	12,315	12,315	5,049	0
東北農政局	1,590	297	505	161	57	580	8,762	8,761	1,454	1
青森県	228	37	85	11	5	90	1,317	1,317	156	0
岩手県	159	37	58	11	7	46	1,355	1,355	327	0
宮城県	334	44	60	42	3	185	1,692	1,692	109	0
秋田県	282	77	95	42	3	65	1,478	1,477	204	1
山形県	321	50	79	28	19	145	1,743	1,743	442	0
福島県	266	52	128	17	20	49	1,177	1,177	216	0
関東農政局	1,654	160	385	393	51	665	9,854	9,825	3,109	29
茨城県	376	13	36	110	5	212	1,449	1,449	552	0
栃木県	134	17	81	4	6	26	1,147	1,134	181	13
群馬県	122	19	59	19	2	23	775	775	240	0
埼玉県	173	8	46	48	10	61	1,379	1,379	205	0
千葉県	417	29	22	115	9	242	1,533	1,533	725	0
東京都	2	0	2	0	0	0	25	25	0	0
神奈川県	9	0	5	4	0	0	115	115	5	0
山梨県	46	8	10	8	2	18	212	197	87	15
長野県	227	44	100	39	12	32	2,112	2,112	744	0
静岡県	148	22	24	46	5	51	1,107	1,107	370	0
北陸農政局	858	78	167	161	45	407	5,170	5,159	889	11
新潟県	604	41	89	138	36	300	2,743	2,743	272	0
富山県	72	15	34	9	5	9	1,176	1,176	131	1
石川県	102	18	20	9	1	54	466	466	73	0
福井県	80	4	24	5	3	44	785	775	412	10
東海農政局	581	83	101	70	14	313	4,231	4,231	2,006	1
岐阜県	147	20	31	21	2	73	835	835	217	1
愛知県	272	36	17	27	12	180	2,664	2,664	1,475	0
三重県	162	27	53	22	0	60	732	732	314	0

資料：農林水産省農村振興局「農業基盤情報基礎調査」
注： 1 基幹的農業水利施設とは、農業用用排水のための利用に供される施設であって、その受益面積が100ha以上のものである。
　　 2 調査結果は平成30年3月31日時点の推計値であり、平成15年以降に農業農村整備事業以外で新設・廃止された施設については考慮していない。
　　 3 掲載している数値については、四捨五入を行っているため、合計と内訳の積み上げが一致しない場合がある。

局名及び都道府県名	点施設合計	貯水池	頭首工	水門等	管理設備	機場	線施設合計	水路	パイプライン	集水渠
	箇所	箇所	箇所	箇所	箇所	箇所	km	km	km	km
近畿農政局	385	88	109	33	34	121	2,366	2,364	1,129	2
滋賀県	131	22	27	12	22	48	768	766	455	1
京都府	43	5	14	9	1	14	153	153	39	0
大阪府	17	8	4	2	0	3	110	110	23	0
兵庫県	106	35	41	10	7	13	650	649	237	1
奈良県	36	8	12	0	2	14	344	344	235	0
和歌山県	52	10	11	0	2	29	341	341	140	0
中国四国農政局	787	237	159	96	27	268	3,511	3,504	1,396	7
鳥取県	66	15	31	6	3	11	314	311	140	3
島根県	75	9	9	14	3	40	295	295	52	0
岡山県	198	48	33	19	11	87	948	948	325	0
広島県	49	23	6	4	1	15	210	209	149	1
山口県	56	17	14	5	0	20	130	130	38	0
徳島県	88	4	8	36	2	38	360	358	176	2
香川県	127	80	24	2	1	20	436	436	166	0
愛媛県	103	36	24	7	6	30	674	674	340	0
高知県	25	5	10	3	0	7	143	143	11	0
九州農政局	1,060	212	312	176	45	315	4,658	4,647	2,100	11
福岡県	216	57	87	29	6	37	683	683	213	0
佐賀県	139	47	22	13	2	55	549	548	297	1
長崎県	66	23	4	7	4	28	155	155	109	0
熊本県	248	20	58	66	3	101	845	845	223	0
大分県	110	26	46	11	11	16	621	611	123	10
宮崎県	122	11	49	35	10	17	693	693	381	0
鹿児島県	159	28	46	15	9	61	1,112	1,112	753	0
沖縄総合事務局	51	21	3	0	7	20	287	287	265	0
沖縄県	51	21	3	0	7	20	287	287	265	0

Ⅱ 農業経営体

1 農業経営体数（各年2月1日現在）

単位：千経営体

年次・ 全国農業地域	農業経営体	組織経営体
平成27年	1,377.3	33.0
28	1,318.4	34.0
29	1,258.0	34.9
30	1,220.5	35.5
31	1,188.8	36.0
北海道	37.7	2.6
都府県	1,151.2	33.5
うち東北	209.7	6.8
北陸	86.7	4.0
関東・東山	263.8	5.0
東海	109.8	2.4
近畿	110.5	3.5
中国	107.0	3.4
四国	73.5	1.6
九州	177.5	6.3

資料：　平成27年は農林水産省統計部「2015年農林業センサス」
　　　　平成27年以外は農林水産省統計部「農業構造動態調査」による
　　　　（以下5（2）まで同じ。）。
注：　沖縄については、全国及び都府県値に含むが、地域別の表章はし
　　　ていない（以下5（2）まで同じ。）。

2 経営耕地面積規模別農業経営体数（各年2月1日現在）

単位：千経営体

年次・ 全国農業地域	計	1）1.0ha 未満	1.0～ 5.0	5.0～ 10.0	10.0～ 20.0	20.0～ 30.0	30.0ha 以上
平成30年	1,220.5	644.2	468.2	52.1	26.0	11.5	18.5
31	1,188.8	623.9	457.4	49.8	27.3	11.5	18.8
北海道	37.7	3.4	6.3	4.2	7.1	5.2	11.3
都府県	1,151.2	620.5	451.1	45.6	20.2	6.3	7.5
うち東北	209.7	77.6	105.5	14.7	7.3	2.0	2.5
北陸	86.7	33.8	42.4	5.5	2.5	1.0	1.4
関東・東山	263.8	142.3	105.8	9.5	3.9	1.1	1.0
東海	109.8	77.0	28.9	2.0	0.8	0.2	0.7
近畿	110.5	74.3	32.5	1.7	1.2	0.5	0.4
中国	107.0	73.1	30.8	1.6	0.8	0.3	0.3
四国	73.5	49.4	22.8	0.8	0.4	0.1	0.1
九州	177.5	88.2	76.0	8.5	2.7	0.8	0.9

注：1）は、経営耕地面積なしを含む。

3 農産物販売金額別農業経営体数（各年 2 月 1 日現在）
(1) 農業経営体

単位：千経営体

年次・全国農業地域	計	1)50万円未満	50〜100	100〜500	500〜1,000	1,000〜3,000	3,000〜5,000	5,000〜1億	1億円以上
平成30年	1,220.5	436.3	195.2	349.2	101.5	97.0	20.7	12.1	8.5
31	1,188.8	418.4	191.6	340.9	100.7	96.3	20.3	12.4	8.2
北海道	37.7	2.9	1.2	4.9	4.7	12.8	5.8	3.6	1.8
都府県	1,151.2	415.3	190.4	336.0	96.1	83.4	14.5	8.8	6.6
うち東北	209.7	50.2	35.9	79.4	24.4	15.2	2.3	1.3	0.8
北陸	86.7	22.6	17.6	33.2	6.5	4.8	1.1	0.4	0.3
関東・東山	263.8	86.1	45.2	79.0	23.2	22.2	4.0	2.5	1.5
東海	109.8	54.4	15.2	22.1	6.2	8.1	2.0	1.0	0.8
近畿	110.5	52.4	18.7	27.0	7.0	4.3	0.5	0.5	0.2
中国	107.0	57.9	19.6	20.9	3.9	3.3	0.5	0.4	0.4
四国	73.5	31.3	11.4	20.1	5.0	4.4	0.5	0.5	0.3
九州	177.5	58.1	24.0	48.9	18.5	20.4	3.4	2.1	2.0

注：1)は、販売なしを含む。

(2) 農業経営体のうち組織経営体

単位：千経営体

年次・全国農業地域	計	1)50万円未満	50〜100	100〜500	500〜1,000	1,000〜3,000	3,000〜5,000	5,000〜1億	1億円以上
平成30年	35.5	8.4	0.9	4.4	3.3	7.1	3.2	3.1	5.1
31	36.0	8.0	1.1	4.5	3.2	7.6	3.4	3.2	5.0
北海道	2.6	0.7	0.0	0.2	0.1	0.3	0.2	0.4	0.7
都府県	33.5	7.4	1.0	4.3	3.1	7.2	3.2	2.8	4.4
うち東北	6.8	1.8	0.2	0.7	0.5	1.5	0.7	0.6	0.6
北陸	4.0	0.6	0.1	0.4	0.4	1.2	0.6	0.3	0.2
関東・東山	5.0	0.9	0.2	0.6	0.3	0.9	0.5	0.5	1.0
東海	2.4	0.4	0.1	0.3	0.2	0.4	0.2	0.3	0.5
近畿	3.5	0.9	0.2	0.8	0.4	0.7	0.2	0.2	0.2
中国	3.4	0.7	0.1	0.5	0.4	0.8	0.3	0.2	0.3
四国	1.6	0.3	0.1	0.3	0.2	0.2	0.1	0.2	0.2
九州	6.3	1.6	0.1	0.6	0.5	1.3	0.5	0.5	1.1

注：1)は、販売なしを含む。

4 組織形態別農業経営体数（農業経営体のうち組織経営体）（各年 2 月 1 日現在）

単位：千経営体

年次・全国農業地域	計	法人化している					法人化していない
		小計	農事組合法人	会社	各種団体	その他の法人	
平成30年	35.5	25.5	7.6	14.1	2.8	1.0	10.0
31	36.0	26.1	7.9	14.5	2.7	1.0	9.9
北海道	2.6	2.1	0.2	1.6	0.2	0.1	0.5
都府県	33.5	23.9	7.7	12.8	2.6	0.9	9.5
うち東北	6.8	4.0	1.5	2.0	0.5	0.1	2.8
北陸	4.0	2.8	1.4	1.0	0.3	0.1	1.2
関東・東山	5.0	4.1	0.8	2.7	0.5	0.2	0.9
東海	2.4	2.0	0.5	1.2	0.2	0.1	0.4
近畿	3.5	2.2	0.9	1.0	0.2	0.1	1.3
中国	3.4	2.6	1.1	1.1	0.2	0.1	0.8
四国	1.6	1.3	0.3	0.8	0.2	0.1	0.4
九州	6.3	4.5	1.2	2.6	0.5	0.2	1.8

5 農業経営組織別農業経営体数（各年2月1日現在）
(1) 農業経営体

単位：千経営体

年次・全国農業地域	計	販売のあった経営体	1)単一経営経営体					
			小計	稲作	2)畑作	露地野菜	施設野菜
平成30年	1,220.5	1,131.6	901.2	548.1	36.8	73.5	46.9
31	1,188.8	1,103.2	877.9	531.6	35.6	73.4	45.6
北海道	37.7	36.4	20.3	5.8	1.3	2.2	2.1
都府県	1,151.2	1,066.8	857.7	525.8	34.4	71.3	43.5
うち東北	209.7	197.9	155.5	111.1	2.8	7.7	3.2
北陸	86.7	84.0	73.6	69.0	0.4	0.8	0.5
関東・東山	263.8	243.6	195.3	103.4	6.2	27.7	11.7
東海	109.8	97.4	80.8	42.3	5.5	8.2	6.6
近畿	110.5	100.6	81.6	56.1	1.3	6.0	1.8
中国	107.0	99.0	81.5	62.8	1.0	3.9	1.7
四国	73.5	68.2	54.5	27.3	1.0	5.7	4.1
九州	177.5	163.7	124.8	53.9	10.0	10.3	13.4

年次・全国農業地域	1)単一経営経営体（続き）				4)複合経営経営体	販売のなかった経営体
	果樹類	酪農	肉用牛	3)その他		
平成30年	119.3	12.7	24.0	39.9	230.4	88.9
31	117.2	12.3	23.6	38.4	225.2	85.6
北海道	0.4	5.0	1.1	2.2	16.2	1.3
都府県	116.8	7.2	22.5	36.2	209.1	84.3
うち東北	20.5	1.8	4.3	4.0	42.5	11.7
北陸	1.9	0.2	0.1	0.8	10.3	2.8
関東・東山	32.6	2.5	1.3	10.0	48.2	20.2
東海	10.9	0.4	0.6	6.1	16.5	12.4
近畿	13.3	0.3	0.7	1.9	19.1	9.9
中国	7.7	0.6	1.4	2.3	17.6	8.0
四国	13.4	0.2	0.3	2.3	13.7	5.4
九州	15.4	1.3	12.8	7.8	38.9	13.8

注： 1)は、農産物販売金額のうち、主位部門の販売金額が8割以上の経営体をいう。
　　2)は、「麦類作」、「雑穀・いも類・豆類」及び「工芸農作物」部門の単一経営経営体の合計である。
　　3)は、「花き・花木」、「その他の作物」、「養豚」、「養鶏」及び「その他の畜産」部門の単一経営経営体の合計である。
　　4)は、農産物販売金額のうち、主位部門の販売金額が8割未満の経営体をいう。

(2)　農業経営体のうち組織経営体

単位：千経営体

年次・全国農業地域	計	販売のあった経営体	1)単一経営経営体					
			小計	稲作	2)畑作	露地野菜	施設野菜
平成30年	35.5	28.4	21.2	8.0	2.2	1.3	1.6
31	36.0	29.2	22.0	8.6	2.3	1.3	1.8
北海道	2.6	1.9	1.4	0.1	0.1	0.1	0.1
都府県	33.5	27.4	20.7	8.5	2.2	1.3	1.7
うち東北	6.8	5.1	4.0	1.8	0.5	0.1	0.2
北陸	4.0	3.5	2.8	2.2	0.2	0.0	0.1
関東・東山	5.0	4.3	3.2	0.6	0.4	0.3	0.3
東海	2.4	2.1	1.7	0.5	0.2	0.1	0.2
近畿	3.5	3.1	2.2	1.2	0.2	0.1	0.1
中国	3.4	2.8	2.2	1.2	0.1	0.1	0.2
四国	1.6	1.3	0.9	0.2	0.1	0.1	0.1
九州	6.3	4.8	3.4	0.9	0.4	0.2	0.4

年次・全国農業地域	1)単一経営経営体（続き）				4)複合経営経営体	販売のなかった経営体
	果樹類	酪農	肉用牛	3)その他		
平成30年	1.2	0.7	1.0	5.2	7.2	7.1
31	1.2	0.7	0.9	5.1	7.2	6.8
北海道	0.0	0.3	0.1	0.4	0.6	0.7
都府県	1.2	0.4	0.8	4.7	6.7	6.1
うち東北	0.2	0.1	0.2	0.8	1.2	1.6
北陸	0.0	0.0	0.0	0.3	0.6	0.5
関東・東山	0.2	0.1	0.1	1.1	1.0	0.7
東海	0.1	0.0	0.1	0.4	0.4	0.3
近畿	0.1	0.0	0.0	0.2	0.9	0.5
中国	0.1	0.1	0.1	0.3	0.6	0.6
四国	0.1	0.0	0.0	0.2	0.4	0.3
九州	0.1	0.1	0.3	1.0	1.4	1.5

注：　1)は、農産物販売金額のうち、主位部門の販売金額が8割以上の経営体をいう。
　　　2)は、「麦類作」、「雑穀・いも類・豆類」及び「工芸農作物」部門の単一経営経営体の合計である。
　　　3)は、「花き・花木」、「その他の作物」、「養豚」、「養鶏」及び「その他の畜産」部門の単一経営経営体の合計である。
　　　4)は、農産物販売金額のうち、主位部門の販売金額が8割未満の経営体をいう。

6　農業以外の業種から資本金・出資金の提供を受けている経営体の業種別農業経営体数（各年2月1日現在）

単位：経営体

年次・全国農業地域	実経営体数	建設業・運輸業	飲食料品関連		飲食料品関連以外		医療・福祉・教育関連	その他
			製造業・サービス業	卸売・小売業	製造業	卸売・小売業		
平成22年	1,164	275	222	162	…	…	…	1) 602
27	1,592	432	256	216	146	124	37	547
北海道	182	57	37	28	16	12	2	53
都府県	1,410	375	219	188	130	112	35	494
東北	217	62	34	24	19	13	1	87
北陸	109	38	10	6	11	8	4	43
関東・東山	284	57	61	43	31	26	6	93
東海	119	27	14	20	11	12	6	37
近畿	129	21	20	24	12	12	3	51
中国	175	60	20	25	13	17	3	53
四国	63	18	7	10	9	3	1	21
九州	284	86	45	31	21	21	10	100
沖縄	30	6	8	5	3	－	1	9

資料：農林水産省統計部「農林業センサス」（以下15(2)まで同じ。）
注：　1)は、「飲食料品関連以外の製造業」、「飲食料品関連以外の卸売・小売業」、「医療・福祉・教育関連」又は「その他」のいずれかに該当した経営体である。

7　水稲作作業を委託した農業経営体数（各年2月1日現在）

単位：経営体

年次・全国農業地域	実経営体数	全作業	作業別に委託						
			実経営体数	育苗	耕起・代かき	田植	防除	稲刈り・脱穀	乾燥・調製
平成22年	696,474	60,395	640,796	272,795	96,380	170,570	168,818	339,417	466,863
27	449,203	36,772	416,373	168,856	58,009	111,783	123,231	230,282	313,295
北海道	4,925	121	4,825	256	204	262	3,302	1,040	2,683
都府県	444,278	36,651	411,548	168,600	57,805	111,521	119,929	229,242	310,612
東北	96,324	10,355	86,861	25,218	14,957	24,541	28,782	57,990	68,237
北陸	43,256	3,969	39,636	22,708	6,476	11,228	15,837	14,616	22,120
関東・東山	74,157	7,184	67,897	25,747	12,989	18,896	12,996	45,303	50,680
東海	44,785	5,757	39,645	23,021	7,285	11,666	6,561	23,582	32,772
近畿	34,966	2,061	33,226	18,511	3,567	8,264	9,278	15,909	22,761
中国	46,433	2,631	44,153	19,776	5,132	11,244	13,691	23,898	34,951
四国	22,195	717	21,589	11,141	1,300	4,676	3,339	9,086	15,839
九州	82,043	3,967	78,431	22,447	6,084	20,968	29,421	38,803	63,183
沖縄	119	10	110	31	15	38	24	55	69

8　農産物の出荷先別農業経営体数（各年2月1日現在）
(1)　農業経営体

単位：経営体

年次・全国農業地域	販売のあった実経営体数	農協	農協以外の集出荷団体	卸売市場	小売業者	食品製造業・外食産業	消費者に直接販売	その他
平成22年	1,506,576	1,108,395	200,273	155,992	106,737	24,095	329,122	74,545
27	1,245,232	910,722	157,888	137,090	104,684	34,944	236,655	96,812
北海道	38,487	33,832	5,801	3,869	3,121	1,387	4,597	2,292
都府県	1,206,745	876,890	152,087	133,221	101,563	33,557	232,058	94,520
東北	227,475	186,510	33,431	24,665	13,923	4,839	28,357	11,311
北陸	98,370	87,011	9,183	3,588	4,581	1,750	14,471	7,650
関東・東山	268,894	172,288	38,862	34,873	33,274	5,707	61,395	21,611
東海	107,813	70,267	12,136	14,846	9,305	2,660	25,850	11,627
近畿	114,004	79,036	10,624	10,866	10,835	3,460	29,005	12,702
中国	113,674	87,122	11,860	7,404	8,565	2,085	22,900	9,844
四国	74,225	55,150	6,483	9,278	4,984	1,436	15,207	6,243
九州	187,826	132,854	27,567	27,007	15,163	5,267	33,859	13,029
沖縄	14,464	6,652	1,941	694	933	6,353	1,014	503

(2)　農業経営体のうち組織経営体

単位：経営体

年次・全国農業地域	販売のあった実経営体数	農協	農協以外の集出荷団体	卸売市場	小売業者	食品製造業・外食産業	消費者に直接販売	その他
平成22年	19,544	12,695	3,000	2,935	3,160	2,022	5,889	2,360
27	24,629	15,218	4,279	4,418	5,235	3,816	7,555	3,171
北海道	1,679	1,013	351	286	318	250	385	280
都府県	22,950	14,205	3,928	4,132	4,917	3,566	7,170	2,891
東北	4,035	2,772	658	585	635	521	957	427
北陸	3,023	2,552	505	321	560	385	974	428
関東・東山	3,797	1,787	704	932	1,066	683	1,360	512
東海	1,992	1,040	318	473	559	362	737	300
近畿	2,141	1,391	329	286	446	329	916	285
中国	2,186	1,442	364	394	510	389	862	306
四国	918	468	148	241	255	160	302	106
九州	4,510	2,622	847	844	798	647	956	476
沖縄	348	131	55	56	88	90	106	51

9 農産物売上1位の出荷先別農業経営体数（各年2月1日現在）
(1) 農業経営体

単位：経営体

年次・全国農業地域	計	農協	農協以外の集出荷団体	卸売市場	小売業者	食品製造業・外食産業	消費者に直接販売	その他
平成22年	1,506,576	1,011,819	137,903	89,001	62,575	12,108	152,484	40,686
27	1,015,000	934,001	109,287	78,642	59,184	18,494	109,555	47,069
北海道	38,487	31,613	1,961	1,586	806	264	1,225	1,032
都府県	1,206,745	792,388	106,326	77,056	58,378	18,230	108,330	46,037
東北	227,475	170,550	22,070	12,600	6,893	2,717	9,241	3,404
北陸	98,370	82,061	5,854	1,349	1,874	483	4,534	2,215
関東・東山	268,894	154,249	28,666	22,427	21,263	2,338	29,654	10,297
東海	107,813	62,765	8,869	8,774	5,096	1,185	14,175	6,949
近畿	114,004	69,385	6,962	6,638	6,189	1,793	15,405	7,632
中国	113,674	79,501	8,432	3,935	5,240	821	11,175	4,570
四国	74,225	50,318	4,382	5,080	2,728	627	7,681	3,409
九州	187,826	117,709	19,499	15,797	8,641	2,878	16,019	7,283
沖縄	14,464	5,850	1,592	456	454	5,388	446	278

(2) 農業経営体のうち組織経営体

単位：経営体

年次・全国農業地域	計	農協	農協以外の集出荷団体	卸売市場	小売業者	食品製造業・外食産業	消費者に直接販売	その他
平成22年	19,544	11,060	1,705	1,662	1,302	782	1,912	1,121
27	24,629	12,628	2,341	2,219	2,064	1,438	2,417	1,522
北海道	1,679	846	188	132	131	83	114	185
都府県	22,950	11,782	2,153	2,087	1,933	1,355	2,303	1,337
東北	4,035	2,458	356	294	238	199	269	221
北陸	3,023	2,194	196	98	164	75	218	78
関東・東山	3,797	1,382	422	518	460	263	493	259
東海	1,992	797	182	259	200	135	256	163
近畿	2,141	1,092	159	124	169	101	354	142
中国	2,186	1,137	157	181	202	130	268	111
四国	918	379	90	144	101	61	79	64
九州	4,510	2,241	550	446	361	329	317	266
沖縄	348	102	41	23	38	62	49	33

10 販売目的の作物の類別作付（栽培）農業経営体数及び作付（栽培）面積
（各年2月1日現在）
(1) 農業経営体

年次・ 全国 農業地域	稲		麦類		雑穀		いも類	
	経営体数	面積	経営体数	面積	経営体数	面積	経営体数	面積
	経営体	ha	経営体	ha	経営体	ha	経営体	ha
平成22年	1,170,055	1,370,978	61,122	259,607	40,800	43,241	117,045	91,603
27	952,684	1,313,713	49,229	263,073	36,814	58,170	86,885	86,122
北海道	13,470	110,442	13,687	122,020	4,347	24,291	9,252	51,413
都府県	939,214	1,203,271	35,542	141,053	32,467	33,879	77,633	34,709
東北	196,796	364,922	2,444	7,983	12,179	13,902	11,501	1,165
北陸	94,679	193,269	2,987	9,862	3,576	5,405	4,019	470
関東・東山	193,246	229,910	11,503	36,321	8,194	8,826	23,137	8,970
東海	77,094	71,217	3,831	13,404	802	696	5,985	742
近畿	93,774	80,094	3,241	10,068	1,382	1,092	4,950	303
中国	99,970	87,400	1,504	5,046	3,132	1,589	5,938	381
四国	51,351	37,482	1,526	4,402	491	151	3,429	1,289
九州	131,993	138,358	8,493	53,959	2,663	2,162	18,274	21,198
沖縄	311	616	13	7	48	57	400	193

年次・ 全国 農業地域	豆類		工芸農作物		野菜類	
	経営体数	面積	経営体数	面積	経営体数	面積
	経営体	ha	経営体	ha	経営体	ha
平成22年	132,806	165,336	76,368	150,141	442,842	289,453
27	96,447	160,010	56,994	126,683	381,982	272,470
北海道	11,835	64,449	7,568	58,382	18,047	56,597
都府県	84,612	95,561	49,426	68,301	363,935	215,873
東北	19,928	29,865	4,065	3,380	59,062	30,526
北陸	7,079	11,908	484	378	17,921	7,307
関東・東山	15,799	10,036	4,423	5,163	100,400	80,936
東海	5,224	9,210	12,081	15,279	36,459	19,622
近畿	12,714	8,650	2,240	2,270	30,619	11,129
中国	11,249	3,861	1,450	558	27,778	8,720
四国	2,246	534	1,615	895	25,697	11,454
九州	10,341	21,484	13,746	26,421	62,755	44,715
沖縄	32	13	9,322	13,957	3,244	1,465

年次・ 全国 農業地域	花き類・花木		果樹類		その他の作物	
	経営体数	面積	経営体数	面積	経営体数	面積
	経営体	ha	経営体	ha	経営体	ha
平成22年	69,236	31,315	253,941	162,554	28,819	40,793
27	54,830	27,504	221,924	145,418	47,593	88,045
北海道	1,512	1,349	1,167	2,138	3,050	31,263
都府県	53,318	26,155	220,757	143,281	44,543	56,782
東北	6,991	2,798	40,320	32,934	11,253	18,040
北陸	2,278	1,098	6,068	3,012	2,504	2,591
関東・東山	14,166	8,144	54,463	29,003	10,504	12,688
東海	8,172	4,026	20,863	10,984	2,877	3,006
近畿	4,765	1,568	22,422	17,842	2,144	1,619
中国	4,304	1,031	18,260	7,030	3,711	3,999
四国	3,276	1,154	23,810	16,611	1,372	894
九州	8,141	5,404	32,589	24,511	10,070	13,750
沖縄	1,225	932	1,962	1,352	108	194

10 販売目的の作物の類別作付（栽培）農業経営体数及び作付（栽培）面積
（各年2月1日現在）（続き）
(2) 農業経営体のうち組織経営体

年次・全国農業地域	稲		麦類		雑穀		いも類	
	経営体数	面積	経営体数	面積	経営体数	面積	経営体数	面積
	経営体	ha	経営体	ha	経営体	ha	経営体	ha
平成22年	9,244	149,992	4,535	75,602	1,576	9,470	1,130	4,954
27	11,770	187,164	5,093	81,899	2,392	17,106	1,721	6,343
北海道	264	6,417	369	7,259	182	3,418	303	2,756
都府県	11,506	180,748	4,724	74,640	2,210	13,688	1,418	3,586
東北	2,114	48,589	379	5,296	560	5,231	133	298
北陸	2,373	44,503	807	6,826	595	3,135	123	80
関東・東山	1,245	16,988	715	12,408	379	2,954	263	468
東海	809	11,409	385	6,425	83	389	108	97
近畿	1,361	10,837	721	6,656	163	600	144	41
中国	1,308	14,855	291	2,704	268	664	144	85
四国	328	3,223	166	2,021	13	27	56	67
九州	1,963	30,327	1,259	32,303	146	669	429	2,426
沖縄	5	14	1	0	3	20	18	25

年次・全国農業地域	豆類		工芸農作物		野菜類	
	経営体数	面積	経営体数	面積	経営体数	面積
	経営体	ha	経営体	ha	経営体	ha
平成22年	5,268	54,056	911	7,418	4,649	17,471
27	5,832	57,406	1,149	10,499	7,328	25,850
北海道	351	4,235	194	3,855	567	5,455
都府県	5,481	53,171	955	6,644	6,761	20,395
東北	1,266	17,513	70	217	1,028	3,281
北陸	966	7,413	37	42	850	1,063
関東・東山	489	3,345	70	270	1,201	4,300
東海	326	4,373	178	1,246	628	1,711
近畿	694	3,914	82	415	612	801
中国	491	1,855	64	137	810	1,633
四国	55	241	43	187	317	1,154
九州	1,192	14,519	311	3,523	1,215	6,335
沖縄	2	0	100	608	100	117

年次・全国農業地域	花き類・花木		果樹類		その他の作物	
	経営体数	面積	経営体数	面積	経営体数	面積
	経営体	ha	経営体	ha	経営体	ha
平成22年	1,600	2,966	1,547	4,058	1,072	11,850
27	1,806	3,362	2,118	5,504	2,818	30,039
北海道	85	222	64	381	213	12,915
都府県	1,721	3,140	2,054	5,122	2,605	17,124
東北	231	291	280	1,139	715	7,131
北陸	135	116	169	265	286	981
関東・東山	465	978	405	765	382	2,207
東海	240	378	165	388	174	1,139
近畿	106	100	205	523	168	629
中国	137	206	269	530	356	1,476
四国	73	103	173	651	66	161
九州	299	910	292	690	450	3,353
沖縄	35	58	96	171	8	46

11 販売目的で家畜を飼養した農業経営体数及び飼養頭羽数等 （各年2月1日現在）

(1) 農業経営体

年次・全国農業地域	乳用牛		肉用牛		豚		採卵鶏		ブロイラー	
	経営体数	飼養頭数	経営体数	飼養頭数	経営体数	飼養頭数	経営体数	飼養羽数	経営体数	出荷羽数
	経営体	頭	経営体	頭	経営体	頭	経営体	100羽	経営体	100羽
平成22年	22,781	1,558,359	66,759	2,496,002	4,873	7,925,683	4,914	1,495,138	2,142	5,581,113
27	18,186	1,403,278	50,974	2,288,824	3,673	7,881,616	4,181	1,514,816	1,808	6,085,260
北海道	6,479	796,524	3,488	491,134	186	532,067	176	70,750	16	323,474
都府県	11,707	606,754	47,486	1,797,690	3,487	7,349,549	4,005	1,444,066	1,792	5,761,786
東北	3,098	113,957	13,384	333,986	513	1,266,631	551	188,032	367	1,702,543
北陸	368	14,702	495	18,632	140	236,359	162	101,074	14	25,396
関東・東山	3,401	197,579	4,013	266,907	1,058	2,266,069	938	365,680	134	518,844
東海	788	61,502	1,448	116,810	337	558,467	466	226,076	83	217,931
近畿	638	30,473	1,623	69,142	69	46,986	315	82,610	89	190,272
中国	923	48,855	2,852	110,271	89	269,354	343	163,880	60	360,054
四国	414	20,859	757	51,204	116	241,826	316	82,059	176	252,725
九州	2,003	114,809	21,247	780,445	1,029	2,333,591	846	222,132	856	2,466,702
沖縄	74	4,018	1,667	50,293	136	130,266	68	12,523	13	27,318

(2) 農業経営体のうち組織経営体

年次・全国農業地域	乳用牛		肉用牛		豚		採卵鶏		ブロイラー	
	経営体数	飼養頭数	経営体数	飼養頭数	経営体数	飼養頭数	経営体数	飼養羽数	経営体数	出荷羽数
	経営体	頭	経営体	頭	経営体	頭	経営体	100羽	経営体	100羽
平成22年	762	194,612	1,298	715,342	995	5,137,250	867	1,194,127	278	3,134,697
27	908	258,234	1,658	845,055	1,153	5,798,365	974	1,324,767	351	3,898,931
北海道	311	131,370	320	261,609	86	425,253	44	68,229	8	314,368
都府県	597	126,864	1,338	583,446	1,067	5,373,112	930	1,256,537	343	3,584,563
東北	115	19,206	232	112,631	207	1,110,769	107	179,845	81	1,162,102
北陸	28	2,482	40	5,894	49	170,967	63	99,688	8	23,557
関東・東山	148	39,691	201	99,080	258	1,437,240	236	326,168	29	439,655
東海	56	19,106	116	32,243	95	311,481	113	178,688	26	177,798
近畿	40	7,065	74	25,717	17	32,327	60	71,705	20	155,004
中国	71	14,808	167	62,559	31	244,988	106	158,803	28	318,408
四国	22	4,039	48	16,680	45	184,337	50	65,560	25	148,512
九州	109	19,301	410	217,579	331	1,805,858	178	168,524	123	1,138,858
沖縄	8	1,166	50	11,063	34	75,145	17	7,556	3	20,668

12 耕地種類別農業経営体数及び経営耕地面積（各年2月1日現在）
(1) 農業経営体

年次・全国農業地域	経営耕地のある経営体数	経営耕地総面積	田						
			田のある経営体数	面積計	稲を作った田		二毛作した田	
					経営体数	面積	経営体数	面積
	経営体	ha	経営体	ha	経営体	ha	経営体	ha
平成22年	1,661,486	3,631,585	1,432,522	2,046,267	1,347,428	1,500,487	68,810	69,989
27	1,361,177	3,451,444	1,144,812	1,947,029	1,082,152	1,517,658	48,297	83,052
北海道	39,620	1,050,451	19,317	209,722	13,668	117,381	–	–
都府県	1,321,557	2,400,993	1,125,495	1,737,308	1,068,484	1,400,277	48,297	83,052
東北	244,774	663,112	222,985	515,156	211,013	409,626	637	756
北陸	102,533	264,742	99,303	240,337	97,778	210,972	806	1,677
関東・東山	295,980	498,171	233,180	312,432	221,858	265,028	7,281	14,559
東海	123,826	168,414	99,928	111,310	95,308	87,161	2,482	3,791
近畿	129,271	154,925	115,722	125,055	110,127	95,649	7,543	4,548
中国	125,287	155,262	115,177	127,995	110,422	104,482	2,039	3,165
四国	81,452	85,912	66,389	57,912	61,848	45,886	6,094	4,969
九州	203,581	385,665	172,409	240,531	159,783	180,937	21,357	49,517
沖縄	14,853	24,790	402	579	347	536	58	71

年次・全国農業地域	田（続き）				畑（樹園地を除く。）			
	稲以外の作物だけを作った田		何も作らなかった田		畑のある経営体数	面積計	普通作物を作った畑	
	経営体数	面積	経営体数	面積			経営体数	面積
	経営体	ha	経営体	ha	経営体	ha	経営体	ha
平成22年	534,459	411,176	459,101	134,604	1,078,739	1,371,521	971,687	638,984
27	366,314	353,820	228,499	75,551	834,467	1,315,767	753,761	631,149
北海道	14,772	88,768	2,092	3,572	32,939	838,160	23,715	317,657
都府県	351,542	265,052	226,407	71,979	801,528	477,607	730,046	313,492
東北	73,598	82,956	45,628	22,574	160,572	113,535	146,898	50,251
北陸	30,164	27,631	22,880	7,734	55,949	15,086	53,484	11,123
関東・東山	49,682	36,297	39,503	11,107	211,490	151,989	194,180	113,824
東海	23,732	19,222	18,655	4,927	84,280	30,542	79,428	23,962
近畿	49,827	22,748	28,013	6,658	52,762	8,793	48,985	6,986
中国	40,110	17,001	25,221	6,513	75,886	19,072	71,187	12,360
四国	25,314	9,176	13,564	2,849	34,344	9,944	31,511	7,975
九州	59,042	49,999	32,912	9,595	112,562	105,884	91,648	69,354
沖縄	73	22	31	21	13,683	22,760	12,725	17,658

年次・全国農業地域	畑（樹園地を除く。）（続き）						樹園地	
	飼料用作物だけを作った畑		牧草専用地		何も作らなかった畑		樹園地のある経営体数	面積
	経営体数	面積	経営体数	面積	経営体数	面積		
	経営体	ha	経営体	ha	経営体	ha	経営体	ha
平成22年	40,144	116,966	39,495	534,345	283,186	81,227	334,922	213,797
27	25,955	104,937	31,000	514,071	190,617	65,609	270,955	188,648
北海道	3,773	68,327	9,597	437,023	5,230	15,153	1,232	2,569
都府県	22,182	36,610	21,410	77,049	185,387	50,456	269,723	186,079
東北	3,601	6,564	9,820	43,771	37,085	12,949	42,850	34,421
北陸	202	396	244	1,689	9,637	1,878	6,992	3,318
関東・東山	3,568	8,603	2,324	9,371	65,343	20,191	62,639	33,749
東海	560	877	656	2,130	18,683	3,574	35,116	26,562
近畿	273	242	239	406	9,591	1,159	27,341	21,077
中国	958	1,552	943	3,015	14,236	2,145	22,991	8,195
四国	330	342	226	552	6,386	1,075	28,257	18,056
九州	12,550	17,801	5,483	12,199	23,336	6,530	41,495	39,250
沖縄	140	233	1,475	3,915	1,090	955	2,042	1,450

(2)　農業経営体のうち組織経営体

年次・全国農業地域	経営耕地のある経営体数	経営耕地総面積	田					
			田のある経営体数	面積計	稲を作った田		二毛作した田	
					経営体数	面積	経営体数	面積
	経営体	ha	経営体	ha	経営体	ha	経営体	ha
平成22年	18,138	437,158	12,907	251,152	9,804	154,080	1,590	22,759
27	22,487	533,931	15,911	318,852	12,690	210,838	2,401	30,805
北海道	1,715	149,856	495	15,678	274	7,060	-	-
都府県	20,772	384,075	15,416	303,174	12,416	203,778	2,401	30,805
東北	3,883	116,866	3,111	87,357	2,313	55,428	48	397
北陸	2,894	66,092	2,686	62,933	2,402	47,669	169	980
関東・東山	3,190	45,853	1,891	30,084	1,418	20,402	279	3,434
東海	1,737	26,309	1,116	21,867	898	13,739	113	1,515
近畿	2,073	21,925	1,802	20,133	1,446	12,021	219	1,252
中国	1,978	27,336	1,575	23,222	1,361	17,440	180	1,077
四国	779	7,030	527	5,596	383	3,759	163	1,110
九州	3,914	70,680	2,701	51,964	2,190	33,304	1,229	21,040
沖縄	324	1,984	7	17	5	14	1	0

年次・全国農業地域	田（続き）				畑（樹園地を除く。）			
	稲以外の作物だけを作った田		何も作らなかった田		畑のある経営体数	面積計	普通作物を作った畑	
	経営体数	面積	経営体数	面積			経営体数	面積
	経営体	ha	経営体	ha	経営体	ha	経営体	ha
平成22年	9,406	91,214	2,961	5,859	7,734	177,613	5,372	36,707
27	10,801	102,307	2,972	5,707	10,019	203,965	7,751	53,627
北海道	421	8,178	67	440	1,537	133,678	762	23,119
都府県	10,380	94,128	2,905	5,268	8,482	70,287	6,989	30,508
東北	2,295	30,511	478	1,418	1,466	28,191	1,068	6,034
北陸	1,896	14,273	672	991	646	2,864	570	1,548
関東・東山	1,039	9,115	307	566	2,112	14,606	1,815	8,455
東海	637	7,802	202	327	833	2,956	735	1,793
近畿	1,278	7,667	358	444	455	816	408	536
中国	1,076	5,130	420	652	682	3,454	569	1,597
四国	328	1,741	95	96	297	783	257	449
九州	1,828	17,888	372	772	1,726	14,832	1,359	9,249
沖縄	3	1	1	1	265	1,785	208	849

年次・全国農業地域	畑（樹園地を除く。）（続き）						樹園地	
	飼料用作物だけを作った畑		牧草専用地		何も作らなかった畑		樹園地のある経営体数	面積
	経営体数	面積	経営体数	面積	経営体数	面積		
	経営体	ha	経営体	ha	経営体	ha	経営体	ha
平成22年	709	15,639	1,765	118,266	1,552	7,001	2,199	8,392
27	783	19,936	1,664	122,955	1,871	7,446	2,803	11,114
北海道	286	15,270	761	91,909	236	3,379	72	501
都府県	497	4,666	903	31,046	1,635	4,067	2,731	10,613
東北	81	1,582	328	18,718	250	1,858	307	1,317
北陸	14	181	35	884	148	251	170	294
関東・東山	134	1,086	140	4,370	454	695	508	1,163
東海	21	186	55	794	172	183	325	1,486
近畿	11	68	26	143	101	68	258	976
中国	37	256	70	1,417	142	185	291	660
四国	12	35	20	250	52	49	202	651
九州	180	1,250	183	3,827	281	506	573	3,883
沖縄	7	20	46	644	35	272	97	183

13 過去1年間に農業経営体が施設園芸に利用したハウス・
ガラス室の面積及び農業経営体数（各年2月1日現在）

年次・全国農業地域	ハウス・ガラス室	
	経営体数	面積
	経営体	a
平成22年	192,973	4,359,493
27	174,729	3,825,443
北海道	8,692	284,686
都府県	166,037	3,540,756
東北	27,948	326,018
北陸	6,293	78,179
関東・東山	41,773	949,469
東海	17,486	392,015
近畿	11,240	179,755
中国	12,510	169,218
四国	11,473	235,465
九州	34,823	1,135,644
沖縄	2,491	74,994

14 農作業の受託料金収入規模別農業経営体数（各年2月1日現在）
(1) 農業経営体

単位：経営体

区分	計	1) 50万円未満	50～100	100～300	300～500	500～1,000	1,000～3,000	3,000万円以上
平成22年	1,679,084	1,634,423	17,689	15,491	3,818	3,443	2,737	1,483
27	1,377,266	1,337,939	14,917	13,731	3,555	3,235	2,496	1,393
北海道	40,714	38,221	631	793	240	265	292	272
都府県	1,336,552	1,299,718	14,286	12,938	3,315	2,970	2,204	1,121

注：経営を受託したものは耕地の借入れとなり農作業の受託に含まない（以下15まで同じ。）。
　　1)は、収入なしの経営体を含む。

(2) 農業経営体のうち組織経営体

単位：経営体

区分	計	1) 50万円未満	50～100	100～300	300～500	500～1,000	1,000～3,000	3,000万円以上
平成22年	31,008	18,494	1,906	3,524	1,560	2,011	2,144	1,369
27	32,979	21,692	1,765	3,225	1,413	1,767	1,850	1,267
北海道	2,516	1,656	60	147	98	141	188	226
都府県	30,463	20,036	1,705	3,078	1,315	1,626	1,662	1,041

注：1)は、収入なしの経営体を含む。

15　農作業受託事業部門別農業経営体数（各年2月1日現在）
(1)　農業経営体

単位：経営体

年次・全国農業地域	実経営体数	耕種部門の農作業を受託した経営体数				
		実経営体数	水稲作	麦作	大豆作	野菜作
平成22年	130,432	128,813	116,883	5,717	5,893	2,596
27	110,969	109,546	98,287	3,979	4,056	1,842
北海道	4,080	3,461	1,139	1,076	710	195
都府県	106,889	106,085	97,148	2,903	3,346	1,647
東北	29,787	29,526	27,546	303	909	268
北陸	12,144	12,112	11,675	296	486	84
関東・東山	18,560	18,432	16,882	624	299	427
東海	7,940	7,906	6,853	433	311	109
近畿	9,214	9,191	8,517	346	352	129
中国	10,326	10,296	9,698	120	194	117
四国	3,787	3,771	3,290	70	19	115
九州	14,822	14,574	12,674	711	776	389
沖縄	309	277	13	–	–	9

年次・全国農業地域	耕種部門の農作業を受託した経営体数（続き）				畜産部門	
	果樹作	飼料用作物	工芸農作物	その他の作物		酪農ヘルパー
平成22年	3,509	3,128	1,953	2,943	2,286	627
27	2,377	2,405	1,376	3,983	1,822	377
北海道	25	558	131	801	709	203
都府県	2,352	1,847	1,245	3,182	1,113	174
東北	688	705	56	612	354	49
北陸	105	55	18	214	36	4
関東・東山	696	169	52	520	170	34
東海	152	52	148	645	42	14
近畿	221	63	43	259	39	14
中国	134	145	16	352	51	13
四国	130	11	45	254	20	8
九州	217	639	620	322	367	36
沖縄	9	8	247	4	34	2

15 農作業受託事業部門別農業経営体数（各年2月1日現在）（続き）
(2) 農業経営体のうち組織経営体

単位：経営体

年次・全国農業地域	実経営体数	耕種部門の農作業を受託した経営体数				
		実経営体数	水稲作	麦作	大豆作	野菜作
平成22年	15,401	14,802	11,625	1,740	1,933	605
27	14,160	13,657	11,004	1,425	1,570	578
北海道	965	749	269	279	151	80
都府県	13,195	12,908	10,735	1,146	1,419	498
東北	2,876	2,777	2,163	106	337	75
北陸	2,039	2,015	1,869	139	246	27
関東・東山	1,528	1,479	1,236	203	102	89
東海	866	851	733	106	79	23
近畿	1,350	1,340	1,195	135	140	42
中国	1,488	1,476	1,356	56	105	28
四国	414	407	324	21	8	50
九州	2,574	2,507	1,857	380	402	160
沖縄	60	56	2	-	-	4

年次・全国農業地域	耕種部門の農作業を受託した経営体数（続き）				畜産部門	
	果樹作	飼料用作物	工芸農作物	その他の作物		酪農ヘルパー
平成22年	958	483	559	696	664	171
27	610	505	430	724	550	104
北海道	10	144	35	139	234	53
都府県	600	361	395	585	316	51
東北	268	142	9	149	106	14
北陸	15	19	4	83	24	2
関東・東山	88	31	10	106	54	15
東海	17	11	40	38	16	6
近畿	60	26	13	49	12	2
中国	39	41	3	46	16	1
四国	29	1	14	22	7	2
九州	81	90	250	91	77	9
沖縄	3	-	52	1	4	-

Ⅲ 農家

1 都道府県別販売農家数（各年2月1日現在）

(1) 主副業別農家数　　　　　　　　　　(2) 専兼業別農家数

単位：千戸　　　　　　　　　　　　　　　　単位：千戸

年次・都道府県	計	主業農家	準主業農家	副業的農家	専業農家	兼業農家 計	第1種兼業農家	第2種兼業農家
平成30年	1,164.1	251.8	187.8	724.5	375.1	789.0	181.5	607.5
31	1,130.1	235.5	165.5	729.1	368.3	761.8	177.4	584.4
北海道	35.1	24.9	1.2	9.0	22.7	12.4	10.0	2.4
青森	29.7	10.9	4.2	14.6	10.4	19.3	8.1	11.3
岩手	37.6	6.4	6.9	24.4	11.0	26.7	5.0	21.7
宮城	30.2	5.7	6.4	18.1	5.7	24.5	5.9	18.6
秋田	30.4	5.0	6.7	18.7	5.8	24.6	6.2	18.4
山形	28.1	7.1	4.8	16.2	6.9	21.3	7.2	14.0
福島	43.9	6.6	9.6	27.7	9.0	34.9	7.1	27.8
茨城	49.4	10.0	5.6	33.8	14.7	34.7	7.8	26.9
栃木	35.3	7.9	6.5	20.9	10.2	25.0	5.9	19.1
群馬	22.7	5.2	2.2	15.3	9.7	13.0	3.1	10.0
埼玉	31.9	5.4	4.8	21.7	10.2	21.7	4.0	17.7
千葉	39.6	10.2	6.1	23.3	13.4	26.2	8.0	18.1
東京	4.7	1.1	1.9	1.7	0.7	3.9	0.7	3.3
神奈川	11.6	2.6	2.5	6.5	4.0	7.6	1.2	6.4
新潟	47.5	6.4	12.7	28.4	8.5	39.0	8.5	30.5
富山	13.4	0.7	1.9	10.8	1.9	11.5	1.0	10.5
石川	10.6	1.0	1.5	8.1	2.4	8.2	1.5	6.7
福井	10.9	0.6	1.5	8.8	1.9	9.0	1.2	7.8
山梨	15.5	3.6	1.9	10.0	6.5	9.0	3.1	5.9
長野	43.4	7.8	6.6	29.0	14.8	28.6	5.2	23.5
岐阜	23.2	2.2	1.7	19.3	5.5	17.6	2.8	14.8
静岡	27.5	6.5	4.4	16.6	8.7	18.9	5.3	13.6
愛知	29.4	7.7	4.3	17.4	10.2	19.3	4.1	15.2
三重	20.7	1.8	3.3	15.5	5.1	15.5	2.1	13.4
滋賀	15.3	1.2	2.7	11.4	2.3	13.0	1.9	11.1
京都	14.6	1.7	1.9	10.9	3.7	10.9	1.6	9.3
大阪	7.5	0.7	1.7	5.0	2.9	4.6	0.3	4.3
兵庫	38.7	3.2	5.6	29.8	10.7	27.9	2.8	25.1
奈良	11.5	1.4	1.0	9.1	3.5	8.0	0.9	7.1
和歌山	18.1	5.4	2.1	10.6	9.2	8.9	2.9	6.0
鳥取	15.0	2.2	2.2	10.5	3.9	11.1	2.1	9.0
島根	16.0	1.3	2.5	12.1	3.9	12.1	1.4	10.7
岡山	30.4	2.5	4.0	23.9	8.4	21.9	2.7	19.2
広島	22.9	2.0	3.3	17.6	7.7	15.2	2.2	13.0
山口	16.8	1.3	2.1	13.4	7.4	9.4	1.1	8.3
徳島	15.8	3.2	1.4	11.3	5.9	9.9	1.7	8.2
香川	17.9	1.9	1.9	14.1	5.1	12.8	1.3	11.5
愛媛	22.9	4.7	3.2	15.0	10.8	12.1	2.6	9.5
高知	13.2	4.0	0.9	8.4	6.1	7.1	2.6	4.5
福岡	28.8	7.2	3.3	18.3	9.5	19.3	5.4	13.8
佐賀	14.5	4.1	1.7	8.8	3.7	10.8	3.7	7.1
長崎	19.4	5.6	2.6	11.2	7.5	11.9	3.2	8.7
熊本	33.8	11.6	3.7	18.5	13.6	20.3	8.0	12.3
大分	20.0	2.8	2.6	14.6	7.5	12.5	2.8	9.7
宮崎	22.5	7.8	1.4	13.3	11.3	11.2	4.4	6.7
鹿児島	30.2	8.5	3.1	18.5	16.8	13.3	4.6	8.7
沖縄	11.9	3.7	1.2	7.0	7.1	4.8	1.8	3.0

資料：農林水産省統計部「農業構造動態調査」（以下5まで同じ。）

2　農業経営組織別農家数（販売農家）（各年2月1日現在）

単位：千戸

区分	平成27年	28	29	30	31
全国	1,329.6	1,262.5	1,200.3	1,164.1	1,130.1
単一経営農家	961.2	935.0	893.1	867.1	842.2
稲作	620.1	593.4	557.4	537.5	520.2
1)畑作	41.2	38.3	35.4	34.0	32.8
露地野菜	74.5	73.5	71.8	70.3	69.7
施設野菜	40.7	42.0	44.8	45.0	43.5
果樹類	114.8	114.4	112.5	111.5	109.7
酪農	13.1	13.2	12.6	12.0	11.6
肉用牛	22.3	23.1	23.7	23.0	22.6
2)その他	34.6	35.0	34.9	33.8	32.1
複合経営農家	247.8	238.0	227.8	222.1	216.8
販売のなかった農家	120.7	89.5	79.4	74.9	71.1

資料：平成27年は、農林水産省統計部「2015年農林業センサス」
注：1　単一経営農家とは、主位部門の販売金額が8割以上の販売農家をいう。
　　2　複合経営農家とは、主位部門の販売金額が8割未満の販売農家をいう。
　　　1)は、「麦類作」、「雑穀・いも類・豆類」及び「工芸農作物」部門の単一経営農家の合計である。
　　　2)は、「花き・花木」、「その他の作物」、「養豚」、「養鶏」、「養蚕」及び「その他の畜産」
部門の単一経営農家の合計である。

3　経営耕地面積規模別農家数（販売農家）（各年2月1日現在）

単位：千戸

年次・全国農業地域	計	1)1.0ha未満	1.0～5.0	5.0～10.0	10.0～20.0	20.0～30.0	30.0ha以上
平成30年	1,164.1	610.6	462.4	48.8	21.6	8.6	12.2
31	1,130.1	588.7	451.5	46.4	22.7	8.6	12.2
北海道	35.1	2.7	6.1	4.1	6.9	5.1	10.2
都府県	1,095.0	586.0	445.4	42.3	15.8	3.5	2.0
東北	200.0	72.4	104.8	14.2	6.4	1.5	0.7
北陸	82.4	32.7	42.0	5.2	1.8	0.4	0.3
関東・東山	254.1	135.7	104.9	9.0	3.4	0.8	0.3
東海	100.8	69.6	28.3	1.8	0.6	0.1	0.4
近畿	105.7	72.0	31.6	1.3	0.5	0.2	0.1
中国	101.0	69.3	30.2	1.2	0.3	0.0	0.0
四国	69.8	46.5	22.5	0.6	0.2	0.0	－
九州	169.2	84.0	74.9	7.9	2.0	0.3	0.1
沖縄	11.9	5.3	5.5	0.9	0.2	－	－

注：1)は、経営耕地面積なしを含む。

4 農産物販売金額規模別農家数（販売農家）（各年2月1日現在）

単位：千戸

年次・全国農業地域	計	1) 50万円未満	50〜100	100〜500	500〜1,000	1,000〜3,000	3,000〜5,000	5,000〜1億	1億円以上
平成30年	1,164.1	407.0	194.3	344.8	98.2	89.9	17.5	9.0	3.4
31	1,130.1	387.6	190.5	336.4	97.5	88.7	16.9	9.2	3.2
北海道	35.1	2.3	1.2	4.7	4.6	12.5	5.6	3.2	1.1
都府県	1,095.0	385.3	189.4	331.7	93.0	76.2	11.3	6.0	2.2
東北	200.0	45.6	35.7	78.7	23.9	13.7	1.6	0.7	0.2
北陸	82.4	21.8	17.5	32.8	6.1	3.6	0.5	0.1	0.1
関東・東山	254.1	80.5	45.0	78.4	22.9	21.3	3.5	2.0	0.5
東海	100.8	47.3	15.1	21.8	6.0	7.7	1.8	0.7	0.3
近畿	105.7	50.1	18.5	26.2	6.6	3.6	0.3	0.3	0.0
中国	101.0	54.6	19.5	20.4	3.5	2.5	0.2	0.2	0.1
四国	69.8	28.9	11.3	19.8	4.8	4.2	0.4	0.3	0.1
九州	169.2	54.5	23.9	48.3	18.0	19.1	2.9	1.6	0.9
沖縄	11.9	2.0	2.8	5.4	1.0	0.6	0.1	0.0	－

注：1)は、販売なしを含む。

5 農産物販売金額1位の部門別農家数（販売農家）（各年2月1日現在）

単位：千戸

年次	計	稲作	1) 畑作	露地野菜	施設野菜
平成27年	1,208.9	705.0	67.6	127.5	69.0
28	1,173.0	667.0	65.8	129.6	72.0
29	1,120.9	630.4	58.7	125.2	72.6
30	1,089.2	609.4	56.4	122.9	72.9
31	1,059.0	591.5	54.9	118.7	72.1

年次	果樹類	酪農	肉用牛	2) その他
平成27年	143.6	15.3	32.9	47.9
28	140.1	15.3	32.6	50.5
29	136.9	14.5	33.4	49.2
30	134.5	14.1	32.1	46.9
31	132.0	13.5	31.4	45.0

資料：平成27年は、農林水産省統計部「2015年農林業センサス」
注： 1)は、「麦類作」、「雑穀・いも類・豆類」及び「工芸農作物」部門が1位の販売農家の合計である。
　　 2)は、「花き・花木」、「その他の作物」、「養豚」、「養鶏」及び「その他の畜産」部門が1位の販売農家の合計である。

6 農業労働力保有状態別農家数（販売農家）（各年2月1日現在）

単位：戸

年次・全国農業地域	計	専従者あり						
		小計	65歳未満の専従者がいる			男女の専従者がいる	専従者は男だけ	専従者は女だけ
			小計	60歳未満の男の専従者がいる	60歳未満の女の専従者がいる			
平成22年	1,631,206	854,045	455,431	265,528	199,431	464,454	289,975	99,616
27	1,329,591	704,597	352,317	198,970	130,247	379,614	252,956	72,027
北海道	38,086	34,041	28,398	22,252	16,323	26,864	6,144	1,033
都府県	1,291,505	670,556	323,919	176,718	113,924	352,750	246,812	70,994
東北	240,088	127,770	68,138	33,895	21,385	66,010	47,751	14,009
北陸	99,446	37,765	16,086	8,272	3,537	15,463	18,847	3,455
関東・東山	290,456	164,969	80,773	45,495	29,824	93,441	54,952	16,576
東海	121,139	62,736	27,925	15,629	11,591	34,116	20,725	7,895
近畿	125,932	53,169	23,111	12,286	7,816	24,098	23,281	5,790
中国	121,572	51,461	16,656	7,101	4,140	22,403	21,660	7,398
四国	79,358	43,239	19,928	10,641	6,992	23,045	15,160	5,034
九州	199,273	119,306	65,649	39,960	27,402	70,743	38,341	10,222
沖縄	14,241	10,141	5,653	3,439	1,237	3,431	6,095	615

年次・全国農業地域	専従者なし				
	小計	男女の準専従者がいる	準専従者は男だけ	準専従者は女だけ	準専従者もいない
平成22年	777,161	186,146	231,160	60,670	299,185
27	624,994	121,935	201,520	42,749	258,790
北海道	4,045	1,313	1,019	317	1,396
都府県	620,949	120,622	200,501	42,432	257,394
東北	112,318	24,424	37,217	7,645	43,032
北陸	61,681	11,021	23,233	3,108	24,319
関東・東山	125,487	27,287	39,827	9,081	49,292
東海	58,403	11,612	17,689	4,628	24,474
近畿	72,763	9,613	22,974	3,819	36,357
中国	70,111	12,091	20,851	5,587	31,582
四国	36,119	6,981	10,791	2,877	15,470
九州	79,967	16,827	26,139	5,372	31,629
沖縄	4,100	766	1,780	315	1,239

資料：農林水産省統計部「農林業センサス」（以下9まで同じ。）
注： 1 専従者とは、調査期日前1年間に自営農業に150日以上従事した者をいう。
　　 2 準専従者とは、調査期日前1年間に自営農業に60〜149日従事した者をいう。

7 家族経営構成別農家数（販売農家）（各年2月1日現在）

単位：戸

年次・全国農業地域	計	一世代家族経営	一人家族経営	夫婦家族経営	二世代家族経営	三世代等家族経営
平成22年	1,631,206	1,103,982	532,542	563,961	482,289	44,935
27	1,329,591	918,161	442,813	468,130	380,651	30,779
北海道	38,086	18,600	4,783	13,608	17,597	1,889
都府県	1,291,505	899,561	438,030	454,522	363,054	28,890
東北	240,088	154,233	71,953	80,888	78,491	7,364
北陸	99,446	70,962	41,141	29,488	26,624	1,860
関東・東山	290,456	195,958	86,316	107,781	87,368	7,130
東海	121,139	81,729	38,380	42,921	36,426	2,984
近畿	125,932	93,949	55,054	38,368	30,066	1,917
中国	121,572	93,054	49,389	43,103	26,829	1,689
四国	79,358	57,593	26,998	30,194	20,232	1,533
九州	199,273	140,509	62,409	76,809	54,461	4,303
沖縄	14,241	11,574	6,390	4,970	2,557	110

8 後継者の有無別農家数（販売農家）（各年2月1日現在）

単位：戸

年次・全国農業地域	計	同居農業後継者がいる		同居農業後継者がいない	
		男の同居農業後継者がいる	女の同居農業後継者がいる	他出農業後継者がいる	他出農業後継者がいない
平成22年	1,631,206	621,052	54,293	293,711	662,150
27	1,329,591	362,418	34,686	250,471	682,016
北海道	38,086	7,652	495	2,933	27,006
都府県	1,291,505	354,766	34,191	247,538	655,010
東北	240,088	75,452	8,260	38,378	117,998
北陸	99,446	32,016	2,553	14,878	49,999
関東・東山	290,456	79,477	8,691	49,465	152,823
東海	121,139	36,923	3,350	21,972	58,894
近畿	125,932	34,801	2,766	28,121	60,244
中国	121,572	31,246	2,875	30,901	56,550
四国	79,358	18,859	1,907	18,708	39,884
九州	199,273	43,992	3,668	40,534	111,079
沖縄	14,241	2,000	121	4,581	7,539

9 農作業受託料金収入がある農家の事業部門別農家数（販売農家）
（各年2月1日現在）

単位：戸

年次・全国農業地域	実農家数	耕種部門の農作業を受託した農家数				
		実農家数	水稲作	麦作	大豆作	野菜作
平成22年	113,982	113,095	104,490	3,941	3,907	1,942
27	95,880	95,042	86,631	2,537	2,457	1,234
北海道	3,099	2,703	869	790	550	114
都府県	92,781	92,339	85,762	1,741	1,899	1,120
東北	26,672	26,534	25,192	192	561	188
北陸	10,049	10,045	9,761	156	237	57
関東・東山	16,884	16,816	15,560	418	196	330
東海	6,985	6,968	6,065	327	231	84
近畿	7,784	7,773	7,266	210	208	84
中国	8,703	8,686	8,225	62	88	85
四国	3,325	3,320	2,936	49	11	64
九州	12,137	11,983	10,746	327	367	224
沖縄	242	214	11	－	－	4

年次・全国農業地域	耕種部門の農作業を受託した農家数（続き）				畜産	
	果樹作	飼料用作物	工芸農作物	その他の作物		酪農ヘルパー
平成22年	2,467	2,638	1,381	2,232	1,487	449
27	1,708	1,892	932	3,170	1,187	271
北海道	15	412	95	658	468	150
都府県	1,693	1,480	837	2,512	719	121
東北	415	558	47	452	224	35
北陸	89	36	14	125	7	2
関東・東山	584	138	41	395	105	19
東海	127	41	108	584	24	8
近畿	150	37	29	203	24	10
中国	90	104	13	299	34	12
四国	96	10	31	223	9	6
九州	136	548	365	229	262	27
沖縄	6	8	189	2	30	2

Ⅳ 農業労働力

1 農業経営体の労働力（各年2月1日現在）

(1) 農業経営体

年次・全国農業地域	1) 経営者数	雇用者			常雇い			臨時雇い（手伝い等を含む。）		
		雇い入れた経営体数	実人数	延べ人日	雇い入れた経営体数	実人数	延べ人日	雇い入れた経営体数	実人数	延べ人日
	千人	千経営体	千人	千人日	千経営体	千人	千人日	千経営体	千人	千人日
平成22年	1,943	443	2,330	65,748	41	154	31,388	427	2,176	34,360
27	1,650	314	1,677	68,036	54	220	43,215	290	1,456	24,821
北海道	51	21	157	7,210	6	23	4,772	19	133	2,437
都府県	1,599	293	1,520	60,826	48	197	38,443	271	1,323	22,383
東北	299	64	372	9,605	6	22	4,739	62	349	4,866
北陸	147	20	99	3,330	3	13	2,119	18	86	1,211
関東・東山	331	65	330	16,030	14	54	10,730	59	276	5,301
東海	140	24	113	6,670	7	27	4,868	20	85	1,803
近畿	160	24	110	3,669	3	9	1,886	23	101	1,783
中国	149	21	92	3,706	2	12	2,370	20	80	1,336
四国	91	18	89	3,828	3	12	2,392	17	77	1,437
九州	266	54	304	13,214	11	44	8,815	49	260	4,399
沖縄	16	3	12	774	1	3	526	2	10	248

資料：農林水産省統計部「農林業センサス」（以下(2)まで同じ。）
注：1)は、農業経営に従事した経営者数（会社の役員や集落営農の構成員等を含む。）である。

(2) 農業経営体のうち組織経営体

年次・全国農業地域	1) 経営者数	雇用者			常雇い			臨時雇い（手伝い等を含む。）		
		雇い入れた経営体数	実人数	延べ人日	雇い入れた経営体数	実人数	延べ人日	雇い入れた経営体数	実人数	延べ人日
	千人	千経営体	千人	千人日	千経営体	千人	千人日	千経営体	千人	千人日
平成22年	324	16	237	21,682	9	82	16,468	12	155	5,213
27	323	22	278	31,556	14	121	25,354	16	157	6,202
北海道	13	2	24	3,303	1	12	2,658	1	12	645
都府県	309	20	254	28,253	13	109	22,695	15	145	5,557
東北	59	4	42	4,338	2	15	3,353	3	27	985
北陸	48	2	32	2,178	1	10	1,617	2	23	560
関東・東山	41	4	48	6,441	3	26	5,464	2	22	977
東海	19	2	23	2,763	1	12	2,313	1	11	450
近畿	34	2	22	1,550	1	5	1,070	1	17	479
中国	28	2	23	2,471	1	9	1,870	1	14	601
四国	11	1	13	1,694	1	6	1,362	1	6	332
九州	67	4	49	6,440	3	24	5,316	3	25	1,124
沖縄	1	0	2	378	0	2	329	0	1	48

注：1)は、農業経営に従事した経営者数（会社の役員や集落営農の構成員等を含む。）である。

2 農家の家族労働力

(1) 全国農業地域別世帯員数・農業就業人口（販売農家）（平成31年2月1日現在）

単位：千人

年次・全国農業地域	世帯員数			農業就業人口		
	計	男	女	計	男	女
全国	3,984.4	1,995.9	1,988.5	1,681.1	917.3	763.8
北海道	120.0	65.1	62.9	87.9	48.5	39.4
都府県	3,856.4	1,930.8	1,925.6	1,593.3	868.8	724.5
東北	749.9	373.6	376.3	285.1	154.0	131.1
北陸	311.8	155.6	156.2	107.7	58.9	48.8
関東・東山	905.1	461.8	443.3	408.4	215.6	192.8
東海	388.1	195.1	193.0	142.7	80.2	62.5
近畿	371.9	182.0	189.9	150.9	81.0	69.9
中国	323.9	160.4	163.5	114.9	64.0	50.9
四国	224.2	110.9	113.3	101.0	56.3	44.7
九州	550.6	274.7	275.9	266.7	148.0	118.7
沖縄	31.1	16.8	14.3	15.9	10.7	5.2

資料：農林水産省統計部「平成31年農業構造動態調査」（以下(2)まで同じ。）

(2) 年齢別世帯員数（販売農家）（平成31年2月1日現在）

単位：千人

年次・全国農業地域	計	39歳以下	40～49	50～59	60～64	65～69	70～74	75歳以上
全国	3,984.4	1,005.6	379.2	429.7	368.7	648.8	337.8	814.5
北海道	128.0	37.3	13.8	16.3	11.5	18.2	9.7	21.2
都府県	3,856.4	968.4	365.4	413.4	357.2	630.7	328.1	793.3
東北	749.9	203.6	75.2	78.4	71.4	124.1	52.5	144.6
北陸	311.8	85.7	31.3	33.1	29.9	45.7	28.0	58.2
関東・東山	905.1	230.9	89.9	95.5	81.4	145.6	77.2	184.4
東海	388.1	103.6	38.8	42.4	31.4	57.1	34.5	80.3
近畿	371.9	93.9	34.0	42.0	34.4	58.4	32.1	77.0
中国	323.9	68.9	30.9	31.7	28.2	56.5	33.4	74.2
四国	224.2	45.3	19.3	22.1	21.5	39.6	21.6	54.9
九州	550.6	130.9	43.6	64.3	56.0	96.4	45.7	113.9
沖縄	31.1	5.4	2.5	3.8	3.0	7.3	3.0	6.0

(3)　年齢別農業従事者数（販売農家）（各年2月1日現在）

単位：千人

年次・全国農業地域	男女計							
	計	39歳以下	40～49	50～59	60～64	65～69	70～74	75歳以上
平成30年	2,875.3	342.1	273.0	417.6	362.3	614.2	296.7	569.5
31	2,764.9	316.3	265.2	369.9	336.0	618.5	320.0	539.0
北海道	93.5	14.3	12.8	15.7	11.3	17.9	9.4	12.1
都府県	2,671.5	301.9	252.4	354.2	324.7	600.6	310.6	527.1
東北	519.0	71.0	56.0	69.3	66.5	120.6	50.7	84.9
北陸	211.0	27.6	22.6	28.1	26.5	43.9	26.0	36.3
関東・東山	619.9	67.8	58.4	81.0	74.6	138.3	73.7	126.1
東海	253.4	25.0	23.6	33.9	28.3	53.3	32.3	57.0
近畿	255.7	30.5	23.3	35.4	30.1	55.4	29.8	51.2
中国	234.8	21.5	20.8	27.5	26.0	54.0	32.0	53.0
四国	162.0	14.1	13.5	19.1	18.7	37.8	20.1	38.7
九州	393.8	42.7	32.2	56.3	51.5	90.9	43.8	76.4
沖縄	22.0	1.4	2.1	3.5	2.6	6.3	2.4	3.7

年次・全国農業地域	男							
	小計	39歳以下	40～49	50～59	60～64	65～69	70～74	75歳以上
平成30年	1,595.2	225.7	164.5	217.1	179.8	343.9	168.5	295.6
31	1,536.0	208.5	163.5	192.2	161.0	342.6	187.7	280.5
北海道	51.6	9.5	7.1	8.0	5.8	9.2	5.8	6.2
都府県	1,484.5	199.0	156.3	184.2	155.2	333.4	181.9	274.5
東北	285.8	44.9	34.8	35.5	30.9	66.5	29.9	43.3
北陸	121.5	18.6	14.6	14.4	13.8	25.8	15.5	18.8
関東・東山	344.2	43.3	36.4	42.3	35.9	75.9	43.2	67.2
東海	138.8	16.5	14.8	17.3	13.5	29.1	18.9	28.7
近畿	144.7	21.0	14.2	18.6	13.7	32.2	16.9	28.1
中国	129.1	15.2	13.1	14.4	12.1	29.0	18.7	26.6
四国	88.1	9.9	8.1	9.6	9.0	20.1	11.4	20.0
九州	218.4	28.2	19.1	29.8	24.6	51.1	25.7	39.9
沖縄	13.9	1.0	1.3	2.1	1.8	3.6	1.8	2.3

年次・全国農業地域	女							
	小計	39歳以下	40～49	50～59	60～64	65～69	70～74	75歳以上
平成30年	1,280.1	116.4	108.5	200.5	182.5	270.3	128.2	273.9
31	1,228.9	107.8	101.7	177.7	175.0	275.9	132.3	258.5
北海道	41.9	4.8	5.7	7.7	5.5	8.7	3.6	5.9
都府県	1,187.0	102.9	96.0	170.0	169.5	267.2	128.7	252.7
東北	233.2	26.1	21.2	33.8	35.6	54.1	20.8	41.6
北陸	89.5	9.0	8.0	13.7	12.7	18.1	10.5	17.5
関東・東山	275.7	24.5	22.0	38.7	38.7	62.4	30.5	58.9
東海	114.6	8.5	8.8	16.6	14.8	24.2	13.4	28.3
近畿	111.0	9.5	9.1	16.8	16.4	23.2	12.9	23.1
中国	105.7	6.3	7.7	13.1	13.9	25.0	13.3	26.4
四国	73.9	4.2	5.4	9.5	9.7	17.7	8.7	18.7
九州	175.4	14.5	13.1	26.5	26.8	39.8	18.1	36.6
沖縄	8.1	0.4	0.8	1.4	0.8	2.7	0.6	1.4

資料：農林水産省統計部「農業構造動態調査」（以下(6)まで同じ。）

2 農家の家族労働力（続き）

(4) 自営農業従事日数別農業従事者数（販売農家）（各年2月1日現在）

単位：千人

年次・全国農業地域	男女計				
	計	149日以下	150〜199	200〜249	250日以上
平成27年	3,398.9	2,153.8	291.0	313.7	640.4
28	3,170.0	1,993.1	245.4	270.3	661.4
北海道	102.6	21.7	10.9	18.9	51.0
都府県	3,067.4	1,971.4	234.5	251.3	610.4
東北	592.3	000.6	50.7	60.9	87.1
北陸	248.1	196.8	17.9	14.8	18.5
関東・東山	699.4	419.0	51.5	58.2	170.7
東海	305.6	184.2	25.3	25.1	71.2
近畿	292.8	212.5	18.8	19.6	42.0
中国	276.4	202.3	21.2	18.9	34.0
四国	179.6	109.5	13.8	15.0	41.4
九州	448.6	244.7	33.0	35.9	135.1
沖縄	24.6	8.9	2.5	2.9	10.3

年次・全国農業地域	男				
	小計	149日以下	150〜199	200〜249	250日以上
平成27年	1,869.9	1,129.4	164.5	179.2	396.8
28	1,748.6	1,038.7	134.5	155.6	419.9
北海道	55.9	9.6	4.3	10.2	31.8
都府県	1,692.7	1,029.1	130.2	145.3	388.1
東北	326.7	206.8	27.8	36.7	55.4
北陸	140.5	104.8	12.2	10.7	12.7
関東・東山	386.9	220.3	27.7	30.6	108.3
東海	165.0	95.2	12.5	14.3	43.2
近畿	163.9	113.0	11.3	11.3	28.4
中国	149.6	103.3	12.2	11.7	22.4
四国	97.5	55.6	7.7	7.9	26.4
九州	247.1	125.9	17.4	20.5	83.3
沖縄	15.5	4.4	1.4	1.7	8.0

年次・全国農業地域	女				
	小計	149日以下	150〜199	200〜249	250日以上
平成27年	1,529.0	1,024.4	126.5	134.5	243.6
28	1,421.4	954.4	110.9	114.7	241.5
北海道	46.7	12.1	6.6	8.7	19.2
都府県	1,374.7	942.3	104.3	106.0	222.3
東北	265.6	186.8	22.9	24.2	31.7
北陸	107.6	92.0	5.7	4.1	5.8
関東・東山	312.5	198.7	23.8	27.6	62.4
東海	140.6	89.0	12.8	10.8	28.0
近畿	128.9	99.5	7.5	8.3	13.6
中国	126.8	99.0	9.0	7.2	11.6
四国	82.1	53.9	6.1	7.1	15.0
九州	201.5	118.8	15.6	15.4	51.8
沖縄	9.1	4.5	1.1	1.2	2.3

(5)　年齢別農業就業人口（販売農家）（各年2月1日現在）

単位：千人

年次・ 全国農業地域	男女計							
	計	39歳以下	40～49	50～59	60～64	65～69	70～74	75歳以上
平成30年	1,752.5	101.1	91.0	162.8	197.6	451.0	247.6	501.6
31	1,681.1	93.1	89.5	143.6	174.8	446.4	260.8	472.8
北海道	87.9	12.9	12.2	14.6	10.6	17.0	8.9	11.7
都府県	1,593.3	80.2	77.3	128.9	164.3	429.5	251.9	461.1
東北	285.1	13.7	12.1	23.1	35.1	88.7	41.8	70.8
北陸	107.7	4.8	3.9	5.7	9.0	28.7	21.1	34.6
関東・東山	408.4	24.0	22.2	35.8	42.8	104.6	62.7	116.3
東海	142.7	5.6	7.8	11.8	12.4	34.5	24.1	46.4
近畿	150.9	7.7	7.0	10.5	15.0	40.1	24.1	46.3
中国	114.9	2.4	2.6	4.6	8.6	32.1	23.3	41.3
四国	101.0	4.3	4.3	7.1	10.7	27.0	15.5	32.2
九州	266.7	16.9	15.9	28.5	28.7	69.2	37.5	70.2
沖縄	15.9	0.8	1.3	2.1	2.0	4.7	1.8	3.1

年次・ 全国農業地域	男							
	小計	39歳以下	40～49	50～59	60～64	65～69	70～74	75歳以上
平成30年	945.0	68.4	53.0	80.1	90.5	244.7	141.0	267.3
31	917.3	63.5	53.9	71.9	80.1	240.6	153.1	254.1
北海道	48.5	8.8	6.8	7.7	5.4	8.6	5.5	5.9
都府県	868.8	54.7	47.1	64.2	74.8	232.1	147.6	248.2
東北	154.0	9.7	7.9	11.6	15.6	47.1	24.2	38.1
北陸	58.9	3.4	2.5	2.4	4.4	16.1	12.2	17.9
関東・東山	215.6	14.8	12.8	17.6	18.3	54.0	35.9	62.2
東海	80.2	4.0	4.9	6.0	6.1	19.4	14.9	25.0
近畿	81.0	5.2	3.7	4.3	6.0	22.7	13.6	25.6
中国	64.0	1.9	1.7	2.5	4.2	17.3	14.2	22.2
四国	56.3	3.2	2.8	3.5	4.7	15.0	9.5	17.6
九州	148.0	12.0	9.8	15.2	14.1	37.7	21.8	37.6
沖縄	10.7	0.6	0.9	1.4	1.4	2.9	1.4	2.1

年次・ 全国農業地域	女							
	小計	39歳以下	40～49	50～59	60～64	65～69	70～74	75歳以上
平成30年	807.5	32.7	38.0	82.7	107.1	206.3	106.6	234.3
31	763.8	29.6	35.6	71.7	94.7	205.8	107.7	218.7
北海道	39.4	4.1	5.4	6.9	5.2	8.4	3.4	5.8
都府県	724.5	25.5	30.2	64.7	89.5	197.4	104.3	212.9
東北	131.1	4.0	4.2	11.5	19.5	41.6	17.6	32.7
北陸	48.8	1.4	1.4	3.3	4.6	12.6	8.9	16.7
関東・東山	192.8	9.2	9.4	18.2	24.5	50.6	26.8	54.1
東海	62.5	1.6	2.9	5.8	6.3	15.1	9.2	21.4
近畿	69.9	2.5	3.3	6.3	9.0	17.4	10.5	20.7
中国	50.9	0.6	0.9	2.1	4.4	14.8	9.1	19.1
四国	44.7	1.1	1.5	3.6	6.0	12.0	6.0	14.6
九州	118.7	4.9	6.1	13.3	14.6	31.5	15.7	32.6
沖縄	5.2	0.2	0.4	0.7	0.6	1.8	0.4	1.0

注：　農業就業人口とは、15歳以上の世帯員のうち、調査期日前1年間に自営農業だけに従事した者又は
　　自営農業とその他の仕事の両方に従事したが、自営農業従事日数の方が多かった者の人口をいう。

2　農家の家族労働力（続き）
(6)　年齢別基幹的農業従事者数（販売農家）（各年2月1日現在）

単位：千人

年次・全国農業地域	男女計							
	計	39歳以下	40〜49	50〜59	60〜64	65〜69	70〜74	75歳以上
平成30年	1,450.5	72.5	79.7	143.9	167.3	392.6	213.8	380.5
31	1,404.1	68.1	79.7	128.7	148.7	388.7	227.3	362.8
北海道	81.9	11.3	12.0	14.4	10.4	16.4	8.5	9.0
都府県	1,322.1	56.8	67.8	114.3	138.3	372.2	218.8	353.8
東北	243.0	10.0	10.6	20.0	31.1	79.7	37.9	52.7
北陸	77.6	2.0	3.1	4.0	6.1	23.2	16.7	22.6
関東・東山	337.2	16.2	19.9	31.2	35.0	90.0	54.6	90.4
東海	130.3	4.9	7.4	10.9	11.6	32.2	22.3	41.1
近畿	101.0	3.2	4.5	8.3	9.8	28.4	17.4	29.6
中国	94.3	2.1	2.3	4.3	6.5	27.3	20.3	31.8
四国	86.4	3.1	4.1	6.4	9.6	23.1	14.3	25.9
九州	237.7	13.8	15.2	26.4	27.0	64.0	33.9	57.1
沖縄	14.0	0.5	1.1	2.0	1.8	4.5	1.5	2.5

年次・全国農業地域	男							
	小計	39歳以下	40〜49	50〜59	60〜64	65〜69	70〜74	75歳以上
平成30年	864.9	54.6	51.0	79.0	87.6	233.7	130.8	228.1
31	842.1	51.5	51.7	71.2	77.6	228.9	143.3	217.9
北海道	46.6	8.1	6.8	7.6	5.3	8.4	5.4	5.0
都府県	795.5	43.4	45.0	63.6	72.3	220.4	137.9	212.9
東北	143.9	8.4	7.6	11.6	15.3	45.9	22.8	32.4
北陸	51.3	1.7	2.3	2.4	4.2	15.2	11.2	14.4
関東・東山	200.0	12.3	12.8	17.3	17.6	51.7	34.2	54.2
東海	77.0	3.7	4.7	5.8	6.1	19.1	14.2	23.4
近畿	64.9	2.3	3.1	4.3	5.7	19.2	11.1	19.3
中国	57.5	1.6	1.5	2.5	3.6	15.8	13.4	19.2
四国	51.1	2.5	2.8	3.4	4.7	14.0	8.9	14.9
九州	139.7	10.4	9.6	14.9	13.9	36.8	20.9	33.1
沖縄	10.1	0.5	0.7	1.4	1.3	2.9	1.3	1.9

年次・全国農業地域	女							
	小計	39歳以下	40〜49	50〜59	60〜64	65〜69	70〜74	75歳以上
平成30年	585.6	17.9	28.7	64.9	79.7	158.9	83.0	152.4
31	562.0	16.6	28.0	57.5	71.1	159.8	84.0	144.9
北海道	35.3	3.2	5.2	6.8	5.1	8.0	3.1	4.0
都府県	526.6	13.4	22.8	50.7	66.0	151.8	80.9	140.9
東北	99.7	2.4	2.9	9.3	15.8	33.8	15.1	20.3
北陸	26.3	0.3	0.8	1.6	1.9	8.0	5.5	8.2
関東・東山	137.2	3.9	7.1	13.9	17.4	38.3	20.4	36.2
東海	53.3	1.2	2.7	5.1	5.5	13.1	8.1	17.7
近畿	36.1	0.9	1.4	4.0	4.1	9.2	6.3	10.3
中国	36.8	0.5	0.8	1.8	2.9	11.5	6.9	12.6
四国	35.3	0.6	1.3	3.0	4.9	9.1	5.4	11.0
九州	98.0	3.4	5.6	11.5	13.1	27.2	13.0	24.0
沖縄	3.9	0.0	0.4	0.6	0.5	1.6	0.2	0.6

注：　基幹的農業従事者とは、農業就業人口のうち、ふだん仕事として主に自営農業に従事している者をいう。

3 農作業死亡事故件数

区分	平成26年		27		28		29		30	
	件数	割合	件数	割合	件数	割合	件数	割合	件数	割合
	人	%	人	%	人	%	人	%	人	%
事故発生件数計	350	100.0	338	100.0	312	100.0	304	100.0	274	100.0
農業機械作業に係る事故	232	66.3	205	60.7	217	69.6	211	69.4	164	59.9
乗用型トラクター	95	27.1	101	29.9	87	27.9	92	30.3	73	26.6
歩行型トラクター	30	8.6	21	6.2	35	11.2	28	9.2	24	8.8
農用運搬車	32	9.1	25	7.4	37	11.9	26	8.6	18	6.6
自脱型コンバイン	10	2.9	8	2.4	7	2.2	11	3.6	8	2.9
動力防除機	12	3.4	10	3.0	10	3.2	6	2.0	8	2.9
動力刈払機	8	2.3	7	2.1	10	3.2	12	3.9	6	2.2
その他	45	12.9	33	9.8	31	9.9	36	11.8	27	9.9
農業用施設作業に係る事故	24	6.9	14	4.1	14	4.5	13	4.3	13	4.7
機械・施設以外の作業に係る事故	94	26.9	119	35.2	81	26.0	80	26.3	97	35.4
性別										
男	305	87.1	285	84.3	257	82.4	266	87.5	225	82.1
女	45	12.9	53	15.7	55	17.6	38	12.5	49	17.9
年齢階層別										
30歳未満	2	0.6	1	0.3	2	0.6	3	1.0	3	1.1
30～39歳	3	0.9	9	2.7	0	0.0	1	0.3	2	0.7
40～49歳	7	2.0	4	1.2	5	1.6	6	2.0	4	1.5
50～59歳	15	4.3	19	5.6	20	6.4	18	5.9	12	4.4
60～64歳	28	8.0	21	6.2	31	9.9	19	6.3	16	5.8
65歳以上	295	84.3	284	84.0	254	81.4	256	84.2	237	86.5
65～69歳	42	12.0	33	9.8	34	10.9	44	14.5	26	9.5
70～79歳	108	30.9	93	27.5	101	32.4	84	27.6	67	24.5
80歳以上	145	41.4	158	46.7	119	38.1	128	42.1	144	52.6
不明	-	-	-	-	-	-	1	0.3	-	-

資料：農林水産省生産局「平成30年に発生した農作業死亡事故」（令和2年5月1日プレスリリース）

V 農業の担い手

1 人・農地プラン実質化の取組状況（令和2年3月末現在）

区分	単位	地区数	既に実質化されている地区	工程表を作成し、実質化に取り組む地区
令和2年	地区	67,616	18,826	48,790
地区内農地面積	万ha	392	180	212

資料：農林水産省経営局「人・農地プラン実質化の取組状況（令和2年3月末現在）」
注： 農地面積は、市町村の報告ベースであり、耕地及び作付面積統計による耕地面積とは必ずしも一致しない。

2 農地中間管理機構の借入・転貸面積の状況

単位：ha

年次	年間集積目標面積	機構の借入面積		3)機構の転貸面積		
		1)各年度末までに権利発生	2)各年度末までに計画公告	1)各年度末までに権利発生	新規集積面積	2)各年度末までに認可公告
平成30年度	149,210	40,686	43,291	43,845	16,364	45,901
令和元	149,210	35,437	38,972	39,937	15,480	42,435

資料：農林水産省経営局「農地中間管理機構の実績等に関する資料」（令和元年度版）
注： 1)は、過年度に計画公告（又は認可公告）し、各年度に権利発生したものを含む。
　　 2)は、1)に加え、権利発生は次年度以降であるものの、計画公告（又は認可公告）は各年度末までに行われたものを含む。
　　 3)は、過年度に機構が借り入れて、各年度に転貸したものを含む。

3 認定農業者（農業経営改善計画の認定状況）
(1) 基本構想作成及び認定農業者数（各年3月末現在）

年次	基本構想策定市町村数	認定市町村数	認定農業者数	法人	女性	共同申請
	市町村	市町村	経営体	経営体	経営体	経営体
平成27年	1,661	1,625	238,443	19,105	5,950	11,438
28	1,663	1,628	246,085	20,532	6,081	12,157
29	1,665	1,629	242,304	22,182	5,870	12,832
30	1,669	1,637	240,665	23,648	5,853	13,638
31	1,669	1,638	239,043	24,965	5,921	14,164

資料：農林水産省経営局資料「認定農業者の認定状況」（以下(5)まで同じ。）
注：1 認定農業者とは、農業経営基盤強化促進法に基づき農業経営改善計画を市町村に提出し認定を受けている者である。なお、認定農業者数には、特定農業法人で認定農業者とみなされている者も含む（以下(5)まで同じ。）。
　　2 基本構想とは、農業経営基盤強化促進法に基づき、市町村が策定する地域の実情に即して効率的・安定的な農業経営の目標等を内容とするものである。
　　3 平成27年の福島県の9市町村については、東京電力福島第一原発の事故の影響により調査が困難であったため、平成23年3月末現在の数値となっている（以下(5)まで同じ。）。
　　4 平成28年の熊本県の益城町については、熊本地震の影響により調査が困難であったため、平成27年3月末現在の数値となっている（以下(5)まで同じ。）。

(2) 年齢階層別の農業経営改善計画認定状況（各年3月末現在）

年次	単位	計	29歳以下	30～39	40～49	50～59	60～64	65歳以上
認定数								
平成27年	経営体	207,900	1,594	13,117	32,363	61,467	43,793	55,566
28	〃	213,396	1,468	12,941	31,833	59,500	43,497	64,157
29	〃	207,290	1,327	12,503	30,778	55,119	40,216	67,347
30	〃	203,379	1,157	11,844	29,413	51,667	37,784	71,514
31	〃	199,914	1,097	11,513	28,660	48,509	35,534	74,601
構成比								
平成27年	％	100.0	0.8	6.3	15.5	29.6	21.1	26.7
28	〃	100.0	0.7	6.1	14.9	27.9	20.4	30.1
29	〃	100.0	0.6	6.0	14.8	26.6	19.4	32.5
30	〃	100.0	0.6	5.8	14.5	25.4	18.6	35.2
31	〃	100.0	0.5	5.8	14.3	24.3	17.8	37.3

注：法人、共同申請による農業経営改善計画の認定数を除く。

(3) 法人形態別の農業経営改善計画認定状況（各年3月末現在）

年次	法人計		農事組合法人		特例有限会社		株式会社		その他	
	認定数	構成比	認定数	構成比	認定数	構成比	認定数	構成比	認定数	構成比
	経営体	％	経営体	％	経営体	％	経営体	％	経営体	％
平成27年	19,011	100.0	4,719	24.8	8,115	42.7	5,691	29.9	486	2.6
28	20,449	100.0	5,264	25.7	8,027	39.3	6,613	32.3	545	2.7
29	22,136	100.0	5,782	26.1	7,974	36.0	7,709	34.8	671	3.0
30	23,612	100.0	6,135	26.0	7,913	33.5	8,766	37.1	798	3.4
31	24,950	100.0	6,350	25.5	7,848	31.5	9,846	39.5	906	3.6

注：特定農業法人で認定農業者とみなされている法人を含まない。

(4) 営農類型別の農業経営改善計画認定状況（各年3月末現在）

単位：経営体

営農類型	平成27年	28	29	30	31
計	238,349	246,002	242,258	240,629	239,028
単一経営計	126,301	132,146	131,327	130,281	129,993
稲作	33,103	37,876	38,777	39,954	39,501
麦類作	483	517	524	395	410
雑穀・いも類・豆類	1,492	1,624	1,650	1,549	1,601
工芸農作物	5,232	5,181	4,912	4,775	4,621
露地野菜	15,762	16,365	16,202	15,899	15,787
施設野菜	19,187	19,850	19,676	18,523	18,774
果樹類	17,977	17,957	17,579	17,309	17,344
花き・花木	7,347	7,056	6,962	6,651	6,527
その他の作物	1,740	1,678	1,484	1,587	1,709
酪農	11,238	10,933	10,637	10,416	10,172
肉用牛	7,500	7,972	7,842	8,236	8,432
養豚	2,478	2,415	2,219	2,172	2,156
養鶏	1,984	1,956	2,008	2,000	2,025
その他の畜産	778	766	855	815	934
養蚕	…	…	…	…	…
複合経営	112,048	113,856	110,931	110,348	109,035

注：1 単一経営経営体とは、農産物販売金額1位部門の販売金額が総販売金額の8割以上を占める経営体をいう。
　2 複合経営経営体とは、農産物販売金額の1位部門が総販売金額の8割未満の経営体をいう。
　3 特定農業法人で認定農業者とみなされている法人を含まない。

3 認定農業者 (農業経営改善計画の認定状況) (続き)
(5) 地方農政局別認定農業者数 (各年3月末現在)

単位：経営体

地方農政局名等	平成27年	28	29	30	31
全国	238,443	246,085	242,304	240,665	239,043
北海道	31,286	31,056	30,497	30,146	29,741
東北	49,598	52,854	51,850	51,323	50,886
関東	48,973	51,158	50,983	51,067	51,225
北陸	18,007	20,095	19,960	20,017	19,629
東海	9,230	9,122	8,947	8,774	8,827
近畿	11,153	11,778	11,612	11,523	11,400
中国四国	20,133	20,252	19,541	19,361	19,330
九州	48,524	48,224	47,449	47,023	46,686
沖縄	1,539	1,548	1,465	1,431	1,319

4 法人等
(1) 農地所有適格法人数 (各年1月1日現在)

単位：法人

年次	総数	組織別					
		特例有限会社	合名会社	合資会社	合同会社	1)農事組合法人	株式会社
平成27年	15,106	6,427	14	43	266	4,111	4,245
28	16,207	6,411	18	44	328	4,555	4,851
29	17,140	6,283	16	47	388	4,961	5,445
30	18,236	6,289	14	44	446	5,249	6,194
31	19,213	6,277	13	42	530	5,489	6,862

年次	主要業種別						
	米麦作	果樹	畜産	そ菜	工芸作物	花き・花木	その他
平成27年	6,021	1,124	2,656	2,914	528	817	1,046
28	6,691	1,172	2,766	3,081	548	841	1,108
29	7,285	1,187	2,903	3,250	542	835	1,138
30	7,841	1,251	3,083	3,452	564	868	1,177
31	8,314	1,312	3,264	3,635	595	879	1,214

資料：農林水産省経営局資料
注： 「農地所有適格法人」とは、平成28年4月1日の改正法の施行に伴い農地法第2条第3項に規定
　　された農業経営を行うために農地を取得できる法人のことであり、平成28年3月31日以前における
　　「農業生産法人」のことである。
　　1)は、農業協同組合法に基づく農事組合法人のうち、農地法第2条第3項各号の要件のすべてを
　　備えて農地等の所有権及び使用収益権の取得を認められたものである。したがって、「(3)農事組
　　合法人」とは上の目的以外の農事組合法人 (例えば養鶏専業のように宅地の名目でできるもの) が
　　計上されているので一致しない。

(2) 一般法人の農業参入数（各年12月末現在）

単位：法人

区分	平成26年	27	28	29	30
参入法人数	1,734	2,029	2,344	3,030	3,286

資料：農林水産省経営局資料
注：平成15年4月以降に農地のリース方式で参入した一般法人数である。
　　なお、平成21年の農地法改正によりリース方式による参入を全面自由化した。

(3) 農事組合法人（各年3月31日現在）
　ア　総括表

単位：法人

年次	総数	単一・複合作目別		事業種別			
		単一作目	複合作目	第1号法人		第2号法人	第1号及び第2号法人
				出資	非出資		
平成28年	9,884	6,654	3,230	1,167	351	1,186	7,180
29	9,649	6,226	3,423	949	284	1,092	7,324
30	9,458	5,924	3,534	827	246	1,073	7,312
31	9,416	5,756	3,660	762	230	1,049	7,375
令和2	9,355	5,590	3,765	718	222	1,005	7,410

資料：農林水産省経営局「農業協同組合等現在数統計」（以下イまで同じ。）
注：1　この法人数は、各年3月31日までに行政庁に届け出たものの数値である。
　　2　第1号法人とは、農業に係る共同利用施設の設置又は農作業の共同化に関する事業を行う農事組合法人である。
　　3　第2号法人とは、農業の経営（これと併せて行う林業の経営を含む。）を行う農事組合法人である。
　　4　第1号及び第2号法人とは、上記1号・2号の事業を併せて行う農事組合法人である。

イ　主要業種別農事組合法人数

単位：法人

年次		単一作目									複合作目
		畜産				果樹	野菜	工芸	普通作	養蚕	
		酪農	肉用牛	養豚	養鶏						
平成28年	6,654	396	372	306	266	457	726	341	2,610	73	3,230
29	6,226	328	321	245	192	383	641	307	2,779	44	3,423
30	5,924	293	279	202	154	349	566	277	2,924	35	3,534
31	5,756	267	256	180	142	341	531	264	2,974	21	3,660
令和2	5,590	253	242	162	132	311	499	236	3,000	14	3,765

5　集落営農（各年2月1日現在）
(1)　組織形態別集落営農数

単位：集落営農

| 年次・都道府県 | 計 | 法人 | | | | 非法人 |
| | | 農事組合法人 | 会社 | | その他 | |
			株式会社	合名・合資・合同会社		
平成30年	15,111	4,499	545	39	23	10,005
31	14,949	4,665	569	41	26	9,648
令和2（概数値）	14,832	4,788	597	43	30	9,374
北海道	256	18	21	2	–	215
青森	186	59	1	–	–	126
岩手	628	176	21	0	1	428
宮城	859	166	62	1	–	630
秋田	745	257	26	1	–	461
山形	489	124	13	–	2	350
福島	418	35	26	5	1	351
茨城	144	21	8	–	2	113
栃木	237	37	3	–	–	197
群馬	116	95	–	–	1	20
埼玉	79	27	5	–	–	47
千葉	85	55	4	–	–	26
東京	–	–	–	–	–	–
神奈川	5	–	1	–	–	4
新潟	734	300	81	–	–	353
富山	736	455	7	–	–	274
石川	295	133	20	1	–	141
福井	603	216	36	8	2	341
山梨	6	2	–	–	–	4
長野	362	75	23	2	6	256
岐阜	338	168	27	–	4	139
静岡	31	5	2	–	–	24
愛知	108	9	–	1	2	96
三重	305	70	5	1	1	228
滋賀	733	350	4	2	–	377
京都	361	44	41	3	2	271
大阪	6	–	–	–	–	6
兵庫	908	95	51	1	3	758
奈良	36	9	2	1	–	24
和歌山	8	1	–	–	–	7
鳥取	309	79	3	1	1	225
島根	540	235	8	3	–	294
岡山	265	81	3	–	–	181
広島	664	235	32	4	–	393
山口	341	229	11	2	–	99
徳島	26	9	1	–	–	16
香川	236	106	–	1	–	129
愛媛	123	47	6	–	–	70
高知	183	23	4	–	1	155
福岡	570	281	5	–	–	284
佐賀	551	80	1	–	1	469
長崎	103	57	–	–	–	46
熊本	404	78	9	1	–	316
大分	481	196	13	–	–	272
宮崎	104	24	6	–	–	74
鹿児島	108	26	5	–	–	77
沖縄	7	–	–	–	–	7

資料：農林水産省統計部「集落営農実態調査」（以下(7)まで同じ。）
注：1　集落営農とは、「集落」を単位として、農業生産過程における一部又は全部についての
　　共同化・統一化に関する合意の下に実施される営農（農業用機械の所有のみを共同で行う
　　取組及び栽培協定又は用排水の管理の合意のみの取組を行うものを除く。）である。
　　2　東日本大震災の影響により、宮城県、福島県において営農活動を休止している又は営農
　　活動の状況が把握できなかった集落営農については、当該県の結果には含まない。

(2) 現況集積面積（経営耕地面積＋農作業受託面積）規模別集落営農数

単位：集落営農

年次 ・ 都道府県	計	5 ha未満	5〜10	10〜20	20〜30	30〜50	50〜100	100ha以上
平成30年	15,111	2,036	2,101	3,492	2,610	2,601	1,607	664
31	14,949	2,025	2,104	3,479	2,544	2,562	1,586	649
令和2 (概数値)	14,832	2,003	2,037	3,437	2,537	2,638	1,524	656
北海道	256	9	8	8	8	14	49	160
青森	186	3	15	36	38	39	40	15
岩手	628	47	57	93	89	175	128	39
宮城	859	52	94	173	133	198	156	53
秋田	745	13	42	146	174	212	126	32
山形	489	60	66	77	66	83	88	49
福島	418	63	53	84	78	75	51	14
茨城	144	5	26	25	26	34	24	4
栃木	237	16	25	37	47	63	41	8
群馬	116	6	8	20	29	29	21	3
埼玉	79	8	3	15	17	19	11	6
千葉	85	7	4	20	16	16	18	4
東京	–	–	–	–	–	–	–	–
神奈川	5	4	–	1	–	–	–	–
新潟	734	54	76	174	150	168	94	18
富山	736	32	65	155	173	231	67	13
石川	295	20	35	83	73	58	25	1
福井	603	67	82	142	127	115	55	15
山梨	6	2	3	1	–	–	–	–
長野	362	90	49	43	33	49	56	42
岐阜	338	45	39	68	51	66	49	20
静岡	31	11	9	3	1	4	2	1
愛知	108	15	15	21	11	18	14	14
三重	305	51	50	57	48	56	33	10
滋賀	733	115	140	192	127	111	42	6
京都	361	174	72	74	24	11	6	–
大阪	6	4	–	–	–	1	1	–
兵庫	908	290	195	268	97	43	12	3
奈良	36	8	8	10	4	3	3	–
和歌山	8	1	1	2	1	3	–	–
鳥取	309	54	58	98	49	38	9	3
島根	540	104	135	181	69	36	12	3
岡山	265	57	59	87	38	23	1	–
広島	664	116	91	189	129	96	38	5
山口	341	28	45	117	66	56	21	8
徳島	26	5	10	7	4	–	–	–
香川	236	59	71	67	14	12	8	5
愛媛	123	19	19	35	18	21	7	4
高知	183	103	37	25	11	5	2	–
福岡	570	15	57	156	128	130	55	29
佐賀	551	5	29	110	143	153	77	34
長崎	103	16	11	40	16	9	6	5
熊本	404	7	40	111	93	92	43	18
大分	481	112	110	142	75	36	6	–
宮崎	104	9	11	21	23	18	15	7
鹿児島	108	22	14	23	18	18	10	3
沖縄	7	–	–	–	2	1	2	2

5 集落営農 (各年2月1日現在) (続き)
(3) 農産物等の生産・販売活動別集落営農数 (複数回答)

単位：集落営農

年次・全国農業地域	計（実数）	農産物等の生産・販売活動 (複数回答)				
		小計（実数）	水稲・陸稲を生産・販売	麦、大豆、てん菜、原料用ばれいしょのうち、いずれかを生産・販売	その他の作物（畜産物を含む。）を生産・販売	農産加工品の生産・販売
平成30年	15,111	11,626	9,264	6,718	5,421	589
31	14,949	11,587	9,237	6,630	5,608	617
令和2（概数値）	14,832	11,551	9,213	6,581	5,684	624
北海道	256	74	17	33	51	5
東北	3,325	2,805	2,064	1,358	1,699	107
北陸	2,368	2,090	1,854	1,197	754	91
関東・東山	1,034	926	570	594	425	88
東海	782	596	496	362	219	39
近畿	2,052	1,531	1,201	860	620	66
中国	2,119	1,380	1,220	628	1,012	145
四国	568	359	283	201	194	29
九州	2,321	1,790	1,508	1,348	710	54
沖縄	7	－	－	－	－	－

(4) 農産物等の生産・販売以外の活動別集落営農数 (複数回答)

単位：集落営農

年次・全国農業地域	計（実数）	農産物等の生産・販売以外の活動 (複数回答)				集落内の営農を一括管理・運営している
		機械の共同所有・共同利用を行う	防除・収穫等の農作業受託を行う	農家の出役により、共同で農作業（農業機械を利用した農作業以外）を行う	作付け地の団地化など、集落内の土地利用調整を行う	
平成30年	15,111	12,139	6,726	7,598	8,555	4,220
31	14,949	12,054	6,499	7,574	8,498	4,191
令和2（概数値）	14,832	12,015	6,538	7,669	8,429	4,182
北海道	256	232	129	102	34	26
東北	3,325	2,443	1,033	1,727	2,086	817
北陸	2,368	2,068	787	1,647	1,555	891
関東・東山	1,034	834	391	535	570	280
東海	782	553	465	406	498	268
近畿	2,052	1,620	1,316	1,023	1,197	547
中国	2,119	1,820	1,096	1,062	977	692
四国	568	504	340	203	126	63
九州	2,321	1,934	975	964	1,386	598
沖縄	7	7	6	－	－	－

(5) 経理の共同化の状況別集落営農数（複数回答）

単位：集落営農

年次・全国農業地域	計（実数）	いずれかの収支に係る経理を共同で行っている（複数回答）						
		小計	農業機械の利用・管理に係る収支	オペレータなどの賃金等に係る収支	資材の購入に係る収支	生産物の出荷・販売に係る収支	農業共済及び農業経営収入保険に係る収支
平成30年	15,111	14,217	12,779	12,665	11,771	11,547	10,966
31	14,949	14,119	12,723	12,624	11,742	11,510	10,897
令和2（概数値）	**14,832**	**14,139**	**13,069**	**12,660**	**11,778**	**11,513**	**10,850**
北海道	256	252	243	220	121	74	52
東北	3,325	3,170	2,917	2,876	2,895	2,804	2,597
北陸	2,368	2,341	2,312	2,332	2,197	2,090	2,073
関東・東山	1,034	1,003	947	883	901	926	749
東海	782	695	644	636	631	596	558
近畿	2,052	1,963	1,681	1,558	1,432	1,528	1,472
中国	2,119	1,876	1,754	1,723	1,430	1,347	1,308
四国	568	555	518	491	372	360	313
九州	2,321	2,277	2,046	1,934	1,799	1,788	1,728
沖縄	7	7	7	7	－	－	－

(6) 経営所得安定対策への加入状況

単位：集落営農

年次・全国農業地域	計	加入している	加入していない
平成30年	15,111	10,793	4,318
31	14,949	10,433	4,516
令和2（概数値）	**14,832**	**10,347**	**4,485**
北海道	256	51	205
東北	3,325	2,682	643
北陸	2,368	1,867	501
関東・東山	1,034	858	176
東海	782	501	281
近畿	2,052	1,247	805
中国	2,119	1,184	935
四国	568	262	306
九州	2,321	1,695	626
沖縄	7	－	7

(7) 人・農地プランにおける位置づけ状況

単位：集落営農

年次・全国農業地域	計	中心経営体として位置づけられている	中心経営体として位置づけられていない
平成30年	15,111	8,592	6,519
31	14,949	8,782	6,167
令和2（概数値）	**14,832**	**8,989**	**5,843**
北海道	256	55	201
東北	3,325	1,904	1,421
北陸	2,368	1,784	584
関東・東山	1,034	701	333
東海	782	431	351
近畿	2,052	985	1,067
中国	2,119	1,124	995
四国	568	351	217
九州	2,321	1,654	667
沖縄	7	－	7

6 新規就農者
(1) 年齢別就農形態別新規就農者数（平成30年）

単位：人

| 区分 | 男女計 | | | | | | |
| | 計 | 新規自営農業就農者 | | 新規雇用就農者 | | | 新規参入者 |
			新規学卒就農者	小計	農家出身	非農家出身	
計	55,810	42,750	1,100	9,820	1,780	8,040	3,240
49歳以下	19,290	9,870	1,100	7,060	1,100	5,960	2,360
44歳以下	16,140	7,710	1,100	6,330	1,010	5,310	2,100
15〜19歳	1,010	800	270	730	60	670	10
20〜29	5,340	2,150	830	2,680	510	2,170	510
30〜39	6,450	3,400	0	2,030	350	1,680	1,020
40〜44	3,330	1,880	−	890	100	800	560
45〜49	3,160	2,160	−	730	90	650	260
50〜59	7,390	5,850	−	1,180	270	910	360
60〜64	12,290	11,280	−	840	160	680	180
65歳以上	16,840	15,750	−	750	250	500	340

| 区分 | 男 | | | | | | |
| | 計 | 新規自営農業就農者 | | 新規雇用就農者 | | | 新規参入者 |
			新規学卒就農者	小計	農家出身	非農家出身	
計	42,390	33,090	950	6,620	1,420	5,200	2,680
49歳以下	14,310	7,600	950	4,750	870	3,880	1,960
44歳以下	12,010	5,970	950	4,300	800	3,500	1,750
15〜19歳	710	240	220	460	40	420	10
20〜29	4,120	1,790	720	1,890	400	1,490	440
30〜39	4,730	2,530	−	1,360	270	1,090	850
40〜44	2,450	1,410	−	590	90	500	450
45〜49	2,300	1,630	−	450	70	380	220
50〜59	5,480	4,400	−	780	210	570	290
60〜64	9,310	8,620	−	550	120	430	140
65歳以上	13,290	12,470	−	540	220	320	280

| 区分 | 女 | | | | | | |
| | 計 | 新規自営農業就農者 | | 新規雇用就農者 | | | 新規参入者 |
			新規学卒就農者	小計	農家出身	非農家出身	
計	13,420	9,660	150	3,200	360	2,850	560
49歳以下	4,980	2,270	150	2,320	230	2,090	400
44歳以下	4,130	1,740	150	2,030	220	1,820	350
15〜19歳	310	50	50	260	10	250	0
20〜29	1,210	360	100	790	110	680	70
30〜39	1,720	870	0	670	80	600	180
40〜44	880	470	−	310	10	300	110
45〜49	860	530	−	290	20	270	50
50〜59	1,910	1,450	−	390	50	340	70
60〜64	2,980	2,660	−	290	40	250	30
65歳以上	3,550	3,280	−	210	30	180	60

資料：農林水産省統計部「平成30年新規就農者調査」
注：1　新規自営農業就農者とは、家族経営体の世帯員で、調査期日前1年間の生活の主な状態が、「学生」から「自営農業への従事が主」になった者及び「他に雇われて勤務が主」から「自営農業への従事が主」になった者をいう。
　　2　新規雇用就農者とは、調査期日前1年間に新たに法人等に常雇い（年間7か月以上）として雇用されることにより、農業に従事することとなった者（外国人研修生及び外国人技能実習生並びに雇用される直前の就業状態が農業従事者であった場合を除く。）をいう。
　　3　新規参入者とは、土地や資金を独自に調達（相続・贈与等により親の農地を譲り受けた場合を除く。）し、調査期日前1年間に新たに農業経営を開始した経営の責任者及び共同経営者をいう。

(2) 卒業者の農林業就業者数 (各年3月卒業)

単位：人

区分	農業、林業就業者		区分	農業、林業就業者	
	平成30年	31		平成30年	31
中学校			大学		
計	(93)	(70)	計	986	1,055
男	(81)	(59)	男	675	692
女	(12)	(11)	女	311	363
特別支援学校中学部			大学院修士課程		
計	(-)	(1)	計	155	178
男	(-)	(1)	男	100	124
女	(-)	-	女	55	54
高等学校 (全日・定時制)			大学院博士課程		
計	1,419	1,357	計	25	26
男	989	936	男	21	21
女	430	421	女	4	5
高等学校 (通信制)			大学院専門職学位課程		
計	110	99	計	19	1
男	83	72	男	5	1
女	27	27	女	14	-
中等教育学校 (後期課程)			短期大学		
計	1	‥	計	73	80
男	-	‥	男	46	47
女	1	‥	女	27	33
特別支援学校高等部			高等専門学校		
計	133	116	計	1	2
男	114	99	男	1	2
女	19	17	女	-	-

資料：文部科学省総合教育政策局「学校基本調査」
注：1 卒業後の状況調査における、産業別の就職者数である。
　　2 進学しかつ就職した者を含む。
　　3 中学校及び特別支援学校 (中学部) は漁業就業者の区分をされていないため、農業・林業を
　　　含む一次産業への就業者を ( ) で掲載した。

7 女性の就業構造・経営参画状況
(1) 男女別農業従事者数 (販売農家) (各年2月1日現在)

単位：千人

年次	計	男	女
平成27年	3,398.9	1,869.9	1,529.0
28	3,170.0	1,748.6	1,421.4
29	2,997.7	1,655.8	1,341.9
30	2,875.3	1,595.2	1,280.1
31	2,764.9	1,536.0	1,228.9

資料：平成27年は、農林水産省統計部「2015年農林業センサス」
　　　平成27年以外は、農林水産省統計部「農業構造動態調査」
注：　農業従事者とは、15歳以上の世帯員で、調査期日前1年間に1日以上自営
　　農業 (受託した農作業を含む。) に従事した者をいう。

7 女性の就業構造・経営参画状況（続き）

(2) 農業就業人口等に占める女性の割合

単位：千人

区分	平成7年	12	17	22	27	31
総人口	125,570.2	126,925.8	127,768.0	128,057.4	127,094.7	126,167.0
うち女性	63,995.8	64,815.1	65,419.0	65,729.6	65,253.0	64,756.0
女性の割合（%）	51.0	51.1	51.2	51.3	51.3	51.3
1) 世帯員数	12,037.3	10,467.4	8,370.5	6,503.2	4,880.4	3,984.4
うち女性	6,157.6	5,338.4	4,254.8	3,294.3	2,448.9	1,988.5
女性の割合（%）	51.2	51.0	50.8	50.7	50.2	49.9
1) 農業就業人口	4,129.8	3,891.?	3,352.6	2,605.7	2,096.7	1,681.1
うち女性	2,372.4	2,170.6	1,788.2	1,299.5	1,009.0	763.8
女性の割合（%）	57.3	55.8	53.3	49.9	48.1	45.4
1) 基幹的農業従事者数	2,560.0	2,399.6	2,240.7	2,051.4	1,753.8	1,404.1
うち女性	1,188.2	1,139.9	1,026.5	903.4	749.0	562.0
女性の割合（%）	46.4	47.5	45.8	44.0	42.7	40.0

資料：総人口は、総務省統計局「国勢調査」（各年10月1日現在）
　　　平成31年は、「人口推計」
　　　総人口以外は、農林水産省統計部「農林業センサス」（各年2月1日現在）
　　　平成31年は、「平成31年農業構造動態調査」（2月1日現在）
注：1)は、販売農家の数値である。

(3) 経営方針の決定参画者（経営者を除く。）の有無別農家数（販売農家）
　　（平成27年2月1日現在）

単位：戸

区分	経営方針の決定参画者がいる			いない
	男女の経営方針決定参画者がいる	男の経営方針決定参画者がいる	女の経営方針決定参画者がいる	
男の経営者	596,636	96,679	59,781	440,176	643,955
女の経営者	30,612	5,410	20,675	4,527	58,388

資料：農林水産省統計部「2015年農林業センサス」

(4) 女性の農業経営改善計画認定状況（各年3月末現在）

単位：人

区分	平成26年	27	28	29	30
総数	231,023	238,349	246,002	242,258	240,629
うち女性のみ	5,501	5,950	6,081	5,870	5,853
1) 共同申請	4,870	4,862	5,160	5,232	5,474
女性合計	10,371	10,812	11,241	11,102	11,327
女性の比率（%）	4	5	5	5	5

資料：農林水産省経営局資料
注：1)は、夫婦での共同申請である。

(5) 家族経営協定締結農家数（各年3月31日現在）

単位：戸

区分	平成27年	28	29	30	31
全国	55,435	56,397	57,155	57,605	58,182

資料：農林水産省経営局「家族経営協定に関する実態調査」

8 農業委員会、農協への女性の参画状況

単位：人

区分	平成27年	28	29	30	令和元
農業委員数	35,488	33,174	26,119	23,196	23,125
男	32,838	30,503	23,346	20,449	20,337
女	2,650	2,671	2,773	2,747	2,788
農協個人正組合員数	4,415,549	4,348,560	4,283,685	4,225,505	…
男	3,478,404	3,409,277	3,343,334	3,280,089	…
女	937,145	939,283	940,351	945,416	…
農協役員数	18,139	17,542	17,272	16,916	…
男	16,826	16,232	15,945	15,569	…
女	1,313	1,310	1,327	1,347	…

資料：農林水産省経営局資料
注： 農業委員数は、各年10月1日現在である。農協（総合農協）は、各年4月1日～翌年3月末
までの間に終了した事業年度ごとの数値である。

9 農業者年金への加入状況
(1) 加入区分別（各年度末現在）

単位：人

区分	被保険者総数	通常加入	政策支援加入						6)未分類
			小計	1)区分1	2)区分2	3)区分3	4)区分4	5)区分5	
平成27年度	48,225	35,821	12,179	5,451	170	6,217	306	35	225
28	47,615	35,376	12,007	5,247	266	6,181	282	31	232
29	47,208	35,276	11,697	5,030	359	6,044	238	26	235
30	46,942	35,291	11,418	4,942	435	5,898	124	19	233
令和元	46,327	35,127	10,899	4,767	407	5,600	106	19	301

資料：農業者年金基金調べ。（以下(2)まで同じ。）
注： 1)は、認定農業者及び青色申告者の両方に該当している者である。
　　2)は、認定就農者及び青色申告者の両方に該当している者である。
　　3)は、区分1又は区分2の者と家族経営協定を締結した配偶者又は直系卑属である。
　　4)は、認定農業者又は青色申告者のどちらか一方に該当し、3年以内に区分1に該当するこ
とを約束した者である。
　　5)は、農業を営む者の直系卑属の後継者（35歳未満）であって、35歳まで（25歳未満の者は
10年以内）に区分1に該当することを約束した者である。
　　6)は、これまで加入していた区分で政策支援加入が不該当になり、新たな保険料額の決定が
なされていない者である。

(2) 年齢階層別被保険者数（令和元年度末現在）

単位：人

区分	計	20～29歳	30～39	40～49	50～59歳
被保険者数	46,327	2,198	11,417	16,184	16,528

Ⅳ 農業経営

1 営農類型別にみた農業所得等の比較（平成30年）

(1) 農業経営体（個別経営体＋組織法人経営体）（1経営体当たり平均）

単位：千円

区分	農業粗収益	農業経営費	農業所得
水田作経営	3,192	2,468	724
畑作経営	10,766	7,599	3,167
露地野菜作経営	8,363	5,650	2,713
施設野菜作経営	15,890	10,159	5,437
果樹作経営	6,728	4,129	2,599
露地花き作経営	7,391	4,758	2,633
施設花き作経営	18,603	14,309	4,294
酪農経営	75,716	61,089	14,627
繁殖牛経営	13,031	9,276	3,755
肥育牛経営	134,261	126,249	8,012
養豚経営	291,045	272,290	18,755
採卵養鶏経営	257,331	249,517	7,814
ブロイラー養鶏経営	152,995	137,771	15,224

資料： 農林水産省統計部「農業経営統計調査 平成30年営農類型別経営統計からみた1農業
経営体当たりの経営状況（推計）」
注： 1 本推計は、営農類型別経営統計（個別経営）及び営農類型別経営統計（組織法人経営）
の調査結果を農林業センサス（農林業経営体調査）の農業経営体数で加重平均した1経
営体当たりの平均値である。
2 営農類型別経営統計は、農業生産物の販売を目的とする農業経営体の作物別販売収入
を「水田作」、「畑作」、「露地野菜作」等に区分し、最も収入が大きい区分により経
営体を営農類型別に分類し集計したものである。なお、「水田（畑）作」の収入は、稲、
麦類、雑穀、いも類、豆類及び工芸農作物のうち、水田（畑）で作付けした作物の収入
である（以下（3）まで同じ。）。

(2)　個別経営（1経営体当たり平均）

単位：千円

区分	農業粗収益	農業経営費	農業所得
水田作経営	2,649	2,093	556
畑作経営	9,053	6,189	2,864
野菜作経営	8,687	5,320	3,367
露地野菜作経営	6,399	3,954	2,445
施設野菜作経営	12,916	7,838	5,078
果樹作経営	6,420	3,880	2,540
花き作経営	12,351	8,661	3,690
露地花き作経営	7,175	4,520	2,655
施設花き作経営	16,047	11,622	4,425
酪農経営	65,869	52,267	13,602
肉用牛経営	24,798	19,997	4,801
繁殖牛経営	11,681	7,944	3,737
肥育牛経営	76,011	67,032	8,979
養豚経営	67,252	56,561	10,691
採卵養鶏経営	51,814	48,456	3,358
ブロイラー養鶏経営	120,654	107,054	13,600

資料：農林水産省統計部「農業経営統計調査　営農類型別経営統計（個別経営）」
注：　野菜作経営及び花き作経営は、更に露地・施設別に収入が大きい区分に分類し、肉用牛経営は、
　　　繁殖牛・肥育牛別に飼養頭数が多い区分に分類し集計している。

(3)　組織法人経営（1組織当たり平均）

単位：千円

区分	農業粗収益	農業経営費	農業所得
水田作経営	49,435	34,383	15,052
畑作経営	81,955	66,206	15,749
露地野菜作経営	132,071	112,478	19,593
施設野菜作経営	119,522	101,597	17,925
果樹作経営	42,502	33,010	9,492
露地花き作経営	19,198	17,770	1,428
施設花き作経営	65,157	63,250	1,907
酪農経営	255,077	221,783	33,294
繁殖牛経営	146,930	141,384	5,546
肥育牛経営	601,208	600,945	263
養豚経営	736,210	701,415	34,795
採卵養鶏経営	603,774	588,448	15,326
ブロイラー養鶏経営	268,692	247,657	21,035

資料：農林水産省統計部「農業経営統計調査　営農類型別経営統計（組織法人経営）」
注：1　営農類型別経営統計（組織法人経営）は、2015年農林業センサスに基づく農業経営体（牧草地経
　　　営体を除く。）のうち、農業生産物の販売を目的とする、個別経営体以外の法人格を有する農業経
　　　営体を営農類型別に分類し集計したものである。
　　2　「組織法人経営」とは、株式会社、農事組合法人など法人格を有するものである。
　　3　組織法人経営における農業収支及び農業所得については、個別経営の概念と一致させるため、次
　　　のとおり組み替えて算出した。
　　　　①　農業粗収益＝農業収入＋営業外収益のうち共済・補助金等受取金
　　　　②　農業経営費＝農業支出－構成員帰属分（労務費＋地代＋人件費＋負債利子）
　　　　③　農業所得＝①農業粗収益－②農業経営費

2 主副業別にみた農業経営の平均的な姿 （平成30年） （1経営体当たり平均）

区分	単位	主業経営体			準主業経営体	副業的経営体
		全国	北海道	都府県		
経営耕地面積	a	702.8	3,009.2	418.3	242.0	169.3
年間月平均世帯員	人	4.22	4.45	4.19	3.87	3.08
年間月平均農業経営関与者	〃	2.59	2.65	2.59	2.24	1.91
自営農業労働時間	時間	5,040	5,289	5,009	2,192	1,054
農業所得	千円	6,616	11,848	5,970	417	565
農業粗収益	〃	20,280	42,746	17,504	5,443	2,471
農業経営費	〃	13,664	30,898	11,534	5,026	1,906
農業所得率	％	32.6	27.7	34.1	7.7	22.9
総所得	千円	8,007	13,005	7,388	5,579	4,255
農業依存度	％	93.2	95.1	92.8	9.0	27.4

資料：農林水産省統計部「農業経営統計調査 経営形態別経営統計（個別経営）」（以下7まで同じ。）
注 : 1 農業経営関与者とは、経営主夫婦及び年間60日以上当該農業経営体の農業に従事する世帯員である家族をいう。
　　　なお、15歳未満の世帯員及び高校・大学等への就学中の世帯員は、年間の自営農業従事日数が60日以上であっても農業経営関与者とはしない。
　　2 農業所得＝農業粗収益－農業経営費
　　3 農業所得率＝農業所得÷農業粗収益×100
　　4 総所得＝農業所得＋農業生産関連事業所得＋農外所得＋年金等の収入
　　5 農業依存度＝農業所得÷（農業所得＋農業生産関連事業所得＋農外所得）×100

〔参考〕　農業経営の概念図（平成30年）

○　農業生産物の販売を目的とする農業経営体（個別経営）の収支

単位：万円

○　農業生産物の販売を目的とする農業経営体（個別経営）のうち
　　主業経営体の収支

単位：万円

資料：農林水産省統計部「農業経営統計調査　経営形態別経営統計（個別経営）」
注：1　本調査は、農業経営体（個別経営）のうち、農業生産物の販売を目的とする農業経営体
　　　　を対象に実施した。
　　　　農業経営体については、「利用者のために」の「農林業経営体の分類」を参照。
　　2　主業については、「利用者のために」の「農家等の分類」に準じる。
　　3　農業生産関連事業所得とは、農業経営関与者が経営する農産加工、農家民宿、農家レス
　　　　トラン、観光農園、市民農園等の農業に関連する事業の所得をいう。

3 農業経営総括表
(農業生産物の販売を目的とする経営体・1経営体当たり平均)

年次・全国農業地域	経営概況			農業			農業生産関連事業	
	年間月平均世帯員	年間月平均農業経営関与者	経営耕地面積	所得	粗収益	経営費	所得	収入
	人	人	a	千円	千円	千円	千円	千円
平成26年	3.55	2.09	253.8	1,186	5,009	3,823	12	25
27	3.49	2.06	259.3	1,527	5,440	3,913	15	32
28	3.43	2.06	273.6	1,851	5,934	4,083	6	27
29	3.37	2.08	279.5	1,907	6,234	4,327	11	37
30	3.38	2.08	281.5	1,741	6,259	4,518	7	34
北海道	3.92	2.46	2,539.3	9,507	35,035	25,528	△ 4	5
都府県	3.36	2.07	214.2	1,510	5,403	3,893	7	34
東北	3.77	2.08	302.9	1,529	5,321	3,792	20	51
北陸	3.76	1.97	254.6	936	3,592	2,656	25	48
関東・東山	3.24	2.09	202.4	1,878	5,818	3,940	6	40
東海	3.58	2.10	158.8	1,489	5,839	4,350	△ 11	89
近畿	3.32	2.06	129.0	1,014	3,656	2,642	3	3
中国	3.09	1.97	153.8	528	2,907	2,379	7	23
四国	2.89	1.98	137.5	1,353	4,429	3,076	4	5
九州	3.18	2.15	250.6	2,344	8,723	6,379	3	13

年次・全国農業地域	農業生産関連事業(続き)	農外			年金等の収入	総所得	租税公課諸負担	可処分所得
	支出	所得	収入	支出				
	千円	千円	千円	千円	千円	千円	千円	千円
平成26年	13	1,455	1,746	291	1,909	4,562	690	3,872
27	17	1,472	1,761	289	1,946	4,960	670	4,290
28	21	1,403	1,651	248	1,952	5,212	711	4,501
29	26	1,418	1,715	297	1,924	5,260	765	4,495
30	27	1,536	1,872	336	1,824	5,108	844	4,264
北海道	9	762	836	74	693	10,958	2,271	8,687
都府県	27	1,558	1,902	344	1,858	4,933	801	4,132
東北	31	1,162	1,326	164	1,638	4,349	568	3,781
北陸	23	2,331	2,366	35	1,936	5,228	701	4,527
関東・東山	34	1,701	2,281	580	1,837	5,422	926	4,496
東海	100	2,515	3,558	1,043	2,003	5,996	1,293	4,703
近畿	0	1,227	1,420	193	2,118	4,362	972	3,390
中国	16	1,441	1,506	65	2,098	4,074	555	3,519
四国	1	859	1,111	252	1,732	3,948	576	3,372
九州	10	1,471	1,754	283	1,836	5,654	831	4,823

注： 1　農業所得＝農業粗収益－農業経営費
　　 2　農業生産関連事業所得＝農業生産関連事業収入－農業生産関連事業支出
　　 3　農外所得＝農外収入－農外支出
　　 4　総所得＝農業所得＋農業生産関連事業所得＋農外所得＋年金等の収入
　　 5　可処分所得＝総所得－租税公課諸負担
　　 6　沖縄については、年次（全国）及び都府県値に含むが全国農業地域には含まない（以下7まで同じ。）。

4 農業経営の分析指標
（農業生産物の販売を目的とする経営体・1経営体当たり平均）

年次・全国農業地域	農業依存度	農業所得率	付加価値額	農業固定資産装備率	農機具資産比率
	%	%	千円	円	%
平成26年	44.7	23.7	1,457	1,847	41.4
27	50.7	28.1	1,826	1,894	41.4
28	56.8	31.2	2,180	1,894	41.3
29	57.2	30.6	2,248	1,991	40.8
30	53.0	27.8	2,120	2,052	39.5
北海道	92.6	27.1	10,976	5,083	32.1
都府県	49.1	27.9	1,856	1,826	41.0
東北	56.4	28.7	1,867	1,585	53.2
北陸	28.4	26.1	1,205	2,609	60.1
関東・東山	52.4	32.3	2,254	1,537	40.2
東海	37.3	25.5	1,911	2,025	32.8
近畿	45.2	27.7	1,226	1,921	34.2
中国	26.7	18.2	710	1,882	51.4
四国	61.1	30.5	1,653	2,093	25.7
九州	61.4	26.9	2,848	2,068	36.1

年次・全国農業地域	集約度		生産性 （付加価値額）		
	経営耕地10a当たり自営農業労働時間	経営耕地10a当たり農業固定資産額	自営農業労働1時間当たり	経営耕地10a当たり	農業固定資産千円当たり
	時間	千円	円	千円	円
平成26年	76	140	756	57	410
27	73	139	960	70	507
28	71	135	1,120	80	591
29	69	140	1,143	80	574
30	69	142	1,090	75	531
北海道	18	92	2,383	43	469
都府県	87	159	994	87	544
東北	59	93	1,046	62	660
北陸	41	107	1,150	47	441
関東・東山	108	166	1,030	111	670
東海	123	248	982	120	485
近畿	117	224	816	95	425
中国	87	164	530	46	282
四国	138	288	873	120	417
九州	96	199	1,182	114	572

注：1 農業依存度＝農業所得÷（農業所得＋農業生産関連事業所得＋農外所得）×100
2 農業所得率＝農業所得÷農業粗収益×100
3 付加価値額＝農業粗収益－〔農業経営費－（雇用労賃＋支払地代＋農業経営に係る負債利子）〕
4 農業固定資産装備率＝農業固定資産額÷自営農業労働時間×1,000
5 農機具資産比率＝（農用自動車の固定資産額＋農機具の固定資産額）÷農業固定資産額×100

5　農業経営収支
（農業生産物の販売を目的とする経営体・1経営体当たり平均）

単位：千円

年次・全国農業地域	農業粗収益								畜産収入	
	計	作物収入								養鶏
			稲作	麦類	野菜	果樹	工芸農作物	花き		
	(1)	(2)	(3)	(4)	(5)	(6)	(7)	(8)	(9)	(10)
平成26年	5,009	3,206	937	30	1,099	538	154	203	1,223	181
27	5,440	3,414	1,004	34	1,187	549	156	210	1,325	194
28	5,934	3,736	1,124	26	1,353	627	154	214	1,496	194
29	6,234	3,863	1,208	33	1,285	664	190	220	1,653	186
30	6,259	3,981	1,209	36	1,355	749	174	243	1,639	189
北海道	35,035	13,282	3,423	714	4,910	159	1,175	214	15,424	25
都府県	5,403	3,708	1,144	16	1,250	767	146	244	1,227	192
東北	5,321	3,578	1,809	0	754	742	111	84	1,144	171
北陸	3,592	3,098	2,366	1	392	235	18	55	149	1
関東・東山	5,818	4,281	944	27	1,859	901	72	289	1,135	74
東海	5,839	4,160	747	10	1,696	669	315	639	1,308	228
近畿	3,656	2,909	772	2	713	1,095	62	218	554	74
中国	2,907	2,161	855	5	601	430	25	167	472	48
四国	4,429	3,620	596	6	1,408	1,283	25	212	519	144
九州	8,723	4,659	922	52	1,885	786	350	291	3,153	665

年次・全国農業地域	農業粗収益（続き）					農外収入			
	畜産収入（続き）		農作業受託収入	農業雑収入	共済・補助金等受取金	計	農外事業等の収入	労賃俸給手当等の収入	地代・利子等の収入
	養豚	酪農							
	(11)	(12)	(13)	(14)	(15)	(16)	(17)	(18)	(19)
平成26年	177	586	50	530	458	1,746	569	997	180
27	173	633	51	650	572	1,761	589	936	236
28	144	676	54	648	558	1,651	522	956	173
29	131	749	51	667	565	1,715	612	922	181
30	114	747	52	587	497	1,872	706	994	172
北海道	148	13,366	55	6,274	5,717	836	182	480	174
都府県	113	371	52	416	340	1,902	721	1,008	173
東北	59	350	67	532	459	1,326	252	1,002	72
北陸	30	110	48	297	243	2,366	49	1,989	328
関東・東山	178	585	55	347	279	2,281	1,314	771	196
東海	183	535	63	308	250	3,558	2,357	859	342
近畿	0	127	23	170	145	1,420	522	759	139
中国	10	292	66	208	162	1,506	139	1,324	43
四国	34	138	34	256	200	1,111	327	680	104
九州	256	431	40	871	698	1,754	489	1,045	220

単位：千円

年次・ 全国 農業地域	農業経営費							
	農業 雇用労賃	肥料	飼料	農業薬剤	光熱動力	農機具	農用 自動車
	(20)	(21)	(22)	(23)	(24)	(25)	(26)	(27)
平成26年	3,823	173	294	545	253	302	533	153
27	3,913	195	302	560	255	266	547	154
28	4,083	224	315	523	274	253	582	167
29	4,327	232	305	553	289	288	608	174
30	**4,518**	**267**	**311**	**587**	**290**	**319**	**619**	**171**
北海道	25,528	959	2,140	4,374	1,505	1,262	3,179	572
都府県	3,893	246	257	474	254	291	542	159
東北	3,792	212	270	411	284	225	590	160
北陸	2,656	93	240	71	205	155	604	96
関東・東山	3,940	289	244	475	261	277	529	166
東海	4,350	349	304	562	289	368	504	195
近畿	2,642	185	208	186	176	175	417	136
中国	2,379	138	162	217	147	193	479	121
四国	3,076	251	219	226	196	310	410	142
九州	6,379	346	345	1,148	348	547	680	203

年次・ 全国 農業地域	農業経営費（続き）			租税公課諸負担				
	農用建物	賃借料	作業 委託料	計	租税			公課 諸負担
						国税	市町村税	
	(28)	(29)	(30)	(31)	(32)	(33)	(34)	(35)
平成26年	212	209	87	690	458	89	323	232
27	212	215	92	670	434	79	314	236
28	219	223	89	711	468	96	325	243
29	236	235	87	765	513	111	351	252
30	**237**	**241**	**95**	**844**	**578**	**151**	**368**	**266**
北海道	1,052	2,444	236	2,271	1,555	618	732	716
都府県	213	175	91	801	548	137	357	253
東北	147	188	147	568	378	63	284	190
北陸	150	156	89	701	328	77	207	373
関東・東山	236	166	55	926	717	140	512	209
東海	289	137	75	1,293	959	339	517	334
近畿	194	114	52	972	742	328	344	230
中国	118	105	75	555	214	51	129	341
四国	244	193	44	576	330	49	244	246
九州	317	284	115	831	576	114	406	255

6 主副業別の農業経営（農業生産物の販売を目的とする経営体・1経営体
当たり平均）（平成30年）
(1) 農業経営の概要

単位：千円

区分		農業所得	農業生産関連事業所得	農外所得	年金等の収入	総所得	租税公課諸負担	可処分所得
全国	主業経営体	6,616	7	476	908	8,007	1,352	6,655
	うち65歳未満農業専従者あり	7,426	8	485	789	8,708	1,475	7,233
	準主業経営体	417	29	4,101	062	5,579	1,314	4,265
	副業的経営体	565	2	1,498	2,190	4,255	641	3,614
北海道	主業経営体	11,848	△ 7	618	546	13,005	2,717	10,288
	うち65歳未満農業専従者あり	12,410	△ 9	613	582	13,596	2,784	10,812
	準主業経営体	△ 215	-	3,586	555	3,926	1,152	2,774
	副業的経営体	2,987	-	646	1,276	4,909	871	4,038
都府県	主業経営体	5,970	7	458	953	7,388	1,186	6,202
	うち65歳未満農業専従者あり	6,755	9	469	817	8,050	1,298	6,752
	準主業経営体	428	30	4,191	958	5,607	1,315	4,292
	副業的経営体	555	2	1,504	2,197	4,258	640	3,618
東北	主業経営体	4,682	17	506	870	6,075	991	5,084
	うち65歳未満農業専従者あり	5,410	1	532	722	6,665	1,132	5,533
	準主業経営体	739	48	3,245	761	4,793	797	3,996
	副業的経営体	720	14	1,104	1,967	3,805	416	3,389
北陸	主業経営体	5,504	343	644	684	7,175	1,099	6,076
	うち65歳未満農業専従者あり	5,763	465	577	566	7,371	1,142	6,229
	準主業経営体	331	△ 5	4,608	1,807	6,741	974	5,767
	副業的経営体	613	-	2,225	2,056	4,894	636	4,258
関東・東山	主業経営体	6,341	10	503	1,105	7,959	1,298	6,661
	うち65歳未満農業専従者あり	7,305	23	506	850	8,684	1,395	7,289
	準主業経営体	268	19	5,505	619	6,411	1,887	4,524
	副業的経営体	774	0	1,476	2,245	4,495	666	3,829
東海	主業経営体	7,759	△ 114	433	928	9,006	1,591	7,415
	うち65歳未満農業専従者あり	8,820	△ 138	448	707	9,837	1,762	8,075
	準主業経営体	605	52	4,972	1,132	6,761	1,895	4,866
	副業的経営体	220	0	2,546	2,409	5,175	1,115	4,060
近畿	主業経営体	6,724	12	344	904	7,984	1,171	6,813
	うち65歳未満農業専従者あり	7,085	14	373	863	8,335	1,248	7,087
	準主業経営体	1,276	6	5,359	478	7,119	1,577	5,542
	副業的経営体	246	1	992	2,416	3,655	894	2,761
中国	主業経営体	5,074	-	440	1,208	6,722	961	5,761
	うち65歳未満農業専従者あり	5,705	-	348	1,214	7,267	1,046	6,221
	準主業経営体	93	107	1,549	1,897	3,646	610	3,036
	副業的経営体	141	0	1,527	2,196	3,864	511	3,353
四国	主業経営体	4,796	0	358	946	6,100	988	5,112
	うち65歳未満農業専従者あり	4,944	0	367	846	6,157	1,003	5,154
	準主業経営体	△ 187	0	2,120	1,064	2,997	582	2,415
	副業的経営体	548	6	812	2,079	3,445	449	2,996
九州	主業経営体	6,560	0	404	879	7,843	1,226	6,617
	うち65歳未満農業専従者あり	7,354	0	440	836	8,630	1,352	7,278
	準主業経営体	459	5	3,932	1,036	5,432	1,224	4,208
	副業的経営体	710	2	1,662	2,347	4,721	612	4,109

注： 1 農業専従者とは、年間自営農業労働日数150日以上の者をいう（以下同じ。）。
2 農業所得＝農業粗収益－農業経営費
3 農業生産関連事業所得＝農業生産関連事業収入－農業生産関連事業支出
4 農外所得＝農外収入－農外支出
5 総所得＝農業所得＋農業生産関連事業所得＋農外所得＋年金等の収入
6 可処分所得＝総所得－租税公課諸負担

(2) 経営概況及び分析指標

区分		経営耕地面積	農業依存度	農業所得率	付加価値額	農業固定資産装備率	生産性（付加価値額）		
							自営農業労働1時間当たり	経営耕地10a当たり	農業固定資産千円当たり
		a	%	%	千円	円	円	千円	円
全国	**主業経営体**	702.8	93.2	32.6	7,820	2,209	1,552	111	702
	うち65歳未満農業専従者あり	745.2	93.8	32.2	8,802	2,193	1,543	118	703
	準主業経営体	242.0	9.0	7.7	802	2,071	366	33	177
	副業的経営体	169.3	27.4	22.9	712	1,835	676	42	368
北海道	主業経営体	3,009.2	95.1	27.7	13,671	5,533	2,585	45	467
	うち65歳未満農業専従者あり	3,109.7	95.4	27.3	14,385	5,575	2,506	46	450
	準主業経営体	1,205.2	nc	nc	270	4,047	94	2	23
	副業的経営体	1,098.2	82.2	32.7	3,364	1,756	1,364	31	777
都府県	主業経営体	418.3	92.8	34.1	7,098	1,776	1,417	170	798
	うち65歳未満農業専従者あり	427.8	93.4	33.7	8,050	1,736	1,412	188	813
	準主業経営体	227.4	9.2	8.3	811	2,033	372	36	183
	副業的経営体	161.5	26.9	22.9	701	1,835	672	43	366
東北	主業経営体	555.3	90.0	32.9	5,580	1,735	1,319	100	761
	うち65歳未満農業専従者あり	556.2	91.0	32.3	6,461	1,696	1,288	116	760
	準主業経営体	373.2	18.3	13.9	1,124	1,770	552	30	312
	副業的経営体	221.1	39.2	26.3	890	1,367	854	40	625
北陸	主業経営体	728.5	84.8	35.9	6,841	2,107	1,581	94	750
	うち65歳未満農業専従者あり	691.8	84.7	34.6	7,132	2,016	1,376	103	683
	準主業経営体	348.5	6.7	8.3	678	5,015	502	19	100
	副業的経営体	203.7	21.6	24.1	781	2,375	1,064	38	448
関東・東山	主業経営体	354.3	92.5	37.0	7,517	1,428	1,403	212	982
	うち65歳未満農業専従者あり	377.8	93.2	36.7	8,714	1,395	1,432	231	1,027
	準主業経営体	186.9	4.6	5.9	512	1,667	240	27	144
	副業的経営体	158.7	34.4	29.8	929	1,644	749	59	456
東海	主業経営体	399.3	96.1	33.1	9,680	2,362	1,646	242	697
	うち65歳未満農業専従者あり	444.7	96.6	32.7	11,078	2,291	1,684	249	735
	準主業経営体	137.9	10.7	10.5	949	1,967	401	69	204
	副業的経営体	107.5	8.0	12.1	313	1,585	324	29	204
近畿	主業経営体	247.1	95.0	39.8	7,793	1,559	1,424	315	913
	うち65歳未満農業専従者あり	258.2	94.8	39.7	8,137	1,436	1,425	315	992
	準主業経営体	172.3	19.2	23.7	1,587	2,633	641	92	244
	副業的経営体	109.9	19.9	13.8	337	2,030	372	31	183
中国	主業経営体	347.5	92.0	30.0	6,177	1,767	1,149	178	650
	うち65歳未満農業専従者あり	335.0	94.3	30.1	6,886	1,727	1,147	206	664
	準主業経営体	146.0	5.3	2.8	827	857	355	57	415
	副業的経営体	136.1	8.5	9.0	193	2,153	218	14	101
四国	主業経営体	225.6	93.1	39.1	5,671	1,593	1,232	251	773
	うち65歳未満農業専従者あり	235.9	93.1	37.7	5,876	1,592	1,148	249	721
	準主業経営体	131.1	nc	nc	△ 48	1,911	nc	nc	nc
	副業的経営体	111.7	40.1	22.7	699	2,752	620	63	225
九州	主業経営体	435.8	94.2	31.1	7,646	2,049	1,496	175	730
	うち65歳未満農業専従者あり	454.8	94.4	31.1	8,579	2,012	1,494	189	743
	準主業経営体	257.3	10.4	4.9	1,137	2,410	392	44	162
	副業的経営体	168.3	29.9	22.0	938	2,015	805	56	400

注：1　農業依存度＝農業所得÷（農業所得＋農業生産関連事業所得＋農外所得）×100
　　2　農業所得率＝農業所得÷農業粗収益×100
　　3　付加価値額＝農業粗収益－〔農業経営費－（雇用労賃＋支払地代＋農業経営に係る負債利子）〕
　　4　農業固定資産装備率＝農業固定資産額÷自営農業労働時間×1,000

7 認定農業者のいる農業経営体の農業経営 (平成30年)

区分	農業所得	農業生産関連事業所得	農外所得	年金等の収入	総所得	租税公課諸負担	可処分所得
	千円	千円	千円	千円	千円	千円	千円
全国	4,689	21	1,183	1,209	7,102	1,193	5,909
北海道	9,835	1	772	670	11,278	2,372	8,906
都府県	4,142	22	1,227	1,267	6,658	1,080	5,590

注: 1 農業所得＝農業粗収益－農業経営費
　　2 農業生産関連事業所得＝農業生産関連事業収入－農業生産関連事業支出
　　3 農外所得＝農外収入－農外支出
　　4 総所得＝農業所得＋農業生産関連事業所得＋農外所得＋年金等の収入
　　5 可処分所得＝総所得－租税公課諸負担
　　6 農業依存度＝農業所得÷（農業所得＋農業生産関連事業所得＋農外所得）×100
　　7 農業所得率＝農業所得÷農業粗収益×100
　　8 付加価値額＝農業粗収益－〔農業経営費－（雇用労賃＋支払地代＋農業経営に係る負債利子）〕
　　9 農業固定資産装備率＝農業固定資産額÷自営農業労働時間×1,000

経営耕地面積	農業依存度	農業所得率	付加価値額	農業固定資産装備率	生産性（付加価値額）		
					自営農業労働1時間当たり	経営耕地10a 当たり	農業固定資産千円当たり
a	%	%	千円	円	円	千円	円
650.5	79.6	29.4	5,711	2,365	1,493	88	631
2,569.0	92.7	27.3	11,336	5,146	2,458	44	478
446.2	76.8	30.0	5,113	1,999	1,366	115	684

8　営農類型別の農業経営（農業生産物の販売を目的とする経営体・1経営体当たり平均）（平成30年）

(1)　農業経営収支の総括

区分		農業			農業生産関連事業		
		農業粗収益	農業経営費	農業所得	農業生産関連事業収入	農業生産関連事業支出	農業生産関連事業所得
水田作経営							
全国	(1)	2,649	2,093	556	15	9	6
北海道	(2)	16,751	11,297	5,454	0	0	0
都府県	(3)	2,425	1,944	481	15	9	6
畑作経営							
全国	(4)	9,053	6,189	2,864	172	135	37
北海道	(5)	36,638	24,558	12,080	14	9	5
都府県	(6)	5,088	3,548	1,540	194	152	42
野菜作経営（全国）	(7)	8,687	5,320	3,367	56	53	3
露地野菜作経営	(8)	6,399	3,954	2,445	22	24	△ 2
施設野菜作経営	(9)	12,916	7,838	5,078	118	110	8
果樹作経営（全国）	(10)	6,420	3,880	2,540	62	49	13
花き作経営（全国）	(11)	12,351	8,661	3,690	－	0	0
露地花き作経営	(12)	7,175	4,520	2,655	－	－	－
施設花き作経営	(13)	16,047	11,622	4,425	－	0	0
酪農経営							
全国	(14)	65,869	52,267	13,602	29	31	△ 2
北海道	(15)	94,014	73,526	20,488	1	2	△ 1
都府県	(16)	49,848	40,153	9,695	45	47	△ 2
肉用牛経営（全国）	(17)	24,798	19,997	4,801	－	－	－
繁殖牛経営	(18)	11,681	7,944	3,737	－	－	－
肥育牛経営	(19)	76,011	67,032	8,979	－	－	－
養豚経営（全国）	(20)	67,252	56,561	10,691	112	104	8
採卵養鶏経営（全国）	(21)	51,814	48,456	3,358	291	463	△ 172
ブロイラー養鶏経営（全国）	(22)	120,654	107,054	13,600	－	－	－

資料：農林水産省統計部「農業経営統計調査　営農類型別経営統計（個別経営）」（以下(5)まで同じ。）

注：1　農業所得＝農業粗収益－農業経営費
　　2　農業生産関連事業収入は、農産加工・観光農園・農家レストラン等の販売受取額、生産現物家計消費を計上したものである。
　　3　農業生産関連事業支出は、農産加工・観光農園・農家レストラン等の雇用労賃、物財費を計上したものである。
　　4　農業生産関連事業所得＝農業生産関連事業収入－農業生産関連事業支出
　　5　農外所得＝農外収入－農外支出
　　6　総所得＝農業所得＋農業生産関連事業所得＋農外所得＋年金等の収入
　　7　可処分所得＝総所得－租税公課諸負担

単位：千円

農外			年金等の収入	総所得	租税公課諸負担（農業経営を除く。）	可処分所得	
農外収入	農外支出	農外所得					
1,988	273	1,715	2,094	4,371	715	3,656	(1)
1,079	30	1,049	663	7,166	1,764	5,402	(2)
2,003	277	1,726	2,117	4,330	698	3,632	(3)
1,595	236	1,359	1,362	5,622	988	4,634	(4)
643	78	565	600	13,250	3,002	10,248	(5)
1,731	258	1,473	1,471	4,526	697	3,829	(6)
2,116	651	1,465	1,444	6,279	1,142	5,137	(7)
2,627	810	1,817	1,662	5,922	1,124	4,798	(8)
1,172	356	816	1,040	6,942	1,177	5,765	(9)
1,315	261	1,054	1,623	5,230	779	4,451	(10)
895	76	819	1,261	5,770	938	4,832	(11)
817	64	753	1,389	4,797	691	4,106	(12)
951	85	866	1,168	6,459	1,113	5,346	(13)
947	192	755	948	15,303	2,086	13,217	(14)
764	112	652	728	21,867	3,536	18,331	(15)
1,051	237	814	1,073	11,580	1,260	10,320	(16)
1,399	279	1,120	1,497	7,418	892	6,526	(17)
1,263	277	986	1,648	6,371	708	5,663	(18)
1,937	283	1,654	905	11,538	1,609	9,929	(19)
1,420	619	801	733	12,233	2,840	9,393	(20)
2,927	1,255	1,672	959	5,817	1,878	3,939	(21)
766	2	764	952	15,316	2,301	13,015	(22)

8 営農類型別の農業経営（農業生産物の販売を目的とする経営体・1経営体当たり平均）（平成30年）（続き）
(2) 農業粗収益

区分		農業粗収益			
		計	作物収入	稲作	野菜
水田作経営					
全国	(1)	2,049	2,120	1,738	210
北海道	(2)	16,751	12,192	9,366	1,486
都府県	(3)	2,425	1,969	1,615	191
畑作経営					
全国	(4)	9,053	7,020	285	941
北海道	(5)	36,638	23,054	288	4,418
都府県	(6)	5,088	4,712	285	440
野菜作経営（全国）	(7)	8,687	8,079	679	7,085
露地野菜作経営	(8)	6,399	5,918	550	5,056
施設野菜作経営	(9)	12,916	12,070	918	10,835
果樹作経営（全国）	(10)	6,420	6,186	245	170
花き作経営（全国）	(11)	12,351	12,023	546	592
露地花き作経営	(12)	7,175	6,877	560	332
施設花き作経営	(13)	16,047	15,696	536	784
酪農経営					
全国	(14)	65,869	780	289	36
北海道	(15)	94,014	1,040	−	39
都府県	(16)	49,848	643	456	40
肉用牛経営（全国）	(17)	24,798	1,092	719	127
繁殖牛経営	(18)	11,681	939	555	130
肥育牛経営	(19)	76,011	1,718	1,361	126
養豚経営（全国）	(20)	67,252	367	302	24
採卵養鶏経営（全国）	(21)	51,814	182	92	28
ブロイラー養鶏経営（全国）	(22)	120,654	577	180	258

単位：千円

果樹	花き	畜産収入	その他	共済・補助金等受取金	農業現金収入	
25	20	9	511	390	2,561	(1)
50	210	60	4,499	4,098	16,729	(2)
26	17	10	446	330	2,334	(3)
49	23	108	1,925	1,751	8,985	(4)
2	–	243	13,341	12,665	36,599	(5)
56	26	88	288	186	5,019	(6)
93	31	26	582	384	8,577	(7)
80	29	9	472	299	6,301	(8)
117	30	57	789	544	12,772	(9)
5,740	10	10	224	146	6,157	(10)
85	10,599	0	328	267	12,291	(11)
46	5,692	–	298	251	7,113	(12)
115	14,095	0	351	280	15,989	(13)
25	3	61,012	4,077	3,235	56,472	(14)
–	–	86,352	6,622	5,086	78,307	(15)
41	4	46,578	2,627	2,181	44,038	(16)
22	0	21,670	2,036	1,761	23,821	(17)
3	0	9,380	1,362	1,205	11,060	(18)
100	–	69,621	4,672	3,936	73,632	(19)
3	0	63,300	3,585	3,241	69,241	(20)
47	–	49,241	2,391	2,154	52,342	(21)
104	–	119,151	926	768	122,004	(22)

8 営農類型別の農業経営（農業生産物の販売を目的とする経営体・1経営体
当たり平均）（平成30年）（続き）

(3) 農業経営費

区分		農業経営費							
		計	農業雇用労賃	種苗・苗木	動物	肥料	飼料	農業薬剤・医薬品	諸材料
水田作経営									
全国	(1)	2,093	62	101	2	200	3	160	53
北海道	(2)	11,297	319	605	27	1,248	10	949	372
都府県	(3)	1,944	58	93	1	183	3	147	48
畑作経営									
全国	(4)	6,189	298	421	15	990	23	732	167
北海道	(5)	24,558	508	2,156	20	4,343	87	2,998	483
都府県	(6)	3,548	267	172	14	508	14	406	122
野菜作経営（全国）	(7)	5,320	536	327	4	518	6	348	219
露地野菜作経営	(8)	3,954	308	277	2	454	2	309	167
施設野菜作経営	(9)	7,838	957	418	10	636	13	418	314
果樹作経営（全国）	(10)	3,880	491	340	3	264	3	417	119
花き作経営（全国）	(11)	8,661	1,211	896	－	461	－	509	593
露地花き作経営	(12)	4,520	637	262	－	425	－	532	169
施設花き作経営	(13)	11,622	1,621	1,348	－	488	－	494	896
酪農経営									
全国	(14)	52,267	1,764	261	8,767	1,056	20,911	1,610	1,121
北海道	(15)	73,526	2,300	326	14,303	2,435	23,675	1,954	1,757
都府県	(16)	40,153	1,459	222	5,614	270	19,336	1,414	759
肉用牛経営（全国）	(17)	19,997	244	148	8,041	276	5,825	488	386
繁殖牛経営	(18)	7,944	137	161	953	290	2,167	392	236
肥育牛経営	(19)	67,032	662	99	35,696	220	20,098	861	974
養豚経営（全国）	(20)	56,561	1,970	36	2,102	59	35,125	3,448	283
採卵養鶏経営（全国）	(21)	48,456	3,260	27	4,988	12	29,695	658	220
ブロイラー養鶏経営（全国）	(22)	107,054	2,272	50	17,168	48	66,598	2,610	1,198

単位：千円

光熱動力	農用自動車	農機具	農用建物	賃借料	作業委託料	その他	共済等の掛金・拠出金	農業現金支出	減価償却費	
134	107	536	115	138	101	381	24	1,594	497	(1)
662	405	2,322	477	1,267	167	2,467	302	9,366	1,921	(2)
125	102	506	110	120	100	348	20	1,469	473	(3)
422	267	1,002	234	492	210	916	109	5,310	872	(4)
1,103	830	4,178	624	2,928	477	3,823	715	21,535	2,983	(5)
324	187	546	178	142	172	496	21	2,977	569	(6)
555	247	665	428	274	72	1,121	51	4,587	728	(7)
263	223	627	223	172	65	862	36	3,327	624	(8)
1,095	290	735	807	463	83	1,599	76	6,916	918	(9)
354	211	392	251	231	41	763	34	3,141	745	(10)
1,307	353	551	638	203	85	1,854	29	7,779	872	(11)
318	259	404	179	120	135	1,080	28	4,082	429	(12)
2,012	421	656	965	263	50	2,408	29	10,423	1,187	(13)
2,365	625	4,149	1,837	3,319	133	4,349	1,490	41,036	11,208	(14)
3,375	822	6,902	3,362	5,759	195	6,361	2,206	54,843	18,667	(15)
1,790	512	2,581	968	1,929	97	3,202	1,080	33,170	6,957	(16)
534	308	1,153	469	500	160	1,465	533	18,263	1,723	(17)
388	243	1,074	329	452	185	937	308	6,338	1,585	(18)
1,104	567	1,462	1,013	687	61	3,528	1,410	64,793	2,265	(19)
3,078	777	1,886	2,686	1,036	39	4,036	1,490	53,761	2,787	(20)
1,557	516	1,544	1,737	251	95	3,896	1,091	46,368	2,079	(21)
4,686	482	1,752	1,694	2,775	462	5,259	458	105,137	1,916	(22)

8　営農類型別の農業経営（農業生産物の販売を目的とする経営体・1経営体
　　当たり平均）（平成30年）（続き）
(4)　労働力、労働投下量、経営土地

区分		月平均農業経営関与者	家族農業就業者		農業経営関与者の就業状態別人員数（年末）					
				専従者	自営農業	農業生産関連事業	自営兼業	臨時的賃労働	恒常的勤務
		人	人	人	人	人	人	人	人
水田作経営									
全国	(1)	1.94	0.53	0.15	0.79	0.00	0.05	0.12	0.29
北海道	(2)	2.25	1.84	0.95	1.94	0.00	0.00	0.01	0.13
都府県	(3)	1.93	0.48	0.11	0.77	0.00	0.05	0.12	0.29
畑作経営									
全国	(4)	2.16	1.43	0.74	1.52	0.01	0.09	0.06	0.22
北海道	(5)	2.57	2.30	1.15	2.31	－	0.06	－	0.02
都府県	(6)	2.11	1.33	0.71	1.40	0.01	0.09	0.08	0.25
野菜作経営（全国）	(7)	2.33	1.93	1.29	1.97	0.00	0.09	0.04	0.08
露地野菜作経営	(8)	2.26	1.74	0.98	1.80	0.00	0.12	0.06	0.10
施設野菜作経営	(9)	2.49	2.30	1.90	2.30	－	0.03	0.02	0.05
果樹作経営（全国）	(10)	2.16	1.71	1.02	1.76	0.01	0.04	0.06	0.11
花き作経営（全国）	(11)	2.44	2.23	1.69	2.21	－	0.02	0.05	0.07
露地花き作経営	(12)	2.19	2.00	1.43	2.00	－	0.05	0.02	0.06
施設花き作経営	(13)	2.62	2.38	1.87	2.34	－	－	0.06	0.07
酪農経営									
全国	(14)	2.66	2.41	2.05	2.45	0.00	0.01	0.02	0.08
北海道	(15)	2.82	2.69	2.39	2.75	－	0.01	0.01	0.01
都府県	(16)	2.57	2.25	1.86	2.27	0.00	0.00	0.04	0.12
肉用牛経営（全国）	(17)	2.25	1.71	1.03	1.80	－	0.13	0.05	0.14
繁殖牛経営	(18)	2.21	1.66	0.91	1.75	－	0.16	0.05	0.14
肥育牛経営	(19)	2.38	1.89	1.48	2.02	－	0.02	0.07	0.15
養豚経営（全国）	(20)	2.46	2.19	1.74	2.23		0.04	0.04	0.05
採卵養鶏経営（全国）	(21)	2.25	2.09	1.70	2.09	0.01	0.04	0.04	0.02
ブロイラー養鶏経営（全国）	(22)	2.32	1.86	1.67	2.01		0.02	0.02	0.04

注：1　家族農業就業者とは、年間の自家農業労働投下日数と、ゆい・手伝い・手間替え出の労働
　　　日数合計（能力不換算）が60日以上の者をいう。
　　2　家族の就業形態は、年末の常住家族のうち、年間労働日数が60日以上の者について、年内
　　　に就業した主な就業形態別に区別し、その員数を表章した。
　　3　臨時的賃労働は、年出稼ぎを含む。

自営農業労働時間		経営耕地面積					
	家族(ゆい・手間替受け含む。)	計	田	普通畑	樹園地	牧草地	
時間	時間	a	a	a	a	a	
837	773	240.2	215.3	22.2	2.2	0.5	(1)
2,732	2,389	1,472.0	1,253.4	210.4	8.2	–	(2)
806	746	220.2	198.4	19.2	2.1	0.5	(3)
2,388	2,091	672.5	60.0	566.3	44.5	1.7	(4)
3,409	2,975	3,437.5	142.2	3,282.1	0.1	13.1	(5)
2,240	1,962	274.9	48.2	175.8	50.9	0.0	(6)
3,850	3,266	218.2	124.9	87.9	4.5	0.9	(7)
2,964	2,619	208.2	98.2	105.3	4.5	0.2	(8)
5,492	4,466	236.9	174.5	55.7	4.6	2.1	(9)
3,146	2,640	159.3	32.3	14.1	112.9	0.0	(10)
5,486	4,224	184.9	111.4	67.0	6.5	–	(11)
4,012	3,249	192.8	93.3	88.4	11.1	–	(12)
6,533	4,915	179.1	124.2	51.7	3.2	–	(13)
6,684	5,422	2,774.4	145.2	388.2	1.4	2,239.6	(14)
8,222	6,717	6,271.7	25.9	664.0	–	5,581.8	(15)
5,809	4,685	782.2	213.2	231.2	2.1	335.7	(16)
2,991	2,768	431.6	195.0	93.3	1.6	141.7	(17)
2,694	2,565	446.4	180.0	107.5	0.7	158.2	(18)
4,161	3,568	373.8	253.5	37.7	5.2	77.4	(19)
5,504	4,186	122.9	62.5	55.4	1.1	3.9	(20)
7,241	4,263	41.1	22.4	13.7	5.0	–	(21)
5,137	3,663	84.0	44.8	36.2	3.0	–	(22)

8 営農類型別の農業経営（農業生産物の販売を目的とする経営体・ 1経営体
当たり平均）（平成30年）（続き）
(5) 営農類型の部門別農業経営

区分	農業粗収益	農業経営費	農業所得	経営の概況		1)当該部門作付規模	2)当該部門生産量
				自営農業労働時間			
					家族（ゆい・手間替受け含む。）		
	千円	千円	千円	時間	時間	a、㎡	kg、本
畑作経営（北海道）							
ばれいしょ作部門	10,569	7,175	3,394	1,128	937	800.2	292,039
畑作経営（都府県の主要地域）							
かんしょ作部門（関東・東山）	13,070	8,002	5,068	4,952	3,786	328.3	88,014
かんしょ作部門 （九州）	3,188	2,119	1,069	1,736	1,494	173.6	45,106
ばれいしょ作部門（関東・東山）	2,328	1,894	434	1,228	830	125.2	39,012
ばれいしょ作部門 （九州）	2,169	1,638	531	1,186	1,078	97.3	24,127
茶作部門 （関東・東山）	280	481	△ 201	343	342	32.0	976
茶作部門 （東海）	3,064	2,329	735	1,164	1,046	122.0	19,278
茶作部門 （近畿）	10,107	7,427	2,680	2,266	1,480	139.9	11,163
茶作部門 （九州）	6,754	4,990	1,764	1,970	1,697	244.0	27,113
露地野菜作経営（全国）							
露地きゅうり作部門	1,349	546	803	685	670	9.4	5,802
露地大玉トマト作部門	1,036	448	588	456	435	7.6	5,030
露地なす作部門	1,556	772	784	1,065	980	9.9	5,739
露地キャベツ作部門	4,511	2,681	1,830	1,151	1,007	111.6	49,488
露地ほうれんそう作部門	2,269	1,220	1,049	1,224	1,066	44.5	4,559
露地たまねぎ作部門	3,301	2,268	1,033	1,065	905	101.3	47,228
露地レタス作部門	5,493	3,181	2,312	1,860	1,436	125.9	32,525
露地はくさい作部門	4,695	2,787	1,908	1,115	662	107.9	74,250
露地白ねぎ作部門	2,500	1,278	1,222	1,187	1,058	32.6	7,796
露地だいこん作部門	5,026	2,912	2,114	1,502	1,282	105.1	59,159
露地にんじん作部門	6,094	3,508	2,586	1,967	1,651	132.1	53,856
施設野菜作経営（全国）							
施設きゅうり作部門	8,046	4,737	3,309	3,421	2,549	2,324	31,382
施設大玉トマト作部門	8,271	5,368	2,903	3,248	2,585	2,719	27,885
施設ミニトマト作部門	13,636	8,936	4,700	5,890	3,944	3,462	21,651
施設なす作部門	8,446	4,990	3,456	3,859	3,449	2,320	26,770
果樹作経営（全国）							
りんご作部門	5,395	3,347	2,048	3,220	2,542	111.4	26,215
露地温州みかん作部門	4,390	2,688	1,702	1,925	1,544	93.3	21,064
施設温州みかん作部門	10,232	7,052	3,180	2,234	1,856	2,939	14,230
露地ぶどう作部門	4,507	2,219	2,288	2,230	1,818	52.0	5,188
施設ぶどう作部門	4,803	2,483	2,320	2,497	2,067	4,331	4,855
日本なし作部門	6,073	3,270	2,803	2,745	2,462	81.4	17,247
もも作部門	3,828	1,942	1,886	1,656	1,472	51.7	6,964
かき作部門	3,035	1,944	1,091	1,526	1,240	71.6	11,721
うめ作部門	5,920	2,695	3,225	2,192	1,642	100.7	17,599
おうとう作部門	2,963	1,797	1,166	1,349	860	34.5	1,497
キウイフルーツ作部門	2,303	959	1,344	1,004	935	36.0	6,172
すもも作部門	2,456	1,288	1,168	1,228	1,096	31.0	4,784
施設花き作経営（全国）							
施設切り花ばら作部門	8,643	7,576	1,067	6,009	4,947	3,366	148,910

注： 1)は、畑作経営、露地野菜作経営、施設野菜作経営及び施設花き作経営については作付延べ面
積、果樹作経営については植栽面積である。また、その単位は、畑作経営、露地野菜作経営及び
果樹作経営は a 、施設野菜作経営及び施設花き作経営は㎡である。
2)は、花き作経営は本、それ以外はkgである。

9 組織法人の水田作経営の農業経営収支（全国）（1組織当たり）
（平成30年）

区分	単位	組織法人の水田作経営	集落営農
農業粗収益	千円	49,435	43,907
うち稲作収入	〃	23,441	20,883
農作業受託収入	〃	5,214	3,126
共済・補助金等受取金	〃	15,481	15,202
農業経営費	〃	34,383	27,610
うち肥料費	〃	3,181	3,107
農業薬剤費	〃	2,677	2,649
賃借料	〃	3,607	3,427
減価償却費	〃	3,576	2,938
農業所得	〃	15,052	16,297
経営概況			
水田作作付延べ面積	a	3,594.3	3,476.6
農業従事者数	人	13.61	18.28
農業投下労働時間	時間	8,144	6,817

資料： 農林水産省統計部「農業経営統計調査　営農類型別経営統計（組織法人経営）」
　　　（以下11まで同じ。）
注：1　「組織法人」とは、株式会社、農事組合法人など法人格を有するものである
　　　（以下11まで同じ。）。
　　2　水田作作付延べ面積は、稲、麦類、雑穀、豆類、いも類及び工芸農作物を水
　　　田に作付けた延べ面積である。

10 組織法人の水田作経営以外の耕種経営（全国）（1組織当たり）（平成30年）

区分	単位	畑作	露地野菜作	施設野菜作	果樹作	露地花き作	施設花き作
農業粗収益	千円	81,955	132,071	119,522	42,502	19,198	65,157
うち麦類収入	〃	3,067	468	26	178	-	-
豆類収入	〃	2,289	200	27	-	-	-
いも類収入	〃	8,813	3,710	-	-	-	-
工芸農作物収入	〃	30,306	290	-	-	-	-
野菜収入	〃	4,170	108,249	113,752	455	306	1,399
果樹収入	〃	79	58	39	39,713	-	-
花き収入	〃	-	-	-	-	16,345	62,502
共済・補助金等受取金	〃	15,916	12,336	2,247	1,242	1,264	50
農業経営費	〃	66,206	112,478	101,597	33,010	17,770	63,250
うち肥料費	〃	10,533	9,607	4,066	1,443	742	1,184
諸材料費	〃	2,058	4,913	8,877	1,401	601	5,438
光熱動力費	〃	5,938	3,345	9,204	1,209	860	8,396
減価償却費	〃	6,369	10,213	9,145	3,454	934	2,740
農業所得	〃	15,749	19,593	17,925	9,492	1,428	1,907
経営概況							
作付延べ面積	a、㎡	4,007.3	2,491.7	38,695.4	664.8	193.7	9,877.3
農業従事者数	人	8.34	10.00	16.40	11.46	5.00	13.72
農業投下労働時間	時間	11,911	24,913	33,708	16,427	8,264	21,080

注： 作付延べ面積は、畑作は稲、麦類、雑穀、豆類、いも類及び工芸農作物を畑に作付けた延べ
面積、露地野菜作は露地野菜作付面積（延べ面積）、施設野菜作は施設野菜作付面積（延べ面
積）、果樹作は果樹植栽面積、露地花き作は露地花き作付面積（延べ面積）、施設花き作は施
設花き作付面積（延べ面積）である。
また、単位は、施設野菜作及び施設花き作は㎡、それ以外はaである。

11 組織法人の畜産経営（全国）（1組織当たり）（平成30年）

区分	単位	酪農	繁殖牛経営	肥育牛経営	養豚	採卵養鶏	ブロイラー養鶏
農業粗収益	千円	255,077	146,930	601,208	736,210	603,774	268,692
うち酪農収入	〃	224,284			740	–	–
肥育牛収入	〃	–	34,748	546,722	–	–	–
自家生産和牛収入	〃	1,085	89,881	13,186	13	–	–
養豚収入	〃	–	–	–	674,902	–	–
鶏卵収入	〃	–	–	–	47,506	581,841	–
ブロイラー収入	〃	–	–	–	–	–	266,331
共済・補助金等受取金	〃	18,724	14,454	32,546	8,640	18,909	1,129
農業経営費	〃	221,783	141,384	600,945	701,415	588,448	247,657
うち動物	〃	4,825	23,684	305,275	36,570	75,035	42,624
飼料費	〃	75,755	50,974	161,942	360,362	255,423	150,389
農業薬剤費	〃	6,956	4,803	7,310	32,435	7,566	3,091
光熱動力費	〃	8,446	3,964	9,043	36,125	13,460	12,926
減価償却費	〃	28,850	13,543	14,346	34,959	46,566	6,095
農業所得	〃	33,294	5,546	263	34,795	15,326	21,035
経営概況							
飼養頭羽数	頭・羽	195.6	194.0	1,040.4	9,690.2	175,620	601,590
農業従事者数	人	9.28	5.59	10.94	20.65	26.67	4.92
農業投下労働時間	時間	21,593	13,421	23,424	46,634	45,968	10,477

注： 飼養頭羽数とは、酪農経営は月平均搾乳牛飼養頭数、繁殖牛経営は月平均繁殖雌牛飼養頭数、
肥育牛経営は月平均肥育牛飼養頭数、養豚経営は月平均肥育豚飼養頭数、採卵養鶏経営は月平均
採卵鶏飼養羽数、ブロイラー養鶏経営はブロイラー販売羽数である。

12 経営所得安定対策等（収入減少影響緩和交付金を除く。）の
　　支払実績（令和2年4月末時点）
(1) 交付金別支払額

単位：億円

区分	畑作物の直接 支払交付金	米の直接 支払交付金	水田活用の 直接支払交付金
平成29年度	1,985	705	3,141
30	1,732	－	2,986
令和元	**2,197**	－	**2,938**
対前年度差	465	－	△ 48

資料： 農林水産省政策統括官資料（以下(3)まで同じ。）
注： 米の直接支払交付金は、平成26年度から単価を半減した上で、平成29年度
　　までの時限措置として実施（平成30年度から廃止）。

(2) 交付金別支払対象者数

単位：件

区分	畑作物の直接 支払交付金	米の直接 支払交付金	水田活用の 直接支払交付金
平成29年度	44,034	736,264	424,823
30	42,827	－	346,933
令和元	**42,072**	－	**318,329**
対前年度差	△ 755	－	△ 28,604

(3) 支払面積、数量
　ア　畑作物の直接支払交付金の支払数量

単位：t

区分	合計	麦	小麦	二条大麦	六条大麦	はだか麦
平成29年度	5,727,700	978,946	871,330	51,420	44,410	11,786
30	5,338,160	833,311	726,678	60,080	33,570	12,983
令和元	**5,996,123**	**1,153,884**	**1,006,216**	**79,497**	**49,004**	**19,167**
対前年度差	657,963	320,573	279,538	19,417	15,434	6,184

区分	大豆	てん菜	でん粉原料用 ばれいしょ	そば	なたね
平成29年度	222,679	3,775,823	717,595	29,174	3,484
30	181,463	3,610,308	685,800	24,314	2,965
令和元	**190,755**	**3,853,772**	**755,983**	**37,762**	**3,966**
対前年度差	9,292	243,465	70,183	13,448	1,002

イ 米の直接支払交付金の支払面積

単位：ha

区分	支払面積	(参考) 10 a 控除前
平成29年度	940,599	1,018,344
30	－	－
令和元	－	－
対前年度差	－	－

ウ 水田活用の直接支払交付金における戦略作物（基幹作物）の支払面積

単位：ha

区分	合計	麦	大豆	飼料作物	新規需要米	
						WCS用稲
平成29年度	446,540	98,173	88,638	72,424	138,621	42,340
30	430,184	96,491	86,664	72,195	126,465	42,071
令和元	417,346	97,211	85,173	71,916	119,583	42,083
対前年度差	△12,837	720	△1,490	△279	△6,881	12

区分	新規需要米 (続き)		(参考) 加工用米	(参考) そば	(参考) なたね	(参考) 新市場 開拓用米
	米粉用米	飼料用米				
平成29年度	5,271	91,009	48,684	26,155	727	－
30	5,243	79,151	48,370	26,414	781	3,491
令和元	5,280	72,220	42,462	27,217	866	4,111
対前年度差	37	△6,930	△4,907	803	86	620

注：参考として記載したそば、なたね及び新市場開拓用米については、
　　産地交付金の支払対象面積（基幹作物）であり、合計には含まない。

13 経営所得安定対策等（収入減少影響緩和交付金）の支払実績
（令和元年7月末時点）

区分	加入件数	補填件数	補填額計
	件	件	億円
平成29年度	106,991	57,064	178.7
30	103,359	18,737	54.4
令和元	98,957	19,771	68.9
対前年度差	△ 4,402	1,034	14.5

資料：農林水産省政策統括官資料
注：1　補填額計は、国費と農業者拠出（3：1）の合計である。
　　2　収入減少影響緩和交付金の支払は生産年の翌年度に行われる。
　　　　例えば、令和元年度の補填額は平成30年産に対する支払実績である。

Ⅶ 農業生産資材

1 農業機械

(1) 経営耕地面積規模別の農業機械所有台数（販売農家）
（各年2月1日現在）

区分	動力田植機		トラクタ		コンバイン	
	所有農家数	台数	所有農家数	台数	所有農家数	台数
	千戸	千台	千戸	千台	千戸	千台
平成22年	987	1,007	1,305	1,633	753	775
27	748	764	1,020	1,338	583	603
北海道	12	13	34	118	13	16
都府県	736	752	986	1,219	570	588
0.5ha未満	117	118	173	181	77	77
0.5〜1.0	237	240	323	346	172	174
1.0〜2.0	205	208	269	316	162	165
2.0ha以上	178	185	221	377	159	170

資料：農林水産省統計部「農林業センサス」
注：1 農家の個人所有台数及び数戸の共有機械で当該農家が保管・管理している台数である。
　　2 0.5ha未満には経営耕地なしを含む。

(2) 農業機械の価格指数

平成27年＝100

品目	銘柄等級	平成27年	28	29	30	令和元
刈払機（草刈機）	肩かけ、エンジン付、1.5PS程度	100.0	100.0	100.2	100.3	100.8
動力田植機（4条植）	土付苗用（乗用型）	100.0	100.1	100.4	100.5	101.0
動力噴霧機	2.0〜3.5PS（可搬型）	100.0	99.8	99.8	99.8	100.1
動力耕うん機	駆動けん引兼用型（5〜7PS）	100.0	100.1	100.1	100.0	100.5
乗用型トラクタ（15PS内外）	水冷型	100.0	99.9	99.9	99.9	100.5
〃 （25PS内外）	〃	100.0	100.2	100.3	100.4	100.9
〃 （35PS内外）	〃	100.0	100.0	100.1	100.0	100.5
トレーラー（積載量500kg程度）	定置式	100.0	100.8	101.1	101.1	102.1
自走式運搬車	クローラー式、歩行型、500kg	100.0	100.5	100.6	100.6	101.1
バインダー（2条刈り）		100.0	99.9	99.9	99.5	99.9
コンバイン（2条刈り）	自脱型	100.0	100.1	100.1	100.2	100.6
動力脱穀機	自走式、こき胴幅40〜50cm	100.0	99.9	99.9	99.9	100.4
動力もみすり機	ロール型、全自動30型	100.0	100.0	100.2	100.4	100.9
通風乾燥機（16石型）	立型循環式	100.0	100.0	100.1	100.1	100.5
温風式暖房機	毎時75,000kcal、1,000㎡、重油焚き	100.0	99.7	99.8	100.1	101.0
ロータリー	乗用トラクター20〜30PS、作業幅150cm	100.0	99.6	99.8	100.0	100.5

資料：農林水産省統計部「農業物価統計」

(3)　農業用機械器具、食料品加工機械等の生産台数

単位：台

区分	平成27年	28	29	30	令和元
農業用機械器具					
整地用機器及び付属品					
動力耕うん機（歩行用トラクタを含む。）	112,353	122,712	122,577	116,898	107,890
装輪式トラクタ	158,851	135,880	139,689	143,145	144,556
20PS未満	25,383	15,250	14,199	12,133	8,151
20PS以上30PS未満	47,954	45,301	43,989	48,173	47,165
30PS以上	85,514	75,329	81,501	82,839	89,240
栽培用機器					
田植機	22,041	21,373	23,801	23,513	23,728
管理用機器					
動力噴霧機及び動力散粉機 　　（ミスト機・煙霧機を含む。）	77,468	79,098	77,093	81,802	76,945
収穫調整用機器					
刈払機（芝刈機を除く。）	613,051	624,623	900,190	875,286	750,682
コンバイン（刈取脱穀結合機）	18,984	13,402	16,539	14,631	16,266
籾すり機	11,218	9,301	9,968	10,855	10,581
農業用乾燥機	14,709	14,725	15,931	14,786	14,905
食料品加工機械（手動のものを除く。）	50,835	48,430	49,591	49,119	44,452
穀物処理機械	26,709	25,558	26,258	24,215	21,193
精米麦機械	18,124	17,383	17,135	15,701	13,591
製パン・製菓機械	8,585	8,175	9,123	8,514	7,602
醸造用機械（酒類・しょう油・味噌用に限る。）	3,238	1,494	2,543	4,010	3,060
牛乳加工・乳製品製造用機械	15,025	15,739	15,257	15,088	14,300
肉類・水産加工機械	5,863	5,639	5,533	5,806	5,899

資料：経済産業省調査統計グループ「2019年 経済産業省生産動態統計年報　機械統計編」

1　農業機械（続き）
(4)　農業機械輸出実績

品目	平成30年		令和元	
	台数	金額	台数	金額
	台	千円	台	千円
合計	-	242,338,427	-	238,857,667
農具計	-	2,322,423	-	2,460,986
1)スペード及びショベル	20,924	158,198	21,654	136,032
1)つるはし、くわ、レーキ	4,212	37,159	4,000	36,399
2)その他の農具	-	2,127,066	-	2,288,555
耕うん整地用機械計	-	176,364,526	-	180,223,541
プラウ	398	26,097	310	42,437
ディスクハロー	55	11,418	10	3,021
播種機、植付機、移植機	5,716	7,508,416	6,983	6,955,385
肥料散布機計	415	96,029	720	132,228
堆肥散布機	26	24,051	118	49,402
施肥機	389	71,978	602	82,826
耕うん整地用機械の部分品	-	4,210,292	-	4,500,051
農業用歩行式トラクタ	33,790	2,103,858	30,475	1,554,774
3)農業用トラクタ計	101,466	162,408,416	99,052	167,035,645
30PS未満	-	-	-	-
30PS以上～50PS未満	-	-	-	-
50PS以上	-	-	-	-
18kW以下	34,261	30,890,554	32,328	30,277,067
18kW超　22kW以下	6,741	6,690,145	5,692	5,531,578
22kW超　37kW以下	18,038	25,348,075	15,252	21,827,458
37kW超　75kW以下	38,590	83,684,331	41,625	92,335,449
75kW超	3,836	15,795,311	4,155	17,064,093
防除用農機計	-	901,992	-	1,040,208
動力噴霧機	28,745	872,043	30,038	992,541
その他の防除用農機	17,692	29,949	15,299	47,667
収穫調製用農機計	-	50,510,490	-	44,991,559
4)芝生刈込機	34,901	9,454,585	31,449	7,833,538
5)刈払機	596,680	13,912,884	499,464	11,053,833
6)草刈機	4,385	694,326	3,220	536,489
7)モーア等の草刈機	32,305	1,232,075	33,398	1,328,085
乾草製造用機械	3	626	50	48,627
8)ベーラー	1,668	1,478,963	2,129	1,755,629
コンバイン	3,055	11,029,767	3,036	11,100,556
脱穀機	72	50,340	69	30,287
根菜類・塊茎収穫機	80	97,301	143	100,566
その他の収穫機	3,676	1,072,833	3,071	970,955
果実・野菜等の洗浄用選別用等機械	176	1,482,495	162	1,382,206
農林園芸用の機械に使用する刃及びナイフ	-	2,760,614	-	2,574,482
収穫調製用農機の部分品	-	7,243,681	-	6,276,306
食糧加工農機計	-	2,215,588	-	1,374,898
種穀物の洗浄用選別用等機械	522	778,646	537	686,217
精米麦機	546	854,478	651	142,191
その他の穀物加工用機械	278	351,268	180	305,481
食糧加工機の部分品	-	231,196	-	241,009
チェンソー	250,649	4,619,020	230,628	4,192,240
チェンソーの部分品	-	5,400,135	-	4,573,297
9)農業用トレーラ又はセミトレーラ	10	4,253	1	938
参考：10)除雪機	4,210	1,260,690	6,540	1,560,294

資料：日本農業機械工業会「農業機械輸出実績」
注：1　財務省「貿易統計」の集計値であり、金額はFOB価格（本船渡し価格）である。
　　2　"－"の台数においては、集計していないものを含む。
　　1)の台数の単位は、DZ（ダーツ）である。
　　2)は、なた・せんていばさみ・おの類その他手道具を含む。
　　3)は、中古のものを除く。
　　4)は、動力駆動式のもので水平面上を回転して刈り込むものである。
　　5)は、輸出品目番号8467.89.000のみを集計している。
　　6)は、動力駆動式で回転式以外のもの及び人力式のものである。
　　7)は、トラクタ装着用のカッターバーを含む。
　　8)は、ピックアップベーラーを含む。
　　9)は、積込機構付き又は荷卸機構付きのものに限る。
　　10)は、合計額には算入していない。

(5)　農業機械輸入実績

品目	平成30年		令和元	
	台数	金額	台数	金額
	台	千円	台	千円
合計	－	70,076,528	－	75,373,394
農具計	－	4,709,156	－	4,384,009
1)スペード及びショベル	－	963,019	－	682,071
1)つるはし、くわ、レーキ	－	841,978	－	791,379
2)その他の農具	－	2,904,159	－	2,910,559
耕うん整地用機械計	－	31,620,259	－	33,779,961
ブラウ	282	504,420	361	596,525
ディスクハロー	389	558,753	421	498,858
その他の耕うん整地用機械	25,878	1,796,747	19,530	1,646,923
播種機、植付機、移植機	11,341	1,305,545	11,141	1,196,965
肥料散布機計	10,963	1,629,719	9,803	1,572,619
堆肥散布機	669	853,352	421	1,006,815
施肥機	10,294	776,367	9,382	565,804
耕うん整地用機械の部分品	－	6,719,569	－	6,281,861
3)農業用トラクタ計	2,022	19,105,506	2,491	21,986,210
70PS未満	－	－	－	－
70PS以上	－	－	、－	－
18kW以下	39	39,623	90	99,438
18kW超 37kW以下	41	57,543	34	48,282
37kW超 52kW以下	22	37,758	24	44,563
52kW超 75kW以下	263	1,283,806	302	1,483,191
75kW超 130kW以下	1,306	11,722,752	1,720	15,047,341
130kW超	351	5,964,024	321	5,263,395
4)防除用機械	290,038	561,609	300,134	484,459
収穫調製用農機計	－	29,568,488	－	32,167,787
5)草刈機（回転式）	359,468	7,861,416	405,693	9,378,349
6)草刈機	81,990	1,349,402	64,118	1,036,187
7)モーア等の草刈機	8,609	3,372,432	10,156	3,217,423
乾草製造用機械	898	1,078,235	803	993,168
8)ベーラー	512	2,021,191	584	2,301,018
コンバイン	118	1,472,392	113	1,410,994
脱穀機	124	7,173	85	1,130
根菜類・塊茎収穫機	45	600,781	56	763,933
その他の収穫機	409	1,993,184	324	3,396,709
果実・野菜等の洗浄用選別用等機械	79	1,661,249	83	1,611,565
農林園芸用の機械に使用する刃及びナイフ	－	1,881,821	－	1,868,247
収穫調製用農機の部分品	－	6,269,212	－	6,189,064
食糧加工農機計	－	882,010	－	1,065,795
種穀物の洗浄用選別用等機械	332	423,856	310	531,618
食糧加工機の部分品	－	458,154	－	534,177
チェンソー	99,021	1,367,418	136,334	1,839,277
チェンソーの部分品	－	1,195,574	－	1,350,901
9)農業用トレーラ又はセミトレーラ	－	172,014	－	301,205

資料：日本農業機械工業会「農業機械輸入実績」
注：1　財務省「貿易統計」の集計値であり、金額はＣＩＦ価格（保険料・運賃込み価格）である。
　　2　"－"の台数においては、集計していないものを含む。
　　　1)の実績は、金額のみの集計である。
　　　2)は、なた・せんていばさみ・おの類その他手道具を含む。
　　　3)は、ハロー・スカリファイヤー・カルチベータ・除草機・ホーを含む。
　　　4)は、農業用又は園芸用のものである。
　　　5)は、輸入品目番号8433.11.000動力駆動式のもので水平面上を回転して刈り込むもの及び
　　8467.89.000の手持工具その他のものを含む。
　　　6)は、動力駆動式のもので回転式以外のもの及び人力式のものである。
　　　7)は、トラクタ装着用のカッターバーを含む。
　　　8)は、ピックアップベーラーを含む。
　　　9)は、積込機構付き又は荷卸機構付きのものに限る。

2　肥料
(1)　主要肥料・原料の生産量

肥料別	単位	平成24 肥料年度	25	26	27	28
硫安	t	1,224,963	1,215,016	1,125,979	934,631	943,633
尿素	〃	358,338	347,536	304,768	382,269	424,466
石灰窒素	〃	47,913	46,251	37,957	43,818	39,780
過りん酸石灰	〃	124,298	106,035	107,076	84,628	101,540
重過りん酸石灰	〃	6,783	8,587	9,035	4,216	8,831
よう成りん肥	〃	41,075	36,578	31,270	34,053	28,091
(重)焼成りん肥	〃	50,135	46,520	47,017	39,615	34,124
高度化成	〃	785,899	774,394	720,239	698,838	736,857
ＮＫ化成	〃	41,127	42,216	36,896	29,694	35,873
普通化成	〃	220,596	217,651	205,638	192,296	198,962
1) 硫酸	100%H$_2$SO$_4$千t	6,746	6,352	6,443	6,295	6,342
アンモニア	NH3千t	1,021	997	956	876	896

資料：農林統計協会「ポケット肥料要覧－2017／2018－」（以下(2)ウまで同じ。）
注：1　肥料年度は、7月から翌年の6月までである（以下(2)ウまで同じ。）。
　　2　生産量には、工業用として使用されたものを含む。
　　1)は、会計年度である。

(2)　肥料種類別の需給
ア　窒素質肥料

単位：N t

区分	平成24 肥料年度	25	26	27	28
生産・輸入	708,450	725,301	667,615	643,137	669,053
内需	567,110	573,590	541,270	561,786	574,099
硫安	115,913	110,834	105,567	103,431	116,969
尿素	270,422	291,273	267,407	316,392	322,267
硝安	5,138	5,438	6,230	6,755	7,946
塩安	15,104	14,602	13,149	0	0
高度化成	48,199	35,220	34,279	30,638	33,243
輸入化成	26,100	22,280	25,869	15,535	4,916
輸入りん安	73,791	81,707	78,504	77,245	77,164
石灰窒素	11,961	11,588	9,829	11,471	10,444
その他	482	648	435	319	1,150
輸出	147,429	137,870	132,755	98,086	94,082
在庫	85,136	98,979	92,569	73,082	73,396

注：1　各肥料とも純成分換算数量である（以下ウまで同じ。）。
　　2　工業用を含む。

イ　りん酸質肥料

単位：P_2O_5 t

区分	平成24肥料年度	25	26	27	28
生産・輸入	375,037	366,179	342,471	328,517	315,450
内需	395,375	360,345	354,358	327,650	299,687
高度化成	95,728	79,955	83,428	75,097	81,399
普通化成	17,598	13,195	14,997	12,805	13,188
過りん酸石灰	2,903	2,956	4,445	2,452	2,788
重過りん酸石灰	687	615	372	294	543
重焼りん	9,547	9,639	9,723	7,166	8,433
液肥	3,780	3,821	3,381	3,132	3,525
よう成りん肥	23,181	25,219	17,981	19,031	17,898
その他	16,335	8,332	8,083	6,745	7,975
配合肥料等	201,167	196,030	186,470	186,933	160,231
輸入化成	24,449	20,583	25,478	13,995	3,707
輸出	2,122	2,134	2,326	2,575	2,824
在庫	94,535	98,235	84,322	82,614	95,553

ウ　カリ質肥料

単位：K_2O t

区分	平成24肥料年度	25	26	27	28
輸入生産	271,831	296,404	273,953	231,054	214,659
輸入　塩化カリ	208,991	217,648	200,421	180,017	166,043
硫酸カリ	37,167	53,788	53,226	34,493	29,827
化成肥料	25,673	24,968	20,306	16,544	18,789
生産　硫酸カリ	0	0	0	0	0
内需	294,642	276,138	288,066	220,602	228,606
塩化カリ	222,922	203,952	206,489	169,037	189,763
硫酸カリ	44,532	48,978	54,630	35,383	33,722
化成肥料	27,188	23,208	26,947	16,182	5,121
国産硫酸カリ原料塩化カリ	0	0	0	0	0
輸出	2,017	2,121	2,061	2,402	2,839
在庫	77,545	95,690	79,516	87,566	70,780

注：　国内生産の硫酸カリは輸入塩化カリを原料としているので、需給表上「生産硫酸カリ」と
　　内需欄の「国産硫酸カリ原料塩化カリ」とは重複している。

2 肥料（続き）
(3) 肥料の価格指数

平成27年＝100

類別品目	銘柄等級	平成27年	28	29	30	令和元
肥料		100.0	98.2	92.7	94.3	98.0
無機質		100.0	98.2	92.6	94.2	98.0
硫安	N21%	100.0	93.8	87.4	89.7	93.1
石灰窒素	N21%、粉状品	100.0	100.5	100.8	103.3	109.2
尿素	N46%	100.0	90.4	80.5	84.9	91.1
過りん酸石灰	可溶性りん酸17%以上	100.0	100.5	97.5	99.1	100.4
よう成りん肥	く溶性りん酸20%	100.0	100.8	97.7	99.7	104.0
重焼りん肥	く溶性りん酸35%	100.0	99.2	95.8	97.4	100.4
複合肥料		100.0	97.9	91.7	93.2	96.9
高度化成	N15%・P15%・K15%	100.0	97.0	88.5	89.9	94.1
普通化成	N8%・P8%・K5%	100.0	98.6	94.3	95.9	99.0
配合肥料	〃	100.0	98.9	94.9	96.5	99.6
固形肥料	N5%・P5%・K5%	100.0	98.5	95.2	96.9	99.9
消石灰	アルカリ分60%以上	100.0	99.3	98.0	99.1	102.2
炭酸カルシウム	〃　53～60%未満	100.0	99.4	99.3	99.3	104.0
けい酸石灰	可溶性けい酸20%、アルカリ分35%内外	100.0	99.4	98.5	99.6	101.8
水酸化苦土	苦土50～60%	100.0	101.6	101.7	108.3	117.6
有機質		100.0	99.0	96.1	97.5	98.5
なたね油かす		100.0	97.8	92.9	96.0	97.6
鶏ふん	乾燥鶏ふん	100.0	99.8	98.3	98.5	99.2

資料：農林水産省統計部「農業物価統計」

(4) 肥料の輸出入

品名	平成30年		令和元	
	数量	価額	数量	価額
	t	千円	t	千円
輸出				
肥料	612,838	13,493,102	663,810	14,076,695
うち窒素肥料	429,232	6,902,557	436,746	6,897,704
うち硫酸アンモニウム	402,095	4,497,978	406,982	4,414,537
尿素	13,813	893,720	15,681	911,254
輸入				
肥料	1,902,435	86,846,943	1,873,938	83,998,490
うちカリ肥料	598,540	24,067,339	596,362	25,941,758
うち塩化カリウム	492,240	18,696,770	489,294	20,381,793
硫酸カリウム	81,494	4,464,802	81,444	4,623,697

資料：日本関税協会「外国貿易概況」
注： 財務省「貿易統計」を概況品目分類（HSに準拠した輸出入統計品目表及びSITC分類、日本標準産業分類などを参考にして作成）によって集計された結果である。

3　土壌改良資材
政令指定土壌改良資材供給量

単位：t

資材名	平成27年	28	29	30	令和元
合計	378,618	371,848	350,908	272,494	285,786
泥炭	36,811	47,495	48,676	27,124	29,530
バークたい肥	241,429	225,159	219,341	167,491	171,778
腐植酸質資材	15,074	16,466	16,092	14,831	16,889
木炭	5,977	4,860	4,563	3,488	3,395
けいそう土焼成粒	509	558	500	508	508
ゼオライト	55,682	42,978	30,721	27,308	23,857
バーミキュライト	6,547	11,220	9,867	10,257	14,617
パーライト	15,270	22,050	19,268	19,930	23,649
ベントナイト	1,095	853	1,677	1,522	1,519
ＶＡ菌根菌資材	7	8	6	2	6
ポリエチレンイミン系資材	217	201	197	33	38
ポリビニルアルコール系資材	0	0	0	0	0

資料：農林水産省統計部「土壌改良資材の生産量及び輸入量」、農林水産省生産局「政令指定土壌改良資材
　　の生産量及び輸入量調査結果」
注：　供給量は、当該年の1月から12月の間に農業用に払い出された数量である。

4 農薬
(1) 登録農薬数の推移

単位：件

区分	平成26 農薬年度	27	28	29	30
合計	4,339	4,375	4,314	4,317	4,282
殺虫剤	1,092	1,097	1,088	1,062	1,069
殺菌剤	914	911	885	896	888
殺虫殺菌剤	509	527	498	481	475
除草剤	1,494	1,509	1,515	1,551	1,526
農薬肥料	64	68	68	69	68
殺そ剤	28	24	23	23	23
植物成長調整剤	92	92	92	93	91
殺虫・殺菌植調剤	1	1	1	1	1
その他	145	146	144	141	141

資料：農林水産省消費・安全局資料（以下(2)まで同じ。）

(2) 農薬出荷量の推移

単位：t、kl

区分	平成26 農薬年度	27	28	29	30
合計	236,547	227,779	228,050	227,680	223,207
殺虫剤	83,164	76,202	73,381	73,340	73,174
殺菌剤	43,238	41,722	41,753	41,852	39,287
殺虫殺菌剤	19,844	19,054	18,001	17,543	16,648
除草剤	77,406	78,866	83,001	82,955	81,691
農薬肥料	5,315	4,677	4,721	4,925	5,347
殺そ剤	337	315	336	324	309
植物成長調整剤	1,652	1,457	1,477	1,532	1,496
殺虫・殺菌植調剤	7	6	9	10	10
その他	5,585	5,480	5,371	5,200	5,245

注： 1 出荷量に石灰窒素は含まない。
　　 2 数量の合計はkl＝tとして集計した。

(3)　農薬の価格指数

平成27年＝100

類別品目	銘柄等級	平成27年	28	29	30	令和元
農業薬剤		100.0	100.0	99.4	99.4	100.5
殺虫剤		100.0	99.9	99.2	99.6	101.5
D−D剤	D−D 92%	100.0	100.8	100.5	105.4	109.5
ＭＥＰ乳剤	ＭＥＰ 50%	100.0	99.7	98.3	98.4	98.4
アセフェート粒剤	アセフェート 5%	100.0	100.5	100.2	100.5	102.9
ホスチアゼート粒剤	ホスチアゼート 1.5%	100.0	99.7	99.1	98.4	98.6
エマメクチン安息香酸塩乳剤	エマメクチン安息香酸塩 1%	100.0	99.8	99.4	98.1	97.3
クロルピクリンくん蒸剤	クロルピクリン 80%	100.0	99.2	97.8	97.8	104.3
クロルフェナピル水和剤	クロルフェナピル 10%	100.0	99.4	99.0	98.9	99.6
殺菌剤		100.0	100.1	99.7	99.3	100.0
ＴＰＮ水和剤	ＴＰＮ 40%	100.0	99.1	98.6	98.5	98.8
マンゼブ水和剤	マンゼブ 75%	100.0	101.2	101.2	100.9	102.0
ダゾメット粉粒剤	ダゾメット 98%	100.0	100.4	100.1	99.8	100.6
チオファネートメチル水和剤	チオファネートメチル 70%	100.0	99.9	99.3	98.8	100.4
フルアジナム水和剤	フルアジナム 50%	100.0	99.9	99.9	99.6	99.9
アゾキシストロビン水和剤	アゾキシストロビン 20%	100.0	99.9	98.8	98.3	98.2
殺虫殺菌剤		100.0	100.3	99.9	100.1	100.1
フィプロニル・プロベナゾール粒剤	フィプロニル 0.6%、プロベナゾール 24%	100.0	100.2	99.7	100.4	100.0
ジノテフラン・プロベナゾール粒剤	ジノテフラン 2%、プロベナゾール 24%	100.0	100.2	99.9	99.7	100.2
チアメトキサム・ピロキロン粒剤	チアメトキサム 2%、ピロキロン 12%	100.0	100.4	100.2	100.1	100.2
除草剤		100.0	99.8	99.3	99.1	99.9
グリホサートイソプロピルアミン塩液剤	グリホサートイソプロピルアミン塩 41%	100.0	100.1	100.3	100.3	101.7
イマゾスルフロン・ピラクロニル・ブロモブチド粒剤	イマゾスルフロン 0.9%、ピラクロニル 2%、ブロモブチド 9%	100.0	100.0	99.1	99.0	99.8
グルホシネート液剤	グルホシネート 18.5%	100.0	99.5	99.0	98.9	99.9
ジクワット・パラコート液剤	ジクワット 7%、パラコート 5%	100.0	100.1	99.1	98.6	98.7
グリホサートカリウム塩液剤	グリホサートカリウム塩 48%	100.0	99.5	99.2	98.9	99.5

資料：農林水産省統計部「農業物価統計」

4　農薬（続き）
(4)　農薬の輸出入

区分	平成29農薬年度		30	
	数量	価額	数量	価額
	t、kl	100万円	t、kl	100万円
輸出				
合計	48,414	146,358	44,798	144,939
原体	32,183	111,601	29,545	108,710
製剤	16,231	34,757	15,253	36,229
殺虫剤	8,511	51,006	9,749	50,942
原体	5,425	40,532	6,147	37,812
製剤	3,086	10,474	3,603	13,130
殺菌剤	22,151	40,084	15,786	37,959
原体	12,849	27,591	7,714	25,347
製剤	9,302	12,493	8,073	12,612
除草剤	17,508	53,479	18,841	52,944
原体	13,767	42,030	15,416	42,768
製剤	3,741	11,449	3,425	10,176
その他	244	1,790	421	3,094
原体	141	1,448	268	2,782
製剤	103	342	153	312
輸入				
合計	50,571	92,496	49,890	92,363
原体	17,023	58,314	18,942	61,600
製剤	33,548	34,182	30,947	30,763
殺虫剤	11,954	27,197	12,748	31,482
原体	4,998	18,377	6,474	23,859
製剤	6,956	8,820	6,274	7,623
殺菌剤	13,314	25,013	9,461	19,929
原体	5,242	14,920	5,126	12,344
製剤	8,072	10,093	4,335	7,585
除草剤	25,054	39,281	27,303	39,857
原体	6,595	24,575	7,141	25,039
製剤	18,458	14,707	20,162	14,818
その他	249	1,004	378	1,096
原体	188	442	201	358
製剤	62	562	177	738

資料：農林水産省消費・安全局資料
注：数量の合計は t ＝kl として集計した。

Ⅷ 農作物

1 総括表

(1) 生産量

区分	平成30年産			令和元		
	作付面積	10a当たり収量	収穫量	作付面積	10a当たり収量	収穫量
	ha	kg	t	ha	kg	t
1) 水稲（子実用）	1,470,000	529	7,780,000	1,469,000	528	7,762,000
2) 小麦（子実用）	211,900	361	764,900	211,600	490	1,037,000
2) 二条大麦（子実用）	38,300	318	121,700	38,000	386	146,600
2) 六条大麦（子実用）	17,300	225	39,000	17,700	315	55,800
2) はだか麦（子実用）	5,420	258	14,000	5,780	351	20,300
そば（乾燥子実）	63,900	45	29,000	65,400	65	42,600
大豆（乾燥子実）	146,600	144	211,300	143,500	152	217,800
3) 野菜	464,100	…	13,036,000	457,900	…	13,394,000
4) みかん	39,600	1,950	773,700	38,700	1,930	746,700
4) りんご	36,200	2,090	756,100	36,000	1,950	701,600
5) てんさい	57,300	6,300	3,611,000	56,700	7,030	3,986,000
6) さとうきび	22,600	5,290	1,196,000	22,100	5,310	1,174,000
7) 飼料作物（牧草）	726,000	3,390	24,621,000	724,400	3,430	24,850,000

資料：農林水産省統計部「作物統計」、「野菜生産出荷統計」、「果樹生産出荷統計」の結果による。
注： 1)の収穫量は玄米 t である。
　　 2)の収穫量は玄麦 t である。
　　 3)の令和元年産は概数である。
　　 4)の作付面積は結果樹面積である。令和元年産は概数である。
　　 5)は北海道の調査結果である。
　　 6)の作付面積は収穫面積である。鹿児島県及び沖縄県の調査結果である。
　　 7)の作付面積及び収穫量調査は、主産県を対象に調査を実施し、主産県の調査結果から全国値を推計したものである。

1. 総括表 (続き)
(2) 10a 当たり生産費 (令和元年産)

単位:円

区分	物財費	労働費	費用合計	生産費 (副産物 価額差引)	支払利子・ 地代算入 生産費	資本利子・ 地代全額 算入生産費
米	*77,185	*34,854	*112,039	*109,446	*114,674	*128,724
小麦	52,065	6,332	58,397	56,451	59,118	67,426
二条大麦	38,061	7,196	45,857	46,600	50,181	55,237
六条大麦	30,103	6,456	36,559	36,470	41,577	43,744
はだか麦	37,120	10,583	47,703	47,537	52,269	54,648
そば	*23,272	*4,761	*28,033	*28,033	*30,961	*36,050
大豆	*41,467	*10,430	*51,897	*51,763	*56,371	*64,211
1) 原料用ばれいしょ	*64,269	*14,955	*79,224	*79,224	*81,609	*91,330
2) 原料用かんしょ	57,855	78,682	136,537	136,537	141,745	150,651
1) てんさい	72,935	20,597	93,532	93,532	95,569	105,335
3) さとうきび	77,436	44,370	121,806	121,783	128,889	138,239
なたね	38,355	5,218	43,573	43,573	45,233	54,669

資料:農林水産省統計部「農業経営統計調査 農産物生産費統計」
注: 1 生産費とは、生産物の一定単位量の生産のために消費した経済費用の合計をいう。ここでいう費
用の合計とは、生産物の生産に要した材料、賃借料及び料金、用役等 (労働・固定資産等) の価
額の合計である。
   2 本調査は、2015年農林業センサスに基づく農業経営体のうち、世帯による農業経営を行い、米は、
玄米を600kg以上販売、米以外は、調査該当作目を10a以上作付けし、販売した経営体 (個別経営)
を対象に実施した。
     なお、二条大麦、六条大麦、はだか麦及びなたねについては平成26年度経営所得安定対策等加入
申請者情報の経営体のうち、世帯による農業経営を行い、調査該当作目を10a以上作付けし、販売
した経営体 (個別経営) を対象に実施した。
   3 「*」を付した米、そば、大豆、原料用ばれいしょの値は、平成30年産の結果である。
1)の調査対象地域は北海道である。
2)の調査対象地域は鹿児島県である。
3)の調査対象地域は鹿児島県及び沖縄県である。

2 米
(1) 販売目的で作付けした水稲の作付面積規模別農家数（販売農家）
 （平成27年2月1日現在）

単位：千戸

区分	作付農家数	1.0ha未満	1.0〜2.0	2.0〜3.0	3.0〜5.0	5.0〜10.0	10.0ha以上
全国	940.0	659.0	158.8	49.9	36.8	24.5	10.9
北海道	13.2	1.0	1.0	1.0	2.1	4.2	3.9
都府県	926.7	658.0	157.8	48.9	34.7	20.3	7.0

資料：農林水産省統計部「2015年農林業センサス」

(2) 水稲作受託作業経営体数及び受託面積（各年2月1日現在）
 ア 農業経営体

全国農業地域	平成22年		27	
	経営体数	受託面積	経営体数	受託面積
	千経営体	千ha	千経営体	千ha
全国	116.9	1,521.7	98.3	1,250.3
北海道	1.3	112.9	1.1	107.1
都府県	115.6	1,408.8	97.1	1,143.2
東北	34.0	394.2	27.5	291.0
北陸	14.5	205.0	11.7	167.0
関東・東山	19.9	215.1	16.9	200.5
東海	7.9	110.3	6.9	90.8
近畿	9.9	95.2	8.5	66.7
中国	11.3	106.0	9.7	95.9
四国	3.9	47.3	3.3	32.9
九州	14.3	234.9	12.7	198.1
沖縄	0.0	0.7	0.0	0.2

資料：農林水産省統計部「農林業センサス」（以下イまで同じ。）

イ 販売農家

全国農業地域	平成22年		27	
	農家数	受託面積	農家数	受託面積
	千戸	千ha	千戸	千ha
全国	104.5	477.1	86.6	404.6
北海道	1.0	15.2	0.9	17.2
都府県	103.5	461.9	85.8	387.4
東北	31.3	143.0	25.2	117.8
北陸	12.4	48.0	9.8	39.3
関東・東山	18.5	86.5	15.6	71.1
東海	7.1	46.8	6.1	38.6
近畿	8.6	26.6	7.3	23.2
中国	9.9	35.4	8.2	32.6
四国	3.5	11.0	2.9	9.7
九州	12.2	64.6	10.7	55.1
沖縄	0.0	0.1	0.0	0.0

2 米（続き）

(3) 生産量

ア 年次別及び全国農業地域別

年産・全国農業地域	水陸稲計		水稲						陸稲		
	作付面積	収穫量（玄米）	作付面積	10a当たり収量	収穫量（玄米）	10a当たり平年収量	作況指数		作付面積	10a当たり収量	収穫量（玄米）
	千ha	千t	千ha	kg	千t	kg			千ha	kg	千t
明治43年	2,925	6,095	2,834	242	6,855	…	…		91.4	153	139.6
大正9	3,101	9,481	2,960	311	9,205	…	…		140.3	197	276.2
昭和5	3,212	10,031	3,079	318	9,790	285	112		133.4	181	241.8
15	3,152	9,131	3,004	298	8,955	314	95		147.7	119	175.6
25	3,011	9,651	2,877	327	9,412	330	99		133.9	178	238.4
35	3,308	12,858	3,124	401	12,539	371	108		184.0	173	319.9
45	2,923	12,689	2,836	442	12,528	431	103		87.4	184	160.8
55	2,377	9,751	2,350	412	9,692	471	87		27.2	215	58.6
平成2	2,074	10,499	2,055	509	10,463	494	103		18.9	189	35.7
12	1,770	9,490	1,763	537	9,472	518	104		7.1	256	18.1
21	1,624	8,474	1,621	522	8,466	530	98		3.0	276	8.3
22	1,628	8,483	1,625	522	8,478	530	98		2.9	189	5.5
23	1,576	8,402	1,574	533	8,397	530	101		2.4	220	5.2
24	1,581	8,523	1,579	540	8,519	530	102		2.1	172	3.6
25	1,599	8,607	1,597	539	8,603	530	102		1.7	249	4.3
26	1,575	8,439	1,573	536	8,435	530	101		1.4	257	3.6
27	1,506	7,989	1,505	531	7,986	531	100		1.2	233	2.7
28	1,479	8,044	1,478	544	8,042	531	103		0.9	218	2.1
29	1,466	7,824	1,465	534	7,822	532	100		0.8	236	1.9
30	1,470	7,782	1,470	529	7,780	532	98		0.8	232	1.7
令和元	1,470	7,764	1,469	528	7,762	533	99		0.7	228	1.6
北海道	…	…	103	571	588	548	104		…	…	…
東北	…	…	382	586	2,239	563	104		…	…	…
北陸	…	…	207	540	1,115	538	101		…	…	…
関東・東山	…	…	271	522	1,414	537	97		…	…	…
東海	…	…	93	491	457	503	98		…	…	…
近畿	…	…	103	503	516	509	99		…	…	…
中国	…	…	102	503	513	518	97		…	…	…
四国	…	…	48	457	221	483	94		…	…	…
九州	…	…	160	435	696	501	86		…	…	…
沖縄	…	…	1	295	2	309	96		…	…	…

資料：農林水産省統計部「作物統計」（以下イまで同じ。）

注：1 作付面積は子実用である（以下イまで同じ。）
  2 昭和5年及び昭和15年産の10a当たり平年収量は、過去7か年の実績値のうち、最高・最低を除いた5か年平均により算出した。
  3 昭和15年産～昭和45年産は、沖縄県を含まない。
  4 平成27年産からの作況指数は、全国農業地域の農家等が使用しているふるい目幅の分布において、大きいものから数えて9割を占めるまでのふるいの目幅（北海道、東北及び北陸は1.85mm、関東・東山、東海、近畿、中国及び九州は1.80mm、四国及び沖縄は1.75mm）以上に選別された玄米を基に算出した数値である。平成26年産までは1.70mmのふるい目幅以上に選別された玄米を基に算出した数値である（以下イまで同じ。）
  5 陸稲については、平成30年産から、調査の範囲を全国から主産県に変更し、作付面積調査にあっては3年、収穫量調査にあっては6年ごとに全国調査を実施することとした。令和元年産は主産県調査年であり、全国調査を行った平成29年の調査結果に基づき、全国値を推計している。
    なお、主産県とは、平成29年産における全国の作付面積のおおむね80%を占めるまでの上位都道府県である（以下イまで同じ。）

イ 都道府県別（令和元年産）

全国・都道府県	水稲				陸稲	
	作付面積	10a当たり収量	収穫量（玄米）	作況指数	作付面積	収穫量（玄米）
	ha	kg	t		ha	t
全国	1,469,000	528	7,762,000	99	702	1,600
北海道	103,000	571	588,100	104	…	…
青森	45,000	627	282,200	106	…	…
岩手	50,500	554	279,800	103	…	…
宮城	68,400	551	376,900	102	…	…
秋田	87,800	600	526,800	104	…	…
山形	64,500	627	404,400	105	…	…
福島	65,800	560	368,500	102	…	…
茨城	68,300	504	344,200	96	487	1,170
栃木	59,200	526	311,400	97	179	378
群馬	15,500	486	75,300	98	…	…
埼玉	32,000	482	154,200	98	…	…
千葉	56,000	516	289,000	95	…	…
東京	129	402	519	97	…	…
神奈川	3,040	470	14,300	95	…	…
新潟	119,200	542	646,100	100	…	…
富山	37,200	553	205,700	102	…	…
石川	25,000	532	133,000	102	…	…
福井	25,100	520	130,500	100	…	…
山梨	4,890	541	26,500	99	…	…
長野	32,000	620	198,400	100	…	…
岐阜	22,500	482	108,500	99	…	…
静岡	15,700	517	81,200	99	…	…
愛知	27,500	499	137,200	98	…	…
三重	27,300	477	130,200	95	…	…
滋賀	31,700	509	161,400	98	…	…
京都	14,400	505	72,700	99	…	…
大阪	4,850	502	24,300	101	…	…
兵庫	36,800	497	182,900	99	…	…
奈良	8,490	515	43,700	100	…	…
和歌山	6,360	494	31,400	99	…	…
鳥取	12,700	514	65,300	100	…	…
島根	17,300	506	87,500	99	…	…
岡山	30,100	517	155,600	98	…	…
広島	22,700	499	113,300	95	…	…
山口	19,300	474	91,500	94	…	…
徳島	11,300	464	52,400	98	…	…
香川	12,000	471	56,500	95	…	…
愛媛	13,600	470	63,900	94	…	…
高知	11,400	420	47,900	91	…	…
福岡	35,000	454	158,900	91	…	…
佐賀	24,100	298	71,800	58	…	…
長崎	11,400	455	51,900	94	…	…
熊本	33,300	483	160,800	94	…	…
大分	20,600	435	89,600	85	…	…
宮崎	16,100	465	74,900	94	…	…
鹿児島	19,500	454	88,500	94	…	…
沖縄	677	295	2,000	96	…	…

2 米（続き）

(4) 新規需要米等の用途別作付・生産状況

用途	平成29年産		30		令和元	
	生産量	作付面積	生産量	作付面積	生産量	作付面積
	t	ha	t	ha	t	ha
計	542,308	142,738	473,359	131,048	439,544	124,477
米粉用	28,408	5,307	27,695	5,295	27,964	5,306
飼料用	499,499	91,510	426,521	79,535	389,264	72,509
1)WCS用稲（稲発酵粗飼料用稲）	-	42,893	-	42,545	-	42,450
2)バイオ燃料用米	-	-	-	-	-	-
新市場開拓米（輸出用米等）	7,159	1,328	19,143	3,673	22,316	4,007
3)酒造用	7,213	1,448	-	-	-	-
4)その他（わら専用稲、青刈り用稲等）	30	252	-	96	-	114
（参考）						
加工用米	279,063	51,517	274,191	51,490	252,926	46,737

資料：農林水産省政策統括官「新規需要米等の用途別作付・生産状況の推移」
注： 1)は、子実を採らない用途であるため生産量はない。
　　2)は、要領の改正により、平成30年産以降は新市場開拓用米に含まれている。
　　3)は、「需要に応じた米の生産・販売の推進に関する要領」に基づき生産数量目標の枠外で生産
された玄米であり、平成30年産以降は取りまとめていない。
　　4)は、試験研究用等のものであり、わら専用稲、青刈り用稲については子実を採らない用途
であるため生産量はない。

(5) 米の収穫量、販売量、在庫量等（令和元年）

単位：kg

区分	収穫量	購入量	販売量	無償譲渡量	自家消費量	令和2年5月31日現在の在庫量
計	8,203	97	7,579	240	384	340
水稲うるち米	8,021	92	7,425	230	372	331
水稲もち米	182	6	154	10	12	9

資料：農林水産省統計部「生産者の米穀在庫等調査」
注： 1　1農業経営体当たりの平均値であり、玄米換算した数値である。
　　2　令和元年6月1日から令和2年5月31日までの期間を対象に調査した。

(6) 米の需給調整
需給調整の取組状況の推移（全国）

年産	生産数量目標 ①	主食用米生産量 ②	差 ②－①	①を面積換算したもの ③	主食用米作付面積 ④	差 ④－③	作況指数
	万 t	万 t	万 t	万ha	万ha	万ha	
平成26年産	765	788	23	144.6	147.4	2.8	101
27	751	744	△ 7	141.9	140.6	△ 1.3	100
28	743	750	7	140.3	138.1	△ 2.2	103
29	735	731	△ 4	138.7	137.0	△ 1.7	100
30	–	733	–	–	138.6	–	98
令和元	–	**726**	–	–	**137.9**	–	**99**

資料：農林水産省政策統括官「全国の生産数量目標、主食用米生産量等の推移」

(7) 需給
ア 米需給表

年度	国内生産量（玄米）	外国貿易（玄米）		在庫の増減量（玄米）	国内消費仕向量（玄米）	純食料（主食用）	1)一人1年当たり供給量		一人1日当たり供給量（主食用）
		輸入量	輸出量						
	千 t	千 t	千 t	千 t	千 t	千 t	kg		g
平成27年度	8,429	834	116	△ 411	8,600	6,752	54.6	(53.1)	145.2
28	8,550	911	94	△ 186	8,644	6,687	54.4	(52.7)	144.3
29	8,324	888	95	△ 162	8,616	6,633	54.1	(52.3)	143.4
30	8,208	787	115	△ 41	8,443	6,545	53.5	(51.8)	141.8
令和元 （概算値）	**8,154**	**870**	**121**	**10**	**8,281**	**6,482**	**53.0**	**(51.4)**	**140.4**

資料：農林水産省大臣官房政策課食料安全保障室「食料需給表」
注：国内生産量から国内消費仕向量までは玄米であり、純食料からは精米である。
　1)の（ ）内は、菓子、穀粉を含まない主食用の数値である。

(7) 需給（続き）

イ 政府所有米需給実績

単位：万玄米t

区分	国産米							輸入米（MA米）						
	期首持越	買入	販売					期首持越	輸入	販売				
			計	主食用	加工用	援助用	飼料用			計	主食用	加工用	援助用	飼料用
平成26年度	91	50	60	－	－	3	47	80	72	69	4	17	4	44
27	91	25	25	－	－	4	21	83	71	83	1	11	6	65
28	91	23	24	－	1	3	20	71	80	87	1	12	4	70
29	91	19	19	－	－	7	12	64	79	89	5	19	2	63
30	91	12	12	－	－	5	7	54	77	71	9	17	6	39

資料：農林水産省政策統括官資料（以下ウまで同じ。）
注：1 年度は、国内産については当年7月から翌年6月までであり、輸入米については前年11月から当年10月までである。（以下ウまで同じ。）
　　2 輸入米（MA米）の加工用については、食用不適品、バイオエタノール用に販売したものを含む。（以下ウまで同じ。）
　　3 精米で販売したものは玄米換算している。（以下ウまで同じ。）

ウ 政府所有米売却実績

単位：万玄米t

用途	平成28年度		29		30	
	国内米	輸入米	国内米	輸入米	国内米	輸入米
計	24	87	19	89	12	71
主食用	－	1	－	5	－	9
加工用	1	12	－	19	－	17
飼料用	20	70	12	63	7	39
援助用	3	4	7	2	5	6

エ 輸出入実績
(ア) 輸出入量及び金額

品目名	平成30年		令和元	
	数量	金額	数量	金額
	t	千円	t	千円
輸出				
穀物				
米	45,567	5,158,126	48,688	6,058,887
輸入				
穀物				
米	671,782	54,313,694	678,604	53,375,204
穀粉・挽割含む				
米粉	40	8,623	32	10,520

資料：財務省関税局「貿易統計」をもとに農林水産省統計部にて作成。（以下(ウ)まで同じ。）

(イ) 米の国別輸出量

単位：t

区分	平成30年	令和元
米	45,567	48,688
うち香港	4,690	5,436
シンガポール	3,161	3,879
アメリカ合衆国	1,282	1,980

注： 令和元年の輸出入量が多い国・地域について、上位3か国を
掲載した（以下(ウ)まで同じ。）。

(ウ) 米の国別輸入量

単位：t

区分	平成30年	令和元
米	671,782	678,604
うちアメリカ合衆国	296,478	342,743
タイ	246,840	266,553
中華人民共和国	61,870	49,349

(8) 被害
　　水稲

年産	冷害		日照不足		高温障害	
	被害面積	被害量（玄米）	被害面積	被害量（玄米）	被害面積	被害量（玄米）
	千ha	千 t	千ha	千 t	千ha	千 t
令和元年産	81	12	1,185	238	699	94

年産	いもち病		ウンカ		カメムシ	
	被害面積	被害量（玄米）	被害面積	被害量（玄米）	被害面積	被害量（玄米）
	千ha	千 t	千ha	千 t	千ha	千 t
令和元年産	240	56	111	41	143	18

資料：農林水産省統計部「作物統計」

(9) 保険・共済
　　ア　水稲

区分	単位	平成27年産	28	29	30	令和元 （概数値）
引受組合等数	組合	195	177	142	128	109
引受戸数	千戸	1,442	1,369	1,302	1,230	963
引受面積	千ha	1,463	1,449	1,438	1,430	1,183
共済金額	100万円	1,015,715	957,318	945,943	957,971	820,756
共済掛金	〃	9,301	8,744	8,696	7,754	5,992
支払対象戸数	千戸	51	36	46	43	74
支払対象面積	千ha	25	12	29	62	52
支払共済金	100万円	5,306	2,416	3,717	7,318	14,559

資料：　農林水産省経営局「農作物共済統計表」。ただし、令和元年産は経営局資料による
　　　　（以下イまで同じ。）。
注：農業保険法による農作物共済の実績である（以下イまで同じ。）。

　イ　陸稲

区分	単位	平成27年産	28	29	30	令和元 （概数値）
引受組合等数	組合	14	12	10	9	5
引受戸数	戸	120	100	68	56	60
引受面積	ha	59	53	29	28	25
共済金額	100万円	16	14	8	8	7
共済掛金	〃	2	2	1	1	0
支払対象戸数	戸	32	31	12	17	8
支払対象面積	ha	23	20	7	9	3
支払共済金	100万円	3	3	1	2	0

2 米 (続き)
(10) 生産費
  ア 米生産費

区分	平成29年産		30		
	10 a 当たり	玄米60kg 当たり	10 a 当たり	玄米60kg 当たり	費目割合
	円	円	円	円	%
物財費	78,195	9,157	77,185	9,205	68.9
種苗費	3,697	432	3,756	448	3.4
肥料費	8,872	1,038	8,042	1,066	8.0
農業薬剤費	7,639	895	7,570	903	6.8
光熱動力費	4,227	496	4,693	559	4.2
その他の諸材料費	1,904	223	1,927	230	1.7
土地改良及び水利費	4,213	493	4,191	500	3.7
賃借料及び料金	11,989	1,402	11,569	1,379	10.3
物件税及び公課諸負担	2,363	279	2,157	259	1.9
建物費	4,292	503	3,973	475	3.5
自動車費	4,002	468	3,838	458	3.4
農機具費	24,542	2,874	24,173	2,881	21.6
生産管理費	455	54	396	47	0.4
労働費	35,028	4,103	34,854	4,156	31.1
費用合計	113,223	13,260	112,039	13,361	100.0
副産物価額	3,494	409	2,593	309	－
生産費 (副産物価額差引)	109,729	12,851	109,446	13,052	－
支払利子	281	33	229	27	－
支払地代	4,779	559	4,999	596	－
支払利子・地代算入生産費	114,789	13,443	114,674	13,675	－
自己資本利子	5,104	598	4,834	577	－
自作地地代	9,444	1,106	9,216	1,100	－
資本利子・地代全額算入生産費	129,337	15,147	128,724	15,352	－

資料: 農林水産省統計部「農業経営統計調査 農産物生産費統計」(以下エまで同じ。)。
注: 1 生産費とは、生産物の一定単位量の生産のために消費した経済費用の合計をいう。ここでいう
     費用の合計とは、生産物の生産に要した材料、賃借料及び料金、用役等 (労働・固定資産等) の
     価額の合計である。
   2 本調査は、2015年農林業センサスに基づく農業経営体のうち、世帯による農業経営を行い、玄
     米を600kg以上販売する経営体 (個別経営) を対象に実施した (以下エまで同じ。)。

イ 全国農業地域別米生産費 (10 a 当たり) (平成30年産)

単位: 円

区分	北海道	東北	北陸	関東・ 東山	東海	近畿	中国	四国	九州
物財費	71,294	71,568	77,481	73,314	87,477	92,812	97,286	92,703	76,228
労働費	27,774	31,001	30,659	39,968	42,949	40,667	46,700	41,522	36,781
費用合計	99,068	102,569	108,140	113,282	130,426	133,479	143,986	134,225	113,009
生産費(副産物価額 差引)	96,246	99,435	105,604	110,993	129,151	131,298	141,760	132,711	110,320
支払利子・地代算入 生産費	99,382	103,918	113,602	116,550	135,456	135,809	144,412	136,070	115,217
資本利子・地代全 額算入生産費	114,001	119,190	127,123	131,542	145,217	148,959	157,968	150,911	127,041

ウ　作付規模別米生産費（10 a 当たり）（平成30年産）

区分	単位	平均	0.5ha 未満	0.5〜 1.0	1.0〜 2.0	2.0〜 3.0	3.0〜 5.0	5.0〜 7.0
物財費	円	77,185	114,943	107,239	84,811	68,803	71,984	69,959
うち肥料費	〃	8,942	9,910	9,352	9,145	8,874	8,580	8,674
農業薬剤費	〃	7,570	8,896	8,084	7,699	8,137	7,295	8,564
土地改良及び水利費	〃	4,191	2,706	3,926	3,886	4,568	4,225	5,304
賃借料及び料金	〃	11,569	21,066	21,923	16,290	9,031	11,059	6,073
農機具費	〃	24,173	31,679	33,456	26,497	19,658	22,531	25,732
労働費	〃	34,854	66,800	50,692	39,507	36,377	28,293	27,785
費用合計	〃	112,039	181,743	157,931	124,318	105,180	100,277	97,744
生産費（副産物価額差引）	〃	109,446	179,692	155,064	121,829	102,618	98,118	94,706
支払利子・地代算入生産費	〃	114,674	180,718	157,013	124,249	105,811	104,173	102,141
資本利子・地代全額算入生産費	〃	128,724	201,228	175,595	140,618	121,619	117,114	113,811
1経営体当たり作付面積	a	173.9	35.8	71.5	142.3	241.3	386.3	589.8
主産物数量	kg	504	474	483	495	502	504	521
投下労働時間	時間	23.54	45.89	34.11	26.78	25.19	19.71	18.61

区分	単位	7.0〜 10.0	10.0〜 15.0	15.0ha 以上	3.0ha 以上	5.0ha 以上	10.0ha 以上
物財費	円	63,251	62,335	58,345	65,034	62,845	59,830
うち肥料費	〃	9,705	8,235	8,486	8,683	8,715	8,391
農業薬剤費	〃	6,337	7,047	6,579	7,140	7,091	6,754
土地改良及び水利費	〃	4,844	4,062	4,121	4,452	4,524	4,098
賃借料及び料金	〃	5,443	6,914	4,244	6,810	5,473	5,240
農機具費	〃	20,299	19,354	18,994	21,277	20,881	19,124
労働費	〃	26,193	25,582	21,715	25,657	24,824	23,156
費用合計	〃	89,444	87,917	80,060	90,691	87,669	82,986
生産費（副産物価額差引）	〃	87,385	84,871	77,184	88,052	84,879	80,047
支払利子・地代算入生産費	〃	95,510	93,879	86,613	96,059	93,501	89,319
資本利子・地代全額算入生産費	〃	106,776	103,035	96,465	107,070	103,903	98,911
1経営体当たり作付面積	a	803.1	1,213.2	2,192.0	733.8	1,024.1	1,684.8
主産物数量	kg	512	524	512	514	517	517
投下労働時間	時間	17.54	16.58	13.74	17.02	16.18	14.79

エ　全国農業地域別米の労働時間（10 a 当たり）（平成30年産）

単位：時間

区分	全国	北海道	東北	北陸	関東・ 東山	東海	近畿	中国	四国	九州
投下労働時間	23.54	16.39	22.33	20.60	25.25	26.20	25.15	32.46	31.47	26.23
うち家族	21.49	14.19	20.21	19.15	23.02	23.43	23.80	30.19	29.09	24.04
直接労働時間	22.42	15.44	21.17	19.29	24.21	24.92	24.02	31.24	29.85	25.59
間接労働時間	1.12	0.95	1.16	1.31	1.04	1.28	1.13	1.22	1.62	0.64

2 米（続き）
(10) 生産費（続き）
オ 認定農業者がいる15ha以上の個別経営及び稲作主体の組織法人経営の生産費

区分	単位	(参考) 平成23年産 平均（個別経営）	27 認定農業者がいる15ha以上の個別経営	稲作主体の組織法人経営
60kg当たり				
物財費	円	9,478	6,897	7,330
うち 肥料費	〃	1,018	968	983
農業薬剤費	〃	848	772	881
賃借料及び料金	〃	1,325	657	1,272
農機具費	〃	3,060	2,201	1,951
労働費	〃	4,191	2,378	2,893
費用合計	〃	13,669	9,275	10,223
副産物価額	〃	318	145	168
生産費（副産物価額差引）	〃	13,351	9,130	10,055
支払利子	〃	35	64	28
支払地代	〃	533	917	1,557
支払利子・地代算入生産費	〃	13,919	10,111	11,640
自己資本利子	〃	712	355	335
自作地地代	〃	1,370	931	21
資本利子・地代全額算入生産費	〃	16,001	11,397	11,996
10a当たり全算入生産費	〃	139,721	101,512	100,739
1経営体当たり作付面積	a	141.8	2,045.2	2,630.8
10a当たり収量	kg	523	534	534
10a当たり労働時間	時間	26.11	13.87	15.30

資料：　農林水産省統計部「農業経営統計調査 農産物生産費統計」、「組織法人経営体に関する経営分析調査」
注：　「成長戦略実行計画・成長戦略フォローアップ・令和2年度革新的事業活動に関する実行計画」（令和2年7月17日閣議決定）において、「今後10年間（2023年まで）で資材・流通面等での産業界の努力も反映して担い手のコメの生産コストを2011年全国平均比4割削減する（2011年産：16,001円/60kg）」という目標を掲げているところ。当該目標における担い手の考え方を以下のとおり設定している。
　　※担い手の考え方
　　　・　認定農業者がいる15ha以上の個別経営：認定農業者のうち、農業就業者1人当たりの稲作に係る農業所得が他産業所得と同等の個別経営（水稲作付面積15ha以上層）
　　　・　稲作主体の組織法人経営：米の販売金額が第1位となる稲作主体の組織法人経営

カ 飼料用米の生産費

区分	単位	平成29年産 平均	認定農業者がいる経営体のうち、作付規模15.0ha以上	30 平均	認定農業者がいる経営体のうち、作付規模15.0ha以上
10a当たり					
費用合計	円	109,960	79,320	109,650	77,070
うち 物財費	〃	75,550	57,650	75,530	55,730
労働費	〃	34,410	21,670	34,120	21,340
生産費（副産物価額差引）	〃	109,550	78,910	109,280	76,700
支払利子・地代算入生産費	〃	114,610	87,600	114,510	86,250
資本利子・地代全額算入生産費	〃	129,150	97,790	128,560	95,730
60kg当たり全算入生産費	〃	13,740	10,400	13,870	10,330

資料：農林水産省統計部「農業経営統計調査 農産物生産費統計」
注：1　飼料用米の生産費は、米生産費統計の調査対象経営体のうち、飼料用米の作付けがある経営体を対象に、各費目別の食用米の費用（10a当たり）を100とした場合の割合を聞き取り、これを米生産費の「全国平均値（ア 米生産費を参照）」及び「認定農業者がいる経営体のうち作付規模15.0ha以上（オ 認定農業者がいる15ha以上の個別経営及び稲作主体の組織法人経営の生産費を参照）」に乗じることにより算出した。
　　2　60kg当たり全算入生産費は、聞き取りを行った経営体の飼料用米の10a当たり収量の平均値を用いて算出した。

28		29		30	
認定農業者がいる15ha以上の個別経営	稲作主体の組織法人経営	認定農業者がいる15ha以上の個別経営	稲作主体の組織法人経営	認定農業者がいる15ha以上の個別経営	稲作主体の組織法人経営
6,629	7,263	6,802	7,812	6,849	7,852
961	1,022	996	937	993	920
761	839	739	856	774	892
635	1,579	554	2,102	493	2,011
2,140	1,954	2,240	1,989	2,240	2,012
2,397	2,961	2,488	2,863	2,554	2,847
9,026	10,224	9,290	10,675	9,403	10,699
237	258	424	458	338	402
8,789	9,966	8,866	10,217	9,065	10,297
47	23	43	32	40	39
936	1,344	937	1,223	1,079	1,212
9,772	11,333	9,846	11,472	10,184	11,548
362	324	419	305	385	310
766	20	730	82	725	84
10,900	11,677	10,995	11,859	11,294	11,942
98,727	103,479	97,503	100,541	96,377	100,002
2,021.7	2,234.7	2,099.1	2,235.0	2,192.7	2,321.5
544	531	533	509	511	502
13.86	15.98	13.79	15.32	13.77	14.92

(11) 価格
　ア　農産物価格指数

平成27年＝100

品目・銘柄等級	平成27年	28	29	30	令和元
うるち玄米（1等）	100.0	113.3	124.3	132.6	133.0
もち玄米（1等）	100.0	97.6	88.6	95.0	100.4

資料：農林水産省統計部「農業物価統計」

2 米（続き）

(11) 価格（続き）

イ 米の相対取引価格（玄米60kg当たり）

単位：円

産地	品種銘柄 （地域区分）	価格	産地	品種銘柄 （地域区分）	価格	産地	品種銘柄 （地域区分）	価格
全銘柄平均 平成26年産		11,967	千葉	ふさこがね	14,638	島根	コシヒカリ	15,743
	27	13,175	千葉	ふさおとめ	14,764	島根	きぬむすめ	14,828
	28	14,307	山梨	コシヒカリ	18,038	島根	つや姫	15,598
	29	15,595	長野	コシヒカリ	16,087	岡山	アケボノ	14,952
	30	15,688	長野	あきたこまち	15,264	岡山	ヒノヒカリ	15,276
			静岡	コシヒカリ	15,071	岡山	あきたこまち	15,060
			静岡	きぬむすめ	14,951	広島	コシヒカリ	15,407
北海道	ななつぼし	15,996	静岡	あいちのかおり	14,936	広島	あきろまん	14,254
北海道	ゆめぴりか	16,266	新潟	コシヒカリ（一般）	17,042	広島	あきさかり	14,458
北海道	きらら３９７	15,527	新潟	コシヒカリ（魚沼）	21,147	山口	コシヒカリ	15,265
青森	まっしぐら	14,758	新潟	コシヒカリ（岩船）	17,460	山口	ひとめぼれ	14,406
青森	つがるロマン	15,075	新潟	コシヒカリ（佐渡）	17,520	山口	ヒノヒカリ	14,405
岩手	ひとめぼれ	15,337	新潟	こしいぶき	15,100	徳島	コシヒカリ	15,861
岩手	あきたこまち	15,255	富山	コシヒカリ	15,936	徳島	キヌヒカリ	15,102
岩手	いわてっこ	14,780	富山	てんたかく	14,750	香川	ヒノヒカリ	14,785
宮城	ひとめぼれ	15,535	石川	コシヒカリ	15,889	香川	コシヒカリ	15,251
宮城	つや姫	15,822	石川	ゆめみづほ	14,634	香川	おいでまい	15,368
宮城	ササニシキ	15,767	福井	コシヒカリ	16,145	愛媛	コシヒカリ	15,542
秋田	あきたこまち	15,843	福井	ハナエチゼン	14,924	愛媛	ヒノヒカリ	15,182
秋田	めんこいな	14,784	岐阜	ハツシモ	15,357	愛媛	あきたこまち	14,925
秋田	ひとめぼれ	15,433	岐阜	コシヒカリ	15,933	高知	コシヒカリ	15,171
山形	はえぬき	15,407	岐阜	あきたこまち	14,882	高知	ヒノヒカリ	14,358
山形	つや姫	18,347	愛知	あいちのかおり	14,806	福岡	夢つくし	16,265
山形	ひとめぼれ	15,970	愛知	コシヒカリ	15,410	福岡	ヒノヒカリ	15,434
福島	コシヒカリ（中通り）	15,463	愛知	大地の風	14,970	福岡	元気つくし	16,082
福島	コシヒカリ（会津）	15,528	三重	コシヒカリ（一般）	15,390	佐賀	さがびより	15,039
福島	コシヒカリ（浜通り）	15,096	三重	コシヒカリ（伊賀）	15,882	佐賀	夢しずく	14,435
福島	ひとめぼれ	14,981	三重	キヌヒカリ	14,813	佐賀	ヒノヒカリ	14,243
福島	天のつぶ	14,609	滋賀	コシヒカリ	15,646	長崎	ヒノヒカリ	15,476
茨城	コシヒカリ	15,544	滋賀	キヌヒカリ	14,765	長崎	にこまる	15,797
茨城	あきたこまち	15,108	滋賀	日本晴	14,638	長崎	コシヒカリ	16,378
茨城	ミルキークイーン	16,320	京都	コシヒカリ	15,788	熊本	ヒノヒカリ	15,165
栃木	コシヒカリ	15,596	京都	キヌヒカリ	14,910	熊本	森のくまさん	14,932
栃木	あさひの夢	14,789	京都	ヒノヒカリ	15,560	熊本	コシヒカリ	15,700
栃木	なすひかり	14,991	兵庫	コシヒカリ	16,013	大分	ヒノヒカリ	15,636
群馬	あさひの夢	15,087	兵庫	ヒノヒカリ	14,786	大分	ひとめぼれ	15,751
群馬	ゆめまつり	14,916	兵庫	キヌヒカリ	14,823	宮崎	コシヒカリ	15,458
埼玉	彩のかがやき	15,169	奈良	ヒノヒカリ	15,522	宮崎	ヒノヒカリ	16,013
埼玉	コシヒカリ	15,480	鳥取	コシヒカリ	15,461	鹿児島	ヒノヒカリ	16,128
埼玉	彩のきずな	15,170	鳥取	きぬむすめ	14,682	鹿児島	あきほなみ	16,940
千葉	コシヒカリ	15,517	鳥取	ひとめぼれ	14,494	鹿児島	コシヒカリ	16,307

資料：農林水産省「米穀の取引に関する報告」

注：1 「米穀の取引に関する報告」の報告対象業者は、全農、道県経済連、県単一農協、道県出荷団体（年間の玄米仕入数量が5,000トン以上）、出荷業者（年間の直接販売数量が5,000トン以上）である。

　　2 各年産の全銘柄平均価格は、報告対象産地品種銘柄ごとの前年産検査数量ウェイトで加重平均により算定している。

　　3 産地品種銘柄ごとの価格は、出荷業者と卸売業者等との間で数量と価格が決定された主食用の相対取引契約の価格（運賃、包装代、消費税を含む1等米の価格）を加重平均したものである。

　　4 価格に含む消費税は、平成26年3月分までは5％、同年4月から令和元年9月までは8％、令和元年10月は軽減税率の対象である米穀の品代等は8％、運賃等は10％で算定している。

　　5 加重平均に際しては、新潟、長野、静岡以東（東日本）の産地品種銘柄については受渡地を東日本としているものを、富山、岐阜、愛知以西（西日本）の産地品種銘柄については受渡地を西日本としているものを対象としている。

　　6 相対取引価格は、個々の契約内容に応じて設定される大口割引等の割引などが適用された価格であり、実際の取引状況に応じて価格調整（等級及び付加価値等（栽培方法等））が行われることがある。また、算定に当たっては、契約価格に運賃を含めない産地在姿の取引分も対象としている。

　　7 平成30年産の産地品種銘柄別価格は、30年産米の出回りから翌年10月までの平均価格である。

ウ 米の年平均小売価格

単位：円

品目	銘柄	数量単位	都市	平成27年	28	29	30	令和元
うるち米（「コシヒカリ」）	国内産、精米、単一原料米、5kg袋入り	1袋	東京都区部	2,285	2,355	2,388	2,451	2,456
			大阪市	2,032	2,157	2,271	2,371	2,420
うるち米（「コシヒカリ」を除く。）	国内産、精米、単一原料米、5kg袋入り	〃	東京都区部	1,973	2,019	2,132	2,232	2,234
			大阪市	1,858	1,965	2,100	2,305	2,270
もち米	国内産、精米、「単一原料米」又は「複数原料米」、1～2kg袋入り	1kg	東京都区部	586	619	616	607	601
			大阪市	559	571	574	566	575

資料：総務省統計局「小売物価統計調査年報」

エ 1世帯当たり年間の米の支出金額及び購入数量（二人以上の世帯・全国）

品目	平成27年		28		29		30		令和元	
	金額	数量	金額	数量	金額	数量	金額	数量	金額	数量
	円	kg	円	kg	円	kg	円	kg	円	kg
米	22,981	69.51	23,522	68.74	23,681	67.27	24,314	65.75	23,212	62.20

資料：総務省統計局「家計調査年報」

(12) 加工
ア 米穀粉の生産量

単位：t

種類	平成27年	28	29	30	令和元
計	94,651	92,693	94,860	93,956	91,179
上新粉	46,260	46,377	47,257	45,643	43,345
もち粉	11,583	10,755	9,592	9,663	9,406
白玉粉	4,974	4,992	5,246	4,821	4,742
寒梅粉	1,468	1,606	1,535	1,534	1,560
らくがん粉・みじん粉	1,007	971	945	984	1,120
だんご粉	962	1,543	1,166	1,310	1,159
菓子種	2,448	1,756	2,419	2,506	2,508
新規米粉	25,949	24,693	26,700	27,495	27,339

資料：農林水産省大臣官房政策課食料安全保障室「食品産業動態調査」（以下イまで同じ。）

イ 加工米飯の生産量

単位：t

種類	平成27年	28	29	30	令和元
計	349,424	346,708	373,142	390,170	398,750
レトルト米飯	30,685	27,856	27,807	28,163	27,474
無菌包装米飯	136,886	145,326	161,068	170,218	182,797
冷凍米飯	171,501	163,017	174,025	181,559	178,068
チルド米飯	4,765	4,916	4,832	4,845	4,520
缶詰米飯	1,094	543	526	553	526
乾燥米飯	4,493	5,050	4,884	4,832	5,365

3 麦類
(1) 麦類作付農家（各年2月1日現在）
ア 販売目的で作付けした麦類の種類別農家数（販売農家）

単位：戸

年次・ 全国農業地域	小麦	大麦・はだか麦
平成22年	43,012	17,102
27	34,167	12,679
北海道	13,290	425
都府県	20,877	12,254
東北	1,811	270
北陸	171	2,021
関東・東山	6,592	4,895
東海	3,245	236
近畿	2,263	291
中国	537	702
四国	632	828
九州	5,614	3,011
沖縄	12	-

資料：農林水産省統計部「農林業センサス」（以下イまで同じ。）

イ 販売目的で作付けした麦類の作付面積規模別農家数（販売農家）

単位：戸

区分	計	0.1ha未満	0.1〜0.5	0.5〜1.0	1.0〜3.0	3.0〜5.0	5.0ha以上
麦類							
平成22年	56,559	1,974	13,906	9,877	13,376	5,217	12,209
27	44,125	1,249	8,693	6,805	10,557	4,577	12,244
うち小麦							
平成22年	43,012	1,684	10,459	6,796	9,219	4,222	10,632
27	34,167	1,030	6,563	4,699	7,389	3,672	10,814

(2) 生産量
ア 麦種類別収穫量（子実用）

年産	4麦計		小麦			二条大麦		
	作付面積	収穫量 （玄麦）	作付面積	10a当たり 収量	収穫量 （玄麦）	作付面積	10a当たり 収量	収穫量 （玄麦）
	千ha	千t	千ha	kg	千t	千ha	kg	千t
平成27年産	274	1,181	213	471	1,004	38	299	113
28	276	961	214	369	791	38	280	107
29	274	1,092	212	427	907	38	313	120
30	273	940	212	361	765	38	318	122
令和元	**273**	**1,260**	**212**	**490**	**1,037**	**38**	**386**	**147**

年産	六条大麦			はだか麦		
	作付面積	10a当たり 収量	収穫量 （玄麦）	作付面積	10a当たり 収量	収穫量 （玄麦）
	千ha	kg	千t	千ha	kg	千t
平成27年産	18	287	52	5	217	11
28	18	295	54	5	200	10
29	18	290	52	5	256	13
30	17	225	39	5	258	14
令和元	**18**	**315**	**56**	**6**	**351**	**20**

資料：農林水産省統計部「作物統計」（以下イまで同じ。）
注：作付面積は子実用である（以下イまで同じ。）。

イ 令和元年産都道府県別麦類の収穫量（子実用）

全国・都道府県	小麦		二条大麦		六条大麦		はだか麦	
	作付面積	収穫量（玄麦）	作付面積	収穫量（玄麦）	作付面積	収穫量（玄麦）	作付面積	収穫量（玄麦）
	ha	t	ha	t	ha	t	ha	t
全国	211,600	1,037,000	38,000	146,600	17,700	55,800	5,780	20,300
北海道	121,400	677,700	1,700	7,620	17	75	149	317
青森	747	1,710	−	−	47	92	−	−
岩手	3,760	10,000	x	x	66	161	−	−
宮城	1,130	4,730	11	36	1,160	4,060	x	x
秋田	286	841	x	x	−	−	−	−
山形	85	233	−	−	15	18	x	x
福島	358	967	x	x	10	33	x	x
茨城	4,590	16,200	1,210	3,190	1,830	4,800	229	776
栃木	2,290	9,340	8,730	32,400	1,570	5,260	44	105
群馬	5,570	22,900	1,580	5,550	494	1,780	5	13
埼玉	5,170	22,600	670	2,420	194	722	62	191
千葉	793	2,750	x	x	34	108	8	23
東京	17	31	1	3	−	−	x	x
神奈川	43	120	x	x	x	x	x	x
新潟	68	136	−	−	196	645	−	−
富山	47	80	x	x	3,180	9,350	x	x
石川	85	172	x	x	1,350	4,740	−	−
福井	176	317	−	−	4,550	13,200	−	−
山梨	78	242	−	−	41	105	−	−
長野	2,240	6,850	2	6	570	2,310	−	−
岐阜	3,280	11,600	−	−	257	550	−	−
静岡	791	2,400	4	3	7	6	x	x
愛知	5,620	31,600	−	−	116	543	15	39
三重	6,320	23,000	−	−	329	1,230	25	93
滋賀	6,450	20,800	53	201	1,010	3,880	66	332
京都	155	284	93	245	−	−	−	−
大阪	1	2	x	x	x	x	−	−
兵庫	1,710	4,690	−	−	508	1,870	90	199
奈良	114	325	x	x	−	−	x	x
和歌山	1	2	−	−	x	x	0	0
鳥取	69	204	94	299	x	x	7	14
島根	120	244	474	1,640	x	x	26	90
岡山	784	3,660	1,970	8,230	x	x	175	721
広島	158	351	x	x	83	209	62	143
山口	1,410	5,320	161	485	−	−	437	1,100
徳島	42	129	12	64	x	x	66	124
香川	2,000	8,860	x	x	−	−	773	3,320
愛媛	224	943	−	−	−	−	1,790	6,950
高知	5	8	5	21	−	−	2	9
福岡	14,700	68,900	6,350	26,100	−	−	488	1,920
佐賀	10,300	46,200	10,100	43,100	−	−	250	990
長崎	583	1,910	1,220	4,580	−	−	69	126
熊本	4,900	18,500	1,830	5,440	x	x	161	357
大分	2,780	8,900	1,460	4,410	5	19	730	2,230
宮崎	103	269	58	176	−	−	19	32
鹿児島	33	55	149	384	x	x	24	38
沖縄	16	15	x	x	−	−	−	−

3 麦類（続き）
(3) 需給
　ア 麦類需給表

年度種類別	国内生産量（玄麦）	外国貿易（玄麦）		在庫の増減量（玄麦）	国内消費仕向量（玄麦）				一人1年当たり供給量
		輸入量	輸出量			粗食料	飼料用	加工用	
	千t	千t	千t	千t	千t	千t	千t	千t	kg
平成27年度　小麦	1,004	5,660	0	81	6,583	5,340	780	278	32.8
大麦	166	1,743	0	△16	1,925	56	919	944	0.2
はだか麦	11	5	0	△3	19	11	0	8	0.0
28　　　　小麦	791	5,624	0	△208	6,621	5,302	801	272	32.9
大麦	160	1,812	0	10	1,962	73	971	911	0.3
はだか麦	10	12	0	△5	27	19	0	7	0.1
29　　　　小麦	907	5,939	0	269	6,577	5,376	735	280	33.1
大麦	172	1,777	0	△3	1,952	62	971	912	0.2
はだか麦	13	26	0	6	33	25	0	7	0.1
30　　　　小麦	765	5,638	0	△107	6,510	5,227	803	269	32.2
大麦	161	1,790	0	14	1,937	50	954	926	0.2
はだか麦	14	33	0	5	42	35	0	5	0.2
令和元　　小麦	1,037	5,312	0	26	6,323	5,225	630	269	32.3
（概算値）大麦	202	1,689	0	30	1,861	55	914	885	0.2
はだか麦	20	39	0	16	43	36	0	5	0.2

資料：農林水産省大臣官房政策課食料安全保障室「食料需給表」
注：国内生産量から国内消費仕向け量までは玄麦であり、一人1年当たり供給量は小麦については小麦粉であり、大麦、はだか麦については精麦である。

イ 輸出入実績
　(ア) 輸出入量及び金額

品目名	平成30年		令和元	
	数量	金額	数量	金額
	t	千円	t	千円
輸出				
穀粉・加工穀物				
小麦粉	163,640	7,427,758	168,304	8,266,259
輸入				
穀物				
1) 小麦	5,652,151	181,103,410	5,331,434	160,592,036
1) 大麦・はだか麦	1,264,030	38,499,607	1,147,830	35,186,976
穀粉・挽割含む				
小麦粉	3,468	384,261	3,833	397,885

資料：財務省関税局「貿易統計」をもとに農林水産省統計部にて作成（以下(イ)まで同じ。）
注：1)は、は種用及び飼料用を含む。

　(イ) 小麦（玄麦）の国別輸入量

単位：t

区分	平成30年	令和元
小麦	5,652,151	5,331,434
うちアメリカ合衆国	2,869,041	2,521,153
カナダ	1,789,681	1,831,965
オーストラリア	874,568	888,862

注：令和元年の輸入量が多い国・地域について、上位3か国を掲載した。

ウ　麦類の政府買入れ及び民間流通

単位：千 t

会計年度	供給（玄麦）								
	合計			持越し			買入れ		
	計	内麦	外麦	小計	内麦	外麦	小計	内麦	外麦
大麦・はだか麦									
平成26年度	245	–	245	–	–	–	245	–	245
	(171)	(171)		(68)	(68)		(103)	(103)	
27	232	–	232	–	–	–	232	–	232
	(174)	(174)		(71)	(71)		(103)	(103)	
28	250	–	250	–	–	–	250	–	250
	(169)	(169)		(77)	(77)		(92)	(92)	
29	236	–	236	–	–	–	236	–	236
	(170)	(170)		(64)	(64)		(106)	(106)	
30	**279**	–	**279**	–	–	–	**279**	–	**279**
	(179)	**(179)**		**(76)**	**(76)**		**(103)**	**(103)**	
小麦									
平成26年度	5,245	–	5,245	–	–	–	5,245	–	5,245
	(1,292)	(1,292)		(484)	(484)		(808)	(808)	
27	4,929	–	4,929	–	–	–	4,929	–	4,929
	(1,424)	(1,424)		(478)	(478)		(946)	(946)	
28	4,859	–	4,859	–	–	–	4,859	–	4,859
	(1,410)	(1,410)		(676)	(676)		(734)	(734)	
29	5,242	–	5,242	–	–	–	5,242	–	5,242
	(1,311)	(1,311)		(466)	(466)		(845)	(845)	
30	**4,890**	–	**4,890**	–	–	–	**4,890**	–	**4,890**
	(1,246)	**(1,246)**		**(543)**	**(543)**		**(703)**	**(703)**	

会計年度	需要（玄麦）								
	合計			主食用			その他		
	計	内麦	外麦	小計	内麦	外麦	小計	内麦	外麦
大麦・はだか麦									
平成26年度	245	–	245	171	–	171	74	–	74
	(100)	(100)		(78)	(78)		(22)	(22)	
27	232	–	232	155	–	155	77	–	77
	(97)	(97)		(73)	(73)		(24)	(24)	
28	250	–	250	176	–	176	74	–	74
	(105)	(105)		(78)	(78)		(27)	(27)	
29	236	–	236	159	–	159	77	–	77
	(94)	(94)		(71)	(71)		(23)	(23)	
30	**279**	–	**279**	**185**	–	**185**	**94**	–	**94**
	(98)	**(98)**		**(73)**	**(73)**		**(25)**	**(25)**	
小麦									
平成26年度	5,245	–	5,245	5,155	–	5,155	90	–	90
	(814)	(814)		(794)	(794)		(20)	(20)	
27	4,929	–	4,929	4,845	–	4,845	84	–	84
	(748)	(748)		(729)	(729)		(19)	(19)	
28	4,859	–	4,859	4,779	–	4,779	80	–	80
	(944)	(944)		(923)	(923)		(21)	(21)	
29	5,242	–	5,242	5,149	–	5,149	93	–	93
	(769)	(769)		(751)	(751)		(18)	(18)	
30	**4,890**	–	**4,890**	**4,807**	–	**4,807**	**83**	–	**83**
	(717)	**(717)**		**(700)**	**(700)**		**(17)**	**(17)**	

資料：農林水産省政策統括官資料
注： 1　主要食糧の需給及び価格の安定に関する法律の一部改正（平成19年4月施行）により、
　　　内麦の無制限買入れ制度が廃止された。
　　 2　（　）内の数値は、民間流通麦で外数である。

3 麦類（続き）
(4) 保険・共済

区分	単位	平成27年産	28	29	30	令和元 （概算値）
引受組合等数	組合	176	158	138	116	147
引受戸数	千戸	44	42	39	37	34
引受面積	千ha	268	269	267	266	247
共済金額	100万円	110,071	124,759	127,064	129,958	128,697
共済掛金	〃	10,369	11,160	11,498	11,785	9,771
支払対象戸数	千戸	15	25	16	20	11
支払対象面積	千ha	55	125	75	124	1
支払共済金	100万円	2,833	18,121	6,706	15,518	3,426

資料：農林水産省経営局「農作物共済統計表」。ただし、令和元年産は経営局資料による。
注：農業保険法による農作物共済の実績である。

(5) 生産費
ア 小麦生産費

区分	単位	平成30年産		令和元		
		10a 当たり	60kg 当たり	10a 当たり	60kg 当たり	費目 割合
						%
物財費	円	47,242	7,408	52,065	5,764	89.2
種苗費	〃	3,237	508	3,210	356	5.5
肥料費	〃	8,985	1,409	9,858	1,092	16.9
農業薬剤費	〃	5,046	791	5,354	593	9.2
光熱動力費	〃	2,008	315	2,219	246	3.8
その他の諸材料費	〃	575	90	493	55	0.8
土地改良及び水利費	〃	834	131	1,037	115	1.8
賃借料及び料金	〃	13,868	2,175	16,078	1,780	27.5
物件税及び公課諸負担	〃	1,306	204	1,447	160	2.5
建物費	〃	956	149	1,116	122	1.9
自動車費	〃	1,303	204	1,380	153	2.4
農機具費	〃	8,822	1,384	9,521	1,053	16.3
生産管理費	〃	302	48	352	39	0.6
労働費	〃	5,866	919	6,332	701	10.8
費用合計	〃	53,108	8,327	58,397	6,465	100.0
生産費（副産物価額差引）	〃	50,538	7,925	56,451	6,251	－
支払利子・地代算入生産費	〃	53,317	8,361	59,118	6,545	－
資本利子・地代全額算入生産費	〃	61,041	9,572	67,426	7,465	－
1経営体当たり作付面積	a	783.1	－	798.9	－	－
主産物数量	kg	383	－	542	－	－
投下労働時間	時間	3.44	0.52	3.55	0.37	－

資料：農林水産省統計部「農業経営統計調査 農産物生産費統計」（以下エまで同じ。）
注：1 生産費とは、生産物の一定単位量の生産のために消費した経済費用の合計をいう。ここでいう費
　　用の合計とは、生産物の生産に要した材料、賃借料及び料金、用役等（労働・固定資産等）の価額
　　の合計である（以下エまで同じ。）。
　　2 本調査は、小麦については2015年農林業センサスに基づく農業経営体、二条大麦、六条大麦及び
　　はだか麦については平成26年度経営所得安定対策等加入申請者情報の経営体のうち、世帯による農
　　業経営を行い、調査該当麦を10a以上作付けし、販売した経営体（個別経営）を対象に実施した
　　（以下エまで同じ。）。

イ　二条大麦生産費

区分	単位	平成30年産		令和元		
		10 a 当たり	50kg 当たり	10 a 当たり	50kg 当たり	費目割合
						%
物財費	円	36,361	5,077	38,061	4,842	83.0
種苗費	〃	2,950	412	3,151	401	6.9
肥料費	〃	7,296	1,019	7,454	948	16.3
農業薬剤費	〃	2,153	301	2,331	297	5.1
光熱動力費	〃	1,741	243	1,850	235	4.0
その他の諸材料費	〃	74	10	59	8	0.1
土地改良及び水利費	〃	523	73	572	73	1.2
賃借料及び料金	〃	9,777	1,365	10,795	1,373	23.5
物件税及び公課諸負担	〃	815	114	731	93	1.6
建物費	〃	1,061	148	1,037	132	2.3
自動車費	〃	1,062	148	1,041	132	2.3
農機具費	〃	8,759	1,223	8,900	1,133	19.4
生産管理費	〃	150	21	140	17	0.3
労働費	〃	8,261	1,153	7,796	993	17.0
費用合計	〃	44,622	6,230	45,857	5,835	100.0
生産費（副産物価額差引）	〃	44,378	6,196	45,600	5,802	－
支払利子・地代算入生産費	〃	48,849	6,820	50,181	6,385	－
資本利子・地代全額算入生産費	〃	53,806	7,513	55,237	7,028	－
1経営体当たり作付面積	a	311.2	－	313.6	－	
主産物数量	kg	357	－	394	－	
投下労働時間	時間	5.05	0.69	4.76	0.59	

ウ　六条大麦生産費

区分	単位	平成30年産		令和元		
		10 a 当たり	50kg 当たり	10 a 当たり	50kg 当たり	費目割合
						%
物財費	円	29,683	6,254	30,103	5,344	82.3
種苗費	〃	2,598	547	2,508	445	6.9
肥料費	〃	8,780	1,850	8,117	1,441	22.2
農業薬剤費	〃	2,253	475	1,909	339	5.2
光熱動力費	〃	1,555	328	1,722	306	4.7
その他の諸材料費	〃	0	0	0	0	0.0
土地改良及び水利費	〃	805	170	686	122	1.9
賃借料及び料金	〃	3,879	817	4,913	872	13.4
物件税及び公課諸負担	〃	644	136	639	114	1.7
建物費	〃	1,123	237	858	153	2.3
自動車費	〃	882	186	914	162	2.5
農機具費	〃	7,031	1,480	7,701	1,366	21.1
生産管理費	〃	133	28	136	24	0.4
労働費	〃	6,048	1,275	6,456	1,146	17.7
費用合計	〃	35,731	7,529	36,559	6,490	100.0
生産費（副産物価額差引）	〃	35,650	7,512	36,470	6,475	－
支払利子・地代算入生産費	〃	40,160	8,462	41,577	7,381	－
資本利子・地代全額算入生産費	〃	42,452	8,945	43,744	7,766	－
1経営体当たり作付面積	a	453.4	－	455.3	－	
主産物数量	kg	237	－	283	－	
投下労働時間	時間	3.76	0.80	3.95	0.69	

3 麦類（続き）

(5) 生産費（続き）

エ はだか麦生産費

区分	単位	平成30年産 10 a 当たり	平成30年産 60kg 当たり	令和元 10 a 当たり	令和元 60kg 当たり	費目 割合
						%
物財費	円	34,686	7,348	37,120	5,981	77.8
種苗費	〃	3,509	743	3,181	513	6.7
肥料費	〃	6,958	1,474	7,108	1,146	14.9
農業薬剤費	〃	3,510	744	3,370	543	7.1
光熱動力費	〃	2,042	432	2,144	346	4.5
その他の諸材料費	〃	2	0	1	0	0.0
土地改良及び水利費	〃	165	35	91	15	0.2
賃借料及び料金	〃	5,124	1,086	7,140	1,151	15.0
物件税及び公課諸負担	〃	763	162	649	104	1.4
建物費	〃	735	156	1,120	180	2.3
自動車費	〃	1,206	255	1,492	240	3.1
農機具費	〃	10,620	2,250	10,759	1,733	22.6
生産管理費	〃	52	11	65	10	0.1
労働費	〃	10,464	2,216	10,583	1,707	22.2
費用合計	〃	45,150	9,564	47,703	7,688	100.0
生産費（副産物価額差引）	〃	45,054	9,544	47,537	7,662	－
支払利子・地代算入生産費	〃	49,183	10,419	52,269	8,425	－
資本利子・地代全額算入生産費	〃	51,923	10,999	54,648	8,809	－
1経営体当たり作付面積	a	413.6	－	422.7	－	－
主産物数量	kg	284	－	371	－	－
投下労働時間	時間	6.97	1.48	7.13	1.15	－

(6) 価格

ア 農産物価格指数

平成27年＝100

年次	小麦 1等	ビール麦 （二条大麦） 2等	六条大麦 1等	はだか麦 1等
平成27年	100.0	100.0	100.0	100.0
28	96.0	100.9	99.0	97.6
29	119.3	100.6	97.8	111.8
30	155.6	106.0	98.0	137.4
令和元	152.1	99.9	100.1	122.3

資料：農林水産省統計部「農業物価統計」

イ 民間流通麦の入札における落札決定状況（令和2年産）

単位：円

麦種・産地・銘柄・地域区分			1t当たり指標価格（加重平均）	麦種・産地・銘柄・地域区分			1t当たり指標価格（加重平均）
小麦				小粒（六条）大麦			
北海道	春よ恋	全地区	71,467	宮城	シュンライ	全地区	35,752
北海道	きたほなみ	全地区	64,313	宮城	ミノリムギ	全地区	36,411
北海道	ゆめちから	全地区	65,219	茨城	カシマムギ	全地区	45,268
北海道	はるきらり	全地区	62,542	茨城	カシマゴール	全地区	39,490
岩手	ゆきちから	全地区	39,414	栃木	シュンライ	全地区	38,217
宮城	シラネコムギ	全地区	44,586	群馬	シュンライ	全地区	38,116
茨城	さとのそら	全地区	43,512	富山	ファイバースノウ	全地区	46,116
群馬	つるぴかり	全地区	48,975	石川	ファイバースノウ	Ⅰ地区	43,666
群馬	さとのそら	全地区	43,529	福井	ファイバースノウ	全地区	46,483
埼玉	あやひかり	全地区	42,677	福井	はねうまもち	全地区	49,464
埼玉	さとのそら	全地区	42,378	長野	ファイバースノウ	全地区	39,016
岐阜	イワイノダイチ	全地区	43,017	滋賀	ファイバースノウ	Ⅱ地区	38,363
岐阜	さとのそら	全地区	44,012	兵庫	シュンライ	全地区	39,430
愛知	きぬあかり	全地区	45,137				
滋賀	農林61号	全地区	48,918	大粒（二条）大麦			
滋賀	ふくさやか	全地区	43,739	茨城	ミカモゴールデン	全地区	28,432
香川	さぬきの夢2009	全地区	62,358	栃木	ニューサチホゴールデン	全地区	32,291
福岡	シロガネコムギ	全地区	45,330	岡山	スカイゴールデン	全地区	40,641
福岡	チクゴイズミ	全地区	47,297	佐賀	サチホゴールデン	全地区	43,067
福岡	ミナミノカオリ	全地区	55,511	佐賀	はるか二条	全地区	43,777
佐賀	シロガネコムギ	全地区	43,454				
佐賀	チクゴイズミ	全地区	45,768	はだか麦			
大分	チクゴイズミ	全地区	42,680	香川	イチバンボシ	全地区	43,293
				愛媛	ハルヒメボシ	全地区	42,952
				大分	トヨノカゼ	全地区	43,084

資料：全国米麦改良協会「令和2年産 民間流通麦の入札における落札決定状況（公表）」
注：1 地域区分とは、上場に係る産地別銘柄について、売り手が、特定の地域を産地として
　　　区分し、事前に民間流通連絡協議会の了承を得た区分である。
　　2 指標価格は、落札価格を落札数量で加重平均したものである。
　　3 消費税（地方消費税を含む。）相当額を除いた金額である。

(7) 加工
　　　小麦粉の用途別生産量

単位：千t

年度	計	パン用	めん用	菓子用	工業用	家庭用	その他
平成26年度	4,861	1,989	1,614	560	63	138	497
27	4,859	1,955	1,630	544	59	148	524
28	4,860	1,961	1,625	514	59	157	544
29	4,877	1,956	1,618	527	58	150	568
30	4,834	1,917	1,590	532	57	151	588

資料：農林水産省政策統括官貿易業務課資料
注：生産量は、それぞれの製品の重量である。

4 いも類
(1) 販売目的で作付けしたかんしょ・ばれいしょの農家数
（販売農家）（各年2月1日現在）

単位：戸

区分	かんしょ	ばれいしょ
平成22年	46,329	92,693
27	30,425	65,110

資料：農林水産省統計部「農林業センサス」

(2) 生産量
ア かんしょの収穫量

年産・都道府県	作付面積	10a当たり収量	収穫量
	ha	kg	t
平成27年産	36,600	2,220	814,200
28	36,000	2,390	860,700
29	35,600	2,270	807,100
30	35,700	2,230	796,500
令和元	34,300	2,180	748,700
主要生産県			
鹿児島	11,200	2,330	261,000
茨城	6,860	2,450	168,100
千葉	4,040	2,320	93,700
宮崎	3,360	2,400	80,600
徳島	1,090	2,500	27,300

資料：農林水産省統計部「作物統計」
注：1 主要生産県は、令和元年産収穫量の上位5県を掲載した。
　　2 平成27年産、平成28年産、平成30年産及び令和元年産の10a当たり収量並びに収穫
　　量及び平成30年産及び令和元年産の作付面積は主産県の調査結果から推計したもので
　　ある。
　　なお、主産県とは、直近の全国調査年（平成29年産）における全国の作付面積のお
　　おむね80％を占めるまでの上位都道府県である。

イ ばれいしょの収穫量

年産	春植えばれいしょ		秋植えばれいしょ	
	作付面積	収穫量	作付面積	収穫量
	ha	t	ha	t
平成27年産	74,600	2,365,000	2,730	41,800
28	74,600	2,158,000	2,670	40,800
29	74,500	2,355,000	2,640	40,100
30	74,000	2,215,000	2,510	45,600
令和元 （概算値）	72,000	2,357,000	2,410	41,800

資料：農林水産省統計部「野菜生産出荷統計」

(3)　需給
ア　いも需給表

年度・種類別		国内生産量	外国貿易		国内消費仕向量				一人1年当たり供給量
			輸入量	輸出量		粗食料	飼料用	加工用	
		千t	千t	千t	千t	千t	千t	千t	kg
平成27年度	計	3,220	1,036	13	4,243	2,745	11	1,159	19.5
	かんしょ	814	58	6	866	523	3	323	3.7
	ばれいしょ	2,406	978	7	3,377	2,222	8	836	15.7
28	計	3,060	1,070	13	4,117	2,740	5	1,108	19.5
	かんしょ	861	63	7	917	551	2	348	3.9
	ばれいしょ	2,199	1,007	6	3,200	2,189	3	760	15.5
29	計	3,202	1,154	16	4,340	2,970	4	1,142	21.1
	かんしょ	807	63	9	861	525	2	320	3.8
	ばれいしょ	2,395	1,091	7	3,479	2,445	2	822	17.4
30	計	3,057	1,159	18	4,198	2,749	7	1,130	19.6
	かんしょ	797	55	11	841	510	2	312	3.7
	ばれいしょ	2,260	1,104	7	3,357	2,239	5	818	15.9
令和元	計	3,148	1,179	20	4,306	2,813	7	1,161	20.1
（概算値）	かんしょ	749	56	13	792	501	2	272	3.6
	ばれいしょ	2,399	1,123	7	3,514	2,312	5	889	16.5

資料：農林水産省大臣官房政策課食料安全保障室「食料需給表」

イ　いもの用途別消費量

単位：千t

年度	1)生産数量	農家自家食用	飼料用	種子用	市場販売用	加工食品用	でん粉用	2)アルコール用	減耗
かんしょ									
平成27年度	814	58	3	11	346	61	122	201	13
28	861	57	2	11	351	76	135	209	18
29	807	47	2	9	344	70	105	213	17
30	797	41	2	10	347	72	96	213	17
令和元（概算値）	749	39	2	11	331	80	98	171	17
ばれいしょ									
平成27年度	2,406	129	8	146	507	588	836	－	192
28	2,199	130	2	138	487	543	701	－	198
29	2,395	132	2	137	567	629	783	－	144
30	2,260	139	4	134	457	534	732	－	259
令和元（概算値）	2,399	134	4	142	469	574	794	－	276

資料：農林水産省政策統括官調べ
注：1)は、農林水産省統計部「作物統計調査」の結果資料による。
　　2)は、焼酎用、醸造用の計である。

4 いも類（続き）
(3) 需給（続き）
　　ウ 輸出入量及び金額

品目名	平成30年		令和元	
	数量	金額	数量	金額
	t	千円	t	千円
輸出 　かんしょ（生鮮・冷蔵・冷凍・乾燥）	3,520	1,379,103	4,347	1,694,952
輸入 　ばれいしょ（生鮮・冷蔵）	28,545	1,738,733	31,226	1,955,091

資料：財務省関税局「貿易統計」をもとに農林水産省統計部にて作成。

(4) 保険・共済

区分	単位	ばれいしょ	
		平成30年産	令和元　（概数値）
引受組合等数	組合	13	12
引受戸数	戸	5,728	5,474
引受面積	ha	42,991	42,080
共済金額	100万円	41,558	42,095
共済掛金	〃	1,284	1,467
支払対象戸数	戸	2,318	28
支払対象面積	ha	13,336	11
支払共済金	100万円	1,363	15

資料：農林水産省経営局「畑作物共済統計表」。ただし、令和元年産は経営局資料による。
注：農業保険法による畑作物共済の実績である。

(5)　生産費
　ア　原料用かんしょ生産費

区分	単位	平成30年産		令和元		
		10 a 当たり	100kg当たり	10 a 当たり	100kg当たり	費目割合
						%
物財費	円	57,494	2,160	57,855	2,182	42.4
種苗費	〃	2,772	104	2,327	88	1.7
肥料費	〃	10,749	404	10,250	387	7.5
農業薬剤費	〃	9,122	343	8,746	330	6.4
光熱動力費	〃	4,663	175	4,621	174	3.4
その他の諸材料費	〃	6,070	228	6,409	242	4.7
土地改良及び水利費	〃	161	6	274	10	0.2
賃借料及び料金	〃	1,091	41	966	36	0.7
物件税及び公課諸負担	〃	1,497	56	1,574	60	1.2
建物費	〃	2,355	88	2,294	87	1.7
自動車費	〃	4,425	167	4,012	151	2.9
農機具費	〃	14,256	536	16,106	607	11.8
生産管理費	〃	333	12	276	10	0.2
労働費	〃	81,993	3,082	78,682	2,971	57.6
費用合計	〃	139,487	5,242	136,537	5,153	100.0
生産費（副産物価額差引）	〃	139,487	5,242	136,537	5,153	－
支払利子・地代算入生産費	〃	145,307	5,460	141,745	5,349	－
資本利子・地代全額算入生産費	〃	153,446	5,766	150,651	5,686	－
1経営体当たり作付面積	a	92.7	－	98.5	－	－
主産物数量	kg	2,660	－	2,648	－	－
投下労働時間	時間	59.43	2.21	57.28	2.17	－

資料：農林水産省統計部「農業経営統計調査　農産物生産費統計」
注：1　調査対象地域は鹿児島県である。
　　2　生産費とは、生産物の一定単位量の生産のために消費した経済費用の合計をいう。
　　　　ここでいう費用の合計とは、生産物の生産に要した材料、賃借料及び料金、用役等
　　　　（労働・固定資産等）の価額の合計である（以下イまで同じ。）。
　　3　本調査は、2015年農林業センサスに基づく農業経営体のうち、世帯による農業経
　　　　営を行い、調査対象作目を10a以上作付けし、販売した経営体（個別経営）を対象
　　　　に実施した（以下イまで同じ。）。

　イ　原料用ばれいしょ生産費

区分	単位	平成29年産		30		
		10 a 当たり	100kg当たり	10 a 当たり	100kg当たり	費目割合
						%
物財費	円	62,443	1,550	64,269	1,614	81.1
種苗費	〃	14,541	361	14,487	364	18.3
肥料費	〃	10,795	268	10,427	262	13.2
農業薬剤費	〃	11,353	282	11,259	283	14.2
光熱動力費	〃	2,955	73	3,577	90	4.5
その他の諸材料費	〃	299	7	262	7	0.3
土地改良及び水利費	〃	214	5	335	8	0.4
賃借料及び料金	〃	1,284	32	1,074	27	1.4
物件税及び公課諸負担	〃	2,124	53	2,149	54	2.7
建物費	〃	1,438	36	1,465	37	1.8
自動車費	〃	2,368	59	2,279	57	2.9
農機具費	〃	14,523	361	16,374	411	20.7
生産管理費	〃	549	13	581	14	0.7
労働費	〃	15,286	380	14,955	376	18.9
費用合計	〃	77,729	1,930	79,224	1,990	100.0
生産費（副産物価額差引）	〃	77,729	1,930	79,224	1,990	－
支払利子・地代算入生産費	〃	80,354	1,995	81,609	2,049	－
資本利子・地代全額算入生産費	〃	89,577	2,225	91,330	2,293	－
1経営体当たり作付面積	a	754.6	－	773.3	－	－
主産物数量	kg	4,022	－	3,979	－	－
投下労働時間	時間	8.80	0.22	8.47	0.20	－

資料：農林水産省統計部「農業経営統計調査　農産物生産費統計」
注：調査対象地域は北海道である。

4　いも類（続き）
(6)　価格
ア　農産物価格指数

平成27年＝100

年次	かんしょ		ばれいしょ		
	食用	加工用	食用	加工用	種子用
平成27年	100.0	100.0	100.0	100.0	100.0
28	97.8	92.9	125.1	91.2	85.0
29	86.6	93.3	99.0	101.1	85.9
30	91.3	94.4	75.0	102.5	95.5
令和元	102.2	87.2	76.5	102.5	87.8

資料：農林水産省統計部「農業物価統計」

イ　でん粉用原料用かんしょ交付金単価（1 t 当たり）

単位：円

品種	令和元年産	2
アリアケイモ、九州181号、コガネセンガン、コナホマレ、こなみずき、サツマアカ、サツマスターチ、シロサツマ、シロユタカ、ダイチノユメ、ハイスターチ及びミナミユタカ	26,610	26,890
その他の品種	23,960	24,230

資料：農林水産省政策統括官地域作物課資料

ウ　1 kg当たり卸売価格（東京都）

単位：円

品目	平成26年	27	28	29	30
かんしょ	196	242	236	217	228
ばれいしょ	116	151	185	158	112

資料：農林水産省統計部「青果物卸売市場調査報告」
注：東京都の卸売市場における卸売価額を卸売数量で除して求めた価格である。

エ　1 kg当たり年平均小売価格（東京都区部）

単位：円

品目	平成27年	28	29	30	令和元
さつまいも	511	501	469	486	541
じゃがいも	364	389	388	329	340

資料：総務省統計局「小売物価統計調査年報」

5　雑穀・豆類
(1)　販売目的で作付けしたそば・豆類の農家数（販売農家）
　　　（各年2月1日現在）

単位：戸

区分	そば	大豆	小豆
平成22年	28,376	93,762	38,608
27	26,141	65,238	23,300

資料：農林水産省統計部「農林業センサス」

5 雑穀・豆類（続き）
(2) 小豆・らっかせい・いんげん（乾燥子実）の生産量

年産・都道府県	小豆			らっかせい			いんげん		
	作付面積	10a当たり収量	収穫量	作付面積	10a当たり収量	収穫量	作付面積	10a当たり収量	収穫量
	ha	kg	t	ha	kg	t	ha	kg	t
平成27年産	27,300	233	63,700	6,700	184	12,300	10,200	250	25,500
28	21,300	138	29,500	6,550	237	15,500	8,560	66	5,650
29	22,700	235	53,400	6,420	240	15,400	7,150	236	16,900
30	23,700	178	42,100	6,370	245	15,600	7,350	133	9,760
令和元	25,500	232	59,100	6,330	196	12,400	6,860	195	13,400
北海道	20,900	265	55,400	…	…	…	6,340	200	12,700
青森	…	…	…	…	…	…	…	…	…
岩手	…	…	…	…	…	…	…	…	…
宮城	…	…	…	…	…	…	…	…	…
秋田	…	…	…	…	…	…	…	…	…
山形	…	…	…	…	…	…	…	…	…
福島	…	…	…	…	…	…	…	…	…
茨城	…	…	…	528	263	1,390	…	…	…
栃木	…	…	…	…	…	…	…	…	…
群馬	…	…	…	…	…	…	…	…	…
埼玉	…	…	…	…	…	…	…	…	…
千葉	…	…	…	5,060	199	10,100	…	…	…
東京	…	…	…	…	…	…	…	…	…
神奈川	…	…	…	…	…	…	…	…	…
新潟	…	…	…	…	…	…	…	…	…
富山	…	…	…	…	…	…	…	…	…
石川	…	…	…	…	…	…	…	…	…
福井	…	…	…	…	…	…	…	…	…
山梨	…	…	…	…	…	…	…	…	…
長野	…	…	…	…	…	…	…	…	…
岐阜	…	…	…	…	…	…	…	…	…
静岡	…	…	…	…	…	…	…	…	…
愛知	…	…	…	…	…	…	…	…	…
三重	…	…	…	…	…	…	…	…	…
滋賀	109	77	84	…	…	…	…	…	…
京都	447	54	241	…	…	…	…	…	…
大阪	…	…	…	…	…	…	…	…	…
兵庫	786	61	479	…	…	…	…	…	…
奈良	…	…	…	…	…	…	…	…	…
和歌山	…	…	…	…	…	…	…	…	…
鳥取	…	…	…	…	…	…	…	…	…
島根	…	…	…	…	…	…	…	…	…
岡山	…	…	…	…	…	…	…	…	…
広島	…	…	…	…	…	…	…	…	…
山口	…	…	…	…	…	…	…	…	…
徳島	…	…	…	…	…	…	…	…	…
香川	…	…	…	…	…	…	…	…	…
愛媛	…	…	…	…	…	…	…	…	…
高知	…	…	…	…	…	…	…	…	…
福岡	…	…	…	…	…	…	…	…	…
佐賀	…	…	…	…	…	…	…	…	…
長崎	…	…	…	…	…	…	…	…	…
熊本	…	…	…	…	…	…	…	…	…
大分	…	…	…	…	…	…	…	…	…
宮崎	…	…	…	…	…	…	…	…	…
鹿児島	…	…	…	…	…	…	…	…	…
沖縄	…	…	…	…	…	…	…	…	…

資料：農林水産省統計部「作物統計」（以下(3)まで同じ。）
注：1 平成28年産、平成29年産及び令和元年産の10a当たり収量並びに収穫量、平成29年産及び令和元年産の作付面積は主産県の調査結果から全国値を推計している。
　　2 主産県とは、直近の全国調査年（平成30年産）における作付面積が全国の作付面積のおおむね80％を占めるまでの上位都道府県に加えて、畑作物共済事業（らっかせいを除く。）を実施する都道府県である。

(3) そば・大豆（乾燥子実）の生産量

年産・都道府県	そば			大豆		
	作付面積	10a当たり収量	収穫量	作付面積	10a当たり収量	収穫量
	ha	kg	t	ha	kg	t
平成27年産	58,200	60	34,800	142,000	171	243,100
28	60,600	48	28,800	150,000	159	238,000
29	62,900	55	34,400	150,200	168	253,000
30	63,900	45	29,000	146,600	144	211,300
令和元	65,400	65	42,600	143,500	152	217,800
北海道	25,200	78	19,700	39,100	226	88,400
青森	1,680	60	1,010	4,760	161	7,660
岩手	1,760	83	1,460	4,290	147	6,310
宮城	650	28	182	11,000	137	15,100
秋田	3,770	55	2,070	8,560	162	13,900
山形	5,260	49	2,580	4,950	155	7,670
福島	3,740	51	1,910	1,500	99	1,490
茨城	3,460	58	2,010	3,450	96	3,310
栃木	2,960	79	2,340	2,340	152	3,560
群馬	587	93	546	291	133	387
埼玉	346	40	138	636	86	547
千葉	246	44	108	871	43	375
東京	4	26	1	6	133	8
神奈川	21	43	9	40	138	55
新潟	1,240	39	484	4,410	174	7,670
富山	511	44	225	4,480	145	6,500
石川	308	21	65	1,660	124	2,060
福井	3,300	38	1,250	1,810	121	2,190
山梨	190	57	108	223	120	268
長野	4,410	76	3,350	2,030	140	2,840
岐阜	346	48	166	2,850	113	3,220
静岡	81	23	19	251	76	191
愛知	34	27	9	4,490	112	5,030
三重	108	47	51	4,290	82	3,520
滋賀	529	56	296	6,690	117	7,830
京都	121	31	38	307	113	347
大阪	1	42	1	15	113	17
兵庫	241	34	82	2,220	81	1,800
奈良	24	35	8	143	71	102
和歌山	3	10	0	28	93	26
鳥取	312	36	112	641	117	750
島根	684	23	157	756	131	990
岡山	198	50	99	1,580	80	1,260
広島	313	33	103	477	92	439
山口	73	23	17	871	105	915
徳島	45	38	17	17	39	7
香川	34	44	15	60	77	46
愛媛	34	56	19	338	173	585
高知	6	32	2	74	41	30
福岡	84	56	47	8,250	107	8,830
佐賀	32	69	22	7,820	80	6,260
長崎	157	39	61	399	52	207
熊本	591	82	485	2,450	126	3,090
大分	228	45	103	1,540	82	1,260
宮崎	262	70	183	219	157	344
鹿児島	1,100	86	946	325	125	406
沖縄	51	65	33	0	18	0

5 雑穀・豆類（続き）
(4) 需給
ア 雑穀・豆類需給表

| 年度・種類別 | 国内生産量 | 外国貿易 | | 国内消費仕向量 | | | | 一人1年当たり供給量 |
		輸入量	輸出量		粗食料	飼料用	加工用	
	千t	千t	千t	千t	千t	千t	千t	kg
平成27年度 雑穀	35	15,997	0	15,705	234	12,067	3,386	1.2
豆類	346	3,511	0	3,789	1,122	112	2,471	8.5
うち大豆	243	3,243	0	3,380	794	102	2,413	6.2
28 雑穀	29	15,615	0	15,803	240	10,020	3,505	1.2
豆類	290	3,405	0	3,810	1,117	112	2,500	8.5
うち大豆	238	3,131	0	3,424	809	106	2,439	6.4
29 雑穀	34	16,384	0	15,978	259	12,316	3,382	1.3
豆類	339	3,511	0	3,974	1,148	81	2,660	8.7
うち大豆	253	3,218	0	3,573	821	81	2,599	6.5
30 雑穀	29	16,450	0	16,366	276	12,581	3,488	1.3
豆類	280	3,533	0	3,955	1,153	83	2,627	8.8
うち大豆	211	3,236	0	3,567	844	83	2,562	6.7
令和元 雑穀	43	16,859	0	16,469	256	12,748	3,447	1.2
（概算値）豆類	303	3,645	0	4,043	1,152	82	2,719	8.8
うち大豆	218	3,359	0	3,670	847	82	2,663	6.7

資料：農林水産省大臣官房政策課食料安全保障室「食料需給表」
注：雑穀は、とうもろこし、こうりゃん及びその他の雑穀の計である。

イ 大豆の用途別消費量

単位：千t

年次	計	製油用	食品用	飼料用	輸出用
平成27年	3,304	2,248	954	102	0
28	2,474	2,273	954	106	0
29	3,529	2,432	988	109	0
30	3,494	2,393	1,018	83	0
令和元	3,595	2,494	1,019	82	0

資料：農林水産省食料産業局「我が国の油脂事情」

ウ 輸入数量及び金額

| 品目 | 平成30年 | | 令和元 | |
	数量	金額	数量	金額
	t	千円	t	千円
乾燥した豆（さやなし）				
小豆	21,347	2,881,249	31,850	4,699,508
いんげん豆	11,931	1,540,409	13,374	1,796,682
穀物・穀粉調製品				
そば	54,070	3,690,222	46,785	3,272,892
植物性油脂（原料）				
大豆	3,236,413	170,089,931	3,392,154	167,315,776
落花生（調製していないもの）	36,806	8,501,684	36,071	7,802,022

資料：財務省関税局「貿易統計」をもとに農林水産省統計部にて作成

(5) 保険・共済

区分	単位	大豆		小豆		いんげん		そば	
		平成30年産	令和元年産（概算値）	平成30年産	令和元年産（概算値）	平成30年産	令和元年産（概算値）	平成30年産	令和元年産（概算値）
引受組合等数	組合	120	86	7	7	4	4	23	18
引受戸数	戸	28,463	24,917	4,387	4,410	1,588	1,452	4,145	3,785
引受面積	ha	117,534	99,733	16,253	17,860	6,070	5,615	24,104	21,330
共済金額	100万円	52,204	44,367	8,874	10,725	2,433	3,048	5,429	4,648
共済掛金	〃	4,228	3,669	611	713	232	357	486	468
支払対象戸数	戸	12,754	15,905	1,417	294	678	0	2,636	965
支払対象面積	ha	61,907	59,429	5,143	182	2,369	0	15,427	3,160
支払共済金	100万円	7,043	20,496	873	78	334	0	1,277	301

資料：農林水産省経営局「畑作物共済統計表」。ただし、令和元年産は経営局資料による。
注：農業保険法による畑作物共済の実績である。

(6) 生産費
ア　そば生産費

区分	単位	平成29年産		30		
		10 a当たり	45kg当たり	10 a当たり	45kg当たり	費目割合
						%
物財費	円	23,078	13,449	23,272	20,763	83.0
種苗費	〃	2,766	1,611	2,781	2,481	9.9
肥料費	〃	2,766	1,612	2,699	2,407	9.6
農業薬剤費	〃	299	174	400	357	1.4
光熱動力費	〃	1,038	605	1,339	1,194	4.8
その他の諸材料費	〃	71	41	75	67	0.3
土地改良及び水利費	〃	1,007	587	1,345	1,200	4.8
賃借料及び料金	〃	7,175	4,181	4,834	4,312	17.2
物件税及び公課諸負担	〃	735	429	786	702	2.8
建物費	〃	890	518	1,055	941	3.8
自動車費	〃	998	581	1,107	988	3.9
農機具費	〃	5,216	3,042	6,723	6,000	24.0
生産管理費	〃	117	68	128	114	0.5
労働費	〃	4,778	2,783	4,761	4,247	17.0
費用合計	〃	27,856	16,232	28,033	25,010	100.0
生産費（副産物価額差引）	〃	27,856	16,232	28,033	25,010	－
支払利子・地代算入生産費	〃	30,327	17,672	30,961	27,622	－
資本利子・地代全額算入生産費	〃	36,230	21,112	36,050	32,163	－
1経営体当たり作付面積	a	228.3	－	236.6	－	－
主産物数量	kg	77	－	51	－	－
投下労働時間	時間	3.14	1.82	3.09	2.74	

資料：農林水産省統計部「農業経営統計調査　農産物生産費統計」
注：1　生産費とは、生産物の一定単位量の生産のために消費した経済費用の合計をいう。ここでいう費用の合計とは、生産物の生産に要した材料、賃借料及び料金、用役等（労働・固定資産等）の価額の合計である（以下イまで同じ。）。
　　2　本調査は、2015年農林業センサスに基づく農業経営体のうち、世帯による農業経営を行い、調査対象作目を10 a以上作付けし、販売した経営体（個別経営）を対象に実施した（以下イまで同じ。）。

5 雑穀・豆類（続き）
(6) 生産費 （続き）
　イ 大豆生産費

区分	単位	平成29年産		30		
		10a 当たり	60kg 当たり	10a 当たり	60kg 当たり	費目 割合
						%
物財費	円	41,069	12,267	41,467	13,954	79.9
種苗費	〃	3,615	1,080	3,677	1,237	7.1
肥料費	〃	5,064	1,513	5,462	1,838	10.5
農業薬剤費	〃	5,549	1,658	5,796	1,951	11.2
光熱動力費	〃	2,024	605	2,320	781	4.5
その他の諸材料費	〃	156	47	210	71	0.4
土地改良及び水利費	〃	1,654	494	1,555	523	3.0
賃借料及び料金	〃	8,553	2,555	7,761	2,612	15.0
物件税及び公課諸負担	〃	1,216	363	1,187	400	2.3
建物費	〃	1,243	372	1,266	425	2.4
自動車費	〃	1,330	397	1,325	446	2.6
農機具費	〃	10,354	3,090	10,620	3,573	20.5
生産管理費	〃	311	93	288	97	0.6
労働費	〃	10,980	3,280	10,430	3,508	20.1
費用合計	〃	52,049	15,547	51,897	17,462	100.0
生産費（副産物価額差引）	〃	51,843	15,485	51,763	17,417	－
支払利子・地代算入生産費	〃	56,540	16,888	56,371	18,967	－
資本利子・地代全額算入生産費	〃	64,276	19,199	64,211	21,605	－
1経営体当たり作付面積	a	365.8	－	395.4	－	－
主産物数量	kg	201	－	178	－	－
投下労働時間	時間	6.91	2.05	6.39	2.13	－

資料：農林水産省統計部「農業経営統計調査　農産物生産費統計」

(7) 農産物価格指数

平成27年＝100

品目・銘柄等級	平成27年	28	29	30	令和元
そば（玄そば）	100.0	98.5	100.4	112.9	85.4
大豆（黄色大豆）	100.0	94.9	82.0	75.2	84.3
小豆（普通小豆）	100.0	102.8	138.9	161.2	178.0
らっかせい（殻付2等程度）	100.0	81.8	75.4	79.9	76.4

資料：農林水産省統計部「農業物価統計」

6 野菜

(1) 野菜作農家（各年2月1日現在）

ア 販売目的で作付けした主要野菜の種類別作付農家数（販売農家）

単位：戸

区分	トマト	なす	きゅうり	キャベツ	はくさい	ほうれんそう	ねぎ
平成22年	110,081	119,738	118,565	113,505	118,465	113,001	118,598
27	78,457	84,635	84,344	89,151	106,353	76,206	92,399

区分	たまねぎ	だいこん	にんじん	さといも	レタス	ピーマン	すいか	いちご
平成22年	100,654	130,159	75,085	83,457	45,769	70,800	38,764	31,766
27	80,396	118,719	52,186	71,074	32,550	38,530	30,108	22,768

資料：農林水産省統計部「農林業センサス」（以下ウまで同じ。）

イ 販売目的で作付けした野菜（露地）の作付面積規模別作付農家数（販売農家）

単位：戸

区分	計	5a未満	5～10	10～20	20～30	30～50	50a～1ha	1ha以上
平成22年	370,254	35,394	47,949	81,784	49,606	53,784	47,987	53,750
27	321,879	37,999	45,914	67,996	38,355	42,334	39,903	49,378

ウ 販売目的で作付けした野菜（施設）の作付面積規模別作付農家数（販売農家）

単位：戸

区分	計	5a未満	5～10	10～20	20～30	30～50	50a～1ha	1ha以上
平成22年	131,421	28,490	15,608	28,831	21,474	20,978	11,630	4,410
27	107,157	26,172	12,059	20,872	16,180	16,324	10,549	5,001

6 野菜（続き）
(2) 生産量及び出荷量
ア 主要野菜の生産量、出荷量及び産出額

年産	だいこん				かぶ			
	作付面積	収穫量	出荷量	産出額	作付面積	収穫量	出荷量	産出額
	ha	t	t	億円	ha	t	t	億円
平成26年産	33,300	1,452,000	1,170,000	940	4,710	130,700	107,200	147
27	32,900	1,434,000	1,161,000	994	4,630	131,900	108,400	135
28	32,300	1,362,000	1,105,000	1,213	4,510	128,700	106,300	142
29	32,000	1,325,000	1,087,000	1,118	4,420	119,300	98,800	150
30	31,400	1,328,000	1,089,000	818	1,090	117,700	97,900	158

年産	にんじん				ごぼう			
	作付面積	収穫量	出荷量	産出額	作付面積	収穫量	出荷量	産出額
	ha	t	t	億円	ha	t	t	億円
平成26年産	18,400	633,200	562,900	572	8,100	155,100	134,700	311
27	18,100	633,100	563,000	652	8,000	152,600	131,100	302
28	17,800	566,800	502,800	763	8,040	137,600	117,800	340
29	17,900	596,500	533,700	627	7,950	142,100	122,800	275
30	17,200	574,700	512,500	608	7,710	135,300	117,200	324

年産	れんこん				さといも			
	作付面積	収穫量	出荷量	産出額	作付面積	収穫量	出荷量	産出額
	ha	t	t	億円	ha	t	t	億円
平成26年産	3,910	56,300	46,700	249	12,900	165,700	106,300	398
27	3,950	56,700	47,400	262	12,500	153,300	97,800	395
28	3,930	59,800	49,900	293	12,200	154,600	98,600	407
29	3,970	61,500	51,600	259	12,000	148,600	97,000	349
30	4,000	61,300	51,600	222	11,500	144,800	95,300	353

年産	やまのいも				はくさい			
	作付面積	収穫量	出荷量	産出額	作付面積	収穫量	出荷量	産出額
	ha	t	t	億円	ha	t	t	億円
平成26年産	7,260	164,800	134,400	471	17,800	914,400	736,600	457
27	7,270	163,200	134,300	448	17,600	894,600	723,700	545
28	7,120	145,700	120,800	487	17,300	888,700	715,800	698
29	7,150	159,300	134,300	503	17,200	880,900	726,800	706
30	7,120	157,400	134,400	455	17,000	889,900	734,400	424

年産	こまつな				キャベツ			
	作付面積	収穫量	出荷量	産出額	作付面積	収穫量	出荷量	産出額
	ha	t	t	億円	ha	t	t	億円
平成26年産	6,800	113,200	98,200	292	34,700	1,480,000	1,316,000	1,020
27	6,860	115,400	100,200	320	34,700	1,469,000	1,310,000	1,136
28	6,890	113,600	99,100	344	34,600	1,446,000	1,298,000	1,284
29	7,010	112,100	99,200	322	34,800	1,428,000	1,280,000	1,244
30	7,250	115,600	102,500	320	34,600	1,467,000	1,319,000	1,039

資料： 農林水産省統計部「野菜生産出荷統計」（以下イまで同じ。）、産出額は「生産農業所得
統計」による。

注： 出荷量とは、収穫量から生産者が自家消費した量、贈与した量、収穫後の減耗量及び種子用
又は飼料用として販売した量を差し引いた重量をいう。

年産	ちんげんさい				ほうれんそう			
	作付面積	収穫量	出荷量	産出額	作付面積	収穫量	出荷量	産出額
	ha	t	t	億円	ha	t	t	億円
平成26年産	2,260	44,800	39,400	107	21,200	257,400	215,000	1,013
27	2,220	44,100	38,600	116	21,000	250,800	209,800	1,016
28	2,220	44,100	38,700	120	20,700	247,300	207,300	1,068
29	2,200	43,100	38,000	113	20,500	228,100	193,300	1,113
30	2,170	42,000	37,500	109	20,300	228,300	194,800	878

年産	ふき				みつば			
	作付面積	収穫量	出荷量	産出額	作付面積	収穫量	出荷量	産出額
	ha	t	t	億円	ha	t	t	億円
平成26年産	609	11,700	9,720	29	1,040	15,900	14,800	81
27	592	11,500	9,640	31	1,030	15,600	14,600	85
28	571	11,200	9,380	31	979	15,300	14,300	87
29	557	10,700	9,130	29	957	15,400	14,400	86
30	538	10,200	8,560	27	931	15,000	14,000	79

年産	しゅんぎく				みずな			
	作付面積	収穫量	出荷量	産出額	作付面積	収穫量	出荷量	産出額
	ha	t	t	億円	ha	t	t	億円
平成26年産	2,010	31,000	24,800	151	2,500	41,800	37,500	142
27	2,000	31,700	25,500	150	2,550	44,000	39,500	154
28	1,960	30,000	24,200	159	2,510	43,600	39,400	151
29	1,930	29,000	23,500	169	2,460	42,100	38,000	148
30	1,880	28,000	22,600	161	2,510	43,100	39,000	152

年産	セルリー				アスパラガス			
	作付面積	収穫量	出荷量	産出額	作付面積	収穫量	出荷量	産出額
	ha	t	t	億円	ha	t	t	億円
平成26年産	601	34,000	32,300	68	5,580	28,500	25,100	273
27	589	32,300	30,600	70	5,470	29,100	25,700	296
28	585	33,500	31,600	75	5,420	30,400	26,800	320
29	580	32,200	30,600	72	5,330	26,200	23,000	297
30	573	31,100	29,500	68	5,170	26,500	23,200	296

年産	カリフラワー				ブロッコリー			
	作付面積	収穫量	出荷量	産出額	作付面積	収穫量	出荷量	産出額
	ha	t	t	億円	ha	t	t	億円
平成26年産	1,280	22,300	18,600	38	14,100	145,600	130,400	416
27	1,260	22,100	18,400	39	14,500	150,900	135,500	451
28	1,220	20,400	17,200	42	14,600	142,300	127,900	502
29	1,230	20,100	17,000	43	14,900	144,600	130,200	511
30	1,200	19,700	16,600	39	15,400	153,800	138,900	485

6 野菜 (続き)
(2) 生産量及び出荷量 (続き)
ア 主要野菜の生産量、出荷量及び産出額 (続き)

年産	レタス				ねぎ			
	作付面積	収穫量	出荷量	産出額	作付面積	収穫量	出荷量	産出額
	ha	t	t	億円	ha	t	t	億円
平成26年産	21,300	577,800	546,700	930	22,900	483,900	389,100	1,366
27	21,500	568,000	537,700	981	22,800	474,500	383,100	1,555
28	21,600	585,700	555,200	963	22,600	464,800	375,600	1,709
29	21,800	503,200	542,300	1,018	22,600	458,800	374,400	1,657
30	21,700	585,600	553,200	778	22,400	452,900	370,300	1,466

年産	にら				たまねぎ			
	作付面積	収穫量	出荷量	産出額	作付面積	収穫量	出荷量	産出額
	ha	t	t	億円	ha	t	t	億円
平成26年産	2,180	61,400	55,600	274	25,300	1,169,000	1,027,000	1,070
27	2,150	61,500	55,500	314	25,700	1,265,000	1,124,000	1,077
28	2,120	62,100	56,200	335	25,800	1,243,000	1,107,000	1,083
29	2,060	59,600	53,900	343	25,600	1,228,000	1,099,000	961
30	2,020	58,500	52,900	345	26,200	1,155,000	1,042,000	1,037

年産	にんにく				きゅうり			
	作付面積	収穫量	出荷量	産出額	作付面積	収穫量	出荷量	産出額
	ha	t	t	億円	ha	t	t	億円
平成26年産	2,310	20,100	14,000	169	11,100	548,800	465,500	1,396
27	2,330	20,500	14,300	223	11,000	549,900	468,400	1,482
28	2,410	21,100	14,700	241	10,900	550,300	470,600	1,538
29	2,430	20,700	14,500	253	10,800	559,500	483,200	1,375
30	2,470	20,200	14,400	242	10,600	550,000	476,100	1,485

年産	かぼちゃ				なす			
	作付面積	収穫量	出荷量	産出額	作付面積	収穫量	出荷量	産出額
	ha	t	t	億円	ha	t	t	億円
平成26年産	16,200	200,000	158,100	287	9,570	322,700	248,600	847
27	16,100	202,400	160,400	309	9,410	308,900	237,400	885
28	16,000	185,300	145,600	313	9,280	306,000	236,100	886
29	15,800	201,300	161,000	289	9,160	307,800	241,400	848
30	15,200	159,300	125,200	312	8,970	300,400	236,100	907

年産	トマト				ピーマン			
	作付面積	収穫量	出荷量	産出額	作付面積	収穫量	出荷量	産出額
	ha	t	t	億円	ha	t	t	億円
平成26年産	12,100	739,900	665,600	2,182	3,320	145,300	127,200	464
27	12,100	727,000	653,400	2,434	3,270	140,400	122,800	526
28	12,100	743,200	670,200	2,574	3,270	144,800	127,000	511
29	12,000	737,200	667,800	2,422	3,250	147,000	129,800	485
30	11,800	724,200	657,100	2,367	3,220	140,300	124,500	546

年産	スイートコーン				さやいんげん			
	作付面積	収穫量	出荷量	産出額	作付面積	収穫量	出荷量	産出額
	ha	t	t	億円	ha	t	t	億円
平成26年産	24,400	249,500	201,400	327	5,820	41,000	26,600	236
27	24,100	240,300	194,100	377	5,760	40,300	26,300	263
28	24,000	196,200	150,700	359	5,650	39,500	25,700	297
29	22,700	231,700	186,300	342	5,590	39,800	26,400	282
30	23,100	217,600	174,400	362	5,330	37,400	24,900	284

年産	さやえんどう				グリーンピース			
	作付面積	収穫量	出荷量	1)産出額	作付面積	収穫量	出荷量	産出額
	ha	t	t	億円	ha	t	t	億円
平成26年産	3,020	20,100	12,700	197	859	6,700	5,280	…
27	2,980	19,300	12,100	217	827	5,910	4,590	…
28	3,070	18,400	11,300	243	805	5,520	4,300	…
29	3,050	21,700	13,800	247	772	6,410	5,060	…
30	2,910	19,600	12,500	242	760	5,940	4,680	…

年産	そらまめ				えだまめ			
	作付面積	収穫量	出荷量	産出額	作付面積	収穫量	出荷量	産出額
	ha	t	t	億円	ha	t	t	億円
平成26年産	2,070	17,800	12,600	54	12,500	67,000	49,700	360
27	2,020	16,800	11,800	60	12,500	65,900	49,100	399
28	1,980	14,700	9,990	59	12,800	66,000	49,700	418
29	1,900	15,500	10,700	64	12,900	67,700	51,800	400
30	1,810	14,500	10,100	60	12,800	63,800	48,700	411

年産	しょうが				いちご			
	作付面積	収穫量	出荷量	産出額	作付面積	収穫量	出荷量	産出額
	ha	t	t	億円	ha	t	t	億円
平成26年産	1,870	49,500	39,100	208	5,570	164,000	150,200	1,617
27	1,840	49,400	39,100	215	5,450	158,700	145,200	1,700
28	1,810	50,800	40,100	260	5,370	159,000	145,000	1,749
29	1,780	48,300	38,100	276	5,280	163,700	150,200	1,752
30	1,750	46,600	36,400	257	5,200	161,800	148,600	1,774

年産	メロン				すいか			
	作付面積	収穫量	出荷量	産出額	作付面積	収穫量	出荷量	産出額
	ha	t	t	億円	ha	t	t	億円
平成26年産	7,300	167,600	152,300	645	10,800	357,500	307,800	537
27	7,080	158,000	143,300	637	10,600	339,800	292,400	540
28	6,950	158,200	143,600	669	10,400	344,800	296,400	588
29	6,770	155,000	140,700	645	10,200	331,100	284,400	572
30	6,630	152,900	138,700	614	9,970	320,600	276,500	588

注：1)は、グリーンピースを含む。

6 野菜（続き）
(2) 生産量及び出荷量（続き）
イ 主要野菜の季節区分別収穫量（平成30年産）

単位：t

区分	収穫量	区分	収穫量	区分	収穫量
だいこん		**ばれいしょ**		**はくさい**	
春（4～6月）	210,400	春植え（都府県産）	481,100	春（4～6月）	116,100
千葉	60,800	（4～8月）		茨城	51,000
青森	20,700	鹿児島	00,000	長野	23,000
長崎	20,500	長崎	72,000	長崎	13,800
鹿児島	14,100	茨城	46,200	熊本	6,960
茨城	13,500	千葉	32,200	大分	2,510
夏（7～9月）	240,200	長野	21,500	夏（7～9月）	179,200
北海道	112,800	春植え（北海道産）	1,742,000	長野	150,800
青森	71,000	（9～10月）		北海道	12,500
岩手	10,000	北海道	1,742,000	群馬	11,200
群馬	9,860	秋植え（11～3月）	45,600	青森	1,110
岐阜	6,100	長崎	20,100		
秋冬（10～3月）	876,900	鹿児島	12,900	秋冬（10～3月）	594,800
千葉	88,900	広島	1,980	茨城	185,200
鹿児島	79,900	宮崎	737	長野	52,000
宮崎	74,800	岡山	718	埼玉	23,000
神奈川	74,700			栃木	22,600
茨城	43,400			兵庫	21,500
にんじん		**さといも**		**キャベツ**	
春夏（4～7月）	155,500	秋冬（6～3月）	144,700	春（4～6月）	376,800
徳島	48,500	埼玉	18,100	愛知	67,600
千葉	23,400	千葉	16,500	千葉	58,600
青森	21,900	宮崎	13,900	茨城	47,700
長崎	10,500	愛媛	9,340	神奈川	45,500
茨城	8,150	栃木	8,600	鹿児島	17,400
秋（8～10月）	178,500			夏秋（7～10月）	499,500
北海道	158,700			群馬	265,200
青森	8,790			長野	61,900
				北海道	41,600
				岩手	27,000
				茨城	20,600
冬（11～3月）	241,000			冬（11～3月）	590,100
千葉	86,000			愛知	177,800
茨城	22,300			千葉	63,200
長崎	21,900			鹿児島	57,800
鹿児島	16,900			茨城	41,200
埼玉	14,100			神奈川	24,000

注：季節区分別に全国及び上位5都道府県の収穫量を掲載した。

単位：t

区分	収穫量	区分	収穫量	区分	収穫量
レタス		**きゅうり**		**トマト**	
春（4〜5月）	120,700	冬春（12〜6月）	298,100	冬春（12〜6月）	409,600
茨城	41,300	宮崎	58,700	熊本	114,100
長野	20,600	群馬	34,900	愛知	43,000
長崎	8,550	埼玉	31,600	栃木	29,300
兵庫	7,650	千葉	25,700	千葉	19,100
群馬	7,000	高知	24,400	宮崎	17,200
夏秋（6〜10月）	278,500	夏秋（7〜11月）	251,800	夏秋（7〜11月）	314,600
長野	188,300	福島	31,300	北海道	46,200
群馬	38,000	群馬	20,000	茨城	35,000
茨城	16,200	埼玉	14,100	熊本	23,100
北海道	10,300	北海道	13,700	千葉	18,000
岩手	8,860	長野	12,700	福島	16,700
冬（11〜3月）	186,300				
茨城	32,300				
長崎	24,000				
静岡	22,200				
兵庫	21,100				
香川	15,300				
ねぎ		**なす**		**ピーマン**	
春（4〜6月）	77,500	冬春（12〜6月）	116,900	冬春（11〜5月）	75,900
千葉	18,000	高知	37,900	宮崎	23,200
茨城	14,500	熊本	23,800	茨城	22,700
埼玉	6,350	福岡	17,100	高知	12,100
大分	3,550	愛知	7,020	鹿児島	11,900
群馬	3,230	群馬	6,700	沖縄	2,330
夏（7〜9月）	86,200	夏秋（7〜11月）	183,500	夏秋（6〜10月）	64,400
茨城	15,300	群馬	19,100	茨城	10,700
北海道	9,620	茨城	16,200	岩手	7,510
千葉	7,610	栃木	12,800	大分	5,740
埼玉	6,010	熊本	7,900	北海道	4,920
青森	5,040	埼玉	7,710	宮崎	3,300
秋冬（10〜3月）	289,300				
埼玉	43,100				
千葉	37,000				
茨城	20,100				
群馬	15,200				
長野	11,200				

6 野菜（続き）
  (2) 生産量及び出荷量(続き)
    ウ その他野菜の収穫量

品目	平成28年産		30		主産県収穫量 (平成30年産)	
	作付面積	収穫量	作付面積	収穫量		
	ha	t	ha	t	（主産県）	t
1) つけな	2,123	46,867	2,118	46,550	長野	26,896
非結球レタス	3,330	63,577	3,365	67,362	長野	26,812
わけぎ	81	881	89	907	広島	439
らっきょう	756	10,607	635	7,767	鳥取	2,259
オクラ	876	12,934	837	11,665	鹿児島	4,857
とうがん	229	10,926	200	9,202	沖縄	2,756
にがうり	811	21,454	705	18,077	沖縄	7,346
しろうり	63	3,741	65	3,836	徳島	2,120
かんぴょう	115	3) 268	114	3) 258	栃木	3) 257
葉しょうが	53	1,135	55	1,086	静岡	509
しそ	520	8,560	485	8,115	愛知	3,720
パセリ	163	2,913	148	2,586	長野	806
マッシュルーム	2) 182	6,777	2) 178	6,527	千葉	2,670

資料：農林水産省統計部「地域特産野菜生産状況調査」
注 ： 2 年ごとの調査である。
　　1)のつけなは、こまつな及びみずなを除いたものである。
　　2)の単位は、千㎡である。
　　3)は、乾燥重量である。

エ 主要野菜の用途別出荷量

単位：t

品目	平成29年産				30			
	出荷量	用途別			出荷量	用途別		
		生食向け	加工向け	業務用		生食向け	加工向け	業務用
だいこん	1,087,000	804,100	265,800	17,100	1,089,000	802,700	268,500	17,800
にんじん	533,700	468,900	60,000	4,820	512,500	447,600	59,900	5,020
ばれいしょ	1,996,000	636,000	1,360,000	…	1,889,000	595,000	1,294,000	…
さといも	97,000	91,700	5,060	195	95,300	90,300	4,960	34
はくさい	726,800	682,500	36,700	7,630	734,400	685,100	40,300	8,970
キャベツ	1,280,000	1,069,000	134,900	75,800	1,319,000	1,088,000	137,300	93,700
ほうれんそう	193,300	175,800	16,600	887	194,800	172,200	21,900	725
レタス	542,300	466,500	41,700	34,100	553,200	477,900	40,600	34,700
ねぎ	374,400	357,000	13,400	4,040	370,300	355,900	10,500	3,860
たまねぎ	1,099,000	884,400	195,500	19,100	1,042,000	846,300	175,600	20,100
きゅうり	483,200	477,000	4,900	1,280	476,100	470,100	4,380	1,590
なす	241,400	238,100	3,090	168	236,100	232,800	3,030	240
トマト	667,800	631,900	32,400	3,480	657,100	623,500	30,000	3,640
ピーマン	129,800	129,600	19	226	124,500	124,300	41	191

資料：農林水産省統計部「野菜生産出荷統計」

(3)　需給
　ア　野菜需給表

区分	国内生産量	1)外国貿易		2)在庫の増減量	国内消費仕向量			一人1年当たり供給量	一人1日当たり供給量
		輸入量	輸出量			加工用	3)純食料		
	千t	千t	千t	千t	千t	千t	千t	kg	g
野菜									
平成27年度	11,856	2,941	21	0	14,776	0	11,491	90.4	247.0
28	11,598	2,901	31	0	14,468	0	11,245	88.6	242.7
29	11,549	3,126	21	0	14,654	0	11,399	90.0	246.5
30	11,468	3,310	11	0	14,767	0	11,418	90.3	247.4
令和元　(概算値)	11,660	3,035	20	0	14,675	0	11,357	90.0	245.9
緑黄色野菜									
平成27年度	2,603	1,461	3	0	4,061	0	3,362	26.5	72.3
28	2,515	1,429	3	0	3,941	0	3,256	25.7	70.3
29	2,534	1,595	4	0	4,125	0	3,417	27.0	73.9
30	2,454	1,664	2	0	4,116	0	3,379	26.7	73.2
令和元　(概算値)	2,527	1,545	2	0	4,070	0	3,337	26.4	72.3
その他の野菜									
平成27年度	9,253	1,480	18	0	10,715	0	8,129	64.0	174.8
28	9,083	1,472	28	0	10,527	0	7,989	62.9	172.4
29	9,015	1,531	17	0	10,529	0	7,982	63.0	172.6
30	9,014	1,646	9	0	10,651	0	8,039	63.3	173.3
令和元　(概算値)	9,133	1,490	18	0	10,605	0	8,020	63.6	173.7

資料：農林水産省大臣官房政策課食料安全保障室「食料需給表」
注：　1)のうち、いわゆる加工食品は、生鮮換算して計上している。なお、全く国内に流通しない
　　　ものや、全く食料になり得ないものなどは計上していない。
　　　2)は、当年度末繰越量と当年度始め持越量との差である。
　　　3)は、粗食料に歩留率を乗じたもので、人間の消費に直接に利用可能な食料の実際の量を表
　　している。

　イ　1世帯当たり年間の購入数量（二人以上の世帯・全国）

単位：g

品目		平成27年	28	29	30	**令和元**
生鮮野菜	キャベツ	18,098	18,375	17,878	17,020	17,151
	ほうれんそう	3,343	3,017	2,937	3,054	2,728
	はくさい	8,379	7,958	8,240	7,787	8,064
	ねぎ	4,882	4,628	4,777	4,415	4,508
	レタス	5,907	5,934	6,389	6,282	5,975
	さといも	1,930	1,766	1,750	1,502	1,400
	だいこん	13,553	12,386	13,356	11,698	11,898
	にんじん	9,034	8,283	8,429	8,037	7,994
	たまねぎ	16,933	17,234	16,226	15,997	15,996
	きゅうり	7,801	7,620	7,797	7,715	7,688
	なす	4,069	4,168	4,195	4,140	4,079
	トマト	12,127	11,866	12,107	11,888	11,845
	ピーマン	2,692	2,756	2,947	2,925	2,891
生鮮果物	すいか	4,033	3,883	3,803	3,555	3,586
	メロン	1,887	2,022	1,695	1,801	1,619
	いちご	2,542	2,269	2,336	2,242	2,289

資料：総務省統計局「家計調査年報」

6 野菜（続き）
(3) 需給（続き）
ウ 輸出入量及び金額

品目	平成30年		令和元	
	数量	金額	数量	金額
	t	千円	t	千円
輸出				
野菜（生鮮，冷蔵）				
1) キャベツ（芽キャベツ除く）等	1,011	177,276	1,043	155,600
レタス	96	18,467	33	12,774
2) だいこん・ごぼう等	380	95,014	371	74,441
ながいも等	5,929	2,171,158	5,944	2,267,880
果実（生鮮・乾燥）				
メロン	492	494,414	630	594,425
いちご	1,238	2,530,642	962	2,107,291
輸入				
野菜・その調整品				
野菜（生鮮・冷蔵）				
トマト	9,198	3,771,896	9,378	3,796,847
たまねぎ	294,257	13,842,054	280,126	14,137,482
にんにく	21,869	4,890,072	22,319	5,251,206
ねぎ	66,905	8,628,209	62,326	7,095,352
カリフラワー	4	1,050	1	202
ブロッコリー	17,641	4,258,309	9,813	2,416,420
結球キャベツ	92,358	4,247,386	35,612	1,131,440
はくさい	16,451	879,431	2,078	78,954
結球レタス	16,840	2,115,381	9,154	1,104,551
レタス（結球のもの除く）	543	213,551	19	5,793
にんじん・かぶ	110,579	6,084,332	82,922	3,243,804
ごぼう	49,079	3,238,916	44,575	3,082,802
きゅうり・ガーキン	13	8,289	37	15,038
えんどう	953	551,487	957	543,576
ささげ属・いんげん豆属の豆	1,341	574,496	1,305	515,419
アスパラガス	10,827	7,401,991	9,811	6,627,522
なす	44	12,592	74	17,213
セルリー	7,979	877,005	5,193	742,331
とうがらし属・ピメンタ属	40,557	14,979,594	43,005	14,027,923
スイートコーン	4	1,687	16	6,678
かぼちゃ類	103,170	8,700,386	96,030	8,247,660

資料：財務省関税局「貿易統計」をもとに農林水産省統計部にて作成。
注： 1)は、キャベツ、コールラビー、ケールその他これらに類するあぶらな属の食用野菜のうち、カリフラワー及び芽キャベツを除いたものである。
　　2)は、サラダ用のビート、サルシファイ、セルリアク、大根その他これらに類する食用の根のうち、にんじん及びかぶを除いたものである。

品目	平成30年		令和元	
	数量	金額	数量	金額
	t	千円	t	千円
輸入（続き）				
4)冷凍野菜				
枝豆	76,360	17,408,097	77,569	17,551,445
ほうれん草、つる菜	51,796	8,468,959	49,287	7,766,142
スイートコーン	52,569	8,731,999	51,136	8,423,345
ブロッコリー	57,330	11,973,335	59,059	12,287,144
果実（生鮮）				
すいか	265	42,005	125	28,971
メロン	27,206	2,482,524	21,641	2,499,653
いちご	3,281	3,706,761	3,189	3,638,255

注：4)は、調理していないもの及び蒸気又は水煮による調理をしたものに限る。

(4) 保険・共済

区分	単位	スイートコーン		たまねぎ		かぼちゃ	
		平成30年産	令和元 （概算値）	平成30年産	令和元 （概算値）	平成30年産	令和元 （概算値）
引受組合等数	組合	7	7	4	4	6	6
引受戸数	戸	2,053	1,924	1,507	1,364	1,585	1,507
引受面積	ha	6,326	5,940	11,529	10,494	3,613	3,616
共済金額	100万円	3,157	2,711	22,949	22,490	2,723	2,748
共済掛金	〃	145	187	1,056	1,072	205	228
支払対象戸数	戸	908	148	276	0	1,037	103
支払対象面積	ha	2,965	252	1,712	0	2,495	50
支払共済金	100万円	351	378	533	0	540	136

資料：農林水産省経営局「畑作物共済統計表」。ただし、令和元年産は経営局資料による。
注：農業保険法による畑作物共済の実績である。

6 野菜（続き）
(5) 価格
ア 農産物価格指数

平成27年＝100

品目	平成27年	28	29	30	令和元
きゅうり	100.0	104.3	89.2	101.0	94.0
なす	100.0	99.1	96.1	102.4	95.2
トマト（生食用）	100.0	103.7	94.3	95.6	86.1
すいか	100.0	103.8	115.4	115.0	103.5
いちご	100.0	108.0	106.6	104.7	110.9
ピーマン	100.0	100.4	89.1	97.6	91.4
メロン（アンデスメロン）	100.0	105.0	100.7	104.0	106.4
〃 （温室メロン）	100.0	100.8	103.2	99.2	102.4
はくさい（結球）	100.0	120.1	115.6	127.8	77.8
キャベツ	100.0	95.6	89.6	106.1	75.1
レタス	100.0	107.0	84.5	82.2	71.3
ほうれんそう	100.0	115.7	111.1	110.9	103.0
ねぎ	100.0	112.1	108.6	123.0	97.7
たまねぎ	100.0	103.6	96.4	114.8	109.9
だいこん	100.0	120.9	102.0	125.8	87.1
にんじん	100.0	150.7	97.4	140.0	90.8

資料：農林水産省統計部「農業物価統計」

イ 1kg当たり卸売価格（東京都）

単位：円

品目	平成26年	27	28	29	30
きゅうり	320	325	335	311	343
なす	355	393	402	384	400
トマト	328	369	389	359	368
すいか	179	203	213	221	237
いちご	1,180	1,258	1,317	1,309	1,372
ピーマン	401	479	469	437	480
メロン（アンデスメロン）	401	429	452	467	448
〃 （温室メロン）	819	914	885	934	895
はくさい	64	77	88	89	95
キャベツ	94	106	101	99	107
レタス	196	228	224	202	189
ほうれんそう	504	515	572	547	539
ねぎ	316	363	403	391	412
たまねぎ	119	111	107	100	107
だいこん	80	91	106	97	107
にんじん	118	127	161	128	160

資料：農林水産省統計部「青果物卸売市場調査報告」
注：東京都の卸売市場における卸売価額を卸売数量で除して求めた価格である。

ウ　1 kg当たり年平均小売価格（東京都区部）

単位：円

品目	銘柄	平成27年	28	29	30	令和元
キャベツ		208	193	191	214	169
ほうれんそう		929	968	966	965	928
はくさい	山東菜を除く。	230	218	234	247	183
ねぎ	白ねぎ	640	688	698	745	672
レタス	玉レタス	539	550	497	503	429
だいこん		172	186	177	208	160
にんじん		361	435	368	420	359
たまねぎ	赤たまねぎを除く。	261	267	248	250	262
きゅうり		606	616	563	595	593
なす		730	739	734	740	744
トマト	ミニトマト（プチトマト）を除く。	689	729	661	706	706
ピーマン		930	959	907	961	959
すいか	赤肉（小玉すいかを除く。）	389	393	404	417	423
メロン	ネット系メロン	699	677	715	714	727
いちご	国産品	1,687	1,789	1,751	1,805	1,919

資料：総務省統計局「小売物価統計調査年報」

7 果樹
(1) 果樹栽培農家（各年2月1日現在）
ア 販売目的で栽培した主要果樹の種類別栽培農家数（販売農家）

単位：戸

区分	温州みかん	その他のかんきつ類	りんご	ぶどう	日本なし	西洋なし	もも
平成22年	57,254	43,319	44,887	35,628	22,185	7,653	27,760
27	47,481	34,307	38,510	30,901	17,818	5,605	23,362

区分	おうとう	びわ	かき	くり	うめ	すもも	キウイフルーツ	パインアップル
平成22年	14,343	4,508	39,641	21,751	25,506	10,006	8,784	421
27	11,682	3,120	34,726	21,441	21,298	8,411	8,328	367

資料：農林水産省統計部「農林業センサス」（以下ウまで同じ。）

イ 販売目的で栽培した果樹（露地）の栽培面積規模別栽培農家数（販売農家）

単位：戸

区分	計	10a未満	10〜30	30〜50	50a〜1.0ha	1.0〜1.5	1.5〜2.0	2.0〜3.0	3.0〜5.0	5.0〜10.0	10.0ha以上
平成22年	236,531	20,362	64,858	48,064	55,260	22,671	11,239	9,670	3,742	579	86
27	205,934	21,272	53,239	40,830	47,385	19,971	9,894	8,946	3,744	600	53

ウ 販売目的で栽培した果樹（施設）の栽培面積規模別栽培農家数（販売農家）

単位：戸

区分	計	10a未満	10〜30	30〜50	50a〜1.0ha	1.0〜1.5	1.5〜2.0	2.0〜3.0	3.0〜5.0	5.0〜10.0	10.0ha以上
平成22年	17,817	4,715	7,029	3,095	2,417	434	78	43	4	2	－
27	14,481	4,980	5,038	2,284	1,746	314	80	30	7	2	－

(2) 生産量及び出荷量
　ア　主要果樹の面積、生産量、出荷量及び産出額

年産	栽培面積	結果樹面積	収穫量	2)出荷量	産出額
	ha	ha	t	t	億円
みかん					
平成27年	44,600	42,200	777,800	683,900	1,505
28	43,800	41,500	805,100	717,500	1,761
29	42,800	40,600	741,300	661,300	1,722
30	41,800	39,600	773,700	691,200	1,736
1)**令和元**	**40,800**	**38,700**	**746,700**	**668,400**	‥
りんご					
平成27年	38,600	37,000	811,500	727,700	1,494
28	38,300	36,800	765,000	684,900	1,477
29	38,100	36,500	735,200	655,800	1,384
30	37,700	36,200	756,100	679,600	1,449
1)**令和元**	**37,400**	**36,000**	**701,600**	**632,800**	‥
日本なし					
平成27年	12,800	12,400	247,300	227,700	788
28	12,500	12,100	247,100	227,600	786
29	12,100	11,700	245,400	226,600	764
30	11,700	11,400	231,800	214,300	713
1)**令和元**	**11,400**	**11,100**	**209,700**	**193,900**	‥
西洋なし					
平成27年	1,580	1,510	29,200	25,700	80
28	1,570	1,510	31,000	27,300	89
29	1,550	1,490	29,100	25,700	86
30	1,530	1,470	26,900	23,700	82
1)**令和元**	**1,510**	**1,450**	**28,900**	**25,500**	‥
かき					
平成27年	21,400	20,800	242,000	198,600	403
28	20,900	20,400	232,900	191,500	458
29	20,300	19,800	224,900	186,400	401
30	19,700	19,100	208,000	172,200	388
1)**令和元**	**19,400**	**18,900**	**208,200**	**175,300**	‥
びわ					
平成27年	1,440	1,400	3,570	2,900	42
28	1,360	1,330	2,000	1,620	26
29	1,270	1,240	3,630	2,950	34
30	1,190	1,170	2,790	2,300	32
1)**令和元**	**1,140**	**1,110**	**3,430**	**2,820**	‥
もも					
平成27年	10,600	9,690	121,900	111,400	518
28	10,500	9,710	127,300	116,600	547
29	10,400	9,700	124,900	115,100	576
30	10,400	9,680	113,200	104,400	558
1)**令和元**	**10,300**	**9,540**	**113,200**	**99,500**	‥

資料：　農林水産省統計部「耕地及び作付面積統計」、「果樹生産出荷統計」及び「生産農業所得統計」
　　　　による。
注：　1)のうち結果樹面積、収穫量及び出荷量は、「作物統計調査」の結果によるもので概数値である。
　　　2)は、生食用又は加工用として販売したものをいい、生産者が自家消費したものは含まない。
　　　平成29年産から栽培面積について調査の範囲を全国から主産県に変更し、主産県の調査結果をも
　　とに全国値を推計している。
　　　なお、主産県とは、全国の栽培面積のおおむね80%を占めるまでの上位都道府県に加え、果樹共
　　済事業を実施する都道府県である。

7　果樹（続き）
(2)　生産量及び出荷量（続き）
　ア　主要果樹の面積、生産量、出荷量及び産出額（続き）

年産	栽培面積	結果樹面積	収穫量	2)出荷量	産出額
	ha	ha	t	t	億円
すもも					
平成27年	3,050	2,880	21,300	18,600	78
28	3,010	2,840	23,000	20,100	85
29	3,000	2,810	19,600	17,100	91
30	2,960	2,780	23,100	20,400	98
1)**令和元**	**2,930**	**2,770**	**18,100**	**16,000**	‥
おうとう					
平成27年	4,820	4,440	18,100	16,300	416
28	4,740	4,420	19,800	17,700	423
29	4,700	4,360	19,100	17,200	445
30	4,690	4,350	18,100	16,200	448
1)**令和元**	**4,690**	**4,320**	**16,100**	**14,400**	‥
うめ					
平成27年	16,700	15,900	97,900	85,000	175
28	16,400	15,600	92,700	80,800	216
29	15,900	15,100	86,800	75,600	308
30	15,600	14,800	112,400	99,200	280
1)**令和元**	**15,200**	**14,500**	**88,100**	**77,700**	‥
ぶどう					
平成27年	18,100	17,100	180,500	165,200	1,144
28	18,000	17,000	179,200	163,800	1,218
29	18,000	16,900	176,100	161,900	1,381
30	17,900	16,700	174,700	161,500	1,464
1)**令和元**	**17,800**	**16,600**	**172,700**	**160,500**	‥
くり					
平成27年	20,300	19,800	16,300	11,800	81
28	19,800	19,300	16,500	12,100	108
29	19,300	18,800	18,700	14,500	108
30	18,900	18,300	16,500	13,000	81
1)**令和元**	**18,400**	**17,800**	**15,700**	**12,500**	‥
3)**パインアップル**					
平成27年	530	310	7,660	7,500	14
28	540	316	7,770	7,580	13
29	542	317	8,500	8,310	14
30	565	319	7,340	7,160	12
1)**令和元**	**580**	**320**	**7,460**	**7,280**	‥
キウイフルーツ					
平成27年	2,180	2,090	27,800	23,800	100
28	2,130	2,040	25,600	21,800	118
29	2,100	2,000	30,000	26,200	131
30	2,090	1,950	25,000	21,800	93
1)**令和元**	**2,050**	**1,900**	**25,300**	**22,500**	‥

注：1)のうち結果樹面積、収穫量及び出荷量は、「作物統計調査」の結果によるもので概数値である。
　　2)は、生食用又は加工用として販売したものをいい、生産者が自家消費したものは含まない。
　　3)は、栽培面積を除き沖縄県のみの数値である。また、結果樹面積は収穫面積を掲載した。

イ　主要果樹の面積、生産量及び出荷量（主要生産県）（令和元年産）

品目名・主要生産県	栽培面積	結果樹面積	収穫量	出荷量	品目名・主要生産県	栽培面積	結果樹面積	収穫量	出荷量
	ha	ha	t	t		ha	ha	t	t
みかん	40,800	38,700	746,700	668,400	すもも	2,930	2,770	18,100	16,000
和歌山	7,410	6,900	156,600	141,600	山梨	869	795	5,420	4,900
愛媛	5,700	5,550	125,400	114,000	長野	383	375	2,720	2,480
静岡	5,470	5,080	85,900	75,500	和歌山	292	292	2,020	1,860
熊本	3,850	3,720	80,700	72,900	山形	261	247	1,890	1,670
長崎	2,920	2,840	54,000	47,700	青森	109	107	907	813
りんご	37,400	36,000	701,600	632,800	おうとう	4,690	4,320	16,100	14,400
青森	20,500	19,700	409,800	371,800	山形	3,050	2,840	11,900	10,600
長野	7,500	7,250	127,600	116,900	北海道	552	495	1,490	1,400
岩手	2,450	2,320	45,900	39,400	山梨	337	299	1,010	958
山形	2,250	2,190	40,500	35,400	秋田	94	88	399	347
福島	1,260	1,200	23,200	20,200					
日本なし	11,400	11,100	209,700	193,900	うめ	15,200	14,500	88,100	77,700
茨城	975	952	20,000	18,500	和歌山	5,390	4,960	57,500	55,500
千葉	1,450	1,390	19,300	18,900	群馬	941	929	4,240	3,890
栃木	753	741	18,100	17,000	三重	261	242	1,600	1,140
福島	880	849	16,000	14,800	宮城	395	390	1,370	787
鳥取	722	703	14,700	13,500	神奈川	358	358	1,310	1,140
西洋なし	1,510	1,450	28,900	25,500	ぶどう	17,800	16,600	172,700	160,500
山形	876	846	18,900	16,700	山梨	4,070	3,780	36,900	35,200
新潟	108	105	2,140	1,880	長野	2,530	2,280	31,700	30,100
青森	140	130	1,940	1,570	山形	1,550	1,480	16,400	14,800
長野	93	90	1,490	1,370	岡山	1,220	1,130	15,800	14,300
福島	38	36	634	568	福岡	745	735	7,640	7,170
かき	19,400	18,900	208,200	175,300	くり	18,400	17,800	15,700	12,500
和歌山	2,550	2,510	43,400	39,200	茨城	3,420	3,320	3,090	2,840
奈良	1,810	1,790	31,300	29,100	熊本	2,510	2,380	2,810	2,530
福岡	1,250	1,220	16,600	15,100	愛媛	2,090	2,070	1,350	1,140
岐阜	1,260	1,230	14,300	12,900	岐阜	450	428	762	616
愛知	1,110	1,070	10,500	9,070	宮崎	794	754	596	521
びわ	1,140	1,110	3,430	2,820 1)	パインアップル	580	320	7,460	7,280
長崎	384	375	1,120	976 1)	沖縄	578	320	7,460	7,280
千葉	154	154	547	515					
鹿児島	117	116	255	191					
香川	71	70	241	197					
愛媛	63	63	211	177					
もも	10,300	9,540	107,900	99,500	キウイフルーツ	2,050	1,900	25,300	22,500
山梨	3,370	3,120	30,700	29,300	愛媛	401	351	6,000	5,660
福島	1,790	1,590	27,000	24,900	福岡	286	263	5,230	4,940
長野	1,040	990	12,000	11,300	和歌山	159	153	3,040	2,800
山形	671	615	9,350	8,540	神奈川	135	132	1,480	1,420
和歌山	738	708	7,080	6,490	静岡	113	111	949	780

資料：農林水産省統計部「作物統計調査」（以下ウ(イ)まで同じ。）
注：1　栽培面積を除き概数値である。
　　2　出荷量とは、生食用又は加工用として販売したものをいい、生産者が自家消費したものは含まない。
　　3　主要生産県は、令和元年産収穫量の調査を行った主産県のうち上位5都道府県を掲載した。
　　1)は、栽培面積を除き沖縄県のみの数値である。また、結果樹面積は収穫面積を掲載した。

7 果樹（続き）
(2) 生産量及び出荷量（続き）
ウ 主要生産県におけるみかん及びりんごの品種別収穫量（令和元年産）
(ア) みかん　　　　　　　　　　　(イ) りんご

単位：t

主要生産県	みかん		
	収穫量計	早生温州	普通温州
和歌山	156,600	96,600	60,000
愛媛	125,400	77,200	48,100
静岡	85,900	28,100	57,800
熊本	80,700	56,300	24,500
長崎	54,000	31,200	22,900

単位：t

主要生産県	りんご				
	収穫量計	ふじ	つがる	ジョナゴールド	王林
青森	409,800	195,800	41,100	34,100	41,600
長野	127,600	73,700	20,000	384	1,790
岩手	45,900	21,700	4,680	6,940	2,180
山形	40,500	23,200	4,170	234	2,030
福島	23,200	17,200	1,680	726	708

注：概数値である（以下(イ)まで同じ。）。

エ 主産県におけるみかん及びりんごの用途別出荷量

単位：t

品目	平成29年産			30		
	出荷量（主産県計）	用途別		出荷量（主産県計）	用途別	
		生食向け	加工向け		生食向け	加工向け
みかん	658,300	598,700	59,500	687,900	639,900	47,900
りんご	649,100	536,100	113,100	672,700	549,900	122,700

資料：農林水産省統計部「果樹生産出荷統計」

オ その他果樹の生産量

品目	平成28年産			29			
	栽培面積	収穫量	出荷量	栽培面積	収穫量	出荷量	主要県収穫量
	ha	t	t	ha	t	t	t
かんきつ類							
いよかん	2,299	32,860	30,944	2,223	30,864	28,856	愛媛(28,070)
不知火（デコポン）	2,835	42,419	36,614	2,793	43,627	37,637	熊本(12,182)
ゆず	2,278	26,809	24,297	2,244	19,600	18,023	高知(10,060)
ぽんかん	1,752	23,439	19,587	1,701	21,410	18,151	愛媛(8,577)
なつみかん	1,648	33,964	29,937	1,599	32,248	27,820	鹿児島(10,692)
はっさく	1,600	34,920	27,886	1,585	33,747	26,902	和歌山(24,877)
清見	880	14,033	12,742	867	12,385	10,974	愛媛(5,393)
たんかん	866	6,229	5,634	780	4,675	4,264	鹿児島(3,260)
かぼす	531	6,061	3,665	534	3,864	1,538	大分(3,800)
ネーブルオレンジ	398	6,059	4,647	393	6,012	4,628	広島(2,164)
落葉果樹							
いちじく	971	13,794	12,059	986	12,968	11,562	和歌山(2,278)
ブルーベリー	1,068	2,476	1,672	1,115	2,558	1,645	東京(384)
ぎんなん	691	989	796	655	823	605	大分(183)
あんず	195	2,216	1,525	196	2,216	1,529	青森(1,258)
常緑果樹							
マンゴー	421	2,923	2,819	431	4,047	3,869	沖縄(2,206)
オリーブ	423	374	370	464	546	543	香川(515)

資料：農林水産省生産局「特産果樹生産動態等調査」

(3) 需給

ア 果実需給表

区分	国内生産量	1)外国貿易		2)在庫の増減量	国内消費仕向量		3)純食料	一人1年当たり供給量	一人1日当たり供給量
		輸入量	輸出量			加工用			
	千t	千t	千t	千t	千t	千t	千t	kg	g
果実									
平成27年度	2,969	4,351	65	△ 8	7,263	24	4,438	34.9	95.4
28	2,918	4,292	60	0	7,150	18	4,369	34.4	94.3
29	2,809	4,339	56	0	7,092	19	4,337	34.2	93.8
30	2,839	4,661	66	△ 3	7,437	19	4,484	35.5	97.2
令和元（概算値）	**2,701**	**4,466**	**76**	**△ 8**	**7,099**	**23**	**4,309**	**34.2**	**93.3**
みかん									
平成27年度	778	1	3	△ 1	777	0	495	3.9	10.6
28	805	0	2	0	803	0	512	4.0	11.1
29	741	0	2	0	739	0	471	3.7	10.2
30	774	0	1	△ 4	777	0	492	3.9	10.7
令和元（概算値）	**747**	**0**	**1**	**△ 6**	**752**	**0**	**478**	**3.8**	**10.4**
りんご									
平成27年度	812	598	43	△ 7	1,374	0	1,051	8.3	22.6
28	765	555	40	0	1,280	0	979	7.7	21.1
29	735	582	35	0	1,282	0	981	7.7	21.2
30	756	537	41	1	1,251	0	952	7.5	20.6
令和元（概算値）	**702**	**595**	**44**	**△ 2**	**1,255**	**0**	**956**	**7.6**	**20.7**
その他の果実									
平成27年度	1,379	3,752	19	0	5,112	24	2,892	22.8	62.2
28	1,348	3,737	18	0	5,067	18	2,878	22.7	62.1
29	1,333	3,757	19	0	5,071	19	2,885	22.8	62.4
30	1,309	4,124	24	0	5,409	19	3,040	24.0	65.9
令和元（概算値）	**1,252**	**3,871**	**31**	**0**	**5,092**	**23**	**2,875**	**22.8**	**62.3**

資料：農林水産省大臣官房政策課食料安全保障室「食料需給表」
注： 1)のうち、いわゆる加工食品は、生鮮換算して計上している。なお、全く国内に流通しないものや、
　　全く食料になり得ないものなどは計上していない。
　　2)は、当年度末繰越量と当年度始め持越量との差である。
　　3)は、粗食料に歩留率を乗じたもので、人間の消費に直接に利用可能な食料の実際の量を表している。

イ　1世帯当たり年間の購入数量（二人以上の世帯・全国）

単位：g

品目	平成27年	28	29	30	**令和元**
りんご	13,250	12,746	12,209	10,363	**10,784**
みかん	11,325	10,502	10,060	9,476	**9,456**
グレープフルーツ	1,285	976	805	747	**632**
オレンジ	1,243	1,677	1,479	1,332	**1,357**
他の柑きつ類	4,852	4,592	5,123	4,384	**4,442**
梨	3,365	3,827	3,686	3,354	**3,092**
ぶどう	2,440	2,422	2,309	2,272	**2,432**
柿	2,954	2,815	2,955	2,440	**2,395**
桃	1,609	1,590	1,419	1,299	**1,205**
バナナ	18,124	17,959	18,481	18,448	**18,436**
キウイフルーツ	1,911	2,005	2,023	2,339	**2,455**

資料：総務省統計局「家計調査年報」

7 果樹（続き）
(3) 需給（続き）
ウ 輸出入量及び金額

品目	平成30年		令和元	
	数量	金額	数量	金額
	t	千円	t	千円
輸出				
果実・その調整品				
くり	864	436,865	610	223,654
うんしゅうみかん等	893	488,355	1,065	535,663
ぶどう（生鮮）	1,492	3,267,135	1,385	3,189,914
りんご	34,236	13,970,176	35,888	14,492,491
なし	1,884	1,000,371	1,376	774,109
桃（ネクタリン含む）	1,726	1,780,221	1,780	1,897,353
柿	694	392,276	829	463,130
輸入				
果実・その調整品				
くり（生鮮・乾燥）	6,484	4,131,288	5,730	3,313,536
バナナ（生鮮）	1,002,849	100,610,156	1,045,386	104,355,926
パイナップル（生鮮）	158,993	14,316,603	153,242	13,675,218
マンゴー（生鮮）	7,534	3,714,973	7,327	3,669,718
オレンジ（生鮮・乾燥）	81,593	13,684,432	88,213	13,084,795
グレープフルーツ（生鮮・乾燥）	72,386	9,656,081	63,906	8,434,206
ぶどう（生鮮）	37,095	11,769,366	46,716	14,293,612
りんご（生鮮）	3,759	899,856	4,868	1,187,540
さくらんぼ（生鮮）	3,266	3,844,352	4,109	4,299,337
キウイフルーツ（生鮮）	106,082	40,951,792	106,500	44,761,720

資料：財務省関税局「貿易統計」をもとに農林水産省統計部にて作成。

(4)　保険・共済
　ア　収穫共済

区分	単位	計		温州みかん		なつみかん		いよかん	
		平成29年産	30（概数値）	平成29年産	30（概数値）	平成29年産	30（概数値）	平成29年産	30（概数値）
引受組合等数	組合	514	442	45	40	7	7	3	3
1) 引受戸数	戸	84,134	79,011	10,736	10,268	320	217	1,921	1,461
引受面積	ha	36,683	34,445	9,059	8,746	137	80	1,070	806
引受本数	千本	17,911	16,499	7,968	7,679	84	52	1,252	930
共済金額	100万円	97,099	92,816	18,920	19,466	198	98	1,439	965
保険金額	〃	67,719	38,307	12,491	8,204	11	4	0	0
再保険金額	〃	84,941	81,284	16,427	16,890	167	83	1,193	800
共済掛金	〃	3,833	3,537	836	863	17	8	116	77
保険料	〃	2,033	756	293	68	0	0	0	0
再保険料	〃	1,563	1,471	261	268	6	3	9	6
1) 支払対象戸数	戸	12,117	13,606	2,650	2,156	67	35	416	276
支払対象面積	ha	5,006	5,244	1,362	1,041	30	13	235	161
支払共済金	100万円	3,201	2,902	809	557	12	3	87	49
支払保険金	〃	1,656	414	413	34	0	0	0	0
支払再保険金	〃	1,157	728	215	22	2	0	0	0

区分	単位	2)指定かんきつ		りんご		なし		かき	
		平成29年産	30（概数値）	平成29年産	30（概数値）	平成29年産	30（概数値）	平成29年産	30（概数値）
引受組合等数	組合	20	20	66	49	131	98	50	52
1) 引受戸数	戸	4,079	3,272	28,526	27,469	13,085	12,362	4,677	3,852
引受面積	ha	1,448	1,012	12,177	11,904	3,569	3,392	2,165	1,539
引受本数	千本	1,372	945	3,404	3,368	1,185	1,125	782	552
共済金額	100万円	3,507	2,305	33,096	31,924	14,961	14,737	3,414	2,289
保険金額	〃	474	95	29,513	21,280	9,782	4,903	2,797	912
再保険金額	〃	2,934	1,936	29,360	28,324	13,230	13,034	2,929	1,970
共済掛金	〃	287	173	798	763	555	543	215	139
保険料	〃	21	8	642	379	345	180	145	49
再保険料	〃	62	36	486	465	331	323	76	51
1) 支払対象戸数	戸	922	636	2,913	4,143	1,038	2,245	977	1,181
支払対象面積	ha	336	198	1,046	1,673	249	577	456	410
支払共済金	100万円	212	103	589	838	181	427	162	130
支払保険金	〃	19	3	351	214	124	125	106	9
支払再保険金	〃	5	2	327	159	79	225	48	38

資料：農林水産省経営局「果樹共済統計表」、ただし、平成30年産は経営局資料（以下イまで同じ。）
注：1　農業保険法による果樹共済事業の実績であり、対象果樹は結果樹齢に達した果樹である
　　　（以下イまで同じ。）。
　　2　年々の果実の損害を対象とするものである。
　　　1)は、延べ戸数である。
　　　2)は、はっさく、ぽんかん、ネーブルオレンジ、ぶんたん、たんかん、さんぽうかん、清見、
　　　日向夏、セミノール、不知火、河内晩柑、ゆず、はるみ、レモン、せとか、愛媛果試第28号及
　　　び甘平である。

7 果樹 (続き)
(4) 保険・共済 (続き)
ア 収穫共済 (続き)

区分	単位	びわ		もも		すもも		おうとう	
		平成29年産	30(概数値)	平成29年産	30(概数値)	平成29年産	30(概数値)	平成29年産	30(概数値)
引受組合等数	組合	4	4	40	34	8	7	4	4
1) 引受戸数	戸	507	438	6,267	6,010	995	966	1,207	1,149
引受面積	ha	142	119	1,400	1,358	214	211	225	220
引受本数	千本	61	51	280	269	50	48	39	38
共済金額	100万円	240	201	4,548	4,369	489	500	1,024	976
保険金額	〃	221	108	1,211	212	154	2	997	24
再保険金額	〃	207	173	3,983	3,824	422	432	891	850
共済掛金	〃	18	16	151	147	36	37	67	64
保険料	〃	14	6	49	9	9	1	60	1
再保険料	〃	9	7	57	55	19	19	36	34
1) 支払対象戸数	戸	37	118	620	792	218	49	25	111
支払対象面積	ha	7	29	171	231	38	7	4	19
支払共済金	100万円	3	20	73	142	26	4	4	19
支払保険金	〃	2	1	16	5	9	0	3	0
支払再保険金	〃	0	12	9	61	10	0	0	0

区分	単位	うめ		ぶどう		くり		キウイフルーツ	
		平成29年産	30(概数値)	平成29年産	30(概数値)	平成29年産	30(概数値)	平成29年産	30(概数値)
引受組合等数	組合	7	6	107	95	13	14	9	9
1) 引受戸数	戸	3,292	3,073	6,463	6,372	1,080	1,076	979	1,026
引受面積	ha	2,286	2,251	1,715	1,724	809	804	266	279
引受本数	千本	713	696	384	408	256	255	80	83
共済金額	100万円	6,364	5,851	7,457	7,617	277	277	1,167	1,239
保険金額	〃	5,882	6	3,522	1,967	74	68	590	523
再保険金額	〃	5,369	4,937	6,575	6,715	238	238	1,015	1,078
共済掛金	〃	519	478	145	150	25	25	49	52
保険料	〃	364	0	61	30	9	9	18	16
再保険料	〃	147	134	38	40	12	13	16	17
1) 支払対象戸数	戸	1,085	344	825	758	123	308	201	454
支払対象面積	ha	664	271	219	205	135	273	54	137
支払共済金	100万円	736	218	230	179	9	27	69	186
支払保険金	〃	552	0	42	10	4	12	16	0
支払再保険金	〃	305	1	124	58	1	16	32	135

イ　樹体共済

区分	単位	計		温州みかん		りんご		なし	
		平成29年産	30(概数値)	平成29年産	30(概数値)	平成29年産	30(概数値)	平成29年産	30(概数値)
引受組合等数	組合	36	32	6	6	3	2	12	10
引受戸数	戸	2,148	2,112	221	213	227	230	453	439
引受面積	ha	723	719	94	94	90	91	177	175
引受本数	千本	243	239	83	80	16	17	57	55
共済金額	100万円	9,996	9,930	416	449	934	952	2,959	2,994
保険金額	〃	7,553	4,551	238	263	471	0	2,508	1,964
再保険金額	〃	8,878	8,821	371	401	830	845	2,635	2,666
共済掛金	〃	89	87	1	1	10	11	18	19
保険料	〃	61	22	1	1	7	0	14	11
再保険料	〃	14	14	0	0	3	3	3	3
支払対象戸数	戸	625	556	4	5	117	57	122	70
支払対象面積	ha	26	279	1	4	48	31	61	47
支払共済金	100万円	711	1,042	1	1	27	11	43	28
支払保険金	〃	412	22	1	0	22	0	37	21
支払再保険金	〃	541	883	0	0	14	2	15	5

区分	単位	かき		もも		おうとう		ぶどう	
		平成29年産	30(概数値)	平成29年産	30(概数値)	平成29年産	30(概数値)	平成29年産	30(概数値)
引受組合等数	組合	3	3	1	1	2	1	7	6
引受戸数	戸	87	85	83	88	509	476	132	131
引受面積	ha	28	26	28	26	113	107	39	41
引受本数	千本	7	7	5	5	18	17	7	8
共済金額	100万円	87	75	140	150	2,026	1,775	424	503
保険金額	〃	50	6	136	0	1,978	0	288	226
再保険金額	〃	78	67	122	131	1,787	1,566	378	448
共済掛金	〃	0	0	5	5	31	28	3	4
保険料	〃	0	0	4	0	26	0	2	1
再保険料	〃	0	0	1	1	2	2	1	1
支払対象戸数	戸	0	1	39	26	136	98	15	35
支払対象面積	ha	0	0	16	9	42	31	9	23
支払共済金	100万円	0	0	8	4	31	17	4	9
支払保険金	〃	0	0	7	0	24	0	4	0
支払再保険金	〃	0	0	3	0	0	0	2	4

区分	単位	びわ		キウイフルーツ	
		平成29年産	30(概数値)	平成29年産	30(概数値)
引受組合等数	組合	–	–	2	3
引受戸数	戸	–	–	436	450
引受面積	ha	–	–	154	158
引受本数	千本	–	–	50	51
共済金額	100万円	–	–	3,010	3,033
保険金額	〃	–	–	1,884	2,092
再保険金額	〃	–	–	2,677	2,698
共済掛金	〃	–	–	20	20
保険料	〃	–	–	8	9
再保険料	〃	–	–	4	4
支払対象戸数	戸	–	–	192	264
支払対象面積	ha	–	–	82	133
支払共済金	100万円	–	–	599	973
支払保険金	〃	–	–	317	0
支払再保険金	〃	–	–	507	872

注：将来にわたって果実を生む資産としての樹体そのものの損害を対象とするものである。

7 果樹（続き）
(5) 価格
ア 農産物価格指数

平成27年＝100

年次	みかん 普通温州 （優－M）	なつみかん 甘なつ （優－L）	りんご ふじ （秀32玉）	つがる （秀32玉）	日本なし 豊水 （秀28玉）
平成27年	100.0	100.0	100.0	100.0	100.0
28	121.2	102.8	117.3	122.9	101.5
29	124.2	104.7	104.4	110.7	104.4
30	136.4	106.2	122.8	129.9	100.6
令和元	**119.9**	**100.2**	**108.8**	**121.6**	**123.1**

年次	日本なし（続き） 幸水 （秀28玉）	かき （秀－M）	もも （秀18～20玉）	ぶどう デラウェア （秀－L）	巨峰 （秀－L）
平成27年	100.0	100.0	100.0	100.0	100.0
28	90.3	127.7	100.1	103.7	97.7
29	103.0	111.1	104.4	117.1	104.4
30	94.2	113.0	117.8	116.8	114.2
令和元	**102.8**	**108.9**	**128.6**	**127.0**	**120.1**

資料：農林水産省統計部「農業物価統計」

イ 1kg当たり卸売価格（東京都）

単位：円

年次	みかん	甘なつ みかん	りんご （ふじ）	なし （幸水）	ぶどう （デラウェア）	かき	もも	バナナ
平成26年	233	171	306	331	691	248	465	156
27	266	177	320	371	770	243	522	169
28	310	207	342	337	728	285	512	167
29	306	203	292	365	827	256	547	153
30	**318**	**203**	**335**	**357**	**855**	**281**	**607**	**168**

資料：農林水産省統計部「青果物卸売市場調査報告」
注：東京都の卸売市場における卸売価額を卸売数量で除して求めた価格である。

ウ 1kg当たり年平均小売価格（東京都区部）

単位：円

品目	銘柄	平成27年	28	29	30	**令和元**
りんご	ふじ、1個200～400g	538	590	535	574	**537**
みかん	温州みかん（ハウスミカンを除く。）、1個70～130g	585	665	660	700	**686**
梨	幸水又は豊水、1個300～450g	578	574	551	533	**616**
ぶどう	デラウェア	1,422	1,333	1,459	1,505	**1,577**
柿	1個190～260g	502	530	510	551	**539**
桃	1個200～350g	951	941	956	1,043	**1,070**
バナナ	フィリピン産（高地栽培などを除く。）	237	259	243	243	**255**

資料：総務省統計局「小売物価統計調査年報」

8　工芸農作物

(1)　茶

ア　販売目的で栽培した茶の栽培農家数（販売農家）
（各年2月1日現在）

単位：戸

年次	茶栽培農家数
平成22年	28,116
27	19,603

資料：農林水産省統計部「農林業センサス」

イ　茶栽培面積

年次	茶栽培面積
	ha
平成27年	44,000
28	43,100
29	42,400
30	41,500
令和元	40,600

資料：農林水産省統計部「耕地及び作付面積統計」
注：　平成29年産から調査の範囲を全国から主産県に変更し、主産県の調査結果をもとに全国値を推計している。令和元年は主産県調査である。
　　なお、主産県とは、直近の全国調査年（平成28年産）における全国の栽培面積のおおむね80％を占めるまでの上位都道府県に加え、茶の畑作物共済事業等を実施する都道府県である。

ウ　生葉収穫量と荒茶生産量

単位：t

区分	生葉収穫量	荒茶生産量					
		計	おおい茶	普通せん茶	玉緑茶	番茶	その他
平成27年産	(357,800)	79,500	7,000	47,700	1,790	20,300	2,680
28	(364,500)	80,200	6,980	47,300	1,760	21,800	2,320
29	(369,800)	82,000	…	…	…	…	…
30	(383,600)	86,300	…	…	…	…	…
令和元	(357,400)	81,700	…	…	…	…	…
うち静岡	129,300	29,500	…	…	…	…	…

資料：農林水産省統計部「作物統計」
注：1　茶生産量には、自家消費用のものを含む。
　　2　（　）内の値については、主産県計の値を掲載している。
　　主産県とは、平成28年産までについては、全国の茶種別荒茶生産量（平成26年産）のおおむね80％を占めるまでの上位都道府県にて、茶の畑作物共済事業等を実施する都道府県である。
　　また、平成29年産からは、直近の全国調査年における全国の茶栽培面積のおおむね80％を占めるまでの上位都道府県、強い農業づくり交付金（令和元年産からは「強い農業・担い手づくり総合支援交付金」）による事業を実施する都道府県及び茶の畑作物共済事業を実施し、半相殺方式を採用している都道府県である。

エ　需給

(ア)　1世帯当たり年間の購入数量（二人以上の世帯・全国）

単位：g

品目	平成27年	28	29	30	令和元
緑茶	843	849	850	798	791
紅茶	200	189	188	173	186

資料：総務省統計局「家計調査年報」

(イ)　輸出入量及び金額

品目	平成30年		令和元	
	数量	金額	数量	金額
輸出	t	千円	t	千円
緑茶	5,102	15,333,401	5,108	14,641,614
輸入				
緑茶	4,730	3,051,835	4,390	2,951,023
紅茶	16,258	11,808,833	18,438	11,788,199

資料：財務省関税局「貿易統計」をもとに農林水産省統計部にて作成。

8 工芸農作物（続き）
(1) 茶（続き）
  オ 保険・共済

区分	単位	茶	
		平成30年産	令和元 （概数値）
引受組合等数	組合	16	15
引受戸数	戸	654	471
引受面積	ha	583	349
共済金額	100万円	690	400
共済掛金	〃	29	17
支払対象戸数	戸	151	193
支払対象面積	ha	118	149
支払共済金	100万円	27	34

資料：農林水産省経営局「畑作物共済統計表」。ただし、令和元年産は経営局資料による。
注：農業保険法による畑作物共済の実績である。

カ 価格
(ア) 農産物価格指数

平成27年＝100

品目	平成27年	28	29	30	令和元
生葉	100.0	93.8	123.3	108.7	102.5
荒茶	100.0	103.1	126.4	108.8	104.0

資料：農林水産省統計部「農業物価統計」

(イ) 年平均小売価格（東京都区部）

単位：円

品目	銘柄	数量 単位	平成27年	28	29	30	令和元
緑茶	煎茶（抹茶入りを含む。）、 100〜300g袋入り	100g	576	570	558	560	557
紅茶	ティーバッグ、25〜30袋入り	10袋	106	107	105	104	106

資料：総務省統計局「小売物価統計調査年報」

(2) その他の工芸農作物
　ア 販売目的で作付けした工芸農作物の作付農家数（販売農家）
　　（各年2月1日現在）

単位：戸

年次	たばこ	こんにゃくいも	てんさい	さとうきび
平成22年	11,787	3,587	8,325	16,586
27	5,724	3,013	7,168	15,227

資料：農林水産省統計部「農林業センサス」

イ 生産量

年産・主要生産県	1）てんさい		年産・主要生産県	3）い	
	作付面積	収穫量		作付面積	収穫量（乾燥茎）
	ha	t			t
平成27年産	58,800	3,925,000	平成27年産	701	7,800
28	59,700	3,189,000	28	643	8,340
29	58,200	3,901,000	29	578	8,530
30	57,300	3,611,000	30	541	7,500
令和元	56,700	3,986,000	令和元	476	7,130
			熊本	471	7,070

年産・主要生産県	2）さとうきび		年産・主要生産県	葉たばこ	
	収穫面積	収穫量		収穫面積	収穫量
	ha	t		ha	t
平成27年産	23,400	1,260,000	平成27年産	8,329	18,687
28	22,900	1,574,000	28	7,962	17,945
29	23,700	1,297,000	29	7,572	19,023
30	22,600	1,196,000	30	7,065	16,998
令和元	22,100	1,174,000	令和元	6,484	16,798
沖縄	12,900	676,000	熊本県	988	2,807
			沖縄県	826	1,764
			岩手県	716	2,001
			青森県	687	1,846
			長崎県	542	1,560

年産・主要生産県	なたね		年産・主要生産県	こんにゃくいも		
	作付面積	収穫量		栽培面積	収穫面積	収穫量
	ha	t		ha	ha	t
平成27年産	1,630	3,160	平成27年産	3,910	2,220	61,300
28	1,980	3,650	28	4）3,470	4）2,060	4）71,300
29	1,980	3,670	29	3,860	2,330	64,700
30	1,920	3,120	30	3,700	2,160	55,900
令和元	1,900	4,130	令和元	3,660	2,150	59,100
北海道	1,030	3,300	群馬	3,250	1,900	55,300

資料：農林水産省統計部「作物統計」
　　　葉たばこは、全国たばこ耕作組合中央会「府県別の販売実績」
注：1 葉たばこについては、収穫面積と販売重量（乾燥）である。
　　2 こんにゃくいも栽培面積とは、収穫までの養成期間中のものを含む全ての面積をいう。
　　3 平成29年産及び令和元年産のこんにゃくいもの栽培面積、収穫面積及び収穫量は主産県の調査結
　　　果から推計したものであり、平成28年産の値については主産県計の値である。
　　　なお、主産県は、栃木県及び群馬県である。
　　1）は、北海道の調査結果である。
　　2）は、鹿児島県及び沖縄県の調査結果である。
　　3）は、福岡県及び熊本県の調査結果である。
　　4）は、栃木県及び群馬県の調査結果である。

8 工芸農作物（続き）
(2) その他の工芸農作物（続き）
ウ 輸出入量及び金額

品目名	平成30年		令和元	
	数量	金額	数量	金額
	t	千円	t	千円
輸出				
砂糖類	5,880	2,050,910	5,938	2,050,732
たばこ	7,170	18,513,408	5,574	16,374,539
輸入				
こんにゃく芋	283	286,033	159	171,117
砂糖類	1,433,145	65,169,018	1,457,132	65,671,007
こんにゃく（調製食料品）	18,420	2,787,157	14,951	2,433,427
たばこ	119,339	589,391,480	117,652	598,699,462
畳表	16,149	6,673,966	14,449	5,803,243

資料：財務省関税局「貿易統計」をもとに農林水産省統計部にて作成。

エ 保険・共済

区分	単位	さとうきび		てんさい		ホップ	
		平成30年産	令和元 （概数値）	平成30年産	令和元 （概数値）	平成30年産	令和元 （概数値）
引受組合等数	組合	4	4	5	5	5	5
引受戸数	戸	9,240	8,161	6,376	6,163	147	118
引受面積	ha	11,625	10,293	53,229	52,266	104	79
共済金額	100万円	9,805	9,083	52,283	53,158	342	260
共済掛金	〃	622	545	1,956	2,377	11	10
支払対象戸数	戸	2,448	0	928	0	24	41
支払対象面積	ha	2,422	0	6,909	0	17	25
支払共済金	100万円	300	0	667	0	17	84

資料：農林水産省経営局「畑作物共済統計表」。ただし、令和元年産は経営局資料による。
注：農業保険法による畑作物共済の実績である。

オ　生産費（令和元年産）

単位：円

区分	生産費（10 a 当たり）		
	生産費 （副産物価額差引）	支払利子・ 地代算入生産費	資本利子・ 地代全額算入生産費
てんさい	93,532	95,569	105,335
さとうきび	121,783	128,889	138,239
なたね	43,573	45,233	54,669

資料：農林水産省統計部「農業経営統計調査　農産物生産費統計」
注：1　調査期間は、てんさいが平成31年1月から令和元年12月まで、さとうきびが平成31年4月
　　から令和2年3月まで、なたねが平成30年9月から令和元年8月までの1年間である。
　　2　生産費とは、生産物の一定単位量の生産のために消費した経済費用の合計をいう。ここで
　　いう費用の合計とは、生産物の生産に要した材料、賃借料及び料金、用役等（労働・固定資
　　産等）の価額の合計である。
　　3　本調査は、てんさい及びさとうきびについては2015年農林業センサスに基づく農業経営体、
　　なたねについては平成26年度経営所得安定対策等加入申請者情報の経営体のうち、世帯によ
　　る農業経営を行い、調査対象作目を10 a 以上作付けし、販売した経営体（個別経営）を対象
　　に実施した。

カ　価格
(ｱ)　農産物価格指数

平成27年＝100

品目・銘柄等級	平成27年	28	29	30	令和元
てんさい	100.0	100.4	101.9	96.9	94.6
こんにゃくいも（生いも）	100.0	80.5	75.4	91.6	74.1
葉たばこ（中葉、Aタイプ）	100.0	98.2	97.9	100.5	102.6
い草（草丈120cm、上）	100.0	126.4	119.7	93.7	95.6
い表（3種表、綿糸）	100.0	110.1	119.9	111.2	101.1

資料：農林水産省統計部「農業物価統計」

(ｲ)　さとうきびに係る甘味資源作物交付金単価

単位：円

区分	令和元年産	2
交付金単価（1 t 当たり）	16,730	16,860

資料：農林水産省政策統括官地域作物課資料
注：1　この単価は、四捨五入により小数点以下第一位まで算出された糖度（以下単に
　　「糖度」という。）が13.1度以上14.3度以下のさとうきびに適用する。
　　2　糖度が5.5度以上13.1度未満のさとうきびに係る甘味資源作物交付金の単価は、
　　糖度が13.1度を0.1度下回るごとに100円を、この単価から差し引いた額とする。
　　3　糖度が14.3度を超えるさとうきびに係る甘味資源作物の交付金の単価は、糖度
　　が14.3度を0.1度上回るごとに100円を、この単価に加えた額とする。

8　工芸農作物（続き）
(2)　その他の工芸農作物（続き）
　　キ　加工
　　　(ｱ)　精製糖生産量

単位：t

年度	計	グラニュ	白双	中双	上白
平成26年度	1,675,421	498,907	35,410	31,404	601,055
27	1,677,336	504,392	37,242	32,385	597,140
28	1,689,217	508,716	36,926	31,417	592,490
29	1,640,808	510,403	35,467	29,538	564,105
30	1,620,781	515,775	33,476	25,006	551,242

年度	中白	三温	角糖	氷糖	液糖
平成26年度	400	83,482	3,137	16,111	405,515
27	379	84,780	2,972	14,375	403,671
28	394	86,486	2,751	16,080	413,957
29	322	84,937	2,078	12,092	401,866
30	332	84,867	1,513	15,009	393,561

資料：精糖工業会館「ポケット砂糖統計2019」（以下(ｳ)まで同じ。）
注：最終製品生産量であり、液糖は固形換算していない。

(ｲ)　甘蔗糖及びビート糖生産量

単位：t

砂糖年度 (10月～9月)	甘蔗糖（さとうきび）			ビート糖（てんさい）	
	砂糖生産量			製品	
	計	分蜜糖	含蜜糖	ビート糖	ビートパルプ
平成26年度	135,791	128,044	7,747	607,976	166,958
27	143,130	135,067	8,064	677,222	186,266
28	191,902	181,552	10,350	505,193	138,850
29	143,860	134,084	9,776	656,669	177,842
30	135,763	125,995	9,768	614,718	164,959

(ｳ)　砂糖需給表

単位：t

年次	生産	輸入	輸出	純輸入	消費	年末在庫
平成26年	690,000	1,342,077	1,181	1,340,896	2,180,000	791,214
27	740,000	1,284,470	1,318	1,283,152	2,100,000	714,366
28	735,000	1,264,223	1,531	1,262,692	2,110,000	602,058
29	710,000	1,236,711	1,555	1,235,156	2,115,000	432,214
30	774,000	1,184,473	1,646	1,182,827	2,100,000	289,041

注：粗糖換算数量である。

(ｴ)　1世帯当たり年間の砂糖購入数量（二人以上の世帯・全国）

単位：g

品目	平成27年	28	29	30	令和元
砂糖	5,592	5,400	5,143	4,736	4,446

資料：総務省統計局「家計調査年報」

9　花き
(1)　販売目的で栽培した花き類の種類別作付農家数（販売農家）
（各年 2 月 1 日現在）

単位：戸

区分	切り花類	球根類	鉢もの類	花壇用苗もの類
平成22年	46,681	3,281	7,163	4,975
27	36,725	2,738	5,396	3,817

資料：農林水産省統計部「農林業センサス」

(2)　主要花きの作付（収穫）面積及び出荷量

品目	平成30年産		令和元	
	1) 作付面積	2) 出荷量	1) 作付面積	2) 出荷量
	ha	100万本（球・鉢）	ha	100万本（球・鉢）
切り花類	14,170	3,534	13,800	3,482
うちきく	4,663	1,424	4,490	1,412
カーネーション	290	234	271	223
ばら	325	236	302	221
りんどう	432	89	422	85
宿根かすみそう	201	50	194	49
洋ラン類	124	15	119	15
スターチス	186	122	170	119
ガーベラ	88	143	82	137
トルコギキョウ	426	98	424	97
ゆり	713	130	693	124
アルストロメリア	78	55	79	58
切り葉	647	113	609	122
切り枝	3,674	203	3,620	206
球根類	287	86	259	76
鉢もの類	1,605	210	1,549	205
うちシクラメン	177	16	167	16
洋ラン類	187	15	178	14
観葉植物	294	41	271	37
花木類	373	42	351	43
花壇用苗もの類	1,378	598	1,327	579
うちパンジー	257	123	252	119

資料：農林水産省統計部「花き生産出荷統計」
注：　1) の球根類及び鉢もの類は、収穫面積である。
　　　2) の単位は、切り花類及び花壇用苗もの類が100万本、球根類が100万球、鉢もの類が
　　　100万鉢である。

9 花き（続き）
(3) 花木等の作付面積及び出荷数量

品目	平成29年		30	
	作付面積	出荷数量	作付面積	出荷数量
	ha	千本	ha	千本
花木類	3,618	70,431	3,532	73,288
ツツジ	317	5,689	303	5,432
サツキ	303	6,198	290	6,028
カイヅカイブキ	67	721	58	592
タマイブキ	3	40	3	40
ツバキ	96	813	89	5,902
モミジ	78	1,177	73	1,128
ヒバ類	220	4,084	247	4,312
ツゲ類	127	1,633	182	2,516
その他	2,407	50,076	2,287	47,338
芝	5,312	1) 4,273	5,241	1) 3,818
地被植物類	90	2) 21,208	94	2) 23,904

資料：農林水産省「花木等生産状況調査」
注：1)の単位は、haである。
　　2)の単位は、千本・千鉢である。

(4) 産出額

単位：億円

品目	平成26年	27	28	29	30
きく	632	692	680	625	614
トルコギキョウ	111	117	120	127	121
ゆり	214	217	217	214	202
ばら	187	190	180	178	164
カーネーション	123	126	117	111	103
切り枝	143	151	167	169	180
シクラメン	88	87	87	74	73
洋ラン類	312	333	348	364	353
観葉植物	119	113	118	125	122
花木類	174	168	161	155	146
芝	60	59	67	66	65

資料：農林水産省統計部「生産農業所得統計」

(5) 輸出入実績
　ア　輸出入量及び金額

品目	単位	平成30年		令和元	
		数量	金額	数量	金額
			千円		千円
輸出					
1) 球根	千個	720	81,549	688	72,119
2) 植木等	－	…	11,961,768	…	9,288,329
3) 切花	kg	164,198	888,894	191,399	884,361
輸入					
1) 球根	千個	317,401	6,400,679	306,618	5,737,762
3) 切花	kg	44,324,409	40,337,566	44,616,592	39,345,541

資料：財務省関税局「貿易統計」をもとに農林水産省統計部にて作成。（以下イまで同じ。）
注：　1)は、りん茎、塊茎、塊根、球茎、冠根及び根茎（休眠し、生長し又は花が付いている
　　　ものに限る。）並びにチコリー及びその根（主として食用に供するものを除く。）
　　　2)は、球根を除く生きている植物及びきのこ菌糸のうち、根を有しない挿穂及び接ぎ穂
　　　並びに樹木及び灌木（食用果実又はナットのものを除く。）
　　　3)は、生鮮のもの及び乾燥し、染色し、漂白し、染み込ませ又はその他の加工をしたも
　　　ので、花束用又は装飾用に適するものに限る。

イ　国・地域別輸出入数量及び金額

区分	単位	平成30年		令和元	
		数量	金額	数量	金額
			千円		千円
輸出					
球根	千個	720	81,549	688	72,119
うちオランダ	〃	274	26,670	214	21,417
中華人民共和国	〃	179	19,601	247	20,660
ブラジル		100	12,332	112	15,538
切花	kg	164,198	888,894	191,399	884,361
うちアメリカ合衆国	〃	51,400	255,330	49,806	272,303
中華人民共和国	〃	17,686	72,986	66,335	207,047
大韓民国		26,186	176,775	21,492	151,666
輸入					
球根	千個	317,401	6,400,679	306,618	5,737,762
うちオランダ	〃	277,304	4,926,456	267,180	4,459,021
ニュージーランド	〃	16,516	660,986	17,825	638,338
フランス	〃	8,734	356,955	7,668	295,953
切花	kg	44,324,409	40,337,566	44,616,592	39,345,541
うちマレーシア	〃	11,954,948	8,740,952	12,204,299	9,215,610
コロンビア	〃	8,077,192	9,348,572	7,678,801	8,610,799
中華人民共和国	〃	6,816,573	5,034,879	7,026,348	4,933,025

注：令和元年の輸出入金額が多い国・地域について、上位3か国を掲載した。

9 花き (続き)
(6) 年平均小売価格 (東京都区部)

単位：円

品目	銘柄	数量単位	平成27年	28	29	30	令和元
切り花 1) カーネーション	スタンダードタイプ (輪もの)	本	192	195	194	197	196
きく	輪もの	〃	217	223	222	224	227
バラ	輪もの	〃	315	317	328	334	335
2 鉢植え	観葉植物、ポトス、5号鉢(上口直径15cm程度)、土栽培、普通品	鉢	580	552	555	600	587

資料：総務省統計局「小売物価統計調査年報」
注：1)は、平成29年1月に基本銘柄を改正した。

(7) 1世帯当たり年間の支出金額 (二人以上の世帯・全国)

単位：円

品目	平成27年	28	29	30	令和元
切り花	9,616	9,317	8,757	8,255	8,401
園芸用植物	4,291	4,057	4,121	3,784	3,543

資料：総務省統計局「家計調査年報」

10 施設園芸
(1) 施設園芸に利用したハウス・ガラス室の面積規模別農家数（販売農家）
（各年2月1日現在）

単位：戸

区分	計	5a未満	5 ～ 10	10 ～ 20	20 ～ 30	30 ～ 50	50a以上
平成22年	188,238	46,623	21,959	39,893	29,414	29,819	20,530
27	168,073	50,325	20,246	32,306	23,830	23,780	17,586

資料：農林水産省統計部「農林業センサス」

(2) 園芸用ガラス室・ハウスの設置実面積及び栽培延べ面積

単位：ha

区分	平成21年	24	26	28	30
設置実面積					
ガラス室・ハウス計	49,049	46,449	43,232	43,220	42,164
野菜	33,890	32,469	30,330	31,342	30,924
花き	7,745	7,188	6,500	6,589	6,062
果樹	7,414	6,791	6,402	5,290	5,179
ガラス室	2,039	1,889	1,658	1,663	1,595
野菜	811	797	753	792	764
花き	1,096	962	862	840	820
果樹	131	130	43	31	11
ハウス	47,010	44,560	41,574	41,558	40,569
野菜	33,079	31,672	29,577	30,548	30,159
花き	6,649	6,227	5,638	5,750	5,242
果樹	7,282	6,661	6,359	5,260	5,168
栽培延べ面積					
ガラス室・ハウス計	62,182	56,226	53,249	57,168	54,791
野菜	46,052	41,948	39,635	44,698	42,489
花き	9,232	8,090	7,412	7,264	7,117
果樹	6,898	6,189	6,202	5,206	5,185

資料：平成21年は農林水産省生産局「園芸用施設及び農業用廃プラスチックに関する調査」
　　　平成24、26、28、30年は農林水産省生産局「園芸用施設の設置等の状況」
注：1　平成21、24年は、前年の7月から当年の6月までの対象期間である。
　　　平成26、28、30年は、前年の11月から当年の10月までの対象期間である。
　　2　同一施設に、二つ以上の作目が栽培された場合は、その栽培期間が最長である作目に分類した。

10 施設園芸（続き）
(3) 保険・共済

区分	単位	計		ガラス室		プラスチックハウス	
		平成29年度	30（概数値）	平成29年度	30（概数値）	平成29年度	30（概数値）
1) 引受組合等数	組合	170	139	125	110	170	139
2) 引受戸数	戸	193,563	189,334	4,465	4,310	189,098	185,024
引受棟数	棟	586,774	611,709	11,209	10,807	575,565	600,902
引受面積	a	2,178,457	2,261,135	65,270	63,225	2,113,187	2,197,910
共済金額	100万円	611,408	636,623	70,830	68,746	540,579	567,877
共済掛金	〃	6,241	6,113	107	113	6,134	6,000
保険料	〃	2,485	2,224	39	36	2,448	2,188
再保険料	〃	1,624	1,499	29	18	1,595	1,481
3) うち1棟ごと	〃	1,035	1,017	11	9	1,024	1,008
4) 年間超過	〃	589	482	18	9	570	473
2) 支払対象戸数	戸	23,832	23,694	389	825	23,443	23,066
支払対象棟数	棟	36,108	51,119	439	1,309	35,669	49,810
被害額	100万円	5,232	8,796	81	340	5,152	8,456
支払共済金	〃	4,158	6,965	62	267	4,097	6,698
支払保険金	〃	1,645	3,292	28	67	1,618	3,225
支払再保険金	〃	630	1,072	0	1	614	1,071
3) うち1棟ごと	〃	614	875	0	1	614	1,071
4) 年間超過	〃	16	197	…	…	…	…

資料：農林水産省経営局「園芸施設共済統計表」
注：農業保険法による園芸施設共済の実績である。
　　1)の引受組合等数は、実組合等数である。
　　2)の引受戸数及び被害戸数は、延べ戸数である。
　　3)は、1棟ごとの超過損害歩合再保険方式に係るものである。
　　4)は、年間超過損害歩合再保険方式に係るものである。

IX 畜産

1 家畜飼養

(1) 乳用牛 (各年2月1日現在)

ア 乳用牛の飼養戸数・飼養頭数

年次	飼養戸数	飼養頭数						1戸当たり飼養頭数
		計	成畜 (2歳以上)				子畜 (2歳未満の未経産牛)	
				経産牛				
				小計	搾乳牛	乾乳牛		
	戸	千頭	千頭	千頭	千頭	千頭	千頭	頭
平成28年	17,000	1,345	937	871	752	119	408	79.1
29	16,400	1,323	914	852	735	117	409	80.7
30	15,700	1,328	907	847	731	116	421	84.6
31	15,000	1,332	901	839	730	110	431	88.8
令和2 (概数)	14,400	1,352	901	840	716	124	452	93.9

資料：農林水産省統計部「畜産統計」 (以下(2)まで同じ。)。
注： 令和2年の数値は、牛個体識別全国データベース等の行政記録情報及び関係統計を用いて集計した加工統計である (以下(2)まで同じ。)。

イ 乳用牛の成畜飼養頭数規模別飼養戸数

単位：戸

年次・全国農業地域	計	成畜飼養頭数規模							子畜のみ
		1～19頭	20～29	30～49	50～79	80～99	100～199	200頭以上	
平成28年	16,700	3,300	2,300	4,200	3,460	1,020	1) 2,010	…	428
29	16,100	3,100	2,270	3,960	3,420	1,040	1) 1,920	…	410
30	15,400	2,900	2,160	3,810	3,140	1,120	1) 1,940	…	361
31	14,800	2,910	1,910	3,690	2,950	924	1) 2,000	…	410
令和2 (概数)	14,400	2,880	1,880	3,500	2,870	952	1,400	561	320
北海道	5,840	437	313	1,240	1,730	640	962	357	173
東北	2,080	832	384	481	204	51	50	27	50
北陸	284	86	65	77	41	8	3	2	2
関東・東山	2,710	743	550	737	352	88	124	70	46
東海	607	109	90	185	102	36	54	26	5
近畿	434	120	85	114	54	20	21	10	10
中国	629	187	107	157	79	26	40	22	11
四国	305	96	60	83	35	5	15	8	3
九州	1,410	261	222	411	264	71	122	38	19
沖縄	66	9	8	21	14	7	5	1	1

注： 1 平成31年以前の数値は、学校、試験場などの非営利的な飼養者を含まない。
　　 2 令和2年から階層区分を変更したため、「100頭以上」は、「100～199」及び「200頭以上」とした。
　 1)は「200頭以上」を含む。

(2) 肉用牛 (各年2月1日現在)

ア 肉用牛の飼養戸数及び飼養頭数

年次	飼養戸数		飼養頭数							1戸当たり飼養頭数
		乳用種のいる戸数	計	肉用種				乳用種		
				めす		おす				
				2歳未満	2歳以上	2歳未満	2歳以上			
	戸	戸	千頭	千頭	千頭	千頭	千頭	千頭		頭
平成28年	51,900	5,170	2,479	432	622	485	104	837		47.8
29	50,100	5,130	2,499	430	640	484	110	835		49.9
30	48,300	4,850	2,514	440	651	504	106	813		52.0
31	46,300	4,670	2,503	459	655	517	103	769		54.1
令和2 (概数)	43,900	4,560	2,555	483	655	549	105	763		58.2

注： 乳用種の数値には、ホルスタイン種などの肉用を目的としている乳用種のほか交雑種を含む。

1 家畜飼養（続き）
(2) 肉用牛（各年2月1日現在）（続き）
イ 肉用牛の総飼養頭数規模別飼養戸数

単位：戸

年次	計	1～4頭	5～9	10～19	20～29	30～49	50～99	100～199	200～499	500頭以上
平成28年	51,500	13,800	11,600	9,510	1) 8,310	…	3,780	2,310	2) 2,280	714
29	49,800	13,200	10,300	9,970	1) 7,880	…	4,200	2,100	2) 2,220	741
30	48,000	12,400	9,620	9,480	1) 8,070	…	4,150	2,090	2) 2,210	769
31	46,000	11,000	9,520	9,120	1) 8,020	…	3,910	2,180	2) 2,250	759
令和2（概数）	**43,900**	**10,700**	**8,890**	**8,070**	**4,010**	**4,020**	**3,920**	**2,180**	**1,400**	**743**

注：1 平成31年以前の数値は、学校、試験場などの非営利的な飼養者を含まない。
　　2 令和2年から階層区分を変更したため、「20～49」は「20～29」及び「30～49」に、「200頭以上」は「200～499」及び「500頭以上」とした。
1)は「30～49」を含む。
2)は「500頭以上」を含む。

ウ 肉用牛の種類別飼養頭数規模別飼養戸数（令和2年）（概数）
(ア) 子取り用めす牛

単位：戸

区分	計	1～4頭	5～9	10～19	20～49	50～99	100頭以上
全国	38,600	15,800	8,810	6,700	5,390	1,380	522

注：階層区分に用いた子取り用めす牛飼養頭数は、牛個体識別全国データベースにおいて出産経験のある肉用種めすの頭数である。

(イ) 肉用種の肥育用牛

単位：戸

区分	計	1～9頭	10～19	20～29	30～49	50～99	100～199	200～499	500頭以上
全国	6,790	3,520	691	429	575	675	497	285	122

注：階層区分に用いた肉用種の肥育用牛飼養頭数は、牛個体識別全国データベースにおいて1歳以上の肉用種おすの頭数である。

(ウ) 乳用種

単位：戸

区分	計	1～4頭	5～19	20～29	30～49	50～99	100～199	200～499	500頭以上
全国	4,560	1,800	853	175	201	320	404	457	349

(3) 種おす牛の飼養頭数（各年2月1日現在）

単位：頭

年次	計	肉用牛					乳用牛		
		小計	黒毛和種	褐毛和種	日本短角種	その他	小計	ホルスタイン種	ジャージー種とその他
平成27年	2,152	1,460	1,253	74	100	33	692	684	8
28	2,177	1,455	1,249	73	96	37	722	717	5
29	2,135	1,439	1,234	75	91	39	696	689	7
30	2,089	1,426	1,225	72	95	34	663	658	5
31	**2,029**	**1,397**	**1,196**	**74**	**94**	**33**	**632**	**626**	**6**

資料：農林水産省生産局資料
注：対象は家畜改良増殖法に基づく種畜検査に合格して飼養されているものである。

(4) 豚（各年2月1日現在）
ア 豚の飼養戸数・飼養頭数

年次	飼養戸数	飼養頭数					1戸当たり飼養頭数
		計	子取り用めす豚	種おす豚	肥育豚	その他	
	戸	千頭	千頭	千頭	千頭	千頭	頭
平成28年	4,830	9,313	845	43	7,743	683	1,928.2
29	4,670	9,346	839	44	7,797	666	2,001.3
30	4,470	9,189	824	39	7,677	650	2,055.7
31	4,320	9,156	853	36	7,594	673	2,119.4
令和2	…	…	…	…	…	…	nc

資料：農林水産省統計部「畜産統計」（以下(7)まで同じ。）
注：令和2年は、2020年農林業センサス実施年のため調査を休止した（以下(5)ウまで同じ。）。

イ 肥育豚の飼養頭数規模別飼養戸数

単位：戸

年次	計	肥育豚飼養頭数規模							肥育豚なし
		小計	1〜99頭	100〜299	300〜499	500〜999	1,000〜1,999	2,000頭以上	
平成28年	4,670	4,400	600	566	494	909	866	961	276
29	4,510	4,270	560	544	473	897	801	990	246
30	4,310	4,080	533	530	405	798	789	1,030	232
31	4,170	3,950	479	448	428	813	756	1,030	213
令和2	…	…	…	…	…	…	…	…	…

注：1 階層区分に用いた肥育豚頭数は、調査日現在における肥育中の成豚（繁殖用を除く。）と自家で肥育
　　する予定の子豚（販売予定の子豚を除く。）の合計頭数である。
　　2 学校、試験場などの非営利的な飼養者を含まない（以下ウまで同じ。）。

ウ 子取り用めす豚の飼養頭数規模別飼養戸数

単位：戸

年次	計	子取り用めす豚飼養頭数規模							子取り用めす豚なし
		小計	1〜9頭	10〜29	30〜49	50〜99	100〜199	200頭以上	
平成28年	4,670	3,780	318	403	370	842	792	1,060	891
29	4,510	3,650	265	381	343	818	769	1,070	861
30	4,310	3,490	249	368	362	698	725	1,090	821
31	4,170	3,320	227	337	303	706	689	1,050	851
令和2	…	…	…	…	…	…	…	…	…

1 家畜飼養（続き）
(5) 採卵鶏・ブロイラー（各年2月1日現在）
ア 採卵鶏及びブロイラーの飼養戸数・飼養羽数

年次	採卵鶏 飼養戸数	採卵鶏（種鶏のみの飼養者を除く。）	採卵鶏 飼養羽数 計	採卵鶏（めす）ひな（6か月未満）	採卵鶏（めす）成鶏めす（6か月以上）	種鶏	1戸当たり成鶏めす飼養羽数（種鶏を除く）	ブロイラー 飼養戸数	ブロイラー 飼養羽数	ブロイラー 1戸当たり飼養羽数
	戸	戸	千羽	千羽	千羽	千羽	千羽	戸	千羽	千羽
平成28年	2,530	2,440	175,733	38,780	134,569	2,384	55	2,360	134,395	56.9
29	2,440	2,350	178,900	40,265	136,101	2,534	57.9	2,310	134,923	58.4
30	2,280	2,200	184,350	42,914	139,036	2,400	63.2	2,260	138,776	61.4
31	2,190	2,120	184,917	40,576	141,792	2,549	66.9	2,250	138,228	61.4
令和2	…	…	…	…	…	…	…	…	…	nc

注：採卵鶏は1,000羽未満の飼養者、ブロイラーは年間出荷羽数3,000羽未満の飼養者を含まない。

イ 採卵鶏の成鶏めす飼養羽数規模別飼養戸数

単位：戸

年次	計	成鶏めす飼養羽数規模 小計	1,000〜4,999羽	5,000〜9,999	10,000〜49,999	50,000〜99,999	100,000羽以上	ひなのみ
平成28年	2,410	2,210	609	324	692	233	347	207
29	2,320	2,110	579	295	670	229	340	203
30	2,180	1,990	536	287	613	226	332	184
31	2,100	1,920	508	259	598	230	329	173
令和2	…	…	…	…	…	…	…	…

注：1,000羽未満の飼養者及び学校、試験場などの非営利的な飼養者を含まない。

ウ ブロイラーの出荷羽数規模別出荷戸数

単位：戸

年次	計	3,000〜49,999羽	50,000〜99,999	100,000〜199,999	200,000〜299,999	300,000〜499,999	500,000羽以上
平成28年	2,360	276	374	706	396	339	266
29	2,310	270	323	698	422	333	268
30	2,270	240	313	673	431	338	272
31	2,250	236	319	692	363	362	282
令和2	…	…	…	…	…	…	…

注：年間出荷羽数3,000羽未満の飼養者及び学校、試験場などの非営利的な飼養者を含まない。

(6)　都道府県別主要家畜の飼養戸数・飼養頭数
　　　（乳用牛・肉用牛）（令和 2 年）(概数)

全国・都道府県	乳用牛		肉用牛		
	飼養戸数	飼養頭数	飼養戸数	飼養頭数	
					乳用種
	戸	千頭	戸	千頭	千頭
全国	14,400	1,352	43,900	2,555	763
北海道	5,840	821	2,350	525	329
青森	172	12	824	54	25
岩手	835	42	4,060	91	17
宮城	472	19	2,960	81	10
秋田	87	4	764	19	2
山形	214	11	630	40	1
福島	299	12	1,850	49	10
茨城	316	24	486	50	20
栃木	660	52	841	80	38
群馬	469	34	551	55	25
埼玉	181	8	145	17	6
千葉	522	29	251	40	28
東京	47	2	22	1	0
神奈川	171	5	59	5	2
新潟	177	6	191	13	7
富山	38	2	30	4	1
石川	47	3	77	3	0
福井	22	1	45	2	1
山梨	56	3	63	5	3
長野	288	15	375	21	5
岐阜	104	6	481	32	2
静岡	193	14	118	19	12
愛知	271	23	351	41	29
三重	39	7	153	29	3
滋賀	46	3	91	20	4
京都	47	4	72	6	0
大阪	24	1	9	1	0
兵庫	265	13	1,240	56	8
奈良	41	3	44	4	0
和歌山	11	1	52	3	0
鳥取	115	9	274	20	8
島根	95	11	847	32	6
岡山	227	17	411	33	19
広島	135	9	516	25	11
山口	57	3	384	15	3
徳島	87	4	181	23	13
香川	67	5	170	21	12
愛媛	100	5	164	10	5
高知	51	3	152	6	1
福岡	198	12	198	22	8
佐賀	41	2	576	52	1
長崎	146	7	2,370	84	12
熊本	519	44	2,350	132	28
大分	109	12	1,120	51	11
宮崎	229	14	5,360	244	22
鹿児島	166	14	7,330	341	15
沖縄	66	4	2,350	80	1

注：　令和 2 年の数値は、牛個体識別全国データベースの行政記録情報及び関連統計を用いて集計した
　　加工統計である

1 家畜飼養（続き）
(7) 都道府県別主要家畜の飼養戸数・飼養頭羽数（豚・鶏）（平成31年）

全国・都道府県	豚		鶏			
			1) 採卵鶏		4) ブロイラー	
	飼養戸数	飼養頭数	2) 飼養戸数	3) 飼養羽数	飼養戸数	飼養羽数
	戸	千頭	戸	千羽	戸	千羽
全国	4,320	9,156	2,120	182,368	2,250	138,228
北海道	201	692	60	6,657	10	4,920
青森	73	352	27	7,943	64	6,943
岩手	105	402	23	5,515	312	21,647
宮城	116	186	43	4,519	52	2,166
秋田	75	272	17	2,326	1	x
山形	95	155	20	540	21	x
福島	58	125	44	4,481	31	785
茨城	318	466	108	15,167	43	1,135
栃木	105	406	56	6,196	12	x
群馬	212	630	53	8,033	27	1,460
埼玉	93	95	72	3,982	1	x
千葉	284	604	125	12,382	27	1,957
東京	11	3	14	78	–	–
神奈川	50	69	48	1,147	–	–
新潟	111	181	42	6,578	10	901
富山	21	31	17	1,094	–	–
石川	16	21	14	1,171	–	–
福井	7	2	11	684	3	76
山梨	19	16	26	517	11	431
長野	69	65	20	575	18	681
岐阜	32	100	69	4,867	17	993
静岡	96	109	57	4,646	29	1,164
愛知	197	353	143	9,123	12	935
三重	50	111	74	6,934	13	518
滋賀	7	4	21	380	2	x
京都	12	10	31	1,653	11	328
大阪	6	3	13	57	–	–
兵庫	26	22	55	5,722	59	2,438
奈良	11	7	28	456	3	x
和歌山	9	2	21	369	20	596
鳥取	21	67	11	575	12	3,170
島根	9	40	19	985	3	388
岡山	20	40	78	10,387	19	2,545
広島	25	111	49	9,356	9	765
山口	12	23	15	1,981	30	1,544
徳島	21	38	15	804	165	4,276
香川	27	39	54	5,495	30	2,153
愛媛	72	193	50	2,512	25	968
高知	16	26	14	304	11	403
福岡	46	82	74	3,235	39	1,263
佐賀	43	82	30	484	68	3,935
長崎	91	201	65	1,753	49	3,011
熊本	190	277	44	1,914	70	3,235
大分	47	132	22	1,267	54	2,471
宮崎	441	836	61	4,451	465	28,236
鹿児島	514	1,269	119	11,717	377	27,970
沖縄	237	210	46	1,356	15	707

注：1 令和2年は、2020年農林業センサス実施年のため調査を休止した。
　　2 1)は、1,000羽未満の飼養者を含まない。
　　　2)は、種鶏のみの飼養者を除く数値である。
　　　3)は、種鶏を除く採卵鶏の飼養羽数の数値である。
　　　4)は、ブロイラーの年間出荷羽数3,000羽未満の飼養者を含まない。

2 生産量及び出荷量（頭羽数）
(1) 生乳生産量及び用途別処理量

| 年次 | 1)生乳生産量 | 用途別処理量 | | | | 搾乳牛頭数
（各年2月1日
現在） |
		2)牛乳等向け	業務用向け	乳製品向け	その他	
	t	t	t	t	t	千頭
平成27年	7,379,234	3,932,861	311,867	3,389,838	56,535	750
28	7,393,717	3,991,966	308,202	3,349,178	52,573	752
29	7,276,523	3,986,478	322,564	3,240,814	49,231	735
30	7,289,227	3,999,805	350,351	3,243,275	46,147	731
令和元	7,313,530	3,999,655	346,127	3,269,669	44,206	730

資料：農林水産省統計部「牛乳乳製品統計」（以下(2)まで同じ。）
　　　搾乳牛頭数は、農林水産省統計部「畜産統計」
注： 1)は、生産者の自家飲用、子牛のほ育用を含む。
　　 2)は、牛乳、加工乳・成分調整牛乳、乳飲料、はっ酵乳及び乳酸菌飲料の飲用向けに仕向けた
　　 ものである。

(2) 牛乳等の生産量

単位：kl

| 年次 | 飲用牛乳等 | | | | | | 乳飲料 | はっ酵乳 | 乳酸菌飲料 |
	計	牛乳	業務用	加工乳・ 成分調整 牛乳	業務用	成分調整牛乳			
平成27年	3,456,311	3,005,406	290,258	450,905	40,535	346,660	1,306,315	1,054,932	148,340
28	3,488,163	3,049,421	292,833	438,742	42,685	339,727	1,238,828	1,104,917	140,011
29	3,538,986	3,090,779	299,317	448,207	53,573	352,642	1,177,800	1,072,051	124,495
30	3,556,019	3,141,688	326,726	414,331	49,866	317,415	1,129,372	1,067,820	125,563
令和元	3,571,543	3,160,464	322,321	411,079	58,478	288,215	1,127,879	1,029,592	115,992

(3) 枝肉生産量

単位：t

| 年次 | 豚 | 牛 | | | | | | | 馬 |
		計	成牛	和牛	乳牛	交雑牛	その他 の牛	子牛	
平成27年	1,254,283	481,019	480,419	219,533	147,487	108,182	5,218	601	5,113
28	1,278,623	464,351	463,749	205,068	141,900	111,570	5,210	602	3,670
29	1,272,301	469,096	468,497	205,909	135,421	122,021	5,146	598	3,916
30	1,284,213	475,336	474,820	212,052	130,494	127,089	5,185	516	3,850
令和元	1,278,886	470,918	470,434	215,854	127,537	121,414	5,630	484	4,102

資料：農林水産省統計部「畜産物流通統計」（以下(6)まで同じ。）
注： 枝肉生産量は、食肉卸売市場調査及びと畜場統計調査結果から1頭当たり枝肉重量を算出し、
　　 この1頭当たり枝肉重量にと畜頭数を乗じて推計したものである（以下(4)まで同じ。）。

2 生産量及び出荷量（頭羽数）（続き）
(4) 肉豚・肉牛のと畜頭数及び枝肉生産量（令和元年）

主要生産県	と畜頭数	枝肉生産量	主要生産県	と畜頭数	枝肉生産量
	頭	t		頭	t
肉豚			肉牛（成牛）		
全国	**16,319,598**	**1,278,886**	**全国**	**1,038,859**	**470,434**
鹿児島	2,691,153	210,901	北海道	222,408	91,697
茨城	1,252,449	98,147	鹿児島	100,723	47,918
北海道	1,198,649	93,903	東京	85,799	41,674
青森	1,088,138	85,257	兵庫	57,820	26,238
宮崎	1,024,653	80,291	宮崎	49,465	23,397
千葉	857,664	67,236	福岡	48,791	23,042
群馬	776,574	60,851	熊本	35,357	16,354
神奈川	611,319	47,909	茨城	34,647	14,592
埼玉	576,940	45,217	埼玉	33,817	15,339
長崎	560,555	43,933	大阪	30,582	14,796

注：と畜頭数上位10都道府県について掲載した。

(5) 肉用若鶏（ブロイラー）の処理量

区分	単位	平成27年	28	29	30	**令和元**
処理羽数	千羽	666,859	677,332	685,105	700,571	**712,493**
処理重量	t	1,973,461	2,009,269	2,052,065	2,082,914	**2,131,953**

注：年間の食鳥処理羽数が30万羽を超える食鳥処理場のみを調査対象者としている。

(6) 鶏卵の主要生産県別生産量

単位：t

主要生産県	平成27年	28	29	30	**令和元**
全国	2,520,873	2,562,243	2,601,173	2,627,764	**2,639,733**
茨城	202,204	203,205	232,533	224,245	**234,209**
鹿児島	167,707	166,975	175,578	181,956	**187,797**
千葉	174,197	170,651	171,679	167,795	**166,471**
岡山	124,736	131,667	131,815	129,953	**136,443**
広島	131,796	131,766	130,768	129,712	**135,443**
栃木	56,693	55,541	67,456	94,330	**107,030**
青森	100,407	102,231	101,721	107,212	**105,236**
愛知	103,888	101,441	107,038	108,133	**104,732**
北海道	107,692	104,318	104,030	103,311	**102,885**
三重	82,799	82,204	93,444	97,272	**99,440**

注：1 生産量は、出荷量に自家消費量、種卵、その他を加えて推計した。
　　2 令和元年生産量上位10都道府県について掲載した。

3 需給
(1) 肉類需給表

年度・種類別		国内生産量	輸入量	在庫の増減量	国内消費仕向量	純食料	一人1年当たり供給量	一人1日当たり供給量
		千t	千t	千t	千t	千t	kg	g
平成27年度	肉類計	3,268	2,769	△ 11	6,035	3,904	31	84
	うち牛肉	475	696	△ 16	1,185	731	6	16
	豚肉	1,268	1,223	△ 13	2,502	1,545	12	33
	鶏肉	1,517	809	19	2,298	1,599	13	34
28	肉類計	3,291	2,927	0	6,203	4,013	32	87
	うち牛肉	463	752	△ 19	1,231	760	6	16
	豚肉	1,277	1,290	12	2,552	1,576	12	34
	鶏肉	1,545	842	9	2,369	1,649	13	36
29	肉類計	3,325	3,127	23	6,412	4,147	33	90
	うち牛肉	471	817	△ 7	1,291	797	6	17
	豚肉	1,272	1,357	5	2,621	1,618	13	35
	鶏肉	1,575	905	22	2,448	1,703	13	37
30	肉類計	3,365	3,195	△ 2	6,544	4,212	33	91
	うち牛肉	476	886	26	1,331	817	7	18
	豚肉	1,282	1,344	△ 21	2,644	1,624	13	35
	鶏肉	1,599	914	△ 8	2,511	1,738	14	38
令和元	肉類計	3,400	3,251	81	6,553	4,227	34	92
(概算値)	うち牛肉	471	890	16	1,339	824	7	18
	豚肉	1,290	1,397	62	2,623	1,614	13	35
	鶏肉	1,633	915	2	2,537	1,759	14	38

資料：農林水産省大臣官房政策課食料安全保障室「食料需給表」（以下(2)まで同じ。）
注：1 肉類計には、くじら、その他の肉を含む。
　　2 輸入は枝肉（鶏肉は骨付き肉）に換算した。

(2) 生乳需給表

年度・種類別		国内生産量	輸入量	在庫の増減量	国内消費仕向量	純食料	一人1年当たり供給量	一人1日当たり供給量
		千t	千t	千t	千t	千t	kg	g
平成27年度	飲用向け	3,953	0	0	3,949	3,910	31	84
	乳製品向け	3,398	4,634	125	7,886	7,649	60	164
28	飲用向け	3,989	0	0	3,985	3,945	31	85
	乳製品向け	3,302	4,554	△ 31	7,864	7,628	60	165
29	飲用向け	3,984	0	0	3,979	3,939	31	85
	乳製品向け	3,258	5,000	110	8,122	7,878	62	170
30	飲用向け	4,006	0	0	4,001	3,940	31	85
	乳製品向け	3,231	5,164	△ 11	8,379	8,085	64	175
令和元	飲用向け	3,997	0	0	3,991	3,938	31	85
(概算値)	乳製品向け	3,321	5,219	150	8,365	8,087	64	175

注：農家自家用生乳を含まない。

3 需給（続き）
(3) 1世帯当たり年間の購入数量（二人以上の世帯・全国）

品目	単位	平成27年	28	29	30	令和元
生鮮肉	g	45,459	47,202	47,792	49,047	48,694
うち牛肉	〃	6,200	6,422	6,581	6,717	6,538
豚肉	〃	19,865	20,418	20,788	21,518	21,179
鶏肉	〃	15,694	16,243	16,315	16,865	16,912
牛乳	l	77.62	78.51	78.03	76.24	75.80
卵	g	30,075	31,120	31,264	31,933	31,746

資料：総務省統計局「家計調査年報」

(4) 畜産物の輸出入実績
  ア 輸出入量及び金額

品目	平成30年		令和元	
	数量	金額	数量	金額
	t	千円	t	千円
輸出				
食肉及びその調整品				
牛肉（くず肉含む）	3,560	24,730,835	4,340	29,674,547
豚肉（くず肉含む）	2,204	1,042,840	1,921	1,133,815
鶏肉（くず肉含む）	9,657	1,979,949	9,375	1,941,346
酪農品・鳥卵				
牛乳・部分脱脂乳	4,966	1,102,557	6,027	1,378,692
粉乳等	5,953	8,827,438	7,449	11,262,535
乳幼児用調整品	5,758	8,551,353	7,389	11,167,517
チーズ・カード	835	1,165,153	743	1,129,416
輸入				
食肉及びその調整品				
食肉				
牛肉（くず肉含む）	608,551	384,715,866	616,435	385,119,263
牛の臓器・舌	72,820	87,358,858	79,343	99,338,822
豚肉（くず肉含む）	924,993	486,795,282	958,997	505,077,786
豚の臓器	24,615	7,751,282	22,965	6,453,815
鶏肉	560,321	131,259,892	562,888	135,674,945
馬肉	5,768	5,154,092	5,832	5,200,673
食肉調整品				
ソーセージ等	32,299	18,092,481	36,566	20,671,303
ハム・ベーコン等	4,285	5,283,052	5,196	6,589,549
酪農品・鳥卵				
脱脂粉乳	52,083	11,111,477	47,206	11,497,160
全粉乳	119	382,605	810	663,441
バター	15,260	10,111,357	24,233	14,065,303
プロセスチーズ	9,523	6,604,148	9,031	5,866,598
ナチュラルチーズ	276,177	136,178,576	293,570	138,536,486

資料：財務省関税局「貿易統計」をもとに農林水産省統計部にて作成。（以下イまで同じ。）

イ　国・地域別輸入量及び金額

品目	平成30年		令和元	
	数量	金額	数量	金額
	t	千円	t	千円
牛肉（くず肉含む）	608,551	384,715,866	616,435	385,119,263
うちオーストラリア	312,452	189,581,794	294,280	183,479,794
アメリカ合衆国	247,570	165,569,599	241,148	155,803,945
カナダ	21,271	10,210,175	42,930	21,113,647
豚肉（くず肉含む）	924,993	486,795,282	958,997	505,077,786
うちアメリカ合衆国	262,379	137,856,129	248,807	130,718,293
カナダ	221,405	116,685,585	231,699	121,867,444
スペイン	111,705	58,992,313	122,604	64,823,433
鶏肉	560,321	131,259,892	562,888	135,674,945
うちブラジル	401,851	84,290,513	422,723	94,582,961
タイ	139,036	43,100,363	120,441	37,043,345
アメリカ合衆国	16,941	3,211,897	16,194	3,088,822
馬肉	5,768	5,154,092	5,832	5,200,673
うちカナダ	2,762	2,618,793	2,833	2,721,622
アルゼンチン	985	887,750	1,039	864,090
ポーランド	767	764,980	786	753,841

注：令和元年の輸入量が多い国・地域について、上位3か国を掲載した。

4　疾病、事故及び保険・共済
(1)　家畜伝染病発生状況

単位：戸

年次	豚熱		流行性脳炎	結核病	ヨーネ病			伝染性海綿状脳症	高病原性鳥インフルエンザ		腐蛆病
	豚	いのしし1)	豚	牛	牛	めん羊	山羊	めん羊	鶏	あひる	蜜蜂
平成27年	-	-	2	-	327	1	1	-	2	-	59
28	-	-	5	-	315	-	1	1	5	2	42
29	-	-	-	-	374	-	1	1	5	-	30
30	5	1	-	-	321	1	2	-	1	-	42
令和元	45	-	-	-	380	1	3	-	-	-	33

資料：農林水産省消費・安全局「監視伝染病の発生状況」
注：　家畜伝染病予防法第13条に基づく患畜届出農家戸数である。
　　（ただし、高病原性鳥インフルエンザは疑似患畜の件数を含む。）
　1)　いのししは飼養いのししに限り、野生いのししは含まない。

4 疾病、事故及び保険・共済 (続き)
(2) 年度別家畜共済

(旧制度)

区分	単位	平成26年度	27	28	29	30 (概数値)
加入						
頭数	千頭	6,278	6,388	6,479	6,724	5,917
共済価額	100万円	1,480,220	1,588,082	1,793,375	2,178,245	2,115,058
共済金額	〃	687,678	717,690	772,496	890,133	830,188
共済掛金	〃	56,569	58,046	60,634	60,143	57,165
保険料	〃	26,907	25,988	26,513	25,158	24,254
再保険料	〃	19,356	19,910	20,751	21,307	20,232
共済事故						
死廃						
頭数	千頭	399	385	387	412	447
支払共済金	100万円	26,785	28,161	30,196	34,203	36,330
支払保険金	〃	19,441	19,422	20,085	21,726	21,823
支払再保険金	〃	13,393	14,080	15,098	17,101	18,165
病傷						
件数	千件	2,339	2,394	2,429	2,437	2,460
支払共済金	100万円	26,066	27,304	28,034	27,617	28,367
支払保険金	〃	6,995	6,845	6,784	5,996	5,611
支払再保険金	〃	5,170	5,412	5,583	5,337	5,482

資料:農林水産省経営局「家畜共済統計表」ただし、平成30年度は経営局資料による
(以下(4)まで同じ。)。
注:農業保険法による家畜共済事業の実績である (以下(4)まで同じ。)。
旧制度 (平成30年12月末までに共済掛金期間が開始したもの)の実績である (以下(4)まで同じ。)。

(新制度)

区分	単位	30年度 (概数値)
加入		
死亡廃用		
頭数	千頭	982
共済価額	100万円	409,156
共済金額	〃	161,690
共済掛金	〃	3,107
疾病傷害		
頭数	千頭	304
支払限度額	100万円	10,125
共済金額	〃	3,629
共済掛金	〃	1,927

区分	単位	30年度 (概数値)
共済事故		
死亡廃用		
頭数	千頭	6
支払共済金	100万円	509
疾病傷害		
件数	千件	27
支払共済金	100万円	283

資料:農林水産省経営局「家畜共済統計表」ただし、平成30年度は経営局資料による
(以下(4)まで同じ。)。
注:農業保険法による家畜共済事業の実績である (以下(4)まで同じ。)。
新制度 (平成31年1月以降に共済掛金期間が開始したもの)の実績である
(以下(4)まで同じ。)。

(3) 畜種別共済事故別頭数

畜種	単位	平成26年度	27	28	29	30（概数値）
共済事故						
死廃						
乳用牛等	頭	149,484	149,105	151,116	148,001	149,348
						1,462
肉用牛等	〃	58,895	57,696	59,508	62,930	65,314
						1,312
馬	〃	582	517	517	549	515
						3
種豚	〃	4,598	4,445	4,519	4,568	4,661
						65
肉豚	〃	185,161	173,088	171,700	195,640	226,684
						3,236
病傷						
乳用牛等	件	1,285,006	1,322,747	1,334,996	1,313,387	1,317,982
						9,705
肉用牛等	〃	1,032,224	1,051,340	1,072,624	1,101,477	1,120,232
						17,220
馬	〃	13,286	13,631	13,905	13,211	13,849
						29
種豚	〃	8,260	6,771	7,166	9,089	8,176
						182
肉豚	〃	－	－	－	－	－

注：平成30年度は、上段が旧制度である。
　　下段が新制度である。

(4) 畜種別家畜共済（平成30年度）（概数値）

区分	単位	乳用牛等		肉用牛等		馬		種豚		肉豚	
		旧制度	新制度	旧制度	新制度	旧制度	新制度	旧制度	新制度	旧制度	新制度
加入											
頭数	千頭	2,034	116	1,979	408	21	0	168	60	1,716	397
			72		227		1		5		
共済価額	100万円	843,060	76,556	1,200,266	320,641	33,987	508	12,579	4,777	25,166	6,674
			3,380		6,691		9		43		－
共済金額	〃	343,564	28,500	434,954	125,014	24,396	310	8,547	3,215	18,727	4,651
			1,201		2,399		7		21		
共済掛金	〃	35,766	1,271	18,623	1,602	742	9	228	33	1,807	192
			893		1,018		3		13		－
共済事故											
死廃											
頭数	千頭	149	1	65	1	1	0	5	0	227	3
支払共済金	100万円	22,086	254	11,516	220	496	1	217	3	2,018	31
病傷											
件数	千件	1,318	10	1,120	17	14	0	8	0	－	－
支払共済金	100万円	16,952	132	11,122	149	228	0	65	1	－	－

注：加入の「新制度」欄は、上段が死亡廃用共済、下段が疾病傷害共済の実績である。
　　「共済価額」欄は、新制度の疾病傷害共済については「支払限度額」である。

5 生産費
(1) 牛乳生産費（生乳100kg当たり）

費目	単位	平成29年度 実数	2)費目割合	30 実数	2)費目割合
			%		%
物財費	円	7,455	80.7	7,726	81.6
種付料	〃	150	1.6	154	1.6
飼料費	〃	4,129	44.7	4,146	43.8
敷料費	〃	104	1.1	118	1.2
光熱水料及び動力費	〃	277	3.0	292	3.1
その他の諸材料費	〃	20	0.2	16	0.2
獣医師料及び医薬品費	〃	297	3.2	304	3.2
賃借料及び料金	〃	174	1.9	181	1.9
物件税及び公課諸負担	〃	111	1.2	114	1.2
乳牛償却費	〃	1,513	16.4	1,695	17.9
建物費	〃	211	2.3	218	2.3
自動車費	〃	49	0.5	54	0.6
農機具費	〃	398	4.3	409	4.3
生産管理費	〃	22	0.2	25	0.3
労働費	〃	1,783	19.3	1,741	18.4
費用合計	〃	9,238	100.0	9,467	100.0
生産費（副産物価額差引）	〃	7,498	–	7,594	–
支払利子・地代算入生産費	〃	7,586	–	7,671	–
資本利子・地代全額算入生産費	〃	7,972	–	8,068	–
1経営体当たり搾乳牛飼養頭数（通年換算）	頭	55.5	–	56.4	–
1頭当たり3.5%換算乳量	kg	9,496	–	9,696	–
1) 〃 粗収益	円	1,048,703	–	1,077,294	–
〃 所得	〃	306,277	–	291,225	–
〃 投下労働時間	時間	104.02	–	101.48	–

資料：農林水産省統計部「農業経営統計調査報告 畜産物生産費」（以下(4)まで同じ。）
注： 1 乳脂率3.5%に換算した牛乳（生乳）100kg当たり生産費である（以下(2)まで同じ。）。
　　 2 調査期間は、当年4月から翌年3月までの1年間である（以下(4)まで同じ。）。
　1)は、加工原料乳生産者補給金及び集送乳調整金を含む。
　2)は、四捨五入の関係で計と内訳の合計は一致しない。

(2) 飼養頭数規模別牛乳生産費（生乳100kg当たり）（平成30年度）

飼養頭数規模	費用合計	飼料費	乳牛償却費	労働費	生産費副産物価額差引	支払利子・地代算入生産費	資本利子・地代全額算入生産費	1頭当たり投下労働時間	1)1日当たり家族労働報酬
	円	円	円	円	円	円	円	時間	円
平均	9,467	4,146	1,695	1,741	7,594	7,671	8,068	101.48	25,219
1 ～ 20頭未満	12,164	5,127	1,397	3,785	10,173	10,291	10,646	198.94	9,508
20 ～ 30	11,196	5,000	1,423	2,864	9,273	9,381	9,752	151.76	13,874
30 ～ 50	10,131	4,404	1,563	2,361	8,267	8,354	8,740	131.09	18,867
50 ～ 80	9,320	4,073	1,585	1,867	7,432	7,510	7,939	105.77	24,299
80 ～ 100	9,569	4,483	1,632	1,522	7,596	7,666	8,104	84.93	26,530
100頭以上	8,762	3,791	1,888	1,125	6,935	7,001	7,384	71.30	47,126

注：1)は、家族労働報酬÷家族労働時間×8時間（1日換算）。
　　なお、家族労働報酬＝粗収益－（生産費総額－家族労働費）である。

(3) 肉用牛生産費 (1頭当たり)

費目	単位	去勢若齢肥育牛		子牛	
		平成29年度	30	平成29年度	30
物財費	円	1,165,338	1,293,885	390,050	410,599
種付料	〃	-	-	21,115	20,957
もと畜費	〃	780,702	894,275	-	-
飼料費	〃	306,403	319,345	228,586	237,620
敷料費	〃	11,991	12,579	9,196	8,517
光熱水料及び動力費	〃	12,272	12,978	9,440	10,807
その他の諸材料費	〃	200	292	581	522
獣医師料及び医薬品費	〃	10,754	10,424	22,511	24,000
賃借料及び料金	〃	5,491	6,704	13,525	15,126
物件税及び公課諸負担	〃	5,628	5,324	9,134	8,911
繁殖雌牛償却費	〃	-	-	38,266	45,300
建物費	〃	12,702	12,804	15,819	16,027
自動車費	〃	6,730	5,911	6,905	7,080
農機具費	〃	10,484	11,494	13,300	14,101
生産管理費	〃	1,981	1,755	1,672	1,631
労働費	〃	76,059	75,799	185,902	183,114
費用合計	〃	1,241,397	1,369,684	575,952	593,713
生産費 (副産物価額差引)	〃	1,231,811	1,361,086	551,108	571,349
支払利子・地代算入生産費	〃	1,244,392	1,379,845	561,774	582,776
資本利子・地代全額算入生産費	〃	1,253,930	1,389,314	628,773	650,969
1経営体当たり販売頭数	頭	42.5	42.3	11.3	12.1
1)粗収益	円	1,307,970	1,374,094	775,120	766,247
1)所得	〃	123,445	54,041	370,773	336,995
投下労働時間	時間	49.82	49.72	127.83	126.45

費目	単位	乳用雄肥育牛		乳用雄育成牛	
		平成29年度	30	平成29年度	30
物財費	円	503,803	505,466	204,775	233,042
もと畜費	〃	246,398	244,943	116,405	145,356
飼料費	〃	221,695	223,292	64,396	64,840
敷料費	〃	7,592	7,535	8,744	9,038
光熱水料及び動力費	〃	7,871	8,532	2,514	2,612
その他の諸材料費	〃	433	214	23	7
獣医師料及び医薬品費	〃	2,999	3,098	5,507	5,103
賃借料及び料金	〃	2,537	2,537	828	828
物件税及び公課諸負担	〃	2,014	1,793	939	953
建物費	〃	6,506	6,940	2,511	1,583
自動車費	〃	1,838	2,290	708	559
農機具費	〃	3,422	3,767	2,020	1,968
生産管理費	〃	498	525	180	195
労働費	〃	23,926	24,940	11,257	10,639
費用合計	〃	527,729	530,406	216,032	243,681
生産費 (副産物価額差引)	〃	523,459	524,906	212,121	240,513
支払利子・地代算入生産費	〃	524,544	525,983	212,934	241,249
資本利子・地代全額算入生産費	〃	531,513	533,596	214,738	243,087
1経営体当たり販売頭数	頭	120.5	121.4	425.2	425.8
粗収益	円	497,194	504,780	238,722	261,133
所得	〃	△ 10,692	△ 4,102	31,988	25,796
投下労働時間	時間	15.37	15.76	6.64	6.12

注 : 1)の子牛については、繁殖雌牛の1頭当たりの数値である。

5 生産費 (続き)
(3) 肉用牛生産費 (1頭当たり) (続き)

費目	単位	交雑種肥育牛		交雑種育成牛	
		平成29年度	30	平成29年度	30
物財費	円	767,256	780,187	354,754	331,266
もと畜費	〃	416,488	430,702	258,486	229,783
飼料費	〃	298,304	298,560	74,167	77,717
敷料費	〃	7,629	7,940	5,327	5,539
光熱水料及び動力費	〃	9,788	9,807	3,692	4,016
その他の諸材料費	〃	263	254	42	34
獣医師料及び医薬品費	〃	4,515	4,966	5,417	6,166
賃借料及び料金	〃	2,831	3,170	603	667
物件税及び公課諸負担	〃	2,606	2,583	813	843
建物費	〃	13,980	12,382	2,661	2,981
自動車費	〃	3,648	3,324	1,326	1,212
農機具費	〃	6,194	5,456	1,955	2,090
生産管理費	〃	1,010	1,043	265	218
労働費	〃	39,235	39,749	15,293	14,968
費用合計	〃	806,491	819,936	370,047	346,234
生産費 (副産物価額差引)	〃	800,730	813,250	366,353	341,824
支払利子・地代算入生産費	〃	804,882	819,596	367,386	342,911
資本利子・地代全額算入生産費	〃	818,456	829,119	371,457	347,053
1経営体当たり販売頭数	頭	83.5	94.7	182.2	202.7
粗収益	円	774,264	805,211	375,676	395,932
所得	〃	△ 5,159	10,048	16,531	60,369
投下労働時間	時間	25.16	24.81	9.90	9.28

(4) 肥育豚生産費 (1頭当たり)

費目	単位	平成29年度	30
物財費	円	28,619	28,540
種付料	〃	143	151
もと畜費	〃	31	74
飼料費	〃	20,541	20,451
敷料費	〃	113	106
光熱水料及び動力費	〃	1,592	1,661
その他の諸材料費	〃	54	52
獣医師料及び医薬品費	〃	2,116	1,992
賃借料及び料金	〃	288	228
物件税及び公課諸負担	〃	173	183
繁殖雌豚費	〃	811	739
種雄豚費	〃	126	93
建物費	〃	1,392	1,510
自動車費	〃	257	307
農機具費	〃	842	857
生産管理費	〃	140	136
労働費	〃	4,265	4,610
費用合計	〃	32,884	33,150
生産費 (副産物価額差引)	〃	32,001	32,187
支払利子・地代算入生産費	〃	32,081	32,270
資本利子・地代全額算入生産費	〃	32,760	32,943
1経営体当たり販売頭数	頭	1,580.8	1,399.0
粗収益	円	40,270	36,946
所得	〃	10,729	7,504
投下労働時間	時間	2.71	2.91

6　価格
(1)　指定食肉の安定価格

単位：円

指定食肉	行政価格名	平成28年度	29	30	令和元	2
牛肉1kg当たり	安定上位価格	1,155	1,215	1,255	－	－
	安定基準価格	890	900	925	－	－
豚肉1kg当たり	安定上位価格	600	595	595	－	－
	安定基準価格	445	440	440	－	－

資料：農林水産省生産局資料（以下(2)まで同じ。）
注：1　畜産物の価格安定に関する法律に基づくものである。
　　2　豚肉は、皮はぎ法による豚半丸枝肉価格である。
　　3　指定食肉の価格安定制度は、ＴＰＰ11の発効に伴い、平成30年12月29日をもって終了。

(2)　加工原料乳生産者補給金及び集送乳調整金単価

単位：円

1kg当たり補給金等単価	平成28年度	29	30	令和元	2
加工原料乳生産者補給金					
脱脂粉乳・バター等向け	12.69		8.23	8.31	8.31
チーズ向け	15.28	10.56			
生クリーム等向け	…				
集送乳調整金	…	…	2.43	2.49	2.54

注：1　平成29年度までは加工原料乳生産者補給金等暫定措置法に、平成30年度からは畜産
　　　経営の安定に関する法律に基づくものである。
　　2　平成29年度から、生クリーム等向けについて加工原料乳生産者補給金の対象に追加
　　　した上で、補給金単価を一本化した。
　　3　平成30年度から、加工原料乳生産者補給金と集送乳調整金に分け、別々に算定した。

(3)　家畜類の価格指数

平成27年＝100

年次	農産物価格指数					
	肉用牛			鶏卵	生乳	肉豚
	去勢肥育和牛若齢	雌肥育和牛	乳雄肥育（ホルスタイン種）	M、1級	総合乳価	肥育豚
平成27年	100.0	100.0	100.0	100.0	100.0	100.0
28	109.2	112.6	104.0	92.8	101.5	94.6
29	106.7	105.3	100.1	94.0	103.0	102.7
30	107.5	105.3	103.8	85.4	103.7	90.7
令和元	**106.3**	**105.0**	**105.8**	**80.2**	**105.6**	**92.2**

年次	農産物価格指数（続き）				
	肉鶏	乳子牛	和子牛		子豚
	ブロイラー	ホルスタイン純粋種雌生後6か月程度	雌生後10か月程度	雄生後10か月程度	生後90～110日
平成27年	100.0	100.0	100.0	100.0	100.0
28	97.9	146.4	122.2	123.1	95.7
29	99.5	168.5	121.2	123.7	98.7
30	98.2	156.3	116.1	118.7	95.9
令和元	**97.2**	**136.8**	**116.8**	**118.5**	**97.2**

資料：農林水産省統計部「農業物価統計」

6 価格（続き）
(4) 主要食肉中央卸売市場の豚・牛枝肉1kg当たり卸売価格

単位：円

年次	豚					牛（成牛）				
	さいたま	東京	名古屋	大阪	福岡	さいたま	東京	名古屋	大阪	福岡
平成27年	500	510	522	500	532	1,195	1,981	1,934	1,984	1,836
28	466	481	493	459	493	1,203	2,125	2,108	2,104	2,026
29	509	525	535	499	532	1,079	1,972	1,995	1,929	1,876
30	452	477	477	427	485	1,060	2,009	2,068	1,919	1,864
令和元	458	479	492	439	485	1,099	2,053	2,069	1,984	1,829

資料：農林水産省統計部「畜産物流通統計」（以下(5)まで同じ。）
注：価格は、年間枝肉卸売総価額を年間枝肉卸売総重量で除して算出したものである。

(5) 食肉中央卸売市場（東京・大阪）の豚・牛枝肉規格別卸売価格（令和元年平均）
ア 豚枝肉1kg当たり卸売価格

単位：円

種類	東京				大阪			
	極上	上	中	並	極上	上	中	並
豚	650	524	491	452	626	511	483	456

注： 価格は、規格別の年間枝肉卸売総価額を年間枝肉卸売総重量で除して算出したものである（以下イまで同じ。）。

イ 牛枝肉1kg当たり卸売価格

単位：円

種類	東京				大阪			
	A5 （B5）	A4 （B4）	B4 （B3）	B3 （B2）	A5 （B5）	A4 （B4）	B4 （B3）	B3 （B2）
和牛めす	2,978	2,457	2,174	1,588	2,777	2,435	2,235	1,908
和牛去勢	2,732	2,407	2,133	1,993	2,794	2,417	2,273	2,083
乳牛めす	-	-	856	750	-	-	-	842
乳牛去勢	-	-	1,072	1,021	-	-	-	1,091
交雑牛めす	1,967	1,780	1,712	1,583	2,078	1,896	1,823	1,648
交雑牛去勢	2,006	1,809	1,749	1,625	2,129	1,908	1,870	1,689

注： （ ）内は乳牛めす及び乳牛去勢の規格である。

(6)　年平均小売価格（東京都区部）

単位：円

品目	銘柄	数量単位	平成27年	28	29	30	令和元
牛肉	国産品、ロース	100 g	857	898	906	901	897
〃	輸入品、チルド（冷蔵）、肩ロース又はもも	〃	263	281	288	281	269
1) 豚肉	バラ（黒豚を除く。）	〃	223	224	229	233	236
〃	もも（黒豚を除く。）	〃	194	195	198	202	202
鶏肉	ブロイラー、もも肉	〃	136	135	136	135	130
牛乳	店頭売り、1,000mL紙容器入り	1 本	221	224	221	208	214
鶏卵	白色卵、パック詰（10個入り）、サイズ混合、〔卵重〕「MS52g～LL76g未満」、「MS52g～L70g未満」又は「M58g～L70g未満」	1パック	249	242	245	230	223

資料：総務省統計局「小売物価統計調査年報」
注：1)は、平成30年1月に基本銘柄を改正した。

7　畜産加工
(1)　生産量
ア　乳製品

単位：t

品目	平成27年	28	29	30	令和元
全粉乳	11,862	11,505	9,415	9,795	9,994
脱脂粉乳	128,610	127,598	121,063	120,004	124,900
調製粉乳	26,309	27,657	26,728	27,771	27,336
ホエイパウダー	…	…	19,008	19,367	19,371
バター	64,810	66,210	59,808	59,499	62,441
1) クリーム	113,796	111,029	115,848	116,190	116,297
チーズ	145,338	148,611	149,586	156,998	155,991
うち直接消費用ナチュラルチーズ	21,942	23,119	24,047	24,147	24,989
加糖れん乳	34,722	35,323	34,635	32,412	34,203
無糖れん乳	635	601	470	461	419
脱脂加糖れん乳	4,402	4,117	3,985	3,845	3,831
2) アイスクリーム(kl)	134,093	141,767	147,708	148,253	146,909

資料：農林水産省統計部「牛乳乳製品統計」
注：　1)は、平成28年以前、「クリームを生産する目的で脂肪分離したもの」に限定していたところではあるが、平成29年以降、バター、チーズ等を製造する過程で生産されるクリーム及び飲用牛乳等の脂肪調整用の抽出クリームのうち、製菓、製パン、飲料等の原料や家庭用として販売するものを含めるよう、調査定義を変更した。
　　2)は、乳脂肪分8％以上のものを計上している。

イ　年次食肉加工品生産数量

単位：t

年次	ベーコン類	ハム類	プレスハム類	ソーセージ類	ウィンナーソーセージ
平成27年	88,552	104,827	32,671	306,743	225,269
28	91,707	104,951	31,839	310,344	228,707
29	95,233	111,064	29,163	318,802	239,494
30	96,880	112,106	25,896	319,460	238,921
令和元	96,940	112,546	24,354	317,085	238,520

資料：日本ハム・ソーセージ工業協同組合「年次食肉加工品生産数量」

7　畜産加工（続き）
(2)　需給
　　　1世帯当たり年間の購入数量（二人以上の世帯・全国）

単位：g

品目		平成27年	28	29	30	令和元
加工肉	ハム	2,892	2,782	2,777	2,592	**2,709**
	ソーセージ	5,131	5,222	5,315	5,301	**5,322**
	ベーコン	1,482	1,471	1,514	1,546	**1,535**
乳製品	粉ミルク	287	326	306	287	**330**
	バター	459	471	492	503	**532**
	チーズ	2,901	3,084	3,309	3,488	**3,548**

資料：総務省統計局「家計調査年報」

8　飼料
(1)　配合飼料の生産量

単位：千t

年度	配合・混合飼料	配合飼料の用途別								
		計	養鶏用			養豚用	乳牛用	肉牛用	1)その他
			育すう用	ブロイラー用	成鶏用				
平成27年度	23,542	23,125	699	3,832	5,573	5,638	2,990	4,336	57
28	23,629	23,179	696	3,812	5,605	5,614	2,998	4,397	56
29	23,867	23,385	713	3,853	5,751	5,579	2,991	4,442	57
30	23,803	23,308	710	3,803	5,769	5,548	2,982	4,437	58
令和元	**24,138**	**23,608**	**680**	**3,859**	**5,812**	**5,642**	**3,034**	**4,520**	**60**

資料：（公社）配合飼料供給安定機構「飼料月報」
注：1)は、うずら用とその他の家畜家きん用である。

(2) 植物油かす等の生産量

単位：千 t

年次	1)ふすま	1)とうもろこし	1)米ぬか	米ぬか油かす	大豆油かす	なたね油かす	魚粉
平成27年	968	10,800	74	256	1,700	1,366	184
28	957	10,917	68	252	1,716	1,340	177
29	966	11,258	60	257	1,834	1,331	182
30	973	11,522	64	255	1,813	1,294	181
令和元	**966**	**11,768**	**62**	**261**	**1,864**	**1,310**	**189**

資料：米ぬか油かす・大豆油かす・なたね油かすは、農林水産省食料産業局「油糧生産実績表」
　　　ふすま・とうもろこし・米ぬかは、（公社）配合飼料供給安定機構「飼料月報」
　　　魚粉は、日本水産油脂協会「水産油脂統計年鑑」
注：1)は、原料使用量であり、会計年度の数値である。

(3) 主要飼料用作物の収穫量

年産	牧草		青刈りとうもろこし		ソルゴー	
	作付（栽培）面積	収穫量	作付面積	収穫量	作付面積	収穫量
	千ha	千t	千ha	千t	千ha	千t
平成27年産	738	1) 26,092	92	1) 4,823	15	1) 729
28	735	1) 24,689	93	1) 4,255	15	1) 655
29	728	25,497	95	4,782	14	665
30	1) 726	1) 24,621	1) 95	1) 4,488	1) 14	1) 618
令和元	**1) 724**	**1) 24,850**	**1) 95**	**1) 4,841**	**1) 13**	**1) 578**

資料：農林水産省統計部「作物統計」（以下(4)まで同じ。）
注：　1)は、主産県の調査結果から推計したものである。主産県とは、直近の全国調査年における
　　　全国の作付（栽培）面積のおおむね80％を占めるまでの都道府県及び農業競争力強化基盤整備
　　　事業のうち飼料作物に係るものを実施する都道府県である。

8 飼料（続き）
(4) 主要飼料用作物の収穫量（都道府県別）（令和元年産）

都道府県	牧草		青刈りとうもろこし		ソルゴー	
	作付（栽培）面積	収穫量	作付面積	収穫量	作付面積	収穫量
	ha	t	ha	t	ha	t
全国	724,400	24,850,000	94,700	4,841,000	13,300	578,100
北海道	532,800	17,423,000	56,300	3,113,000	15	546
青森	18,200	471,400	1,660	67,300	–	–
岩手	35,600	989,700	5,100	206,000	2	65
宮城	…	…	…	…	…	…
秋田	…	…	…	…	…	…
山形	…	…	…	…	…	…
福島	…	…	…	…	…	…
茨城	1,540	64,400	2,490	122,500	272	12,300
栃木	7,470	339,100	4,850	184,800	296	6,160
群馬	2,750	106,700	2,650	134,900	76	2,850
埼玉	…	…	…	…	…	…
千葉	969	32,500	950	45,300	439	18,500
東京	…	…	…	…	…	…
神奈川	…	…	…	…	…	…
新潟	…	…	…	…	…	…
富山	…	…	…	…	…	…
石川	…	…	…	…	…	…
福井	…	…	…	…	…	…
山梨	871	31,500	153	7,180	2	107
長野	…	…	…	…	…	…
岐阜	…	…	…	…	…	…
静岡	…	…	…	…	…	…
愛知	717	26,500	175	8,030	383	14,900
三重	…	…	…	…	…	…
滋賀	…	…	…	…	…	…
京都	…	…	…	…	…	…
大阪	…	…	…	…	…	…
兵庫	916	32,800	147	4,570	718	17,200
奈良	…	…	…	…	…	…
和歌山	…	…	…	…	…	…
鳥取	2,260	69,200	838	34,500	333	9,520
島根	1,420	43,200	65	2,030	177	5,220
岡山	…	…	…	…	…	…
広島	…	…	…	…	…	…
山口	1,250	27,500	6	186	408	9,790
徳島	…	…	…	…	…	…
香川	…	…	…	…	…	…
愛媛	…	…	…	…	…	…
高知	…	…	…	…	…	…
福岡	…	…	…	…	…	…
佐賀	903	34,500	9	306	333	10,900
長崎	5,610	281,600	465	20,500	2,100	85,300
熊本	14,400	610,600	3,400	151,600	744	39,400
大分	5,080	221,000	700	29,300	780	39,000
宮崎	15,800	979,600	4,700	223,300	2,780	151,200
鹿児島	19,000	1,022,000	1,690	93,000	1,560	81,000
沖縄	5,710	605,300	1	66	14	825

(5) 飼料総合需給表（可消化養分総量換算）

単位：千TDN t

区分	需要量	供給量				
		計	粗飼料	濃厚飼料		
				小計	国内産	輸入
平成27年度	23,569	23,569	5,073	18,496	5,840	12,655
28	23,820	23,820	4,877	18,944	5,979	12,964
29	24,593	24,593	5,125	19,468	5,999	13,469
30	24,498	24,498	5,021	19,477	5,843	13,633
令和元　（概算）	24,858	24,858	5,059	19,799	5,829	13,970

資料：農林水産省生産局資料
注：1　令和元年度は概算値である。
　　2　可消化養分総量（TDN:Total Digestible Nutrients）とは、エネルギー含量を示す単位であり、飼料の実量とは異なる。

(6) 飼料の輸出入量及び金額

品目	平成30年		令和元	
	数量	金額	数量	金額
	t	千円	t	千円
輸出				
配合調整飼料	17,373	6,915,306	17,498	6,737,743
輸入				
脱脂粉乳（飼料用）	30,466	5,921,421	30,309	6,934,270
ホエイ（飼料用）	35,992	4,364,495	35,393	4,749,954
大麦（裸麦を含む。）	1,264,030	38,499,607	1,147,830	35,186,976
オート	45,261	2,064,119	45,957	2,235,938
とうもろこし	15,801,834	372,183,030	15,982,824	384,108,758
うち飼料用	11,270,085	260,930,109	11,638,036	274,317,947
グレインソルガム	555,339	12,903,337	453,277	10,879,565
魚粉	189,207	30,274,746	213,288	31,747,958
大豆油粕（調整飼料用）	1,640,800	84,165,810	1,641,980	75,813,612

資料：財務省関税局「貿易統計」をもとに農林水産省統計部にて作成。
注：飼料用と記述していないものは、他用途のものを含む。

8 飼料（続き）
(7) 主要飼料の卸売価格

単位：円

年度	大豆油かす 工場置場渡し (kg)	配合飼料（生産者価格・工場渡し）				
		大すう用 (20kg)	成鶏用 (20kg)	ブロイラー 用（後期） (20kg)	乳牛用 (20kg)	肉豚用 (20kg)
平成27年度	60	1,323	1,438	1,495	1,404	1,342
28	56	1,251	1,377	1,413	1,310	1,288
29	56	1,257	1,388	1,418	1,331	1,310
30	60	1,305	1,457	1,484	1,399	1,371
令和元	58	1,310	1,451	1,474	1,392	1,373

資料：（公社）配合飼料供給安定機構「飼料月報」

(8) 飼料の価格指数

平成27年＝100

年次	一般 ふすま	大豆 油かす	ビート パルプ （外国産）	配合飼料	
				鶏（成鶏用） 粗たん白質 15〜19%	鶏（ブロイラー用 （後期）） 粗たん白質 15〜19%
平成27年	100.0	100.0	100.0	100.0	100.0
28	94.5	90.8	90.3	93.6	94.2
29	89.0	92.8	89.2	90.9	92.3
30	92.1	94.9	93.3	93.9	95.3
令和元	96.1	90.0	96.9	94.9	95.1

年次	配合飼料（続き）			
	乳用牛（飼育用） 粗たん白質 15〜18%	豚（幼豚（育成用）） 粗たん白質 15〜19%	豚（若豚（育成用）） 粗たん白質 12.5〜16.5%	肉用牛（肥育用） 粗たん白質 12〜15%
平成27年	100.0	100.0	100.0	100.0
28	94.3	92.3	92.3	93.0
29	94.8	92.4	92.6	92.2
30	98.5	95.7	96.3	96.0
令和元	99.2	96.2	97.1	98.5

資料：農林水産省統計部「農業物価統計」

9 養蚕
(1) 輸出入実績
ア 輸出入量及び金額

品目	平成30年		令和元	
	数量	金額	数量	金額
	kg	千円	kg	千円
輸出				
生糸	49	489	229	2,176
その他の蚕糸	6,254	36,138	10,371	43,340
輸入				
生糸	303,374	2,405,936	292,388	1,959,072
生糸（野蚕のもの）	1,080	8,691	1,316	10,711
生糸・玉糸	302,294	2,397,245	291,072	1,948,361
その他の蚕糸	192,637	575,410	95,706	263,446

資料：財務省関税局「貿易統計」をもとに農林水産省統計部にて作成（以下イまで同じ。）。

イ 生糸の国別輸入量及び金額

区分	平成30年		令和元	
	数量	金額	数量	金額
	kg	千円	kg	千円
生糸・玉糸	302,294	2,397,245	291,072	1,948,361
中華人民共和国	209,040	1,665,693	217,199	1,424,795
ブラジル	86,745	682,268	73,693	522,302
タイ	3,516	25,555	180	1,264

注：令和元年の輸入量が多い国・地域について、上位3か国を掲載した。

(2) 保険・共済

区分	単位	蚕繭	
		平成30年産	令和元（概数値）
引受組合等数	組合	12	12
引受戸数	戸	176	430
引受箱数	箱	2,187	1,641
共済金額	100万円	134	102
共済掛金	〃	2	1
支払対象戸数	戸	17	348
支払対象箱数	箱	123	1,465
支払共済金	100万円	1	2

資料： 農林水産省経営局「畑作物共済統計表」。ただし、令和元年産は経営局資料による。
注：農業保険法による畑作物共済の実績である。

X　その他の農産加工品
1　油脂
(1)　植物油脂生産量

単位：千 t

区分	平成27年	28	29	30	令和元
計	2,640	2,592	2,731	2,780	2,837
国産	65	63	66	66	68
大豆油	0	0	0	0	0
なたね・からし油	1	0	0	1	1
米油	64	63	66	64	67
らっかせい油	0	0	0	1	0
その他	0	0	0	0	0
輸入	2,574	2,529	2,665	2,714	2,769
大豆油	438	449	480	476	500
なたね・からし油	1,083	1,050	1,075	1,044	1,052
綿実油	9	7	7	9	8
サフラワー油	9	7	6	6	7
ごま油	48	50	54	56	56
とうもろこし油	81	79	79	83	81
らっかせい油	1	1	0	0	0
ひまわり油	20	24	24	24	28
米油	33	30	24	34	33
オリーブ油	60	45	57	60	73
やし油	52	43	42	40	39
パーム核油	82	79	72	79	74
パーム油	620	647	708	754	779
あまに油	9	7	7	8	11
ひまし油	17	0	18	25	18
桐油	1	0	1	1	1
その他	11	11	11	15	9

資料：農林水産省食料産業局「我が国の油脂事情」（以下(2)まで同じ。）
注：輸入は、原料を輸入して国内で搾油したもの及び製品を直接輸入したものの計である。

(2)　食用加工油脂生産量

単位：t

区分	平成27年	28	29	30	令和元
マーガリン	161,618	166,982	167,836	165,765	170,189
家庭用	15,861	15,515	14,150	14,230	14,669
学校給食用	1,097	1,008	957	875	908
業務用	144,660	150,469	152,729	150,660	154,612
ファットスプレッド	63,308	58,283	56,530	52,683	51,450
ショートニング	249,887	252,272	236,080	229,261	220,438
精製ラード	52,697	53,989	24,071	24,020	24,744

(3)　輸出入量及び金額

品目	平成30年		令和元	
	数量	金額	数量	金額
	t	千円	t	千円
輸出				
植物性油脂（原料）	…	10,881,126	…	11,873,047
油脂原料	276	2,415,539	785	2,793,982
油脂	14,593	8,298,726	17,411	8,907,223
大豆油	396	103,579	432	98,734
菜種油・からし種油	1,264	309,756	1,503	367,412
あまに油	28	12,626	17	7,324
パーム油	54	26,914	41	19,585
ひまし油	472	181,541	321	128,451
ごま油	8,988	6,161,090	9,244	6,490,738
油粕	764	166,861	724	171,842
大豆油粕	531	70,701	527	70,495
輸入				
植物性油脂（原料）	…	578,718,493	…	558,382,832
油脂原料	5,892,511	333,238,853	6,085,674	326,900,674
大豆	3,236,413	170,089,931	3,392,154	167,315,776
落花生（調製していないもの）	36,806	8,501,684	36,071	7,802,022
菜種（採油用）	2,337,350	124,269,883	2,359,212	112,531,434
ごま（採油用）	157,170	23,629,451	186,161	33,040,658
からし菜の種（採油用）	4,766	537,875	4,656	519,150
綿実（採油用）	103,051	3,265,408	93,084	2,918,572
サフラワーの種（採油用）	621	40,828	594	41,546
亜麻の種（採油用）	4,687	278,346	4,147	245,749
ひまの種（採油用）	…	544	…	379
ひまわりの種（採油用）	1,751	628,154	2,174	906,748
油脂	1,095,802	144,579,791	1,154,416	135,403,050
なたね油	18,894	2,286,520	37,799	3,878,767
綿実油	3,713	430,966	2,944	337,752
オリーブ油	59,562	35,814,866	72,843	35,331,340
やし油	40,251	6,398,124	39,010	4,272,539
パーム油	603,981	47,706,334	611,452	42,364,477
パーム核油	79,395	10,299,130	73,891	6,782,051
植物性油脂	19,513	6,142,706	21,615	6,069,113
油粕	2,963,769	100,899,849	3,342,576	96,079,108
大豆油粕（調製飼料用）	1,640,800	84,165,810	1,641,980	75,813,612
動物性油脂	84,949	14,340,789	86,707	15,672,261
牛脂	21,825	1,772,884	19,423	1,636,738

資料：財務省関税局「貿易統計」をもとに農林水産省統計部にて作成。

2 でん粉・水あめ・ぶどう糖
(1) でん粉・水あめ・ぶどう糖生産量

単位：千 t

でん粉年度	ばれいしょ でん粉	かんしょ でん粉	小麦 でん粉	コーン スターチ	水あめ	ぶどう糖 規格内 結晶 ぶどう糖	ぶどう糖 規格内 精製 ぶどう糖	規格外 ぶどう糖
平成26年度	193	37	18	2,190	619	49	10	29
27	187	35	17	2,273	618	48	11	30
28	151	39	17	2,271	602	49	11	30
29	182	29	17	2,303	571	50	11	28
30	169	27	17	2,295	581	50	10	30

資料：農林水産省政策統括官地域作物課資料
注：沖縄県を含まない。

(2) でん粉の輸入実績

品目	(統計番号)	平成30年 数量	平成30年 1 kg 当たり単価	令和元 数量	令和元 1 kg 当たり単価
		kg	円	kg	円
とうもろこしでん粉 計 (1108.12.010) (1108.12.020) (1108.12.090) (1108.12.091) (1108.12.099)		1,348,760	143	3,337,186	91
ばれいしょでん粉 計 (1108.13.010) (1108.13.020) (1108.13.090) (1108.13.091) (1108.13.099)		12,913,580	89	10,246,920	87
マニオカでん粉 計 (1108.14.010) (1108.14.020) (1108.14.090) (1108.14.091) (1108.14.099)		121,213,185	53	138,430,535	50
サゴでん粉 計 (1108.19.011) (1108.19.012) (1108.19.017) (1108.19.018) (1108.19.019)		17,863,150	59	17,159,500	59
小麦でん粉 計 (1108.11.010) (1108.11.090)		－	－	－	－
その他でん粉 計 (1108.19.091) (1108.19.092) (1108.19.097) (1108.19.098) (1108.19.099)		1,472,791	337	1,445,026	280

資料：農畜産業振興機構「でん粉の輸入実績」（以下(3)まで同じ。）
注：財務省関税局「貿易統計」を集計したものであり、統計番号はそのコードである（以下(3)まで同じ。）。

(3) 化工でん粉の輸入実績

品目	(統計番号)	平成30年 数量	平成30年 1 kg 当たり単価	令和元 数量	令和元 1 kg 当たり単価
		kg	円	kg	円
でん粉誘導体 計	(3505.10.100)	457,332,679	91	440,269,591	92
デキストリン 計	(3505.10.200)	13,289,559	109	12,636,379	118
膠着剤 計	(3505.20.000)	272,053	174	214,975	208
仕上剤、促染剤、媒染剤等 計	(3809.10.000)	22,552	143	3,892	227

3 調味料
(1) 生産量

年次	みそ	しょうゆ	グルタミン酸ソーダ	1)食酢	2)マヨネーズ	1)3)カレー
	千t	千kl	千t	千kl	千t	千t
平成27年	462	780	34	415	410	100
28	476	776	19	436	414	‥
29	482	769	18	428	416	‥
30	478	757	20	430	411	‥
令和元	482	744	18	‥	410	‥

資料：みそ及びしょうゆは、農林水産省大臣官房政策課食料安全保障室「食品産業動態調査」
　　　それ以外は、農林水産省食料産業局資料による。
注：1)は、会計年度である。
　　2)は、ドレッシングを含む。
　　3)は、カレー粉・カレールゥである。

(2) 1世帯当たり年間の購入数量（二人以上の世帯・全国）

品目	単位	平成27年	28	29	30	令和元
しょう油	ml	5,773	5,618	5,249	4,981	4,708
みそ	g	5,483	5,301	5,168	5,194	5,076
酢	ml	1,980	2,024	1,954	2,180	2,008
マヨネーズ・マヨネーズ風調味料	g	2,477	2,509	2,474	2,520	2,617
カレールゥ	〃	1,489	1,501	1,418	1,441	1,412

資料：総務省統計局「家計調査年報」

(3) 輸出量及び金額

品目	平成30年		令和元	
	数量	金額	数量	金額
	t	千円	t	千円
輸出				
調味料				
醤油	40,901	7,726,908	42,776	7,681,355
味噌	17,010	3,518,002	18,434	3,824,228

資料：財務省関税局「貿易統計」をもとに農林水産省統計部にて作成。

4 菓子類の出荷額

単位：100万円

年次	食パン	菓子パン（イーストドーナッツを含む）	洋生菓子	和生菓子	ビスケット類・干菓子	米菓	あめ菓子	チョコレート類	他に分類されない菓子
平成26年	342,856	931,811	753,112	543,520	435,435	340,369	167,765	436,508	690,388
27	361,910	936,023	808,941	539,450	424,305	342,561	182,664	445,666	765,552
28	338,998	992,416	793,738	503,595	457,260	359,209	169,620	512,574	749,958
29	336,350	1,013,719	824,243	561,229	465,029	298,841	166,823	564,642	773,993
30	339,508	1,002,095	848,788	553,936	469,745	382,202	170,953	590,009	808,149

資料： 経済産業省大臣官房調査統計グループ「工業統計表（品目編）」。ただし、平成27年は「平成28年経済センサス－活動調査 製造業（品目編）」による（以下6まで同じ。）。
注： 従業者4人以上の事業所の数値である（以下6まで同じ。）。

5 飲料類の出荷額

単位：100万円

年次	炭酸飲料	ジュース	コーヒー飲料（ミルク入りを含む）	茶系飲料	ミネラルウォーター	その他の清涼飲料
平成26年	241,832	442,507	470,646	580,734	140,636	372,232
27	224,824	420,419	377,249	640,140	108,903	416,051
28	280,603	417,896	313,461	539,124	134,386	391,876
29	273,590	400,323	305,466	587,581	166,095	410,058
30	314,143	383,709	345,859	627,552	184,685	539,896

6 酒類の出荷額

単位：100万円

年次	果実酒	ビール	発泡酒	清酒（濁酒を含む）	焼酎	合成清酒	ウイスキー	味りん（本直しを含む）
平成26年	65,950	1,098,447	234,876	433,320	508,919	9,597	106,769	40,047
27	80,040	1,142,210	218,970	434,995	517,555	8,126	158,645	45,728
28	62,232	1,175,930	228,280	443,582	504,898	8,998	156,975	45,310
29	64,853	1,100,848	216,892	455,281	476,214	9,006	155,649	43,416
30	64,520	1,055,594	198,380	434,105	471,166	8,483	158,700	33,738

7 缶・瓶詰
(1) 生産数量（内容重量）

単位：kg

品目	平成27年	28	29	30	令和元
総計	3,128,433,012	3,117,831,527	2,982,939,127	2,736,976,289	2,575,416,983
1) 丸缶	3,030,963,915	3,023,804,382	2,891,374,349	2,657,436,465	2,496,274,224
水産	100,684,521	101,665,163	98,566,147	104,410,499	98,716,047
果実	32,546,706	30,388,814	29,524,056	28,773,457	28,153,917
野菜	46,080,712	38,205,374	38,355,729	34,983,221	33,594,353
ジャム	329,446	291,490	337,329	235,720	176,750
食肉	6,739,883	6,274,315	6,028,578	6,340,063	6,827,992
調理・特殊	43,692,279	43,892,999	41,823,653	40,452,463	37,858,228
飲料	2,800,890,368	2,803,086,227	2,676,738,857	2,442,241,042	2,290,946,937
2) 大缶	31,909,092	31,968,990	29,709,489	29,162,317	29,842,002
3) びん詰	65,560,005	62,058,155	61,855,289	50,377,507	49,300,757

資料：日本缶詰びん詰レトルト食品協会「缶詰時報」（以下（2）まで同じ。）
注： 内容重量は、内容総量を基礎として算出したものである。ただし、アスパラガス、スイートコーン
及びなめこ以外の野菜水煮にあっては固形量によった。
1)は、主として一般に流通している食料缶詰の総称であり、炭酸飲料、スポーツドリンク、ビール、
酒、れん粉乳の缶詰及び缶入りは除外した。
2)は、18L缶、9L缶など、業務用として造られる大型缶詰であり、飲料は除外した。
3)は、飲料、酒類、乳製品などの、びん入りを除外した。

(2) 輸出入量及び金額

品目	平成30年		令和元	
	数量	金額	数量	金額
	kg	千円	kg	千円
輸出				
総計	11,080,104	7,451,591	13,169,272	8,978,511
水産	3,434,316	2,983,232	3,292,472	3,146,701
果実	1,222,766	1,284,965	1,769,854	1,904,245
野菜	326,519	313,967	309,143	300,631
ジャム	207,273	201,432	221,130	196,735
食肉	708	1,306	1,414	1,136
ジュース	5,888,522	2,666,689	7,575,259	3,429,063
輸入				
総計	688,710,832	181,196,492	673,952,451	174,905,544
水産	60,990,445	53,685,057	62,902,427	52,511,206
果実合計	244,539,698	48,661,968	238,480,481	47,062,560
果実	238,512,604	46,954,641	232,586,413	45,333,406
果実パルプ	6,027,094	1,707,327	5,894,068	1,729,154
野菜	319,785,168	52,018,419	314,894,269	50,081,092
ジャム	17,193,132	4,512,184	13,494,850	3,714,102
食肉	46,202,389	22,318,864	44,180,424	21,536,584
(参考)				
ジュース	239,126,388	76,136,847	228,492,247	66,257,735
その他水及び炭酸水	69,716,603	19,476,870	77,584,322	20,682,991

注： 輸出入統計は、財務省「日本貿易月表」より缶びん詰と思われる品目を抜粋している。

XI 環境等
1 環境保全型農業の推進
(1) 環境保全型農業に取り組む農業経営体数等（各年2月1日現在）
ア 農業経営体

単位：経営体

年次・全国農業地域	化学肥料の低減の取組		農薬の低減の取組		堆肥による土づくり	
	している	していない	している	していない	している	していない
平成22年	585,101	243,652	671,637	157,116	465,114	363,639
27	284,229	182,231	361,516	104,542	210,610	216,017
北海道	11,975	7,317	13,592	5,700	12,195	7,097
都府県	272,254	174,914	348,326	98,842	207,348	239,820
東北	59,018	31,990	71,325	19,683	42,323	48,685
北陸	36,227	9,757	38,150	7,834	14,853	31,131
関東・東山	53,730	40,944	71,869	22,805	47,969	46,705
東海	21,160	15,382	30,044	6,498	14,181	22,361
近畿	26,051	16,105	33,396	8,760	17,502	24,654
中国	19,448	15,940	27,442	7,946	16,447	18,941
四国	12,641	11,274	19,297	4,618	10,062	13,853
九州	40,639	30,855	52,603	18,891	40,408	31,086
沖縄	3,340	2,667	4,200	1,807	3,603	2,404

資料：農林水産省統計部「農林業センサス」（以下イまで同じ。）

イ 販売農家

単位：戸

年次・全国農業地域	化学肥料の低減の取組		農薬の低減の取組		堆肥による土づくり	
	している	していない	している	していない	している	していない
平成22年	572,496	239,040	657,879	153,657	455,191	356,345
27	273,166	176,889	348,956	101,099	210,550	239,505
北海道	11,381	6,995	12,984	5,392	11,496	6,880
都府県	261,785	169,894	335,972	95,707	199,054	232,625
東北	57,313	31,307	69,444	19,176	41,009	47,611
北陸	34,585	9,353	36,475	7,463	13,900	30,038
関東・東山	52,023	39,843	69,710	22,156	46,434	45,432
東海	20,228	14,923	28,878	6,273	13,520	21,631
近畿	24,883	15,638	32,003	8,518	16,742	23,779
中国	18,382	15,405	26,167	7,620	15,485	18,302
四国	12,197	10,958	18,693	4,462	9,681	13,474
九州	39,024	29,943	50,653	18,314	38,876	30,091
沖縄	3,150	2,524	3,949	1,725	3,407	2,267

(2) エコファーマー認定状況(各年度末現在)

単位:件

農政局名等	平成26年度	27	28	29	30
全国	166,373	154,669	129,389	111,864	95,147
北海道	5,195	4,863	4,610	4,149	3,363
東北	37,842	34,126	28,945	26,180	23,094
関東	30,147	27,606	25,106	22,842	18,171
北陸	40,287	38,686	34,695	28,627	24,837
東海	3,931	3,788	3,484	3,283	3,053
近畿	14,784	14,669	5,860	4,822	4,016
中国四国	8,915	7,746	7,271	6,680	5,764
九州	24,762	22,676	18,924	14,757	12,361
沖縄	510	509	494	524	488

資料:農林水産省生産局資料
注: エコファーマーとは、「持続性の高い農業生産方式の導入の促進に関する法律」に基づき、
「持続性の高い農業生産方式の導入に関する計画」を都道府県知事に提出し認定を受けた農業
者の愛称である。

2 新エネルギーの導入量

年度	太陽光発電		風力発電		廃棄物発電+バイオマス発電	
	万kl	万kW	万kl	万kW	万kl	万kW
平成2年度(1990年度)	0.3	–	0.0	0.1	44	–
7 (1995)	1.1	–	0.4	1.0	81	65
12 (2000)	8.1	33.0	5.9	14.4	120	110
17 (2005)	34.7	142.2	44.2	108.5	252	215
22 (2010)	88.4	361.8	99.4	244.2	327	240
27 (2015)	793.8	3,248.0	123.6	303.4	401	293
28 (2016)	946.1	3,871.1	136.2	334.4	447	326
29 (2017)	1,078.9	4,414.6	143.4	351.9	503	367
30 (2018)	1,208.1	4,943.3	157.5	386.6	565	412

年度	バイオマス熱利用	太陽熱利用	廃棄物熱利用	1)未利用エネルギー	黒液・廃材等	合計
	万kl	万kl	万kl	万kl	万kl	万kl
平成2年度(1990年度)	…	132	2.7	0.8	477	657
7 (1995)	…	135	3.8	3.0	472	696
12 (2000)	…	89	4.5	4.5	490	722
17 (2005)	142.0	61	149.0	4.9	470	1,159
22 (2010)	173.7	44	137.8	4.7	492	1,368
27 (2015)	…	29	…	…	…	…
28 (2016)	…	27	…	…	…	…
29 (2017)	…	25	…	…	…	…
30 (2018)	…	27	…	…	…	…

資料:日本エネルギー経済研究所「EDMC/エネルギー・経済統計要覧(2020年版)」
注:平成24年度(2012年度)以降はEDMCで推計した結果である。
1)は、雪氷熱利用を含む。

3 温室効果ガスの排出量

区分	単位	平成2年度 (1990年度)	17 (2005)	25 (2013)	29 (2017)	30 (2018)
二酸化炭素（CO₂）合計	100万 t CO₂	1,164	1,293	1,317	1,190	1,138
エネルギー起源	〃	1,068	1,201	1,235	1,110	1,059
非エネルギー起源	〃	96.3	92.7	81.7	79.6	78.5
うちその他（農業・間接CO₂等）	〃	6.7	4.6	3.5	3.1	3.1
メタン（CH₄）合計	100万 t CO₂換算	44.4	35.8	32.5	30.2	29.9
うち農業（家畜の消化管内発酵、稲作等）	〃	25.4	24.9	24.8	23.5	23.4
一酸化二窒素（N₂O）合計	〃	31.9	25.0	21.5	20.4	20.0
うち農業（家畜排せつ物の管理、農用地の土壌等）	〃	11.4	9.9	9.4	9.4	9.4

資料：環境省地球環境局「2018年度（平成30年度）の温室効果ガス排出量（確報値)について」

4 食品産業における食品廃棄物等の年間発生量、発生抑制の実施量及び再生利用等実施率（平成29年度）

区分	食品廃棄物等の年間発生量						発生抑制の実施量	3)再生利用等実施率
	計	1)食品リサイクル法で規定している用途への実施量	熱回収の実施量	減量した量	2)その他	廃棄物としての処分量		
	千 t	千 t	千 t	千 t	千 t	千 t	千 t	％
食品産業計	17,666	12,297	444	1,640	411	2,873	2,958	84
うち食品製造業	14,106	11,252	443	1,605	380	427	2,292	95
食品卸売業	268	153	1	14	20	80	36	67
食品小売業	1,230	474	0	4	3	748	290	51
外食産業	2,062	419	0	17	8	1,617	339	32

資料：農林水産省統計部「食品循環資源の再生利用等実態調査」
注： 食品循環資源の再生利用等実態調査結果と食品リサイクル法第9条第1項に基づく定期報告結果を用いて推計したものである。
　　1)食品リサイクル法で規定している用途とは、肥料、飼料、メタン、油脂及び油脂製品、炭化製品（燃料及び還元剤）又はエタノールの原材料としての再生利用である。
　　2)その他とは、再生利用の実施量として、1)以外の食用品（食品添加物や調味料、健康食品等）、工業資材用（舗装用資材、塗料の原料等）、工芸用等の用途に仕向けた量及び不明のものをいう。
　　3)再生利用等実施率

$$= \frac{当該年度の（発生抑制の実施量＋食品リサイクル法で規定している用途への実施量＋熱回収の実施量×0.95＋減量した量）}{当該年度の（発生抑制の実施量＋食品廃棄物等の年間発生量）}$$

XII　農業団体等

1　農業協同組合・同連合会

(1)　農業協同組合・同連合会数（各年3月31日現在）

年次	単位農協				連合会		
	計	総合農協（出資組合）	専門農協		計	出資連合会	非出資連合会
			出資組合	非出資組合			
	組合	組合	組合	組合	連合会	連合会	連合会
平成28年	2,358	691	875	792	190	185	5
29	2,273	679	831	763	187	181	6
30	2,209	672	811	726	182	177	5
31	1,964	649	664	651	182	177	5
令和2	1,736	627	582	527	180	175	5

資料：農林水産省経営局「農業協同組合等現在数統計」（以下(3)まで同じ。）

(2)　主要業種別出資農業協同組合数（各年3月31日現在）

単位：組合

年次	専門農協	畜産	酪農	養鶏	園芸特産	農村工業
平成28年	875	106	157	68	227	49
29	831	98	148	61	218	47
30	811	95	149	61	211	43
31	664	81	135	46	184	25
令和2	582	62	115	40	172	17

(3)　農業協同組合・同連合会の設立・合併・解散等の状況

区分	平成27年度		28		29		30		令和元	
	単位農協	連合会	単位農協	連合会	単位農協	連合会	単位農協	連合会	単位農協	連合会
	組合	連合会	組合	連合会	組合	連合会	組合	連合会	組合	連合会
増加	9	－	7	1	3	－	3	－	3	－
新設認可	2	－	1	－	－	－	1	－	1	－
合併設立	1	－	1	－	1	－	2	－	2	－
定款変更	6	－	5	1	2	－	－	－	－	－
行政区域の変更	－	－	－	－	－	－	－	－	－	－
減少	94	3	84	4	60	4	253	－	96	3
普通解散	40	1	21	3	12	－	23	－	21	3
吸収合併解散	17	－	13	－	1	－	21	－	12	－
設立合併解散	2	－	4	－	3	－	6	－	14	－
包括承継による消滅	－	1	－	－	－	2	－	－	－	－
認可後登記前取消	－	－	－	－	－	－	－	－	－	－
承認取消解散	－	－	－	－	－	－	－	－	－	－
解散命令による解散	29	1	10	－	1	－	－	－	－	－
定款変更	6	－	5	1	2	－	－	－	－	－
行政区域の変更	－	－	－	－	－	－	－	－	－	－
みなし解散	－	－	25	－	35	－	195	－	45	－
組織変更	－	－	6	－	6	2	8	－	4	－
増減	△ 85	△ 3	△ 77	△ 3	△ 57	△ 4	△ 250	－	△ 93	△ 3

注：1　単位農協・連合会とも増減数が「1 (1)　農業協同組合・同連合会数」の差と一致しないのは、前期末現在数を修正しているためである。
　　2　「みなし解散」及び「組織変更」は、平成28年度から新たに追加された項目である。

1 農業協同組合・同連合会（続き）
(4) 総合農協の組合員数

単位：人

事業年度	合計	正組合員			准組合員		
		計	個人	法人	計	個人	団体
平成26年	10,267,614	4,495,106	4,478,620	16,486	5,772,508	5,692,730	79,778
27	10,370,172	4,433,389	4,415,549	17,840	5,936,783	5,857,393	79,390
28	10,444,426	4,367,858	4,348,560	19,298	6,076,568	5,997,642	78,926
29	10,511,348	4,304,501	4,283,685	20,816	6,206,847	6,128,521	78,326
30	10,490,707	4,247,743	4,225,505	22,238	6,242,964	6,165,396	77,568

資料：農林水産省経営局「総合農協統計表」（以下(5)まで同じ。）

(5) 総合農協の事業実績
ア 購買事業

品目	平成29年事業年度				30			
	当期受入高	1)系統利用率	当期供給・取扱高	購買利益（購買手数料を含む。）	当期受入高	1)系統利用率	当期供給・取扱高	購買利益（購買手数料を含む。）
	100万円	%	100万円	100万円	100万円	%	100万円	100万円
計	2,207,102	64.8	2,510,150	301,131	2,192,100	64.8	2,500,527	301,026
生産資材	1,659,296	67.3	1,830,189	170,113	1,666,572	67.1	1,846,869	176,066
肥料	237,130	80.9	269,348	32,305	240,169	81.0	272,301	33,691
農薬	196,510	64.8	222,502	23,585	194,964	65.2	220,381	24,745
飼料	306,879	61.2	318,500	11,602	316,608	60.4	329,023	12,021
農業機械	213,644	66.7	238,443	24,775	212,224	65.2	237,558	24,513
燃料	275,407	85.1	306,656	32,046	281,184	85.4	318,577	34,765
自動車（二輪車を除く。）	51,910	41.1	57,672	5,278	51,009	42.2	56,063	5,018
その他	377,812	55.9	417,065	40,519	370,411	55.4	412,963	41,309
生活物資	547,806	57.5	679,960	131,017	525,527	57.3	653,657	124,959
食料品	163,148	48.9	195,731	32,733	147,812	47.1	179,544	30,571
衣料品	4,364	63.4	5,138	755	4,057	63.7	4,764	694
耐久消費財	29,007	55.1	32,343	3,267	28,646	53.4	31,990	3,186
日用保健雑貨用品	39,655	49.0	44,883	5,153	37,147	49.9	42,283	4,883
家庭燃料	135,210	80.4	194,452	58,335	133,568	82.2	190,222	54,789
その他	176,418	50.0	207,410	30,771	174,294	48.9	204,852	30,832

注：1)は、当期受入高のうち農協又は同連合会からの当期受入高の占める割合である。

イ 販売事業

品目	平成29年事業年度			30		
	当期販売・取扱高	1)系統利用率	販売手数料(販売利益を含む。)	当期販売・取扱高	1)系統利用率	販売手数料(販売利益を含む。)
	100万円	%	100万円	100万円	%	100万円
計	4,684,941	80.8	147,823	4,567,883	81.4	146,086
米	890,427	69.8	37,969	858,742	69.3	36,424
麦	51,168	94.0	4,260	48,229	94.8	3,685
雑穀・豆類	71,758	76.9	4,469	65,361	75.5	4,896
野菜	1,356,211	85.5	40,764	1,310,342	86.4	39,695
果実	428,720	88.5	12,267	421,024	90.3	12,529
花き・花木	126,379	79.3	3,548	123,942	78.0	3,477
畜産物	1,361,365	89.5	17,242	1,349,881	90.6	17,463
うち生乳	475,422	97.2	5,271	473,519	97.8	5,305
肉用牛	558,594	84.3	7,423	585,513	86.1	8,178
肉豚	104,827	91.0	1,154	94,882	91.1	1,029
肉鶏	4,234	14.7	38	4,153	16.7	36
鶏卵	19,131	71.0	208	17,947	67.0	253
その他	398,910	51.0	27,300	390,358	50.0	27,914
うち茶	50,037	81.0	1,006	43,294	79.8	866

注:1)は、当期販売・取扱高のうち農協又は同連合会への当期販売・取扱高の占める割合である。

2 農業委員会数及び委員数
(各年10月1日現在)

年次	委員会数	農業委員数	農地利用最適化推進委員数
	委員会	人	人
平成27年	1,707	35,488	―
28	1,706	33,174	3,257
29	1,703	26,119	13,465
30	1,703	23,196	17,824
令和元	1,703	23,125	17,770

資料:農林水産省経営局資料

3 土地改良区数、面積及び組合員数
(各年3月31日現在)

年次	土地改良区数	面積	組合員数
	改良区	ha	人
平成28年	4,646	2,561,245	3,639,220
29	4,585	2,534,760	3,592,232
30	4,504	2,530,213	3,568,616
31	4,455	2,513,828	3,533,664
令和2	4,403	2,497,912	3,504,527

資料:農林水産省農村振興局資料

4 普及職員数及び普及指導センター数

年度	普及職員数	農業革新支援専門員数	普及指導センター数
	人	人	箇所
平成27年度	7,352	590	365
28	7,338	584	361
29	7,321	594	361
30	7,292	607	360
令和元	7,267	606	360

資料:農林水産省生産局資料
注:1 データは年度末時点のものである。
　　2 普及職員数とは、普及指導員及び実務経験中職員等の合計である。

農　山　村　編

I　農業集落

1　DIDまでの所要時間別農業集落数（平成27年2月1日現在）

単位：集落

全国 農業地域	計	15分未満	15〜30分	30分〜1時間	1時間〜 1時間半	1時間半 以上
全国	138,256	38,014	52,364	37,771	7,090	3,017
北海道	7,081	1,355	2,442	2,400	588	296
都府県	131,175	36,659	49,922	35,371	6,502	2,721
東北	17,432	3,703	7,421	5,445	741	122
北陸	11,050	3,296	4,698	2,371	307	378
関東・東山	24,292	9,647	10,099	3,998	470	78
東海	11,613	4,348	4,368	2,249	573	75
近畿	10,796	3,642	4,053	2,640	412	49
中国	19,663	3,999	7,020	6,973	1,473	198
四国	11,027	2,339	3,741	3,304	1,112	531
九州	24,552	5,400	8,277	8,281	1,371	1,223
沖縄	750	285	245	110	43	67

資料：農林水産省統計部「2015年農林業センサス」（以下5(2)まで同じ。）
注：1　DIDとは、国勢調査において人口密度約4,000人／km²以上の国勢調査基本単位区が
　　　いくつか隣接し、合わせて人口5,000人以上を有する地域をいう
　　　（DID：Densely Inhabited District）。
　　2　DIDまでの所要時間とは、当該農業集落の居住者が普段利用している交通手段（自
　　　動車、バス、電車等）によることとし、その起点は、当該農業集落の中心地とし、終点
　　　はDIDの中心地にある施設とする。

2　耕地面積規模別農業集落数（平成27年2月1日現在）

単位：集落

全国 農業地域	耕地のある農業集落							耕地の ない 農業集落
	計	10ha未満	10〜20	20〜30	30〜50	50〜100	100ha 以上	
全国	133,635	44,185	29,776	18,394	18,703	14,833	7,744	4,621
北海道	6,567	525	286	266	599	1,458	3,433	514
都府県	127,068	43,660	29,490	18,128	18,104	13,375	4,311	4,107
東北	16,877	2,886	2,423	2,346	3,396	3,871	1,955	555
北陸	10,762	2,889	2,448	1,771	1,956	1,377	321	288
関東・東山	23,798	6,540	4,919	3,598	4,241	3,531	969	494
東海	11,362	4,062	2,894	1,656	1,526	972	252	251
近畿	10,512	3,341	2,946	1,797	1,542	756	130	284
中国	18,753	9,813	5,217	2,148	1,170	362	43	910
四国	10,759	5,776	2,865	1,096	699	299	24	268
九州	23,558	8,195	5,656	3,643	3,456	2,103	505	994
沖縄	687	158	122	73	118	104	112	63

3 耕地率別農業集落数 (平成27年2月1日現在)

単位：集落

全国農業地域	耕地のある農業集落						耕地のない農業集落
	計	10%未満	10〜20	20〜30	30〜50	50%以上	
全国	133,635	47,402	23,880	16,747	22,579	23,027	4,621
北海道	6,567	1,562	793	632	1,114	2,466	514
都府県	127,068	45,840	23,087	16,115	21,465	20,561	4,107
東北	16,877	4,965	2,940	2,099	2,872	3,995	555
北陸	10,762	3,309	1,698	1,131	1,746	2,878	288
関東・東山	23,798	5,992	3,689	3,318	5,502	5,297	494
東海	11,362	4,384	1,867	1,596	2,274	1,241	251
近畿	10,512	4,321	2,154	1,370	1,638	1,029	284
中国	18,753	9,924	4,082	2,010	1,670	1,067	910
四国	10,759	4,738	1,756	1,169	1,629	1,467	268
九州	23,558	8,000	4,766	3,302	4,002	3,488	994
沖縄	687	207	129	120	132	99	63

4 実行組合のある農業集落数 (平成27年2月1日現在)

単位：集落

全国農業地域	計	実行組合がある	実行組合がない
全国	138,256	99,220	39,036
北海道	7,081	5,287	1,794
都府県	131,175	93,933	37,242
東北	17,432	13,632	3,800
北陸	11,050	10,121	929
関東・東山	24,292	20,150	4,142
東海	11,613	9,498	2,115
近畿	10,796	8,313	2,483
中国	19,663	11,111	8,552
四国	11,027	5,602	5,425
九州	24,552	15,313	9,239
沖縄	750	193	557

5　農業集落の寄り合いの状況（平成27年2月1日現在）
(1)　過去1年間に開催された寄り合いの回数別農業集落数

単位：集落

全国 農業地域	計	寄り合いを開催した農業集落						開催なし
		小計	1～5回	6～10	11～15	15～20	21回以上	
全国	138,256	129,856	40,980	34,377	26,516	13,210	14,773	8,400
北海道	7,081	6,147	2,186	2,078	1,129	448	306	934
都府県	131,175	123,709	38,794	32,299	25,387	12,762	14,467	7,466
東北	17,432	16,473	3,413	4,514	3,146	2,168	3,232	959
北陸	11,050	10,521	2,406	3,058	2,211	1,307	1,539	529
関東・東山	24,292	23,221	7,556	6,783	4,243	2,115	2,524	1,071
東海	11,613	10,902	3,289	2,389	2,759	1,227	1,238	711
近畿	10,796	10,351	2,658	2,343	2,250	1,328	1,772	445
中国	19,663	17,858	6,802	4,060	4,002	1,600	1,394	1,805
四国	11,027	10,161	4,852	2,443	1,851	624	391	866
九州	24,552	23,520	7,711	6,558	4,748	2,298	2,205	1,032
沖縄	750	702	107	151	177	95	172	48

(2)　寄り合いの議題別農業集落数

単位：集落

全国 農業地域	寄り合い を開催し た農業集落	寄り合いの議題（複数回答）							寄り合い を開催し なかった 農業集落
		農業生産 に係る事項	農道・農 業用用排 水路・た め池の管理	集落共有 財産・共 用施設の 管理	環境美化 ・自然環 境の保全	農業集落 行事（祭 り・イベ ント等） の計画・ 推進	農業集落 内の福祉 ・厚生	再生可能 エネルギ ーへの 取組	
全国	129,856	82,890	103,557	89,054	116,457	117,158	85,256	5,646	8,400
北海道	6,147	4,379	4,064	3,771	5,375	5,672	4,127	450	934
都府県	123,709	78,511	99,493	85,283	111,082	111,486	81,129	5,196	7,466
東北	16,473	12,801	13,911	12,479	14,972	14,799	10,852	730	959
北陸	10,521	9,214	9,625	8,476	9,380	9,589	6,607	355	529
関東・東山	23,221	12,931	17,532	15,439	20,869	21,009	15,695	1,059	1,071
東海	10,902	6,544	8,511	7,077	9,596	9,709	6,672	498	711
近畿	10,351	7,544	9,217	7,763	9,339	9,332	6,894	578	445
中国	17,858	10,172	14,148	12,205	16,066	16,120	11,855	689	1,805
四国	10,161	4,915	7,603	6,127	8,281	9,053	5,397	251	866
九州	23,520	14,062	18,614	15,287	21,914	21,205	16,586	988	1,032
沖縄	702	328	332	430	665	670	571	48	48

Ⅱ 農村の振興と活性化
1 多面的機能支払交付金の実施状況
(1) 農地維持支払交付金

年度・ 地域 ブロック	対象組織数	広域活動 組織数	認定農用地 面積	1)農用地 面積	1組織当たり の平均認定 農用地面積	カバー率
	A		B	C	B／A	B／C
	組織	組織	ha	千ha	ha	％
平成29年度	28,290	853	2,265,742	4,180.5	80	54
30	28,348	899	2,292,522	4,166.9	81	55
令和元	**26,618**	**947**	**2,274,027**	**4,153.9**	**85**	**55**
北海道	765	44	777,629	1,159.9	1,017	67
東北	5,715	241	439,415	820.5	77	54
関東	3,396	73	211,454	636.3	62	33
北陸	2,948	207	222,617	302.1	76	74
東海	1,679	46	85,958	157.0	51	55
近畿	3,639	32	117,642	184.5	32	64
中国	2,897	80	93,099	218.7	32	43
四国	1,298	27	48,520	127.8	37	38
九州	4,229	171	255,667	504.7	60	51
沖縄	52	26	22,028	42.3	424	52

資料：農林水産省農村振興局「多面的機能支払交付金の実施状況」（以下(3)まで同じ。）
注：　農地維持支払交付金とは、水路の草刈り、泥上げなどの農用地、水路、農道等の地域資源の基礎
　　的な保全等の取組への支援である。
　　　1)は、「農用地区域内の農地面積調査」における農地面積に「農用地区域内の採草放牧地面積」
　　（農村振興局調べ）を基に「都道府県別農用地区域内の地目別面積比率」（農村振興局調べ）によ
　　る採草放牧地面積比率により推計した面積を加えた面積である（以下(3)まで同じ。）。

(2) 資源向上支払交付金（地域資源の質的向上を図る共同活動）

年度・ 地域 ブロック	対象組織数	広域活動 組織数	認定農用地 面積	1)農用地 面積	1組織当たり の平均認定 農用地面積	カバー率
	A		B	C	B／A	B／C
	組織	組織	ha	千ha	ha	％
平成29年度	22,299	786	2,001,220	4,180.5	90	48
30	22,223	832	2,023,175	4,166.9	91	49
令和元	**20,923**	**877**	**2,013,793**	**4,153.9**	**96**	**48**
北海道	719	40	714,897	1,159.9	994	62
東北	4,332	208	374,610	820.5	86	46
関東	2,394	60	160,537	636.3	67	25
北陸	2,437	206	210,013	302.1	86	70
東海	1,335	44	75,822	157.0	57	48
近畿	3,176	28	106,825	184.5	34	58
中国	2,152	79	81,078	218.7	38	37
四国	943	27	41,380	127.8	44	32
九州	3,387	160	229,520	504.7	68	45
沖縄	48	25	19,110	42.3	398	45

注：　資源向上支払交付金（地域資源の質的向上を図る共同活動）とは、水路、農道等の施設の軽微
　　な補修、農村環境の保全等の取組への支援である。

(3)　資源向上支払交付金（施設の長寿命化のための活動）

年度・ 地域 ブロック	対象組織数 A	広域活動 組織数	対象農用地 面積 B	1)農用地 面積 C	1組織当たり の平均対象 農用地面積 B／A	カバー率 B／C
	組織	組織	ha	千ha	ha	％
平成29年度	11,586	575	689,393	4,180.5	60	16
30	11,616	616	710,587	4,166.9	61	17
令和元	**11,134**	**686**	**741,169**	**4,153.9**	**67**	**18**
北海道	12	1	9,211	1,159.9	768	1
東北	1,851	126	151,477	820.5	82	18
関東	1,372	58	98,566	636.3	72	15
北陸	1,074	164	108,808	302.1	101	36
東海	761	41	50,975	157.0	67	32
近畿	2,254	27	68,585	184.5	30	37
中国	1,315	76	60,580	218.7	46	28
四国	716	26	33,166	127.8	46	26
九州	1,756	149	150,547	504.7	86	30
沖縄	23	18	9,253	42.3	402	22

注：　資源向上支払交付金（施設の長寿命化のための活動）とは、農業用用排水路等の施設の長寿命化の
　　　ための補修・更新等の取組への支援である。

2 中山間地域等直接支払制度
(1) 集落協定に基づく「多面的機能を増進する活動」の実施状況

単位：協定

年度・地方農政局等	国土保全機能を高める取組		保険休養機能を高める取組				自然生態系の保全に資する取組	
	周辺林地の下草刈	土壌流亡に配慮した営農	棚田オーナー制度	市民農園等の開設・運営	体験民宿（グリーン・ツーリズム）	景観作物の作付け	魚類・昆虫類の保護	鳥類の餌場の確保
平成29年度	16,915	389	90	129	163	7,368	472	298
30	16,980	381	90	137	161	7,405	428	291
令和元	**17,006**	**384**	**85**	**136**	**154**	**7,409**	**420**	**290**
北海道	26	－	－	6	13	81	6	1
東北	2,898	27	1	14	40	1,206	76	26
関東	1,293	129	18	19	20	851	76	7
北陸	1,286	8	17	9	13	527	71	129
東海	1,150	8	4	7	2	219	24	26
近畿	1,685	48	18	13	9	410	14	13
中国四国	5,537	75	14	35	27	1,881	102	57
九州	3,129	89	13	33	30	2,228	51	31
沖縄	2	－	－	－	－	6	－	－

年度・地方農政局等	自然生態系の保全に資する取組（続き）						1)その他活動
	粗放的畜産	堆きゅう肥の施肥	拮抗植物の利用	合鴨・鯉の利用	輪作の徹底	緑肥作物の作付け	
平成29年度	190	2,559	37	66	49	332	765
30	191	2,533	39	69	50	325	770
令和元	**191**	**2,533**	**28**	**68**	**50**	**338**	**763**
北海道	18	62	－	－	11	22	239
東北	23	340	2	1	5	16	122
関東	4	135	3	3	8	16	58
北陸	4	78	－	3	－	2	37
東海	1	43	－	－	－	13	40
近畿	14	155	15	16	15	20	41
中国四国	60	870	6	18	4	67	125
九州	67	847	2	27	7	181	100
沖縄	－	3	－	－	－	1	1

資料：農林水産省農村振興局「中山間地域等直接支払交付金の実施状況」（以下(2)まで同じ。）
注：各都道府県からの報告を基に各年3月31日現在の制度の実施状況を取りまとめたものである。
　1)には、「都市農村交流イベントの実施」、「学童等の農業体験の受入れ」等がある。

(2) 制度への取組状況

全国都道府県	平成30年度					令和元				
	交付市町村数	協定数			交付金交付面積	交付市町村数	協定数			交付金交付面積
		計	集落協定	個別協定			計	集落協定	個別協定	
	市町村	協定	協定	協定	100ha	市町村	協定	協定	協定	100ha
全国	997	25,958	25,405	553	6,643	1,002	26,013	25,454	559	6,654
北海道	98	331	330	1	3,213	98	332	331	1	3,211
青森	29	513	507	6	98	29	513	507	6	98
岩手	31	1,152	1,110	42	240	31	1,155	1,113	42	241
宮城	13	235	226	9	23	13	234	224	10	23
秋田	22	547	541	6	104	22	547	541	6	104
山形	33	486	478	8	83	34	493	485	8	85
福島	45	1,174	1,143	31	153	45	1,176	1,145	31	153
茨城	9	99	99	–	6	9	99	99	–	6
栃木	11	216	210	6	22	11	217	211	6	22
群馬	18	191	189	2	14	18	193	190	3	14
埼玉	13	62	59	3	3	13	62	59	3	3
千葉	13	132	129	3	9	13	133	130	3	9
東京	–	–	–	–	–	–	–	–	–	–
神奈川	4	9	9	–	0	5	10	10	–	0
山梨	19	317	309	8	37	19	317	309	8	37
長野	71	1,078	1,066	12	94	71	1,080	1,068	12	94
静岡	17	230	230	–	25	17	230	230	–	25
新潟	22	848	833	15	226	22	844	829	15	227
富山	12	307	307	–	46	12	309	309	–	46
石川	16	491	476	15	51	16	494	479	15	52
福井	17	289	285	4	25	17	289	285	4	25
岐阜	24	888	862	26	91	24	888	863	25	91
愛知	6	315	309	6	21	6	315	309	6	21
三重	17	219	218	1	17	17	219	218	1	17
滋賀	10	150	148	2	17	10	151	149	2	17
京都	16	505	502	3	51	16	506	503	3	52
大阪	–	–	–	–	–	–	–	–	–	–
兵庫	24	572	572	–	53	24	573	573	–	53
奈良	14	309	309	–	27	14	309	309	–	27
和歌山	23	590	587	3	101	23	590	587	3	101
鳥取	17	641	630	11	80	17	641	630	11	80
島根	19	1,184	1,134	50	130	19	1,188	1,136	52	130
岡山	25	1,349	1,324	25	122	25	1,347	1,322	25	122
広島	18	1,622	1,482	140	211	18	1,624	1,484	140	212
山口	17	778	760	18	120	17	780	762	18	120
徳島	17	468	464	4	29	17	468	464	4	29
香川	12	414	414	–	26	12	416	415	1	26
愛媛	18	873	872	1	118	18	874	873	1	118
高知	30	597	596	1	68	31	599	598	1	68
福岡	30	598	589	9	56	30	598	589	9	56
佐賀	19	493	493	–	72	19	493	493	–	72
長崎	19	1,005	963	42	98	19	1,007	964	43	99
熊本	35	1,385	1,373	12	323	36	1,388	1,376	12	327
大分	17	1,220	1,196	24	159	17	1,231	1,207	24	160
宮崎	20	371	371	–	56	20	371	371	–	55
鹿児島	26	692	690	2	78	26	697	694	3	78
沖縄	11	13	11	2	44	11	13	11	2	44

注： 1　各年3月31日現在の実施状況を取りまとめた結果である。
　　 2　集落協定とは、直接支払の対象となる農用地において農業生産活動等を行う複数の農業者等が締結する協定であり、個別協定とは、認定農業者等が農用地の所有権等を有する者との間における利用権の設定等や農作業受委託契約に基づき締結する協定である。

3 環境保全型農業直接支払交付金の実施状況
(1) 実施市町村数、実施件数及び実施面積

年度・ 地方 農政局等	実施市町村数	実施市町村割合	実施件数	実施面積
	市町村	%	件	ha
平成29年度	899	52	3,822	89,082
30	885	52	3,609	79,465
令和元	**887**	**52**	**3,479**	**79,839**
北海道	88	−	126	18,180
東北	121	−	630	18,854
関東	201	−	532	6,072
北陸	73	−	432	7,693
東海	43	−	92	922
近畿	87	−	785	17,358
中国四国	123	−	391	3,766
九州	151	−	491	6,994
沖縄	−	−	−	−

資料：農林水産省生産局「環境保全型農業直接支払交付金の実施状況」（以下(2)まで同じ。）
注： 1　平成29年度から令和元年度における実施市町村割合は、全国の市町村数1,718市町村
　　　　（総務省調べ）における割合を記載。
　　 2　平成30年度から複数取組への支援を廃止。

(2) 支援対象取組別の実施面積

年度・ 地方 農政局等	有機農業	堆肥の施用	カバークロップ	地域特認取組
	ha	ha	ha	ha
令和元年度	**13,402**	**18,846**	**19,066**	**28,525**
北海道	1,920	4,173	7,646	4,441
東北	2,772	8,214	3,132	4,735
関東	1,889	567	3,418	198
北陸	2,017	1,605	987	3,084
東海	355	232	324	11
近畿	1,185	1,301	676	14,196
中国四国	946	1,433	1,085	302
九州	2,318	1,320	1,799	1,557
沖縄	–	–	–	–

注： 1 カバークロップとは、主作物の栽培期間の前後のいずれかにカバークロップ（緑肥）
を作付けする取組のこと。
2 地域特認取組とは、地域の環境や農業の実態等を勘案した上で、地域を限定して支援
の対象とする取組のこと。

4 農林漁業体験民宿の登録数（各年度末現在）

単位：軒

年度	地方農政局等									
	計	北海道	東北	関東	北陸	東海	近畿	中国四国	九州	沖縄
平成29年度	367	10	65	81	89	25	28	25	40	4
30	353	10	60	79	83	25	26	27	39	4
令和元	**338**	**10**	**61**	**74**	**80**	**20**	**25**	**26**	**39**	**3**

資料：都市農山漁村交流活性化機構資料及び株式会社百戦錬磨資料

5 市民農園数及び面積の推移

開設主体	単位	平成26年度末	27	28	29	30
農園数						
合計	農園	4,178	4,223	4,223	4,165	**4,147**
地方公共団体	〃	2,340	2,321	2,260	2,208	**2,197**
農業協同組合	〃	518	511	526	491	**474**
農業者	〃	1,013	1,078	1,108	1,148	**1,162**
その他(NPO等)	〃	307	313	329	318	**314**
面積						
合計	ha	1,402.3	1,380.6	1,370.8	1,312.2	**1,299.9**
地方公共団体	〃	910.2	880.7	868.8	811.9	**815.0**
農業協同組合	〃	119.6	118.3	117.4	113.3	**111.7**
農業者	〃	279.0	290.5	293.1	306.0	**290.1**
その他(NPO等)	〃	93.5	91.2	91.4	81.0	**83.1**

資料：農林水産省農村振興局資料
注： これは、市民農園整備促進法（平成2年法律第44号）、特定農地貸付けに関する農地法等の
　　特例に関する法律（平成元年法律第58号）及び都市農地の貸借の円滑化に関する法律（平成30
　　年法律第68号）に基づき開設した市民農園数及びその面積である。

6 地域資源の保全状況別農業集落数（平成27年2月1日現在）

単位：集落

区分	農地	森林	ため池・湖沼	河川・水路	農業用用排水路
当該地域資源のある農業集落	133,635	105,280	43,533	122,098	125,196
うち保全している	61,549	24,049	26,449	64,349	98,212
構成比（％）	46.1	22.8	60.8	52.7	78.4

資料：農林水産省統計部「2015年農林業センサス」
注：構成比は、それぞれの地域資源のある農業集落を100として算出した。

7 農業用水量の推移（用途別）（1年間当たり）

単位：億m³

区分	平成24年(2012年)	25(2013)	26(2014)	27(2015)	**28(2016)**
計	539	540	541	540	**538**
水田かんがい用水	507	507	507	506	**504**
畑地かんがい用水	29	29	30	29	**29**
畜産用水	4	4	4	4	**4**

資料：国土交通省水管理・国土保全局「令和元年版　日本の水資源の現況」
注： 農業用水量は、実際の使用量の計測が難しいため、耕地の整備状況、かんがい面積、単位
　　用水量（減水深）、家畜飼養頭羽数などから、国土交通省水資源部で推計した数値である。

8 野生鳥獣資源利用実態
(1) 食肉処理施設の解体実績等
ア 解体頭・羽数規模別食肉施設数

単位：施設

区分	計	50頭・羽数以下	51～100	101～300	301～500	501～1,000	1,001～1,500	1,501・羽数以上
				解体頭・羽数規模				
平成28年度	563	283	100	110	32	25	7	6
29	590	274	110	137	30	24	9	6
30	633	275	127	141	41	27	10	12

資料：農林水産省統計部「野生鳥獣資源利用実態調査報告」（以下(2)イまで同じ。）

イ 鳥獣種別の解体頭・羽数

区分	計	イノシシ	シカ	その他鳥獣 小計	クマ	アナグマ	鳥類	1)その他
	頭・羽	頭	頭	頭・羽	頭	頭	羽	頭・羽
平成28年度	89,230	27,476	55,668	6,086	160	474	5,132	320
29	96,907	28,038	64,406	4,463	172	281	3,950	60
30	114,655	34,600	74,136	5,919	240	535	4,960	184

注：1)は、ノウサギ等である。

ウ ジビエ利用量

単位：t

区分	合計	計	食肉 小計	イノシシ	シカ	その他鳥獣	ペットフード	解体処理のみを請け負って依頼者へ渡した食肉	自家消費向け食肉
平成28年度	1,283	1,165	1,015	343	665	7	150	34	84
29	1,629	1,519	1,146	324	814	8	373	26	84
30	1,887	1,774	1,400	426	957	17	374	17	96

8 野生鳥獣資源利用実態（続き）
(2) 食肉処理施設の販売実績等
　ア　食肉処理施設で処理して得た金額

単位：100万円

区分	合計	販売金額					
		計	食肉				
			小計	イノシシ	シカ	その他鳥獣	
平成28年度	3,030	2,987	2,893	1,371	1,483	39	
29	3,147	3,125	2,919	1,247	1,640	32	
30	3,821	3,795	3,577	1,618	1,892	67	

区分	販売金額（続き）					解体処理の請負料金
	食肉以外					
	小計	ペットフード	皮革	鹿角製品（鹿茸等）	その他	
平成28年度	94	81	6	5	2	43
29	206	193	6	6	1	22
30	218	201	8	8	1	26

イ　イノシシ、シカの部位別等販売数量及び販売金額

区分	単位	合計	食肉卸売・小売						
			計	部位					
				小計	モモ	ロース	肩	ヒレ	
販売数量　イノシシ	kg	425,713	388,027	202,786	66,012	54,371	34,472	2,663	
シカ	kg	957,493	859,192	370,796	167,503	65,896	28,126	5,848	
販売金額　イノシシ	万円	161,805	146,817	87,000	25,864	28,267	19,560	991	
シカ	万円	189,242	165,554	70,073	32,169	20,395	4,472	2,235	

区分	単位	食肉卸売・小売（続き）				加工仕向け	調理仕向け
		部位（続き）		枝肉	その他		
		スネ	その他				
販売数量　イノシシ	kg	7,006	38,262	19,185	166,056	20,078	17,608
シカ	kg	24,799	78,624	118,500	369,896	53,537	44,764
販売金額　イノシシ	万円	1,303	11,015	4,081	55,736	6,060	8,928
シカ	万円	2,617	8,185	11,872	83,609	11,691	11,997

注：食肉卸売・小売のその他は、部位及び枝肉以外のもの（分類不可を含む。）である。

(3)　野生鳥獣による農作物被害及び森林被害
　　ア　農作物被害面積、被害量及び被害金額

区分	単位	計	獣類					
			小計	イノシシ	シカ	サル	その他獣類
被害面積							
平成28年度	千ha	65.2	56.0	8.2	42.8	1.6	3.4
29	〃	53.2	46.3	6.7	35.4	1.2	3.0
30	〃	51.8	45.5	5.9	35.8	1.0	2.8
被害量							
平成28年度	千t	486.9	455.0	35.3	382.1	6.2	31.4
29	〃	474.2	445.4	31.7	372.9	5.2	35.6
30	〃	495.6	464.5	31.5	392.1	4.6	36.3
被害金額							
平成28年度	100万円	17,163	13,678	5,072	5,634	1,031	1,941
29	〃	16,387	13,186	4,782	5,527	903	1,974
30	〃	15,777	12,881	4,733	5,410	823	1,915

区分	単位	鳥類		
		小計	カラス	その他鳥類
被害面積				
平成28年度	千ha	9.2	3.7	5.5
29	〃	6.9	3.0	3.9
30	〃	6.3	2.6	3.7
被害量				
平成28年度	千t	31.9	20.1	11.8
29	〃	28.8	17.4	11.4
30	〃	31.1	21.0	10.1
被害金額				
平成28年度	100万円	3,485	1,618	1,867
29	〃	3,200	1,470	1,730
30	〃	2,897	1,425	1,472

資料：農林水産省農村振興局調べ
注：表示単位未満の数値から算出しているため、掲載数値による算出と一致しないことがある。

8 野生鳥獣資源利用実態（続き）
(3) 野生鳥獣による農作物被害及び森林被害（続き）
イ 主な野生鳥獣による森林被害面積

単位：ha

区分	計	イノシシ	シカ	クマ
森林被害面積				
平成28年度	7,106	89	5,556	572
29	6,364	80	4,711	609
30	5,880	67	4,249	569

区分	ノネズミ	カモシカ	ノウサギ	サル
森林被害面積				
平成28年度	546	268	70	6
29	583	252	120	8
30	699	209	81	6

資料：林野庁調べ
注：主な野生鳥獣とは、イノシシ、シカ、クマ、ノネズミ、カモシカ、ノウサギ、サルを指す。

(4) 狩猟及び有害捕獲等による主な野生鳥獣の捕獲頭・羽数

区分	獣類					カワウ
	イノシシ	シカ	サル	カモシカ	クマ類	
	頭	頭	頭	頭	頭	羽
平成26年度						
計	520,615	586,819	27,193	740	4,512	27,540
狩猟	174,421	189,933	−	−	367	5,168
1) 有害捕獲等	346,194	398,147	27,193	740	4,145	22,372
平成27年度						
計	553,741	593,690	25,087	669	2,354	27,833
狩猟	166,118	168,690	−	−	430	4,576
2) 有害捕獲等	387,623	425,000	25,087	669	1,924	23,257
平成28年度						
計	620,454	579,283	25,091	579	4,210	25,427
狩猟	162,731	161,134	−	−	383	4,516
3) 有害捕獲等	457,723	418,149	25,091	579	3,827	20,911

資料：農林水産省統計部、農村振興局「野生鳥獣資源利用実態調査報告」（環境省「鳥獣関係統計」）
注：1) 環境大臣、都道府県知事、市町村長による鳥獣捕獲許可の中の「有害鳥獣捕獲」
　　　 及び「特定鳥獣保護管理計画に基づく数の調整」による捕獲頭・羽数である。
　　 2) 環境大臣、都道府県知事、市町村長による鳥獣捕獲許可の中の「被害の防止」、
　　　 「第一種特定鳥獣保護計画に基づく鳥獣の保護（平成26年の法改正で創設）」、
　　　 「第二種特定鳥獣管理計画に基づく鳥獣の数の調整（平成26年の法改正で創設）」、
　　　 「特定鳥獣保護管理計画に基づく数の調整」及び「指定管理鳥獣捕獲等事業（平
　　　 成26年の法改正で創設）」による捕獲頭・羽数である。
　　 3) 環境大臣、都道府県知事、市町村長による鳥獣捕獲許可の中の「被害の防止」、
　　　 「第一種特定鳥獣保護計画に基づく鳥獣の保護（平成26年の法改正で創設）」、
　　　 「第二種特定鳥獣管理計画に基づく鳥獣の数の調整（平成26年の法改正で創設）」、
　　　 及び「指定管理鳥獣捕獲等事業（平成26年の法改正で創設）」による捕獲頭・羽数
　　　 である。

8 野生鳥獣資源利用実態（続き）
(5) 都道府県別被害防止計画の作成状況（令和元年10月末現在）

単位：市町村

全国・都道府県	全市町村数	被害防止計画作成済み
全国	1,741	1,489
北海道	179	176
青森	40	36
岩手	33	33
宮城	35	32
秋田	25	25
山形	35	34
福島	59	57
茨城	44	27
栃木	25	25
群馬	35	33
埼玉	63	30
千葉	54	45
東京	62	1
神奈川	33	19
山梨	27	26
長野	77	77
静岡	35	34
新潟	30	30
富山	15	14
石川	19	19
福井	17	17
岐阜	42	35
愛知	54	32
三重	29	25
滋賀	19	17
京都	26	23
大阪	43	24
兵庫	41	35
奈良	39	31
和歌山	30	30
鳥取	19	19
島根	19	17
岡山	27	26
広島	23	23
山口	19	19
徳島	24	21
香川	17	16
愛媛	20	19
高知	34	34
福岡	60	57
佐賀	20	20
長崎	21	21
熊本	45	45
大分	18	17
宮崎	26	26
鹿児島	43	40
沖縄	41	27

資料：農林水産省農村振興局資料
注： 「鳥獣による農林水産業等に係る被害の防止のための特別措置に関する法律」に基づき、市町村が地域の実情に応じて作成した被害防止計画の作成状況をとりまとめたものである。

林　業　編

I 森林資源

1 林野面積（平成27年2月1日現在）

単位：千ha

全国・都道府県	林野面積		
	計	現況森林面積	森林以外の草生地
全国	24,802	24,433	370
北海道	5,536	5,322	215
青森	628	616	12
岩手	1,156	1,144	12
宮城	411	407	4
秋田	835	820	15
山形	644	641	3
福島	944	936	7
茨城	190	189	1
栃木	341	341	1
群馬	408	406	2
埼玉	121	121	0
千葉	159	157	2
東京	77	76	1
神奈川	94	94	0
新潟	804	799	5
富山	240	240	－
石川	279	276	2
福井	310	310	1
山梨	349	347	2
長野	1,032	1,023	8
岐阜	841	839	2
静岡	496	491	5
愛知	218	218	0
三重	372	371	0
滋賀	204	203	1
京都	343	342	0
大阪	57	57	0
兵庫	562	561	1
奈良	284	283	0
和歌山	361	361	0
鳥取	259	257	2
島根	525	520	5
岡山	490	484	6
広島	617	609	8
山口	441	437	3
徳島	314	312	2
香川	87	87	0
愛媛	400	399	1
高知	594	592	2
福岡	222	222	0
佐賀	111	110	0
長崎	246	241	4
熊本	461	448	14
大分	454	448	6
宮崎	589	587	2
鹿児島	586	582	4
沖縄	111	105	6

資料：農林水産省統計部「2015年農林業センサス」

2 所有形態別林野面積（各年2月1日現在）

年次・都道府県		林野面積合計	国有			計	独立行政法人等
			計	林野庁	林野庁以外の官庁		
平成22年	(1)	24,845	7,218	7,079	139	17,627	648
27	(2)	24,802	7,176	7,037	138	17,627	693
北海道	(3)	5,536	2,927	2,838	89	2,610	148
青森	(4)	628	382	379	3	247	14
岩手	(5)	1,156	366	364	2	790	23
宮城	(6)	411	122	118	5	288	15
秋田	(7)	835	373	373	0	462	14
山形	(8)	644	328	328	0	315	9
福島	(9)	944	374	372	2	570	13
茨城	(10)	190	43	43	0	147	1
栃木	(11)	341	119	119	0	223	7
群馬	(12)	408	178	177	1	230	12
埼玉	(13)	121	12	12	0	109	6
千葉	(14)	159	8	7	0	151	2
東京	(15)	77	6	6	0	71	0
神奈川	(16)	94	10	9	1	84	1
新潟	(17)	804	225	222	2	580	13
富山	(18)	240	61	60	1	180	14
石川	(19)	279	26	25	1	253	8
福井	(20)	310	37	36	0	273	15
山梨	(21)	349	6	4	2	343	10
長野	(22)	1,032	330	330	0	702	31
岐阜	(23)	841	156	156	0	685	25
静岡	(24)	496	85	82	3	410	16
愛知	(25)	218	11	11	0	207	2
三重	(26)	372	22	22	0	349	12
滋賀	(27)	204	19	17	2	184	1
京都	(28)	343	7	6	1	335	20
大阪	(29)	57	1	1	0	56	0
兵庫	(30)	562	30	28	1	532	30
奈良	(31)	284	13	12	1	271	12
和歌山	(32)	361	17	17	0	344	13
鳥取	(34)	259	30	30	0	229	16
島根	(35)	525	32	31	0	494	31
岡山	(36)	490	37	35	2	452	9
広島	(37)	617	47	46	1	569	16
山口	(38)	441	11	11	0	429	12
徳島	(39)	314	18	18	0	296	15
香川	(40)	87	8	8	0	79	0
愛媛	(41)	400	39	39	0	362	8
高知	(42)	594	124	123	0	470	15
福岡	(43)	222	25	24	1	197	3
佐賀	(44)	111	15	15	0	95	4
長崎	(45)	246	24	23	1	221	3
熊本	(46)	461	63	61	2	398	14
大分	(47)	454	50	45	6	404	16
宮崎	(48)	589	175	173	2	414	33
鹿児島	(49)	586	150	149	1	436	10
沖縄	(50)	111	32	31	0	80	0

資料：農林水産省統計部「農林業センサス」
注：林野面積は、現況森林面積と森林以外の草生地を加えた面積である。

単位：千ha

民有						私有	
	公有						
小計	都道府県	森林整備法人(林業・造林公社)	市区町村	財産区			
3,396	1,248	436	1,404	307		13,584	(1)
3,370	**1,272**	**391**	**1,406**	**302**		**13,564**	(2)
951	620	0	330	–		1,511	(3)
43	15	–	15	13		190	(4)
157	86	–	61	10		610	(5)
61	14	10	36	1		213	(6)
110	13	28	53	17		339	(7)
49	3	16	13	17		257	(8)
95	11	16	44	25		461	(9)
5	2	0	3	1		141	(10)
23	13	0	5	5		192	(11)
27	7	5	14	0		192	(12)
19	10	3	6	–		84	(13)
10	8	0	2	0		139	(14)
23	12	1	8	2		48	(15)
32	25	–	3	4		50	(16)
76	7	10	53	6		491	(17)
39	14	9	12	4		127	(18)
34	12	13	8	0		211	(19)
39	27	–	11	1		219	(20)
199	168	8	12	11		134	(21)
196	19	18	113	46		475	(22)
104	14	26	48	16		556	(23)
45	7	–	22	16		350	(24)
24	8	4	6	6		181	(25)
31	4	–	22	5		306	(26)
41	6	25	3	7		142	(27)
28	5	6	7	11		287	(28)
4	1	–	1	2		52	(29)
71	7	24	32	8		431	(30)
22	6	2	11	3		236	(31)
23	5	4	9	4		309	(32)
43	6	15	9	13		171	(34)
53	3	24	23	2		409	(35)
83	7	25	39	13		361	(36)
68	10	16	34	8		485	(37)
72	4	14	53	1		346	(38)
26	6	10	9	2		254	(39)
11	3	–	6	3		67	(40)
35	7	–	21	8		318	(41)
47	10	15	22	0		408	(42)
25	7	–	14	4		168	(43)
13	3	–	10	–		78	(44)
42	6	14	21	1		177	(45)
62	12	9	35	6		322	(46)
37	16	–	20	1		351	(47)
51	13	10	29	0		330	(48)
73	7	10	57	–		353	(49)
48	6	–	43	–		31	(50)

3 都道府県別林種別森林面積（森林計画対象以外の森林も含む。）
（平成29年3月31日現在）

単位：千ha

全国・都道府県	森林面積計	立木地					竹林	伐採跡地	未立木地
		小計	人工林	森林計画対象のみ	天然林	森林計画対象のみ			
全国	25,048	23,684	10,204	10,184	13,481	13,401	167	109	1,088
北海道	5,538	5,230	1,475	1,474	3,755	3,731	–	36	273
青森	633	607	269	269	337	336	–	0	26
岩手	1,171	1,101	489	489	612	610	0	21	49
宮城	417	400	198	197	201	197	2	2	14
秋田	839	815	410	409	406	405	0	3	21
山形	669	627	186	186	441	441	0	2	41
福島	974	925	341	340	584	583	1	4	44
茨城	187	178	111	111	67	67	2	1	6
栃木	349	336	156	155	180	178	1	1	12
群馬	423	397	177	177	220	220	1	1	23
埼玉	120	118	59	59	59	58	0	0	1
千葉	157	136	61	60	74	73	6	0	16
東京	79	74	35	35	39	39	0	1	3
神奈川	95	90	36	36	54	50	1	0	3
新潟	855	726	162	162	564	562	2	0	127
富山	285	224	55	54	169	169	1	1	60
石川	286	267	102	101	165	165	2	0	17
福井	312	303	124	124	178	178	1	0	8
山梨	348	326	154	153	172	172	1	1	21
長野	1,069	1,001	445	440	557	548	2	1	65
岐阜	862	815	385	384	430	430	1	3	43
静岡	497	470	280	278	189	187	4	1	23
愛知	218	212	140	140	72	71	2	1	2
三重	372	363	230	230	133	133	2	2	6
滋賀	203	196	85	85	111	110	1	0	6
京都	342	332	132	131	200	199	5	0	5
大阪	57	54	28	28	26	25	2	0	1
兵庫	560	545	238	238	306	306	3	0	12
奈良	284	279	172	172	107	105	1	0	3
和歌山	361	356	220	220	136	136	1	1	2
鳥取	259	250	140	140	110	110	3	0	5
島根	524	503	205	205	298	298	11	0	10
岡山	483	466	205	205	261	259	5	1	11
広島	611	597	201	201	396	395	2	0	12
山口	437	420	195	195	225	224	12	0	5
徳島	315	305	190	190	116	116	4	1	4
香川	88	81	23	23	58	57	3	0	3
愛媛	401	386	245	244	141	141	4	0	10
高知	595	583	388	388	195	195	5	2	5
福岡	222	202	140	140	62	59	14	0	6
佐賀	110	101	74	74	27	27	3	0	6
長崎	243	229	105	105	124	124	4	0	10
熊本	463	429	280	280	149	149	10	1	22
大分	453	411	233	233	178	174	14	3	24
宮崎	586	564	333	332	231	231	6	8	7
鹿児島	588	555	279	278	276	276	18	2	13
沖縄	107	100	12	12	88	88	0	0	6

資料：林野庁資料（以下7(2)まで同じ。）

4 人工林の齢級別立木地面積（平成29年3月31日現在）

単位：千ha

全国農業地域	計	10年生以下	11〜20	21〜30	31〜40	41〜50	51〜60	61〜70	71年生以上
全国	10,184	170	278	572	1,428	2,637	3,020	1,233	847
北海道	1,474	74	74	100	257	457	374	103	35
東北	1,889	21	40	110	310	539	543	207	120
北陸	442	3	10	30	72	93	103	57	74
関東・東山	1,227	8	19	50	125	256	406	218	145
東海	1,033	3	13	42	107	200	318	167	182
近畿	874	4	16	43	111	212	262	105	121
中国	947	13	32	74	157	239	283	97	53
四国	845	4	14	40	93	219	293	123	60
九州	1,442	41	59	81	195	419	434	156	57
沖縄	12	0	0	1	2	5	4	1	0

注：森林計画対象の森林面積である。

5 樹種別立木地面積（平成29年3月31日現在）

単位：千ha

全国農業地域	立木地計	人工林						天然林	
		針葉樹	すぎ	ひのき	まつ類	からまつ	広葉樹	針葉樹	広葉樹
全国	23,586	9,867	4,438	2,595	818	977	318	2,167	11,234
北海道	5,205	1,428	32	0	2	398	46	766	2,965
東北	4,460	1,843	1,245	39	350	204	46	259	2,312
北陸	1,515	430	372	12	28	4	12	60	1,013
関東・東山	2,631	1,191	429	288	120	340	36	299	1,105
東海	1,853	1,011	385	529	62	28	22	150	670
近畿	1,754	859	426	392	40	0	15	211	669
中国	2,232	920	322	447	148	2	27	305	980
四国	1,354	821	405	391	23	0	24	58	451
九州	2,481	1,357	821	497	37	0	85	47	992
沖縄	100	8	0	−	7	−	5	12	76

注：森林計画対象の森林面積である。

6 保安林面積

単位：千ha

保安林種	平成26年度	27	28	29	30
保安林面積計	12,143	12,170	12,184	12,197	**12,214**
水源かん養保安林	9,167	9,185	9,195	9,204	**9,224**
土砂流出・崩壊防備保安林	2,637	2,644	2,649	2,656	**2,662**
飛砂防備保安林	16	16	16	16	**16**
防風保安林	56	56	56	56	**56**
水害・潮害防備保安林	14	14	15	14	**15**
なだれ・落石防止保安林	22	22	22	22	**22**
魚つき保安林	60	60	60	60	**60**
保健保安林	701	701	701	704	**704**
風致保安林	28	28	28	28	**28**
1) その他の保安林	189	189	189	189	**189**

注： 1　同一箇所で2種類以上の保安林に指定されている場合、それぞれの保安林種に計上している。
　　 2　保安林面積計は1の重複を除いた実面積であるため、保安林種別の面積の合計とは一致しない。
　　 3　1)は、干害防備保安林、防雪保安林、防霧保安林、防火保安林及び航行目標保安林である。

7 林道
(1) 林道の現況

単位：km

年次	計	国有林	併用林道	民有林	森林組合が管理
平成26年	138,744	45,518	7,933	93,226	2,799
27	139,090	45,655	7,984	93,435	2,832
28	139,236	45,818	8,017	93,418	2,800
29	139,417	45,951	7,987	93,466	2,778
30	**139,551**	**46,081**	**8,061**	**93,471**	**2,743**

(2) 林道新設（自動車道）

単位：km

年次	計	国有林林道	民有林林道								融資林道・自力林道
			小計	補助林道						県単独補助	
				国庫補助	一般	道整備交付金	農免	公団	林業構造改善		
平成26年	568	293	275	262	181	81	－	－	－	11	2
27	413	175	238	221	153	67	－	－	－	13	3
28	364	147	217	202	148	55	－	－	－	12	3
29	356	163	193	183	136	48	－	－	－	8	1
30	**305**	**129**	**175**	**169**	**127**	**42**	－	－	－	**6**	**0**

Ⅱ 林業経営

1 林業経営体（各年2月1日現在）

(1) 都道府県別組織形態別経営体数

単位：経営体

年次・都道府県	計	法人化している						地方公共団体・財産区	法人化していない
		農事組合法人	会社			各種団体	その他の法人		
			株式会社	合名・合資会社	合同会社				
平成22年	140,186	133	2,429	99	6	3,016	1,106	1,673	131,724
27	87,284	145	2,365	65	26	2,337	661	1,289	80,396
北海道	7,940	28	673	4	4	154	55	71	6,951
青森	2,059	5	67	–	1	65	3	42	1,876
岩手	4,979	9	95	7	2	88	12	27	4,739
宮城	1,373	5	33	3	–	42	10	20	1,260
秋田	2,726	16	81	9	1	43	12	47	2,517
山形	1,317	5	28	–	1	47	9	29	1,198
福島	2,721	6	58	1	–	68	8	33	2,547
茨城	1,266	1	24	1	–	11	1	2	1,226
栃木	2,204	–	37	1	–	15	14	19	2,118
群馬	880	–	56	–	–	55	10	17	742
埼玉	367	1	14	–	1	9	4	3	335
千葉	582	–	11	1	–	2	–	–	568
東京	302	–	39	–	–	10	12	3	238
神奈川	326	–	23	–	–	47	4	13	239
新潟	1,931	–	30	1	–	106	22	20	1,752
富山	473	–	11	–	–	23	4	1	434
石川	1,300	4	30	–	–	13	2	5	1,246
福井	1,245	–	7	1	1	52	7	4	1,173
山梨	431	–	47	–	–	16	9	33	326
長野	2,745	6	64	3	–	207	40	181	2,244
岐阜	4,662	3	77	10	3	96	37	62	4,374
静岡	1,964	1	60	2	–	38	37	35	1,791
愛知	1,314	1	22	–	–	15	10	28	1,238
三重	1,350	6	31	1	–	45	12	13	1,242
滋賀	837	3	8	–	–	59	23	24	720
京都	1,574	–	29	–	–	153	54	79	1,259
大阪	267	1	17	1	2	8	4	1	233
兵庫	1,648	2	23	–	–	127	24	60	1,412
奈良	1,400	–	39	–	–	35	21	15	1,290
和歌山	1,240	3	25	2	–	47	15	18	1,130
鳥取	1,802	4	20	1	–	45	7	65	1,660
島根	2,649	5	31	1	2	26	19	17	2,548
岡山	3,004	2	33	–	–	19	31	29	2,890
広島	4,487	2	54	–	2	76	33	24	4,296
山口	2,007	3	13	–	1	14	6	8	1,962
徳島	1,001	–	12	–	–	15	5	13	956
香川	296	–	7	–	–	6	1	7	275
愛媛	2,538	2	41	2	–	28	5	25	2,435
高知	2,128	1	47	–	1	50	13	18	1,998
福岡	1,836	–	31	2	–	47	5	47	1,704
佐賀	1,289	1	11	–	–	68	11	16	1,182
長崎	559	–	7	1	–	48	1	13	489
熊本	2,754	3	71	6	1	27	7	50	2,589
大分	3,221	14	53	1	1	77	13	23	3,039
宮崎	3,230	–	102	3	2	53	17	11	3,042
鹿児島	1,050	2	71	–	–	37	12	17	911
沖縄	10	–	2	–	–	5	–	1	2

資料：農林水産省統計部「農林業センサス」 （以下2 (6)まで同じ。）

1 林業経営体（各年2月1日現在）（続き）
(2) 保有山林面積規模別経営体数

単位：経営体

年次・ 全国 農業地域	計	1) 3 ha 未満	3〜5	5〜10	10〜20	20〜30	30〜50	50〜100	100ha 以上
平成22年	140,186	2,642	41,049	41,264	27,986	10,143	7,728	4,892	4,482
27	87,284	2,247	23,767	24,391	17,494	6,832	5,361	3,572	3,620
北海道	7,940	202	1,330	2,301	1,866	751	621	406	463
都府県	79,344	2,045	22,437	22,090	15,628	6,081	4,740	3,166	3,157
東北	15,175	416	4,260	4,258	3,041	1,151	912	579	558
北陸	4,949	97	1,644	1,470	880	323	212	146	177
関東・東山	9,103	358	2,764	2,523	1,643	594	440	329	452
東海	9,290	178	2,189	2,492	1,943	883	685	457	463
近畿	6,966	199	1,788	1,840	1,261	465	475	437	501
中国	13,949	189	4,260	4,327	2,932	939	642	349	311
四国	5,963	108	1,343	1,608	1,434	611	415	240	204
九州	13,939	493	4,189	3,571	2,494	1,115	959	628	490
沖縄	10	7	−	1	−	−	−	1	1

注：1)は、保有山林なしの林業経営体を含む。

(3) 保有山林の状況

年次	所有山林		貸付山林		借入山林		保有山林	
	経営体数	面積	経営体数	面積	経営体数	面積	経営体数	面積
	経営体	ha	経営体	ha	経営体	ha	経営体	ha
平成22年	138,026	4,964,328	4,431	309,035	3,712	522,159	138,887	5,177,452
27	85,529	4,027,399	2,834	222,712	2,178	568,687	86,027	4,373,374

(4) 林業労働力

年次	雇い入れた実経営体数	実人数	延べ人日
	経営体	人	人日
平成22年	15,274	101,623	6,799,876
27	8,524	63,834	7,008,284

年次	常雇い			臨時雇い（手伝い等を含む。）		
	経営体数	実人数	延べ人日	経営体数	実人数	延べ人日
	経営体	人	人日	経営体	人	人日
平成22年	3,744	31,289	5,324,621	13,245	70,334	1,475,255
27	3,743	32,726	6,145,949	6,319	31,108	862,335

(5)　素材生産を行った経営体数及び素材生産量

年次	計		保有山林で自ら伐採した素材生産量		受託もしくは立木買いによる素材生産量			
	実経営体数	素材生産量	経営体数	素材生産量	経営体数	立木買い	素材生産量	立木買い
	経営体	㎥	経営体	㎥	経営体	経営体	㎥	㎥
平成22年	12,917	15,620,691	10,645	4,704,809	3,399	1,876	10,915,882	5,332,904
27	10,490	19,888,089	7,939	4,342,650	3,712	1,811	15,545,439	6,133,040

(6)　林業作業受託料金収入がある経営体数及び受託面積

年次	林業作業の受託を行った実経営体数	植林		下刈りなど	
		経営体数	面積	経営体数	面積
	経営体	経営体	ha	経営体	ha
平成22年	6,802	1,638	26,755	3,154	180,095
27	5,159	1,309	24,401	2,406	148,833

年次	間伐		主伐（請負）		主伐（立木買い）	
	経営体数	面積	経営体数	面積	経営体数	面積
	経営体	ha	経営体	ha	経営体	ha
平成22年	4,571	290,108	1,017	32,387	1,743	30,077
27	3,415	215,771	976	18,368	1,413	25,457

(7)　林業作業受託料金収入規模別経営体数

単位：経営体

年次・全国農業地域	計	収入なし	100万円未満	100〜200	200〜500	500〜1,000	1,000〜2,000	2,000〜5,000	5,000万円以上
平成22年	140,186	133,384	2,954	596	869	572	469	565	777
27	87,284	82,125	1,536	350	542	597	479	664	991
北海道	7,940	7,448	60	24	32	38	58	108	172
都府県	79,344	74,677	1,476	326	510	559	421	556	819
東北	15,175	14,271	194	48	103	118	96	149	196
北陸	4,949	4,748	78	10	14	18	17	21	43
関東・東山	9,103	8,526	163	28	63	61	52	93	117
東海	9,290	8,815	178	35	47	48	44	43	80
近畿	6,966	6,507	157	33	69	39	47	41	73
中国	13,949	13,470	191	35	56	47	32	45	73
四国	5,963	5,633	113	33	37	22	27	38	60
九州	13,939	12,705	401	104	120	205	106	126	172
沖縄	10	2	1	−	1	1	−	−	5

注：　受託料金収入には、立木買いによる素材生産の受託料金収入（素材売却額と立木購入額の差額）を含む。

2　林業経営体のうち家族経営（各年2月1日現在）

(1)　保有山林面積規模別経営体数

単位：経営体

年次・ 全国 農業地域	計	1) 3 ha 未満	3～5	5～10	10～20	20～30	30～50	50～100	100ha 以上
平成22年	125,592	1,551	39,077	38,755	25,710	9,008	6,408	3,425	1,658
27	78,080	1,111	22,969	23,265	16,215	6,102	4,556	2,537	1,325
北海道	7,125	49	1,284	2,223	1,782	697	567	336	187
都府県	70,955	1,062	21,685	21,042	14,433	5,405	3,989	2,201	1,138
東北	13,495	181	4,128	4,045	2,796	1,012	771	381	181
北陸	4,534	41	1,612	1,431	822	292	190	97	49
関東・東山	7,889	148	2,665	2,420	1,482	517	340	215	102
東海	8,413	94	2,119	2,376	1,826	804	610	363	221
近畿	5,676	123	1,681	1,686	1,081	357	338	231	179
中国	13,045	97	4,166	4,192	2,802	867	552	252	117
四国	5,525	41	1,298	1,553	1,369	584	379	202	99
九州	12,376	336	4,016	3,338	2,255	972	809	460	190
沖縄	2	1	-	1	-	-	-	-	-

注：1)は、保有山林なしの林業経営体を含む。

(2)　保有山林の状況

年次	所有山林		貸付山林		借入山林		保有山林	
	経営体数	面積	経営体数	面積	経営体数	面積	経営体数	面積
	経営体	ha	経営体	ha	経営体	ha	経営体	ha
平成22年	125,065	1,798,910	3,255	38,458	2,393	11,938	125,216	1,772,391
27	77,684	1,247,386	1,847	27,377	1,219	8,055	77,757	1,228,064

(3)　過去1年間に林産物の販売を行った経営体数

単位：経営体

年次	計	販売なし	販売した経営体					
			実経営体数	用材		ほだ木用 原木	特用林産物	
				立木で	素材で			
平成22年	125,592	112,285	13,307	4,115	7,572	1,243	1,739	
27	78,080	67,132	10,948	3,995	6,609	758	1,402	

(4)　過去1年間に保有山林で林業作業を行った経営体数及び作業面積

年次	林業作業 を行った 実経営体数	植林		下刈りなど		間伐		主伐	
		経営体数	面積	経営体数	面積	経営体数	面積	経営体数	面積
	経営体	経営体	ha	経営体	ha	経営体	ha	経営体	ha
平成22年	78,874	11,004	10,761	49,777	59,814	47,657	77,088	3,495	5,613
27	45,716	6,343	9,696	26,157	40,716	25,648	50,600	3,533	6,811

(5)　林業作業受託料金収入がある経営体数及び受託面積

年次	林業作業の受託を行った実経営体数	植林		下刈りなど	
		経営体数	面積	経営体数	面積
	経営体	経営体	ha	経営体	ha
平成22年	4,518	676	2,473	1,774	14,391
27	2,891	373	2,136	1,106	9,961

年次	間伐		主伐（請負）		主伐（立木買い）	
	経営体数	面積	経営体数	面積	経営体数	面積
	経営体	ha	経営体	ha	経営体	ha
平成22年	2,824	32,415	498	5,630	902	6,381
27	1,648	18,364	417	3,519	619	4,200

(6)　林業作業受託料金収入規模別経営体数

単位：経営体

年次・全国農業地域	計	収入なし	100万円未満	100〜200	200〜500	500〜1,000	1,000〜2,000	2,000〜5,000	5,000万円以上
平成22年	125,592	121,074	2,687	489	644	320	189	146	43
27	78,080	75,189	1,405	289	410	369	200	165	53
北海道	7,125	6,980	48	17	19	14	16	22	9
都府県	70,955	68,209	1,357	272	391	355	184	143	44
東北	13,495	13,046	171	36	74	69	50	39	10
北陸	4,534	4,438	70	5	5	5	5	4	2
関東・東山	7,889	7,619	146	21	40	30	13	14	6
東海	8,413	8,123	175	29	35	26	16	8	1
近畿	5,676	5,394	139	28	57	23	19	14	2
中国	13,045	12,748	173	31	41	24	14	12	2
四国	5,525	5,328	108	29	35	11	8	5	1
九州	12,376	11,512	374	93	104	167	59	47	20
沖縄	2	1	1	−	−	−	−	−	−

注：　受託料金収入には、立木買いによる素材生産の受託料金収入（素材生産売却額と立木購入額の差額）を含む。

3　林業就業人口（各年10月1日現在）

単位：万人

区分	平成7年	12	17	22	27
林業就業者	8.6	6.7	4.7	6.9	6.4
うち65歳以上	1.6	1.7	1.2	1.2	1.4

資料：総務省統計局「国勢調査」

4　林業分野の新規就業者の動向

単位：人

区分	平成26年度	27	28	29	30
新規林業就業者数	3,033	3,204	3,055	3,114	2,984

資料：林野庁資料

5　家族経営体（1経営当たり）（全国平均）（平成30年）
(1)　林業経営の総括

区分	林業所得	林業粗収益	林業経営費	保有山林面積		
				計	人工林	天然林・その他
	千円	千円	千円	ha	ha	ha
全国	**1,038**	**3,780**	**2,742**	**64.4**	**46.4**	**18.0**
保有山林面積規模別						
20 ～ 50 ha未満	671	2,168	1,497	30.4	22.8	7.6
50 ～ 100	1,314	5,549	4,235	67.6	46.7	20.9
100 ～ 500	2,163	7,803	5,640	187.3	140.4	46.8
500ha以上	4,634	14,415	9,781	681.6	423.5	258.1

資料：農林水産省統計部「林業経営統計調査報告」（以下6(2)まで同じ。）

(2)　林業粗収益と林業経営費

単位：千円

区分	部門別粗収益				林業経営費			
	計	立木販売	素材生産	その他		雇用労賃	原木費	請負わせ料金
全国	**3,780**	**207**	**2,144**	**1,429**	**2,742**	**306**	**298**	**1,065**
保有山林面積規模別								
20 ～ 50 ha未満	2,168	140	1,126	902	1,497	168	116	502
50 ～ 100	5,549	122	3,212	2,215	4,235	640	849	1,092
100 ～ 500	7,803	575	4,775	2,453	5,640	272	91	3,810
500ha以上	14,415	2,256	8,973	3,186	9,781	1,056	495	3,566

(3) 林業投下労働時間

単位：時間

区分	計	家族労働	雇用労働
全国	807	653	154
保有山林面積規模別			
20 ～ 50 ha未満	702	614	88
50 ～ 100	1,031	745	286
100 ～ 500	824	664	160
500ha以上	1,348	407	941

(4) 部門別林業投下労働時間

区分	単位	部門別投下労働時間				
		計	育林	素材生産	受託	その他
全国	時間	807	181	318	90	218
構成比	%	100.0	22.4	39.4	11.2	27.0
保有山林面積規模別						
20 ～ 50 ha未満	時間	702	175	239	68	220
50 ～ 100	〃	1,031	178	429	177	247
100 ～ 500	〃	824	203	469	－	152
500ha以上	〃	1,348	191	701	239	217

6 会社経営体（1経営体当たり）（全国平均）（平成30年度）

(1) 総括

区分	収益					費用				
	合計	売上高			営業外収益③	合計	営業費用			営業外費用⑥
		計	林業事業売上高①	林業事業外売上高②			計	林業事業営業費用④	林業事業外営業費用⑤	
全国	197,944	192,447	121,130	71,317	5,497	190,917	189,748	127,502	62,246	1,169
林業事業売上高別										
5,000万円未満	51,171	47,869	27,707	20,082	3,302	53,129	52,938	35,846	17,092	191
5,000万〜1億	108,436	104,073	76,261	27,812	4,363	104,697	104,082	81,493	22,589	615
1 〜3	360,556	352,377	170,015	182,362	8,179	347,939	345,429	182,199	163,230	2,510
3億円以上	521,761	513,735	464,607	49,128	8,026	491,891	489,862	450,945	38,917	2,029

単位：千円

区分	営業利益			経常利益⑩	特別利益⑪	特別損失⑫	法人税、住民税及び事業税⑬	当期純利益⑭
	計⑦	林業事業営業利益⑧	林業事業外営業利益⑨					
全国	2,699	△ 6,372	9,071	7,027	2,704	1,891	2,645	5,195
林業事業売上高別								
5,000万円未満	△ 5,069	△ 8,059	2,990	△ 1,958	1,333	3,731	325	△ 4,681
5,000万〜1億	△ 9	△ 5,232	5,223	3,739	1,001	495	1,130	3,115
1 〜3	6,948	△ 12,184	19,132	12,617	6,716	3,443	5,590	10,300
3億円以上	23,873	13,662	10,211	29,870	1,497	6	6,935	24,426

注：1 調査対象経営体は、直近の農林業センサスに基づく林業経営体のうち、株式会社、
　　合名・合資会社等により林業を営む経営体で、①過去1年間の素材生産量が1,000㎥
　　以上、②過去1年間の受託収入が2,000万円以上のいずれかに該当する経営体である
　　（以下(2)まで同じ。）。
　　2 計算方法は以下のとおりである。
　　　　⑧＝①－④
　　　　⑨＝②－⑤
　　　　⑩＝⑦＋③－⑥
　　　　⑭＝⑩＋⑪－⑫－⑬

(2) 林業事業経営収支

単位：千円

区分	林業事業売上高				林業事業営業費用					
	計	保有山林	請負収入	立木買い素材生産収入	計	売上原価	賃金	原木購入費	減価償却費	販売費及び一般管理費
全国	121,130	856	79,826	40,448	127,502	98,133	33,345	14,523	13,127	29,369
林業事業売上高別										
5,000万円未満	27,787	169	17,197	10,421	35,846	24,045	10,553	484	5,000	11,801
5,000万〜1億	76,261	351	63,885	12,025	81,493	55,574	24,019	2,449	6,690	25,919
1 〜3	170,015	880	97,099	72,036	182,199	142,444	43,429	27,457	21,568	39,755
3億円以上	464,607	5,840	279,592	179,175	450,945	394,159	113,943	78,749	42,929	56,786

7 林業機械の普及
(1) 民有林の主な在来型林業機械所有台数

単位：台

年度	チェーンソー	小型集材機	大型集材機	刈払機
平成26年	181,439	3,397	4,241	207,623
27	170,361	3,103	3,951	186,528
28	157,197	2,893	3,774	167,232
29	130,544	2,631	3,493	134,860
30	123,031	2,359	3,295	126,427

資料：林野庁「森林・林業統計要覧」 （以下(2)まで同じ。）

(2) 高性能林業機械の年度別普及状況

単位：台

年度	フェラー バンチャ	ハーベスタ	プロセッサ	スキッダ	フォワーダ	タワー ヤーダ	スイング ヤーダ	その他の 高性能 林業機械
平成26年	143	1,357	1,671	131	1,957	144	950	736
27	145	1,521	1,802	126	2,171	152	959	810
28	156	1,572	1,851	118	2,328	151	1,012	1,014
29	166	1,757	1,985	123	2,474	150	1,059	1,225
30	161	1,849	2,069	115	2,650	152	1,082	1,581

(3) 木材加工機械の生産台数

単位：台

年次	木工機械 及び製材機械	合板機械 （繊維板機械を含む。）
平成27年	3,052	425
28	3,227	209
29	2,902	297
30	2,458	334
令和元	3,324	424

資料：経済産業省調査統計グループ「令和元年経済産業省生産動態統計年報機械統計編」

8　治山事業
(1)　国有林野内治山事業

単位：100万円

事業種類	平成26年度	27	28	29	30
治山事業計	27,556	19,556	20,829	20,163	24,655
直轄治山事業	24,953	18,117	19,065	17,960	21,855
山地治山	20,158	14,721	15,845	15,284	19,416
山地復旧	19,567	14,268	15,337	14,773	18,242
復旧治山	14,976	10,925	10,903	10,995	14,471
地域防災対策総合治山	723	625	937	950	525
地すべり防止	1,227	665	450	648	532
防災林造成	2,642	2,053	3,047	2,180	2,715
予防治山	591	454	507	511	1,173
水源地域等保安林整備	4,794	3,396	3,220	2,676	2,439
水源地域整備	2,509	1,521	1,460	1,086	942
保安林整備	2,100	1,688	1,635	1,558	1,454
保安林管理道整備	56	26	0	16	15
共生保安林整備	129	161	125	15	28
その他	2,604	1,439	1,764	2,203	2,801

資料：林野庁資料（以下(2)まで同じ。）
注：1　数値は、各年度の実績額である。
　　2　その他は、測量設計費、船舶及び機械器具費、営繕宿舎費を指す。
　　3　平成24年度より東日本大震災復興特会分を加算している。

(2)　民有林の治山事業

単位：100万円

事業種類	平成28年度	29	30	31	令和2
治山事業費計	51,065	49,602	47,012	61,948	57,597
治山事業費	49,535	48,085	45,501	60,437	56,110
直轄治山事業費	8,590	8,671	8,736	12,730	12,037
直轄地すべり防止事業費	3,817	3,456	3,384	4,145	3,964
治山事業調査費	173	173	173	176	176
治山事業費補助	35,171	33,870	31,732	41,402	37,597
山地治山総合対策	30,262	27,958	25,629	33,681	30,160
水源地域等保安林整備	4,193	4,193	4,203	4,456	3,874
治山等激甚災害対策特別緊急	716	1,719	1,900	3,265	3,563
後進地域特例法適用団体補助率差額	1,765	1,886	1,457	1,944	2,322
営繕宿舎費	18	27	18	40	14
治山事業工事諸費	1,530	1,517	1,511	1,511	1,487

注：1　数値は、当初予算額（国費）である。
　　2　このほかに農山漁村地域整備交付金（平成28年度：106,650百万円の内数、平成29年度：
　　　101,650百万円の内数、平成30年度：91,650百万円の内数、平成31年度：97,714百万円の内
　　　数、令和2年度：98,475百万円の内数）がある。
　　3　平成24年度より東日本大震災復興特別会計分を加算している。

Ⅲ　育林と伐採
1　樹種別人工造林面積の推移

単位：ha

年度	計	針葉樹					広葉樹
		すぎ	ひのき	まつ類	からまつ	その他	
平成26年度	21,088	5,185	2,543	554	4,603	5,709	2,492
27	19,429	5,537	2,039	185	4,467	5,250	1,950
28	21,106	6,766	1,972	291	5,017	4,983	2,077
29	22,069	7,102	1,979	406	5,388	5,423	1,771
30	21,568	6,899	1,845	277	5,486	5,106	1,956

資料：林野庁「森林・林業統計要覧」（以下3まで同じ。）
注：民有林における人工造林面積であり、樹下植栽による面積を含む。

2　再造林、拡大造林別人工造林面積

単位：ha

年度	人工造林面積			国有林			民有林		
	計	再造林	拡大造林	小計	再造林	拡大造林	小計	再造林	拡大造林
平成26年度	24,753	19,172	5,581	3,665	3,641	24	21,088	15,531	5,557
27	25,173	20,618	4,555	5,745	5,729	15	19,429	14,889	4,540
28	27,050	22,421	4,629	5,944	5,918	25	21,106	16,502	4,603
29	30,212	25,660	4,552	8,143	8,125	18	22,069	17,535	4,534
30	30,182	25,967	4,216	8,614	8,614	0	21,568	17,353	4,216

注：1　樹下植栽による面積を含む。
　　2　国有林には、新植のほか改植、人工下種及び官行造林面積を含む。
　　3　民有林には、水源林造成事業による造林面積を含む。

3　伐採立木材積

単位：千㎥

年度	計	国有林			民有林
		小計	1) 林野庁所管	2) 官行造林地	
平成26年度	41,861	8,606	8,085	521	33,255
27	43,806	8,826	8,228	598	34,980
28	45,682	8,718	8,277	441	36,964
29	48,051	9,246	8,654	592	38,805
30	47,630	9,155	8,588	567	38,475

注：主伐と間伐の合計材積であり、民有林は推計値である。
　　1)は、立木竹及び幼齢木補償に該当するもの、事業支障木等の伐採であって当年度に販売を
　行わないもの、立木販売による緑化用立木竹及び環境緑化樹木生産事業による資材、分収造林、
　分収育林及び林地・土地と共に売り払ったものを含む（民収分を含む。）。
　　2)は、国持分譲渡に係るもの、立木竹及び幼齢木補償に該当するもの及び事業支障木等の伐
　採であって当年度に販売を行わないものを含む（民収分を含む。）。

Ⅳ　素材生産量
1　都道府県別主要部門別素材生産量

単位：千㎥

年次・都道府県	計	製材用	1)合板等用	2)木材チップ用
平成27年	20,049	12,004	3,356	4,689
28	20,660	12,182	3,682	4,796
29	21,408	12,632	4,122	4,654
30	21,640	12,563	4,492	4,585
令和元（概数値）	21,883	12,875	4,745	4,263
北海道	3,329	1,744	668	917
青森	943	368	307	268
岩手	1,510	512	576	431
宮城	610	190	273	147
秋田	1,289	532	585	172
山形	290	194	88	8
福島	833	520	66	247
茨城	454	358	3	93
栃木	581	492	4	85
群馬	211	148	26	37
埼玉	72	38	0	34
千葉	92	22	1	69
東京	32	17	7	8
神奈川	16	11	0	5
新潟	119	66	41	12
富山	82	47	23	12
石川	132	53	45	34
福井	119	46	36	37
山梨	140	26	33	81
長野	489	179	234	76
岐阜	400	265	70	65
静岡	381	185	143	53
愛知	245	102	126	17
三重	292	184	58	50
滋賀	63	24	15	24
京都	148	54	41	53
大阪	6	5	0	1
兵庫	275	100	133	42
奈良	121	106	6	9
和歌山	234	144	34	56
鳥取	258	73	139	46
島根	430	100	212	118
岡山	374	292	37	45
広島	331	152	45	134
山口	243	118	31	94
徳島	296	165	76	55
香川	5	5	－	0
愛媛	533	503	4	26
高知	550	390	46	114
福岡	191	159	3	29
佐賀	130	109	－	21
長崎	118	56	0	62
熊本	1,050	816	128	106
大分	1,148	923	200	25
宮崎	1,999	1,850	72	77
鹿児島	708	431	110	167
沖縄	2	1	－	1

資料：農林水産省統計部「木材需給報告書」。ただし令和元年は「令和元年　木材統計」（以下2まで同じ。）。
注：1　素材とは、用材（薪炭材及びしいたけ原木を除く。）に供される丸太及びそま角をいい、輸入木
　　　　材にあっては、大中角、盤及びその他の半製品を含めた。
　　2　素材生産量は、調査対象工場に入荷した素材の入荷量（輸入材を除く。）をもって生産量とした。
　　1)は、平成28年までは「合板用」、平成29年からはＬＶＬ用を含めた「合板等用」である。
　　2)は、木材チップ工場に入荷した原料のうち、素材の入荷量のみを計上した。

2　樹種別、需要部門別素材生産量（令和元年）

単位：千㎥

樹種	計	製材用	合板等用	木材チップ用
計	**21,883**	**12,875**	**4,745**	**4,263**
針葉樹小計	19,876	12,755	4,724	2,397
あかまつ・くろまつ	601	145	194	262
すぎ	12,736	8,582	2,889	1,265
ひのき	2,966	2,189	486	291
からまつ	2,217	1,034	847	336
えぞまつ・とどまつ	1,188	737	287	164
その他	168	68	21	79
広葉樹	2,007	120	21	1,866

3　間伐実績及び間伐材の利用状況

年度	1)間伐実績			2)間伐材利用量					
				計	民有林				国有林
	計	民有林	国有林		小計	3)製材	4)丸太	5)原材料	
	千ha	千ha	千ha	万㎥	万㎥	万㎥	万㎥	万㎥	万㎥
平成28年度	440	319	121	823	576	295	30	251	247
29	410	304	106	812	556	275	28	253	256
30	**370**	**269**	**101**	**746**	**494**	**237**	**25**	**232**	**252**

資料：林野庁「森林・林業統計要覧」
注：計の不一致は四捨五入による。
　　1)は、森林吸収源対策の実績として把握した数値である。
　　2)は、丸太材積に換算した量（推計値）である。
　　3)は、建築材、梱包材等である。
　　4)は、足場丸太、支柱等である。
　　5)は、木材チップ、おが粉等である。

V 特用林産物

1 主要特用林産物生産量

区分	単位	生産量	区分	単位	生産量	区分	単位	生産量
乾しいたけ			ひらたけ			1)きくらげ類		
平成27年	t	2,631	平成27年	t	3,263	平成27年	t	1,182
28	〃	2,735	28	〃	3,449	28	〃	1,278
29	〃	2,544	29	〃	3,828	29	〃	1,710
30	〃	2,635	30	〃	4,001	30	〃	2,309
令和元	**〃**	**2,414**	**令和元**	**〃**	**3,862**	**令和元**	**〃**	**105**
大分	〃	948	新潟	〃	1,338	(乾きくらげ類)		
宮崎	〃	422	福岡	〃	918	北海道	〃	16
熊本	〃	182	長野	〃	613	鳥取	〃	13
愛媛	〃	127	茨城	〃	294	鹿児島	〃	8
岩手	〃	111	三重	〃	134	大阪	〃	x
						山口	〃	x
生しいたけ			ぶなしめじ			まつたけ		
平成27年	t	67,869	平成27年	t	116,152	平成27年	t	71
28	〃	69,100	28	〃	116,271	28	〃	69
29	〃	69,006	29	〃	117,712	29	〃	18
30	〃	69,804	30	〃	117,966	30	〃	56
令和元	**〃**	**71,112**	**令和元**	**〃**	**118,597**	**令和元**	**〃**	**14**
徳島	〃	8,209	長野	〃	50,572	長野	〃	7
北海道	〃	6,719	新潟	〃	22,723	岩手	〃	3
岩手	〃	4,254	福岡	〃	14,751	岡山	〃	1
群馬	〃	3,967	香川	〃	5,145	石川	〃	1
秋田	〃	3,625	静岡	〃	3,158	京都	〃	1
なめこ			まいたけ			たけのこ		
平成27年	t	22,897	平成27年	t	48,852	平成27年	t	28,980
28	〃	22,935	28	〃	48,523	28	〃	35,619
29	〃	23,504	29	〃	47,739	29	〃	23,582
30	〃	23,350	30	〃	49,687	30	〃	25,364
令和元	**〃**	**23,857**	**令和元**	**〃**	**51,146**	**令和元**	**〃**	**22,285**
新潟	〃	5,149	新潟	〃	33,461	福岡	〃	5,653
山形	〃	5,085	静岡	〃	5,282	鹿児島	〃	4,830
長野	〃	4,267	福岡	〃	3,768	熊本	〃	2,863
福島	〃	1,554	長野	〃	2,622	京都	〃	2,511
北海道	〃	1,345	北海道	〃	2,292	香川	〃	975
えのきたけ			エリンギ			わさび（根茎＋葉柄）		
平成27年	t	131,683	平成27年	t	39,692	平成27年	t	2,336
28	〃	133,297	28	〃	40,475	28	〃	2,266
29	〃	135,745	29	〃	39,088	29	〃	2,214
30	〃	140,168	30	〃	39,413	30	〃	2,080
令和元	**〃**	**129,104**	**令和元**	**〃**	**37,635**	**令和元**	**〃**	**1,973**
長野	〃	78,111	長野	〃	14,976	(根茎)		
新潟	〃	20,100	新潟	〃	12,655	静岡	〃	240
宮崎	〃	5,646	広島	〃	x	長野	〃	213
福岡	〃	4,119	福岡	〃	1,942	岩手	〃	25
長崎	〃	x	香川	〃	1,426	北海道	〃	12
						高知	〃	12

資料：林野庁「特用林産基礎資料」（以下4（2）まで同じ。）
注：都道府県は、生産量上位5都道府県を表章した。なお、生産量が同じ場合は都道府県番号順で掲載した。
1)は、乾きくらげ類を生換算（×10）と生きくらげ類の合計したものである。

区分	単位	生産量	区分	単位	生産量	区分	単位	生産量
木ろう			桐材			木酢液		
平成27年	t	19	平成27年	㎥	599	平成27年	kl	2,497
28	〃	24	28	〃	492	28	〃	2,774
29	〃	15	29	〃	465	29	〃	2,410
30	〃	41	30	〃	404	30	〃	2,450
令和元	**〃**	**26**	**令和元**	**〃**	**264**	**令和元**	**〃**	**2,102**
長崎	〃	10	福島	〃	131	岩手	〃	1,069
愛媛	〃	10	群馬	〃	92	宮崎	〃	x
福岡	〃	6	秋田	〃	36	静岡	〃	x
石川	〃	0	山形	〃	5	熊本	〃	145
						福島	〃	60
生うるし			竹炭			竹酢液		
平成27年	kg	1,182	平成27年	㎥	499	平成27年	kl	185
28	〃	1,292	28	〃	411	28	〃	203
29	〃	1,434	29	〃	526	29	〃	193
30	〃	1,845	30	〃	534	30	〃	197
令和元	**〃**	**1,877**	**令和元**	**〃**	**447**	**令和元**	**〃**	**193**
岩手	〃	1,488	福岡	〃	262	香川	〃	x
茨城	〃	307	熊本	〃	37	徳島	〃	33
福島	〃	33	鳥取	〃	32	徳島	〃	7
新潟	〃	10	徳島	〃	x	宮崎	〃	x
山形	〃	10	宮崎	〃	x	島根	〃	x
つばき油			木炭			薪		
平成27年	kl	47	平成27年	t	17,711	平成27年	千層積㎥	72
28	〃	70	28	〃	16,769	28	〃	83
29	〃	61	29	〃	15,942	29	〃	83
30	〃	45	30	〃	14,699	30	〃	77
令和元	**〃**	**40**	**令和元**	**〃**	**14,406**	**令和元**	**〃**	**74**
長崎	〃	27	（白炭）			長野	〃	15
東京	〃	12	高知	〃	x	北海道	〃	11
山口	〃	1	和歌山	〃	1,130	鹿児島	〃	10
岩手	〃	0	宮崎	〃	246	高知	〃	5
福井	〃	0	大分	〃	109	福島	〃	4
			三重	〃	54			
			（黒炭）					
竹材			岩手	〃	2,348	オガライト		
平成27年	千束	1,235	北海道	〃	837	平成27年	t	261
28	〃	1,272	熊本	〃	x	28	〃	185
29	〃	1,196	鹿児島	〃	x	29	〃	88
30	〃	1,143	福島	〃	x	30	〃	79
令和元	**〃**	**1,071**	（粉炭）			**令和元**	**〃**	**66**
鹿児島	〃	638	島根	〃	1,791	北海道	〃	x
熊本	〃	264	奈良	〃	x	山口	〃	x
大分	〃	52	岐阜	〃	x	高知	〃	x
高知	〃	19	長野	〃	x	兵庫	〃	x
福岡	〃	18	宮崎	〃	x			

1 主要特用林産物生産量 (続き)

区分	単位	生産量	区分	単位	生産量	区分	単位	生産量
オガ炭			れん炭			豆炭		
平成27年	t	7,643	平成27年	t	6,104	平成27年	t	8,235
28	〃	6,553	28	〃	5,123	28	〃	7,262
29	〃	6,628	29	〃	6,615	29	〃	7,306
30	〃	6,479	30	〃	5,936	30	〃	6,846
令和元	〃	8,213	令和元	〃	4,728	令和元	〃	6,093
静岡	〃	x	福島	〃	x	新潟	〃	x
鳥取	〃	x	新潟	〃	x	山口	〃	x
愛媛	〃	x	山口	〃	〃			
奈良	〃	x						
山口	〃	x						

2 栽培きのこ類生産者数
(1) ほだ木所有本数規模別原木しいたけ生産者数

単位：戸

年次	計	600本未満	600 〜 3,000	3,000 〜 10,000	10,000 〜 30,000	30,000本以上
平成26年	19,857	9,300	4,683	3,683	1,814	377
27	19,356	9,139	4,698	3,615	1,567	337
28	18,696	8,692	4,622	3,559	1,525	298
29	18,117	8,328	4,562	3,420	1,502	305
30	18,077	8,853	4,248	3,217	1,468	291

(2) なめこ、えのきたけ、ひらたけ等の生産者数

単位：戸

年次	なめこ	えのきたけ	ひらたけ	ぶなしめじ	まいたけ	まつたけ
平成26年	1,995	611	837	437	924	2,283
27	2,001	612	782	451	971	3,123
28	1,660	571	765	404	957	2,936
29	1,599	522	727	360	934	2,208
30	1,565	455	732	346	956	2,953

3 しいたけ原木伏込量 (材積)

単位：100㎥

年次	乾しいたけ				生しいたけ			
	計	なら	くぬぎ	その他	計	なら	くぬぎ	その他
平成26年	1,855	487	1,312	56	1,270	747	493	30
27	1,948	465	1,431	52	1,197	701	479	17
28	2,055	498	1,512	45	1,141	666	456	19
29	1,979	467	1,466	46	1,134	626	489	19
30	1,724	413	1,274	37	1,021	593	411	17

4　特用林産物の主要国別輸出入量
(1)　輸出

区分	単位	平成30年		令和元年	
		数量	金額	数量	金額
			千円		千円
乾しいたけ (0712.39-100)	t	24	139,167	33	162,308
香港	〃	14	93,309	16	96,374
アメリカ	〃	3	11,562	10	23,729
台湾	〃	3	15,648	5	22,023
シンガポール	〃	1	5,280	1	8,473
オーストラリア	〃	0	2,330	0	2,535
オランダ	〃	0	2,796	0	1,824
その他	〃	3	8,242	1	7,350
その他きのこ(生鮮・冷蔵)(0709.59-000)	〃	926	322,879	841	331,822
台湾	〃	475	126,089	344	100,520
香港	〃	260	106,192	263	131,950
シンガポール	〃	53	33,334	108	37,940
タイ	〃	83	23,917	67	18,262
マレーシア	〃	54	32,328	52	31,160
ベトナム	〃	–	–	2	1,992
その他	〃	1	1,019	5	9,998
きのこ(調整したもの) (2003.90-000)	kg	107,377	93,014	97,502	82,059
アメリカ	〃	51,352	43,143	53,839	42,788
台湾	〃	48,998	41,340	34,736	29,912
カナダ	〃	2,189	1,865	4,268	3,926
香港	〃	805	2,322	1,923	2,668
オランダ	〃	1,243	948	622	474
マレーシア	〃	–	–	622	412
その他	〃	2,790	3,396	1,492	1,879
漆ろう及びはぜろう (1515.90-100)	〃	3,137	10,845	6,700	22,229
ドイツ	〃	2,300	7,194	6,000	19,904
イタリア	〃	460	1,909	300	1,245
フランス	〃	–	–	200	540
オーストラリア	〃	–	–	200	540
その他	〃	377	1,742	–	–
竹材 (1401.10-000)	t	17	9,427	153	7,657
インドネシア	〃	12	6,763	10	6,166
中国	〃	3	1,474	2	835
トルコ	〃	–	–	0	300
アメリカ	〃	–	38,490	0	356
その他	〃	3	1,190	–	–
木炭 (4402.10-000、4402.90-000の合計)	〃	13,486	387,061	460	348,190
台湾	〃	125	19,351	175	29,981
アラブ首長国	〃	85	74,871	115	96,295
サウジアラビア	〃	109	99,879	39	41,267
カタール	〃	16	24,456	32	48,131
中国	〃	62	2,394	25	10,197
オーストラリア	〃	16	10,115	19	8,309
その他	〃	86	155,995	55	114,010

注：財務省「貿易統計」を集計したものであり、（　）のコードは統計品目番号である
（以下(2)まで同じ。）。

4 特用林産物の主要国別輸出入量（続き）
(2) 輸入

区分	単位	平成30年		令和元	
		数量	金額	数量	金額
			千円		千円
乾しいたけ（0712.39-010）	t	4,998	6,091,827	4,869	5,805,248
中国	〃	4,989	6,076,014	4,864	5,797,111
ベトナム	〃	4	5,713	2	2,854
韓国	〃	1	3,498	1	2,962
その他	〃	4	6,602	1	2,321
しいたけ（生及び冷蔵）（0709.59-020）	〃	1,942	639,226	1,835	576,960
中国		1,942	638,992	1,835	576,960
イタリア	〃	0	234	–	–
その他のきのこ（生及び冷蔵）（0709.59-090）		161	214,548	208	240,811
韓国		106	33,266	149	48,272
フランス	〃	19	62,794	26	82,984
イタリア	〃	5	17,761	7	26,968
ポーランド	〃	7	16,641	6	14,157
その他	〃	25	84,086	20	68,430
乾きくらげ（0712.32-000）	〃	2,611	2,563,060	2,459	2,358,060
中国	〃	2,588	2,540,725	2,445	2,344,222
ベトナム	〃	14	14,466	7	7,584
香港	〃	7	6,893	6	5,598
台湾	〃	2	976	1	656
まつたけ（0709.59-011）	〃	798	4,416,769	849	4,269,003
中国	〃	601	3,534,064	510	3,012,649
カナダ	〃	53	274,026	153	56,279
アメリカ	〃	63	339,503	149	514,635
トルコ	〃	72	155,191	21	56,279
メキシコ	〃	2	14,945	8	45,899
ブータン	〃	5	38,490	4	36,864
韓国	〃	2	60,550	3	104,722
1) きのこ調整品	〃	13,786	5,345,517	14,697	5,743,412
木炭（4402.10-000、4402.90-000の合計）	〃	13,486	5,145,054	14,254	5,366,197
ベトナム	〃	195	64,962	190	62,202
イタリア	〃	6	6,588	150	106,719
オーストラリア	〃	–	–	45	126,707
イギリス	〃	37	51,323	30	38,259
その他	〃	62	77,590	27	43,328
きのこ菌糸（しいたけ以外）（0602.90-019）	〃	9,295	552,252	9,626	527,049
オランダ	〃	7,411	379,323	7,883	374,942
ベルギー	〃	1,375	64,781	1,159	52,955
中国	〃	134	16,570	249	15,715
アメリカ	〃	174	54,560	170	51,432
フランス	〃	71	24,788	78	25,245
その他	〃	130	12,230	87	6,760

注： 1)の統計品目番号は、2003.10-100、2003.10-219、2003.10-220、2003.90-100、
2003.90-210、2003.90-220である。

VI 被害と保険
1 林野の気象災害

年次	1)気象災害面積 (民有林のみ)							
	計	風害	水害	雪害	干害	凍害	潮害	ひょう害
	ha	ha	ha	ha	ha	ha	ha	ha
平成26年	4,831	326	79	3,095	1,063	243	0	25
27	5,686	3,858	39	1,414	319	57	–	–
28	14,575	12,879	482	383	155	676	–	–
29	3,766	907	686	1,412	617	144	–	–
30	3,985	3,233	198	111	228	216	–	–

資料：林野庁「森林・林業統計要覧」
注：1)は、被害区域面積である。

2 林野の火災被害

年次	出火件数	焼損面積	損害額
	件	ha	100万円
平成26年	1,494	1,062	1,369
27	1,106	538	255
28	1,027	384	157
29	1,284	938	900
30	1,363	606	202

資料：総務省消防庁「消防白書」

3 主な森林病害虫等による被害

年度	からまつ先枯病	松くい虫(マツ材線虫病)	カシノナガキクイムシ	くりたまばち	すぎたまばえ	まつばのたまばえ	すぎはだに	のねずみ	まいまいが	松毛虫
	千ha	千㎥	千㎥	千ha	千ha	千ha	千ha	千ha	千ha	千ha
平成26年度	–	561	41	–	–	–	–	1	0	–
27	–	481	83	–	–	–	–	1	0	0
28	–	440	84	–	–	–	–	1	–	0
29	–	399	93	–	–	–	–	1	–	0
30	–	352	45	–	–	–	–	1	–	0

資料：林野庁「森林・林業統計要覧」
注：林野庁所管国有林及び民有林の合計である。

4 森林保険

年度	年度末保有高			損害てん補実績		支払保険金額
	件数	面積	責任保険金額	件数	面積	
	件	千ha	100万円	件	千ha	100万円
平成26年度	131,390	787	852,741	2,143	1	974
27	108,859	742	807,708	1,956	1	587
28	102,161	704	769,831	2,077	1	737
29	97,525	673	741,946	1,779	1	591
30	93,253	652	718,837	1,865	1	701

資料：平成26年度は、林野庁「森林国営保険事業統計書」
　　　平成27年度からは、森林研究・整備機構「森林保険に関する統計資料」

Ⅶ 需給

1 木材需給表

(1) 需要

単位：千㎥

年次	総需要量							しいたけ原木	燃料材
	計	用材						
		小計	製材用	パルプ・チップ用	合板用	その他		
平成26年	75,799	72,547	26,139	31,433 （6,922)	11,144	3,830	313	2,940 （9,765)
27	75,160	70,883	25,358	31,783 （6,667)	9,914	3,829	315	3,962 （12,473)
28	78,077	71,942	26,150	31,619 （6,853)	10,248	3,925	328	5,807 （12,488)
29	81,854	73,742	26,370	32,302 （7,107)	10,667	4,403	311	7,800 （12,484)
30	82,478	73,184	25,708	32,009 （6,792)	11,003	4,465	274	9,020 （12,918)

年次	国内消費				輸出		
	小計	用材	しいたけ原木	燃料材	小計	用材	燃料材
平成26年	73,770	70,536	313	2,921	2,029	2,010	19
27	72,871	68,602	315	3,955	2,288	2,281	7
28	75,960	69,830	328	5,802	2,117	2,112	5
29	79,235	71,128	311	7,795	2,619	2,614	5
30	79,643	70,353	274	9,016	2,836	2,831	4

資料：林野庁「木材需給表」 （以下(2)まで同じ。）
注：1 この需給表は、木材が製材工場・パルプ工場、その他各需要部門に入荷する1年間の数量を基に、需要量＝供給量として作成した。製材品・木材パルプ・合板等の丸太以外で輸入・輸出されたものは、全て丸太材積に換算した。
2 パルプ・チップ用及び燃料材の（ ）書は外数であり、工場残材及び解体材・廃材から生産された木材チップ等である。
3 平成26年から、木質バイオマス発電施設等においてエネルギー利用された燃料用チップ等を燃料材に計上した。
4 数値の合計値は、四捨五入のため、計に一致しない場合がある。

(2) 供給

年次	総供給量					しいたけ原木	燃料材
	計	用材					
		小計	丸太	その他			
	千㎥	千㎥	千㎥	千㎥		千㎥	千㎥
平成26年	75,799	72,547	26,604	45,943		313	2,940
27	75,160	70,883	26,404	44,479		315	3,962
28	78,077	71,942	27,194	44,747		328	5,807
29	81,854	73,742	27,713	46,029		311	7,800
30	82,478	73,184	27,990	45,194		274	9,020

年次	国内生産				輸入			自給率
	小計	用材	しいたけ原木	燃料材	小計	用材	燃料材	
	千㎥	千㎥	千㎥	千㎥	千㎥	千㎥	千㎥	％
平成26年	23,647	21,492	313	1,843	52,152	51,054	1,098	31.2
27	24,918	21,797	315	2,806	50,242	49,086	1,156	33.2
28	27,141	22,355	328	4,458	50,936	49,586	1,350	34.8
29	29,660	23,312	311	6,037	52,194	50,430	1,764	36.2
30	30,201	23,680	274	6,248	52,277	49,505	2,772	36.6

2　材種別、需要部門別素材需要量

単位：千m³

年次・材種	計	製材用	1)合板等用	2)木材チップ用
平成27年	25,092	16,182	4,218	4,692
28	26,029	16,590	4,638	4,801
29	26,466	16,802	5,004	4,660
30	26,545	16,672	5,287	4,586
令和元（概数値）	**26,348**	**16,637**	**5,448**	**4,263**
国産材	21,883	12,875	4,745	4,263
輸入材計	4,465	3,762	703	0
南洋材	164	x	x	−
米材	3,423	2,961	462	−
北洋材	321	230	91	0
ニュージーランド材	393	364	29	0
その他	164	x	x	−

資料：農林水産省統計部「木材需給報告書」。ただし、令和元年は「令和元年木材統計」
　　　（以下4まで同じ。）。
注：1)は、平成28年までは「合板用」、平成29年からはLVL用を含めた「合板等用」である。
　　2)は、木材チップ工場に入荷した原料のうち、素材の入荷量のみを計上した。

3　材種別素材供給量

単位：千m³

年次	計	国産材		
		小計	針葉樹	広葉樹
平成27年	25,092	20,049	17,815	2,236
28	26,029	20,660	18,470	2,188
29	26,466	21,408	19,258	2,153
30	26,545	21,640	19,462	2,178
令和元（概数値）	**26,348**	**21,883**	**19,876**	**2,007**

年次	1)輸入材						
	小計	南洋材	ラワン材	米材	北洋材	ニュージーランド材	その他
平成27年	5,045	272	196	3,803	343	473	151
28	5,370	243	188	4,106	381	458	179
29	5,059	217	…	3,882	348	466	149
30	4,905	175	…	3,746	359	440	185
令和元（概数値）	**4,465**	**164**	**…**	**3,423**	**321**	**393**	**164**

注：平成29年から南洋材のうちラワン材の把握を廃止した。
　　1)は、輸入材半製品を含む。

4 需要部門別素材の輸入材依存割合

単位：％

年次	素材需要量計	製材用	1)合板等用	木材チップ用
平成27年	20.1	25.8	20.5	0.1
28	20.6	26.6	20.6	0.1
29	19.1	24.8	17.6	0.1
30	18.5	24.6	15.0	0.0
令和元（概数値）	19.0	22.6	12.9	0.0

注：輸入材依存割合は、木材統計調査による材種別素材供給量に占める輸入材の割合である。
　1)は、平成28年までは「合板用」、平成29年からはLVL用を含めた「合板等用」である。

5 木材の輸出入量及び金額

品目	単位	平成30年		令和元	
		数量	金額	数量	金額
			千円		千円
輸出					
素材（丸太）	千㎥	1,137	14,799,631	1,130	14,713,623
製材	〃	146	6,046,004	147	5,965,998
パーティクルボード	t	8,594	434,652	11,698	597,563
合板	千㎥	8,814	6,766,332	8,149	6,212,159
繊維板	t	4,027	527,249	3,868	463,759
輸入					
素材（丸太）	千㎥	3,278	99,392,006	3,019	80,673,363
製材	〃	5,968	258,418,654	5,700	229,386,901
合板用単板	t	254,052	14,703,881	222,594	13,184,317
パーティクルボード	〃	369,649	21,944,622	351,960	20,235,048
繊維板	〃	417,628	29,255,360	421,376	30,153,343
合板	千㎥	297,231	152,048,614	235,816	120,103,378

資料：財務省関税局「貿易統計」をもとに農林水産省統計部にて作成。

6　丸太・製材の輸入

材種・国名	4) 丸太					
	平成29年		30		令和元	
	数量	金額	数量	金額	数量	金額
	千㎥	億円	千㎥	億円	千㎥	億円
合計	3,266	869	3,278	994	3,019	807
1) 米材	2,586	720	2,574	833	2,372	664
米国	1,638	489	1,681	576	1,517	438
カナダ	948	231	894	257	855	226
2) 南洋材	141	48	157	55	135	46
インドネシア	0	0	0	0	0	2
マレーシア	110	39	75	28	33	11
パプアニューギニア	25	8	82	27	102	32
北洋材	137	28	141	31	129	30
ニュージーランド材	378	59	382	62	355	53
チリ材	–	–	–	–	–	–
3) 欧州材	17	7	17	7	20	7
スウェーデン	–	–	–	–	–	–
フィンランド	0	0	–	–	–	–
EU計	17	7	17	6	20	7
アフリカ材	4	3	4	3	4	3
中国	1	1	1	1	1	1
その他	2	3	2	2	2	3

材種・国名	5) 製材					
	平成29年		30		令和元	
	数量	金額	数量	金額	数量	金額
	千㎥	億円	千㎥	億円	千㎥	億円
合計	6,323	2,510	5,968	2,584	5,700	2,294
1) 米材	2,167	942	2,034	1,035	1,727	789
米国	253	179	243	182	244	179
カナダ	1,915	763	1,791	853	1,483	610
2) 南洋材	90	74	81	69	79	67
インドネシア	21	18	21	17	24	19
マレーシア	60	50	58	50	53	47
パプアニューギニア	0	0	0	0	0	0
北洋材	850	335	852	337	916	364
ニュージーランド材	66	23	66	23	67	24
チリ材	274	83	319	101	294	95
3) 欧州材	2,821	980	2,558	946	2,565	886
スウェーデン	825	267	739	259	718	230
フィンランド	995	322	930	321	897	283
EU計	2,812	975	2,539	936	2,532	873
アフリカ材	2	4	3	5	4	5
中国	35	45	34	44	33	42
その他	18	23	21	24	15	21

資料：林野庁「木材輸入実績」
注：　1)は、米国、カナダより輸入された材である。
　　　2)は、インドネシア、マレーシア、パプアニューギニア、ソロモン諸島、フィリピン、
　　シンガポール、ブルネイの7カ国より輸入された材である。
　　　3)は、ロシアを除く全ての欧州各国より輸入された材である。
　　　4)は、輸入統計品目表第 4403 項の合計である。
　　　5)は、輸入統計品目表第 4407 項の合計である。

Ⅷ　価格

1　木材価格

(1)　素材価格（1㎥当たり）

単位：円

年次	製材用素材			
	まつ中丸太 ［径　24〜28cm 長3.65〜4.0m 込み］	すぎ中丸太 ［径　14〜22cm 長3.65〜4.0m 込み］	ひのき中丸太 ［径　14〜22cm 長3.65〜4.0m 込み］	米つが丸太 ［径　30cm上 長　6.0m上 No.3］
平成29年	12,300	13,100	18,100	23,000
30	12,800	13,600	18,400	26,800
令和元	12,900	13,500	18,100	26,900

資料：農林水産省統計部「木材需給報告書」（以下(3)まで同じ。）。
注：1　この統計は、当該都道府県の年間の素材の消費量により加重平均して算出した
　　　　（以下(2)まで同じ。）。
　　2　製材用素材価格は製材工場、合単板用素材価格は合単板工場、木材チップ用素材価格は
　　　　木材チップ工場における工場着購入価格である（以下(3)まで同じ。）。
　　3　ここに掲載した全国の年価格は、月別の全国価格を単純平均により算出し下2桁で四捨五入
　　　　した。ただし、針葉樹合板の価格については、下1桁で四捨五入した（以下(3)まで同じ。）。
　　4　平成30年から、平成28年の素材・木材製品の生産動向等を踏まえ、調査都道府県、調査対象
　　　　工場等の見直しを行ったことから、平成29年以前の数値とは接続しない（以下(3)まで同じ。）。

(2)　木材製品卸売価格（1㎥当たり）

単位：円

年次	すぎ正角 ［厚　10.5cm 幅　10.5cm 長　3.0m 2級］	すぎ正角（乾燥材） ［厚　10.5cm 幅　10.5cm 長　3.0m 2級］	ひのき正角 ［厚　10.5cm 幅　10.5cm 長　3.0m 2級］	ひのき正角（乾燥材） ［厚　10.5cm 幅　10.5cm 長　3.0m 2級］
平成29年	57,600	66,200	80,300	84,900
30	61,200	66,500	76,600	85,600
令和元	61,900	66,700	76,900	85,900

年次	米つが正角（防腐処理材） ［厚　12.0cm 幅　12.0cm 長　4.0m 2級］	米つが正角（防腐処理材・乾燥材） ［厚　12.0cm 幅　12.0cm 長　4.0m 2級］	1) 針葉樹合板 ［厚　1.2cm 幅　91.0cm 長　1.82m 1類］
平成29年	75,600	89,900	1,270
30	82,600	90,500	1,290
令和元	83,100	90,800	1,290

注：1)は、1枚当たりの価格である。

(3)　木材チップ価格（1t当たり）

単位：円

年次	針葉樹 ［パルプ向け］	広葉樹 ［パルプ向け］
平成29年	13,800	18,500
30	14,000	18,700
令和元	14,500	19,000

注：当該都道府県の年間の木材チップの生産量により加重平均して算出した。

2　地区別平均山林素地価格（普通品等10 a 当たり）

単位：円

地区	用材林地				
	平成27年	28	29	30	令和元
全国平均	44,277	43,478	42,800	42,262	41,930
東北	46,302	45,148	44,309	43,622	43,175
関東	85,901	83,087	81,236	79,507	78,341
北陸	48,862	47,940	47,158	46,522	46,141
東山	49,774	49,636	48,673	47,989	47,627
東海	38,843	37,839	37,422	36,868	36,609
近畿	34,347	33,963	33,622	33,361	33,301
中国	35,913	35,565	35,170	34,801	34,558
四国	24,694	24,597	24,160	23,991	23,894
九州	46,420	45,254	44,663	44,236	43,931
北海道	10,652	10,558	10,486	10,447	10,391

地区	薪炭林地				
	平成27年	28	29	30	令和元
全国平均	29,990	29,716	29,503	29,235	29,074
東北	34,054	33,713	33,426	33,288	33,096
関東	52,703	51,238	50,588	49,640	49,545
北陸	30,293	30,127	29,960	29,819	29,683
東山	37,266	37,132	36,897	36,457	36,333
東海	25,304	25,185	25,048	24,610	24,433
近畿	20,666	20,584	20,492	20,429	20,336
中国	26,614	26,434	26,253	26,058	25,948
四国	17,103	17,102	17,056	16,929	16,857
九州	29,540	29,068	28,805	28,425	28,136
北海道	8,746	8,724	8,685	8,681	8,681

資料：　日本不動産研究所「山林素地及び山元立木価格調（2019年 3 月末現在）」
（以下 3 まで同じ。）

注：1　山林素地価格とは、林地として利用する場合の売買価格で、売り手・買い手に相応と認めら
れて取引される実測（なわのびがない）10 a 当たりの素地価格であり、素地価格は、用材林地
（杉・桧・松等主として針葉樹が植生している林地）と薪炭林地（くぬぎ・なら・かし等主と
して広葉樹が植生している林地）の価格である。
　　　2　全国及び各地区の集計対象は次のとおりである。
　　　　　全国：北海道・千葉県・東京都・神奈川県・滋賀県（令和元年のみ）・大阪府・奈良県・
香川県・沖縄県を除く。
　　　　　東北：青森県・岩手県・宮城県・秋田県・山形県・福島県
　　　　　関東：茨城県・栃木県・群馬県・埼玉県
　　　　　北陸：新潟県・富山県・石川県・福井県
　　　　　東山：山梨県・長野県・岐阜県
　　　　　東海：静岡県・愛知県・三重県
　　　　　近畿：滋賀県（令和元年は除く）・京都府・兵庫県・和歌山県
　　　　　中国：鳥取県・島根県・岡山県・広島県・山口県
　　　　　四国：徳島県・愛媛県・高知県
　　　　　九州：福岡県・佐賀県・長崎県・熊本県・大分県・宮崎県・鹿児島県
　　　　なお、千葉県・東京都・神奈川県・滋賀県・大阪府・奈良県及び香川県のほとんどの市町村
の山林素地価格が宅地及び観光開発等への転用が見込まれ高額のため、地区別平均及び全国平
均の集計対象から除いている。また、前記 6 都府県以外で宅地及び観光開発等への転用が見込
まれ高額な山林素地価格の市町村も除いている。また、北海道は都道府県と林相が異なること、
沖縄県は調査市町村数が少ないこと等のため、全国平均の集計対象から除いている。

3 平均山元立木価格（普通品等利用材積 1 ㎥当たり）

単位：円

樹種	平成27年	28	29	30	令和元
すぎ	2,833	2,804	2,881	2,995	3,061
1)ひのき	6,284	6,170	6,200	6,589	6,747
2)まつ	1,531	1,681	1,705	1,733	1,799

注： 1　山元立木価格とは、山に立っている樹木の、1 ㎥当たりの利用材積売渡価格であり、
　　　 最寄木材市場渡し素材価格から生産諸経費等を差し引いた価格をいう。
　　 2　林相が異なる北海道と集計客体数が少なかった都府県を、次の種別ごとに除いた全国
　　　 平均価格である。
　　　　すぎは、北海道・千葉県・東京都・大阪府・香川県・沖縄県を除く。
　　　　ひのきは、北海道・青森県・岩手県・秋田県・山形県・千葉県・東京都・神奈川県・
　　　 新潟県・富山県・大阪府・香川県・沖縄県を除く。
　　　　まつは、茨城県・栃木県・埼玉県・千葉県・東京都・富山県・福井県・静岡県・三重県・大阪
　　　 府・兵庫県・奈良県・和歌山県・鳥取県・香川県・高知県・福岡県・佐賀県・長崎県・
　　　 鹿児島県・沖縄県を除く。
　　 1)は、平成28年まで岩手県を含む。
　　 2)は、平成29年まで奈良県、平成30年まで栃木県を含む。

IX 流通と木材関連産業
1 製材工場・出荷量等総括表

年次	工場数 (12月31日現在)	製材用 動力の 総出力数	製材用素材入荷量		1)製材用 素材消費量	製材品 出荷量
			国産材	1)輸入材		
	工場	千kW	千m³	千m³	千m³	千m³
平成27年	5,206	653	12,004	4,178	16,111	9,231
28	4,934	623	12,182	4,408	16,557	9,293
29	4,814	632	12,632	4,171	16,861	9,457
30	4,582	625	12,563	4,109	16,645	9,202
令和元（概数値）	4,382	619	12,875	3,762	16,440	9,032

資料： 農林水産省統計部「木材需給報告書」。ただし、令和元年は「令和元年　木材統計」（以下2(2)まで同じ。）。
注：7.5kW未満の工場分を含まない。
　　1)は、輸入材半製品を含む。

2 製材用素材入荷量
(1) 国産材・輸入材別素材入荷量

単位：千m³

年次	計	国産材	1)輸入材						
			小計	南洋材	ラワン材	米材	北洋材	ニュー ジーラ ンド材	その他
平成27年	16,182	12,004	4,178	79	7	3,259	243	450	146
28	16,590	12,182	4,408	59	4	3,513	230	430	174
29	16,802	12,632	4,171	83	…	3,283	242	421	145
30	16,672	12,563	4,109	43	…	3,224	243	415	184
令和元（概数値）	16,637	12,875	3,762	x	…	2,961	230	364	x

注：平成29年調査から南洋材のうちラワン材の把握を廃止した。
　　1)は、輸入材半製品を含む。

(2) 製材用素材の国産材・輸入材入荷別工場数及び入荷量

年次	計		国産材のみ		国産材と輸入材		輸入材のみ	
	工場数	1)入荷量	工場数	入荷量	工場数	1)入荷量	工場数	1)入荷量
	工場	千m³	工場	千m³	工場	千m³	工場	千m³
平成27年	5,119	16,182	3,906	11,009	923	2,815	290	2,353
28	4,867	16,590	3,716	11,212	874	2,909	277	2,470
29	4,782	16,802	3,642	11,449	872	3,007	268	2,344
30	4,551	16,672	3,521	11,628	792	2,726	238	2,318
令和元（概数値）	4,340	16,637	3,358	11,890	771	2,798	211	1,949

注：工場数は、各年に製材用素材の入荷のあった工場である。
　　1)は、輸入材半製品を含む。

3　木材の入荷量
素材の入荷先別入荷量及び仕入金額（平成30年）

区分	単位	計	素材生産者 直接、国・公共機関から	素材生産者 自ら素材生産したもの	素材生産者 素材生産業者から	流通業者 製材工場から	流通業者 合単板・LVL工場から
入荷量							
工場計	千㎥	26,544	1,050	1,418	7,116	482	168
製材工場	〃	16,672	760	1,042	2,984	402	–
合単板工場	〃	6,010	79	48	1,678	8	5
ＬＶＬ工場	〃	267	0	–	38	–	19
木材チップ工場	〃	4,586	212	328	2,416	72	144
木材流通業者計	〃	27,518	2,477	3,234	10,674	1,479	147
木材市売市場等	〃	11,713	1,977	1,721	7,521	93	2
木材市売市場	〃	10,899	1,776	1,687	6,987	76	2
木材センター	〃	814	201	34	534	17	–
木材販売業者	〃	15,805	500	1,513	3,153	1,386	145
仕入金額							
工場計	100万円	371,231	10,797	13,743	74,607	15,499	1,232
製材工場	〃	263,106	8,385	10,541	37,158	14,468	
合単板工場	〃	76,250	1,053	614	20,646	77	107
ＬＶＬ工場	〃	3,510	1	–	387	–	374
木材チップ工場	〃	28,565	1,358	2,588	16,416	954	751
木材流通業者計	〃	621,035	21,681	36,383	138,745	60,967	4,446
木材市売市場等	〃	152,966	17,054	21,231	102,387	4,328	21
木材市売市場	〃	142,265	15,364	20,980	96,503	3,340	21
木材センター	〃	10,701	1,690	251	5,884	988	
木材販売業者	〃	468,069	4,627	15,152	36,358	56,639	4,425

区分	単位	流通業者（続き） プレカット工場から	流通業者（続き） 集成材・CLT工場から	流通業者（続き） 木材市売市場から	流通業者（続き） 競り売り	流通業者（続き） 競り売り以外	流通業者（続き） 木材センターから
入荷量							
工場計	千㎥	4	…	5,693	3,746	1,754	996
製材工場	〃	…	…	5,421	3,716	1,705	608
合単板工場	〃	…	…	79	30	49	310
ＬＶＬ工場	〃	…	…	0	0	–	24
木材チップ工場	〃	4	–	193	…	…	54
木材流通業者計	〃	…	…	1,472	1,029	443	161
木材市売市場等	〃	…	…	42	31	11	5
木材市売市場	〃	…	…	40	29	11	5
木材センター	〃	…	…	2	2	0	–
木材販売業者	〃	…	…	1,430	998	432	156
仕入金額							
工場計	100万円	19	…	78,398	52,154	25,084	13,253
製材工場	〃	…	…	76,298	51,710	24,588	8,217
合単板工場	〃	…	…	928	432	496	4,226
ＬＶＬ工場	〃	…	…	12	12	–	430
木材チップ工場	〃	19	–	1,160	…	…	380
木材流通業者計	〃	…	…	33,244	19,180	14,064	6,305
木材市売市場等	〃	…	…	750	602	148	110
木材市売市場	〃	…	…	667	523	144	110
木材センター	〃	…	…	83	79	4	–
木材販売業者	〃	…	…	32,494	18,578	13,916	6,195

区分	単位	流通業者（続き）			その他	
		木材販売業者から	総合商社から	外国から直接輸入	産業廃棄物処理業者から	その他から
入荷量						
工場計	千m³	3,278	3,494	…	620	2,223
製材工場	〃	1,964	2,036	…	…	1,453
合単板工場	〃	798	1,293	…	…	723
ＬＶＬ工場	〃	148	39	…	…	－
木材チップ工場	〃	368	126	－	620	47
木材流通業者計	〃	2,812	2,792	…	…	2,267
木材市売市場等	〃	108	25	…	…	217
木材市売市場	〃	86	23	…	…	217
木材センター	〃	22	2	…	…	－
木材販売業者	〃	2,704	2,767	…	…	2,050
仕入金額						
工場計	100万円	54,857	69,349	…	237	39,239
製材工場	〃	38,169	42,295	…	…	27,575
合単板工場	〃	12,366	24,795	…	…	11,438
ＬＶＬ工場	〃	1,411	895	…	…	－
木材チップ工場	〃	2,911	1,364	－	237	226
木材流通業者計	〃	104,581	129,197	…	…	85,487
木材市売市場等	〃	2,891	839	…	…	3,357
木材市売市場	〃	1,241	684	…	…	3,357
木材センター	〃	1,650	155	…	…	－
木材販売業者	〃	101,690	128,358	…	…	82,130

資料：農林水産省統計部「平成30年　木材流通構造調査」

4　製材品出荷量
(1)　用途別製材品出荷量

単位：千m³

年次	計	建築用材	土木建設用材	木箱仕組板・こん包用材	家具・建具用材	その他用材
平成27年	9,231	7,481	410	1,048	63	227
28	9,293	7,623	376	1,019	51	221
29	9,457	7,766	371	1,067	61	193
30	9,202	7,468	376	1,125	61	172
令和元（概数値）	9,032	7,269	445	1,122	56	140

資料：農林水産省統計部「木材需給報告書」。ただし、令和元年は「令和元年　木材統計」。
注：工場出荷時における用途別の出荷量である。

4　製材品出荷量（続き）
(2)　製材品の販売先別出荷量及び販売金額（平成30年）

| 区分 | 単位 | 計 | 工場 | | | | |
			製材工場へ	合単板・LVL工場へ	プレカット工場へ	枠組壁工法住宅用部材組立工場へ	集成材・CLT工場へ
出荷量							
製材工場	千㎥	9,202	349	0	959	42	1,193
木材流通業者計	〃	19,099	522	183	1,612	77	69
木材市売市場等	〃	0,966	200	136	235	12	32
木材市売市場	〃	2,198	200	136	219	12	32
木材センター	〃	168	–	–	16	–	–
木材販売業者	〃	16,733	322	47	1,377	65	37
販売金額							
製材工場	100万円	414,687	11,349	7	52,075	1,855	37,410
木材流通業者計	〃	1,050,807	23,221	3,097	104,274	1,851	4,251
木材市売市場等	〃	132,685	4,425	2,332	14,874	585	868
木材市売市場	〃	122,550	4,425	2,332	13,991	585	868
木材センター	〃	10,135	–	–	883	–	–
木材販売業者	〃	918,122	18,796	765	89,400	1,266	3,383

| 区分 | 単位 | 流通業者 | | | | その他 | | | | |
		木材市売市場へ	木材センターへ	木材販売業者へ	総合商社へ	こん包業へ	木材薬品処理工場へ	建築業者へ	ホームセンターへ	その他へ
出荷量										
製材工場	千㎥	1,265	971	1,530	993	707	26	426	105	636
木材流通業者計	〃	563	95	6,325	68	421	5	7,566	45	1,549
木材市売市場等	〃	240	60	1,179	7	–	2	237	15	13
木材市売市場	〃	229	54	1,077	7	–	2	207	15	10
木材センター	〃	11	6	102	–	–	–	30	0	3
木材販売業者	〃	323	35	5,146	61	421	3	7,329	30	1,536
販売金額										
製材工場	100万円	57,415	53,986	73,635	45,949	27,304	1,363	21,699	5,435	25,205
木材流通業者計	〃	40,682	5,416	299,568	4,135	16,802	112	480,583	1,918	64,899
木材市売市場等	〃	16,795	3,267	71,600	392	–	74	16,024	647	803
木材市売市場	〃	16,127	2,936	65,046	392	–	74	14,511	630	633
木材センター	〃	668	331	6,554	–	–	–	1,513	17	170
木材販売業者	〃	23,887	2,149	227,968	3,743	16,802	38	464,559	1,271	64,096

資料：農林水産省統計部「平成30年　木材流通構造調査」

5　製材品別
(1)　合板
　　ア　単板製造用素材入荷量

単位：千m³

年次	入荷量		
	計	国産材	輸入材
平成27年	4,218	3,356	864
28	4,638	3,682	957
29	5,004	4,122	882
30	5,287	4,492	795
令和元　(概数値)	**5,448**	**4,745**	**703**

資料：農林水産省統計部「木材需給報告書」。ただし、令和元年は「令和元年　木材統計」
　　　(以下ウまで同じ。)。
注：平成29年から「単板」に含まれる用途を「合板用」から「合板及びLVL用」に変更した。

イ　普通合板生産量

単位：千m³

年次	計	ベニヤコアー合板			特殊コアー合板
		小計	1) 1類	2) 2類	
平成27年	2,756	2,723	2,605	118	33
28	3,063	3,033	2,881	152	30
29	3,287	…	…	…	…
30	3,298	…	…	…	…
令和元　(概数値)	**3,337**	…	…	…	…

注：平成29年から普通合板の種類別生産量の把握を廃止した。
　　1)は、完全耐水性である。
　　2)は、普通の耐水性である。

ウ　特殊合板生産量

単位：千m³

年次	計	1)オーバーレイ合板	プリント合板	塗装合板	天然木化粧合板	その他の合板	
							木質複合床板
平成27年	524	19	85	3	33	384	253
28	642	17	101	4	38	480	364
29	623	…	…	…	…	…	…
30	580	…	…	…	…	…	…
令和元　(概数値)	**562**	…	…	…	…	…	…

注：平成29年から特殊合板の種類別生産量の把握を廃止した。
　　1)は、ポリエステル・塩化ビニル・ジアリルフタレート化粧合板の計である。

5　製材品別（続き）
(1)　合板（続き）
エ　合板の販売先別出荷量及び販売金額（平成30年）

区分	単位	計	工場				
			製材工場へ	合単板・LVL工場へ	プレカット工場へ	枠組壁工法住宅用部材組立工場へ	集成材・CLT工場へ
出荷量							
合単板工場	千m³	3,878	1	84	159	59	－
木材流通業者計	〃	11,689	8	9	881	74	0
木材市売市場等	〃	83	－	8	14	3	0
木材市売市場	〃	59	－	8	14	3	0
木材センター	〃	24	－	－	－	－	－
木材販売業者	〃	11,606	8	1	867	71	－
販売金額							
合単板工場	100万円	258,585	35	5,070	8,652	3,172	－
木材流通業者計	〃	706,179	721	118	42,319	3,483	22
木材市売市場等	〃	4,921	－	102	789	169	22
木材市売市場	〃	3,088	－	102	789	169	22
木材センター	〃	1,833	－	－	－	－	－
木材販売業者	〃	701,258	721	16	41,530	3,314	－

区分	単位	流通業者				その他				
		木材市売市場へ	木材センターへ	木材販売業者へ	総合商社へ	こん包業へ	木材薬品処理工場へ	建築業者へ	ホームセンターへ	その他へ
出荷量										
合単板工場	千m³	5	0	336	2,776	0	－	149	51	259
木材流通業者計	〃	2	1	4,072	444	54	－	5,006	699	440
木材市売市場等	〃	2	0	51	－	－	－	5	－	0
木材市売市場	〃	2	0	28	－	－	－	3	－	0
木材センター	〃	－	－	23	－	－	－	2	－	－
木材販売業者	〃	0	1	4,021	444	54	－	5,001	699	440
販売金額										
合単板工場	100万円	266	1	25,409	181,887	1	－	8,635	1,556	23,902
木材流通業者計	〃	99	41	274,527	37,962	2,266	－	239,784	51,800	53,036
木材市売市場等	〃	92	8	3,394	－	－	－	337	－	7
木材市売市場	〃	92	8	1,672	－	－	－	226	－	7
木材センター	〃	－	－	1,722	－	－	－	111	－	－
木材販売業者	〃	7	33	271,133	37,962	2,266	－	239,447	51,800	53,029

資料：農林水産省統計部「平成30年 木材流通構造調査」

(2)　LVL
ア　生産量（令和元年）

単位：千m³

区分	計	構造用	その他
全国	188	88	100

資料：農林水産省統計部「令和元年　木材統計」
注：自工場で生産されたLVLの量をいい、自社他工場から受け入れたものは除く。

イ　LVLの販売先別出荷量及び販売金額 （平成30年）

| 区分 | 単位 | 計 | 工場 | | | | |
			製材工場へ	合単板・LVL工場へ	プレカット工場へ	枠組壁工法住宅用部材組立工場へ	集成材・CLT工場へ
出荷量							
LVL工場	千㎥	181	–	14	46	1	0
木材流通業者計	〃	968	1	–	11	0	–
木材市売市場等	〃	11	–	–	0	0	–
木材市売市場	〃	10	–	–	0	0	–
木材センター	〃	1	–	–	–	–	–
木材販売業者	〃	957	1	–	11	0	–
販売金額							
LVL工場	100万円	12,492	–	981	2,273	53	12
木材流通業者計	〃	69,073	73	–	887	9	–
木材市売市場等	〃	635	–	–	13	9	–
木材市売市場	〃	596	–	–	13	9	–
木材センター	〃	39	–	–	–	–	–
木材販売業者	〃	68,438	73	–	874	0	–

| 区分 | 単位 | 流通業者 | | | | その他 | | | | |
		木材市売市場へ	木材センターへ	木材販売業者へ	総合商社へ	こん包業へ	木材薬品処理工場へ	建築業者へ	ホームセンターへ	その他へ
出荷量										
LVL工場	千㎥	0	–	1	113	0	–	1	–	6
木材流通業者計	〃	0	0	107	0	35	–	124	–	689
木材市売市場等	〃	0	0	9	–	–	–	1	–	–
木材市売市場	〃	0	0	8	–	–	–	1	–	–
木材センター	〃	–	0	1	–	–	–	–	–	–
木材販売業者	〃	–	0	98	0	35	–	123	–	689
販売金額										
LVL工場	100万円	0	–	58	8,678	11	–	67	–	359
木材流通業者計	〃	5	30	12,338	4	1,543	–	10,711	–	43,473
木材市売市場等	〃	5	8	542	–	–	–	58	–	–
木材市売市場	〃	5	5	507	–	–	–	58	–	–
木材センター	〃	–	3	35	–	–	–	–	–	–
木材販売業者	〃	–	22	11,796	4	1,543	–	10,653	–	43,473

資料：農林水産省統計部「平成30年 木材流通構造調査」

(3)　集成材
　ア　生産量 （令和元年）

単位：千㎥

| 区分 | 計 | 構造用 | | | | その他 |
		小計	大断面	中断面	小断面	
全国	1,920	1,830	15	819	996	90

資料：農林水産省統計部「令和元年 木材統計」
注：自工場で生産された集成材の量をいい、自社他工場から受け入れた物は除く。

5 製材品別（続き）
(3) 集成材（続き）
イ 集成材の販売先別出荷量及び販売金額（平成30年）

区分	単位	計	工場				
			製材工場へ	合単板・LVL工場へ	プレカット工場へ	枠組壁工法住宅用部材組立工場へ	集成材・CLT工場へ
出荷量							
集成材工場	千m³	1,919	11	0	904	–	6
木材流通業者計	〃	2,424	8	0	547	1	70
木材市売市場等	〃	155	–	0	35	–	0
木材市売市場	〃	142	–	–	35	–	0
木材センター	〃	13	–	0	–	–	–
木材販売業者	〃	2,269	8	–	512	1	76
販売金額							
集成材工場	100万円	133,859	590	1	58,886	–	488
木材流通業者計	〃	224,237	529	26	41,184	191	10,414
木材市売市場等	〃	17,959	–	26	2,420	–	24
木材市売市場	〃	17,068	–	–	2,420	–	24
木材センター	〃	891	–	26	–	–	–
木材販売業者	〃	206,278	529	–	38,764	191	10,390

区分	単位	流通業者				その他				
		木材市売市場へ	木材センターへ	木材販売業者へ	総合商社へ	こん包業へ	木材薬品処理工場へ	建築業者へ	ホームセンターへ	その他へ
出荷量										
集成材工場	千m³	12	147	283	338	–	16	79	0	122
木材流通業者計	〃	10	9	634	7	0	0	1,094	3	35
木材市売市場等	〃	0	0	109	1	–	–	10	0	–
木材市売市場	〃	0	0	105	–	–	–	2	–	–
木材センター	〃	–	–	4	1	–	–	8	0	–
木材販売業者	〃	10	9	525	6	0	0	1,084	3	35
販売金額										
集成材工場	100万円	922	11,541	20,376	25,721	–	1,044	6,811	20	7,460
木材流通業者計	〃	940	699	65,040	495	9	19	99,087	473	5,131
木材市売市場等	〃	13	4	14,692	45	–	–	734	1	–
木材市売市場	〃	13	4	14,428	–	–	–	179	–	–
木材センター	〃	–	–	264	45	–	–	555	1	–
木材販売業者	〃	927	695	50,348	450	9	19	98,353	472	5,131

資料：農林水産省統計部「平成30年 木材流通構造調査」

ウ　国内生産量の推移

単位：千㎥

年次	計	造作用集成材			構造用集成材				
		小計	無垢	化粧ばり	小計	化粧ばり柱	大断面	中断面	小断面
平成25年	1,646.5	153.3	81.8	71.5	1,493.2	5.9	33.2	783.1	671.0
26	1,555.0	145.7	82.2	63.5	1,409.3	4.2	40.7	718.9	645.5
27	1,484.5	137.9	82.7	55.2	1,346.6	3.7	37.4	705.2	600.3
28	1,549.3	129.1	79.4	49.7	1,420.2	2.8	36.4	723.5	657.5
29	1,687.0	120.0	76.9	43.1	1,567.0	2.3	32.7	786.7	745.3

資料：日本集成材工業協同組合「平成29年　集成材の国内生産量調査」

エ　輸入実績

品目	平成29年		30		令和元	
	数量	価額	数量	価額	数量	価額
	千㎥	100万円	千㎥	100万円	千㎥	100万円
集成材	983	55,803	936	53,993	973	50,922
うち構造用集成材	867	45,376	813	43,557	838	40,424

資料：林野庁「木材輸入実績」

(4)　ＣＬＴ
ア　生産量（令和元年）

単位：千㎥

区分	計	構造用	その他
全国	13	11	2

資料：農林水産省統計部「令和元年　木材統計」
注：自工場で生産されたＣＬＴの量をいい、自社他工場から受け入れたものは除く。

5　製材品別（続き）
(4)　ＣＬＴ（続き）
イ　ＣＬＴの販売先別出荷量及び販売金額（平成30年）

区分	単位	計	工場				
			製材工場へ	合単板・LVL工場へ	プレカット工場へ	枠組壁工法住宅用部材組立工場へ	集成材・CLT工場へ
出荷量							
ＣＬＴ工場	千㎥	14	0	–	1		0
木材流通業者計	〃	43	3	1	–		=
木材市売市場等	〃	7	3	1	–	–	–
木材市売市場	〃	7	3	1	–	–	–
木材センター	〃	–	–	–	–	–	–
木材販売業者	〃	36	–	–	–	–	–
販売金額							
ＣＬＴ工場	100万円	1,791	15	–	148	–	21
木材流通業者計	〃	4,779	366	128	–	–	–
木材市売市場等	〃	911	366	128	–	–	–
木材市売市場	〃	911	366	128	–	–	–
木材センター	〃	–	–	–	–	–	–
木材販売業者	〃	3,868	–	–	–	–	–

区分	単位	流通業者				その他				
		木材市売市場へ	木材センターへ	木材販売業者へ	総合商社へ	こん包業へ	木材薬品処理工場へ	建築業者へ	ホームセンターへ	その他へ
出荷量										
ＣＬＴ工場	千㎥	0	–	1	1	–	0	11	–	0
木材流通業者計	〃	6	–	7	–	–	–	18	–	7
木材市売市場等	〃	–	–	–	–	–	–	0	–	2
木材市売市場	〃	–	–	–	–	–	–	0	–	2
木材センター	〃	–	–	–	–	–	–	–	–	–
木材販売業者	〃	6	–	7	–	）	–	18	–	5
販売金額										
ＣＬＴ工場	100万円	1	–	77	82	–	1	1,402	–	43
木材流通業者計	〃	294	–	1,350	–	–	–	1,794	–	847
木材市売市場等	〃	–	–	–	–	–	–	4	–	412
木材市売市場	〃	–	–	–	–	–	–	4	–	412
木材センター	〃	–	–	–	–	–	–	–	–	–
木材販売業者	〃	294	–	1,350	–	–	–	1,790	–	435

資料：農林水産省統計部「平成30年 木材流通構造調査」

(5)　木材チップ
原材料入手区分別木材チップ生産量

単位：千 t

| 年次 | 計 | 素材
（原木） | 工場残材 | | 林地残材 | 解体材・
廃材 |
			自己の工場から 振り向けたもの	他の工場から 購入したもの		
平成27年	5,745	2,558	1,621	249	105	1,207
28	5,826	2,567	1,675	301	87	1,194
29	5,954	2,555	1,906	282	127	1,087
30	5,706	2,481	1,823	274	105	1,023
令和元年　（概数値）	**5,266**	**2,328**	**1,679**	**235**	**57**	**967**

資料：農林水産省統計部「木材需給報告書」。ただし、令和元年は「令和元年　木材統計」。

(6)　パルプ
ア　製品生産量

単位：千 t

| 年次 | 製紙パルプ | | | | | |
	計	クラフト パルプ	サーモメカニ カルパルプ	リファイナー グラウンド パルプ	砕木パルプ	その他 製紙パルプ
平成27年	8,727	8,115	363	130	94	26
28	8,637	8,030	356	139	89	24
29	8,742	8,169	336	126	88	23
30	8,627	8,059	317	137	90	24
令和元年	**8,374**	**7,840**	**297**	**130**	**86**	**20**

資料：　経済産業省調査統計グループ「経済産業省生産動態統計年報　紙・印刷・プラスチック製品・
ゴム製品統計編令和元年－2019－」（以下エまで同じ。）

イ　原材料消費量

単位：千㎥

| 年次 | 合計 | 国産材 | | | | | | 輸入材 | | | | |
| | | 計 | 原木 | チップ | | | 計 | 原木 | チップ | | |
				小計	針葉樹	広葉樹			小計	針葉樹	広葉樹
平成27年	29,221	9,194	294	8,900	6,850	2,050	20,026	－	20,026	3,488	16,539
28	29,050	9,275	291	8,985	6,996	1,988	19,774	－	19,774	3,337	16,438
29	29,723	9,498	276	9,222	7,274	1,948	20,225	－	20,225	3,269	16,956
30	29,292	8,802	274	8,529	6,844	1,685	20,490	－	20,490	3,374	17,116
令和元年	**28,667**	**8,764**	**262**	**8,502**	**6,791**	**1,711**	**19,903**	**－**	**19,903**	**3,090**	**16,813**

5 製材品別（続き）
(7) 工場残材
工場残材の販売先別出荷量等及び販売金額（平成30年）

区分	計	出						
		小計	自社の チップ 工場へ	他社の チップ 工場へ	木質 ボード 工場へ	ペレット 製造 業者へ	畜産業者 等へ	おが粉 製造業者 等へ
出荷量								
工場計	12,822	10,552	2,553	720	432	53	2,120	635
製材工場	8,747	7,659	2,511	460	8	10	1,986	435
合単板工場	1,330	706	28	182	384	1	12	0
ＬＶＬ工場	72	56	–	1	2	–	4	6
プレカット工場	863	787	8	72	38	13	147	164
集成材工場	756	486	6	3	0	7	204	39
ＣＬＴ工場	8	7	–	2	–	–	1	–
木材チップ工場	1,046	851	…	…	–	22	366	41

区分	計	自社の チップ 工場へ	他社の チップ 工場へ	木質 ボード 工場へ	ペレット 製造 業者へ	畜産業者 等へ	おが粉 製造業者 等へ	堆肥製造 業者等へ
販売金額								
工場計	34,349	12,416	2,257	419	105	4,099	1,259	177
製材工場	28,227	12,245	2,097	58	11	3,128	1,033	61
合単板工場	755	102	52	320	5	6	0	–
ＬＶＬ工場	145	–	3	1	–	2	15	–
プレカット工場	1,329	50	98	37	46	136	109	72
集成材工場	2,767	19	1	3	24	223	42	–
ＣＬＴ工場	36	–	6	–	–	0	–	1
木材チップ工場	1,090	…	…	–	19	604	60	43

資料：農林水産省統計部「平成30年 木材流通構造調査」

単位：千㎥

荷				産業廃棄物として処理	自工場で消費（熱利用等）	その他へ
堆肥製造業者等へ	発電・熱利用及び併用施設へ	チップ等集荷業者・木材流通業者等へ	その他へ			
195	1,032	1,668	494	183	2,001	88
67	717	1,140	324	116	934	39
–	5	75	20	18	606	0
–	22	22	–	–	16	–
76	16	201	52	14	58	4
–	135	65	26	2	267	2
1	3	0	–	–	2	–
51	134	165	72	33	118	43

単位：100万円

発電・熱利用及び併用施設へ	チップ等集荷業者・木材流通業者等へ	その他へ
5,301	5,886	2,432
2,756	4,663	2,175
4	257	9
56	69	–
43	637	103
2,347	74	33
27	2	–
68	184	112

6 木質バイオマスのエネルギー利用

(1) 業種別木質バイオマスエネルギー利用事業所数及び木質バイオマス利用量 (平成30年)

業種	事業所数	事業所内で利用した木質バイオマス				
		木材チップ	木質ペレット	薪	木粉(おが粉)	左記以外の木質バイオマス
	事業所	絶乾 t	t	t	t	t
計	1,425	9,304,316	732,872	54,588	368,697	477,871
製造業						
製材業、木製品製造業	249	356,010	444	24,134	179,691	246,960
合板製造業	34	625,955	6,807	2,200	8,149	54,235
集成材製造業	56	129,501	−	3,461	54,029	14,846
建築用木製組立材料製造業 (プレカット)	13	22,721	−	2,341	4,070	888
パーティクルボード製造業	5	195,221	−	−	8,286	−
繊維板製造業	5	148,925	−	−	−	−
床板(フローリング)製造業	16	19,787	46	6,084	8,023	9,553
木製容器製造業(木材加工業)	2	41	−	−	−	−
その他の木材産業	41	73,097	477	2,746	8,810	17,235
食料品製造業	20	146,628	539	857	1,396	7,590
繊維工業	6	99,985	66	−	−	−
家具・装備品製造業	13	2,114	162	1,269	450	1,050
パルプ・紙・紙加工品製造業	40	2,425,273	3,406	−	6,455	61,127
印刷・同関連業	−	−	−	−	−	−
化学工場	11	228,205	−	730	−	−
その他	38	586,427	2,197	16	3,059	3,299
農業	97	11,984	7,236	1,357	11,031	355
電気・ガス・熱供給・水道業	102	4,000,659	683,226	264	67,524	41,152
宿泊業・飲食サービス業						
宿泊業	82	9,316	4,765	2,658	7	494
飲食店	6	21	125	272	−	−
生活関連サービス・娯楽業						
洗濯業、理容業、美容業	5	17,234	−	−	−	−
一般公衆浴場業、その他の公衆浴場業(温泉)	139	24,395	5,952	3,635	146	1,115
スポーツ施設提供業	22	5,349	1,517	−	−	−
公園、遊園地、その他の娯楽業	10	262	432	2	−	−
教育						
学校教育	61	1,184	1,693	−	−	−
その他教育、学習支援業	33	915	715	38	−	2
医療・福祉						
医療業	24	2,513	900	497	−	−
老人福祉、介護事業、障害者福祉事業	73	4,557	5,185	666	1	−
児童福祉事業(保育所)	28	55	549	50	−	−
その他	3	97	81	−	−	−
協同組合	26	70,198	1,013	187	7,270	16,926
その他	165	95,687	5,339	1,124	300	1,044

資料：林野庁「木質バイオマスエネルギー利用動向調査」(以下(3)まで同じ。)
注：絶乾 t とは、絶乾比重(含水率0％)に基づき算出された実重量である。

(2)　事業所における利用機器の所有形態別木質バイオマスの種類別利用量
　　　（平成30年）

事業所における 利用機器の所有形態	事業所内で利用した木質バイオマス				
	木材 チップ	木質 ペレット	薪	木粉 （おが粉）	左記以外の 木質バイオマス
	絶乾 t	t	t	t	t
計	9,304,316	732,872	54,588	368,697	477,871
発電機のみ所有	5,312,363	685,252	－	61,124	102,279
ボイラーのみ所有	1,228,728	43,580	53,190	149,251	328,709
発電機及びボイラー の両方を所有	2,763,225	4,040	1,398	158,322	46,883

(3)　事業所における利用機器の所有形態別木材チップの由来別利用量
　　　（平成30年）

単位：絶乾 t

事業所における 利用目的	利用した木材チップの由来						
	計	間伐材・ 林地残材等	製材等 残材	建設資材廃 棄物（解体 材、廃材）	輸入 チップ	輸入丸太 を用いて 国内で 製造	左記以外 の木材 （剪定 枝等）
計	9,304,316	2,744,774	1,808,006	4,110,052	329,234	5,000	307,250
うちパルプ等の原料用 から燃料用に転用 した量	234,574	3,065	93,765	137,744	－	－	－
発電機のみ所有	5,312,363	2,268,090	497,155	1,997,551	315,313	－	234,254
ボイラーのみ所有	1,228,728	97,345	536,526	585,272	－	5,000	4,585
発電機及びボイラーの 両方を所有	2,763,225	379,339	774,325	1,527,229	13,921	－	68,411

X 森林組合
1 森林組合 (各年度末現在)

年度	組合数	組合員数	正組合員数	払込済出資金	組合員所有森林面積	設立登記組合数
	組合	人	人	百万円	千ha	組合
平成26年度	631	1,537,319	1,477,931	54,270	10,703	631
27	629	1,530,716	1,471,816	54,274	10,658	629
28	622	1,524,538	1,466,118	54,329	10,665	624
29	621	1,511,674	1,453,248	54,381	10,643	621
30	617	1,502,962	1,444,890	54,294	10,554	617

資料：林野庁「森林組合統計」（以下3まで同じ。）
注：「森林組合一斉調査」の調査票提出組合の数値である（以下3まで同じ。）。

2 森林組合の部門別事業実績

単位：100万円

区分		計	指導	販売、加工	森林整備		金融
					購買、養苗	森林整備、利用・福利厚生、林地供給	
平成28年度	実績	269,463	1,566	130,344	9,183	128,298	72
	構成比(%)	100.0	0.6	48.4	3.4	47.6	0.0
29	実績	272,048	1,508	132,836	9,277	128,373	55
	構成比(%)	100.0	0.6	48.8	3.4	47.2	0.0
30	実績	271,051	1,529	137,146	8,849	123,483	45
	構成比(%)	100.0	0.6	50.6	3.3	45.6	0.0

3 生産森林組合 (各年度末現在)

年度	組合数	組合員数	払込済出資金	組合経営森林面積	設立登記組合数
	組合	人	100万円	千ha	組合
平成26年度	2,433	221,140	25,510	338	3,044
27	2,369	209,153	25,101	327	3,001
28	2,300	201,545	24,259	319	2,949
29	2,226	196,453	23,347	322	2,913
30	2,102	183,611	22,091	308	2,844

水 産 業 編

I 漁業構造

1 海面漁業経営体

(1) 漁業経営体の基本構成(各年11月1日現在)

年次	漁業経営体数	漁船			
		無動力漁船隻数	船外機付漁船隻数	動力漁船	
				隻数	トン数
	経営体	隻	隻	隻	T
平成25年	94,507	3,779	67,572	81,647	612,269.9
30	79,067	3,080	59,201	69,920	547,521.4

年次	11月1日現在の海上作業従事者数					
	計	家族			団体経営体の責任のある者	雇用者
		小計	男	女		
	人	人	人	人	人	人
平成25年	177,728	95,414	81,181	14,233	…	82,314
30	155,692	82,593	71,433	11,160	6,847	66,252

資料:農林水産省統計部「漁業センサス」(以下(4)まで同じ。)
注:1 漁業経営体とは、過去1年間に利潤又は生活の資を得るために、生産物を販売することを目的として、海面において水産動植物の採捕又は養殖の事業を行った世帯又は事業所をいう。ただし、過去1年間における漁業の海上作業従事日数が30日未満の個人漁業経営体は除く(以下(5)まで同じ。)。
　　2 平成30年調査において「雇用者」から「団体経営体の責任のある者」を分離して新たに調査項目として設定しており、平成25年値は「雇用者」に「団体経営体の責任のある者」を含んでいる。

(2) 経営体階層別経営体数(各年11月1日現在)

単位:経営体

年次	計	漁船非使用	無動力漁船	船外機付漁船	動力漁船使用		
					1T未満	1〜3	3〜5
平成25年	94,507	3,032	97	20,709	2,770	14,109	21,080
30	79,067	2,595	47	17,364	2,002	10,652	16,810

年次	動力漁船使用(続き)						
	5〜10	10〜20	20〜30	30〜50	50〜100	100〜200	200〜500
平成25年	8,247	3,643	559	466	293	252	76
30	7,495	3,339	494	430	252	233	64

年次	動力漁船使用(続き)			大型定置網	さけ定置網	小型定置網	海面養殖
	500〜1,000	1,000〜3,000	3,000T以上				
平成25年	55	53	3	431	821	2,867	14,944
30	50	52	2	409	534	2,293	13,950

注:階層区分は、販売金額1位の漁業種類及び使用した動力漁船の合計トン数によって区分した。

(3)　経営組織別経営体数（全国・都道府県・大海区）（各年11月1日現在）

単位：経営体

区分	計	個人経営体	会社	漁業協同組合	漁業生産組合	共同経営	その他
平成25年	94,507	89,470	2,534	211	110	2,147	35
30	79,067	74,526	2,548	163	94	1,700	36
北海道	11,089	10,006	411	26	12	629	5
青森	3,702	3,567	48	9	5	72	1
岩手	3,406	3,317	17	24	10	37	1
宮城	2,326	2,214	80	3	13	16	–
秋田	632	590	14	–	–	26	2
山形	284	271	5	–	–	6	2
福島	377	354	14	–	–	9	–
茨城	343	318	23	2	–	–	–
千葉	1,796	1,739	37	11	3	6	–
東京	512	503	4	3	–	–	2
神奈川	1,005	920	65	5	3	12	–
新潟	1,338	1,307	18	2	1	9	1
富山	250	204	24	2	5	15	–
石川	1,255	1,176	65	–	1	11	2
福井	816	778	21	1	–	16	–
静岡	2,200	2,095	75	4	4	21	1
愛知	1,924	1,849	15	1	–	59	–
三重	3,178	3,054	60	4	2	57	1
京都	636	618	12	–	3	2	1
大阪	519	493	5	–	1	20	–
兵庫	2,712	2,247	67	–	1	397	–
和歌山	1,581	1,535	19	4	1	21	1
鳥取	586	538	42	5	–	–	1
島根	1,576	1,487	54	–	3	31	1
岡山	872	843	13	1	–	15	–
広島	2,162	2,059	101	–	1	1	–
山口	2,858	2,790	45	11	–	8	4
徳島	1,321	1,276	34	–	1	9	1
香川	1,234	1,125	106	–	–	3	–
愛媛	3,444	3,284	146	2	1	10	1
高知	1,599	1,507	69	3	–	20	–
福岡	2,386	2,277	35	7	–	66	1
佐賀	1,609	1,554	10	3	–	42	–
長崎	5,998	5,740	226	12	–	18	2
熊本	2,829	2,734	78	4	2	10	1
大分	1,914	1,807	102	–	1	4	–
宮崎	950	790	149	–	9	1	1
鹿児島	3,115	2,877	210	7	11	9	1
沖縄	2,733	2,683	29	7	–	12	2
北海道太平洋北区	6,964	6,364	281	21	3	291	4
太平洋北区	8,163	7,828	171	37	27	98	2
太平洋中区	10,615	10,160	256	28	12	155	4
太平洋南区	6,581	6,055	454	8	13	47	4
北海道日本海北区	4,125	3,642	130	5	9	338	1
日本海北区	4,495	4,314	72	5	7	92	5
日本海西区	5,187	4,877	230	6	8	61	5
東シナ海区	19,740	18,898	625	49	13	147	8
瀬戸内海区	13,197	12,388	329	4	2	471	3

注：1　個人経営体は、漁業経営体のうち、個人で漁業を自営するものをいう。会社は、会社法に基づき設立された株式会社、合名会社及び合同会社をいう。なお、特例有限会社は株式会社に含む。

　　2　漁業協同組合は、水産業協同組合法に規定する漁業協同組合及び漁業協同組合連合会をいう。漁業生産組合は、水産業協同組合法に規定する漁業生産組合をいう。

　　3　共同経営は、二人以上の漁業経営体（個人又は法人）が、漁船、漁網等の主要生産手段を共有し、漁業経営を共同で行ったものであり、その経営に資本又は現物を出資しているものをいう。

(4)　営んだ漁業種類別漁業経営体数（複数回答）（各年11月1日現在）

単位：経営体

年次	計（実数）	底びき網					船びき網	まき網
		遠洋底びき網	以西底びき網	沖合底びき網		小型底びき網		大中型まき網
				1そうびき	2そうびき			1そうまき遠洋かつお・まぐろ
平成25年	94,507	5	2	223	19	10,710	3,348	17
30	79,067	3	3	239	25	8,857	3,145	17

年次	まき網（続き）				刺網			さんま棒受網
	大中型まき網（続き）			中・小型まき網	さけ・ます流し網	かじき等流し網	その他の刺網	
	1そうまき近海かつお・まぐろ	1そうまきその他	2そうまき					
平成25年	6	51	11	514	102	45	23,398	237
30	11	45	12	384	42	24	19,033	135

年次	大型定置網	さけ定置網	小型定置網	その他の網漁業	はえ縄			
					遠洋まぐろはえ縄	近海まぐろはえ縄	沿岸まぐろはえ縄	その他のはえ縄
平成25年	467	1,089	5,142	4,401	74	217	451	4,575
30	439	792	3,869	3,784	63	176	364	3,812

年次	釣							
	遠洋かつお一本釣	近海かつお一本釣	沿岸かつお一本釣	遠洋いか釣	近海いか釣	沿岸いか釣	ひき縄釣	その他の釣
平成25年	20	53	537	2	59	7,567	7,031	27,024
30	21	41	403	1	44	5,782	5,409	22,070

年次	小型捕鯨	潜水器漁業	採貝・採藻	その他の漁業	海面養殖			
					魚類養殖			
					ぎんざけ養殖	ぶり類養殖	まだい養殖	ひらめ養殖
平成25年	4	1,642	32,493	25,081	18	795	830	120
30	3	1,595	26,097	22,568	66	643	699	96

年次	海面養殖（続き）							
	魚類養殖（続き）			ほたてがい養殖	かき類養殖	その他の貝類養殖	くるまえび養殖	ほや類養殖
	とらふぐ養殖	くろまぐろ養殖	その他の魚類養殖					
平成25年	…	92	695	2,950	2,977	695	90	552
30	200	96	464	3,019	3,021	635	90	856

年次	海面養殖（続き）						
	その他の水産動物類養殖	こんぶ類養殖	わかめ類養殖	のり類養殖	その他の海藻類養殖	真珠養殖	真珠母貝養殖
平成25年	187	1,980	3,794	4,021	744	722	519
30	143	1,628	3,442	3,414	790	615	405

注：平成25年の「くろまぐろ養殖」は「まぐろ類養殖」である。

1　海面漁業経営体（続き）
(5)　経営体階層別、漁獲物・収獲物の販売金額別経営体数
（平成30年11月1日現在）

単位：経営体

区分	計	100万円未満	100~500	500~1,000	1,000~2,000	2,000~5,000	5,000万~1億	1~5	5~10	10億円以上
計	79,067	23,668	27,760	10,992	6,763	5,848	2,120	1,603	186	127
漁船非使用	2,595	1,775	735	71	10	2	−	−	1	1
漁船使用										
無動力漁船	47	33	13	1	−	−	−	−	※	−
船外機付漁船	17,364	9,159	6,519	1,345	291	39	8	3	−	−
動力漁船使用										
1T未満	2,002	1,361	591	43	5	1	1	−	−	−
1~3	10,652	5,525	4,437	563	107	18	1	1	−	−
3~5	16,810	3,444	8,353	3,275	1,334	378	24	2	−	−
5~10	7,495	811	2,622	2,006	1,264	677	97	18	−	−
10~20	3,339	191	461	655	715	863	324	127	2	1
20~30	494	15	25	42	110	208	67	26	1	−
30~50	430	14	11	15	33	164	123	64	5	1
50~100	252	4	6	3	6	11	56	165	1	−
100~200	233	2	2	1	−	1	13	186	21	7
200~500	64	2	−	−	−	1	−	29	26	6
500~1,000	50	−	−	−	−	−	1	6	24	19
1,000~3,000	52	−	−	−	−	−	−	−	11	41
3,000T以上	2	−	−	−	−	−	−	−	−	2
大型定置網	409	3	12	11	26	65	126	156	9	1
さけ定置網	534	21	52	53	72	134	100	94	5	3
小型定置網	2,293	317	994	454	271	183	58	16	−	−
海面養殖										
魚類養殖										
ぎんざけ養殖	60	−	−	−	1	3	14	40	−	2
ぶり類養殖	520	4	7	7	28	65	154	198	41	16
まだい養殖	445	7	22	20	45	98	73	149	16	15
ひらめ養殖	54	2	9	4	7	16	8	7	1	−
とらふぐ養殖	139	8	14	9	14	44	26	21	2	1
くろまぐろ養殖	69	8	−	−	−	1	8	27	15	10
その他の魚類養殖	105	10	22	9	19	17	14	13	1	−
ほたてがい養殖	2,496	40	270	430	702	786	213	55	−	−
かき類養殖	2,067	247	598	437	314	304	122	44	1	−
その他の貝類養殖	235	113	76	19	17	6	3	1	−	−
くるまえび養殖	75	1	6	3	9	16	15	24	1	−
ほや類養殖	167	24	59	47	31	6	−	−	−	−
その他の水産動物類養殖	50	2	11	20	12	3	2	−	−	−
こんぶ類養殖	916	18	135	289	384	86	3	−	−	1
わかめ類養殖	1,835	285	818	436	211	66	16	3	−	−
のり類養殖	3,214	141	255	327	535	1,445	406	103	2	−
その他の海藻類養殖	661	60	398	155	40	4	2	2	−	−
真珠養殖	594	15	122	126	132	135	42	22	−	−
真珠母貝養殖	248	6	105	116	18	2	−	1	−	−

資料：農林水産省統計部「2018年漁業センサス」
注：「100万円未満」は、「販売金額なし」及び漁獲物・収獲物の販売金額の調査項目に回答を得られなかった経営体を含む。

2　内水面漁業経営体
(1)　内水面漁業経営体数(各年11月1日現在)

区分	計 (実数)	湖沼で漁業を 営んだ 経営体	湖沼で養殖業を 営んだ経営体	湖沼は採捕のみで 湖沼以外で養殖業 を営んだ経営体	養殖業を営ん だ経営体	湖沼漁業を 営んだ経営体
平成25年	5,503	2,484	82	28	3,129	110
30	4,772	2,133	59	6	2,704	65

資料：農林水産省統計部「漁業センサス」（以下(3)まで同じ。）
注：「湖沼で漁業を営んだ経営体」には、年間湖上作業従事日数が29日以下の個人経営体を含む。

(2)　湖沼漁業経営体の基本構成(各年11月1日現在)

区分	経営 体数	保有漁船隻数			使用動 力漁船 合計 トン数	湖上作業従事者数			
		無動力 漁船	船外機 付漁船	動力 漁船		家族・雇用者別		男女別	
						家族	雇用者	男	女
	経営体	隻	隻	隻	Ｔ	人	人	人	人
平成25年	2,266	227	1,990	1,373	2,803	3,296	822	3,159	959
30	1,930	148	1,655	1,079	2,062	2,562	632	2,610	584

注：年間湖上作業従事日数29日以下の個人経営体を除く。

(3)　内水面養殖業経営体の基本構成(各年11月1日現在)

区分	経営体 総数	養殖池数	養殖面積	養殖業従事者数			
				家族・雇用者別		男女別	
				家族	雇用者	男	女
	経営体	面	㎡	人	人	人	人
平成25年	3,129	51,228	37,744,862	4,276	6,272	7,520	3,028
30	2,704	48,884	25,857,944	3,353	6,085	6,900	2,538

2　内水面漁業経営体（続き）

(4)　販売金額1位の養殖種類別経営組織別経営体数（平成30年11月1日現在）

単位：経営体

区分	計	個人	会社	漁業協同組合	漁業生産組合	共同経営	その他
計	2,704	1,868	597	71	54	49	65
食用	1,788	1,134	487	37	45	49	36
にじます	210	116	68	10	14	1	1
その他のます類	411	279	73	11	16	20	12
あゆ	123	51	52	10	7	1	2
こい	105	75	26	1	1	1	1
ふな	107	99	3	-	-	4	1
うなぎ	396	194	187	3	3	7	2
すっぽん	49	26	20	1	-	-	2
海水魚種	30	17	9	1	-	2	1
その他	357	277	49	-	4	13	14
種苗用	125	26	28	34	8	-	29
ます類	54	14	16	10	5	-	9
あゆ	50	2	10	20	2	-	16
こい	7	6	1	-	-	-	-
その他	14	4	1	4	1	-	4
観賞用	782	707	74	-	1	-	-
錦ごい	512	458	53	-	1	-	-
その他	270	249	21	-	-	-	-
真珠	9	1	8	-	-	-	-

資料：農林水産省統計部「2018年漁業センサス」（以下3まで同じ。）

3　大海区別漁業集落数（平成30年11月1日現在）

単位：集落

区分	全国	北海道太平洋北区	太平洋北区	太平洋中区	太平洋南区	北海道日本海北区	日本海北区	日本海西区	東シナ海区	瀬戸内海区
漁業集落数	6,298	275	564	736	598	318	457	632	1,704	1,014

4　漁港
漁港種類別漁港数

単位：漁港

年次	総数			1)第1種			2)第2種	3)第3種	4)特3種	5)第4種
	計	海面	内水面	小計	海面	内水面	海面	海面	海面	海面
平成28年	2,866	2,827	39	2,134	2,095	39	519	101	13	99
29	2,860	2,821	39	2,128	2,089	39	519	101	13	99
30	2,823	2,784	39	2,089	2,050	39	521	101	13	99
31	2,806	2,767	39	2,069	2,030	39	524	101	13	99
令和2	2,790	2,751	39	2,052	2,013	39	525	101	13	99

資料：水産庁「漁港一覧」
注：1)は、利用範囲が地元漁業を主とするものをいう。
　　2)は、利用範囲が第1種漁港よりも広く第3種漁港に属さないものをいう。
　　3)は、利用範囲が全国的なものをいう。
　　4)は、第3種漁港のうち水産業の振興上特に重要な漁港で政令で定めるものをいう。
　　5)は、離島、その他辺地にあって、漁場開発又は漁船の避難上特に必要なものをいう。

5　漁船（各年12月31日現在）
(1)　漁船の勢力（総括表）

年次	総隻数	推進機関有無別			海水・淡水別			
		動力漁船		無動力漁船	海水漁業		淡水漁業	
		隻数	総トン数	隻数	動力漁船	無動力漁船	動力漁船	無動力漁船
	隻	隻	千T	隻	隻	隻	隻	隻
平成26年	257,045	249,493	980	7,552	242,629	4,274	6,864	3,278
27	250,817	243,488	968	7,329	236,769	4,105	6,719	3,224
28	244,569	237,953	949	6,616	231,418	4,001	6,535	2,615
29	237,503	230,886	929	6,617	224,575	3,735	6,311	2,882
30	230,504	224,791	923	5,713	218,720	3,764	6,071	1,949

資料：水産庁「漁船統計表」（以下(3)まで同じ。）
注：1　この統計調査の対象漁船は、漁船法及び漁船法施行規則に基づく漁船登録票を有する次の日本
船舶とする（以下(3)まで同じ。）。
　　ア　もっぱら漁業に従事する船舶
　　イ　漁業に従事する船舶で漁獲物の保蔵又は製造の設備を有するもの
　　ウ　もっぱら漁場から漁獲物又はその製品を運搬する船舶
　　エ　もっぱら漁業に関する試験、調査、指導若しくは練習に従事する船舶又は漁業の取締に従
事する船舶であって漁ろう設備を有するもの
　　2　漁船には、漁船法に基づく登録漁船のほかに、対象外の総トン数1トン未満の無動力漁船を含む。

(2)　総トン数規模別海水漁業動力漁船数

単位：隻

年次	計	5T未満	5～10	10～15	15～20	20～30
平成26年	242,629	216,338	15,423	5,113	4,360	35
27	236,769	210,819	15,200	5,046	4,365	35
28	231,418	205,823	14,985	4,969	4,343	35
29	224,575	199,320	14,746	4,919	4,326	34
30	218,720	193,695	14,583	4,880	4,322	34

年次	30～50	50～100	100～200	200～500	500～1,000	1,000T以上
平成26年	92	326	414	487	30	11
27	89	309	398	462	32	14
28	87	292	386	451	33	14
29	87	282	377	436	34	14
30	82	276	369	427	34	18

(3)　機関種類別及び船質別海水漁業動力漁船数

単位：隻

年次	機関種類別			船質別		
	ジーゼル	焼玉	電気点火	鋼船	木船	FRP船
平成26年	124,712	－	117,917	3,388	3,287	235,954
27	118,431	－	118,338	3,349	2,902	230,518
28	115,217	－	116,201	3,314	2,593	225,511
29	111,414	－	113,161	3,293	2,306	218,976
30	108,255	－	110,465	3,282	2,034	213,404

Ⅱ 漁業労働力

1 世帯員数（個人経営体出身）（各年11月1日現在）

単位：千人

年次	計	男			女		
		小計	14歳以下	15歳以上	小計	14歳以下	15歳以上
平成27年	247.7	129.4	10.9	118.5	118.3	11.1	107.2
28	235.0	123.5	10.1	113.4	111.5	10.0	101.4
29	222.6	116.9	9.1	107.8	105.7	9.2	96.4
30	223.0	118.5	9.8	108.7	104.5	9.3	95.2

資料：農林水産省統計部「漁業就業動向調査（平成27、28、29）」、「2018年漁業センサス」

2 漁業従事世帯員・役員数（平成30年11月1日現在）

(1) 年齢階層別漁業従事世帯員・役員数

区分	計	15〜29歳	30〜39	40〜49	50〜59	60〜64	65〜69	70〜74	75歳以上
数（人）									
計	134,466	4,832	9,335	15,612	24,128	15,987	21,239	17,106	26,227
漁業従事世帯員	123,685	4,488	8,292	13,723	21,355	14,536	19,806	16,159	25,326
漁業従事役員	10,781	344	1,043	1,889	2,773	1,451	1,433	947	901
構成比（%）									
計	100.0	3.6	6.9	11.6	17.9	11.9	15.8	12.7	19.5
漁業従事世帯員	100.0	3.6	6.7	11.1	17.3	11.8	16.0	13.1	20.5
漁業従事役員	100.0	3.2	9.7	17.5	25.7	13.5	13.3	8.8	8.4

資料：農林水産省統計部「2018年漁業センサス」（以下2(2)まで同じ。）

(2) 責任のある者の状況
ア 年齢階層別責任のある者数

区分	計	15〜29歳	30〜39	40〜49	50〜59	60〜64	65〜69	70〜74	75歳以上
数（人）									
計	95,392	1,540	5,222	10,719	18,213	12,150	15,942	12,930	18,676
個人経営体	84,611	1,196	4,179	8,830	15,440	10,699	14,509	11,983	17,775
団体経営体	10,781	344	1,043	1,889	2,773	1,451	1,433	947	901
構成比（%）									
計	100.0	1.6	5.5	11.2	19.1	12.7	16.7	13.6	19.6
個人経営体	100.0	1.4	4.9	10.4	18.2	12.6	17.1	14.2	21.0
団体経営体	100.0	3.2	9.7	17.5	25.7	13.5	13.3	8.8	8.4

イ 団体経営体における役職別責任のある者数

区分	計（実数）	経営主	海上作業において責任のある者					陸上作業において責任のある者
			漁ろう長	船長	機関長	養殖場長	左記以外	
数（人）	10,781	5,584	1,663	3,587	839	798	2,892	3,875
割合（%）	100.0	51.8	15.4	33.3	7.8	7.4	26.8	35.9
平均年齢（歳）	−	59.0	57.5	55.3	54.9	53.5	53.7	59.9

3　漁業就業者
(1)　自家漁業のみ・漁業雇われ別漁業就業者数（各年11月1日現在）

単位：千人

年次	計	個人経営体の自家漁業のみ	漁業従事役員	漁業雇われ
平成27年	166.6	100.5	…	66.1
28	160.0	95.7	…	64.3
29	153.5	92.0	…	61.5
30	151.7	86.9	8.7	56.0

資料：農林水産省統計部「漁業就業動向調査（平成27、28、29年）」、「2018年漁業センサス」
注：　平成30年調査において「漁業雇われ」から「漁業従事役員」を分離して新たに調査項目として
　　設定しており、平成29年以前は「漁業雇われ」に11月1日現在で漁業に従事した「漁業従事役員」
　　を含んでいる。

(2)　新規就業者数（平成30年11月1日現在）

単位：人

区分	計	個人経営体の自家漁業のみ	漁業雇われ
新規就業者	1,862	469	1,393

資料：農林水産省統計部「2018年漁業センサス」

(3)　卒業者の漁業就業者数（各年3月卒業）

単位：人

区分	漁業就業者 平成30年	漁業就業者 31	区分	漁業就業者 平成30年	漁業就業者 31
中学校			大学		
計	(93)	(70)	計	75	109
男	(81)	(59)	男	68	89
女	(12)	(11)	女	7	20
特別支援学校中学部			大学院修士課程		
計	–	(1)	計	15	17
男	–	(1)	男	9	12
女	–	–	女	6	5
高等学校（全日・定時制）			大学院博士課程		
計	468	454	計	7	2
男	439	422	男	6	1
女	29	32	女	1	1
高等学校（通信制）			大学院専門職学位課程		
計	17	15	計	–	–
男	12	12	男	–	–
女	5	3	女	–	–
中等教育学校（後期課程）			短期大学		
計	–	1	計	1	2
男	–	1	男	–	1
女	–	–	女	1	1
特別支援学校高等部			高等専門学校		
計	6	11	計	1	1
男	6	11	男	1	1
女	–	–	女	–	–

資料：文部科学省総合教育政策局「学校基本調査」
注：1　卒業後の状況調査における、産業別の就職者数である。
　　2　進学しかつ就職した者を含む。
　　3　中学校及び特別支援学校（中等部）は漁業就業者の区分をされていないため、農業・林業
　　　を含む一次産業への就業者を（　）で掲載した。

Ⅲ 漁業経営

1 個人経営体（1経営体当たり）（全国平均）（平成30年）

(1) 漁船漁業及び小型定置網漁業

ア 概要及び分析指標

| 区分 | 使用動力船総トン数 | 事業所得 | | | 漁労所得率 | 付加価値額（純生産） | 物的経費 | 純生産性 | 漁業固定資本装備率 |
		計	漁労所得	漁労外事業所得					
	T	千円	千円	千円	%	千円	千円	千円	千円
漁船漁業									
平均	4.69	2,747	2,488	259	29.6	4,502	3,896	2,046	1,346
3 T未満	1.23	1,611	1,561	50	44.2	2,065	1,463	1,147	1,078
3〜5	4.68	2,863	2,449	414	36.4	3,445	3,290	1,813	1,206
5〜10	8.01	3,353	2,936	417	23.8	6,582	5,742	2,438	1,828
10〜20	14.97	6,132	6,015	117	20.2	15,013	14,764	3,575	1,861
20〜30	25.14	9,212	7,156	2,056	24.8	17,434	11,461	3,113	1,200
30〜50	38.09	13,171	13,027	144	19.1	42,276	25,949	4,750	1,237
50〜100	75.96	20,610	19,095	1,515	17.1	61,490	50,249	5,490	762
100 T以上	247.10	△ 2,543	△ 3,171	628	nc	194,343	263,692	9,039	4,441
小型定置網漁業	5.15	3,528	3,311	217	31.8	6,432	3,984	1,608	842

資料：農林水産省統計部「平成30年漁業経営調査報告」（以下2まで同じ。）
注：1 調査対象経営体は、第2種兼業を除く個人漁業経営体のうち、主として漁船漁業を営む経営体
及び主として小型定置網漁業を営む経営体並びに主として養殖業（ぶり類、まだい、ほたてがい、
かき類及びのり類）を営む経営体である（以下(2)まで同じ。）。
　　2 東日本大震災の影響により、漁業が行えなかった等から福島県を除く結果である。

イ 経営収支

単位：千円

区分	漁労収入	漁業生産物収入	漁労支出	雇用労賃	漁船・漁具費	油費	修繕費	販売手数料	減価償却費
漁船漁業									
平均	8,398	8,004	5,910	1,173	418	1,024	481	501	699
3 T未満	3,528	3,458	1,967	145	208	270	174	236	275
3〜5	6,735	6,469	4,286	325	320	962	440	443	557
5〜10	12,324	11,610	9,388	2,373	536	1,335	712	712	1,352
10〜20	29,777	27,655	23,762	5,860	1,656	4,356	1,413	1,688	2,011
20〜30	28,895	28,218	21,739	7,589	1,115	3,471	1,222	1,371	2,363
30〜50	68,225	65,962	55,198	22,065	2,041	8,455	3,897	3,374	2,729
50〜100	111,739	107,490	92,644	36,088	7,872	17,565	8,086	4,421	3,689
100 T以上	458,035	435,763	461,206	122,185	13,821	82,344	64,741	14,865	31,680
小型定置網漁業	10,416	9,785	7,105	1,836	434	382	579	589	990

(2)　海面養殖業
ア　概要及び分析指標

区分	養殖施設面積	事業所得			漁労所得率	付加価値額（純生産）	物的経費	純生産性	漁業固定資本装備率
		計	漁労所得	漁労外事業所得					
	㎡	千円	千円	千円	％	千円	千円	千円	千円
ぶり類養殖業	1,179	10,525	10,310	215	7.7	31,301	102,387	3,962	900
まだい養殖業	1,273	17,811	17,809	2	20.3	19,872	68,066	6,210	1,383
ほたてがい養殖業	8,927	5,616	5,593	23	24.4	12,508	10,438	1,180	1,107
かき類養殖業	3,313	8,147	7,184	963	28.9	16,456	8,438	2,385	1,025
のり類養殖業	14,226	11,679	11,270	409	35.4	18,192	13,630	3,308	3,155

注：養殖施設面積は、主とする養殖業の養殖施設面積である。

イ　経営収支

単位：千円

区分	漁労収入	養殖業生産物収入	漁労支出	雇用労賃	漁船・漁具費	油費	修繕費	販売手数料	減価償却費
ぶり類養殖業	133,688	125,843	123,378	4,023	760	1,447	1,352	1,489	2,413
まだい養殖業	87,938	87,132	70,129	1,072	662	606	701	1,268	1,634
ほたてがい養殖業	22,946	20,578	17,353	3,315	1,674	841	1,409	1,347	2,838
かき類養殖業	24,894	22,988	17,710	5,707	677	590	862	624	1,976
のり類養殖業	31,822	30,972	20,552	2,127	678	2,174	2,170	1,273	3,595

2　会社経営体（1経営体当たり）（全国平均）（平成30年度）
(1)　漁船漁業及び海面養殖業の総括

区分	収入				支出			
	計	漁労売上高	漁労外売上高	営業外収益	計	漁労売上原価	漁労販売費及び一般管理費	漁労外売上原価
	千円	千円	千円	千円	千円	千円	千円	千円
漁船漁業								
平均	411,906	331,956	65,640	14,310	398,700	298,870	60,752	29,545
10〜20T未満	78,916	68,846	8,498	1,572	78,242	55,990	18,348	1,658
20〜50	93,624	64,632	25,461	3,531	96,401	51,421	20,384	14,313
50〜100	178,828	135,569	38,607	4,652	174,231	112,463	32,432	23,244
100〜200	355,430	306,833	33,187	15,410	336,476	255,394	68,999	7,894
200〜500	756,847	692,437	35,248	29,162	725,233	565,759	143,070	8,827
500T以上	2,195,247	1,737,686	386,722	70,839	2,119,060	1,674,628	218,621	177,265
うち500〜1,000	1,032,229	855,901	103,242	73,086	956,850	808,600	132,457	1,661
1,000T以上	3,358,264	2,619,471	670,202	68,591	3,281,269	2,540,655	304,785	352,868
海面養殖業								
ぶり類養殖業	487,063	459,185	25,748	2,130	473,242	421,991	32,882	10,390
まだい養殖業	257,996	231,278	25,214	1,504	241,915	200,665	22,035	14,496

区分	支出（続き）		1)漁労利益	2)漁労外利益	営業利益	経常利益	当期純利益	3)漁業投下資本利益率	4)売上利益率	5)自己資本比率
	漁労外販売費及び一般管理費	営業外費用								
	千円	千円	千円	千円	千円	千円	千円	%	%	%
漁船漁業										
平均	5,612	3,921	△ 27,666	30,483	2,817	13,206	5,275	nc	nc	27.6
10〜20T未満	1,711	535	△ 5,492	5,129	△ 363	674	△ 452	nc	nc	9.9
20〜50	9,795	488	△ 7,173	1,353	△5,820	△ 2,777	△ 810	nc	nc	21.3
50〜100	4,177	1,915	△ 9,326	11,186	1,860	4,597	△1,047	nc	nc	36.5
100〜200	1,656	2,533	△ 17,560	23,637	6,077	18,954	12,440	nc	nc	31.3
200〜500	40	7,537	△ 16,392	26,381	9,989	31,614	23,298	nc	nc	34.2
500T以上	30,108	18,438	△155,563	179,349	23,786	76,187	27,783	nc	nc	29.7
うち500〜1,000	1,072	13,060	△ 85,156	100,509	15,353	75,379	18,825	nc	nc	35.9
1,000T以上	59,144	23,817	△225,969	258,190	32,221	76,995	36,742	nc	nc	
海面養殖業										
ぶり類養殖業	599	7,380	4,312	14,759	19,071	13,821	13,444	1.6	0.9	2.9
まだい養殖業	1,055	3,664	8,578	9,663	18,241	16,081	16,681	6.1	3.7	nc

注：　調査対象経営体は、会社経営体のうち、主として漁船漁業を営み、かつ、使用する動力漁船の
　　合計総トン数が10トン以上の経営体及び主として養殖業（ぶり類、まだい）を営む経営体である
　　（以下(2)まで同じ。）。
　　1)は、漁労売上高－（漁労売上原価＋漁労販売費及び一般管理費）である。
　　2)は、漁労外売上高－（漁労外売上原価＋漁労外販売費及び一般管理費）である。
　　3)は、漁労利益÷漁業投下資本額×100である。
　　4)は、漁労利益÷漁労売上高×100である。
　　5)は、（株主資本合計(期首)＋評価・換算差額等(期首)）÷負債・純資産合計（期首）×100
　　である。

(2) 漁船漁業経営体の主とする漁業種類別の階層別

単位:千円

区分	漁労売上高	漁労売上原価	労務費	油費	減価償却費	漁労販売費及び一般管理費	1)漁労利益
沖合底びき網							
50～100T未満	159,429	127,917	61,730	21,266	8,137	27,070	4,442
100～200T	354,525	294,101	139,203	44,891	19,252	76,197	△ 15,773
船びき網							
10～20T未満	22,662	17,358	10,172	1,523	1,352	11,931	△ 6,627
20～50未満	48,069	35,376	18,626	4,298	3,292	14,170	△ 1,477
50～100T	81,557	71,501	29,911	12,515	5,115	17,342	7,286
大中型まき網							
200～500T未満	1,095,662	914,055	311,197	134,830	164,522	187,787	△ 6,180
500T以上	3,003,539	2,875,425	976,169	454,762	353,792	376,973	△248,859
うち500～1,000	1,132,435	1,001,139	371,910	196,430	109,716	216,606	△ 85,310
1,000T以上	4,874,644	4,749,712	1,580,428	713,095	597,868	537,342	△412,410
中・小型まき網							
50～100T未満	138,095	118,345	58,464	13,927	16,568	39,667	△ 19,917
100～200未満	347,429	302,762	126,340	33,387	57,809	80,497	△ 35,830
200～500未満	685,444	541,233	243,025	84,890	62,515	182,782	△ 38,571
遠洋・近海まぐろはえ縄							
10～20T未満	101,542	80,081	26,004	16,974	5,699	22,119	△ 658
200～500未満	345,267	252,669	75,090	58,799	12,108	58,295	34,303
500T以上	1,027,290	937,850	311,316	215,896	64,361	125,294	△ 35,854
うち500～1,000	550,370	474,361	159,666	107,887	28,741	64,149	11,860
1,000T以上	1,345,236	1,246,841	412,416	287,902	88,108	166,057	△ 67,662
遠洋・近海かつお一本釣							
100～200T未満	324,690	253,164	104,787	64,748	6,962	82,753	△ 11,227
500T以上	766,297	1,037,794	318,220	220,938	155,493	134,106	△405,603
遠洋・近海いか釣							
100～200T未満	163,466	127,200	57,442	29,743	6,159	29,091	7,175
その他の漁業							
10～20T未満	69,599	52,823	27,492	8,775	5,308	17,355	△ 579

注:1)は、漁労売上高－(漁労売上原価＋漁労販売費及び一般管理費)である。

3 沿岸漁家の漁労所得

単位:万円

区分	平成26年	27	28	29	**30**
沿岸漁家平均	254	351	338	348	**273**
沿岸漁船漁家	199	261	235	219	**186**
海面養殖漁家	541	821	1,004	1,166	**763**

資料:水産庁資料
注: 1 農林水産省統計部「漁業経営調査報告」及び「漁業センサス」の結果を用いて水産庁が算出した数値である。
    2 沿岸漁家平均は、「漁業経営調査報告」の個人経営体調査の結果を「漁業センサス」の10トン未満の漁船漁業、小型定置網漁業、海面養殖業の経営体数の比に応じて加重平均して算出した。
    3 沿岸漁船漁家は、「漁業経営調査報告」の個人経営体調査の結果から、10トン未満分を再集計し作成した。
    4 漁船漁業については、東日本大震災により漁業が行えなかったこと等から、福島県の経営体を除く結果である。
    5 平成28 (2016) 年調査において、調査体系の見直しが行われたため、平成28 (2016) 年以降、わかめ類養殖と真珠養殖を除く結果である。
    6 漁労収入には、補助金・保証金 (漁業) を含めていない。

4 生産資材 (燃油1kl当たり価格の推移)

単位:円

区分	平均28年	29	30	令和元	**2**
燃油価格	61,358	72,329	86,517	84,350	**70,779**

資料:水産庁資料
注: 1 全漁連京浜地区のA重油の価格であり、主に20トン未満の漁船への供給について適用する。
    2 価格は、各年の平均価格であり、令和2年は1月から同年7月までの平均価格である。

Ⅳ　水産業・漁業地域の活性化と女性の活動

1　漁業地域の活性化の取組状況（平成30年11月1日現在）

(1)　会合・集会等の議題別漁業地区数

単位：地区

区分	会合・集会等を開催した漁業地区数（実数）	会合・集会等の議題（複数回答）							
		特定区画漁業権・共同漁業権の変更	企業参入	漁業権放棄	漁業補償	漁業地区の共有財産・共有施設の管理	自然環境の保全	漁業地区の行事（祭り・イベント等）	その他
実数　全国	1,468	687	19	35	111	166	244	611	931
割合(%)　全国	100.0	46.8	1.3	2.4	7.6	11.3	16.6	41.6	63.4

資料：農林水産省統計部「2018年漁業センサス」（以下(5)まで同じ。）

(2)　漁業協同組合が関係する活動別漁業地区数

単位：地区

区分	計（実数）	地域活性化に係る活動（複数回答）					
		新規漁業就業者・後継者を確保する取組	ゴミ（海岸・海上・海底）の清掃活動	6次産業化への取組	ブルー・ツーリズムの取組	水産に関する伝統的な祭り・文化・芸能の保存	各種イベントの開催
実数　全国	1,520	453	1,336	167	71	416	564
割合(%)　全国	100.0	29.8	87.9	11.0	4.7	27.4	37.1

(3)　漁業体験参加人数規模別漁業地区数及び年間延べ参加人数

区分	漁業体験を行った漁業地区数	参加人数規模別						漁業体験の年間延べ参加人数
		10人未満	10～20	20～50	50～100	100～200	200人以上	
	地区	地区	地区	地区	地区	地区	地区	人
全国	320	73	29	83	47	27	61	132,028
北海道太平洋北区	10	–	1	6	2	–	1	2,943
太平洋北区	37	9	5	13	3	2	5	3,268
太平洋中区	46	9	3	11	6	4	13	82,810
太平洋南区	15	3	1	2	3	3	3	3,051
北海道日本海北区	15	5	–	6	2	–	2	4,673
日本海北区	25	5	1	7	7	2	3	2,006
日本海西区	18	3	1	3	5	2	4	2,229
東シナ海区	69	20	4	21	7	6	11	11,756
瀬戸内海区	85	19	13	14	12	8	19	19,292

(4)　魚食普及活動参加人数規模別漁業地区数及び年間延べ参加人数

区分	魚食普及活動を行った漁業地区数	参加人数規模別						魚食普及活動の年間延べ参加人数
		10人未満	10～20	20～50	50～100	100～200	200以上	
	地区	地区	地区	地区	地区	地区	地区	人
全国	**377**	**53**	**51**	**96**	**47**	**41**	**89**	**381,723**
北海道太平洋北区	21	4	1	5	6	1	4	1,953
太平洋北区	36	4	6	13	7	1	5	23,596
太平洋中区	52	10	4	6	3	11	18	64,729
太平洋南区	21	3	2	6	1	2	7	6,915
北海道日本海北区	19	2	4	7	1	2	3	1,597
日本海北区	23	-	5	3	2	4	9	138,349
日本海西区	21	4	1	3	5	3	5	5,743
東シナ海区	81	8	11	25	9	10	18	46,103
瀬戸内海区	103	18	17	28	13	7	20	92,738

(5)　水産物直売所利用者数規模別漁業地区数及び年間延べ利用者数

区分	水産物直売所がある漁業地区数	利用者数規模別					水産物直売所の施設数	水産物直売所の年間延べ利用者数
		500人未満	500～1,000	1,000～5,000	5,000～10,000	10,000人以上		
	地区	地区	地区	地区	地区	地区	施設	人
全国	**316**	**50**	**25**	**83**	**39**	**119**	**343**	**13,145,300**
北海道太平洋北区	12	1	-	3	-	8	12	279,900
太平洋北区	13	3	2	4	1	3	14	77,900
太平洋中区	57	3	4	12	15	23	62	1,486,600
太平洋南区	13	1	1	3	2	6	13	3,693,300
北海道日本海北区	20	2	1	5	-	8	21	1,249,100
日本海北区	14	1	1	4	-	8	14	726,000
日本海西区	20	1	3	5	1	7	22	311,900
東シナ海区	92	13	7	27	11	34	100	3,475,000
瀬戸内海区	75	22	6	20	5	22	85	1,845,600

2　漁協への女性の参画状況

単位：人

区分	平成26年度	27	28	29	30
漁協個人正組合員数	148,411	144,305	138,988	134,570	**129,373**
男	140,334	136,234	131,017	126,891	**122,215**
女	8,077	8,071	7,971	7,679	**7,158**
漁協役員数	9,572	9,537	9,373	9,330	**9,195**
男	9,528	9,487	9,323	9,279	**9,148**
女	44	50	50	51	**47**

資料：水産庁「水産業協同組合統計表」
注：漁協は、各年4月1日から翌年3月末までの間に終了した事業年度ごとの数値である。

3　漁業・水産加工場における女性の就業者数及び従事者数（平成30年11月1日現在）

区分	実数			割合		
	計	男	女	計	男	女
	人	人	人	%	%	%
漁業就業者数	151,701	134,186	17,515	100.0	88.5	11.5
水産加工場従事者数	171,354	68,357	102,997	100.0	39.9	60.1

資料：農林水産省統計部「2018年漁業センサス」
注：1　「漁業就業者」とは、満15歳以上で過去1年間に漁業の海上作業に30日以上従事した者をいう。
　　2　「水産加工場従業者数」とは、平成30年11月1日現在に従事した者をいう。

Ⅴ 生産量

1 生産量の推移

年次	1)総生産量	海面					
		計	漁業				
			小計	遠洋	沖合	沿岸	
	千t	千t	千t	千t	千t	千t	
平成27年	4,631	4,561	3,492	358	2,053	1,081	
28	4,359	4,296	3,264	334	1,936	994	
29	4,306	4,244	3,258	314	2,051	893	
30	4,421	4,364	3,359	349	2,042	968	
令和元 (概数値)	4,163	4,109	3,197	329	1,938	930	

年次	海面(続き)	2)内水面			3)捕鯨業
	養殖業	計	漁業	養殖業	
	千t	千t	千t	千t	頭
平成27年	1,069	69	33	36	77
28	1,033	63	28	35	66
29	986	62	25	37	30
30	1,005	57	27	30	55
令和元 (概数値)	912	53	22	31	‥

資料: 　農林水産省統計部「漁業・養殖業生産統計」及び「漁業産出額」。ただし、令和元年は
　　　「令和元年漁業・養殖業生産統計」（以下４まで同じ。）。
注: 　海面漁業における「遠洋漁業」、「沖合漁業」及び「沿岸漁業」の内訳については、本調査
　　で定義した次の漁業種類ごとの漁獲量の積上げである。
　　　遠洋漁業: 　遠洋底びき網漁業、以西底びき網漁業、大中型１そうまき遠洋かつお・まぐろ
　　　　　　　まき網漁業、太平洋底刺し網等漁業、遠洋まぐろはえ縄漁業、大西洋等はえ縄等
　　　　　　　漁業、遠洋かつお一本釣漁業及び沖合いか釣漁業（沖合漁業に属するものを除く
　　　　　　　。）
　　　沖合漁業: 　沖合底びき網漁業、小型底びき網漁業、大中型１そうまきその他のまき網漁業
　　　　　　　、大中型２そうまき網漁業、中・小型まき網漁業、さけ・ます流し網漁業、かじ
　　　　　　　き等流し網漁業、さんま棒受網漁業、近海まぐろはえ縄漁業、沿岸まぐろはえ縄
　　　　　　　漁業、東シナ海はえ縄漁業、近海かつお一本釣漁業、沿岸かつお一本釣漁業、沖
　　　　　　　合いか釣漁業（遠洋漁業に属するものを除く。）、沿岸いか釣漁業、日本海べに
　　　　　　　ずわいがに漁業及びずわいがに漁業
　　　沿岸漁業: 　船びき網漁業、その他の刺網漁業（遠洋漁業に属するものを除く。）、大型定
　　　　　　　置網漁業、さけ定置網漁業、小型定置網漁業、その他の網漁業、その他のはえ縄
　　　　　　　漁業（遠洋漁業又は沖合漁業に属するものを除く。）、ひき縄釣漁業、その他の
　　　　　　　釣漁業及びその他の漁業（遠洋漁業又は沖合漁業に属するものを除く。）
　　　1)は、捕鯨業を除く。
　　　2)のうち、内水面漁業については、主要112河川及び24湖沼を調査の対象とした。なお、調査
　　の範囲が販売を目的として漁獲された量のみであることから、遊漁者（レクリエーションを主
　　な目的として水産動植物を採捕するもの）による採捕量は含まない。内水面養殖業については、
　　ます類、あゆ、こい及びうなぎを調査の対象とした。
　　　3)は、調査捕鯨による捕獲頭数を含まない。

2 海面漁業
(1) 都道府県・大海区別漁獲量

単位：千 t

都道府県・大海区	平成27年	28	29	30	令和元 （概数値）
全国	3,492	3,264	3,258	3,359	3,197
北海道	864	750	739	877	882
青森	114	107	102	90	85
岩手	109	85	76	90	89
宮城	165	163	158	185	186
秋田	8	7	6	6	6
山形	6	5	4	4	4
福島	45	48	53	50	69
茨城	225	244	295	259	263
千葉	112	115	120	133	111
東京	45	49	41	47	49
神奈川	43	35	32	33	34
新潟	34	30	30	29	29
富山	44	40	24	42	27
石川	66	59	37	62	40
福井	15	15	12	11	12
静岡	207	183	202	195	179
愛知	72	78	70	62	60
三重	154	170	155	132	133
京都	12	10	9	11	9
大阪	17	18	19	9	15
兵庫	54	56	41	40	44
和歌山	23	22	19	15	14
鳥取	74	73	74	83	82
島根	120	109	133	113	80
岡山	5	4	4	3	3
広島	18	17	16	16	14
山口	29	27	26	26	23
徳島	11	10	11	10	10
香川	17	18	16	19	16
愛媛	82	82	80	75	75
高知	80	66	66	73	62
福岡	35	26	26	29	18
佐賀	18	10	8	8	9
長崎	296	286	317	291	250
熊本	20	18	18	18	15
大分	35	35	32	32	31
宮崎	126	102	97	103	100
鹿児島	78	74	75	64	58
沖縄	17	16	16	16	16
北海道太平洋北区	482	386	362	394	364
太平洋北区	643	631	670	661	678
太平洋中区	632	630	620	601	565
太平洋南区	309	269	256	267	248
北海道日本海北区	383	364	377	482	519
日本海北区	107	98	79	94	79
日本海西区	300	280	279	292	234
東シナ海区	483	449	477	443	381
瀬戸内海区	154	157	138	124	131

注：捕鯨業を除く。

2 海面漁業（続き）
(2) 魚種別漁獲量

単位：千 t

魚種	平成27年	28	29	30	令和元 （概数値）
海面漁業計	3,492	3,264	3,258	3,359	3,197
魚類計	2,810	2,686	2,690	2,739	2,559
まぐろ類計	190	168	169	165	163
くろまぐろ	8	10	10	8	10
みなみまぐろ	4	5	4	5	6
びんなが	52	43	46	42	30
めばち	53	39	39	37	34
きはだ	71	71	69	72	81
その他のまぐろ類	1	1	1	1	1
まかじき	2	2	2	2	2
めかじき	9	8	8	8	6
くろかじき類	3	3	3	2	2
その他のかじき類	1	1	1	1	1
かつお	248	228	219	248	233
そうだがつお類	16	12	8	12	9
さめ類	33	31	32	32	23
さけ・ます類計	140	112	72	95	60
さけ類	136	96	69	84	56
ます類	4	15	3	12	4
このしろ	4	4	5	5	5
にしん	5	8	9	12	15
まいわし	311	378	500	522	535
うるめいわし	98	98	72	55	61
かたくちいわし	169	171	146	111	133
しらす	65	63	51	51	60
まあじ	152	125	145	118	97
むろあじ類	15	27	20	17	16
さば類	530	503	518	542	445
さんま	116	114	84	129	46
ぶり類	123	107	118	100	109
ひらめ	8	7	7	7	7
かれい類	41	43	47	41	40
まだら	50	44	44	51	53
すけとうだら	180	134	129	127	154
ほっけ	17	17	18	34	34
きちじ	1	1	1	1	1
はたはた	9	7	6	5	5
にぎす類	3	3	3	3	3
あなご類	4	4	3	3	3
たちうお	7	7	6	6	6
まだい	15	15	15	16	16
1)ちだい	･･･	･･･	･･･	･･･	2
1)きだい	･･･	･･･	･･･	･･･	4

注：令和元年調査から、以下の魚種分類の見直しを行った。
1)は、「ちだい・きだい」を細分化し、「ちだい」、「きだい」とした。
2)は、「くろだい・へだい」を細分化し、「くろだい」、「へだい」とした。
3)は、「その他の水産動物類」から、「なまこ類」を分離した。

単位：千 t

魚種	平成27年	28	29	30	令和元年 （概数値）
2）くろだい	···	···	···	···	2
2）へだい	···	···	···	···	1
いさき	4	4	4	4	3
さわら類	20	20	15	16	16
すずき類	7	7	7	6	6
いかなご	29	21	12	15	11
あまだい類	1	1	1	1	1
ふぐ類	5	5	4	5	5
その他の魚類	169	171	176	162	166
えび類計	16	17	17	15	13
いせえび	1	1	1	1	1
くるまえび	0	0	0	0	0
その他のえび類	14	15	15	13	12
かに類計	29	28	26	24	22
ずわいがに	4	4	4	4	4
べにずわいがに	17	16	15	14	13
がざみ類	2	2	2	2	2
その他のかに類	5	6	4	4	3
おきあみ類	27	17	14	14	20
貝類計	292	266	284	350	386
あわび類	1	1	1	1	1
さざえ	6	6	6	5	5
あさり類	14	9	7	8	8
ほたてがい	234	214	236	305	339
その他の貝類	37	36	34	32	32
いか類計	167	110	103	84	75
するめいか	129	70	64	48	42
あかいか	3	4	4	5	7
その他のいか類	35	36	35	31	25
たこ類	33	37	35	36	35
3）なまこ類	···	···	···	···	7
うに類	9	8	8	8	8
海産ほ乳類	1	1	1	0	0
その他の水産動物類	17	14	11	11	5
海藻類計	94	81	70	79	67
こんぶ類	72	58	46	56	47
その他の海藻類	22	23	24	23	20

2　海面漁業（続き）
(3)　漁業種類別漁獲量

単位：千 t

漁業種類	平成27年	28	29	30	令和元年 （概数値）
海面漁業計	3,492	3,264	3,258	3,359	3,197
遠洋底びき網	12	10	9	8	x
以西底びき網	4	4	x	x	4
1)沖合底びき網	247	213	207	215	237
小型底びき網	328	302	317	383	417
船びき網	207	207	177	171	171
大中型まき網					
1そうまき　遠洋かつお・まぐろ	190	185	176	206	201
2)　　〃　　　その他	667	645	780	693	709
2そうまき	28	40	38	52	x
中・小型まき網	471	461	464	427	364
さけ・ます流し網	x	x	1	1	1
かじき等流し網	4	4	4	4	4
その他の刺網	143	119	121	124	128
さんま棒受網	116	114	84	129	46
定置網　大型	241	212	194	235	225
〃　　さけ	117	89	59	77	62
〃　　小型	81	83	73	90	82
その他の網漁業	37	46	50	48	52
まぐろはえ縄　遠洋	94	79	74	74	71
〃　　　　近海	47	42	43	38	38
〃　　　　沿岸	6	5	5	4	4
その他のはえ縄	29	26	24	22	24
かつお一本釣　遠洋	55	52	48	55	49
〃　　　近海	32	29	29	30	23
〃　　　沿岸	11	11	13	16	12
3)いか釣　沖合	27	24	23	15	16
〃　　沿岸	56	35	34	27	21
ひき縄釣	15	13	13	14	13
その他の釣	31	32	29	28	28
4)その他の漁業	194	179	164	170	154

注：令和元年調査から、以下の漁業種類分類の見直しを行った。
　1)は、「沖合底びき網1そうびき」、「沖合底びき網2そうびき」を統合し、「沖合底びき網」とした。
　2)は、「大中型まき網1そうまき近海かつお・まぐろ」、「大中型まき網1そうまきその他」を統合し、
　「大中型まき網1そうまきその他」とした。
　3)は、平成27年～30年までは「近海いか釣」の値である。令和元年は「沖合いか釣」の値である。
　4)は、「採貝・採藻」、「その他の漁業」を統合し、「その他の漁業」とした。

(4)　漁業種類別魚種別漁獲量
　　ア　底びき網
　　　(ｱ)　遠洋底びき網

単位：t

年次	漁獲量	かれい類	すけとうだら	いか類
平成27年	11,731	－	79	689
28	9,990	2,029	－	－
29	9,466	2,157	－	－
30	8,078	1,819	－	－
令和元（概数値）	x	x	x	x

注：1　この漁業は、北緯10度20秒の線以北、次に掲げる線から成る線以西の太平洋の海域以外の海域において、総トン数15トン以上の動力漁船により底びき網を使用して行うもの（指定漁業）である。
　　①　北緯25度17秒以北の東経152度59分46秒の線
　　②　北緯25度17秒東経152度59分46秒の点から北緯25度15秒東経128度29分53秒の点に至る直線
　　③　北緯25度15秒東経128度29分53秒の点から北緯25度15秒東経120度59分55秒の点に至る直線
　　④　北緯25度15秒以南の東経120度59分55秒の線
　　2　魚種については、「平成29年漁業・養殖業生産統計年報」漁業種類別・魚種別漁獲量における当該漁業種類の漁獲量上位（その他の魚類を除く。）を掲載した（以下クまで同じ。）。

　　　(ｲ)　沖合底びき網

単位：t

年次	漁獲量	にしん	ひらめ・かれい類	まだら	すけとうだら	するめいか	その他のいか類
平成27年	247,364	903	13,810	25,617	123,696	27,345	6,412
28	212,510	2,787	14,356	22,873	96,928	13,445	7,961
29	207,498	5,303	15,417	22,876	87,209	11,349	9,357
30	214,618	3,912	13,098	25,827	84,190	10,115	8,503
令和元（概数値）	237,300	6,200	12,500	24,000	111,300	6,300	7,900

注：　この漁業は、北緯25度15秒東経128度29分53秒の点から北緯25度17秒東経152度59分46秒の点に至る直線以北、次の①、②及び③からなる線以東、東経152度59分46秒の線以西の太平洋の海域において総トン数15トン以上の動力漁船により底びき網を使用して行うもの（指定漁業）である。
　　①　北緯33度9分27秒以北の東経127度59分52秒の線
　　②　北緯33度9分27秒東経127度59分52秒の点から北緯33度9分27秒東経128度29分52秒の点に至る直線
　　③　北緯33度9分27秒東経128度29分52秒の点から北緯25度15秒東経128度29分53秒の点に至る直線

2 海面漁業（続き）
(4) 漁業種類別魚種別漁獲量（続き）
ア 底びき網（続き）
(ウ) 小型底びき網

単位：t

年次	漁獲量	ひらめ・かれい類	たい類	えび類	ほたてがい	いか類	たこ類
平成27年	328,320	11,435	4,921	7,668	233,200	6,443	3,508
28	301,620	10,539	5,032	7,642	213,084	6,838	3,187
29	317,378	9,840	5,189	7,708	235,381	6,696	2,780
30	382,688	9,488	5,339	6,661	304,345	4,999	2,135
令和元（概数値）	417,400	8,300	5,600	5,800	339,200	5,700	2,400

注： この漁業は、総トン数15トン未満の動力漁船により底びき網を使用して行うもの（法定知事許可
漁業）である。

イ 船びき網

単位：t

年次	漁獲量	まいわし	かたくちいわし	しらす	たい類	いかなご	おきあみ類
平成27年	206,507	16,636	65,437	63,785	5,686	16,979	26,655
28	206,790	29,692	69,696	61,890	5,803	12,336	16,500
29	177,002	42,864	52,380	50,057	5,888	2,034	13,755
30	170,902	43,210	46,853	49,574	6,243	3,173	13,697
令和元（概数値）	170,800	16,600	58,600	58,700	6,500	1,300	20,300

注： この漁業は、海底以外の中層若しくは表層をえい網する網具（ひき回し網）又は停止した
船（いかりで固定するほか、潮帆又はエンジンを使用して対地速度をほぼゼロにしたものを
含む。）にひき寄せる網具（ひき寄せ網）を使用して行うもの（瀬戸内海において総トン数
5トン以上の動力漁船を使用して行うものは、法定知事許可漁業）である。

ウ まき網
(7) 大中型まき網1そうまき遠洋かつお・まぐろ

単位：t

年次	漁獲量	びんなが	めばち	きはだ	かつお	そうだ かつお類
平成27年	190,239	0	4,792	43,365	141,879	12
28	185,087	4	3,945	37,556	143,325	9
29	175,647	11	3,629	41,303	130,585	20
30	205,783	3	4,781	41,005	159,916	3
令和元（概数値）	200,700	0	3,500	47,800	149,400	0

注：1　この漁業（大中型まき網漁業）は、総トン数40トン（北海道恵山岬灯台から青森県尻屋崎
灯台に至る直線の中心点を通る正東の線以南、同中心点から尻屋崎灯台に至る直線のうち同
中心点から同直線と青森県の最大高潮時海岸線との最初の交点までの部分、同交点から最大
高潮時海岸線を千葉県野島崎灯台正南の線と同海岸線との交点に至る線及び同点正南の線か
ら成る線以東の太平洋の海域にあっては、総トン数15トン）以上の動力漁船によりまき網を
使用して行うもの（指定漁業）である。
　　2　大中型まき網漁業のうち、1そうまきでかつお・まぐろ類をとることを目的として、遠洋
（太平洋中央海区（東経179度59分43秒以西の北緯20度21秒の線、北緯20度21秒以北、北緯40
度16秒以南の東経179度59分43秒の線及び東経179度59分43秒以東の北緯40度16秒の線から成
る線以南の太平洋の海域（南シナ海の海域を除く。）））又はインド洋海区（南緯19度59分
35秒以北（ただし、東経95度4秒から東経119度59分56秒の間の海域については、南緯9度59
分36秒以北）のインド洋の海域）で操業するものである。

(イ) 大中型まき網1そうまきその他

単位：t

年次	漁獲量	かつお	まいわし	うるめ いわし	まあじ	さば類	ぶり類
平成27年	666,707	33,264	101,190	13,821	74,398	370,207	34,861
28	645,330	11,511	173,230	14,908	49,804	333,860	25,078
29	780,090	23,991	273,755	11,512	57,398	353,916	29,533
30	692,826	8,620	258,244	4,714	41,359	330,479	24,188
令和元（概数値）	709,200	10,800	370,300	6,500	34,300	243,400	21,300

注：　この漁業は、大中型まき網漁業のうち1そうまきで大中型遠洋かつお・まぐろまき網に
係る海域以外で操業するものである。

2 海面漁業（続き）
 (4) 漁業種類別魚種別漁獲量（続き）
  ウ まき網（続き）
 (ウ) 大中型まき網2そうまき

単位：t

年次	漁獲量	まいわし	かたくち いわし	まあじ	さば類	ぶり類
平成27年	28,012	7,519	2,202	1,816	9,286	6,255
28	39,827	10,508	1,318	2,149	19,979	3,777
29	37,936	25,225	673	2,216	3,751	3,454
30	52,492	40,553	632	1,172	3,820	5,691
令和元（概数値）	x	x	x	x	x	x

注：この漁業は、大中型まき網漁業のうち2そうまきで行うものである。

 (エ) 中・小型まき網

単位：t

年次	漁獲量	まいわし	うるめ いわし	かたくち いわし	まあじ	さば類	ぶり類
平成27年	470,996	135,841	75,169	76,149	48,268	83,199	17,973
28	461,027	110,291	72,958	80,350	49,374	84,951	20,786
29	464,150	105,482	52,610	71,669	63,495	110,847	18,393
30	426,726	76,615	43,632	50,061	53,549	150,087	13,196
令和元（概数値）	364,200	40,700	48,400	59,300	41,100	122,900	13,400

注： この漁業は、指定漁業以外のまき網（総トン数5トン以上40トン未満の船舶により行う漁業は、
　　 法定知事許可漁業）である。

エ 敷網
　　さんま棒受網

単位：t

年次	漁獲量	さんま
平成27年	116,040	115,748
28	114,027	113,728
29	84,040	83,574
30	128,947	128,422
令和元（概数値）	45,500	45,500

注： この漁業は、棒受網を使用してさんまをとることを目的とするもの
　　（北緯34度54分6秒の線以北、東経139度53分18秒の線以東の太平洋
　　の海域（オホーツク海及び日本海の海域を除く。）において総トン数
　　10トン以上の動力漁船により行うものは、指定漁業）である。

オ 定置網
（ア） 大型定置網

単位：t

年次	漁獲量	まいわし	かたくち いわし	まあじ	さば類	ぶり類	いか類
平成27年	241,169	43,333	13,701	16,822	50,099	42,725	14,380
28	211,674	39,572	9,272	13,945	44,877	37,736	7,974
29	194,236	32,460	11,499	12,522	33,724	46,868	8,133
30	235,124	79,691	5,335	11,819	40,112	39,777	8,474
令和元（概数値）	225,300	49,000	7,700	11,000	60,200	49,600	6,600

注： この漁業は、漁具を定置して営むものであって、身網の設置される場所の最深部が最高潮時
　　において水深27メートル（沖縄県にあっては、15メートル）以上であるもの（瀬戸内海におけ
　　るます網漁業並びに陸奥湾（青森県焼山崎から同県明神崎灯台に至る直線及び陸岸によって
　　囲まれた海面をいう。）における落とし網漁業及びます網漁業を除く。）である。

（イ） さけ定置網

単位：t

年次	漁獲量	さけ類	ます類	ほっけ	いか類
平成27年	116,638	107,763	262	526	2,136
28	88,560	77,739	2,493	970	331
29	59,076	51,150	347	284	157
30	76,510	63,996	2,411	1,742	161
令和元（概数値）	61,900	46,700	700	2,600	2,200

注： この漁業は、漁具を定置して営むものであって、身網の設置される場所の最深部が最高潮時
　　において水深27メートル以上であるものであり、北海道においてさけを主たる漁獲物とするも
　　のである。

2 海面漁業（続き）
(4) 漁業種類別魚種別漁獲量（続き）
オ 定置網（続き）
(ウ) 小型定置網

単位：t

年次	漁獲量	さけ類	まあじ	さば類	ぶり類	ひらめ・かれい類	ほっけ
平成27年	80,563	12,547	5,884	4,545	6,429	3,341	1,394
28	83,048	6,742	5,712	4,272	5,695	2,968	1,793
29	73,005	7,286	5,411	2,964	7,486	3,842	5,394
30	90,160	8,293	6,093	3,326	5,127	3,346	7,510
令和元（概数値）	81,800	6,300	5,300	3,500	6,800	3,900	11,000

注：この漁業は、定置網であって大型定置網及びさけ定置網以外のものである。

カ はえ縄
(ア) 遠洋まぐろはえ縄

単位：t

年次	漁獲量	みなみまぐろ	びんなが	めばち	きはだ	めかじき	さめ類
平成27年	93,757	4,353	9,384	38,638	12,667	5,519	15,308
28	78,982	4,605	8,430	26,854	11,803	4,718	14,818
29	73,672	4,072	6,821	25,456	11,871	4,632	14,836
30	74,247	5,293	8,371	22,556	11,159	4,080	15,853
令和元（概数値）	71,300	6,200	8,500	22,400	14,800	3,100	8,300

注： この漁業は、総トン数120トン（昭和57年7月17日以前に建造され、又は建造に着手された
ものにあっては、80トン。以下釣漁業において同じ。）以上の動力漁船により、浮きはえ縄
を使用してまぐろ、かじき又はさめをとることを目的とするもの（指定漁業）である。

(イ) 近海まぐろはえ縄

単位：t

年次	漁獲量	びんなが	めばち	きはだ	まかじき	めかじき	さめ類
平成27年	47,373	18,918	8,041	4,781	953	2,245	11,026
28	42,100	15,038	6,891	5,045	836	2,768	9,862
29	42,757	15,713	6,992	4,755	753	2,228	10,800
30	38,426	11,959	6,924	4,876	640	2,381	10,279
令和元（概数値）	38,400	10,800	6,800	7,000	900	1,800	9,400

注： この漁業は、総トン数10トン（我が国の排他的経済水域、領海及び内水並びに我が国の排他的
経済水域によって囲まれた海域から成る海域（東京都小笠原村南鳥島に係る排他的経済水域及び
領海を除く。）にあっては、総トン数20トン）以上120トン未満の動力漁船により、浮きはえ縄
を使用してまぐろ、かじき又はさめをとることを目的とするもの（指定漁業）である。

キ はえ縄以外の釣
(ア) 遠洋かつお一本釣

単位：t

年次	漁獲量	くろまぐろ	びんなが	めばち	きはだ	かつお	そうだがつお類
平成27年	54,817	2	11,498	191	290	42,806	-
28	51,734	2	8,655	446	525	42,050	1
29	47,860	-	12,110	676	533	34,404	1
30	54,808	-	9,401	637	351	44,238	0
令和元（概数値）	48,700	0	4,600	300	200	43,600	0

注： この漁業は、総トン数120トン以上の動力漁船により、釣りによってかつお又はまぐろをとる
ことを目的とするもの（指定漁業）である。

(イ) 近海かつお一本釣

単位：t

年次	漁獲量	くろまぐろ	びんなが	めばち	きはだ	かつお	そうだがつお類
平成27年	31,733	4	9,710	432	980	20,362	5
28	29,464	22	5,754	590	1,671	20,387	35
29	28,530	67	8,753	816	1,570	16,812	35
30	30,333	7	8,394	705	1,507	19,510	27
令和元（概数値）	23,200	0	3,700	200	1,300	17,700	0

注： この漁業は、総トン数10トン（我が国の排他的経済水域、領海及び内水並びに我が国の排他的
経済水域によって囲まれた海域から成る海域（東京都小笠原村南鳥島に係る排他的経済水域及び
領海を除く。）にあっては、総トン数20トン）以上120トン未満の動力漁船により、釣りによっ
てかつお又はまぐろをとることを目的とするもの（指定漁業）である。

(ウ) 沖合いか釣

単位：t

年次	漁獲量	するめいか	あかいか	その他のいか類
平成27年	26,854	23,861	2,902	92
28	24,152	20,521	3,563	68
29	22,541	18,274	4,163	104
30	14,657	10,144	4,499	14
令和元（概数値）	16,100	9,100	6,900	0

注1： 平成27年〜30年までは、総トン数30トン以上200トン未満の動力漁船により釣りによっていかをと
ることを目的とした「近海いか釣」の値である。
注2： 令和元年は、総トン数30トン以上の動力漁船により釣りによっていかをとることを目的とした「沖
合いか釣」の値である。

2　海面漁業（続き）
(4)　漁業種類別魚種別漁獲量（続き）
　　キ　はえ縄以外の釣（続き）
　　　（エ）　沿岸いか釣

単位：t

年次	漁獲量	するめいか	あかいか	その他のいか類
平成27年	56,440	45,849	12	10,539
28	35,149	25,289	6	9,812
29	34,341	25,248	9	9,035
30	27,467	18,493	7	8,944
令和元（概数値）	21,100	15,600	0	5,500

注：　この漁業は、釣りによっていかをとることを目的とする漁業であって、沖合いか釣以外
　　のものである。（総トン数５トン以上30トン未満の動力漁船により行うものは、届出漁業
　　（知事許可等を要するものもある。））

　　ク　その他の漁業

単位：t

年次	漁獲量	あわび類	さざえ	あさり類	その他の貝類	こんぶ類	その他の海藻類
平成27年	194,448	1,296	5,110	9,771	20,374	71,619	22,465
28	179,453	1,131	5,262	7,957	19,428	58,041	22,678
29	163,520	958	5,068	6,745	19,237	45,506	24,462
30	170,483	903	4,465	7,628	17,298	55,877	23,021
令和元（概数値）	153,900	800	4,700	7,700	15,500	46,500	20,300

注：　この漁業は、網漁業、釣漁業、捕鯨業以外の全ての漁業をいう。

3 海面養殖業
魚種別収獲量

単位：t

魚種	平成27年	28	29	30	令和元 （概数値）
海面養殖業計	1,069,017	1,032,537	986,056	1,004,871	912,400
魚類計	246,089	247,593	247,633	249,491	247,300
ぎんざけ	13,937	13,208	15,648	18,053	15,900
ぶり類	140,292	140,868	138,999	138,229	135,600
まあじ	811	740	810	848	800
しまあじ	3,352	3,941	4,435	4,763	4,400
まだい	63,605	66,965	62,850	60,736	62,000
ひらめ	2,545	2,309	2,250	2,186	2,000
ふぐ類	4,012	3,491	3,924	4,166	4,100
くろまぐろ	14,825	13,413	15,858	17,641	19,600
その他の魚類	2,709	2,659	2,859	2,868	2,700
貝類計	413,028	373,956	309,437	351,104	305,500
ほたてがい	248,209	214,571	135,090	173,959	143,000
かき類（殻付き）	164,380	158,925	173,900	176,698	162,100
その他の貝類	439	460	447	448	400
くるまえび	1,314	1,381	1,354	1,478	1,400
ほや類	8,288	18,271	19,639	11,962	12,500
その他の水産動物類	98	106	137	168	200
海藻類計	400,181	391,210	407,835	390,647	345,500
こんぶ類	38,671	27,068	32,463	33,532	32,600
わかめ類	48,951	47,672	51,114	50,775	44,600
のり類（生重量）	297,370	300,683	304,308	283,688	251,200
1)うち板のり（千枚）	7,658,019	7,792,052	7,845,680	7,285,399	6,480,000
もずく類	14,574	15,225	19,392	22,036	16,500
その他の海藻類	614	560	557	616	600
真珠	20	20	20	21	19

注：種苗養殖を除く。
　　1)は、のり類（生重量）のうち板のりの生産量を枚数換算したものである。

4 内水面漁業及び内水面養殖業
(1) 内水面漁業魚種別漁獲量

単位：t

年次	漁獲量	さけ類	わかさぎ	あゆ	こい	ふな	うなぎ	しじみ
平成27年	32,917	12,330	1,417	2,407	227	555	70	9,819
28	27,937	7,471	1,181	2,390	220	534	71	9,580
29	25,215	5,802	943	2,168	213	512	71	9,868
30	26,957	6,696	1,146	2,140	210	456	69	9,646
令和元（概数値）	21,987	6,340	981	2,051	175	423	66	9,638

注：1　主要魚種のみ掲載しており、積み上げても漁獲量に一致しない（以下(2)まで同じ。）。
　　2　内水面漁業については、主要112河川及び24湖沼を調査の対象とした。
　　3　内水面漁業販売を目的として漁獲された量であるため、遊漁者（レクリエーションを主な
　　　目的として水産動植物を採捕するもの）による採捕量を含まない。

(2) 内水面養殖業魚種別収獲量

単位：t

年次	収獲量	ます類	あゆ	こい	うなぎ	1)淡水真珠
平成27年	36,336	7,709	5,084	3,256	20,119	0.1
28	35,198	7,806	5,183	3,131	18,907	0.1
29	36,839	7,639	5,053	3,015	20,979	0.1
30	29,849	7,342	4,310	2,932	15,111	0.1
令和元（概数値）	31,330	7,337	4,067	2,726	17,073	0.0

注：1)は、琵琶湖、霞ヶ浦及び北浦のみであり、収獲量には含まない。

Ⅵ　水産加工

1　水産加工品生産量

単位：t

品目	平成26年	27	28	29	30
ねり製品	531,982	530,137	514,397	505,116	509,569
かまぼこ類	470,539	470,563	454,821	444,116	448,861
魚肉ハム・ソーセージ類	61,443	59,574	59,576	61,000	60,709
1) 冷凍食品	263,164	258,481	253,851	248,443	255,888
素干し品	14,549	13,558	11,489	8,644	7,051
するめ	8,170	8,007	5,600	2,423	2,244
いわし	833	693	717	603	665
その他	5,546	4,858	5,172	5,618	4,142
塩干品	162,353	164,566	156,310	148,119	139,569
うちいわし	14,792	12,933	12,049	10,935	10,267
あじ	33,472	32,286	31,236	30,043	27,276
煮干し品	59,826	63,342	56,243	50,224	59,031
うちいわし	21,059	24,651	18,988	18,992	21,951
しらす干し	30,708	32,088	31,953	26,428	29,905
塩蔵品	191,121	184,655	171,171	166,340	181,630
いわし	1,139	1,078	1,070	1,109	992
さば	43,034	44,355	37,622	37,900	38,608
さけ・ます	92,180	87,587	84,774	83,813	91,383
たら・すけとうだら	12,323	11,373	12,694	11,876	13,240
さんま	11,909	9,674	6,692	5,925	5,685
その他	30,536	30,588	28,319	25,717	31,721
くん製品	7,582	6,475	7,304	6,335	6,843
節製品	88,770	83,833	81,523	81,061	79,595
うちかつお節	29,649	27,612	29,352	29,240	28,712
けずり節	32,112	30,516	29,681	28,924	27,429
2) その他の食用加工品	385,486	376,536	378,059	354,266	347,628
うち水産物つくだ煮類	76,604	77,040	75,141	72,587	…
水産物漬物	58,861	54,997	62,884	57,742	53,808
3) 生鮮冷凍水産物	1,485,406	1,416,228	1,401,661	1,366,166	1,397,203
うちまぐろ類	26,213	26,211	20,270	21,898	24,789
かつお類	10,967	13,223	12,199	17,921	17,884
さけ・ます類	103,768	103,882	83,781	63,609	77,891
いわし類	318,115	329,168	381,506	393,409	345,009
さば類	353,519	380,965	410,327	425,576	458,239
いかなご・こうなご	17,582	12,311	9,565	6,001	9,064
すり身	48,330	49,269	41,850	40,645	40,380

資料：　農林水産省統計部「水産物流通調査　水産加工統計調査」。ただし、平成30年は「2018年
　　　漁業センサス」による。

注：1　水産加工品とは、水産動植物を主原料（原料割合で50％以上）として製造された、食用加
　　　工品及び生鮮冷凍水産物をいう（以下2まで同じ。）。
　　2　船上加工品の生産量を含まない（以下2まで同じ。）。
　　3　一度加工された製品を購入し、再加工して新製品としたときは、その生産量もそれぞれの
　　　品目に計上した（以下2まで同じ。）。
　　　1)は、水産物を主原料として加工又は調理した後、マイナス18℃以下で凍結し、凍結状態で保
　　持した「包装食品」である。
　　　2)は、塩辛、水産物漬物、調味加工品等である。
　　　3)は、水産物の生鮮品を凍結室において凍結したもので、水産物の丸、フィレー、すり身等
　　のものをいう。なお、すり身については、原料魚ではなく「すり身」に計上した。

2 都道府県別水産加工品生産量 (平成30年)

単位：t

全国・都道府県	ねり製品	1)冷凍食品	塩干品	塩蔵品	2)その他の食用加工品	3)生鮮冷凍水産物
全国	509,569	255,888	139,569	181,630	347,628	1,397,203
北海道	23,334	21,583	14,619	47,331	54,983	304,965
青森	3,900	15,524	433	9,755	16,435	47,623
岩手	5	10,508	672	747	4,558	72,829
宮城	x	23,589	4,972	21,114	26,306	162,391
秋田	x	125	5	131	559	1,272
山形	41	479	33	4	1,240	54
福島	x	4,911	3,653	103	3,448	9,454
茨城	x	10,653	14,083	8,818	17,437	118,792
栃木	x	1,359	11	−	399	111
群馬	−	x	x	x	2,453	x
埼玉	x	517	x	829	5,261	2,086
千葉	x	9,578	24,352	66,131	3,921	194,810
東京	x	43	209	x	5,499	116
神奈川	13,061	1,467	9,233	24	2,821	2,056
新潟	60,013	6,453	545	4,302	8,266	1,354
富山	x	91	811	20	3,116	5,005
石川	16,355	721	195	30	1,290	3,392
福井	1,446	270	823	433	915	366
山梨	x	−	x	−	1,797	x
長野	−	69	5	x	239	22
岐阜	6,735	204	13	x	290	125
静岡	27,192	30,622	19,583	1,678	12,558	677
愛知	13,989	11,806	675	3,537	9,573	8,480
三重	3,786	2,314	4,895	3,933	10,992	108,705
滋賀	9,441	1,369	0	47	594	153
京都	1,382	24	141	76	2,076	5,099
大阪	6,394	x	x	278	7,826	1,993
兵庫	46,660	5,012	5,121	328	22,996	3,190
奈良	29	x	−	−	251	−
和歌山	1,779	1,369	1,544	283	7,300	724
鳥取	1,644	13,360	5,185	2,744	4,329	73,470
島根	6,140	1,315	4,905	64	2,581	11,611
岡山	17,462	88	x	−	3,206	877
広島	x	9,364	70	103	17,187	7,137
山口	38,456	17,159	4,814	2,517	11,405	1,834
徳島	1,222	959	138	113	205	1,653
香川	1,775	5,634	x	−	6,846	482
愛媛	x	7,334	772	546	11,398	9,112
高知	1,970	1,282	1,473	96	2,336	486
福岡	x	9,151	625	2,182	17,164	7,209
佐賀	6,856	5,171	1,574	2,516	3,014	43,327
長崎	x	5,133	2,980	415	4,451	97,250
熊本	2,634	1,291	39	39	3,508	3,125
大分	352	2,902	5,721	4	7,638	25,344
宮崎	2,872	509	1,003	29	5,802	32,943
鹿児島	8,130	12,778	3,600	107	10,654	22,567
沖縄	x	376	2	x	504	2,839

資料：農林水産省統計部「2018年漁業センサス」
注： 1)は、水産物を主原料として加工又は調理した後、マイナス18℃以下で凍結し、凍結状態で保持した「包装食品」である。
　　 2)は、塩辛、水産物漬物、調味加工品等である。
　　 3)は、水産物の生鮮品を凍結室において凍結したもので、水産物の丸、フィレー、すり身等のものをいう。

3　水産缶詰・瓶詰生産量（内容重量）

単位：t

品目	平成27年	28	29	30	令和元
丸缶	100,685	101,665	98,566	104,410	98,716
かに	3,163	2,906	2,366	1,498	1,291
さけ	1,956	2,550	2,284	2,096	2,176
まぐろ・かつお類	36,624	35,744	33,945	31,756	31,345
まぐろ	25,826	25,338	24,429	23,556	22,280
かつお	10,799	10,406	9,516	8,200	9,066
さば	32,039	37,117	38,977	49,349	44,878
いわし	4,388	4,152	4,749	7,233	7,854
さんま	14,416	11,678	9,748	6,732	5,381
くじら	483	485	458	370	365
いか	1,587	1,624	1,142	977	930
その他魚類	597	444	423	457	493
かき	203	90	61	66	108
赤貝	951	870	522	209	326
あさり	366	388	520	530	550
ほたて貝	1,523	1,301	1,201	975	865
その他貝類	518	586	588	532	692
水産加工品	1,870	1,731	1,581	1,630	1,460
大缶	14	20	14	28	29
瓶詰	8,187	8,628	7,727	7,456	7,408
のり	5,726	6,218	5,487	5,201	5,201
その他水産	2,461	2,410	2,239	2,254	2,206

資料：日本缶詰びん詰レトルト食品協会「水産缶びん詰生産数量の推移」

Ⅶ　保険・共済

1　漁船保険（各年度末現在）

(1)　引受実績

区分	単位	平成26年度	27	28	29	30
計						
隻数	隻	173,255	170,465	167,711	164,784	161,759
総トン数	千T	801	779	772	763	750
保険価額	100万円	1,073,283	1,066,313	1,072,642	1,087,807	1,087,843
保険金額	〃	1,021,902	1,016,287	1,019,676	1,035,054	1,038,094
純保険料	〃	17,373	17,132	16,935	16,865	16,605
再保険料	〃	15,357	15,144	14,962	−	−
動力漁船						
隻数	隻	172,990	170,198	167,450	164,525	161,499
総トン数	千T	799	777	770	761	748
保険価額	100万円	1,072,742	1,065,663	1,071,932	1,087,192	1,087,235
保険金額	〃	1,021,381	1,015,654	1,018,983	1,034,454	1,037,501
純保険料	〃	17,362	17,120	16,921	16,854	16,594
再保険料	〃	15,347	15,133	14,950	−	−
無動力漁船						
隻数	隻	265	267	261	259	260
総トン数	千T	2	2	2	2	2
保険価額	100万円	541	650	710	615	608
保険金額	〃	521	632	693	599	593
純保険料	〃	11	12	14	11	11
再保険料	〃	10	11	12	−	−

資料：　平成28年度まで水産庁「漁船保険統計表」。ただし、平成29年度は日本漁船保険
　　　　組合資料をもとに水産庁において作成（以下(2)まで同じ。）。
注：1　平成29年度改正（H29.4.1施行）により、普通保険から漁船保険に名称変更。
　　2　平成29年4月日本漁船保険組合が設立されたことにより、再保険料は「−」とした。
　　3　漁船保険（普通損害＋満期）の実績である（以下(2)まで同じ。）。

(2)　支払保険金

区分	単位	平成26年度	27	28	29	30
計						
件数	件	36,682	35,732	28,711	33,601	32,644
損害額	100万円	13,623	12,632	9,749	12,506	12,597
支払保険金	〃	13,310	12,327	9,538	12,299	12,250
全損						
件数	件	267	260	205	272	287
損害額	100万円	1,847	1,146	1,067	1,545	1,554
支払保険金	〃	1,829	1,134	1,064	1,540	1,471
1) 分損						
件数	件	35,782	34,879	27,986	32,640	31,685
損害額	100万円	11,650	11,377	8,639	10,600	10,822
支払保険金	〃	11,355	11,085	8,432	10,397	10,558
救助費						
件数	件	633	593	520	689	672
損害額	100万円	127	109	42	362	221
支払保険金	〃	126	108	42	361	221

注：1)は、特別救助費・特定分損及び救助を必要とした分損事故の救助費を含む。

2 漁業共済
(1) 契約実績

区分	単位	平成26年度	27	28	29	30
漁獲共済						
件数	件	14,244	14,498	14,481	14,411	14,428
共済限度額	100万円	469,869	487,255	513,373	531,026	558,178
共済金額	〃	298,126	311,098	328,131	340,899	361,808
純共済掛金	〃	10,944	12,421	12,897	12,813	14,017
養殖共済						
件数	件	5,383	5,669	5,601	5,515	5,469
共済価額	100万円	234,884	255,343	255,339	277,183	281,212
共済金額	〃	149,783	156,871	163,035	180,193	187,242
純共済掛金	〃	3,051	3,162	3,369	3,603	3,887
特定養殖共済						
件数	件	7,178	8,335	8,321	8,574	8,434
共済限度額	100万円	107,056	113,677	121,987	131,367	140,147
共済金額	〃	80,594	85,690	92,123	100,729	110,009
純共済掛金	〃	5,033	5,069	5,398	4,794	6,447
漁業施設共済						
件数	件	36,549	30,551	29,847	29,039	28,892
共済価額	100万円	27,744	27,766	29,037	29,916	30,797
共済金額	〃	15,404	15,216	16,301	17,810	18,147
純共済掛金	〃	587	647	682	656	681

資料：全国漁業共済組合連合会資料をもとに水産庁において作成（以下(2)まで同じ。）。
注：各年度の契約実績の数値は、各当該年度内に開始した共済契約を集計。（平成31年3月末時点）

(2) 支払実績

区分	単位	平成26年度	27	28	29	30
漁獲共済						
件数	件	4,453	5,283	5,758	4,647	532
支払共済金	100万円	7,924	8,349	11,448	14,347	4,828
養殖共済						
件数	件	863	884	1,110	1,012	806
支払共済金	100万円	1,768	2,085	1,833	3,096	1,637
特定養殖共済						
件数	件	1,507	1,315	1,021	1,596	61
支払共済金	100万円	931	1,583	1,193	2,296	541
漁業施設共済						
件数	件	252	1,229	751	589	176
支払共済金	100万円	112	1,343	342	521	107

注： 各年度の数値は、(1)の各年度内に開始した共済契約に基づき支払われた共済金の実績を
集計したものである。（平成31年3月末現在）

Ⅷ 需給と流通
1 水産物需給表
(1) 魚介類

区分	単位	平成27年度	28	29	30	令和元(概数値)
魚介類						
国内生産	千t	4,194	3,887	3,828	3,952	3,750
生鮮・冷凍	〃	1,900	1,660	1,806	1,693	1,498
塩干・くん製・その他	〃	1,463	1,435	1,244	1,459	1,477
かん詰	〃	202	196	187	187	178
飼肥料	〃	629	596	591	613	597
輸入	〃	4,263	3,852	4,086	4,049	4,210
生鮮・冷凍	〃	1,004	998	1,013	931	959
塩干・くん製・その他	〃	2,007	1,947	2,060	2,028	2,040
缶詰	〃	141	154	160	163	166
飼肥料	〃	1,111	753	853	927	1,045
輸出	〃	627	596	656	808	715
生鮮・冷凍	〃	527	495	551	722	626
塩干・くん製・その他	〃	91	87	75	59	57
缶詰	〃	5	7	8	6	5
飼肥料	〃	4	7	22	21	27
国内消費仕向	〃	7,663	7,365	7,382	7,154	7,237
生鮮・冷凍	〃	2,378	2,180	2,250	1,904	1,859
塩干・くん製・その他	〃	3,366	3,325	3,228	3,424	3,477
缶詰	〃	338	343	340	348	341
飼肥料	〃	1,581	1,517	1,564	1,478	1,560
国民一人1日当たり供給純食料	g	70.3	68.0	66.9	64.8	64.9
生鮮・冷凍	〃	27.5	25.4	25.9	21.8	21.3
塩干・くん製・その他	〃	38.9	38.7	37.1	39.1	39.8
缶詰	〃	3.9	4.0	3.9	4.0	3.9
飼肥料	〃	0.0	0.0	0.0	0.0	0.0

資料：農林水産省大臣官房政策課食料安全保障室「食料需給表」（以下(2)まで同じ。）

(2) 海藻類・鯨肉

単位：千t

区分	平成27年度	28	29	30	令和元(概数値)
海藻類					
国内生産	99	94	96	94	82
輸入	45	45	46	46	46
輸出	2	2	2	2	2
国内消費仕向	142	137	140	138	126
食用	119	116	117	115	105
加工用	23	21	23	22	21
鯨肉					
国内生産	3	3	2	3	1
輸入	1	1	1	0	1
輸出	0	0	0	0	0
国内消費仕向	5	3	2	4	2

注：海藻類は、乾燥重量である。

2 産地品目別上場水揚量

単位：t

品目		平成26年	27	28	29	30
まぐろ	（生鮮）	3,671	3,632	3,803	4,189	3,733
〃	（冷凍）	1,940	2,631	2,895	2,945	3,333
びんなが	（生鮮）	37,244	35,085	26,542	29,837	28,056
〃	（冷凍）	16,795	11,659	10,583	11,567	8,283
めばち	（生鮮）	4,491	4,057	4,404	4,806	4,126
〃	（冷凍）	23,576	25,370	22,728	18,900	16,606
きはだ	（生鮮）	4,843	7,096	10,971	7,411	10,637
〃	（冷凍）	28,964	31,509	27,908	35,193	27,452
かつお	（生鮮）	49,063	54,334	53,829	50,827	46,973
〃	（冷凍）	197,660	182,153	177,808	158,614	196,348
まいわし		143,520	228,917	335,065	457,914	460,464
うるめいわし		58,319	83,840	76,070	57,485	33,190
かたくちいわし		128,022	75,646	69,298	128,666	31,776
まあじ		119,528	132,845	113,243	124,195	92,523
むろあじ		13,932	9,951	19,176	13,810	7,914
さば類		461,751	517,358	506,190	489,638	526,199
さんま		226,506	113,036	110,405	58,135	112,827
ぶり類		98,802	98,600	83,986	93,822	66,000
かれい類	（生鮮）	27,985	25,242	25,520	27,100	20,690
たら	（生鮮）	45,227	40,645	35,387	36,759	40,721
ほっけ		19,162	9,917	7,997	8,710	18,538
1) するめいか	（生鮮）	119,169	86,552	40,966	34,424	26,449
1) 〃	（冷凍）	26,230	24,609	21,492	18,690	12,571

資料：水産庁「水産物流通調査 産地水産物流通調査」
注：1 産地卸売市場に上場された水産物の数量である（搬入量は除く。）。
　　2 水揚げ量は、市場上場量のみである。
　　1)は、「まついか類」を含む。

3 産地市場の用途別出荷量（平成29年）

単位：t

品目	計	生鮮食用	ねり製品・すり身	缶詰	その他の食用加工品	魚油・飼肥料	養殖用又は漁業用餌料
1) 合計	1,248,956	348,717	33,063	61,871	456,374	61,183	287,748
生鮮品計	1,060,324	283,080	33,063	51,509	343,741	61,183	287,748
まぐろ	3,013	3,013	-	-	-	-	-
めばち	2,553	2,468	-	-	85	-	-
きはだ	3,325	3,198	-	-	127	-	-
かつお	25,937	24,194	-	1,233	510	-	-
さけ・ます類	23,852	7,024	-	-	16,828	-	-
まいわし	327,278	52,606	24,867	18,073	57,007	47,764	126,961
かたくちいわし	22,644	470	-	-	4,164	7	18,003
まあじ	99,224	34,956	6,227	-	29,596	-	28,445
さば類	392,475	65,231	1,008	24,836	180,501	10,377	110,522
さんま	57,656	32,688	-	7,367	10,751	3,035	3,815
ぶり類	49,593	31,863	-	-	17,730	-	-
かれい類	10,828	6,043	-	-	4,785	-	-
たら	23,916	11,687	961	-	11,268	-	-
するめいか	18,030	7,639	-	-	10,389	-	2
冷凍品計	188,632	65,637	-	10,362	112,633	-	-
まぐろ	1,966	1,966	-	-	-	-	-
めばち	13,787	13,787	-	-	-	-	-
きはだ	29,774	24,865	-	446	4,463	-	-
かつお	129,995	21,750	-	9,737	98,508	-	-
するめいか	13,110	3,269	-	179	9,662	-	-

資料：水産庁「水産物流通調査　産地水産物流通調査」
注：産地32漁港における19品目別上場水揚量の用途別出荷量を調査した結果である。
　　1)の合計は、調査した19品目の積み上げ値であり、生鮮品及び冷凍品の各計は、それぞれ
　　の品目の積み上げ値である。

4 魚市場数及び年間取扱高

年次	魚市場数	年間取扱高							
		数量					金額		
		総数	活魚	水揚量	搬入量	輸入品	総額	活魚	輸入品
	市場	千t	千t	千t	千t	千t	億円	億円	億円
平成25年	859	5,870	219	3,465	2,405	283	27,626	1,867	2,745
30	803	5,043	228	3,148	1,895	148	26,347	2,316	1,774

資料：農林水産省統計部「漁業センサス」（以下6まで同じ。）
注：平成25年は平成26年1月1日現在、30年は平成31年1月1日現在の結果である（以下6まで同じ。）。

5　冷凍・冷蔵工場数、冷蔵能力及び従業者数

年次	冷凍・冷蔵工場数計	冷蔵能力計	1日当たり凍結能力	従業者数	外国人
	工場	千t	t	人	人
平成25年	5,357	11,326	212,672	150,559	10,154
30	4,904	11,536	243,604	141,546	14,016

6　営んだ加工種類別水産加工場数及び従業者数

年次	水産加工場数計（実数）	缶・びん詰	焼・味付のり	寒天	油脂	飼肥料	ねり製品（実数）	かまぼこ類	魚肉ハム・ソーセージ類	冷凍食品
	工場	工場	工場	工場	工場	工場	工場	工場	工場	工場
平成25年	8,514	155	355	42	23	141	1,432	1,413	34	883
30	7,289	161	312	30	27	114	1,143	1,130	26	919

年次	素干し品	塩干品	煮干し品	塩蔵品	くん製品	節製品	その他の食用加工品	生鮮冷凍水産物	従業者数	外国人
	工場	工場	工場	工場	工場	工場	工場	工場	人	人
平成25年	742	1,922	1,280	842	206	641	2,769	1,580	188,235	13,458
30	550	1,645	1,049	770	215	528	2,442	1,400	171,354	17,336

7　1世帯当たり年間の購入数量（二人以上の世帯・全国）

単位：g

品目	平成27年	28	29	30	令和元
魚介類					
鮮魚					
まぐろ	2,183	2,260	2,122	1,929	1,930
あじ	1,129	1,219	1,120	932	844
いわし	777	765	726	642	550
かつお	1,004	974	803	815	884
かれい	950	889	823	713	699
さけ	2,728	2,744	2,487	2,507	2,520
さば	1,100	966	906	966	864
さんま	1,414	1,221	918	1,135	767
たい	580	582	529	423	409
ぶり	1,963	1,836	1,873	1,617	1,536
1)いか	1,985	1,577	1,226	1,154	1,103
1)たこ	679	692	697	539	539
2)えび	1,390	1,393	1,337	1,347	1,343
2)かに	555	488	439	358	362
他の鮮魚	4,747	4,722	4,415	4,333	4,358
さしみ盛合わせ	1,688	1,702	1,670	1,468	1,561
3)貝類					
あさり	904	879	849	705	725
しじみ	298	282	270	286	307
かき（貝）	484	471	502	467	416
ほたて貝	487	440	330	393	452
他の貝	275	269	249	202	233
塩干魚介					
塩さけ	1,577	1,525	1,419	1,278	1,322
たらこ	756	712	689	665	664
しらす干し	524	541	537	398	470
干しあじ	697	710	652	575	506
他の塩干魚介	4,556	4,358	4,405	4,051	3,802
他の魚介加工品					
かつお節・削り節	303	241	236	227	220
乾物・海藻					
4)わかめ	904	918	876	865	861
5)こんぶ	318	306	263	277	253

資料：総務省統計局「家計調査年報」
注：1)は、ゆでを含む。
　　2)は、ゆで、蒸しを含む。
　　3)は、殻付き、むき身、ゆで物、蒸し物を含む。
　　4)は、生わかめ、干わかめなどをいう。
　　5)は、だしこんぶ、とろろこんぶ、蒸しこんぶなどをいう。

8　輸出入量及び金額

品目名	単位	平成30年		令和元	
		数量	金額	数量	金額
			千円		千円
輸出					
たい（活）	t	2,868	2,982,546	2,528	2,184,286
さけ・ます（生鮮・冷蔵・冷凍）	〃	10,186	4,906,957	10,229	4,229,692
ひらめ・かれい（生鮮・冷蔵・冷凍）	〃	5,360	1,246,023	7,595	1,649,026
まぐろ類（生鮮・冷蔵・冷凍）	〃	21,879	12,214,646	17,216	11,752,863
かつお類（生鮮・冷蔵・冷凍）	〃	34,197	5,728,310	24,438	3,508,149
いわし（生鮮・冷蔵・冷凍）	〃	99,325	8,310,115	95,518	8,008,986
さば（生鮮・冷蔵・冷凍）	〃	249,517	26,689,760	169,458	20,611,574
すけそうだら（生鮮・冷蔵・冷凍）	〃	8,764	1,787,845	14,053	2,086,040
さめ（生鮮・冷蔵・冷凍）	〃	4,829	506,766	4,318	421,150
さんま（冷凍）	〃	8,470	1,226,519	7,500	983,801
ぶり（生鮮・冷蔵・冷凍）	〃	9,000	15,765,122	29,509	22,920,196
えび（冷凍）	〃	401	459,631	715	689,262
かに（冷凍）	〃	1,136	1,392,415	1,071	1,479,555
ホタテ貝（生鮮・冷蔵・冷凍・乾燥・塩蔵）	〃	84,443	47,674,671	84,004	44,671,792
いか（活・生鮮・冷蔵・冷凍）	〃	3,792	2,571,628	3,451	2,376,165
たこ（活・生鮮・冷蔵・冷凍・乾燥・塩蔵）	〃	627	774,659	421	498,788
ほや（活・生鮮・冷蔵）	〃	4,215	775,704	5,672	1,193,010
乾こんぶ	〃	460	812,984	415	748,030
いわし（缶詰）	〃	104	59,411	66	43,515
まぐろ類（缶詰）	〃	397	557,384	325	475,175
かつお類（缶詰）	〃	135	155,194	202	237,521
さば（缶詰）	〃	2,256	1,101,995	2,007	1,163,277
練り製品	〃	12,957	10,666,655	12,776	11,168,486
かき（缶詰）	〃	74	189,880	65	207,108
真珠	kg	45,223	37,325,361	49,646	35,203,512

資料：財務省関税局「貿易統計」をもとに農林水産省統計部にて作成。
注：1　（活）は、生きているものである。
　　2　（塩蔵）は、塩水漬けを含む。

8 輸出入量及び金額（続き）

品目名	単位	平成30年		令和元	
		数量	金額	数量	金額
			千円		千円
輸入					
うなぎ（稚魚）	t	7	20,980,941	12	23,552,734
うなぎ（活）	〃	8,813	30,913,804	6,733	24,663,655
さけ・ます（生鮮・冷蔵・冷凍）	〃	235,131	225,670,515	240,941	221,816,214
ひらめ・かれい（生鮮・冷蔵・冷凍）	〃	36,176	25,153,760	35,781	24,095,037
まぐろ類（生鮮・冷蔵・冷凍）	〃	188,931	194,878,422	182,692	185,338,650
かつお類（生鮮・冷蔵・冷凍）	〃	32,285	5,223,782	36,838	5,567,176
にしん（生鮮・冷蔵・冷凍）	〃	26,648	4,473,703	24,658	3,936,180
いわし（生鮮・冷蔵・冷凍）	〃	306	77,189	5,710	274,578
さば（生鮮・冷蔵・冷凍）	〃	68,966	16,015,335	66,204	17,034,468
あじ（冷凍）	〃	16,505	3,563,086	19,926	4,027,612
かじき（生鮮・冷蔵・冷凍、めかじきを含む）	〃	11,154	7,428,547	10,990	7,475,376
まだら（生鮮・冷蔵・冷凍）	〃	13,183	7,446,952	10,425	5,274,673
たい（生鮮・冷蔵・冷凍）	〃	167	46,089	156	39,303
ぶり（生鮮・冷蔵・冷凍）	〃	49	27,983	192	47,933
さわら（生鮮・冷蔵・冷凍）	〃	1,901	1,073,476	1,673	900,953
ふぐ（生鮮・冷蔵・冷凍）	〃	3,477	1,193,367	3,253	1,088,044
さんま（冷凍）	〃	4,774	891,231	6,369	1,106,367
えび（活・生鮮・冷蔵・冷凍）	〃	158,488	194,107,674	159,079	182,773,925
かに（活・生鮮・冷蔵・冷凍）	〃	26,892	61,372,496	27,717	64,880,984
ホタテ貝（活・生鮮・冷蔵・冷凍）	〃	233	201,256	241	157,291
いか（活・生鮮・冷蔵・冷凍もんごう含む）	〃	102,528	70,051,901	105,763	63,744,477
たこ（活・生鮮・冷蔵・冷凍）	〃	34,514	42,395,022	34,911	35,350,536
あさり（活・生鮮・冷蔵・冷凍）	〃	35,452	7,344,503	36,308	7,429,969
あわび（活・生鮮・冷蔵・冷凍）	〃	2,322	7,540,137	2,612	8,230,056
しじみ（活・生鮮・冷蔵・冷凍）	〃	3,744	713,007	3,436	638,599
うに（活・生鮮・冷蔵・冷凍）	〃	10,786	20,184,070	11,161	23,489,143
乾のり	〃	2,281	6,442,398	2,363	6,796,220
わかめ	〃	23,730	10,187,020	26,471	9,640,576
かつお（缶詰）	〃	15,754	9,572,374	17,182	9,815,742
まぐろ（缶詰）	〃	31,866	20,037,706	28,619	17,841,777
かつお節	〃	4,427	3,670,705	3,867	3,032,244
真珠	－	…	41,744,569	…	38,762,239

IX 価格
1 品目別産地市場卸売価格 （1kg当たり）

単位：円

品目		平成26年	27	28	29	30
まぐろ	（生鮮）	1,789	1,907	1,776	1,900	2,020
〃	（冷凍）	1,986	1,778	1,789	1,784	1,713
びんなが	（生鮮）	330	399	413	384	424
〃	（冷凍）	316	398	350	345	368
めばち	（生鮮）	1,384	1,514	1,461	1,339	1,423
〃	（冷凍）	956	937	1,025	1,149	1,065
きはだ	（生鮮）	871	989	739	938	877
〃	（冷凍）	404	387	402	447	474
かつお	（生鮮）	368	364	354	378	312
〃	（冷凍）	172	193	203	256	192
まいわし		67	59	52	49	42
うるめいわし		65	53	62	57	69
かたくちいわし		51	46	50	45	55
まあじ		197	179	191	175	199
むろあじ		137	160	120	91	100
さば類		99	80	81	85	97
さんま		115	219	213	257	186
ぶり類		312	315	379	363	301
かれい類	（生鮮）	373	405	370	329	351
たら	（生鮮）	238	314	327	298	250
ほっけ		184	247	213	152	96
1) するめいか	（生鮮）	276	289	531	570	555
1) 〃	（冷凍）	338	376	633	618	609

資料：水産庁「水産物流通調査 産地水産物流通調査」
注：1 産地卸売市場に上場された水産物の数量である（搬入量は除く。）。
　　2 水揚げ量は、市場上場量のみである。
　　1)は、「まついか類」を含む。

2　年平均小売価格（東京都区部）

単位：円

品目	銘柄	数量単位	平成27年	28	29	30	令和元
まぐろ	めばち又はきはだ、刺身用、さく、赤身	100 g	403	398	422	453	454
あじ	まあじ、丸（長さ約15cm以上）	〃	110	104	109	110	110
いわし	まいわし、丸（長さ約12cm以上）	〃	92	91	83	88	89
かつお	たたき、刺身用、さく	〃	191	189	206	196	194
かれい	まがれい、あかがれい、むしがれい又はまこがれい、丸（長さ約20cm以上）	〃	153	148	…	…	…
さけ	トラウトサーモン、ぎんざけ、アトランティックサーモン（ノルウェーサーモン）、べにざけ又はキングサーモン、切り身、塩加工を除く。	〃	282	287	311	324	326
さば	まさば又はごまさば、切り身	〃	111	116	122	120	116
さんま	丸（長さ約25cm以上）	〃	80	86	95	104	100
たい	まだい、刺身用、さく	〃	581	585	595	631	653
ぶり	切り身（刺身用を除く。）	〃	260	262	262	276	289
いか	するめいか、丸	〃	96	119	141	140	161
たこ	まだこ、ゆでもの又は蒸しもの	〃	288	284	297	374	368
えび	輸入品、冷凍、パック包装又は真空包装、無頭（10～14尾入り）	〃	325	321	321	316	326
あさり	殻付き	〃	123	124	122	120	123
かき（貝）	まがき、むき身	〃	399	391	359	349	365
ほたて貝	むき身（天然ものを除く。）、ゆでもの又は蒸しもの	〃	226	255	295	294	276
塩さけ	ぎんざけ、切り身	100 g	190	192	210	216	227

資料：総務省統計局「小売物価統計調査年報」

単位：円

品目	銘柄	数量単位	平成27年	28	29	30	令和元
たらこ	切れ子を含む、並	100 g	428	435	439	456	444
しらす干し	並	〃	423	458	472	563	577
干しあじ	まあじ、開き、並	〃	170	168	168	167	164
煮干し	かたくちいわし、並	〃	233	237	241	232	236
ししゃも	子持ちししゃも、カラフトシシャモ（カペリン）、8〜12匹入り、並	〃	144	172	197	178	181
2) 揚げかまぼこ	さつま揚げ、並	〃	110	111	110	111	114
3) ちくわ	焼きちくわ(煮込み用を除く。)、袋入り（3〜6本入り）、並	〃	102	103	103	103	104
かまぼこ	蒸かまぼこ、板付き、内容量80〜140 g、普通品	〃	148	152	154	155	163
かつお節	かつおかれぶし削りぶし、パック入り（2.5 g×10袋入り）、普通品	1パック	255	246	250	266	271
塩辛	いかの塩辛、並	100 g	172	181	205	245	246
2) 魚介漬物	みそ漬、さわら又はさけ、並	〃	226	227	233	235	232
4) 魚介つくだ煮	小女子、ちりめん又はしらす、パック入り又は袋入り（50〜150g入り）、並	〃	491	496	488	524	506
いくら	さけ卵、塩漬又はしょう油漬、並	〃	1,196	1,228	1,505	1,951	1,822
2) 魚介缶詰	まぐろ缶詰、油漬、きはだまぐろ、フレーク、内容量70 g入り、3缶又は4缶パック	1缶	121	121	120	118	123
2) 干しのり	焼きのり、袋入り（全形10枚入り）、普通品	1袋	414	425	433	439	445
わかめ	生わかめ、湯通し塩蔵わかめ(天然ものを除く。)、国産品、並	100 g	267	275	274	289	285
こんぶ	だしこんぶ、国産品、並	〃	643	630	628	639	662
ひじき	乾燥ひじき、芽ひじき、国産品、並	〃	1,385	1,433	1,573	1,826	1,894

注：2)は、平成28年1月に品目の名称及び基本銘柄を改正した。
　　3)は、平成29年1月に基本銘柄を改正した。
　　4)は、平成30年7月に基本銘柄を改正した。

X 水産資源の管理

1 資源管理・漁場改善の取組（平成30年11月1日現在）

(1) 管理対象魚種別延べ取組数（複数回答）

単位：取組

区分	計 （実数）	ひらめ	あわび 類	まだい	かれい 類	いか類	その他 の たい類	たこ類	さざえ	なまこ 類	うに類
全国	5,476	1,013	765	710	582	496	442	439	435	402	333

資料：農林水産省統計部「2018年漁業センサス」（以下2まで同じ。）

(2) 漁業資源の管理内容別取組数（複数回答）

単位：取組

区分	計 （実数）	漁獲（採捕・ 収獲）枠の設定	漁業資源の 増殖	その他
全国	3,006	872	1,930	681

(3) 漁場の保全・管理内容別取組数（複数回答）

単位：取組

区分	計 （実数）	漁場の保全	藻場・干潟 の 維持管理	薬品等の 不使用の 取組	漁場の 造成	漁場利用 の取決め	その他
全国	2,160	1,025	379	168	431	1,135	482

(4) 漁獲の管理内容別取組数（複数回答）

単位：取組

区分	漁法 （養殖方法） の規制	漁船の 使用規制	漁具の 規制	漁期の 規制	出漁日数、 操業時間の 規制	漁獲（採捕、 収獲）サイズ の規制	漁獲量 （採捕量、 収獲量） の規制	その他
全国	768	539	1,447	2,555	1,807	2,197	797	373

2　遊漁関係団体との連携の具体的な取組別漁業地区数（平成30年）

単位：地区

区分	遊漁関係団体との連携がある漁業地区数	連携した取組の具体的内容										
		漁業資源の管理				漁場の保全・管理						
		小計（実数）	漁獲（採捕・収獲）枠の設定	漁業資源の増殖	その他	小計（実数）	漁場の保全	藻場・干潟の維持管理	薬品等の不使用の取組	漁場の造成	漁場利用の取決め	その他
全国	168	49	17	31	8	69	17	4	3	6	45	16

区分	連携した取組の具体的内容（続き）								
	漁獲の管理								
	小計（実数）	漁法（養殖方法）の規制	漁船の使用規制	漁具の規制	漁期の規制	出漁日数、操業時間の規制	漁獲（採捕・収獲）サイズの規制	漁獲量（採捕量、収獲量）の規制	その他
全国	119	10	4	31	38	31	60	43	33

XI 水産業協同組合

1 水産業協同組合・同連合会数（各年度末現在）

単位：組合

区分		平成27年度	28	29	30	令和元	事業別組合数（令和元年度）		
							1)信用事業	購買事業	販売事業
単位組合合計		2,431	2,445	2,435	2,406	**2,392**	75	986	943
沿海地区	出資漁協	960	958	953	943	**937**	73	836	794
〃	非出資漁協	2	2	2	2	**2**	－	1	0
内水面地区	出資漁協	663	663	660	654	**649**	1	42	70
〃	非出資漁協	153	152	153	154	**153**	－	1	0
業種別	出資漁協	93	91	89	88	**89**	1	40	42
〃	非出資漁協	4	4	4	4	**4**	－	1	1
漁業生産組合		457	479	478	467	**466**	－	－	－
水産加工業協同組合		99	97	96	94	**92**	0	65	36
連合会合計		146	145	144	144	**143**	28	55	45
出資漁連		97	96	96	96	**95**	－	48	42
非出資漁連		10	10	10	10	**10**	－	0	0
信用漁連		29	29	28	28	**28**	28	－	－
水産加工連		9	9	9	9	**9**	－	7	3
共水連		1	1	1	1	**1**	－	－	－

資料：水産庁「水産業協同組合年次報告」
注：1 大臣認可及び知事認可による単位組合及び連合会である。
　　2 本表では、当該組合において水産業協同組合法（昭和23年法律第242号）に基づき行うことが
　　　できる業務でない場合は「－」と表示し、当該業務を水産業協同組合法上行うことができるが、
　　　当該事業年度において実績がなかった場合には「0」と表示した。
　　1)は、信用事業を行う組合のうち、貯金残高を有する組合の数である。

2 沿海地区出資漁業協同組合（平成30事業年度末現在）

(1) 組合員数

単位：人

組合	合計	正組合員数							准組合員数
		計	漁民				漁業生産組合	漁業を営む法人（漁業生産組合を除く。）	
			小計	漁業者	漁業従事者				
沿海地区出資漁協	285,813	131,636	129,373	110,699	18,674		113	2,150	154,177

資料：水産庁「水産業協同組合統計表」（以下(3)まで同じ。）

(2) 正組合員数別漁業協同組合数

単位：組合

組合	計	50人未満	50～99	100～199	200～299	300～499	500～999	1,000人以上
沿海地区出資漁協	927	378	217	181	61	53	25	12

(3) 出資金額別漁業協同組合数

単位：組合

組合	計	100万円未満	100～500	500～1,000	1,000～2,000	2,000～5,000	5,000～1億	1億円以上
沿海地区出資漁協	927	11	47	48	130	219	158	314

東日本大震災からの復旧・復興状況編

東日本大震災からの復旧・復興状況

1 甚大な被害を受けた3県（岩手県、宮城県及び福島県）の農林業経営体数の状況

(1) 被災3県の農林業経営体数

単位：経営体

区分	農林業経営体	農業経営体	法人経営	家族経営体	組織経営体	林業経営体
平成22年	183,315	179,396	1,552	176,035	3,361	15,853
27	141,102	139,022	2,007	135,668	3,354	9,073
増減率（％）	△ 23.0	△ 22.5	29.3	△ 22.9	△ 0.2	△ 42.8
（参考）【全国】増減率（％）	△ 18.7	△ 18.0	25.3	△ 18.4	6.4	△ 37.7

資料：農林水産省統計部「農林業センサス」（以下(2)まで同じ。）

(2) 農林業経営体の経営状況の変化

単位：経営体

区分	平成22年農林業経営体 ①＝③＋④	（参考）避難指示区域内に所在していた農林業経営体 ②	3)継続経営体 ③	4)休廃業等 ④	新規経営体 ⑤	平成27年農林業経営体 ⑥＝③＋⑤
被災3県計	183,315	5,542	136,230	47,085	4,872	141,102
1)沿海市区町村	35,192	4,161	20,890	14,302	849	21,739
2)内陸市区町村	148,123	1,381	115,325	32,798	4,038	119,363
岩手県	59,301	－	46,117	13,184	2,118	48,235
宮城県	51,410	－	37,987	13,423	1,257	39,244
福島県	72,604	5,542	52,124	20,480	1,499	53,623
構成割合（％）						
被災3県計	100.0	3.0	74.3	25.7		
1)沿海市区町村	100.0	11.8	59.4	40.6		
2)内陸市区町村	100.0	0.9	77.9	22.1		
岩手県	100.0	－	77.8	22.2		
宮城県	100.0	－	73.9	26.1		
福島県	100.0	7.6	71.8	28.2		

注：本表は、2010年世界農林業センサスとの接続状況の精査により、数値が変わることがあり得る。
　　1)は、次に掲げる市区町村（平成27年2月1日現在）である。
　　　　岩手県：宮古市、大船渡市、久慈市、陸前高田市、釜石市、大槌町、山田町、岩泉町、田野畑村、普代村、野田村及び洋野町
　　　　宮城県：宮城野区、若林区、石巻市、塩竈市、気仙沼市、名取市、多賀城市、岩沼市、東松島市、亘理町、山元町、松島町、七ヶ浜町、利府町、女川町及び南三陸町
　　　　福島県：いわき市、相馬市、南相馬市、広野町、楢葉町、富岡町、大熊町、双葉町、浪江町及び新地町
　　2)は岩手県、宮城県及び福島県に所在する市区町村のうち、1)に掲げる市区町村を除く市区町村である。
　　3)は、2010年世界農林業センサス及び2015年農林業センサスのいずれにおいても農林業経営体とされた経営体が該当する。
　　4)は、2010年世界農林業センサスにおいて農林業経営体とされたものの、2015年農林業センサスでは農林業経営体に該当しなかったもの、2015年農林業センサスでは調査が実施できなかったもの等をいう。

2 津波被災農地における年度ごとの営農再開可能面積の見通し

区分	単位	令和元年度まで累計	2年度	1)3年度以降	小計	2)避難指示区域	復旧対象農地計	3)転用(見込み含む)	津波被災農地合計
計	ha	18,390	290	880	19,560	130	19,690	1,790	21,480
岩手県	〃	550	–	–	550	–	550	180	730
宮城県	〃	13,640	70	–	13,710	–	13,710	630	14,340
福島県	〃	3,250	220	880	4,350	130	4,480	980	5,460
青森県・茨城県・千葉県	〃	950	–	–	950	–	950	–	950
復旧対象農地に対する割合	%	93	2	4	99	1	100		
小計に対する割合	〃	94	2	4	100				
津波被災農地に対する割合	〃	86	1	4	91	1	92	8	100

資料：農林水産省「農村振興局資料」
注： 1)は、農地復旧と一体的に農地の大区画化等を実施する予定の農地（3年度以降：330ha）
　　　及び海水が浸入しているなど被害が甚大な農地の一部やまちづくり等で他の復旧・復興事業
　　　との調整が必要な農地（3年度以降：550ha）である。
　　　2)は、原子力発電所事故に伴い設定されている避難指示区域の中で、避難指示解除や除
　　　染の完了等の状況を踏まえつつ、復旧に向けて取り組む農地である。
　　　3)は、農地の転用等により復旧不要となる農地（見込みを含む。）である。

3 東日本大震災による甚大な被害を受けた3県における漁業関係の動向
(1) 漁業経営体数

県	平成20年	25 ①	休廃業経営体 ②	新規着業経営体 ③	30 ④ (①-②+③)	対前回比 (30/25)
	経営体	経営体	経営体	経営体	経営体	経営体
3県計	10,062	5,690	1,588	2,007	6,109	107.4
岩手県	5,313	3,365	946	987	3,406	101.2
宮城県	4,006	2,311	640	655	2,326	100.6
福島県	743	14	2	365	377	2,692.9

資料： 農林水産省統計部「漁業センサス」
注：1 「休廃業経営体」とは、2013年漁業センサスの漁業経営体であって、2018年漁業センサスの漁業経営体（継続経営体）にならなかった経営体をいう。なお、漁業地区をまたがって転出した経営体については、実質的に経営が継続している経営体であっても休廃業経営体としている。
　　また、「継続経営体」とは、2013年漁業センサスと2018年漁業センサスの海面漁業調査客体名簿を照合して、同一漁業地区内で世帯主氏名、事業所名又は代表者名が一致し、かつ経営組織が一致した経営体をいう。
　　2 「新規着業経営体」とは、2018年漁業センサスの漁業経営体であって、継続経営体以外の経営体をいう。なお、漁業地区をまたがって転入した経営体については、実質的に経営が継続している経営体であっても新規着業経営体としている。

(2) 漁協等が管理・運営する漁業経営体数及び漁業従事者数

区分	単位	計 平成25年	計 30	計 対前回比	漁業協同組合等 平成25年	漁業協同組合等 30	漁業協同組合等 対前回比	個人経営体、会社、共同経営等 平成25年	個人経営体、会社、共同経営等 30	個人経営体、会社、共同経営等 対前回比
				%			%			%
漁業経営体										
3県計	経営体	5,690	6,109	107.4	85	50	58.8	5,605	6,059	108.1
岩手県	〃	3,365	3,406	101.2	33	34	103.0	3,332	3,372	101.2
宮城県	〃	2,311	2,326	100.6	52	16	30.8	2,259	2,310	102.3
福島県	〃	14	377	2,692.9	－	－	nc	14	377	2,692.9
漁業従事者										
3県計	人	13,827	14,548	105.2	2,525	922	36.5	11,302	13,626	120.6
岩手県	〃	6,173	6,187	100.2	1,202	776	64.6	4,971	5,411	108.9
宮城県	〃	7,245	7,255	100.1	1,323	146	11.0	5,922	7,109	120.0
福島県	〃	409	1,106	270.4	－	－	nc	409	1,106	270.4

注：1 漁業従事者とは、満15歳以上で平成25、30年11月1日現在で海上作業に従事した者をいう。
　　2 漁業協同組合等とは、漁業協同組合（支所等含む。）と漁業生産組合をいい、復興支援事業等を活用し、支所ごと又は養殖種類ごとに復興計画を策定し認定を受けた漁業協同組合（支所等含む。）を含む。

3 東日本大震災による甚大な被害を受けた3県における漁業関係の動向（続き）
 (3) 岩手県における漁業関係の動向
　　ア　漁業センサスにおける主な調査結果

区分	単位	平成25年	30	対前回増減率 （30／25）
				%
海面漁業経営体	経営体	3,365	3,406	1.2
個人経営体	〃	3,278	3,317	1.2
団体経営体	〃	87	89	2.3
会社、共同経営、その他	〃	54	55	1.9
漁業協同組合等	〃	33	34	3.0
海上作業従事者	人	6,173	6,187	0.2
個人経営体	〃	4,004	4,564	14.0
団体経営体	〃	2,169	1,623	△ 25.2
会社、共同経営、その他	〃	967	847	△ 12.4
漁業協同組合等	〃	1,202	776	△ 35.4
漁船	隻	5,740	5,791	0.9
販売金額1位の漁業種類別				
かき類養殖	〃	79	165	108.9
わかめ類養殖	〃	195	143	△ 26.7
大型定置網	〃	149	156	4.7

資料：農林水産省統計部「漁業センサス」

イ　海面漁業生産量及び漁業産出額

区分		単位	平成22年	27	28	29
海面漁業生産量	(1)	t	187,850	151,506	119,755	113,231
海面漁業	(2)	〃	136,416	108,752	85,169	75,792
たら類	(3)	〃	23,562	15,217	11,515	7,423
おきあみ類	(4)	〃	18,561	13,817	8,443	6,346
さば類	(5)	〃	19,325	17,046	13,661	10,101
まぐろ類	(6)	〃	5,450	5,289	5,091	5,014
あわび類	(7)	〃	283	344	286	181
海面養殖業	(8)	〃	51,434	42,754	34,586	37,439
わかめ類	(9)	〃	19,492	18,972	17,681	18,908
こんぶ類	(10)	〃	14,517	13,926	6,072	7,460
ほたてがい	(11)	〃	6,673	3,621	3,853	x
かき類	(12)	〃	9,578	5,755	6,024	6,420
海面漁業産出額	(13)	100万円	38,468	38,347	35,995	39,738
海面漁業	(14)	〃	28,721	30,638	27,203	30,244
たら類	(15)	〃	1,556	2,843	2,112	1,616
おきあみ類	(16)	〃	957	444	254	622
さば類	(17)	〃	1,233	1,185	863	1,048
まぐろ類	(18)	〃	3,803	5,263	4,087	5,377
あわび類	(19)	〃	2,627	3,587	2,225	1,763
海面養殖業	(20)	〃	9,747	7,708	8,793	9,494
わかめ類	(21)	〃	3,036	2,783	3,946	4,200
こんぶ類	(22)	〃	1,947	1,877	1,048	1,285
ほたてがい	(23)	〃	2,097	1,688	1,992	x
かき類	(24)	〃	2,216	1,205	1,545	1,781

資料：海面漁業生産量は農林水産省統計部「漁業・養殖業生産統計」
　　　海面漁業産出額は農林水産省統計部「漁業産出額」
注：　平成29年漁業産出額の公表から、中間生産物である「種苗」を海面漁業産出額から除外するよう概念
　　を変更しており、過去に遡及して推計した。

区分	単位	平成25年	30	対前回増減率 (30／25)
				%
魚市場	市場	14	14	0.0
水産物取扱数量	t	136,169	113,826	△ 16.4
水産物取扱金額	万円	3,759,894	4,012,709	6.7
冷凍・冷蔵工場	工場	145	128	△ 11.7
従業者	人	3,824	3,430	△ 10.3
冷蔵能力	t	144,650	172,902	19.5
水産加工場	工場	154	135	△ 12.3
従業者	人	4,302	3,377	△ 21.5
生産量（生鮮冷凍水産物）	t	90,063	72,829	△ 19.1

30	令和元 (概数値)	震災前との対比					
		(27／22)	(28／22)	(29／22)	(30／22)	(元／22)	
		%	%	%	%	%	
126,589	118,100	80.7	63.8	60.3	67.4	62.9	(1)
90,087	88,500	79.7	62.4	55.6	66.0	64.9	(2)
6,177	9,000	64.6	48.9	31.5	26.2	38.2	(3)
11,380	10,500	74.4	45.5	34.2	61.3	56.6	(4)
9,199	19,200	88.2	70.7	52.3	47.6	99.4	(5)
4,332	5,500	97.0	93.4	92.0	79.5	100.9	(6)
168	100	121.6	101.1	64.0	59.4	35.3	(7)
36,502	29,600	83.1	67.2	72.8	71.0	57.5	(8)
18,220	12,600	97.3	90.7	97.0	93.5	64.6	(9)
8,079	7,700	95.9	41.8	51.4	55.7	53.0	(10)
x	x	54.3	57.7	x	x	x	(11)
6,646	6,300	60.1	62.9	67.0	69.4	65.8	(12)
37,883	‥	99.7	93.6	103.3	98.5	nc	(13)
28,652	‥	106.7	94.7	105.3	99.8	nc	(14)
1,316	‥	182.7	135.7	103.9	84.6	nc	(15)
1,306	‥	46.4	26.5	65.0	136.5	nc	(16)
869	‥	96.1	70.0	85.0	70.5	nc	(17)
4,382	‥	138.4	107.5	141.4	115.2	nc	(18)
2,173	‥	136.5	84.7	67.1	82.7	nc	(19)
9,231	‥	79.1	90.2	97.4	94.7	nc	(20)
3,874	‥	91.7	130.0	138.3	127.6	nc	(21)
1,545	‥	96.4	53.8	66.0	79.4	nc	(22)
x	x	80.5	95.0	x	x	nc	(23)
1,866	‥	54.4	69.7	80.4	84.2	nc	(24)

3 東日本大震災による甚大な被害を受けた3県における漁業関係の動向（続き）
(4) 宮城県における漁業関係の動向
ア 漁業センサスにおける主な調査結果

区分	単位	平成25年	30	対前回増減率 (30／25)
				%
海面漁業経営体	経営体	2,311	2,326	0.6
個人経営体	〃	2,191	2,214	1.0
団体経営体	〃	120	112	△ 6.7
会社、共同経営、その他	〃	68	96	41.2
漁業協同組合等	〃	52	16	△ 69.2
海上作業従事者	人	7,245	7,255	0.1
個人経営体	〃	4,405	5,284	20.0
団体経営体	〃	2,840	1,971	△ 30.6
会社、共同経営、その他	〃	1,517	1,825	20.3
漁業協同組合等	〃	1,323	146	△ 89.0
漁船	隻	4,704	5,318	13.1
販売金額1位の漁業種類別				
かき類養殖	〃	168	241	43.5
ほたてがい養殖	〃	104	119	14.4
大型定置網	〃	38	39	2.6

資料：農林水産省統計部「漁業センサス」

イ 海面漁業生産量及び漁業産出額

区分		単位	平成22年	27	28	29
海面漁業生産量	(1)	t	347,911	242,072	247,737	249,746
海面漁業	(2)	〃	224,588	165,320	163,191	158,328
たら類	(3)	〃	15,148	14,410	7,965	5,574
いわし類	(4)	〃	18,593	12,678	20,409	18,717
ぶり類	(5)	〃	2,336	2,711	2,508	5,597
あじ類	(6)	〃	662	1,949	2,335	1,853
その他の魚類	(7)	〃	20,016	6,116	11,958	10,746
海面養殖業	(8)	〃	123,323	76,752	84,546	91,418
わかめ類	(9)	〃	19,468	15,702	16,384	19,113
のり類	(10)	〃	24,417	14,923	x	16,079
かき類	(11)	〃	41,653	18,691	19,061	24,417
ほたてがい	(12)	〃	12,822	8,670	7,840	4,695
海面漁業産出額	(13)	100万円	77,081	73,405	75,497	81,992
海面漁業	(14)	〃	52,353	53,049	52,651	56,375
たら類	(15)	〃	2,559	3,357	2,283	1,453
いわし類	(16)	〃	964	734	1,097	986
ぶり類	(17)	〃	362	569	580	1,052
あじ類	(18)	〃	85	618	680	571
その他の魚類	(19)	〃	4,984	2,206	4,800	4,535
海面養殖業	(20)	〃	24,728	20,356	22,846	25,618
わかめ類	(21)	〃	3,310	3,042	4,262	4,432
のり類	(22)	〃	5,340	3,946	x	5,874
かき類	(23)	〃	4,904	3,217	2,898	3,214
ほたてがい	(24)	〃	3,385	3,402	3,662	2,465

資料：海面漁業生産量は農林水産省統計部「漁業・養殖業生産統計」
　　　海面漁業産出額は農林水産省統計部「漁業産出額」
注： 平成29年漁業産出額の公表から、中間生産物である「種苗」を海面漁業産出額から除外するよう概念
　　を変更しており、過去に遡及して推計した。

区分	単位	平成25年	30	対前回増減率 （30／25）
				％
魚市場	市場	10	10	0.0
水産物取扱数量	t	317,815	334,686	5.3
水産物取扱金額	万円	12,536,124	13,659,700	9.0
冷凍・冷蔵工場	工場	183	208	13.7
従業者	人	5,364	7,601	41.7
冷蔵能力	t	494,183	503,434	1.9
水産加工場	工場	293	291	△ 0.7
従業者	人	8,644	9,964	15.3
生産量（生鮮冷凍水産物）	t	113,507	162,391	43.1

30	令和元 （概数値）	震災前との対比					
		（27／22）	（28／22）	（29／22）	（30／22）	（元／22）	
		％	％	％	％	％	
265,911	260,400	69.6	71.2	71.8	76.4	74.8	(1)
184,738	186,200	73.6	72.7	70.5	82.3	82.9	(2)
4,508	4,800	95.1	52.6	36.8	29.8	31.7	(3)
38,766	47,100	68.2	109.8	100.7	208.5	253.3	(4)
3,257	3,800	116.1	107.4	239.6	139.4	162.7	(5)
616	800	294.4	352.7	279.9	93.1	120.8	(6)
14,326	20,100	30.6	59.7	53.7	71.6	100.4	(7)
81,173	74,200	62.2	68.6	74.1	65.8	60.2	(8)
16,939	17,800	80.7	84.2	98.2	87.0	91.4	(9)
13,075	11,600	61.1	x	65.9	53.5	47.5	(10)
26,086	21,000	44.9	45.8	58.6	62.6	50.4	(11)
2,759	3,300	67.6	61.1	36.6	21.5	25.7	(12)
78,871	‥	95.2	97.9	106.4	102.3	nc	(13)
56,319	‥	101.3	100.6	107.7	107.6	nc	(14)
1,110	‥	131.2	89.2	56.8	43.4	nc	(15)
1,765	‥	76.1	113.8	102.3	183.1	nc	(16)
752	‥	157.2	160.2	290.6	207.7	nc	(17)
213	‥	727.1	800.0	671.8	250.6	nc	(18)
6,760	‥	44.3	96.3	91.0	135.6	nc	(19)
22,552	‥	82.3	92.4	103.6	91.2	nc	(20)
3,928	‥	91.9	128.8	133.9	118.7	nc	(21)
3,958	‥	73.9	x	110.0	74.1	nc	(22)
3,185	‥	65.6	59.1	65.5	64.9	nc	(23)
1,129	‥	100.5	108.2	72.8	33.4	nc	(24)

3 東日本大震災による甚大な被害を受けた3県における漁業関係の動向（続き）
(5) 福島県における漁業関係の動向
　ア　漁業センサスにおける主な調査結果

区分	単位	平成25年	30	対前回増減率 （30／25）
				％
海面漁業経営体	経営体	14	377	2,592.9
個人経営体	〃	－	354	nc
団体経営体	〃	14	23	64.3
会社、共同経営、その他	〃	14	23	64.3
漁業協同組合等	〃	－	－	nc
海上作業従事者	人	409	1,106	170.4
個人経営体	〃	－	776	nc
団体経営体	〃	409	330	△ 19.3
会社、共同経営、その他	〃	409	330	△ 19.3
漁業協同組合等	〃	－	－	nc
漁船	隻	32	444	1,287.5

資料：農林水産省統計部「漁業センサス」

イ　海面漁業生産量及び漁業産出額

区分		単位	平成22年	27	28	29
海面漁業生産量	(1)	t	80,398	45,446	47,944	52,846
海面漁業	(2)	〃	78,939	45,446	47,944	52,846
まぐろ類	(3)	〃	3,980	3,449	3,295	2,990
かつお	(4)	〃	2,844	2,451	704	2,247
さんま	(5)	〃	17,103	8,314	7,972	5,080
するめいか	(6)	〃	2,146	1,074	692	531
海面養殖業	(7)	〃	1,459	－	－	－
海面漁業産出額	(8)	100万円	18,713	9,531	7,938	10,132
海面漁業	(9)	〃	18,181	9,531	7,938	10,132
まぐろ類	(10)	〃	3,337	3,845	3,017	3,302
かつお	(11)	〃	693	674	257	733
さんま	(12)	〃	2,052	1,920	1,854	1,448
するめいか	(13)	〃	505	315	100	300
海面養殖業	(14)	〃	532	－	－	－

資料：海面漁業生産量は農林水産省統計部「漁業・養殖業生産統計」
　　　海面漁業産出額は農林水産省統計部「漁業産出額」
注：　平成29年漁業産出額の公表から、中間生産物である「種苗」を海面漁業産出額から除外するよう概念
　　を変更しており、過去に遡及して推計した。

区分	単位	平成25年	30	対前回増減率 (30／25)
				%
魚市場	市場	1	5	400.0
水産物取扱数量	t	4,071	9,887	142.9
水産物取扱金額	万円	64,966	309,713	376.7
冷凍・冷蔵工場	工場	63	65	3.2
従業者	人	1,780	1,778	△ 0.1
冷蔵能力	t	80,000	78,847	△ 1.4
水産加工場	工場	87	102	17.2
従業者	人	1,781	2,079	16.7
生産量（生鮮冷凍水産物）	t	6,859	9,454	37.8

30	令和元 (概数値)	震災前との対比					
		(27／22)	(28／22)	(29／22)	(30／22)	(元／22)	
		%	%	%	%	%	
50,077	69,500	56.5	59.6	65.7	62.3	86.4	(1)
50,033	69,400	57.6	60.7	66.9	63.4	87.9	(2)
3,213	1,300	86.7	82.8	75.1	80.7	32.7	(3)
1,007	800	86.2	24.8	79.0	35.4	28.1	(4)
7,615	3,100	48.6	46.6	29.7	44.5	18.1	(5)
161	400	50.0	32.2	24.7	7.5	18.6	(6)
44	100	－	－	－	3.0	6.9	(7)
9,679	‥	50.9	42.4	54.1	51.7	nc	(8)
9,666	‥	52.4	43.7	55.7	53.2	nc	(9)
2,675	‥	115.2	90.4	99.0	80.2	nc	(10)
258	‥	97.3	37.1	105.8	37.2	nc	(11)
1,439	‥	93.6	90.4	70.6	70.1	nc	(12)
88	‥	62.4	19.8	59.4	17.4	nc	(13)
13	‥	－	－	－	2.4	nc	(14)

付　　　表

I 目標・計画・評価

1 食料・農業・農村基本計画

(1) 令和12年度における食料消費の見通し及び生産努力目標

主要品目	食料消費の見通し				4)生産努力目標	
	2)1人・1年当たり消費量		3)国内消費仕向量			
	平成30年度	令和12年度	平成30年度	令和12年度	平成30年度	令和12年度
	kg	kg	万 t	万 t	万 t	万 t
米	54	51	845	797	821	806
米（米粉用米・飼料用米を除く。）	54	50	799	714	775	723
米粉用米	0.2	0.9	2.8	13	2.8	13
飼料用米	－	－	43	70	43	70
小麦	32	31	651	579	76	108
大麦・はだか麦	0.3	0.3	198	196	17	23
大豆	6.7	6.4	356	336	21	34
そば	0.7	0.7	14	13	2.9	4.0
かんしょ	3.8	4.0	84	85	80	86
ばれいしょ	17	17	336	330	226	239
なたね	－	－	257	264	0.3	0.4
野菜	90	93	1,461	1,431	1,131	1,302
果実	36	36	743	707	283	308
砂糖　　　（精糖換算）	18	17	231	206	75	80
てん菜	－	－	－	－	361	368
〃　　（精糖換算）	－	－	－	－	61	62
さとうきび	－	－	－	－	120	153
〃　　（精糖換算）	－	－	－	－	13	18
茶	0.7	0.7	8.6	7.9	8.6	9.9
畜産物	－	－	－	－	－	－
生乳	96	107	1,243	1,302	728	780
牛肉	6.5	6.9	93	94	33	40
豚肉	13	13	185	179	90	92
鶏肉	14	15	251	262	160	170
鶏卵	18	18	274	261	263	264
1)飼料作物	－	－	435	519	350	519
(参考)						
魚介類	24	25	716	711	392	536
（うち食用）	24	25	569	553	335	474
海藻類	0.9	0.9	14	13	9.3	9.8
きのこ類	3.5	3.8	53	54	47	49

資料：「食料・農業・農村基本計画」（令和2年3月31日閣議決定）（以下(3)まで同じ。）
注：本表においては、事実不詳の項目も「－」で表記している。
　　1)は、可消化養分総量（ＴＤＮ）である。
　　2)は、飼料用等を含まず、かつ、皮や芯などを除いた部分である。
　　3)は、飼料用等も含む。
　　4)は、輸出目標を踏まえたものである。

1　食料・農業・農村基本計画（続き）
(2)　農地面積の見通し、延べ作付面積及び耕地利用率

区分	単位	平成30年	令和12年
農地面積	万ha	442.0	414
	〃	（令和元年　439.7）	
延べ作付け面積	〃	404.8	431
耕地利用率	％	92	104

(3)　食料自給率等の目標
ア　食料自給率
　a　供給熱量ベースの総合食料自給率

単位：％、Kcal

区分	平成30年度	令和12年度
1)　供給熱量ベースの総合食料自給率	37	45
1人・1日当たり国産供給熱量（分子）	912	1,031
1人・1日当たり総供給熱量（分母）	2,443	2,314

注：1)　食料のカロリー（熱量）に着目した、国内に供給される食料の熱量に対する国内生産の
割合である。

　b　生産額ベースの総合食料自給率

単位：％、億円

区分	平成30年度	令和12年度
1)　生産額ベースの総合食料自給率	66	75
食料の国内生産額（分子）	106,211	118,914
食料の国内消費仕向額（分母）	162,110	158,178

注：1)　食料の経済的価値に着目した、国内に供給される食料の生産額に対する国内生産の割合で
ある。令和12年度は、各品目の現状の単価を基準に、ＴＰＰの影響等を見込んでいる。

イ　飼料自給率及び食料国産率

単位：%

区分	平成30年度	令和12年度
1) 飼料自給率	25	34
供給熱量ベースの食料国産率 2)	46	53
生産額ベースの食料国産率 2)3)	69	79

注：1)　国内に供給される飼料に対する国内生産の割合である。粗飼料及び濃厚飼料を可消化養
　　　　分総量（TDN）に換算して算出したものである。
　　2)　食料国産率は、国内に供給される食料に対する国内生産の割合である。
　　3)　令和12年度は、各品目の現状の単価を基準に、TPPの影響等を見込んでいる。

2　第4次男女共同参画基本計画における成果目標
　　地域・農山漁村、環境分野における男女共同参画の推進＜成果目標＞

項目	現状	成果目標（期限）
自治会長に占める女性の割合	4.9% （平成27年）	10% （平成32年）
女性活躍推進法に基づく推進計画の策定率	－	都道府県：100% 市区：100% 町村： 70% （平成32年）
家族経営協定の締結数	54,190件 （平成25年度）	70,000件 （平成32年度）
農業委員に占める女性の割合	・ 女性委員が登用されていない 　　　　　　組織数：644 　（平成25年度）	・ 女性委員が登用されていない 　　　　　　組織数：0 　（平成32年度）
	・ 農業委員に占める女性の割合 　　　　　：6.3% 　（平成25年度）	・ 農業委員に占める女性の割合 　：10%（早期）、更に30%を目指す 　（平成32年度）
農業協同組合の役員に占める女性の割合	・ 女性役員が登用されていない 　　　　　　組織数：213 　（平成25年度）	・ 女性役員が登用されていない 　　　　　　組織数：0 　（平成32年度）
	・ 役員に占める女性の割合：6.1% 　（平成25年度）	・ 役員に占める女性の割合 　：10%（早期）、更に15%を目指す 　（平成32年度）

資料：「第4次男女共同参画基本計画」（平成27年12月25日閣議決定）

3 多面的機能の評価額
(1) 農業の有する多面的機能の評価額

単位：1年当たり億円

区分	洪水防止機能	河川流況安定機能	地下水かん養機能	土壌侵食（流出）防止機能	土砂崩壊防止機能	有機性廃棄物処理機能	気候緩和機能	保健休養・やすらぎ機能
評価額	34,988	14,633	537	3,318	4,782	123	87	23,758

資料： 日本学術会議「地球環境・人間生活にかかわる農業及び森林の多面的な機能の評価について（答申）」（平成13年11月）及び㈱三菱総合研究所「地球環境・人間生活にかかわる農業及び森林の多面的な機能の評価に関する調査研究報告書」（平成13年11月）による（以下(2)まで同じ。）。

注：1 農業及び森林の多面的機能のうち、物理的な機能を中心に貨幣評価が可能な一部の機能について、日本学術会議の特別委員会等の討議内容を踏まえて評価を行ったものである（以下(2)まで同じ。）。
　　2 機能によって評価手法が異なっていること、また、評価されている機能が多面的機能全体のうち一部の機能にすぎないこと等から、合計額は記載していない（以下(2)まで同じ。）。
　　3 保健休養・やすらぎ機能については、機能のごく一部を対象とした試算である。

(2) 森林の有する多面的機能の評価額

単位：1年当たり億円

区分	二酸化炭素吸収機能	化石燃料代替機能	表面侵食防止機能	表層崩壊防止機能	洪水緩和機能	水資源貯留機能	水質浄化機能	保健・レクリエーション機能
評価額	12,391	2,261	282,565	84,421	64,686	87,407	146,361	22,546

注：保健・レクリエーション機能については、機能のごく一部を対象とした試算である。

(3) 水産業・漁村の有する多面的機能の評価額

単位：1年当たり億円

区分	物質循環補完機能	環境保全機能	生態系保全機能	生命財産保全機能	防災・救援機能	1) 保養・交流・教育機能
評価額	22,675	63,347	7,684	2,017	6	13,846

資料： 日本学術会議「地球環境・人間生活にかかわる水産業及び漁村の多面的な機能の内容及び評価について（答申）」（平成16年8月3日）の別紙「水産業・漁村の持つ多面的な機能の評価（試算）」（株式会社三菱総合研究所による試算（2004年））

注：1 水産業・漁村の多面的な機能の経済価値の全体を表すものではない。
　　2 各項目の表す機能のうち、貨幣評価が可能な一部の機能について代替法により評価額を算出した。
　　1)保養・交流・教育機能は、旅行費用法による。

4 森林・林業基本計画
(1) 森林の有する多面的機能の発揮に関する目標

区分	単位	平成27年	目標とする森林の状態			(参考)指向する森林の状態
			平成32年	37	47	
森林面積						
合計	万ha	2,510	2,510	2,510	2,510	2,510
育成単層林	〃	1,030	1,020	1,020	990	660
育成複層林	〃	100	120	140	200	680
天然生林	〃	1,380	1,360	1,350	1,320	1,170
総蓄積	100万㎥	5,070	5,270	5,400	5,550	5,590
1ha当たり蓄積	㎥	202	210	215	221	223
総成長量	100万㎥/年	70	64	58	55	54
1ha当たり成長量	㎥/年	2.8	2.5	2.3	2.2	2.1

資料：「森林・林業基本計画」（平成28年5月24日閣議決定）（以下(2)まで同じ。）

(2) 林産物の供給及び利用に関する目標
ア 木材供給量の目標

単位：100万㎥

区分	平成26年(実績)	32(目標)	37(目標)
木材供給量	24	32	40

イ 木材の用途別利用量の目標と総需要量の見通し

単位：100万㎥

用途区分	利用量			総需要量		
	平成26年(実績)	32(目標)	37(目標)	平成26年(実績)	32(見通し)	37(見通し)
合計	24	32	40	76	79	79
製材用材	12	15	18	28	28	28
パルプ・チップ用材	5	5	6	32	31	30
合板用材	3	5	6	11	11	11
1)燃料材	2	6	8	3	7	9
2)その他	1	1	2	1	2	2

注：用途別の利用量は、100万㎥単位で四捨五入している。
　　1)は、ペレット、薪、炭、燃料用チップである。
　　2)は、しいたけ原木、原木輸出等である。

5 水産基本計画
(1) 平成39年度における食用魚介類、魚介類全体及び海藻類の生産量及び
消費量の目標

区分	単位	平成26年度	27	39 (すう勢値)	39 (目標値)
食用魚介類					
生産量目標	万 t	378	362	358	387
消費量目標	〃	628	614	509	553
人口一人1年当たり消費量 　（粗食料ベース）	kg	49.4	48.3	42.7	46.4
魚介類全体					
生産量目標	万 t	430	418	411	455
消費量目標	〃	789	767	667	711
海藻類					
生産量目標	万 t	47	49	40	49
消費量目標	〃	70	71	60	66
人口一人1年当たり消費量 　（粗食料ベース）	kg	0.9	0.9	0.8	0.9

資料：「水産基本計画」（平成29年4月28日閣議決定）　（以下(2)まで同じ。）

(2) 水産物の自給率の目標

単位：%

区分	平成26年度	27 (概算値)	39 (目標値)
食用魚介類	60	59	70
魚介類全体	55	54	64
海藻類	67	70	74

Ⅱ 参考資料
1 世界の国の数と地域経済機構加盟国数

区分	国数	加盟国
世界の国の数	196	日本が承認している国の数195か国と日本
国連加盟国数	193	
地域経済機構		
ASEAN Association of Southeast Asian Nations 東南アジア諸国連合	10	1967年8月設立 インドネシア、シンガポール、タイ、フィリピン、マレーシア、ブルネイ、ベトナム、ミャンマー、ラオス、カンボジア
EU European Union 欧州連合	28	1952年7月設立 イタリア、オランダ、ドイツ、フランス、ベルギー、ルクセンブルク、アイルランド、イギリス、デンマーク、ギリシャ、スペイン、ポルトガル、オーストリア、スウェーデン、フィンランド、エストニア、キプロス、スロバキア、スロベニア、チェコ、ハンガリー、ポーランド、マルタ、ラトビア、リトアニア、ブルガリア、ルーマニア、クロアチア
うちユーロ参加国	19	アイルランド、イタリア、オーストリア、オランダ、スペイン、ドイツ、フィンランド、フランス、ベルギー、ポルトガル、ルクセンブルク、ギリシャ、スロベニア、キプロス、マルタ、スロバキア、エストニア、ラトビア、リトアニア
OECD Organisation for Economic Co-operation and Development 経済協力開発機構	36	1961年9月設立 アイスランド、アイルランド、アメリカ合衆国、イギリス、イタリア、オーストリア、オランダ、カナダ、ギリシャ、スイス、スウェーデン、スペイン、デンマーク、ドイツ、トルコ、ノルウェー、フランス、ベルギー、ポルトガル、ルクセンブルク、日本、フィンランド、オーストラリア、ニュージーランド、メキシコ、チェコ、ハンガリー、ポーランド、韓国、スロバキア、チリ、スロベニア、イスラエル、エストニア、ラトビア、リトアニア
うちDAC加盟国 Development Assistance Committee 開発援助委員会	29	アイスランド、アイルランド、アメリカ合衆国、イギリス、イタリア、オーストリア、オランダ、カナダ、ギリシャ、スイス、スウェーデン、スペイン、デンマーク、ドイツ、ノルウェー、フランス、ベルギー、ポルトガル、ルクセンブルク、日本、フィンランド、オーストラリア、ニュージーランド、チェコ、ハンガリー、ポーランド、韓国、スロバキア、スロベニア

資料：総務省統計局「世界の統計 2020」
注：令和2年1月1日現在

2　計量単位
(1)　計量法における計量単位

物象の状態の量・計量単位（特殊の計量）	標準となるべき単位記号	物象の状態の量・計量単位（特殊の計量）	標準となるべき単位記号
長さ		**体積**	
1)メートル	m	1)立方メートル	m^3
2)海里（海面又は空中における長さの計）	M又はnm	1)リットル	1又はL
		2)トン（船舶の体積の計量）	T
3)ヤード	yd	3)立方ヤード	yd^3
3)インチ	in	3)立方インチ	in^3
3)フート又はフィート	ft	3)立方フート又はフィート	ft^3
		3)ガロン	gal
質量			
1)キログラム	kg	**仕事**	
1)グラム	g	1)ジュール又はワット秒	J又はW・s
1)トン	t		
2)もんめ（真珠の質量の計量）	mom	**工率**	
3)ポンド	lb	1)ワット	W
3)オンス	oz		
		熱量	
温度		1)ワット時	W・h
1)セルシウス度又は度	℃	2)カロリー（人若しくは動物が摂取する物の熱量又は人若しくは動物が代謝により消費する熱量の計量）	cal
面積			
1)平方メートル	m^2		
2)アール（土地の面積の計量）	a		
2)ヘクタール（　〃　）	ha	2)キロカロリー（　〃　）	kcal
3)平方ヤード	yd^2		
3)平方インチ	in^2		
3)平方フート又はフィート	ft^2		
3)平方マイル	$mile^2$		

資料：　経済産業省「計量法における単位規制の概要」表1、4、5及び8より農林水産省統計部で抜粋
　　　　（以下(2)まで同じ。）
注：1)は、SI単位（国際度量衡総会で決議された国際単位系）に係る計量単位
　　2)は、用途を限定する非SI単位
　　3)は、ヤード・ポンド法における単位

(2)　10の整数乗を表す接頭語

接頭語	接頭語が表す乗数	標準となるべき単位記号	接頭語	接頭語が表す乗数	標準となるべき単位記号
ヨタ	十の二十四乗	Y	デシ	十分の一	d
ゼタ	十の二十一乗	Z	センチ	十の二乗分の一	c
エクサ	十の十八乗	E	ミリ	十の三乗分の一	m
ペタ	十の十五乗	P	マイクロ	十の六乗分の一	μ
テラ	十の十二乗	T	ナノ	十の九乗分の一	n
ギガ	十の九乗	G	ピコ	十の十二乗分の一	p
メガ	十の六乗	M	フェムト	十の十五乗分の一	f
キロ	十の三乗	k	アト	十の十八乗分の一	a
ヘクト	十の二乗	h	ゼプト	十の二十一乗分の一	z
デカ	十	da	ヨクト	十の二十四乗分の一	y

(3)　計量単位換算表

計量単位（定義等）		メートル法換算	計量単位（定義等）		メートル法換算
長さ			**体積**		
海里		1,852m	トン（船舶）	(1,000/353㎥、100立方フィート)	2.832㎥
インチ	(1/36ヤード)	2.540cm			
フィート	(1/3ヤード)	30.480cm	立方インチ	(1/46,656立方ヤード)	16.3871cm³
ヤード		0.9144m			
マイル	(1,760ヤード)	1,609.344m	立方フィート	(1/27立方ヤード)	0.0283168㎥
寸	(1/10尺)	3.0303cm	立方ヤード	(0.9144の3乗立方メートル)	0.76455486㎥
尺	(10/33メートル)	0.30303m			
間	(6尺)	1.8182m	英ガロン		4.546092L
里	(12,960尺)	3.9273km	米ガロン	(0.003785412立方メートル)	3.78541L
質量			英ブッシェル	(7.996英ガロン)	36.368735L
オンス	(1/16ポンド)	28.3495g	米ブッシェル	(9.309米ガロン)	35.239067L
ポンド		0.45359237kg	立方寸	(1/1,000立方尺)	27.826cm³
米トン (short ton)	(2,000ポンド)	0.907185t	立方尺	(10/33の3乗立方メートル)	0.027826㎥
英トン (long ton)	(2,240ポンド)	1.01605t	勺（しゃく）	(1/100升)	0.018039L
匁（もんめ）	(1/1,000貫)	3.75g	合	(1/10升)	180.39cm³
貫		3.75kg	升	(2,401/1,331,000立方メートル)	1.8039L
斤	(0.16貫)	600g	斗	(10升)	18.039L
面積			石	(100升)	0.18039kl
アール		100㎡		(10斗)	180.39L
ヘクタール	(100アール)	10,000㎡	石（木材）	(10立方尺)	0.27826㎥
平方インチ	(1/1,296平方ヤード)	6.4516cm²	**工率**		
平方フィート	(1/9平方ヤード)	929.03cm²	英馬力		746W
平方ヤード	(0.9144の2乗平方メートル)	0.836127㎡	仏馬力		735.5W
平方マイル	(3,097,600平方ヤード)	2.58999km²	**熱量**		
エーカー		0.404686ha	カロリー	(4.184ジュール)	4,184J
		4,04686㎡		(4.184ワット秒)	4,184W・s
平方寸	(1/100平方尺)	9.1827cm²	キロカロリー	(1,000カロリー)	1,000cal
平方尺	(10/33の2乗平方メートル)	0.091827㎡			
歩又は坪	(400/121平方メートル、1平方間)	3.3058㎡			
畝（せ）	(30歩)	99.174㎡			
反	(300歩)	991.74㎡			
町	(3,000歩)	9917.4㎡			

3 農林水産省業務運営体制図
(1) 本省庁（令和2年4月1日現在）

農林水産大臣	副大臣	大臣政務官	農林水産事務次官	農林水産審議官	農林水産大臣秘書官

大臣官房長

総括審議官

総括審議官（国際）

技術総括審議官

危機管理・政策
立案総括審議官

公文書監理官
（サイバーセキュリティ・
情報化審議官が兼務）

サイバーセキュリティ・
情報化審議官

輸出促進審議官

生産振興審議官

審議官

参事官

参事官

報道官

秘書課長

文書課長

予算課長

政策課長
技術政策室長
食料安全保障室長
環境政策室長

広報評価課長
広報室長
報道室長
情報管理室長
情報分析室長

地方課長
災害総合対策室長

国際部長

国際政策課長
国際戦略室長

国際経済課長

国際機構グループ長

国際地域課長
海外投資・協力グループ長

統計部長

管理課長
統計品質向上室長

経営・構造統計課長
センサス統計室長

生産流通消費統計課長
消費統計室長

統計企画管理官

消費・安全局長

総務課長

消費者行政・食育課長

食品表示調整課長
米穀流通・食品表示監視室長

食品安全政策課長

食品安全科学課長

国際基準課長

農産安全管理課長
農薬対策室長

畜水産安全管理課長

水産安全室長

植物防疫課長
防疫対策室長
国際室長

動物衛生課長
家畜防疫対策室長
国際衛生対策室長

食料産業局長

総務課長

企画課長

輸出先国規制対策室長
戦略室長

海外市場開拓・食文化課長
食文化室長

産業連携課長

ファンド室長

知的財産課長

種苗室長

バイオマス循環資源課長
再生可能エネルギー室長
食品産業環境対策室長

食品流通課長
卸売市場室長
商品取引室長

食品製造課長
外食産業室長
食品企業行動室長
基準認証室長

生産局長

総務課長
生産推進室長
国際室長

園芸作物課長
園芸流通加工対策室長
花き産業・施設園芸振興室長

地域対策官

技術普及課長
生産資材対策室長

農業環境対策課長

畜産部長

畜産企画課長
畜産総合推進室長
畜産経営安定対策室長

畜産振興課長
畜産技術室長
家畜遺伝資源管理保護室長 ○

飼料課長
流通飼料対策室長

牛乳乳製品課長

食肉鶏卵課長
食肉需給対策室長

競馬監督課長

経営局長

総務課長
調整室長

経営政策課長
担い手総合対策室長

農地政策課長
農地集積促進室長

就農・女性課長
女性活躍推進室長

協同組織課長

経営・組織対策室長

金融調整課長

保険課長
農業経営収入保険室長

保険監理官

検査・監察部長

調整・監察課長
審査室長
行政監察室長
会計監査室長

検査課長

○家畜遺伝資源管理保護室長、米麦品質保証室長は10月1日設置予定

農村振興局長
次長
- 総務課長
- 農村政策部長
  - 農村計画課長
    - 農村政策推進室長
  - 地域振興課長
    - 中山間地域・日本型直接支払室長
  - 都市農村交流課長
    - 農泊推進室長
    - 都市農業室長
  - 鳥獣対策・農村環境課長
    - 鳥獣対策室長
    - 農村環境対策室長
- 整備部長
  - 設計課長
    - 計画調整室長
    - 施工企画調整室長
    - 海外土地改良技術室長
  - 土地改良企画課長
  - 水資源課長
    - 農業用水対策室長
    - 施設保全管理室長
  - 農地資源課長
    - 経営体育成基盤整備推進室長
    - 多面的機能支払推進室長
  - 地域整備課長
  - 防災課長
    - 防災・減災対策室長
    - 災害対策室長

政策統括官
農産部長
- 総務・経営安定対策参事官
- 会計室長
- 経営安定対策室長
- 農産企画課長
  - 米穀貿易企画室長
- 穀物課長
  - 水田農業対策室長
- 貿易業務課長
  - 米麦品質保証室長
- 地域作物課長

農林水産技術会議
会長
委員
事務局長（技術総括審議官が兼務）
- 研究総務官
- 研究統括官
- 研究開発官
- 研究調整課長
- 研究企画課長
  - 技術安全室長
- 研究推進課長
  - 産学連携室長
- 国際研究官
- 筑波産学連携支援センター

林野庁長官
次長
- 林政部長
  - 林政課長
    - 監査室長
  - 企画課長
  - 経営課長
    - 林業労働対策室長
    - 特用林産対策室長
  - 木材産業課長
    - 木材製品技術室長
  - 木材利用課長
  - 木材貿易対策室長
- 森林整備部長
  - 計画課長
    - 施工企画調整室長
    - 海外林業協力室長
  - 森林利用課長
    - 森林集積推進室長
    - 山村振興・緑化推進室長
  - 整備課長
    - 造林間伐対策室長
  - 治山課長
    - 山地災害対策室長
  - 研究指導課長
    - 技術開発推進室長
    - 森林保護対策室長
- 国有林野部長
  - 管理課長
    - 福利厚生室長
  - 経営企画課長
    - 国有林野総合利用推進室長
    - 国有林野生態系保全室長
  - 業務課長
    - 国有林野管理室長

水産庁長官
次長
- 漁政部長
  - 参事官
  - 漁政課長 ※
    - 船舶管理室長 ※
  - 企画課長
    - 水産業体質強化推進室長
  - 水産経営課長
    - 指導室長
  - 加工流通課長
    - 水産物貿易対策室長
  - 漁業保険管理官
- 資源管理部長 ※
  - 審議官 ※
  - 参事官 ※
  - 管理調整課長 ※
    - 資源管理推進室長
    - 沿岸・遊漁室長
  - 国際課長 ※
    - 捕鯨室長
    - かつお・まぐろ漁業室長
    - 海外漁業協力室長
  - 漁業取締課長 ※
- 増殖推進部長
  - 参事官
  - 研究指導課長
    - 海洋技術室長
  - 漁場資源課長
    - 生態系保全室長
  - 栽培養殖課長
    - 内水面漁業振興室長
- 漁港漁場整備部長
  - 計画課長
  - 整備課長
  - 防災漁村課長
    - 水産施設災害対策室長

漁業取締本部長 *1
- 副本部長 *2
  - 本部員 *3

*1 水産庁長官をもって充てる

*2 水産庁次長をもって充てる

*3 ※印の者をもって充てる

3　農林水産省業務運営体制図（続き）
（2）　地方農政局等

4 地方農政局等所在地

地方農政局等	郵便番号	所在地	電話番号 （代表）	インターネット ホームページアドレス
北海道農政事務所	064-8518	北海道札幌市中央区南22条西6-2-22 エムズ南22条第2ビル	011-330-8800	https://www.maff.go.jp/hokkaido/
札幌地域拠点	064-8518	北海道札幌市中央区南22条西6-2-22 エムズ南22条第2ビル	011-330-8821	https://www.maff.go.jp/hokkaido/sapporo/index.html
函館地域拠点	040-0032	北海道函館市新川町25-18 函館地方合同庁舎	0138-26-7800	https://www.maff.go.jp/hokkaido/hakodate/index.html
旭川地域拠点	078-8506	北海道旭川市宮前1条3-3-15 旭川地方合同庁舎	0166-30-9300	https://www.maff.go.jp/hokkaido/asahikawa/index.html
釧路地域拠点	085-0017	北海道釧路市幸町10-3 釧路地方合同庁舎	0154-23-4401	https://www.maff.go.jp/hokkaido/kushiro/index.html
帯広地域拠点	080-0016	北海道帯広市西6条南7-3 帯広地方合同庁舎	0155-24-2401	https://www.maff.go.jp/hokkaido/obihiro/index.html
北見地域拠点	090-0018	北海道北見市青葉町6-8 北見地方合同庁舎	0157-23-4171	https://www.maff.go.jp/hokkaido/kitami/index.html
東北農政局	980-0014	宮城県仙台市青葉区本町3-3-1 仙台合同庁舎A棟	022-263-1111	https://www.maff.go.jp/tohoku/index.html
青森県拠点	030-0861	青森県青森市長島1-3-25 青森法務総合庁舎	017-775-2151	https://www.maff.go.jp/tohoku/tiiki/aomori/index.html
岩手県拠点	020-0033	岩手県盛岡市盛岡駅前北通1-10 橋市盛岡ビル	019-624-1125	https://www.maff.go.jp/tohoku/tiiki/iwate/index.html
宮城県拠点	980-0014	宮城県仙台市青葉区本町3-3-1 仙台合同庁舎A棟	022-263-1111	https://www.maff.go.jp/tohoku/tiiki/miyagi/index.html
秋田県拠点	010-0951	秋田県秋田市山王7-1-5	018-862-5611	https://www.maff.go.jp/tohoku/tiiki/akita/index.html
山形県拠点	990-0023	山形県山形市松波1-3-7	023-622-7231	https://www.maff.go.jp/tohoku/tiiki/yamagata/index.html
福島県拠点	960-8073	福島県福島市南中央3-36 福島県土地改良会館	024-534-4141	https://www.maff.go.jp/tohoku/tiiki/hukusima/index.html
関東農政局	330-9722	埼玉県さいたま市中央区新都心2-1 さいたま新都心合同庁舎2号館	048-600-0600	https://www.maff.go.jp/kanto/index.html
茨城県拠点	310-0061	茨城県水戸市北見町1-9	029-221-2184	https://www.maff.go.jp/kanto/chiikinet/ibaraki/index.html
栃木県拠点	320-0806	栃木県宇都宮市中央2-1-16	028-633-3311	https://www.maff.go.jp/kanto/chiikinet/tochigi/index.html
群馬県拠点	371-0025	群馬県前橋市紅雲町1-2-2	027-221-1181	https://www.maff.go.jp/kanto/chiikinet/gunma/index.html
埼玉県拠点	330-9722	埼玉県さいたま市中央区新都心2-1 さいたま新都心合同庁舎2号館	048-600-0600	https://www.maff.go.jp/kanto/chiikinet/saitama/index.html
千葉県拠点	260-0014	千葉県千葉市中央区本千葉町10-18	043-224-5611	https://www.maff.go.jp/kanto/chiikinet/chiba/index.html

地方農政局等	郵便番号	所在地	電話番号 （代表）	インターネット ホームページアドレス
東京都拠点	135-0062	東京都江東区東雲1-9-5 東雲合同庁舎	03-5144-5255	https://www.maff.go.jp/kanto/c hiikinet/tokyo/index.html
神奈川県拠点	231-0003	神奈川県横浜市中区北仲通5-57 横浜第2合同庁舎	045-211-1331	https://www.maff.go.jp/kanto/c hiikinet/kanagawa/index.html
山梨県拠点	400-0031	山梨県甲府市丸の内1-1-18 甲府合同庁舎	055-254-6055	https://www.maff.go.jp/kanto/c hiikinet/yamanashi/index.html
長野県拠点	380-0846	長野県長野市旭町1108 長野第1合同庁舎	026-233-2500	https://www.maff.go.jp/kanto/c hiikinet/nagano/index.html
静岡県拠点	420-8618	静岡県静岡市葵区東草深町7-18	054-246-6121	https://www.maff.go.jp/kanto/c hiikinet/shizuoka/index.html
北陸農政局	920-8566	石川県金沢市広坂2-2-60 金沢広坂合同庁舎	076-263-2161	https://www.maff.go.jp/hokurik u/index.html
新潟県拠点	951-8035	新潟県新潟市中央区船場町2-3435-1	025-228-5211	https://www.maff.go.jp/hokurik u/nousei/niigata.html
富山県拠点	930-0856	富山県富山市牛島新町11-7 富山地方合同庁舎	076-441-9300	https://www.maff.go.jp/hokurik u/nousei/toyama.html
石川県拠点	921-8031	石川県金沢市野町3-1-23 金沢野町庁舎	076-241-3154	https://www.maff.go.jp/hokurik u/nousei/ishikawa.html
福井県拠点	910-0859	福井県福井市日之出3-14-15 福井地方合同庁舎	0776-30-1610	https://www.maff.go.jp/hokurik u/nousei/fukui.html
東海農政局	460-8516	愛知県名古屋市中区三の丸1-2-2 名古屋農林総合庁舎1号館	052-201-7271	https://www.maff.go.jp/tokai/in dex.html
岐阜県拠点	500-8288	岐阜県岐阜市中鶉2-26	058-271-4044	https://www.maff.go.jp/tokai/ar ea/gifu/index.html
愛知県拠点	466-0857	愛知県名古屋市昭和区安田通4-8	052-763-4492	https://www.maff.go.jp/tokai/ar ea/aichi/index.html
三重県拠点	514-0006	三重県津市広明町415-1	059-228-3151	https://www.maff.go.jp/tokai/ar ea/mie/index.html
近畿農政局	602-8054	京都府京都市上京区西洞院通下長者町 下る丁子風呂町 京都農林水産総合庁舎	075-451-9161	https://www.maff.go.jp/kinki/in dex.html
滋賀県拠点	520-0044	滋賀県大津市京町3-1-1 大津びわ湖合同庁舎	077-522-4261	https://www.maff.go.jp/kinki/tii ki/siga/index_2012.html
京都府拠点	602-8054	京都府京都市上京区西洞院通下長者町 下る丁子風呂町 京都農林水産総合庁舎	075-451-9161	https://www.maff.go.jp/kinki/tii ki/kyoto/index.html
大阪府拠点	540-0008	大阪府大阪市中央区大手前1-5-44 大阪合同庁舎1号館	06-6943-9691	https://www.maff.go.jp/kinki/tii ki/osaka/index_2012.html
兵庫県拠点	650-0024	兵庫県神戸市中央区海岸通29 神戸地方合同庁舎	078-331-9941	https://www.maff.go.jp/kinki/tii ki/kobe/index.html
奈良県拠点	630-8113	奈良県奈良市法蓮町387 奈良第3地方合同庁舎	0742-32-1870	https://www.maff.go.jp/kinki/tii ki/nara/index_2.html

4　地方農政局等所在地（続き）

地方農政局等	郵便番号	所在地	電話番号 （代表）	インターネット ホームページアドレス
和歌山県拠点	640-8143	和歌山県和歌山市二番丁3 和歌山地方合同庁舎	073-436-3831	https://www.maff.go.jp/kinki/tiiki/wakayama/index2012.html
中国四国農政局	700-8532	岡山県岡山市北区下石井1-4-1 岡山第2合同庁舎	086-224-4511	https://www.maff.go.jp/chushi/index.html
鳥取県拠点	680-0845	鳥取県鳥取市富安2-89-4 鳥取第1地方合同庁舎	0857-22-3131	https://www.maff.go.jp/chushi/nousei/tottori/index.html
島根県拠点	690-0001	島根県松江市東朝日町192	0852-24-7311	https://www.maff.go.jp/chushi/nousei/shimane/index.html
岡山県拠点	700-0927	岡山県岡山市北区西古松2-6-18 西古松合同庁舎	086-899-8610	https://www.maff.go.jp/chushi/nousei/okayama/okayama.html
広島県拠点	730-0012	広島県広島市中区上八丁堀6-30 広島合同庁舎2号館	082-228-5840	https://www.maff.go.jp/chushi/nousei/hiroshima/index.html
山口県拠点	753-0088	山口県山口市中河原町6-16 山口地方合同庁舎	083-922-5200	https://www.maff.go.jp/chushi/nousei/yamaguchi/index.html
徳島県拠点	770-0943	徳島県徳島市中昭和町2-32	088-622-6131	https://www.maff.go.jp/chushi/nousei/tokushima/index.html
香川県拠点	760-0019	香川県高松市サンポート3-33 高松サンポート合同庁舎南館	087-883-6500	https://www.maff.go.jp/chushi/nousei/kagawa/index.html
愛媛県拠点	790-8519	愛媛県松山市宮田町188 松山地方合同庁舎	089-932-1177	https://www.maff.go.jp/chushi/nousei/ehime/index.html
高知県拠点	780-0870	高知県高知市本町4-3-41 高知地方合同庁舎	088-875-7236	https://www.maff.go.jp/chushi/nousei/kochi/index.html
九州農政局	860-8527	熊本県熊本市西区春日2-10-1 熊本地方合同庁舎	096-211-9111	https://www.maff.go.jp/kyusyu/index.html
福岡県拠点	812-0018	福岡県福岡市博多区住吉3-17-21	092-281-8261	https://www.maff.go.jp/kyusyu/fukuoka/index.html
佐賀県拠点	840-0803	佐賀県佐賀市栄町3-51	0952-23-3131	https://www.maff.go.jp/kyusyu/saga/index.html
長崎県拠点	852-8106	長崎県長崎市岩川町16-16 長崎地方合同庁舎	095-845-7121	https://www.maff.go.jp/kyusyu/nagasaki/index.html
熊本県拠点	860-8527	熊本県熊本市西区春日2-10-1 熊本地方合同庁舎	096-211-9111	https://www.maff.go.jp/kyusyu/kumamoto/index.html
大分県拠点	870-0047	大分県大分市中島西1-2-28	097-532-6131	https://www.maff.go.jp/kyusyu/oita/index.html
宮崎県拠点	880-0801	宮崎県宮崎市老松2-3-17	0985-22-3181	https://www.maff.go.jp/kyusyu/miyazaki/index.html
鹿児島県拠点	892-0816	鹿児島県鹿児島市山下町13-21 鹿児島合同庁舎	099-222-5840	https://www.maff.go.jp/kyusyu/kagoshima/index.html
内閣府沖縄総合事務局 農林水産部農政課	900-0006	沖縄県那覇市おもろまち2-1-1 那覇第2地方合同庁舎2号館	098-866-1627	http://www.ogb.go.jp/nousui/index.html

5　「ポケット農林水産統計－令和2年版－2020」府省等別資料

府省等の名称は、令和2年8月1日現在による。
日本の政府統計が閲覧できる、政府統計ポータルサイト「e-Stat」もご利用下さい。
　　　　　　　https://www.e-stat.go.jp/

府省等	電話番号（代表）	ホームページアドレス・資料名

内閣府　03-5253-2111　https://www.cao.go.jp/
　政策統括官（経済財政分析担当）　「海外経済データ」
　男女共同参画局　「第4次男女共同参画基本計画」
　経済社会総合研究所　http://www.esri.go.jp/
　　　　　　　「国民経済計算年報」
　日本学術会議 03-3403-3793　http://www.scj.go.jp/

総務省　03-5253-5111　https://www.soumu.go.jp/
　自治財政局　「地方財政白書」
　統計局　03-5273-2020　https://www.stat.go.jp/
　　　　　「国勢調査」
　　　　　「人口推計」
　　　　　「家計調査年報」
　　　　　「小売物価統計調査年報」
　　　　　「消費者物価指数年報」
　　　　　「労働力調査年報」
　　　　　「経済センサス」
　　　　　「世界の統計」
　消防庁　03-5253-5111　https://www.fdma.go.jp/
　　　　　「消防白書」

財務省　03-3581-4111　https://www.mof.go.jp/
　関税局　「貿易統計」
　　　　　「最近の輸出入動向」

文部科学省　03-5253-4111　https://www.mext.go.jp/
　総合教育政策局　「学校基本調査報告書」

厚生労働省　03-5253-1111　https://www.mhlw.go.jp/
　健康局　「国民健康・栄養調査報告」
　政策統括官　「人口動態統計」
　　　　　「毎月勤労統計調査年報」
　国立社会保障・人口問題研究所　http://www.ipss.go.jp/
　　　　　03-3595-2984　「日本の将来推計人口」

農林水産省　03-3502-8111　https://www.maff.go.jp/
　大臣官房　「食料・農業・農村基本計画」
　　　　　「農業・農村の復興マスタープラン」
　　　　　「食料需給表」
　　　　　「食品産業動態調査」

　国際部　「農林水産物輸出入概況」

　統計部　「農業経営統計調査報告　営農類型別経営統計（個別経営編）」
　　　　　「農業経営統計調査報告　営農類型別経営統計（組織経営編）」
　　　　　「農業経営統計調査報告　経営形態別経営統計（個別経営）」
　　　　　「農業経営統計調査報告　農産物生産費統計」
　　　　　「農業経営統計調査報告　畜産物生産費統計」
　　　　　「生産農業所得統計」
　　　　　「市町村別農業産出額（推計）」
　　　　　「林業産出額」
　　　　　「漁業経営調査報告」

5 「ポケット農林水産統計－令和元年版－2020」府省等別資料（続き）

府省等	電話番号（代表）	ホームページアドレス・資料名

統計部（続き）
「農業物価統計」
「生産者の米穀在庫等調査結果」
「林業経営統計調査報告」
「組織法人経営体に関する経営分析調査」
「農林業センサス報告書」
「漁業センサス報告書」
「新規就農者調査」
「漁業就業動向調査報告書」
「農業構造動態調査報告書」
「集落営農実態調査報告書」
「耕地及び作付面積統計」
「作物統計」
「野菜生産出荷統計」
「果樹生産出荷統計」
「花き生産出荷統計」
「畜産統計」
「木材需給報告書」
「木材流通構造調査報告書」
「漁業・養殖業生産統計年報」
「6次産業化総合調査」
「野生鳥獣資源利用実態調査報告」
「食品流通段階別価格形成調査報告」
「青果物卸売市場調査報告」
「畜産物流通統計」
「水産加工統計調査」
「牛乳乳製品統計」
「生鮮野菜価格動向調査報告」
「食品循環資源の再生利用等実態調査」
「農林漁業及び関連産業を中心とした産業連関表」
「農業・食料関連産業の経済計算」

消費・安全局
「食品表示法の食品表示基準に係る指示及び命令件数」
「監視伝染病の発生状況」

食料産業局
「我が国の油脂事情」
「卸売市場をめぐる情勢について」
「食品製造業におけるHACCPに沿った衛生管理の導入状況実態調査」

生産局
「地域特産野菜生産状況調査」
「特産果樹生産動態等調査」
「花木等生産状況調査」
「園芸用施設の設置等の状況」
「政令指定土壌改良資材供給量」
「飼料月報」
「農作業死亡事故」

経営局
「認定農業者の認定状況」
「家族経営協定に関する実態調査」
「農地中間管理機構の実績等に関する資料」
「農地の移動と転用」
「総合農協統計表」
「農業協同組合等現在数統計」
「農作物共済統計表」
「畑作物共済統計表」
「果樹共済統計表」

府省等	電話番号（代表）	ホームページアドレス・資料名

経営局（続き）
「園芸施設共済統計表」
「家畜共済統計表」

農村振興局
「農業基盤情報基礎調査」
「荒廃農地面積について」
「中山間地域等直接支払交付金の実施状況」
「多面的機能支払交付金の取組状況」

政策統括官
「新規需要米等の用途別作付・生産状況の推移」
「米の相対取引価格」
「全国の生産数量目標、主食用米生産量等の推移」
「都道府県別の生産数量目標、主食用米生産量等の状況」

林野庁　03-3502-8111　https://www.rinya.maff.go.jp/
「森林・林業基本計画」
「森林・林業統計要覧」
「特用林産基礎資料」
「木材需給表」
「木材輸入実績」
「木質バイオマスエネルギー利用動向調査」
「森林組合統計」
「森林国営保険事業統計書」
「国有林野事業統計書」

水産庁　03-3502-8111　https://www.jfa.maff.go.jp/
「水産基本計画」
「漁船統計表」
「漁船保険統計表」
「水産業協同組合統計表」
「水産業協同組合年次報告」
「産地水産物流通調査」
「漁港一覧」

経済産業省　03-3501-1511　https://www.meti.go.jp/
大臣官房調査統計グループ
「工業統計表」
「経済産業省生産動態統計年報　機械統計編」
「経済産業省生産動態統計年報　紙・印刷・プラスチック製品・ゴム製品統計編」
「商業統計表」
「海外事業活動基本調査」
「経済センサス」
商務情報政策局
「電子商取引に関する市場調査」

国土交通省　03-5253-8111　https://www.mlit.go.jp/
水管理・国土保全局
「日本の水資源の現況」
国土地理院　029-864-1111　https://www.gsi.go.jp/
「全国都道府県市区町村別面積調」
海上保安庁　03-3591-6361　https://www.kaiho.mlit.go.jp/
「日本の領海等概念図」

環境省　03-3581-3351　https://www.env.go.jp/
「温室効果ガス排出量」
「鳥獣関係統計」

5 「ポケット農林水産統計－令和元年版－2020」府省等別資料（続き）

府省等	電話番号（代表）	ホームページアドレス・資料名

国立研究開発法人
森林研究・整備機構　　　　　　　　　　https://www.ffpri.affrc.go.jp/
　森林保険センター　044-382-3500　　　　「森林保険に関する統計資料」

中央銀行
日本銀行　　　　　　　03-3279-1111　　　https://www.boj.or.jp/
　調査統計局　　　　　　　　　　　　　　「企業物価指数」

政府関係機関
株式会社　日本政策金融公庫　　　　　　　https://www.jfc.go.jp/
　農林水産事業本部　03-3270-5585　　　　「業務統計年報」

独立行政法人
独立行政法人　労働政策研究・研修機構　　https://www.jil.go.jp/
　　　　　　　　03-5903-6111　　　　　　「データブック国際労働比較」

独立行政法人　農業者年金基金　　　　　　https://www.nounen.go.jp/
　　　　　　　　03-3502-3941　　　　　　「農業者年金事業の実施状況」

独立行政法人　農林漁業信用基金　　　　　http://www.jaffic.go.jp/
　　　　　　　　03-3294-4481

独立行政法人　農畜産業振興機構　　　　　https://www.alic.go.jp/
　　　　　　　　03-3583-8196　　　　　　「でん粉の輸入実績」

団体その他
全国たばこ耕作組合中央会　　　　　　　　http://www.jtga.or.jp/
　　　　　　　　03-3432-4401　　　　　　「府県別の販売実績」

日本ハム・ソーセージ工業協同組合　　　　http://hamukumi.lin.gr.jp/
　　　　　　　　03-3444-1211　　　　　　「年次食肉加工品生産数量」

日本集成材工業協同組合　　　　　　　　　https://www.syuseizai.com/
　　　　　　　　03-6202-9260　　　　　　「集成材の国内生産量調査」

一般社団法人　全国農業会議所　　　　　　https://www.nca.or.jp/
　　　　　　　　03-6910-1121　　　　　　「田畑売買価格等に関する調査結果」

一般社団法人　全国米麦改良協会　　　　　https://www.zenkokubeibaku.or.jp/
　　　　　　　　03-3262-1325　　　　　　「民間流通麦の入札における落札決定状況」

一般社団法人　日本自動販売システム機械工業会　https://www.jvma.or.jp/
　　　　　　　　03-5579-8131　　　　　　「自販機普及台数」

一般社団法人　日本農業機械工業会　　　　http://www.jfmma.or.jp/
　　　　　　　　03-3433-0415　　　　　　「農業機械輸出実績」「農業機械輸入実績」

一般社団法人　日本フードサービス協会　　http://www.jfnet.or.jp/
　　　　　　　　03-5403-1060　　　　　　「外食産業市場規模推計について」

一般財団法人　日本エネルギー経済研究所　https://eneken.ieej.or.jp/
　　　　　　　　03-5547-0222　　　　　　「EDMC/エネルギー・経済統計要覧」

一般財団法人　日本水産油脂協会　　　　　http://www.suisan.or.jp/
　　　　　　　　03-3469-6891　　　　　　「水産油脂統計年鑑」

府省等	電話番号（代表）	ホームページアドレス・資料名

団体その他（続き）

一般財団法人　日本不動産研究所
03-3503-5331
https://www.reinet.or.jp/
「山林素地及び山元立木価格調」

一般財団法人　農林統計協会
03-3492-2990
http://www.aafs.or.jp/
「ポケット肥料要覧」

公益社団法人　日本缶詰びん詰レトルト食品協会
03-5256-4801
https://www.jca-can.or.jp/
「缶詰時報」

公益財団法人　日本関税協会
03-6826-1430
https://www.kanzei.or.jp/
「外国貿易概況」

株式会社　精糖工業会館
03-3511-2085
「ポケット砂糖統計」

株式会社　農林中金総合研究所
03-6362-7700
https://www.nochuri.co.jp/
「農林漁業金融統計」

索　引

　この索引は、各表のタイトルに含まれるキーワードを抽出して作成したものです。
　原則として、表頭・表側の単語は含まれませんので、小さい概念については、その上位概念で検索するなど、利用に当たっては留意願います。
　右側の数値は掲載ページで、はじめの1文字（概、食、農、村、林、水、震、付）はそれぞれの編（概況編、食料編、農業編、農山村編、林業編、水産業編、東日本大震災からの復旧・復興状況編及び付表）を示しています。

そ

ポケット農林水産統計　令和2年版

令和3年3月　発行　　　　　　定価は表紙に表示してあります。

編　集　農林水産省大臣官房統計部
　　　　〒100-8950　東京都千代田区霞が関1丁目2番1号

発　行　一般財団法人 農 林 統 計 協 会
　　　　〒141-0031　東京都品川区西五反田7-22-17　TOCビル
　　　　電話(03)3492-2987　振替　00190-5-70255

ISBN978-4-541-04357-3　C3061